아산재단 연구총서 제399집

도시정비사업의 법적 쟁점과 해설

-조합설립, 토지취득, 보상문제, 미래 정비사업 방향을 중심으로-

아산재단 연구총서 제399집

도시정비사업의 법적 쟁점과 해설

-조합설립, 토지취득, 보상문제, 미래 정비사업 방향을 중심으로-

성중탁

집문당

성중탁(成重卓) 경북대학교 법학과 졸업
jtsung@knu.ac.kr 경북대학교 법학과 대학원 석사(법학석사)
성균관대학교 법학과 대학원 박사(법학박사)
미국 UC Berkeley School of Law Visiting Scholar
현재, 경북대학교 법학전문대학원 교수, 변호사, 세무사, 변리사

아산재단 연구총서 제399집

도시정비사업의 법적 쟁점과 해설
-조합설립, 토지취득, 보상문제, 미래 정비사업 방향을 중심으로-

2016년 1월 10일 1판 1쇄

저 자 | 성중탁
발행인 | 임동규
발행처 | **집문당**
등 록 | 1971. 3. 23. 제300-2012-69호
영업부 | 10881 경기도 파주시 광인사길 85
(02)743-3192~3 팩스(02)742-4657
전자우편 | sale@jipmoon.co.kr
편집부 | 03134 서울시 종로구 돈화문로 82 집문당빌딩 5층
(02)743-3096~7 팩스(02)743-0227
전자우편 | edit@jipmoon.co.kr
홈페이지 | www.jipmoon.co.kr

편 집 | 심하나
디자인 | 임용우

ISBN 978-89-303-1709-2
978-89-303-1500-5(세트)

가격 26,000원

이 도서의 국립중앙도서관 출판시도서목록(CIP)은 e-CIP홈페이지(http://www.nl.go.kr/ecip)와 국가자료공동목록시스템(http://www.nl.go.kr/kolisnet)에서 이용하실 수 있습니다.
(CIP제어번호: CIP2015032609)

머리말

우리나라는 1970년대 이후 공업화, 도시화가 가속화되면서 특히 도시 지역에 큰 변화가 찾아 왔다. 농어촌 등 지방에서 도시로의 인구 유입이 늘어나면서 도시 주택문제가 주요 사회문제로 대두되었고, 정부는 서민들의 주거 안정은 물론 국민 전체의 주거환경 수준을 향상시킬 목적으로 1978년 12월에 주택건설촉진법을 제정하여 공동주택을 대규모로 건설할 수 있는 제도적인 장치를 마련하였다. 그러나 시간이 지나면서 아파트를 비롯한 건물들의 노후화 문제점이 나타났고, 더불어 경제적 수준이 높아지면서 보다 나은 주거환경에 대한 욕구가 분출되기 시작하면서 1990년대 이후 주택재건축·재개발 사업이 활발히 시행되었다. 그러나 그 부작용으로 2000년대 초반 이후 서울 강남 지역을 중심으로 시작된 주택가격의 오름세는 정부의 각종 대책에도 불구하고 지속적으로 이어졌고, 그에 따라 주택 관련 수많은 정책 및 제도와 법률들이 제정되고 개정되었다. 특히, 2003년에는 보다 계획적·체계적인 도시정비사업을 추진하기 위해 「도시 및 주거 환경정비법」을 제정하였다. 이 도시정비법은 누더기법이라는 오명도 받긴 하였지만 그 이후 제도를 운용하면서 나타난 불합리한 점이나 미비점을 지속적으로 보완하고 개선해 왔다. 그러나 도시정비사업이 계획수립 단계부터 조합청산에 이르기까지 여러 단계의 복잡한 절차(추진위원회 구성, 조합설립, 사업대상 토지취득, 보상, 시공자 선정, 사업시행인가, 관리처분계획, 착공 및 분양 등)를 거치면서 기존 거주민(토지소유자) 중 사업 미동의자와 조합(사업시행자) 및 사업에 동의한 조합원과 조합, 조합과 시공사, 조합과 행정관청 등 사이에 각종 다양한 이해관계가 발생하기 마련이고 그로 인한 분쟁 역시 꾸준히 늘어났다. 또한 지금까지 정부와 국회가 마련한 도시정비사업 관련 법제도와 대책들은 사전에 충분한 연구 없이 그때그때 이슈가 된 부분에 대한 단기대책 위주로 만들어지다 보니 부작용도 나타났고, 그로 인해 오히려 분쟁이 늘어나기도 하였다. 한편, 이러한 분쟁들은 주로 주민 간의 갈등이나 행정절차를 이행하는 과정에서 정비사업 관계자들의 복잡한 현행 도시정비법 등 관련 법령에 대한 지식과 이해의 부족 등으로 발생하는 경우도 많다.

이에 이 책은 주택재건축·재개발 사업 등 도시정비사업, 특히 정비사업 진행과정에서 제일 먼저 난관에 부딪히는 조합설립과정을 둘러싼 법적 쟁점으로서 조합설립인가의 법적 성질과 조합설립과정 및 조합설립 후 결의내용의 변경과정 등에서의 조합원 동의율 산정문제 등에 관하여 상세히 논하였다. 나아가 조합설립 이후 정비사업 대상 토지취득 과정에서 현행 주택 재건축과 재개발 사업과정에서 이원화된 토지취득 방법의 문제점에 대해 지적하는 한편, 조합 측의 토지취득으로 인해 발생하는 기존 사업 대상지역 내 거주 주민(토지소유자와 세입자) 등에 대한 각종 보상문제에 대해 깊이 있는 검토를 하였다. 그리고 결론에는 향후 우리나라의 바람직한 도시정비사업 추진방향 등을 최근에 제정되어 시행되고 있는 도시재생법에 대한 소개와 함께 서술하였다.

이와 같이 이 책은 도시정비사업 과정에서 중시되는 주요 법적 쟁점과 문제점들을 소개하고, 그에 관한 대법원 판례와 각종 학설을 일반 연구논문 형식으로 상세히 소개하며 궁극적으로 해당 문제점들의 해결방안까지 제시한 것이 특징이다. 특히, 기존 도시정비 관련 서적들이 도시정비법의 전반적인 흐름을 사업진행 순서대로 기술하면서 그 쟁점들을 비교적 간단히 소개한 것이 대부분임에 반하여, 이 책은 정비사업 과정에서 가장 치열하게 논의되는 법적 이슈 몇 가지를 선정하여 그에 대해 국내외 다양한 학술논문과 서적들을 검토하여 관련 법제도와 학설 및 관련 판례들을 폭넓게 소개하고, 그에 대한 저자 나름의 검토(평석) 및 개선방안까지 다루었다는 점에서 기존 도시정비 관련 서적들과의 차별을 선언한다. 이 책의 장점이라면, 주택재건축・재개발 사업 등 각종 도시정비사업 관련 업무를 담당하는 공무원과 변호사, 판사, 대학 교수 등 법률전문가는 물론이고, 정비사업조합 임직원, 정비업체 실무 담당자, 건설회사 임직원 및 일반 조합원과 정비사업 대상 지역 주택 및 상가 세입자까지 정비사업에 관심 있는 사람이라면 누구나 조합설립과 토지취득 및 각종 보상실무를 보다 깊이 있게 공부할 수 있도록 기술되었다는 점이다. 또한 법률 관련 서적인 만큼 언뜻 내용이 어렵게 와 닿을지도 모르나, 관련 쟁점들을 그림이나 표를 이용하여 최대한 쉽게 상세히 기술함으로써 이해를 돕고자 노력하였다. 아무쪼록 여러 다양한 직군의 사람들이 도시정비사업 관련 분쟁조정이나 재판, 행정관서 업무 등을 보면서 필요한 지식을 찾는 데 있어 기존 도시정비 관련 법서들에서 찾지 못하였던 난해하고 깊이 있는 쟁점 등에 대해 그 해답을 찾을 수 있도록 조금이나마 보탬이 되기를 소망한다. 마지막으로, 이 책이 출간되는 정신적・물적 계기를 부여해 준 아산사회복지재단 측에 깊은 경의를 표하며, 부족한 글이 반짝반짝 빛이 나는 책으로 탈바꿈하도록 도움을 준 집문당 출판사 관계자들의 노고에도 깊은 감사의 마음을 전한다.

| 차 례 |

머리말 / v
차례 / ix
법률명 약어표 / xxvii

제1장 서 론

제1절 연구의 목적 ······ 3
제2절 연구범위와 방법 ······ 13

제2장 도시정비사업 개관

제1절 도시정비사업의 의의 ······ 21
Ⅰ. 사업 방식으로 본 도시정비사업의 종류 ······ 21
1. 주거환경개선사업 ······ 21
2. 주택재개발사업 ······ 22
3. 주택재건축사업 ······ 23
4. 도시환경정비사업 ······ 24
5. 주거환경관리사업 ······ 24
6. 가로주택정비사업 ······ 25
7. 도시재생사업 ······ 25
II. 주택재건축, 재개발 사업 등 도시정비사업의 공법상 분류 ·· 27
Ⅲ. 주택재건축, 재개발 사업의 구별 문제 ······ 29
1. 개념상의 차이 ······ 29
2. 공공성의 정도에 따른 구별 ······ 33

3. 재건축과 재개발의 주요 차이점 ······ 36
제2절 관련 법제 및 비교법적 검토 ······ 41
I. 관련 법규의 연혁 ······ 41
II. 주요 관련법령 ······ 43
1. 도시및주거환경정비법 ······ 43
2. 도시재정비촉진을위한특별법 ······ 44
3. 도시재생활성화및지원에관한특별법 ······ 45
III. 비교법적 검토 ······ 48
1. 독일 ······ 48
2. 프랑스 ······ 54
3. 네덜란드 ······ 61
4. 영국 ······ 65
5. 미국 ······ 71
6. 일본 ······ 73
7. 스페인 ······ 81
8. 체코 ······ 97
9. 오스트리아 ······ 100
VI. 결론 ······ 104
1. 외국 법제의 시사점 ······ 104
2. 통합적 정비계획 및 관리시스템 확립 ······ 108

제3장 정비사업조합 설립을 둘러싼 법적 쟁점

제1절 서설 ······ 115
I. 쟁점 ······ 115
II. 리딩케이스: 대법원 2012. 10. 25. 선고 2010두25107 판결 ······ 117
1. 사건의 개요 ······ 117

2. 판결의 요지 ······ 119
제2절 조합설립인가의 문제 ······ 122
Ⅰ. 조합의 법적 지위와 조합설립인가의 법적 성질 ······ 122
1. 조합의 법적 지위 ······ 122
2. 조합설립인가의 법적 성질 ······ 124
3. 소결 ······ 128
Ⅱ. 조합설립 변경 인가의 문제 ······ 129
1. 쟁점 ······ 129
2. 재판을 통한 소의 이익 존재 여부 ······ 131
3. 소결 ······ 134
제3절 조합설립인가의 하자 문제(동의율 산정 문제를 중심으로) ······ 136
Ⅰ. 조합설립 과정에서의 동의율 산정 문제 ······ 136
1. 쟁점 ······ 136
2. '토지 또는 건축물 소유자'의 의미 ······ 137
3. 소결 ······ 139
Ⅱ. 조합설립 하자의 중대, 명백성 인정 여부 ······ 140
1. 쟁점 ······ 140
2. 위법성의 정도 ······ 141
3. 소결 ······ 146
Ⅲ. 결론 ······ 147
제4절 조합설립 후 결의 내용 등이 변경되는 경우의 문제 ······ 148
Ⅰ. 서설 ······ 148
Ⅱ. 리딩케이스: 대법원 2009. 9. 17. 선고 2007다2428 전원합의체 판결 ······ 150
1. 사건의 개요 ······ 150
2. 판결의 요지 ······ 152
Ⅲ. 조합설립 결의 내용이 변경되는 경우의 주요 법적 쟁점 ·· 155
1. 조합설립 동의와 결의의 기본 쟁점 ······ 155

2. 결의 내용 변경을 초래하는 사업비용 분담 문제 ·········· 161
3. 관련문제: 현금청산 대상자의 사업비 부담 여부 ··········· 166
IV. 조합 결의 내용 변경을 위한 의결정족수 확정 문제 ········· 177
1. 견해의 대립 ·· 177
2. 일본 학계의 견해 ·· 182
3. 대법원 판례의 태도 ··· 182
4. 관련 추가 판례: 대법원 2014. 5. 29. 선고 2011두 33051 판결 ·· 186
5. 소결: 도시정비법 제16조 준용 ·· 188
V. 결론 ··· 189
제5절 조합원 지위의 상실에 따른 법률관계 ······························ 191
I. 서설 ·· 191
II. 조합원 지위 상실자 등에 대한 토지취득 과정에서의 법적 문제 ·· 193
1. 정비사업에서의 일반적인 토지취득 과정 ······························ 193
2. 신탁방식에 의한 경우 ·· 198
3. 공용환권 방식에 의한 경우 ·· 206
III. 조합원 지위의 상실과 현금청산의 관계 ································ 208
1. 조합원 지위의 취득과 상실 ··· 208
2. 조합원 지위를 상실한 경우 현금청산 대상자로 되는지 여부 ·· 213
3. 분양신청 후에 현금청산을 받을 수 있는지 여부 ·········· 218
IV. 현금청산 시 감정평가기준 및 방법 ······································ 221
1. 관련 규정 ·· 221
2. 평가방법 등 ··· 222
3. 현금청산 시 감정평가 기준시점 문제 ··································· 224
4. 소결 ··· 228
V. 결론 ··· 229

제6절 조합설립인가처분 무효 시 조합임원 처벌여부 ··· 231
Ⅰ. 서설(사례) ··· 231
Ⅱ. 리딩케이스: 대법원 2014. 5. 22. 선고 2012도7190 전원합의체 판결 ··· 232
1. 다수 의견 ··· 232
2. 반대 의견 ··· 232
Ⅲ. 결론 ··· 233
제7절 정비사업조합의 조세법적 쟁점 ··· 234
Ⅰ. 정비사업조합의 조세법적 지위(영리법인성 여부를 중심으로) ··· 234
1. 쟁점 ··· 234
2. 도관설 및 실체설에 따른 조합에 대한 과세 취급 ··· 236
Ⅱ. 영리법인 여부에 따른 과세제도의 차이 ··· 237
Ⅲ. 정비사업 조합이 영리법인인지 여부 ··· 238
1. 쟁점 ··· 238
2. 학설 ··· 239
3. 종례 판례 및 과세관청의 입장 ··· 244
4. 일본 법제의 태도 ··· 244
Ⅳ. 결론 ··· 245

제4장 도시정비사업 과정에서 토지취득을 둘러싼 법적 쟁점

제1절 수용과 매도청구로 이원화된 토지취득 방식 ··· 253
Ⅰ. 서설 ··· 253
Ⅱ. 도시정비법상 수용과 매도청구 제도 ··· 254
1. 쟁점 ··· 254
2. 공용침해의 범주에 관한 논의 ··· 255
3. 주택재개발사업에서의 수용의 효과 ··· 257

4. 주택재건축사업에서의 매도청구의 효과 ······ 262
제2절 토지취득 방식 통일의 필요성 ······ 263
Ⅰ. 서설 ······ 263
Ⅱ. 도시정비법상 재개발과 재건축 사업에서의 토지취득 방식의 통일 필요성 ······ 265
1. 쟁점 ······ 265
2. 매도청구권의 수용청구권으로의 통일이 필요한 이유 ··· 266
3. 입법론 ······ 269
Ⅲ. 결론 ······ 270
Ⅳ. 관련문제: 주택재개발사업에서의 부동산 신탁등기제도 도입 ······ 271
1. 최근 문제된 사례 ······ 271
2. 법적 쟁점 ······ 271
3. 신탁등기제도의 도입 필요성 ······ 272
4. 소결 ······ 273
제3절 토지취득 과정에서의 사인의 재산권 제한 및 침해 문제 · 274
Ⅰ. 서설 ······ 274
1. 쟁점 ······ 274
2. 현행 헌법상 재산권 보장체계 ······ 275
3. 소결 ······ 278
Ⅱ. 수용과 매도청구 행사의 헌법상 한계 ······ 280
1. 쟁점 ······ 280
2. 수용 및 매도청구 행사에서 비례원칙 준수의 필요성 ··· 280
Ⅲ. 비교법적 검토: 최근 미국 토지수용 과정에서의 재산권 제한 논의 ······ 283
1. 미국 헌법상 재산권 보호 조항 ······ 283
2. 미국에서의 사인 재산권 제한(수용, 사용)의 위헌 심사기준 ······ 284
Ⅳ. 결론 ······ 286

제5장 정비사업 과정에서의 각종 보상문제

제1절 주택재건축사업에서의 매도청구 가격 산정 문제 …… 291
Ⅰ. 서설 …… 291
Ⅱ. 규정의 부존재로 인한 문제 …… 292
Ⅲ. 매도청구가격의 의의 …… 293
1. 매도청구가격의 개념 …… 293
2. 일반적인 시가 산정 기준 …… 294
3. 최근의 매도청구가격 산정 경향 …… 295
4. 매도청구 가격 산정 시점 …… 296
5. 소결 …… 298
Ⅵ. 개발이익 포함여부 및 가격평가 방법 …… 298
1. 쟁점 …… 298
2. 개발이익 …… 299
3. 개발이익 포함여부에 관한 견해 대립 및 판례 태도 …… 303
4. 구체적인 가격 평가방법론 …… 310
제2절 주택재개발사업에서의 수용보상금 산정 문제 …… 317
Ⅰ. 서설 …… 317
Ⅱ. 일반 손실보상 기준 …… 318
1. 쟁점 …… 318
2. 수용 보상 기준에 관한 학설 및 판례의 태도 …… 319
3. 검토 및 대안 …… 326
Ⅲ. 비교법적 검토 …… 329
1. 영국 …… 329
2. 미국 …… 333
3. 일본 …… 350
4. 소결 …… 352
Ⅳ. 개발이익의 배제에 따른 매도청구와의 형평성 문제 …… 353
1. 쟁점 …… 353

2. 형평성 제고 방안 ······ 353
V. 결론: 보상규정 분리의 필요성 ······ 358
제3절 영업손실 보상금 지급 문제 ······ 360
I. 서설 ······ 360
II. 재개발사업과 도시환경정비사업의 경우 ······ 360
III. 재건축사업의 경우 ······ 363
IV. 결론 ······ 363

제6장 정비사업 과정에서의 보상실무 등 개선방안

제1절 세입자 보상실무 개선방안 ······ 367
I. 서설 ······ 367
1. 쟁점 ······ 367
2. 정비사업과 보상규정 ······ 368
3. 현행 상가세입자 보상제도 ······ 369
II. 정당한 보상에 관한 논의 ······ 371
1. 정당한 보상의 필요성 ······ 371
2. 재산권의 손실과 완전한 보상 ······ 372
3. 재산권 외의 손실에 대한 보상문제 ······ 373
III. 도시정비법 제44조 제1, 2항에서 정한 '임차인'의 범위 문제 ······ 374
1. 쟁점 ······ 374
2. 관련 판례의 태도와 의의 ······ 375
제2절 영업보상, 주거이전비, 종교시설 이전, 감정평가 등의 개선방안 ······ 377
I. 영업보상 문제 ······ 377
1. 쟁점 ······ 377
2. 현실적 난관 ······ 378

3. 영업보상 확보 방안 ········· 381
II. 주거이전비 지급기준 시점 확정 문제 ········· 385
1. 지급기준 시점이 문제되는 이유 ········· 385
2. 지급기준 시점에 관한 판례의 태도 ········· 386
3. 소결 ········· 388
III. 현금청산자에 대한 주거이전비 등의 지급 문제 ········· 390
1. 쟁점 ········· 390
2. 관련 규정 ········· 390
3. 관련 판례 ········· 392
4. 대상자 ········· 393
5. 지원 금액 ········· 394
6. 합의로 주거이전비 등 포기가 가능한지 여부 ········· 396
7. 소결 ········· 396
IV. 종교시설 이전을 둘러싼 문제 ········· 397
1. 쟁점 ········· 397
2. 서울시 뉴타운사업 지구 내 종교시설 처리 지침 ········· 397
3. 유의점 ········· 398
4. 합리적 처리방안 ········· 398
5. 소결 ········· 401
V. 감정평가의 공정성 확보 문제 ········· 401
1. 쟁점 ········· 401
2. 현재의 감정평가 실무 현황 ········· 402
3. 감정평가 관련법령 ········· 404
4. 부동산 감정평가의 기준 ········· 407
5. 그 밖의 요인(기타요인)의 보정 문제 ········· 414
6. 개발이익 배제에 따른 문제점 ········· 422
7. 공정성 확보방안 ········· 424
8. 소결 ········· 426

제3절 상가권리금, 간접보상 등에 대한 보상실무 개선방안 ········ 427
Ⅰ. 상가권리금 문제와 그 개선방안 ········ 427
1. 쟁점 ········ 427
2. 비교법적 검토 ········ 428
3. 개선방안 ········ 428
Ⅱ. 간접보상의 문제점과 그 개선방안 ········ 436
1. 쟁점 ········ 436
2. 공익사업시행지구 안 영업손실보상의 문제점 및 개선방안 ········ 437
3. 공익사업시행지구 밖 간접침해보상의 문제점 ········ 439
4. 소결 ········ 441
Ⅲ. 현행 보상실무의 한계 및 그 극복방안 ········ 442
1. 보상실무의 한계 ········ 442
2. 극복방안 ········ 444
제4절 정비사업 과정에서의 서민 주거권 보장 및 개선방안 ······· 445
Ⅰ. 기본권으로서 주거권 보장의 필요성 ········ 445
1. 주거권의 의의 ········ 445
2. 주거권 보장의 국제법적 근거 ········ 447
3. 주거권의 헌법적 근거 ········ 451
4. 정비사업과정에서의 주거대책 관련 규정 ········ 457
5. 정비사업과정에서의 주거권 침해 문제 ········ 459
Ⅱ. 정비사업과정에서의 주거안정 대책에 관한 비교법적 검토 ········ 465
1. 영국 ········ 465
2. 일본 ········ 469
3. 미국 ········ 475
4. 프랑스 ········ 477
Ⅲ. 도시정비사업 과정에서의 주거권 확보 방안 ········ 480
1. 쟁점 ········ 480

2. 구체적인 방안 ······ 481
3. 소결 ······ 487
IV. 도시정비법 등 관련 법 개정방안 ······ 488
1. 주민(세입자 포함) 이주대책의 체계적 확립 ······ 488
2. 순환정비 개발방식의 의무화 ······ 489
3. 정비구역 주민(세입자 포함)의 사업 참여권 보장 ······ 492
4. 단계적·순차적 개발 ······ 494
5. 공공부문의 적극적인 개입과 재정적 지원 ······ 494
V. 결론 ······ 496

제7장 미래 도시정비사업의 방향

제1절 사회 계층 전부가 공생할 수 있는 정비사업제도 개선방안 ······ 501
I. 개관 ······ 501
1. 도시정비사업의 민주성, 투명성 확보 ······ 501
2. 임대주택 의무건설비율 조절, 순환재개발 실시, 임시주택 제공 ······ 502
3. 도시정비법제의 통합 필요성 ······ 505
II. 세입자 등 소수자 보호를 위한 관련 법제도 개선방안 ······ 506
1. 주거이전비 자격취득기준일 변경 필요성 ······ 506
2. 임대주택 신청 자격취득기준일 변경 필요성 ······ 508
3. 상가세입자 보상제도 변경 필요성 ······ 510
4. 임시주거단지 설치를 통한 순환정비(순환재개발) 방식 도입 확대 ······ 511
5. 주거 안정기금 조성 및 지원 ······ 515
6. 공공임대주택 추가 건설 ······ 517

Ⅲ. 도시정비법 등 관련 법률의 구체적인 개정 방향 ··· 522
1. 쟁점 ··· 522
2. 도시정비법의 구체적, 세부적 개정방안 ··· 523
3. 도시재정비촉진을 위한 특별법의 개정방안 ··· 530
4. 소결 ··· 531
제2절 도시정비사업의 새로운 패러다임으로서 도시재생 ··· 534
Ⅰ. 도입 배경 및 목적 ··· 534
Ⅱ. 도시재생의 개념 ··· 537
Ⅲ. 도시재생법의 주요 내용 ··· 539
1. '도시재생' 및 '도시재생사업' ··· 539
2. '도시재생전략계획' 및 '도시재생활성화계획' ··· 541
3. '도시재생활성화지역'과 '도시재생선도지역' ··· 543
4. 도시재생기구 ··· 545
5. 도시재생활성화 지원 ··· 548
6. 주민참여 활성화를 위한 제도적 장치 마련 ··· 551
Ⅳ. 도시재생사업의 유형과 추진현황 ··· 552
1. 사업 유형(모델)과 문제점 ··· 552
2. 추진 연혁 ··· 558
3. 기존 도시정비사업의 추진 현황과 미래 도시새생 사업 추진 체계 ··· 559
Ⅴ. 결론 ··· 575
제3절 도시정비사업과 도시재생사업의 향후 바람직한 추진방향 ··· 576
Ⅰ. 서설 ··· 576
Ⅱ. 현행 관련 법제도 운용의 문제점 ··· 577
Ⅲ. 도시 교통망 확보의 중요성 및 정비사업의 실용성 강화 ··· 580
Ⅳ. 도시재생의 공공성 확보를 위한 공공지원 강화 ··· 582
Ⅴ. 재개발 · 재건축 사업 등 기존 도시정비사업의 안정적 · 계속적 추진 ··· 582

Ⅵ. 주민 참여형 도시정비 및 도시재생 체계의 구축 ·············· 583
Ⅶ. 완화된 토지 및 주택 공개념제 (재)도입 필요성 ·············· 584
Ⅷ. 친환경, 문화 도시 건설을 위한 체계 확립 ························ 585
Ⅸ. 도시정비사업과 도시재생사업 등에 대한 통합 관리
거버넌스의 확립 ··· 588

제8장 결 론 ·· 593

참고문헌 ·· 609

| 표 차례 |

〈표 2-1〉 주택재건축사업의 공법적 통제 변화 ······ 35
〈표 2-2〉 연방-주정부 공동프로그램 ······ 53
〈표 2-3〉 일본의 도시재생 정책 ······ 78
〈표 3-1〉 주택재건축의 공법적 규율 변경 내역 ······ 247
〈표 6-1〉 공익사업법상 영업손실보상의 내용 ······ 370
〈표 6-2〉 가구원별 주거이전비 지급 금액 ······ 395
〈표 6-3〉 주택 평형별 이사비 지급 금액 ······ 395
〈표 6-4〉 감정평가 기준 요약 ······ 408
〈표 6-5〉 표준지공시지가 산출 공식 ······ 411
〈표 6-6〉 토지의 손실보상평가 기준의 변천 ······ 412
〈표 7-1〉 영세세입자 전세자금대출 금액 ······ 516
〈표 7-2〉 공공임대주택 건립비율 ······ 521
〈표 7-3〉 부처별 도시재생사업의 유형 및 성격 ······ 555
〈표 7-4〉 마을기업 수행사업에 대한 개별법의 지원 내용 ······ 557

| 그림 차례 |

〈그림 2-1〉 주택재건축, 재개발 등 도시정비와 도시재생의 차이점 ·········· 26
〈그림 2-2〉 도시재생법 제정 효과 ·········· 46
〈그림 2-3〉 도시재생 계획 및 사업체계도 ·········· 47
〈그림 2-4〉 다카마츠시: 소규모 연쇄형 재개발 사례 모형 ·········· 81
〈그림 2-5〉 스페인 도시정비계획의 주요 구성 주체(조직) ·········· 97
〈그림 4-1〉 개인의 소유권 사용권리 구조 모형 ·········· 285
〈그림 4-2〉 재산권 권리구조 모형 ·········· 285
〈그림 5-1〉 개발이익의 개념정리 표 ·········· 302
〈그림 6-1〉 손실보상의 일반절차 ·········· 411
〈그림 6-2〉 지구특성에 따른 정비수법의 선택 ·········· 471
〈그림 6-3〉 원거주민의 재정착 경로 ·········· 474
〈그림 7-1〉 도시재생사업의 추진체계 ·········· 543

| 법률명 약어표 |

「도시및주거환경정비법」 → 「도시정비법」

「도시재정비촉진을위한특별법」 → 「도촉법」

「국토의계획및이용에관한법률」 → 「국토계획법」

「집합건물의소유및관리에관한법률」 → 「집합건물법」

「공익사업을위한토지등의취득및보상에관한법률」 → 「공익사업법」

「도시재생활성화 및 지원에 관한 특별법」 → 「도시재생법」

「부동산가격 공시 및 감정평가에 관한 법률」 → 「부동산가격공시법」

「구 공용지의취득및손실보상에관한특례법」 → 「구 공특법」

/제1장/

서 론

제1절 연구의 목적

제2절 연구범위와 방법

제1장 서 론

제1절 연구의 목적[1)]

Ⅰ. 영국, 독일, 프랑스, 스페인 등 유럽 국가와 미국과 일본 등 주요 선진국에서의 도시정비사업 내지 도시재생사업은 최근의 유행이 아니며, 1960년대 이후부터 중앙정부와 지방자치단체의 주요 정책으로 시작되어 지금까지 지속되고 있는 중요 핵심 정책 사업이다. 미국의 예를 보면 1968년 '빈곤과의 전쟁'을 선포한 린든 존슨 대통령이 철거 위주의 물리적 재개발에서 지역공동체 개발로 재개발정책 방향을 선회한 바 있었고,[2)] 일본의 경우[3)]도 1998년부터 2000년에 걸쳐

---

1) 이 책은 2014년 (재)아산사회복지재단(과제번호 201400170000)의 학술연구비 지원사업의 결과물이며, 한국연구재단(과제번호 2013S1A5A8021991, 과제명 재개발, 재건축과정에서의 보상실무 개선방안)의 학술연구 지원사업의 성과가 일부 반영이 되었다.

2) http://en.wikipedia.org/wiki/Urban_renewal

3) 사실 일본의 도시정비사업은 1927년 불량주택지구개량법에 의해 본격적으로 시작되었으며 1960년 주택지구개량법에 불량주택을 철거하고 재개발을 시도하는 법적 근거를 마련하였고 1970년대 들이 종합적인 정비기법을 구축하였다. 당시의 종합적인 정비기법은 전면 철거방식보다는 수복형이나 보존형을 강조한 것이기는 하나, 주민생활 개선보다는 전반적인 도시 미관 정비사업의 성격이 강하였다. 시

'마을 만들기 3법'을 제정하면서 물리적 정비사업 위주의 도시재개발, 재건축정책에서 주민참여와 지역의 경제 · 사회 · 문화적 측면의 발전을 강조하는 도시재생 쪽으로 정책기조를 바꾼 바 있다.[4] 영국 역시 1997년 노동당 출신의 토니블레어가 수상에 취임하면서 대처의 보수당 정부가 추진했던 물리적 정비 위주의 도시재개발 정책에서 지역공동체의 사회복지 측면을 강조한 도시재생으로 정책방향을 선회한 바 있다. 그리고 이러한 정책의 성공적인 수행을 위해 부처별 협력방안을 강력히 추진하기 위하여 중복되는 입법을 정비하고, 관련 부처 간 혼선을 줄이는 정책을 강구한 바 있다. 이러한 선진 사례를 참조하여 우리나라도 전면적, 물리적 철거가 주를 이루는 재개발 · 재건축 사업 위주의 도시정비사업에서 소규모, 수복형 도시재생사업을 강조하는 분위기로 정비사업 정책의 기조에 변화가 도래하고 있다.

1988년에 개최된 서울 올림픽을 기점으로 1990년대 이후 우리나라에서는 주택재건축 · 재개발 사업이 전국적 화두가 되면서 도시재개발 내지 도시정비사업 붐이 일었다. 그러던 중 2009년 1월에 서울에서 용산참사[5]가 발생하였다. 정부는 이 용산사건을 계기로 각종 도

가지 재개발은 1969년 제정된 도시재개발법에 따라 시행되었으며 1979년 재개발사업에 종합적인 재개발기법을 도입하여 주변지역과 연계된 시가지정비를 시작하게 되었다. 이후 1981년에는 주택도시정비공단이 창립되어 공공부문에 의한 재개발이 보다 전문화, 촉진화 되기 시작했다(村上 弘, 2000, 日本の都市政策－発展の特徴と政治行政過程, 立命館法学, 3 · 4号下巻 271 · 272号 943頁).

4) 일본에서는 이러한 재생사업을 진행할 때 1차적으로 지역 주민들이 스스로 주체가 되어 지역의 현황을 파악하고 해당 지역이 나아가야 할 방향 및 주거환경 등을 설정하여, 이를 관계 당국에 전달하면 당국에서는 전문가 등과 함께 전문적인 검토를 다시 한 후 가장 효과적인 지구단위계획 초안을 만들어 도시재생 중심의 정비사업을 진행하고 있다(일본 국토교토성 홈페이지 http://www.mlit.go.jp/crd/index/outline/index.html).

5) 이 사고 당사자들로 중형을 선고받았던 철거민들이 2013년 새해 초에 이명박 정부의 마지막 특별사면 대상에 포함되면서 용산참사는 4년 만에 새롭게 주목을 받

시정비사업 과정에서 발생하는 분쟁의 효율적 해결을 위해 도시정비사업 분쟁조정위원회의 신설과 이주민에 대한 보상 기준의 확대, 주거세입자의 이주대책을 위한 순환정비 방식 추진 등을 내용으로 하는 '용산 화재사고 관련 제도개선 방안'을 발표하기도 하였다. 이 방안은 사고 직후 너무 급하게 내놓은 것들이라 재건축, 재개발사업과 같은 도시정비사업에서 발생하는 다양한 문제점들에 대한 근본적인 진단과 대책이 포함되어 있지 못한 한계가 있다. 그러나 용산사건을 계기로 정부나 지방자치단체는 물론 주택재개발·재건축 정비사업조합과 조합원들도 도시정비사업의 문제점이 무엇인지에 대해 인식을 새롭게 하는 계기로 작용한 긍정적 측면은 분명히 있다.

이러한 인식변화는 주택재개발·재건축 사업과 관련된 각종 소송에 대한 법원의 판례에도 반영되어 지나친 정비구역 지정요건 완화를 규정한 조례의 무효 판결[6], 구체적인 비용분담에 명시가 없는 동의서에 기초한 조합설립무효 판결[7] 등을 통해 나타나기 시작하였다. 나아가 주택재개발·재건축 사업 등 각종 도시정비사업이 집중된 서울시를 중심으로 주거환경개선자문단을 구성하여 재개발·재건축 및 뉴타운 사업의 근본적인 제도 개선방안을 도출하고, 도출된 개선방안의 실행을 법률개정으로 연결하였다. 그에 따라 박원순 서울시장 취임 이후 도시정비사업의 양적 축소·조절 등 어느 때보다 도시정비사업의 문제점을 극복하기 위한 다양한 제도 개선방안이 제시되고 있다.

은 바 있다. 한편, 정부는 상가 세입자들의 미흡한 보상에 대한 항의와 점거농성, 경찰의 강제진압과 6명의 인명희생에 대해 '용산참사'가 아닌 단순히 '용산 화재사고'라고 명명하여 비난을 받기도 하였다. 정부 입장에서는 사건을 축소하기 위한 불가피한 용어 사용이었는지도 모른다.

6) 서울고등법원 2009. 9. 8. 선고 2008누35431 사건.

7) 부산고등법원 2009. 4. 19. 선고 2008나16905 사건.

그러나 여전히 주택재개발·재건축 사업을 위시한 도시정비사업은 정부나 지자체 입장에서는 주거환경을 개선할 뿐만 아니라 주택공급을 위한 주요수단이라는 인식이 자리를 잡고 있다. 2010년도 이후 급격한 부동산 시장의 침체[8]와 그간 불거진 도시정비사업시행과정의 각종 문제점으로 인해 큰 영향을 받긴 했지만, 토지나 건물 등의 소유자들은 여전히 재건축·재개발 사업을 자산 증식의 주요수단이라는 인식을 버리지 못하고 있고, 이러한 불씨를 살리려는 듯 박근혜 정부 들어 다시 재건축·재개발 사업을 적극 유도하는 정책기조로 나아가고 있는 것도 사실이다.[9] 이에 따라 상가세입자와 주거임차인에 대한 보호문제 등 국민의 주거환경권과 같은 인권문제[10]와 재건

8) 이러한 침체 원인에는 주택수요 및 인구 및 가구분화의 감소도 한몫하고 있다. 서울의 경우, 인구가 지속적으로 감소하고 있으며 가구분화도 더디다. 특히 주된 주택수요계층이라 할 수 있는 35~54세 인구도 2010년을 정점으로 감소 중이다. 이 주요 주택수요계층이 2011~2020년에는 연평균 1천~2천 명씩, 2021~2030년에는 연평균 4만 5천~5만 명씩 감소할 것으로 예상되고 있다. 한편 인천·경기지역의 경우 전체 인구수는 증가하나 35~54세 인구는 2015년을 정점으로 감소할 것으로 전망되고 있다. 이러한 인구주조의 변화를 볼 때 향후 10년 이내에 수도권주택시장에 대한 투자는 '시세차익(Capital Gain)' 중심에서 '운용수익(Income Gain)' 중심으로 변화하며, 주택수요도 거주수요 중심으로 전환될 것이다. 특히 서울의 경우, 실질소득이 연평균 0.92~1.92%씩 늘어나더라도 인구 및 가구 구조의 변화로 인해 주택수요는 지속적으로 감소하게 될 것이다. 더구나 수백 조에 이르는 부동산 담보대출로 인한 가계부채에 시달리는 하우스푸어(House Poor)가 서울을 포함한 수도권에 78.6만 가구나 된다는 사실 역시 향후 문제로 떠오를 것이다.

9) 재건축·재개발 사업 등이 부동산 경기침체, 주민 갈등 등으로 지연·중단됨에 따라 공공의 역할 확대나 규제완화 및 조합운영의 투명성 제고 등을 통한 정비사업의 원활한 추진을 지원하고, 사업추진이 어려운 지역은 주민의사에 따라 조합설립인가 등을 취소할 수 있도록 하며, 정비사업이 일정 기간 지연되는 경우에는 정비구역을 해제할 수 있도록 하고, 전면 철거형 정비방식에서 벗어나 정비·보전·관리를 병행할 수 있는 새로운 사업 방식을 도입하는 등 도시 재정비 기능을 강화하려는 목적에서 도시정비법이 법률 제11293호로 개정되어 2012년 2월 1일에 공포되었다.

축·재개발업자 사이의 재산권과 관련된 첨예한 사회갈등과 충돌은 도시정비사업 추진 과정에서 여전히 발생하고 있다.

II. 한편, 주택재개발·재건축 사업 등 각종 도시정비사업의 경우 대체로 정비사업조합 결성에서부터 개발사업이 끝나는 기간이 빨라도 5년이 걸리는 등 매우 장기간이 소요된다. 그 와중에 조합과 조합원 사이의 갈등과 이익이 얽혀 법적분쟁으로 비화되는가 하면, 기간이 장기화되면 될수록 조합원의 비용부담이 늘어나면서 매도청구소송과 현금청산 문제 등 다양한 금전적·법적 문제가 야기된다. 더욱이 원주민이 높은 비용분담율로 인해 해당 정비구역에 살지 못하게 되는 경우가 늘어나면서 도시정비사업구역 지정 자체를 반대하는 주민이 늘어나게 되었다. 그뿐만 아니라, 지금까지 주택재건축·재개발 사업 등은 전반적으로 부(富)의 상승으로 이어져 왔기 때문에 서울과 지방 대도시 등의 많은 주민들이 재건축, 재개발에 큰 관심을 가지고 그 추진을 위해 노력해 왔다. 그러나 2010년 이후 정부와 서울시 등이 고밀도·고층 아파트 위주의 도시정비사업을 제한하고자 여러 가지 행정적 규제를 한 까닭에 주택재건축·재개발 사업은 다소 주춤

---

10) 헌법은 국민의 거주·이전의 자유(제14조)와 인간다운 생활을 할 권리(제34조 제1항), 국가의 사회보장·사회복지 증진 의무(제34조 제2항)와 쾌적한 주거생활 향상 의무(제35조 제1항)를 천명함으로써 주거생활의 안정은 국민이 인간다운 생활을 하기 위한 필요불가결한 요소임을 천명하고 있다. 경제적·사회적·문화적 권리에 관한 국제규약 제11조는 "본 조약에 가입한 국가는 모든 사람은 자신과 그 가족을 위하여 적절한 의식주를 포함한 적절한 생활수준을 누릴 권리가 있으며, 생활수준을 지속적으로 개선할 권리가 있음을 인정한다"라고 선언하고 있다. 이처럼 주거생활의 안정은 국민의 인간다운 생활에 가장 기본이 되는 요소이고, 경제적 약자인 상당수 국민들이 임대차, 전세, 월세 등의 명목으로 임차주택에 살고 있는 현실에 비추어 볼 때 임차인 등 세입자의 주거 안정은 국가가 최우선으로 삼아야 할 과제 중 하나라고 할 수 있다.

하였다. 그러던 중, 박근혜 정부가 들어서면서 집권 초반부터 경기부양목적으로 다양한 부동산 규제완화 정책을 실시하고 있는 상황에서 주택재개발・재건축 사업이 새롭게 각광받고 있어[11] 앞서 언급한 도시정비사업 추진과정에서의 다양한 법적・사회적 문제들이 언제든 부상할 수 있는 상황이다. 그 대표적인 것이 재건축, 재개발 조합 설립과정에서의 각종 분쟁이다. 구체적으로 조합설립에 필요한 토지와 건축물 소유자의 동의율 산정을 둘러싼 논란과, 그 연장선에 있는 조합설립인가와 관련된 법적 문제 및 조합 정관 등 조합 설립 당시의 결의내용 변경을 둘러싼 의결정족수 획정문제 등이 있다. 여기에 조합원의 지위에서 탈퇴한 자들의 현금청산 문제 또한 빼놓을 수 없는 중요한 쟁점이다. 이 문제와 관련하여서는 최근의 대법원 전원합의체 판례변경이 있는 등 큰 변화의 소용돌이에 있으므로 비교적 상세히 살펴볼 필요성이 있다.

Ⅲ. 2003년 7월 「도시 및 주거환경정비법」(이하, 도시정비법이라 한다)이 시행되기 이전에는, 주택재개발사업은 도시기능을 회복하고 공공복리 증진을 위하여 다소 강제적인 방법으로 시행하는 공공사업으로서 국가나 지방자치단체가 해야 하는 것을 개발업체가 위탁받아 시행하는 것과 다름이 없었던 반면, 주택재건축사업은 해당 지역 주민의 동의 아래 시행되어 사적 자치의 영역이 넓고 공공성이 상대적으로 약하다는 근본적인 차이 때문에, 양자는 조합가입의 강제성, 토지수용권의 부여, 국가 또는 지방자치단체의 보조 및 융자, 조합원에 대한 부과금・청산금 등의 강제징수 기타 사업시행 방법 등에서 여

11) "강남 재건축 아파트 폭등. 은마아파트 10억", 채널 A, 2015. 7. 16.

러 차이점이 있었다. 이러한 차이 때문에 양자가 실제로는 거의 동일한 기능을 수행하여 왔음에도 주택재개발사업은 주로 공법의 영역에서 주택재건축사업은 주로 사법의 영역에서 다루어져 왔다. 또한, 주택재개발·재건축은 주거가 노후화나 불량화 되었을 경우 이를 효율적으로 개량하여 자신의 주거생활의 질을 높이는 데 이바지하는 제도로서 개인의 행복추구권, 재산권, 주거의 자유 등의 헌법상 기본권을 실현시키는 중요한 수단이다. 따라서 그 규제를 완화하여 그 자유와 권리를 충족시켜 줄 필요성이 있다.

그러나 다른 한편으로는 개발이익[12]을 취득하고자 하는 사익 추구 목적하에 투기 조장 및 사회계층 간 상대적 박탈감 등의 사회적 문제를 야기하고 있으므로 그에 대한 공법적 규제의 필요성도 요구되고 있다. 이러한 서로 다른 두 가지 요구가 충돌하여 사회적으로 항상 이슈가 되고 있다. 이는 결국 상이한 헌법적 가치가 서로 충돌하는 헌법적 문제임과 동시에 구체적 실정법 규정을 해석할 때 특히 주택재건축사업의 공공성과 관련한 공법적 문제이며, 경우에 따라서는 여러 가지 민사 법률관계를 발생시키는 사법적 문제이기도 하다. 또한 재개발·재건축 사업 과정에서의 토지취득방법으로서 주택재개발에서의 수용과 주택재건축에서의 매도청구 양자를 비교 분석하였다. 구체적으로 도시정비법상 각각 수용과 매도청구로 이원화된 토지취득

12) 개발이 수반되면 많든 적든 지가가 상승하거나 하락하여 개발이익 또는 개발손실이 발생한다. 개발행위가 외부경제효과를 가져오게 되어 대상 토지뿐만 아니라 그 주변지역의 토지 등이 가격에 영향을 미치기 때문이다. 이와 같이 개발로 인하여 발생한 가격상승분을 '개발이익'이라 한다. 1972년 국토이용관리법이 제정되면서 처음으로 개발이익이란 용어가 법률용어로 사용되게 되었다. 즉, 개발이익이란 "국가·지방자치단체 또는 정부투자기관의 개발사업이나 정비사업 등에 의하여 토지소유자가 자신의 노력에 관계없이 지가가 상승되어 현저한 이익을 받은 때의 이익"이라 규정하고 있었다(동법 제3조의2 제2항).

방식을 비판하면서 양 제도는 법적 성질과 효과면에서 동일한 제도임을 전제로 토지취득 방식을 수용제도로 통일할 필요성이 있음을 밝혔다. 또한, 그에 따른 보상 기준도 단일하게 통일할 필요가 있음을 역설하고, 구체적으로는 수용과 매도청구가액 산정 시 개발이익과 영업이익 등을 고려한 통일적 보상 기준 마련의 필요성을 주장하였다. 아울러, 현행 매도청구제도의 문제점과 개선방안에 대한 검토를 통해 합리적인 도시주거환경 정비사업의 시행을 보장할 수 있는 바람직한 방향도 검토하였다. 또한 주요 관련 문제로서 정비구역 내 주거세입자와 상가 임차인 등의 보호문제, 정비사업조합 설립과정에서 문제되는 다양한 법적 쟁점, 현금청산 문제, 토지수용과 수용보상금 산정문제, 최근 강조되고 있는 도시재생사업에 이르기까지 비교법적 검토와 실무 최신 판례까지 검토한 후 나름의 소중한 결론을 내리고자 노력하였다.

Ⅳ. 최근에 강조되고 있는 도시재생사업의 경우 도시쇠퇴가 나타난 지역의 환경적, 사회적, 경제적 측면을 종합적으로 고려하여 도시기능을 재활성화 시키는 것을 목적으로 하는데, 지금까지 우리나라의 도시정비사업은 도시정비에 관한 명확한 이념정립 및 목적의식의 부재로 말미암아 물리적 환경 측면에 국한되어 진행되어 왔을 뿐 생태적, 사회적, 문화적, 경제적 측면까지를 종합적으로 고려하지 못한 채 추진되어 왔던 것이 사실이다. 또한 체계적인 도시정비사업의 추진을 위한 사업운영원리 및 지원체제가 구축되지 않아 부처별 산발적인 사업으로 시행되는 등 비효율적인 사업추진 행태가 지속되었다. 이러한 도시정비사업의 전반적인 문제점을 해결하고 도시정비제도를 물리적 철거 위주에서 창의적인 수복형 도시재생으로 전환해야 한다는 주장

이 제기되었고, 이에 2013년 6월 4일 「도시재생활성화 및 지원에 관한 특별법」이 제정되었다. 본 연구 말미에서는 이 도시재생법을 상세히 소개하는 한편 향후 우리나라 도시정비사업이 나아갈 바람직하고도 체계적인 방향을 제시하고자 노력하였다. 즉 도시정비사업에 대한 바람직한 가이드라인을 제시하되 지역별 여건을 적절히 반영하여 지역 실정에 맞는 도시재생사업을 추진할 수 있도록 제안하였다. 마지막으로 주택재개발·재건축 등 도시정비사업과 도시재생사업은 별개의 사업추진 체계가 아닌 상호 연계적으로 이루어져야 하며, 이를 위해 공공의 역할이 강조되면서도 그 기저에는 해당 지역 주민들의 의견이 반드시 반영되는 민주적 도시정비사업이 시행되어야 함을 강조하였다. 마지막으로 우리나라의 도시정비사업 정책이 종합성·일관성·계속성을 가지고 추진될 수 있도록 법제도 개편방안도 미흡하게나마 제시하였다.

V. 위와 같이, 본 연구는 종래 강조되어 온 주택재개발·재건축 사업 등의 도시정비사업과 최근 주목받기 시작한 도시재생사업 등 각종 도시정비사업 관련 법제와 실무에서 주요 쟁점으로 문제되는 법리적 쟁점들을 최대한 빠짐없이 다루고자 노력하였다. 또한 그러한 문제의 해결을 위한 전제로서 우리나라의 주택재개발·재건축 사업 등 도시정비사업과 도시재생사업 등을 추진할 때 가장 시급히 수정되어야 할 문제인 중앙정부와 지방자치단체 및 정부 부처별 상호 중복되거나 혼란스럽게 산재되어 지나치게 비효율적인 사업추진구조[13]를

---

13) 일례로, 관련 법률들을 검토하면 농림수산식품부가 운영하는 것이 맞을 것 같은 「농어촌도로정비법」을 행정자치부가 관할하고 있는바, 농림부의 경우 「농어촌정비법」과 「농어촌주택개량촉진법」을 운영하고 있기 때문에 국토교통부의 「도시재

극복하기 위해서는 도시정비사업 전반을 통합적으로 관리하는 전담 컨트롤 타워의 설치가 필요하다고 지적한 후 그를 위해 무수히 다양하게 난립되어 있는 현행 관련 법령의 조정과 통합을 반드시 이루어

정비촉진을위한특별법」 및 「도시정비법」과 유사한 제도를 보유하고 있다. 따라서 농어촌 주택개량을 촉진하거나 농어촌 정비사업을 추진하면서 동시에 도로정비를 추진할 경우, 부처 간 업무 협조가 안 되는 경우 '주택건설 따로, 도로건설 따로' 식의 비효율적 정비사업을 수행하게 되고 만다.

〈각 부처별 도시재생 및 정비사업의 유형 및 성격〉

추진 부처	도시재생사업 유형 및 성격		
	물리적	비물리적	종 합
국토교통부	-노후공공임대주택 시설개선사업 -주거환경개선사업 -주택재건축사업 -노후산업단지재정비(재생)사업 -가로주택정비사업		-도시활력증진지역개발사업
문화체육관광부	-3대 문화권 광역관광개발	-문화를 통한 전통시장 활성화사업 -소외계층 문화복지 지원사업(국민문화향유권 확대사업) -아시아 문화예술 활성화 프로그램	-아시아 문화중심도시 조성사업(아시아 문화중심도시 투자진흥지구) -관광특구활성화사업 -문화지구 -관광지 리모델링
행정자치부	-우리 마을 녹색길 조성사업 -접경권 평화누리길조성(접경 지역발전 종합계획)	-마을만들기 육성	-희망마을만들기 -마을기업 -지역공동체 일자리사업 -특수상황지역개발
중소기업청	-전통시장 시설 현대화사업	-전통시장 경영 현대화사업	-문화관광형 전통시장 -상권활성화 지원사업 -녹색클린시장 육성사업
환경부	-생태하천복원사업 -도심복개하천 복원사업		-생태관광사업
산업통상자원부			-지역특화발전 특구제도 -커뮤니티 비즈니스 시범사업
보건복지부		-드림스타트 -지역자활센터	
고용노동부		-사회적 기업육성 -지역 맞춤형 일자리 창출사업	

출처: 국토연구원, 2013, 기성시가지 재생을 위한 효율적 도시관리제도 개선방안 연구

내야 한다는 점을 강조하고자 하였다.

제2절 연구범위와 방법

Ⅰ. 이 책은 주택재개발 · 재건축 사업 등 도시정비사업과 최근 부상하고 있는 도시재생사업 등과 관련하여 발생하고 있는 각종 사회문제와 관련 도시정비법, 주택법, 도시개발법, 도시재생법 등에서 비롯되는 다양한 법률문제 및 그 해결방안에 관한 쟁점들을 주된 연구범위로 하고자 한다. 따라서 이와 관련된 행정법적 측면에서의 고찰에 중점을 두고 아울러 헌법과 민, 형사법적 문제에 대한 고찰도 연구범위로 하며, 나아가 사법(私法)적 측면 및 소송법적 측면에서의 고찰도 공법적 연구에 관련되거나 또는 이에 도움이 되는 범위 내에서 연구범위에 포함하고자 하였다.

Ⅱ. 이 책은 지금까지의 도시정비사업 관련 학자, 실무가들의 다양한 연구자료 및 관련문헌 · 통계자료 · 설문조사 등을 통해 분쟁사례를 수집 · 정리하고, 이와 관련되는 현행 법제와 2015년도 상반기까지의 최신 판례 및 학설들을 폭넓게 정리 · 분석하였으며, 미국, 독일, 영국, 프랑스, 스페인, 일본 등 선진 외국의 도시정비사업 관련 법제도와 운영사례 역시 최대한 정리 · 분석하였다. 이를 통해 우리나라의 도시정비사업이 나아가야 할 바람직한 법제도 개선방안을 도출하고자 하였다.

Ⅲ. 본 연구를 위하여 「제1장 서론」에서는 연구의 목적과 범위와 방법에 대하여 소개하고, 「제2장 도시정비사업 개관」에서는 도시정비사업의 주요 내용을 개관하는 한편, 주택재개발·재건축의 공공성과 공적 규율, 절차, 법원(法原)을 차례로 살펴보았다. 또한 양 제도를 상호 비교 고찰하여 다음 장에서 다룰 매도청구와 수용과의 비교 논의에 대한 사전 포석을 하였다. 그리고 본론에서는 매도청구의 의의, 행사절차 및 매도청구 관련 분야별 법적 쟁점과 매도청구의 법적 성질 및 위헌성 여부(헌법 제23조와의 관계)를 다루었는데, 그 순서는 주택재개발·재건축과 공공성의 관계에서 문제되는 사인에 의한 또는 사인을 위한 사적개발 목적 매도청구의 허용에 따른 위헌성 여부를 그 법적 성질과 관련하여 고찰하였으며, 이와 비교하여 주택재개발 과정에서의 사인에 의한 토지 수용제도의 위헌 논의를 미국 판례를 들어 살펴보았다.

「제3장 정비사업조합 설립을 둘러싼 법적 쟁점」에서는 조합설립인가와 관련하여 조합설립과정 전반에 대한 소개를 하는 한편 인가를 둘러싼 세부적인 법적 쟁점에 대하여 관련 최신 대법원 판례를 분석하는 방법으로 서술하였다. 구체적으로 조합설립인가의 법적 성질과 관련하여 비교적 최근에 선고된 대법원 전원합의체 판결에 대한 상세한 평석을 시작으로 조합설립인가의 하자, 조합결의 내용 변경을 위한 의결정족수에 관한 문제, 현금청산과 관련하여 현금청산 대상자가 재건축조합원의 지위를 상실하는지 여부 및 반대로 조합원 지위 상실 시 당연 현금청산자가 되는지 여부, 분양신청 후에 현금청산을 받을 수 있는지 여부, 현금청산금액 산정과정에서의 기준시점과 감정평가에 관한 법적 문제, 조합임원의 형사처벌에 관한 문제 등에 관하여 상세히 검토하는 시간을 가졌다.

「제4장 도시정비사업 과정에서 토지취득을 둘러싼 법적 쟁점」에서는 도시정비법상 수용과 매도청구의 비교 고찰을 통한 양 제도의 통일성 확보의 필요성에 대해 논의한 후 매도청구와 수용으로 인한 사인의 재산권 침해 문제를 우리 헌법상 재산권의 체계적 구조 차원에서 설명하였다. 그리고 보다 쉬운 이해를 돕기 위해 최근 미국에서의 사인 재산권 제한 및 그 한계에 관한 모델을 소개함으로써 도시정비사업 진행과정에서 문제되는 사인의 재산권에 대한 제한과 그 헌법상 한계에 대해서 살펴보았다. 또한, 관련 문제로 매도청구권의 주체와 그 상대방, 행사기간 등 행사 요건과 관련된 실무상의 제반 문제와 쟁점을 소개하는 한편 개선방안도 제시하고자 노력하였으며, 매도청구행사의 효과와 관련하여 세입자에 대한 명도청구 문제 등을 중심으로 세입자 보호 문제도 다루었다.

「제5장 정비사업 과정에서의 각종 보상문제」에서는 재건축사업 과정에서의 매도청구에 따른 매도 가액의 산정 기준에 관한 문제 및 그 매도청구가격 산정 기준에 대응하는 재개발과정에서의 토지수용에서의 손실보상 기준에 관한 검토를 함에 개발이익과 영업이익 보상 등의 문제를 중심으로 살핀다. 동시에 보상 시 개발이익의 포함과 배제라는 서로 다른 태도를 취하고 있는 현행 대법원 판례의 태도에 대한 비판적 고찰을 통하여 두 제도의 보상 기준을 통일할 필요성이 있다고 역설하였다.

「제6장 정비사업 과정에서의 보상실무 등 개선방안」에서는 세입자 보상문제 일반론을 시작으로 주택재개발사업과 도시환경정비사업의 경우 세입자 보상 관련 문제로서 개발이익 보상문제, 보상 기준 시점 문제, 현금청산자에 대한 주거이전비 지급문제, 현금청산자의 분담금 납부 문제, 감정평가 금액과 감정평가 시점획정 등 감정평가의 공정성 확보문제, 상가권리금 보상문제를 다루는 한편, 그 밖에 보상문제를 제외한 세입자(임차인)보호를 위한 제도 개선방안에 관해서도 대안을 제시했으며, 이는 다음 장에서 다룰 종합 대책의 일환으로서 연결고리에 해당한다.

「제7장 미래 도시정비사업의 방향」에서는 도시정비사업 과정에서 비교적 큰 불이익을 당하는 집단인 세입자와 상가 임차인 등 주거약자 보호를 위한 제도 개선 방안과 기타 정비사업의 효율성과 합리성 방안을 종합적으로 검토했다. 그리고 종래 일방적으로 구 건물을 철거하고 큰 비용을 들여 새로 재건축 · 재개발을 하는 것에서, 최대한 구도심을 살리고 그 지역의 생태적 · 사회적 · 문화적 특성의 유지를 강조하는 도시재생사업이 도시정비사업의 새로운 패러다임으로 등장함에 따라 그 의의와 가능성을 살펴보고 도시정비사업과 도시재생사업이 별개가 아니라 상호 공존하면서 조화롭게 추진되어 나아가야 함을 강조하며 그 방안을 검토했다.

Ⅳ. 이 책은 문헌연구의 방법을 중심으로 하되, 주택재개발 · 재건축 사업 등 각종 도시정비사업과 관련된 최근의 대법원과 헌법재판소 판례들을 최대한 빠짐없이 소개하면서 그에 대한 평석을 시도하였다. 이를 위해, 지금까지 출간된 관련 국내 단행본과 학술논문 및 연구보고서는 물론 본 연구의 주제와 관련된 선진 외국의 이론이나 법규, 제도, 판례, 단행본, 논문 등도 적극 참조하면서, 관련 법령의 해석상 논점을 파악하는 한편 주요 판례에 대해서는 상세한 평석도 하였다. 나아가, 도시정비사업 관련 법령과 제도는 물론 그와 관련되는 법적 쟁점 역시 빠르게 변화하고 있는 까닭에 최근까지의 정부의 도시정비사업 관련 다양한 대책과 그 문제점들에 대해서도 최대한 빠짐없이

언급하였다. 이와 같이 도시정비법제와 관련된 다양한 문헌적 연구를 기반으로, 관련 대법원과 헌법재판소 판례 및 정부의 대책에 관한 언론의 반응들도 함께 소개하고 검토함으로써 현행 도시정비 사업과정에서 가장 문제되고 있는 조합설립, 사업대상 토지취득 및 보상문제 등을 명확하게 정리함과 동시에 이를 통해 바람직한 법제도 개선방향까지 제시하고자 노력하였다.

/제2장/

도시정비사업 개관

제1절 도시정비사업의 의의

제2절 관련 법제 및 비교법적 검토

제2장 도시정비사업 개관

제1절 도시정비사업의 의의

Ⅰ. 사업 방식으로 본 도시정비사업[1]의 종류

1. 주거환경개선사업

주거환경개선사업[2]은 주로 도시 저소득 주민이 집단으로 거주하는 지역에서 행해지는 일종의 주거재생사업으로, 도로, 상하수도, 공원, 공용주차장, 공동구 등 정비기반시설이 극히 열악하고 노후·불량건축물이 과도하게 밀집된 지역을 대상으로 기반시설을 정비하고 주택 개량·건설 및 주거환경 개선을 위해 공공기관에서 시행하는 사업을 말한다.[3] 사업시행자는 시장·군수 또는 주택공사 등으로, 주택의 소

1) 도시정비법 제2조(용어의 정의).

2) 국토교통부 발간 주택업무편람에서는 주거환경개선사업을 "도시 내 저소득층이 거주하는 노후·불량주택 밀집지역을 대상으로 주택을 개량·건설하고 정비기반시설을 정비하는 도시계획사업"으로 정의하고 있다(국토교통부, 「주택업무편람」, 2007, 121면).

유자가 정부의 금융지원하에 주택을 스스로 개량하고 시장 · 군수 · 구청장 등은 정비기반시설을 정비하는 현지 개량방식에 의해 시행된다. 과도한 인구밀집과 불규칙한 도로망으로 인해 현지 건설 · 개량이 곤란한 경우에는 공동주택 건설이 행해지는 것이 일반적이다.

2. 주택재개발사업

주택재개발사업은 정비기반시설이 열악하고 노후 · 불량 건축물이 밀집한 지역에서 특히 주거환경을 개선하기 위하여 주거 밀집지역의 주택을 개량 · 건설하고 도로 등 공공시설을 정비하는 도시계획사업을 말한다.[4] 구체적인 방법으로는 정비 구역 안에서 관리처분계획에 따라 주택 및 부대 · 복리시설을 건설하여 공급하거나 환지로 공급하는 방식에 의한다. 주택재개발사업은 사업시행 주체에 따라 공영재개발, 자력재개발, 합동재개발로 구분되는데,[5] 해당 재개발 지역주민이 조합을 설립하여 시공업체와 같이 사업을 시행하는 합동재개발이 1980년대 이후의 주된 사업 방식이다. 물론, 위 주민이 설립하는 재개발사업조합의 배후에는 도시주거환경 정비 전문 업체(시행사)가 상당부분 역할을 하는 것이 사실이다.

---

3) 대규모 전면 철거 위주의 정비방식을 지양하고 기존 도시구조를 유지하며 이주수요를 최소화하는 방식으로 뒤에서 살피는 도시재생사업과 유사하다. 대상구역은 주로 정비구역 해제지역, 재개발구역 또는 단독주택 재건축구역 중 주민 50%가 희망하는 지역 등 구체적 요건은 시행령에서 규정하고 있고, 시행방법은 지자체장이 정비기반시설 및 공동이용시설을 설치하고, 주민이 스스로 주택을 개량하도록 한다.

4) 도시정비법 제2조 및 위 「주택업무편람」, 121면.

5) 자력재개발은 시장 · 군수가 도로 등 공공시설을 정비하고 주택은 주민 스스로 개량 또는 건설하는 방식이다.

3. 주택재건축사업

주택재건축사업은 도로 등 정비기반시설은 비교적 양호하나 노후·불량화 된 건물이 밀집한 지역에서 주거환경을 개선하기 위해 시행하는 사업이다. 구체적으로 노후·불량주택을 철거하고 그 대지 위에 새로운 주택을 건설하기 위하여 기존 주택 소유자들이 자율적으로 조합을 결성하여 주택을 건설하는 것이 일반적이다. 이를 통해 주택공급 및 주거환경의 개선이라는 공공적 효과가 나타나는 것이 특징이다.[6) 이러한 주택재건축사업은 정비구역 안 또는 정비구역이 아닌 구역에서 관리처분계획에 따라 공동주택 및 부대·복리시설을 건설·공급하는 방법에 의한다. 재건축사업에서는 노후·불량주택으로서 공동주택을 원칙으로 하나, 예외적으로 단독주택도 대상으로 하고 있다.[7)] 한편, 주택단지 안에 있지 않은 건물(단독주택 등)의 재건축사업은 지형여건, 주변 환경으로 보아 사업시행상 불가피한 경우와 정비구역 내에서 시행하는 사업에 한한다.[8)] 위와 같은 주택재건축사업의 경우 주로 재건축 단지 내 주민들의 지가 상승 기대감에 의한 재테크 수단으로 널리 활용되어 온 것도 사실이나, 경기침체와 박원순 서울시장 취임 이후 재테크 수단으로서의 재건축 사업추진에 상당부분 규제가 가해지면서 시장의 침체기를 맞고 있는 것이 현실이다.[9)]

---

6) 강현호, "도시및주거환경정비법에 대한 소고", 千鳳 石琮顯博士 華甲紀念 論文集, 한국토지공법학회, 2003, 13면.

7) 도시정비법 2조(정의) 마호. 주거환경관리사업: 단독주택 및 다세대주택 등이 밀집한 지역에서 정비기반시설과 공동이용시설의 확충을 통하여 주거환경을 보전·정비·개량하기 위하여 시행하는 사업.

8) 송현진·유동규, 「재개발·재건축 이론과 실무」, 명문사, 2010, 37-40면.

9) 서울 강남권 주택시장의 약세는 글로벌 금융시장의 불안정성과 서울시 재건축·재개발 정책의 기조 변화 때문인 것으로 풀이된다. 2012년 1월 말 서울시가 뉴

4. 도시환경정비사업

도시환경정비사업이란 상업지역·공업지역 등으로서 토지의 효율적 이용과 도심 또는 부도심 등 도시기능의 회복이나 상권 활성화 등이 필요한 지역에서 도시환경을 개선하기 위해 시행하는 사업을 지칭한다.[10] 종래 도시재개발법[11]상의 주택재개발, 도심재개발, 공장재개발 중 재건축사업에 대응하는 주택재개발이 분리되고 도시정비법에서는 도심재개발, 공장재개발이 통합된 개념으로 사용되고 있다.

5. 주거환경관리사업

주거환경관리사업은 단독주택 및 다세대주택 등이 밀집한 지역에서 정비기반시설과 공동이용시설의 확충으로 주거환경을 보전·정비·개량하기 위하여 시행하는 사업을 말한다. 이 사업은 2012년 2월에 도시정비법 개정(제2조 제2호, 제6조 제5항 및 제6항 신설 등)에서 새롭게 추가되었는데, 주거환경관리사업의 경우에도 주택재개발사업에서의 공용수용제도가 적용되는 것이 특징이다. 한편 종전에는 주거환경

타운 신정책 구상을 발표하고 개포주공 등 강남의 주요 재건축 단지에 대해 소형주택 비율의 확대 요구, 용적률 상향 보류 등의 깐깐한 잣대를 들이댄 이후 가격 내림폭이 더욱 커졌다. 강남 3구 재건축 아파트의 3.3㎡당 평균 가격은 2011년도 4분기(10~12월) 기준 3,209만 원에서 2012년 3월 현재 3,162만 원으로 떨어졌다. 강남구 개포동 한 부동산중개업소 대표는 재개발·재건축 사업 위축에 따른 새 아파트 공급 감소로 수요자들이 신규아파트에 몰리는 것으로 보인다며 기존 재건축 단지 아파트값은 당분간 하향세가 이어질 것이라고 예상했다. 문화일보, "강남 아파트시장 新·舊 양극화, 기존 아파트값 추락", 2012. 3. 12.

10) 도시정비법 제2조 제2호 가목 및 라목.

11) 구 도시재개발법 제2조 제2호.
도심재개발사업: 도심지 또는 부도심지와 간선도로변의 기능이 쇠퇴해진 시가지를 대상으로 그 기능을 회복 또는 전환하기 위하여 시행하는 재개발사업.

개선사업은 현지개량방식, 수용에 의한 공동주택건설방식, 환지방식 등만 가능하였고 관리처분방식이 허용되지 아니하였으나 개정 당시 주거환경개선사업에도 관리처분방식을 새로 도입하여 사업 방식을 다양화하였다(제6조 제1항 제4호 신설).

6. 가로주택정비사업

가로주택정비사업은 노후・불량 건축물이 밀집한 가로구역에서 종전의 가로를 유지하면서 소규모로 주거환경을 개선하기 위하여 시행하는 사업을 의미한다. 가로주택정비사업은 주거환경관리사업과 마찬가지로 2012년 2월에 도시정비법 개정(제2조 제2호, 제6조 제5항 및 제6항 신설 등)에서 새롭게 추가된 정비사업의 일종으로, 특징적인 것은 주택재건축사업에서와 마찬가지로 정비구역 내 토지취득 방식으로서 매도청구제도가 활용된다는 점이다.[12)]

7. 도시재생사업[13)]

정부와 지자체는 2010년 이후 신도시나 대규모 택지개발 내지 주택재개발・재건축 사업을 통한 물리적 주택공급의 확대보다는 집 없

12) 도시정비법 제39조(매도청구) 사업시행자는 주택재건축사업 또는 가로주택정비사업을 시행할 때 다음 각 호의 어느 하나에 해당하는 자의 토지 또는 건축물에 대하여는 「집합건물의 소유 및 관리에 관한 법률」 제48조의 규정을 준용하여 매도청구를 할 수 있다. 이 경우 재건축 결의는 조합 설립에 대한 동의(제3호의 경우에는 사업시행자 지정에 대한 동의를 말한다)로 보며, 구분소유권 및 대지사용권은 사업시행구역의 매도청구의 대상이 되는 토지 또는 건축물의 소유권과 그 밖의 권리로 본다. 〔개정 2012. 2. 1.〕〔시행일 2012. 8. 2.〕

13) 도시재생사업의 경우 도시정비법상 정비사업으로 규정된 제도는 아니고, 도시재

는 서민을 위한 임대주택 공급 및 기존주택을 리모델링하는 등의 수복형 도시재생사업으로 도시정비사업의 정책방향을 전환하고 있다. 즉, 도시재생사업은 단순한 주거환경개선을 넘어 신도시, 신시가지 등의 도시 확장에 따라 나타나는 기존 시가지의 노후 및 쇠락으로 발생하는 도심공동화를 방지하고 침체된 도시 경제를 활성화시키기 위하여 도시에 새로운 기능을 창출함으로써 도시의 물리 환경적 개선뿐만 아니라 산업 경제적, 사회 문화적으로 살기 좋은 도시로 재활성화 또는 부흥시키는 것을 뜻한다.14)

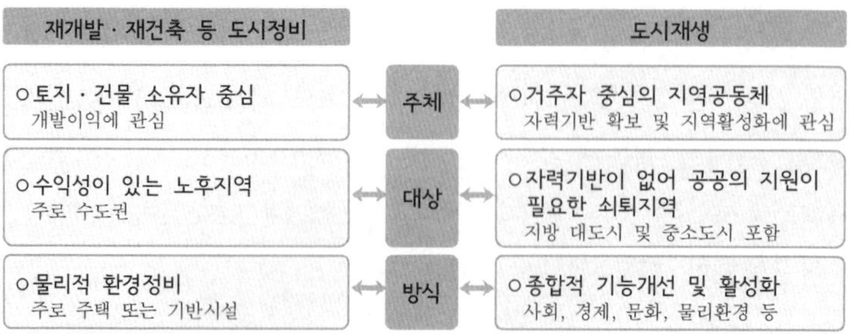

〈그림 2-1〉 주택재건축, 재개발 등 도시정비와 도시재생의 차이점

생법이란 별개의 법에서 규정하고 있는 사업이다. 그러나 도시재생사업은 기존 도시 및 주거환경정비사업 영역을 포함하되, 그간 물리적 환경정비 위주로 추진되어 온 한계를 극복하고, 쇠퇴한 도시지역의 노후화된 인프라를 재정비하여 공간 구조재편 및 신공간 창출을 도모함으로써 새로운 도시기능을 수행할 수 있도록 하기 위한 사업으로서 넓은 의미에서는 도시정비사업과 함께 도시재개발사업의 일종 내지 그에서 파생된 새로운 정비기법이다. 따라서 본 보고서에서는 도시정비사업의 범주에 도시재생사업을 포함하여 논의를 전개해 나가고자 한다.

14) 도시재생이란 물리적 정비사업과 함께 적절한 프로그램 주입을 통해 도시를 부흥시키는 방법으로, 기존 도시가 가지고 있는 물리적 · 사회적 · 경제적 문제를 치유하기 위한 모든 행위를 말하며, 도시 재개발, 도시 재활성화 등을 포괄하는 광의의 개념이다. 그 범위는 도시의 매력 창출 및 도시기능 강화를 포함하는 사업까지 매우 다양하게 나타난다. 즉, 기존 물리적 환경정비 중심의 도시 정비사업이 환경 개선이라는 최종 결과물에 주목하였다면, 도시재생사업은 지속가능한 도시 커뮤니티를 보전하고 고양하기 위한 과정적 산물을 중시하는 것이 특징이다.

실제 개발이익 감소로 민간 주도의 주택재개발·재건축 사업이 위축되고, 구도심 내 주거환경 쇠퇴가 가속화된 상황에서, 2013년 말 국토연구원에 따르면 우리나라 전국 도시 2/3 이상이 쇠퇴현상이 진행 중이다. 그러나 지방자치단체의 열악한 재정여건으로 인해 지자체 차원의 노후주거 환경개선이 부진한 상황에서 이러한 문제점들을 타개하고자 전면적·물리적 정비방식을 지양하고, 소규모·수복형 정비방식을 지향하는 「도시재생활성화 및 지원에 관한 특별법」이 2013년 6월에 제정되었다. 주요 선진국도 과거 우리와 비슷한 경제발전 단계 및 주거여건 수준에서 도시재생 전담기관을 설립하는 등 도시재생을 본격적으로 추진하였다는 점에서 우리 정부와 지방자치단체는 주택재개발, 주택재건축이라는 단어로 대변되던 지금까지의 도시정비사업을 해당 지역의 생태·사회·경제·문화·기존 거주자 중심으로 바꾸고, 공공의 지원이 필요한 지방 중소도시 중심으로 먼저 개발하며, 도시의 종합적 기능 개선과 지역경제 활성화 차원의 도시재생사업을 도시정비사업의 주요 테마로 도입하기에 이른 것이다.

II. 주택재건축, 재개발 사업 등 도시정비사업의 공법상 분류

가. 매도청구가 문제되는 주택재건축사업 및 수용이 문제되는 주택재개발사업에 관한 법률을 공법의 범주 내에서 분류하자면, 건축행정법 내지 건설행정법에 속한다고 볼 수 있다. 건축행정법 내지 건설행정법은 개별 행정법 영역의 한 분야로서 건축물, 도로 등 도시의 물리적 공간 형성에 관여하는 공법규정의 총체를 말하는데,[15] 도시 내

15) 김종보, "행정법학의 새로운 과제와 건축행정법의 체계 요약", 「고시계 44권 11호」,

물리적 공간을 형성하는 요소들 중에서도 특히 건축물의 건축과 관련된 공법적 규율이 건축행정법의 주된 연구대상이다. 건축물에 대한 공법적 규율을 다루는 건축행정법은 거시적으로 도시의 건설 및 도시의 유기적이고 원활한 기능을 위한 공법규정(도시정비법 등)을 포함하고, 미시적으로는 개별적인 건축물에 대한 건축허가의 요건 및 그 허가절차를 다루는 공법 규정을 포함한다. 현재 행정법학의 한 분야인 건축행정법은 개념 및 구성 요소 면에서 아직 확고한 지위를 차지하지 못하고 있다고 볼 여지도 있으나, 도시정비법 제정을 전후로 급격히 늘어난 재건축·재개발 관련 법적 분쟁 등에 대한 다수 판례들을 통해 현재 상당한 관련 법규이론과 판례가 정립된 상태이다.[16]

나. 특히 종래 부동산공법[17]이라는 명칭의 법학 영역에서 건축행정법 분야도 함께 다루어져 왔으나, 부동산공법(토지공법)은 주로 재개발사업에서의 토지수용과 토지 가액평가에 초점을 맞추면서도 토지와 관련된 일체의 공법규정을 다루는 것으로, 하천관련법, 토지에 대한 세제, 개발이익 환수제도 등도 그 영역에 포함되어 왔다. 이렇게 분야가 넓은 토지공법은 개별적인 연구자의 관심에 따라 내용이 상당

1999, 2-3면.

16) 강현호, "재건축사업의 공공성 및 개선방안", 「공법연구 30집 4호」, 한국공법학회, 2002. 6. 12-14면.

17) 부동산공법은 부동산에 대한 국가의 행정목적 달성을 위하여 행정청의 행정작용을 규율하는 행정법으로 실천적인 법률이라기보다는 부동산에 대한 체계적, 규형적인 이용·개발을 위하여 미래에 대한 계획을 세우는 법률이라는 특성을 가진다. 또한 토지의 이용이나 개발보전에 대하여 공법적인 규제와 조정을 가하는 법이라는 특성과 국가가 공공의 이익을 위하여 개인이나 개인의 재산권에 대하여 일정한 제한과 의무를 부담시키는 것을 공용부담이라고 하며 부동산공법은 공용부담법에 해당한다. 김종보, "쾌적한 도시건설을 위한 건축행정법", 학우사, 2008, 363면.

히 차이를 보이게 되어, 모든 대상영역을 관통하는 체계적인 이론의 정립에 어려움이 있었다.

그에 반해 공법의 독자적 영역(chapter)으로서 '건축행정법 내지 건설행정법'[18]은 토지와 관련된 공법규정 중에서도 건축물과 관련된 공법규정에 관심을 한정하였고, 지역적으로는 건축물이 가장 밀집되어 있는 도시가 건축행정법의 주된 연구 분야가 되었다. 이러한 건축물에 대한 공법규정들은 건물의 신축 또는 재건축과 관련된 사항을 규율하는데, 크게는 개별적 건축물의 구조안전 등 위험방지를 목적으로 제정된 법규(건축경찰법)와 도시 내 토지의 합리적 이용이라는 공익을 추구하는 법규(도시정비법)로 나누어진다. 이 책에서 다루는 재건축은 현재 건축행정법 분야에서 가장 주요한 지위에서 다루어지고 있는 테마 중 하나이다.[19]

Ⅲ. 주택재건축, 재개발 사업의 구별 문제

1. 개념상의 차이

도시정비법은 주택재개발, 주택재건축 사업에 관한 개념 정의 규정을 두고 있다. 이에 의하면, 주택재개발사업이란 "정비기반시설이 열악하고 노후·불량건축물이 밀집한 지역에서 주거환경을 개선하기 위하여 시행하는 사업"을 말하고[20], 주택재건축사업이란 "정비기반시설

18) 건설, 부동산 공법 관련 분야에서 두각을 나타내고 있는 서울대 김종보 교수 등이 주도하여 비교적 최근에 만들어진 행정법의 새로운 영역에 해당한다.

19) 송현진·유동규, "전게서", 35-50면.

20) 참고로, 일본 도시재개발법상 개념정의 규정에 의하면 시가지재개발사업이란 시가지 토지의 합리적이고 건전한 고도 이용과 도시 기능의 갱신을 도모하기 위해

은 양호하나 노후·불량건축물이 밀집한 지역에서 주거환경을 개선하기 위하여 시행하는 사업"을 말한다.[21][22] 주택재개발사업과 주택재건축사업은 양자 모두 도시정비법상 '정비사업'의 일종인바, 정비사업이란 도시정비법에서 정한 절차에 따라 도시기능을 회복하기 위하여 정비구역 안에서 정비기반시설을 정비하고 주택 등 건축물을 개량하거나 신축하는 사업이다. 여기에는 주택재개발·재건축 사업 외에도 주거환경개선사업[23]과 도시환경정비사업, 가로주택정비사업 등이 포함된다.[24]

이 4개의 정비사업 중 주택재개발사업, 주택재건축사업 및 주거환경개선사업은 모두 도시정비법의 개념 정의상 주거환경을 개선하기 위하여 시행하는 정비사업인 점에서 같으며, 나머지 도시환경정비사업과 나뉘게 된다. 한편, 주택재개발·재건축사업은 정비기반시설 상태에서는 서로 다른 개념이다. 사업대상지의 정비기반시설 수준이 주택재개발사업의 경우에는 '열악'한 것이 보통이고, 주택재건축사업의 경우에는 '양호'한 것이 보통이다(사업대상지 소재 정비기반시설의 상태상

도시계획법 및 이 법률로 정한 바에 따라 행해지는 건축물 및 건축 대지의 정비 및 공공시설의 정비에 관한 사업 및 이것에 부대한 사업을 말하고, 각 제1종 시가지재개발사업(제3장)과 제2종 시가지재개발 사업(제4장)으로 구분된다.

21) 도시정비법 2조 제2호 나목, 다목.

22) 참고로, 구 주택건설촉진법은 주택재건축사업이란 노후·불량한 주택을 철거하고 철거한 대지 위에 주택을 건설하기 위하여 기존주택의 소유자가 설립한 재건축조합이 시행하는 주택건설사업이라고 규정하고 있다(동법 제3조 제9호).

23) 종전에는 '도시저소득주민의주거환경개선을위한임시조치법'에 근거하여 시행되어 오다가 도시정비법이 제정되면서 이에 포함되게 되었다.

24) 이는 구 도시재개발법상에서는 도심재개발사업, 공장재개발사업으로 구분하여 시행되어 왔으나, 도시정비법에서는 통합된 개념으로만 사용할 뿐 개념은 구 도시재개발법과 동일하다. 이에 따라 부칙 제6조에서도 종전의 도시재개발법에 의해 시행 중인 도심재개발사업 및 공장재개발사업은 도시환경정비사업으로 보도록 하고 있다.

의 차이). 여기서 개념 구별의 징표로 쓰이는 '정비기반시설'이라 함은 도로·상하수도·공원·공용주차장·공동구[25] 그 밖에 주민의 생활에 필요한 가스 등의 공급시설로서 대통령령이 정하는 시설을 말한다.[26] 이러한 정비기반시설은 국가 경제활동의 기반을 형성하는 시설·제도의 의미로 흔히 공공성이 강한 '인프라' 또는 '인프라스트럭처(infrastructure)'로서 공공의 지원대상이 된다. 이와 같이 주택재개발사업과 주택재건축사업을 개념상 비교해 보면 정비기반시설이 열악한 지역에서 시행하는 것이 주택재개발이고, 양호한 지역에서 시행하는 것이 주택재건축이다. 이 같은 차이로 인해 주택재개발의 경우가 주택재건축의 경우보다 공공성이 더 강하다고 볼 수 있다. 그에 따라 정부당국(공공)의 개입 정도도 더 강화된다. 또한 주택재개발은 정비기반시설을 정비하고 주택 등을 개량하거나 건설하는 사업인데 비해, 주택재건축은 단지 노후·불량주택을 철거하고 그 부지 위에 새로운 주택을 건설하기 위하여 시행하는 사업인 점에서도 차이가 있다. 이러한 도시정비법에 의한 정의는 이론상 협의의 주택재개발, 주택재건축의 개념에 해당한다. 그러나 그 자체로는 상호 간의 독립성을 대별하는 뚜렷한 자족성을 갖지 못하는 문제가 있다. 주택재개발과 재건축을 단지 정비기반시설의 열악함과 양호함이라는 하나의 기준으로 쉽게 구별할 수가 없기 때문이다. 따라서 나머지 개념규정에 관하여는 공법규정의 흠결에 해당하여 공법 이론에 의해 보완되어야 할 것

25) 여기서 공동구란 국토계획법 제2조 제9호의 규정에 의한 공동구, 즉 지하매설물(전기·가스·수도 등 공급설비, 통신시설, 하수도시설 등)을 공동 수용함으로써 미관의 개선, 도로구조의 보전 및 교통의 원활한 소통을 기하기 위하여 지하에 설치하는 시설물을 말한다. 도시정비법 시행령 제3조. 대통령령이 정하는 시설이란 녹지, 하천, 공공공지, 광장, 소방용수시설, 비상대피시설, 가스공급시설을 말한다.

26) 도시정비법 제2조 제4호.

이다.[27)]

이와 관련하여 「집합건물의소유및관리에관한법률」(이하, '집합건물법' 이라고 한다)에는 "건물 건축 후 상당한 기간이 경과되어 건물이 훼손 또는 일부 멸실되거나 그 밖에 사정에 의하여 건물의 가격에 비하여 과다한 수선·복구비나 관리비용이 소요되는 경우 또는 부근 토지의 이용 상황의 변화나 그 밖의 사정에 의하여 건물을 다시 지으면 그에 소요되는 비용에 비하여 현저한 효용의 증가가 있게 되는 경우에 그 건물을 철거하여 그 대지 상에 새로운 건물을 건축하는 것"을 재건축으로 규정하고 있다.[28)] 위 규정에 나오는 '건물'에는 '주택'도 포함되는 것으로 해석되므로 위 규정에 의해서도 주택재건축의 개념을 보충할 수 있을 것이다.[29)]

27) 행정법의 흠결의 보충은 사법규정에 의한 보충보다는 공법우선의 원칙에 따라 공법이론상 개념으로 보충되어야 할 것이고, 그 후 비로소 사법규정으로 보충되어야 할 것이다.

28) 집합건물법 제47조 제1항.

29) 행정법관계에 대한 사법규정적용에 관한 학설로는, 소극설(사법규정 유추적용 부정설 = 공법규정 적용설), 적극설(사법규정 유추적용 인정설 = 사법규정 적용설; 이는 다시 직접적용설과 유추적용설로 나뉜다), 특별사법설(법 일원설) 등이 있고, 대법원은 "공권력의 주체로서 국민에 대하는 관계에 있어서는 대등한 사사로운 국민상호간의 경제적 이해를 조정함을 목적으로 하는 사법이 전면적으로 그대로 적용될 수는 없고 국가공익의 실현을 최우선으로 하는 특수성을 고려하여 특수한 법규나 법 원칙이 인정되어야 한다"라고 판시하였다(대법원 1961. 10. 3. 선고 4292행상6 판결). 그리고 대법원은 구체적인 경우에 법률관계의 성질에 따라 사법규정이 적용범위를 결정해야 한다는 입장에서 "귀속재산매도처분이나 그 처분취소는 행정처분이기는 하나 그 성질이 매매계약과 그 해제인 점에 비추어 볼 때 귀속재산매도처분취소에 관하여도 민법 제548조, 제549조를 준용하는 것이 타당할 것이다"라고 판시하였다(대법원 1966. 1. 25. 선고 65다2129 판결).

2. 공공성의 정도에 따른 구별

가. 종래 재개발사업은 도시재개발[30]에 의해서 진행되었으나 재건축사업은 주택건설사업촉진법에 의해 진행되었다는 점에서 적용 법규상의 차이가 있었다. 그러나 2003년 7월 도시정비법이 시행됨으로써 주택재개발・재건축 사업은 공법적 통재 관점에서 상당히 접근하였다. 특히, 구역지정을 해야 한다는 점, 관리처분계획을 수립하고 이전고시를 해야 한다는 점, 추가부담금을 청산금 부과처분으로 징수해야 한다는 점 등에서는 양자의 차이는 사실상 없어졌다고 볼 수 있다. 따라서 재건축・재개발은 양자 모두 공공성을 지닌다는 점에서는 동일하고, 현행법상 양자는 매도청구소송과 토지수용, 안전진단 실시 여부, 사업시행관련 동의의 방식 등에서만 차이가 있다.

즉, 재개발의 경우에는 사업시행자에게 "공익사업을위한토지등의취득및보상에관한법률(이하, 공익사업법이라고 한다)"상 토지수용권이 주어지지만, 재건축의 경우에는 토지수용권 대신 미동의자에 대하여 사법상의 매도청구를 할 수 있도록 하고 있다. 그런데 민사소송이나 실질은 매도청구를 당하는 상대방 피고의 패소율이 90% 이상에 달한다는 점에서 사실상 매도청구는 토지수용과 다를 바 없다. 이 부분에 대해서는 뒤에서 상세히 다루기로 한다. 그리고 안전진단은 재건축의 경우에만 요구되며, 사업시행 관련 동의의 방식도 서로 다르다. 또한 정비

---

30) 도시재개발이란 용어는 미국의 주택경제학자인 'Miles Colean'에 의하여 사용되기 시작한 것으로 미국에서는 도시재개발(Urban Redevelopment), 도시재상(Urban Renewal)이라는 용어가, 독일에서는 도시갱신(StadteRdneurung), 도시재개발(Stadtsanierung)이라는 용어가, 우리나라와 일본에서는 도시재개발이라는 용어가 각기 사용되어 왔다. 김용웅, "도시재개발의 개념적 고찰", 주택토지 제39호, 주택도시연구원, 2005, 382면.

구역이 아닌 구역에서도 재건축사업을 시행할 수 있다는 점도 다르다. 이러한 차이는 재건축사업이 재개발사업과 마찬가지로 공공성으로 인해 정비사업으로 편입되기는 하였으나 재개발사업에 비해 공공성이 상대적으로 약한 점에서 기인한다. 재건축사업은 재개발사업에 비하여 국가의 개입이 약한 비교적 온건한 방법으로 진행이 되고, 재건축조합의 결성을 통해 진행되는 재건축사업은 대상지역이 불량주거지가 아니고 토지소유자와 건물 소유자가 대체로 재건축사업에 자발적으로 합의한다는 점에서, 토지 수용 등 공용침해가 발생하는 재개발사업에 비해 공공성이 상대적으로 약하다고 볼 수 있는 것이다.[31]

나. 위와 같이 재건축사업은 도시정비법이 시행되면서 원칙적으로 주택재개발사업에 준하는 공법적 통제를 적용받게 되었고, 그로 인하여 자율적인 민간사업[32]으로 분류되었던 주택재건축사업도 원칙적으로 공공적인 성격을 가진 도시 정비사업으로 편입되게 되었다. 이에 따라 주택재건축사업은 도시정비법 제정을 전후로 절차와 내용에 많은 변화를 가져오게 되었다. 공법적 통제의 측면에서 이를 비교하여 보면 대체로 〈표 2-1〉과 같다.

표에서 알 수 있는 바와 같이 도시정비법 제정 이후 주택재건축사업에서도 기본계획의 수립에서부터 구역지정과 관리처분계획, 이전고시와 공무원 의제규정에 이르기까지 많은 공법적 규율이 적용되어 정

31) 차홍권, "주택재건축사업의 매도청구권에 관한 연구", 건국대 부동산 대학원 석사학위 논문, 2007, 13면 이하.

32) 국토교통부 발간 「주택업무편람 2004」는, 주택재건축사업이란 "사업시행자가 노후・불량한 주택을 철거하고 그 대지 위에 주택을 건설하기 위하여 기존 주택의 소유자가 자율적으로 조합을 결성하여 주택을 건설하는 사업을 말한다"라고 적시하고 있다.

〈표 2-1〉 주택재건축사업의 공법적 통제 변화

구 분	재건축[33]		재개발
	구법 (주택건설촉진법, 집합건물법)	신법 (도시정비법)	
기본계획수립	규정 없음	적용	적용
구역지정	규정 없음	적용	적용
추진위원회 승인	규정 없음	적용	적용
조합의 성격	비법인 사단	법인	법인
매도청구	집합건물법 준용	집합건물법 준용	미적용
관리처분계획	규정 없음	적용	적용
이전고시	규정 없음	적용	적용
청산금	규정 없음	적용	적용
조합임원의 공무원 의제	규정 없음	공무원 의제	공무원 의제

부 당국에 의한 통제가 보다 강화되었다. 이는 그만큼 공공성의 강도도 강화된 것을 의미하는바, 위와 같이 주택재건축사업도 공법적 통제를 수반하는 도시 정비사업의 하나인 점에서 재건축 사업시행자에게 사업 구역 내 사업부지를 강제적으로 취득하는 권한을 부여하는 것은 어찌 보면 당연한 것이 된 것이다. 그러나 주택재건축사업은 주택재개발사업에 비해 공공성의 정도가 상대적으로 약하기 때문에 강

33) 주택재건축사업은 「집합건물법」상 재건축과 같이 재건축사유가 거의 같고, 모두 주택의 재건축이라는 점에서 「주택법」상 주택의 신축인 주택건설사업과 다르지만 사업의 공익성이 있다는 점에서는 서로 동일하다. 그리고 「도시정비법」상 주택재건축조합은 정비구역 내 또는 정비구역 밖에서 일정한 절차를 거쳐 재건축사업을 시행하거나 조합원 과반수의 동의를 얻어 시장·군수 또는 주택공사 등과 공동으로 주택재건축사업을 시행할 수 있다(도시정비법 제8조 제2항). 정비구역 내에서 하는 사업은 공익사업법이 준용되므로(도시정비법 제40조) 공법관계인 반면 정비구역 밖에서 하는 사업은 이 법이 준용되지 아니하여 사법관계라 할 수 있으며, 주택재건축조합은 조합원의 이익과 비영리 목적으로 스스로 조합을 결성하여 행정관청의 인가를 받은 사업주체이다. 이에 대해 주택법상 주택건설사업은 공익사업법이 준용되지 아니하여 이는 사법관계라고 할 수 있고 민간

제적으로 토지를 취득할 수 있도록 허용하더라도 수용방식이 아니라 매도청구권을 행사하여 매매계약의 체결을 강제하는 방식을 채택하고 있는 것이 특징이다.

다. 이러한 매도청구권제도는 사실상 공용수용과 동일한 효과를 발생한다는 점에서 수용에 관한 공법의 적용이 배제된 채 일종의 편법을 동원하여 민사소송으로 사인의 토지를 강제 취득하여 위헌소지가 다분하다는 비판을 받고 있는 것이 사실이다. 매도청구제도는 종전에는 별도의 직접적인 규정이 없어 민사 특별법에 해당하는 집합건물법에 따른 요건과 절차를 적용하여 왔으나, 행정공법에 속하는 도시정비법에서 매도청구를 직접 규정하여 주택재건축사업의 토지취득제도로 명시하면서 그 절차 등에서만 집합건물법을 준용하고 있는 어정쩡한 위치에 놓여 있다. 이점에서도 매도청구 소송을 민사소송으로 규율하고 있는 현행 법제는 다시 한 번 제고될 필요성이 있다. 궁극적으로는 재개발과 재건축 양자 모두 사인의 토지를 취득하는 절차를 공익사업법상 수용으로 단일화시켜 행정소송의 관할하에 두어야 함이 타당하다. 이에 대해서는 다시 후술하기로 한다.

3. 재건축과 재개발의 주요 차이점[34)][35)]

첫째로, 재건축은 건축주들이 비교적 자발적으로 자신들의 대지 지

사업주체는 공공의 이익(주택건설사업)과 영리를 목적으로 행정관청의 승인을 받은 사업주체라는 점에서 법적 지위가 서로 다르다고 할 수 있다.

34) 김종보 · 전연규, 「새로운 재건축, 재개발 이야기 I」, 2010, 70면.

35) 이우재, 「주해 도시및주거환경정비법 上」, 진원사, 2010, 15면 이하.

분을 새로운 주택(주로 아파트)으로 교환하는 방식인 반면, 재개발은 헌집을 국가나 지자체가 강제로 수용한 후 그 위에 새 아파트를 건설하여 보상해 주는 방식이다. 따라서 재건축의 경우 조합원 개개인이 얼마짜리의 재산을 보유하고 있었느냐는 중요하지 않고, 대지지분의 크기가 얼마인가가 상당히 중요하게 된다. 반면에 재개발 사업에서는 조합원 각 개인이 가지고 있던 재산 가치를 평가해서 공정하게 보상해 주는 시스템이기 때문에 기존의 보유 자산에 대한 감정평가가 중요한 역할을 하게 된다.

둘째는, 이 책에서 주된 주제로 다룰 대상인 토지취득 방식의 차이다. 도시정비법상 주택재건축사업에서 재건축정비사업조합이 설립되면 해당 조합은 재건축사업에 동의하지 않은 건물, 토지등소유자들을 대상으로 해당 토지를 취득하기 위하여 민사법원에 매도청구소송을 진행할 수 있다. 재건축 사업에서 매도청구소송은 재건축 조합설립에 동의하지 않은 소유자를 대상으로 그들의 소유권을 법원의 판결을 통하여 강제로 이전받기 위한 재판상 절차를 의미한다. 위와 같은 매도청구소송은 미동의자에 대하여 개별적으로 소송을 제기하는 방식으로 진행되며 재판 결과에 따라 조합은 시가로 미동의자의 재산을 매수하는 것이다.

이러한 방식은 주택재개발사업의 경우 미동의 조합원의 자산에 대해서 공익사업법을 준용하여 공법상의 권능인 수용권을 행사하여 토지를 취득하는 방식과는 근본적으로 차이가 있다. 즉 재건축에서의 매도청구는 토지 등 소유권 이전이 민사 재판 절차를 통해 이루어진다는 점과 매도청구 가격이 시가 보상(개발이익 포함)으로 이루어진다는 점에서 감정평가기관의 감정평가금액으로서 개발이익이 배제된 보상이 주어지는 재개발 사업과 상당한 차이가 있는 것이 특징이다.

그로 인해 재개발사업에서는 수용에 따른 손실보상을 위하여 감정평가는 반드시 거쳐야 하는 추진단계이지만 재건축사업에서는 조합원들의 의결방식에 따라 생략이 가능한 것이다. 이 책에서는 이러한 도시정비법상 정비사업조합 설립 미동의자들에 대한 토지취득 방식으로서 재개발에서의 수용과 재건축에서의 매도청구라는 두 제도 상호간의 비교 고찰을 통하여 양 제도가 실질적으로는 사인의 토지에 대한 강제취득이라는 동일한 법적효과를 가져온다는 점에서 토지수용방식으로의 통일성 확보방안을 검토하고자 한다.

셋째는, 재건축은 주로 아파트 등의 공동주택과 같은 개별건물에 대해 실시하는 민간 사업적 성격이 강하다는 것이고, 재개발의 경우는 일정 지역에 대해 국가나 지자체에서 실시하는 공공사업이라는 점이다.[36] 그런 연유로 위에서 언급한 토지취득의 방식에서 양 사업은 차이를 보이고 있다. 재개발사업의 경우 사인 토지에 대한 수용과 손실보상 문제가 발생하기도 하는데 이 문제는, 재건축의 경우 문제되는 매도청구를 통한 토지취득과 함께 이 책에서 심도 깊게 다룰 주요 주제이기도 하다.

한편, 이와 같은 양 사업의 차이로 인해 사업시행 주체인 주택재개발조합과 주택재건축조합은 법적 성격에서 차이가 있을 수 있다. 주택재개발사업은 원칙적으로 국가 또는 지방자치단체가 시행하는 것을 전제로 하고 있으므로 토지수용, 건물철거 명령, 분양처분, 경비부과처분 등의 행정법상의 권력적 처분이 다수 인정되고 있다. 즉, 국가 또는 지방자치단체가 주체가 되어 주택재개발사업을 진행할 경우 토지 등을 수용당하는 주민의 반발로 사업 진행에 어려움이 야기되어

36) 송현진 · 유동규, "전게서", 148면.

토지등소유자로 구성된 조합이 행정관청을 대신하여 사업을 시행하고 그 이익도 조합원들이 향유하는 것을 인정함으로써 재개발사업이 원만하게 진행될 수 있도록 한 것이다.[37] 이러한 점에서 재개발조합은 국가 또는 지방자치단체를 대신하여 각종의 권력적 처분권을 행사할 수 있는 공행정주체로서의 지위를 갖는 것이다.[38]

반면에 종래의 주택재건축사업은 노후·불량한 주택의 정비보다는 자산가치 증식을 목적으로 하는 것이 일반적이었던 까닭에 주택재건축사업에 대해서는 법적통제의 수준도 낮았다. 그러다가 재건축사업이 투기화 등 여러 사회문제를 야기함에 따라 정부는 도시정비법 제정을 통하여 주택재건축사업의 내용 및 절차에 대한 공법적 통제를 강화하고, 주택재건축조합에도 법인격을 요구하고 있다.[39] 그럼에도 주택재건축사업은 기본적으로 토지소유자에 의한 재산증식 측면이 강하여 공익성이 재개발사업보다 어느 정도 떨어진다고 볼 수 있다. 주택재건축사업에서 강제수용권이 인정되지 않은 것은 이를 반영한 것이라고 할 수 있다.[40] 그런 측면에서 현재 재건축 진행 여부와 방식 등에 대하여 국가나 지자체 등이 규제를 강화하는 것은 지나친 사유재산에 대한 간섭으로 비춰질 가능성이 크다. 다만, 이 책에서는 주택재건축사업이 도시정비법에 규정됨으로서 공법적 통제가 강화된 점 자체에

---

37) 김종보, 「건설법의 이해」, 박영사, 2008, 417-418면.

38) 대법원 1996. 2. 15. 선고 94다31235 판결.

39) 도시정비법 제18조(조합의 법인격 등) ① 조합은 법인으로 한다. ② 조합은 조합 설립의 인가를 받은 날부터 30일 이내에 주된 사무소의 소재지에서 대통령령이 정하는 사항을 등기함으로써 성립한다. ③ 조합은 그 명칭 중에 "정비사업조합"이라는 문자를 사용하여야 한다.

40) 물론 주택재건축사업이 기존의 집합건물을 대상으로 하는 경우 80% 이상의 찬성을 얻어 재건축이 결의되었다면 재건축에 참가하지 아니한 구분소유자의 구분소유권 및 대지사용권을 시가에 의하여 매도할 것을 청구할 수 있다(집합건물법 제48조).

대한 비판은 자제하고, 공법적 통제를 전제할 때 그에 따른 재건축제도의 바람직한 개선방안에 대한 논의를 살펴보고자 한다.

다만, 주택재건축은 구성원들이 그들의 전 재산 또는 가장 중요한 자산을 출자하여 추진하는 다수자들 간의 공동의 사업으로서, 사인들 간의 경제활동의 일부이기는 하지만 사회·경제적으로 보면 국민들의 주거의 안정, 나아가 경제생활의 안정이라는 문제로까지 관련되기 때문에 국가나 지자체가 재건축에 대하여 방관할 수는 없는 것이고 어느 범위의 수준에서는 공법적 통제를 가할 필요가 발생하게 된다. 그리하여 도시정비법은 재건축을 하는 경우 그 구성원들로 하여금 재건축조합을 설립하여 실행하도록 하고, 재건축조합이 설립된 경우 조합원들 간의 이해관계가 첨예하게 대립되거나 국민들의 주거생활의 안정 및 국가의 주택정책과 관련이 있는 부분에 관하여는 설립에서부터 해산에 이르기까지 상당한 공법적 규제를 하고 있다.

이와 같은 공법적 통제에도 불구하고 재건축조합은 설립이나 운영시 기본적으로는 사인들이 모여 조직한 사적단체라는 본질을 무시할 수는 없다. 재건축조합은 집합건물의 구분소유자들이 주축이 되어 자율적으로 조직한 단체로서 운영이나 분쟁 해결은 조합원들이 자율적으로 정한 정관이나 규약이 우선 적용되어야 한다는 주장이 가능하다.[41] 만약 재개발과 같은 정도의 공법적 규율을 국가나 지자체가 지속적으로 하고자 한다면 재개발·재건축 과정에서의 수용과 매도청구 역시 단일하게 수용방식으로 통일할 필요가 있을 것이다. 이에 대해서는 뒤에서 상세히 검토하기로 한다.

---

41) 서울지방법원 동부지원, "재건축·재개발사업의 법적 문제에 관한 연구", 1996. 10-12면.

제2절 관련 법제 및 비교법적 검토

Ⅰ. 관련 법규의 연혁

우리나라는 일제강점기인 1934년 일본의 시가지건축물법과 도시계획법을 혼합하여 조선시가지계획령이 제정되어 해방 이후까지 지속되다가 1962년 건축법과 도시계획법이 본격적으로 제정되었다. 1962년 제정 도시계획법은 고유기능의 일부를 같은 해 제정된 건축법에 상당부분 내어준 불완전한 형태였다. 다만, 토지구획정리사업에 관한 근거조문은 포함되어 있었다. 그 후 토지구획정리와 관련된 규정도 토지구획정리사업법이라는 별도의 특별법으로 분리 신설되었다가 다시 도시개발법으로 대체 입법되었다.

그 후 개정된 도시계획법에는 다시 불량 정착촌 등 도시 내 문제지역들을 정비하기 위한 도시주거환경정비사업의 근거규정이 마련되었으나, 이러한 도시주거환경정비사업에 관한 근거규정은 1976년 도시재개발법이라는 별도의 법률로 독자적으로 규정하게 되었다. 그 후 1978년 도시를 제외한 전 국토의 합리적 이용을 위해 국토이용관리법이 제정되었으며, 이 도시계획법과 국토이용관리법은 2003년 국토계획법으로 통합되었다.

한편 1972년 주택건설을 활성화할 목적으로 민간자본 투자를 유도하기 위한 주택건설촉진법(이하 주촉법이라 함)이 제정되었고, 1989년 개정으로 주택재건축사업이 신설되었다. 이것이 집합건물법에 의해 제도적으로 뒷받침됨에 따라 주택재건축의 수요가 폭발적으로 증가하여 부동산 투기 바람이 사회적인 문제가 되기에 이르렀다. 이에 2002년 주택재건축사업부분을 주촉법에서 삭제하는 방식으로 주택법을 별도로 제정하는 한편 그 후 주택재건축제도는 도시재개발법을 바탕으로 정부가 2003년 야심차게 준비한 도시정비법에 흡수하게 되었다.[42)]

이러한 주택재개발・재건축 관련법제는 산업화와 도시화가 진행되는 과정에서 주택의 노후・불량화 등으로 도시가 제 기능을 발휘하지 못하게 되자 이를 정비하기 위하여 제도화되어 시행된 것이다. 먼저 재개발사업이 빈번하게 활용되었는데 이것은 매우 강력한 공법적 수단으로 토지를 수용・철거・배분하는 방식이었다.[43)] 그 후 주촉법에 의해 재건축사업이 도입되면서 재건축사업이 도시정비의 주된 수단으로 사용되다가, 재건축이 부동산투기 수단으로 활성화되면서 정부와 지자체가 이에 대한 제동을 걸어 2010년도 이후로는 재개발사업이 다시 주된 정비사업으로 부각되고 있는 실정이다. 다만, 2013년 6월 「도시재생활성화 및 지원에 관한 특별법」이 제정됨에 따라 우리나라의 도시정비사업은 새로운 국면을 맞이하고 있다. 즉, 지난 40여 년간 민간 주도의 전면 철거 위주의 재개발・재건축 사업을 통해 물리적 환경만을 정비해오던 정책에서 '도시재생(urban regeneration)'으로 정책의 패러다임을 전환하는 계기가 되고 있는 것이다.

42) 배병호, "재개발조합설립인가 등에 관한 소송방법", 행정판례연구회, 2012. 6, 10면 이하.

43) 이상 이에 관해 간결하게 잘 정리한 문헌으로, 최진수, "주택 재개발 재건축에 관한 법적연구", 연세대학교 박사학위논문, 2008, 36면 이하; 강용택, "도시계획법제상 정비조합의 법률관계에 관한 연구", 한양대학교 석사학위논문, 2005, 21-23면; 신봉기, "도시개발법제에 관한 검토", 「토지공법연구 제15집」, 2002, 5-8면.

II. 주요 관련법령

1. 도시및주거환경정비법

주택재개발사업과 주택재건축사업을 종합적으로 보면 도시기능의 회복이라는 비슷한 기능을 수행하는 사업들임에도 불구하고 종전에는 주택재개발사업은 도시재개발법에 의하여 그리고 주택재건축사업은 주택건설촉진법과 집합건물법에 의하여 각기 따로 시행되어 왔다. 그러나 현재는 도시기능의 회복이 필요하거나 주거환경이 불량한 지역을 계획적으로 정비하고 노후·불량건축물을 효율적으로 개량함으로써 도시환경을 개선하고 주거생활의 질을 높이는 데 이바지함을 목적으로 양자 모두 도시정비법에서 통합적으로 규율되고 있다(원칙적으로 재개발사업의 주된 골격에 재건축사업을 포섭하는 방식으로 통합되었다.[44]).

이로써 종래 사법적 영역에서 주로 다루어져 온 주택재건축은 공법적 영역으로 편입되게 되었고, 종래 조합설립인가와 사업계획승인이라는 두 개의 관문만 거치면 되었던 재건축이 강력한 공법적 통제수단에 직면하게 되면서 재개발의 경우와 마찬가지로 여러 행정처분

44) 대부분의 개별 행정법은 그 추구하는 공익을 위해 헌법이 보장하는 국민의 기본권을 제한하는 구조를 가지고 있다. 행정법규가 기본권을 제한하는 경우 가장 일반적으로 채택하는 수법은, 공익목적에 적합한 허가요건 및 절차를 정하고 그 요건을 갖춘 경우에만 한정적으로 그 제한을 풀어 허가를 발급하는 방식이다. 건축행정법은 크게 그 추구하는 공익에 의해 건축경찰법 및 도시계획법제로 나뉜다. 이러한 두 개의 법제는 국민의 재산권(헌법 제23조)을 제한하고, 허가 제도를 주로 활용한다는 점에서 공통점을 갖지만, 추구하는 공익 및 기본권의 제한방식 면에서 차이를 보인다. 건축경찰법은 건축물로부터 발생하는 위험의 방지가 주된 목적인 법규이며, 이를 위해 건축허가요건으로 위험방지요건들을 정하고 모든 건축행위는 요건에 적합한 건축허가를 받도록 함으로써 그 목적을 달성한다. 김종보, 논문, 4면.

을 거쳐야 하게 되었다. 이러한 도시정비법의 시행을 위하여 도시정비법시행령, 도시정비법시행규칙이 제정되어 있고, 이러한 법령을 보완하기 위하여 도시·주거환경정비기본계획수립지침,[45] 주택재건축판정을 위한 안전진단기준,[46] 정비사업조합 설립추진위원회 운영규정, 도시및주거환경정비등기처리규칙,[47] 재건축사업의 국민주택규모 건설비율에 관한 기준[48] 등이 마련되어 있다.[49]

2. 도시재정비촉진을위한특별법

이와 더불어, 2006년 7월에 시행된 '도시재정비촉진을위한특별법'은 기존 구시가지의 생활환경 개선 및 구역 단위로 시행되는 재개발사업 등을 광역적으로 계획하여 도시기반시설의 획기적 개선을 도모함으로써 기존도시의 주택공급 확대와 도시의 균형발전을 위해 제정되었다.[50] 이 법에 의해 시행되는 각종 사업은 기반시설 확대를 위한

45) 최초 인구 50만 명 이상의 시가정비기본계획을 수립할 때의 구체적 기준을 정하였다. 2003. 6. 국토교통부 지침.

46) 무분별한 재건축추진을 방지하기 위하여 안전진단의 절차와 기준을 구체화하였다. 국토교통부 고시 제164호.

47) 도시정비법에 의한 재건축정비사업에 대하여 국민주택규모 이하의 주택을 건설하여야 하는 기준이다. 대법원규칙 제1833호.

48) 도시정비법에 의하여 재건축 정비사업에 대하여 국민주택규모 이하의 주택을 건설하여야 하는 기준이다. 2003. 9. 9. 국토교통부 지침.

49) 그 외에도 재개발 재건축이 가장 활발하게 일어나고 있는 서울의 경우, 서울특별시 도시및주거환경정비조례(이하 명칭 중 앞부분의 '서울특별시'는 생략), 주택건설사업등관련부담부과에관한규정, 철거민에대한국민주택특별공급규칙, 주택재개발구역지정등에관한도시계획이원회심의기준 규칙, 건축위원회공동주택건축심의에관한규칙, 주택사업특별계획조례, 시세감면조례, 공유재산관리조례 및 동조례 시행규칙, 도시계획조례, 지역균형발전지원에관한조례 등이 제정되어 있다.

50) 종전 재개발구역의 경우 1만 평 안팎의 소규모였지만, '도시재정비촉진을위한특별법'에서는 주거지의 경우 최소 15만 평 이상 규모(도심 역세권은 6만 평 이

지원 및 용적률 상승 등을 통하여 사업성을 향상시킬 수 있도록 하고 있다.

3. 도시재생활성화및지원에관한특별법

한편, 국회와 정부는 도시정비사업과 병행하여 물리적 개발사업에 취중된 종래 도시정비법제를 보완하는 의미에서 인간중심의 개발을 지향한다는 취지에서 2013년 6월 4일에 기존 도시의 재생활성화를 위해 「도시재생활성화 및 지원에 관한 특별법」을 마련하였다. 인구감소, 지역경제 침체, 주거환경의 노후화 등으로 쇠퇴하는 도시지역에 활력을 불어넣는 도시재생시책이 본격적으로 추진될 수 있는 제도적 기반이 마련되게 된 것이다. 도시재생특별법의 주요 내용은 크게 주민 · 지자체 중심의 계획수립, 중앙과 지방의 조직구성, 도시재생사업의 지원, 선도사업 등 4가지로 요약된다. 계획체계는 정부가 국가도시재생전략인 「국가도시재생기본방침」을 제시하고, 주민 · 지자체 · 지역전문가 등이 도시재생활성화지역에 각종 H/W 및 S/W 재생사업을 종합한 재생계획을 수립하게 된다. 추진조직으로, 국무총리를 위원장으로 하는 도시재생특별위원회를 설치하고, 교육, 컨설팅 등 주민 재생역량 지원을 위해 도시재생지원기구(중앙) 및 도시재생지원센터(지방) 등을 설치하도록 하고 있다. 국가 · 지자체는 도시재생활성화를 위하여 도시재생에 필요한 비용을 보조 · 융자할 수 있고, 국 · 공유재산의 처분, 조세 · 부담금 감면, 건폐율 · 용적률 · 높이제한 · 주

상)로 지구를 지정함으로써 재개발사업의 최대약점으로 꼽혔던 주변 도로 등 기반시설 설치 또는 확충이 훨씬 쉬워지게 된다. 도로, 기반시설, 용적률, 층고 등 광역적 계획하에서 이루어지며 실제 사업은 중소 규모로 분할해서 독자적으로 시행하도록 하고 있다. 〔제정 2005. 12. 30.〕〔시행일 2006. 7. 1.〕

차장 설치기준 완화 등 규제 특례를 지원할 수 있다. 그리고, 도시재생이 시급하고 파급효과가 큰 지역을 선도지역으로 지정하여 예산 및 인력을 우선 지원할 수 있도록 하고 있다.

도시재생법의 제정으로, 지역주민 · 시장상인 · 지역전문가와 지자체 등이 중심이 된 경제 · 사회 · 문화 등 종합적 재생의 방향으로 도시정책의 패러다임이 전환되는 계기가 될 것으로 기대된다. 기존의 재개발 · 재건축 위주의 물리적 정비가 도시환경 개선에 나름 성과도 있었지만, 경기침체기를 맞아 사업이 무산되거나 낮은 원주민의 재정착률 등으로 실질적 재생으로 이어지지 못하는 한계가 있었다. 또한 지역의 고유한 역사 · 문화 자산 등을 최대한 활용하고, 지역특성에 맞는 맞춤형 도시재생이 추진될 수 있는 틀이 마련되었다. 특히, 각 부처가 개별법에 따라 분산 지원하고 있는 각종 H/W 및 S/W 사업들이 주민 · 지자체가 수립하는 재생계획에 따라 연계 · 통합되고 국가에서는 관계부처 간 협업으로 패키지 지원이 가능하게 되었다.

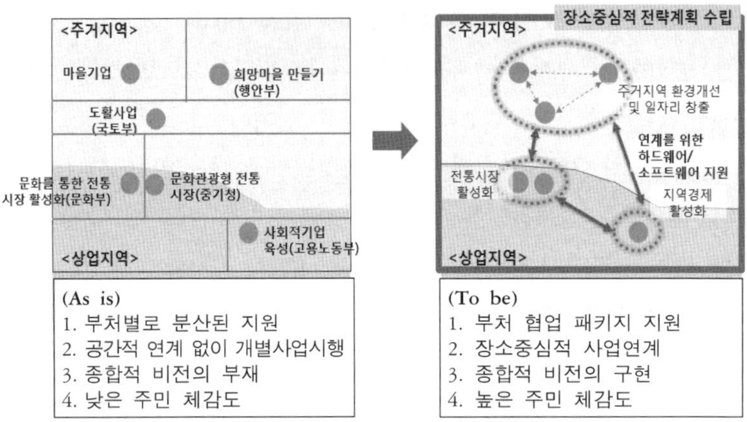

출처: 2014, 국토교통부 홈페이지

〈그림 2-2〉 도시재생법 제정 효과

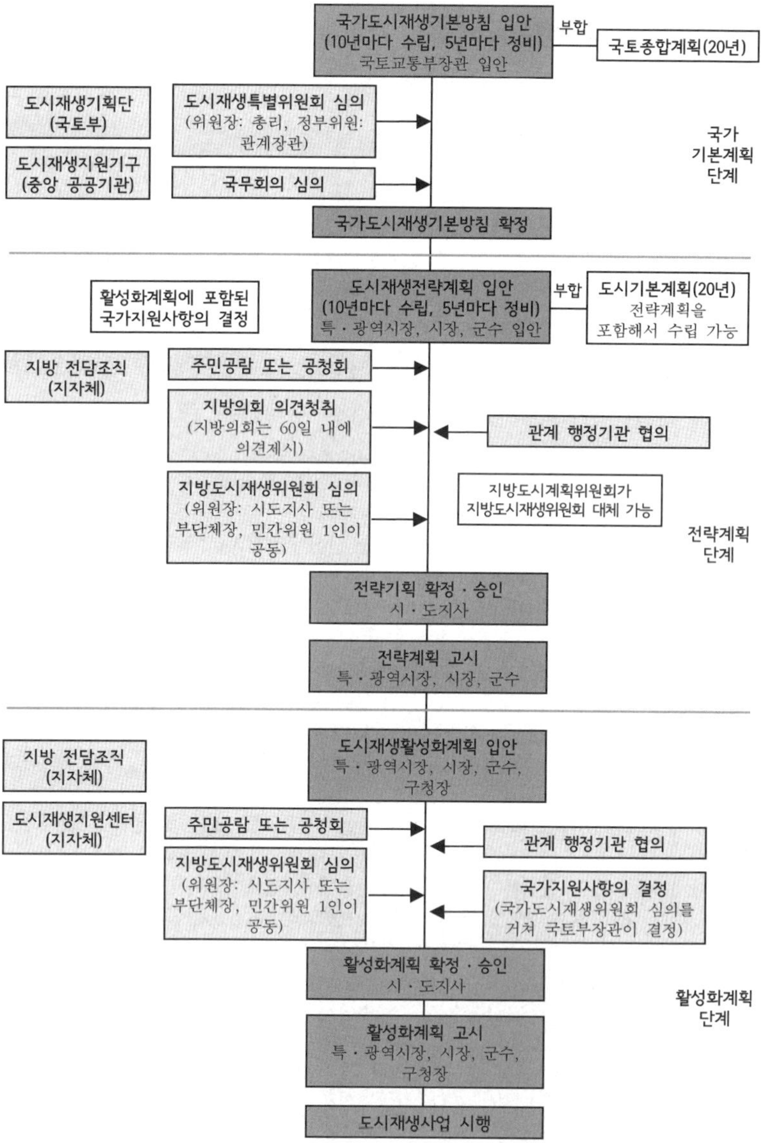

출처: 2014, 국토교통부 홈페이지

〈그림 2-3〉 도시재생 계획 및 사업체계도

Ⅲ. 비교법적 검토

1. 독일[51)]

가. 개요

독일의 현행 도시정비사업 제도는 1971년 법률로 마련되었는데 이 제도를 마련하기 위한 전제로서 제시된 것은 '사회적 토지법 제정의 필요성'이라는 명제였다. 이는 일종의 "토지공개념" 정책으로서 토지에 대하여 엄격하게 공적인 통제를 시행하는 데 목적이 있었다. 이 때문에 민간의 주도적 행위나 지자체의 자주성이 제약되기도 하였

51) 참고로, 현재 교통·건설·도시개발부는 산하에 9개의 국(局-Abteilung)을 두고 있으며, 이들 각 국 밑에 21개의 과(課-Unterabteilung)를 두어 업무를 분담하고 있다. ① 중앙국(Die Zentralabteilung-Z)은 교통·건설·도시개발부를 위한 그의 공무범위의 직무수행자이다. 중앙국은 다른 각국(各局)을 위한 행정사무를 수행한다. ② 새로운 주(州)의 사무국(Angelegenheitender Neuen Länder-NL)은 독일 통일로 인해 새로 편입된 구 동독지역의 주(Land)들의 불평등해소와 발전, 재정지원 등을 담당하고 있다. ③ 공간(대지)이용계획·도시개발·주거국(Raumordnung, Stadtentwicklung, Wohnen SW)은 주거권과 주택정책의 원칙문제, 주택보조금(Wohngeld), 주택건설촉진, 임대차 및 소유재산정책과 건설경제 및 주택경제의 문제를 다룬다. ④ 건축시설, 건축경제 및 연방건축국(Bauwesen, Bauwirtschaft und Bundesbauten-B)은 주택제도의 원칙문제와 국내적·국제적 도시건축정책, 유럽건설 전체의 조화, 건설기술, 건설연구 등과 연방건축(Bundesbauten)에 관해서 담당하고 있다. ⑤ 기초국(Grundsatzabteilung-A)의 임무는 정책의 근본적 개념을 전략적으로 발전시키고 그것의 실천을 돕는 데 있다. ⑥ 철도국(Eisenbahnen-E)은 철도에 관한 전반적인 사항을 관할하고 있다. ⑦ 도로건설·도로교통국(Straßenbau, Straßenverkehr-S)은 현재 약 11,427km에 이르는 독일 고속도로(Bundesautobahn)와 약 41,386km에 이르는 독일 국도(Bundesstraßen)에 관한 도로건설계획, 도로건설기술, 도로의 유지 보수, 자금조달, 도로교통에 관한 전반적 관할권을 가지고 있다. 도로건설은 현재 환경의 관심사와 도시의 주거공간의 이해를 고려하여 점점 중요한 문제가 되고 있다(홍강훈, "독일 교통·건설·도시개발부의 조직과 임무", 법제처 맞춤형 외국법제지원, 2013. 10.).

다. 개발이익의 공공환수도 매우 중요한 이유 중 하나였다. 그러나 1970년대의 세계적인 석유파동을 겪으면서 재개발방식도 종래의 경직적인 전면 철거 후 재개발방식에서 다양한 유형의 재개발로 변화하였고, 지방자치단체의 자주성이나 민간사업자의 주도적 참여를 인정하기 시작하는 등 종래 도시건설촉진법상의 정비구역 지정과 엄격한 절차에 따라 공적자금을 집중 투입하고, 개발사업으로 인해 발생하는 지가 상승분 등 개발이익을 모두 공공이 환수하는 재개발방식에 커다란 변화가 나타난 것이다. 즉, 구역 지정에 관계없이 공공과 민간의 창의력 및 추진력 등을 동원하면서 공공자금을 효율적으로 투입하여 더욱 유연하게 도시재개발을 추진하는 방향으로 바뀌어 가고 있다.[52)]

나. 형태

독일은 도시재개발 등 도시정비사업 전반을 강력히 추진하기 위해 도시건설촉진법상의 도시재개발 제도를 현행 연방건설법전(BauGB)에 계승시켰다. 도시건설촉진법은 도시에서의 재개발 수요가 있는 지역에 집중적인 공공자금을 투입하는 한편 지방자치단체(Gemeinde)가 도시개발절차에 적극적으로 개입하게 한다. 독일 도시재개발제도에서 사업의 주체는 지방자치단체로 재개발지구의 지정이나 사업의 실시를 자치단체가 행해야 하나, 사업을 효율적으로 추진하기 위해 ① 기

52) 독일에서 재개발대상지역은 노후건축물 밀집지역으로서의 의미가 강하기 때문에 정비의 주요 대상도 기반시설보다는 노후 건물이 되고 있으며, 정비 시에 철거보다는 기존 주택의 개선과 보수를 중시하고 있다. 독일의 주택재개발 대상지역들은 우리나라의 경우와 같이 기반시설과 주택 모두 불량한 경우보다는 주택 자체가 노후화되어 정비를 요하는 지역이 많다. 이 때문에 도로 등 기반시설의 확충을 위해 기존 주택들을 철거하는 경우는 많지 않고 주택의 개보수가 정비의 중심이 되고 있다. 한국리모델링협회 건설연구정보센터, "21C 노후·불량주택 정비제도 개선방안", 한국주택경영자연합회, 2010, 16면.

존 건물의 철거, 이전, 지구정비 등 기반정비사업, ② 재개발실시를 위한 토지취득, ③ 자금의 조달, 관리 등 3가지 업무에 대해 외부 민간사업자에게 위탁할 수 있다. 다만, 자치단체는 사전조사에 의해 지구의 확정 후 구체적인 재개발 방법에 대해 지구단위계획(이른바 Bebauungs-Plan)을 수립함과 동시에 재개발을 실시해야 한다(연방건설법전 제24조 이하).[53]

도시정비사업의 실시는 크게 정리사업과 건설사업이 있다. 정리사업은 토지의 취득, 정지, 시설정비 등을 행하는 것이고, 건설사업은 정리사업이 종료된 토지에 대해서 주택이나 상업용 건물 등 구조물의 건축, 근대화 및 보전조치, 공공시설의 정비 등 지구단위계획에 정해진 건물을 건축하는 것이다. 한편, 도시재개발지구로 지정되면, 지구 내 토지의 거래는 모두 허가제로 하여 사업실시에 미치는 영향이나 지가앙등을 방지하며, 자치단체가 적극적으로 토지를 취득할 필요가 생기는 경우 수용권이나 선매권을 행사한다(연방건설법전 제85조 이하). 따라서 자치단체는 재개발로 인한 지가 상승분을 뺀 가격으로 토지를 취득하여 기반시설을 정비한 후 민간에 양도함으로써 개발이익을 흡수하는 것이 가능하다. 또한 민간부분에 토지를 양도한 후에도 지가가 상승한 경우에도 민간부문에 의한 개발이익의 사유화는 문제가 있다고 보고 조정부과금 제도에 의해 재개발 종료 후 개발이익까지도 징수할 수 있다.[54]

다만, 기존 건물의 전면 철거를 전제로 하지 않는 재개발은 정규

53) Boermans T., Lindner, S., 2007, Energieeffizienz und Solarenergienutzung in der Bauleitplanung-Zusammenfassung und Thesen zum Rechts-und Fachgutachten.

54) Schmidt-Eichstaedt, G.: Das Europarechtsanpassungsgesetz Bau 2004 - ein Überblick über die Änderungen und Neuerungen im BauGB durch das Gesetz vom 20. Juli 2004. pp.29-63.

도시관리계획을 수립할 필요가 없고, 토지거래나 형질변경에 대한 인가절차나 개발이익 징수를 배제할 수 있다. 이로 인해 재개발로 인한 행정상의 부담을 줄이고, 토지소유자의 협력을 얻어 유연한 재개발을 진행시킬 수 있다. 재개발을 위한 재정지원 제도로서 도시건설보조금이 있는데, 그 재원은 원칙적으로 연방, 주, 자치단체가 각각 1/3씩 부담한다. 연방정부에 의한 도시건설보조금 지원추이를 살펴보면, 1971년 창설 이래 매년 2~3억 마르크를 지원하였지만, 경제침체나 실업률에 따라 보조금이 달라져 1986년과 1987년에는 10억 마르크(한화 약 5,000억 원)로 급증했고, 2000년도 이후 현재까지도 비슷하게 유지되고 있다.[55]

다. 통일 후 모습

(1) 제도 일반[56]

독일의 도시정비제도는 연방건설법전이라는 단순명료한 법적기반 위에서 지역별 특성이 반영된 다양한 정비프로그램이 탄력적으로 추진되고 있어 전국적으로 획일화된 사업대상구역지정기준과 같은 것이 존재하지 않으며 지역별 특성을 고려하여 각 자치단체들이 사업대상구역을 지정하고 있고 이러한 방식이 정부부처별 내지 정부와 지자체 사이에 혼선이나 혼란 없이 일관성 있게 잘 시행되고 있다는 점에서 주목할 만하다. 그리고 사업의 추진방식이나 지원 수준 등도 각 지역별 특성을 고려하여 추진할 수 있도록 다양한 프로그램이 마련되어 있어서 보다 실효성 있는 주거지 정비가 가능한 것이 특징이다.[57]

---

55) 선북발전연구소, "도심활성화와 도심재생", 해외출장보고서, 2014. 12. 31.

56) 홍강훈, "독일 교통 건설 도시개발부의 조직과 임무", 맞춤형 외국법제지원, 법제처, 2013. 10, 8면.

현재 독일의 도시정비사업은 기본적으로 공공사업이라는 인식하에 연방정부와 주정부, 기초지방자치단체, 개인이 적절한 비용분담을 통해 추진되고 있으며, 기반시설 부문의 개선은 공공이 주도적으로 담당하고 주택의 건축 및 보수와 관련된 사항은 개인의 책임하에서 시행되고 있다. 모든 재개발사업은 B-Plan의 수립을 통해서 시행되고 있고, 사업대상지역의 노후건축물에 대한 정비는 철거보다는 개선(Modernisierung)과 보수(Instandsetzung)를 중시하고 있다.

(2) 주요 정비제도[58]

① B-Plan(지구상세계획)

현재 독일은 수복형 도시재개발을 위해 슈퍼블럭단위의 개발방식에서 벗어나 우선적으로 정비해야 할 지구에 대해 소규모 블록단위 개발을 적극 유도하고 있는 것이 특징이며, 단지 도로 및 상하수도, 공원, 보행로, 녹지 등 기반시설의 정비는 지구단위별로 광역적으로 계획을 수립하여 정부나 자치체가 우선적으로 공급하고 있다. 특히 소규모 지구단위별 기반시설 정비방안을 토대로 B-Plan을 작성하여, 지구차원에서의 일체화된 도시기반시설을 정비하도록 함으로써 주거지 정비가 소규모로 분할되어 진행되더라도 재개발에 따른 주거환경의 질적 저하를 최소화시키고 있다. 또한 B-Plan에는 세입자 등 사회적 약자의 손실을 최소화하기 위한 사회계획과 환경적 부작용을 최소화하기 위한 생태계획 등이 포함되어 있다.

---

57) 한국리모델링협회 건설연구정보센터, "전게보고서", 18면.

58) Senatsverwaltung für Stadtentwicklung Berlin(Ed.), 2007, Barrierefreies Planen und Bauen in Berlin – Öffentlich zugängliche Gebäude; Grundlagen und Beispiele. DruckVogt GmbH, Berlin. p.67.

② 정부지원 프로그램

독일의 노후주거지 정비사업은 연방-주정부 공동프로그램과 주정부 프로그램에 의해 전체적으로 공공책임하에서 시행되고 있으며, 지원주체만 다를 뿐 지원목적과 대상은 비슷하다. 주요내용으로 지자체의 경우 주택재개발사업준비를 위한 사전조사, 주택 주변의 녹지・여가용지・기타 용지의 정비, 각종 공급처리시설의 건설 및 변경, 공공의 토지매입(토지구획정리), 사회계획(거주자 및 기업의 이주작업), 본격적인 재건축행위 단계로 이루어지고 있다.[59)]

〈표 2-2〉 연방-주정부 공동프로그램[60)]

구 분	내 용
목적 및 대상	・기존의 지원수단과 재원들을 범부처 차원에서 연계하여 포괄적이고 통합적인 도시정비를 하기 위함
지원내용	・도심 및 도심주변지역의 주택・도시기반시설 정비 ・1960, 70년대 건설된 대규모 아파트 지역의 정비
재원조달	・연방정부, 주정부, 기초지자체가 비용부담 ・연방정부는 1999년 처음으로 1억 마르크를 출연하였고, 주정부들과 기초지자체들도 참여하여 총 재원으로 통일 후 1.5억 유로 조성

(3) 소결

독일은 통일 이후 수도 베를린 등 주요 도시의 재건을 위하여 도시기본계획을 장기적인 비전을 담고 민간자본의 투자를 적극적 유치하는 데 행정력을 집중하였다. 수도 베를린은 입지적 비교우위, 숙련된 노동력, 무한한 개발 잠재력을 바탕으로 투자를 유도하였는데 베를린

59) 김태곤, "불량주거지 정비제도의 문제점 및 개선방안에 관한 연구", 연세대학교 공학대학원 석사학위논문, 2012, 78면.

60) Senatsverwaltung für Stadtentwicklung Berlin (Ed.), 2006, Gender auf dem Weg in den Mainstream der Stadtentwicklung – Berlin auf dem Weg zu einer lebenswerten Metropole für Frauen und Männder. Medialis Offset-druck, Berlin. p.25.

을 비롯한 독일 도시들의 도시정비사업의 기본 방향은 도시재생에 초점을 맞추고 있으며 도시재생의 기본 방향은 문화, 역사, 예술, 자연, 지역 거주민을 중요하게 생각하는 것이다. 이 기본적인 개념을 바탕으로 소니, 벤처 등과 같은 세계적 기업의 투자를 적극 유치하여 경제적 기반 여건을 마련토록 노력하고 있으며, 종래 구시가지 광장을 보전하는 한편 인근에 새로운 주거단지를 구축하는 정책들을 펴고 있다. 신도시 조성 시 그 디자인과 구조는 베를린시티포럼 등 시민들이 함께 참여하여 탄생되었으며 지역 문화유산의 현대적 기능성과 조화를 강조하는 정책을 추진한 것이 특징이다. 예컨대 수도 베를린의 포츠담 광장은 지하철과 지상전철이 지구 내로 통과되도록 설계되었으며 인근 운하를 끌어들여 교통과 물류의 요지가 되도록 하였으며 동시에 연방정부청사, 연방의회건물, 소니센터본부 등 주요 기능의 입지와 도시 기반 시설의 확충 등을 통해 세계적 명소로 자리매김하였다.

2. 프랑스[61]

가. 개요

프랑스는 2차 세계 대전 전후의 급격한 도시화에 따라, 1958년 "공적인 토지정비수용법으로 우선시가화 구역지정법(ZUP[62])" 및 "도

61) 이하, 봉인식, "프랑스 공공임대주택의 사회적 변화에 관한 연구", 「주택연구 15권」, 한국주택학회, 2010, 5-10면; 송시강, "프랑스 건축공법의 현황과 쟁점", 「행정법연구 제32호」, 행정법이론실무학회, 2012. 4; 박현선 · 한승준, "프랑스의 협의개발지구제도에 관한 연구", 국토교통부 부설 연구소, 2003; 이동배, "도시기본계획체제와 수립방법: 프랑스의 예를 중심으로", 「도시문제 17권」, 도시건축연구소, 1982; HOCREITERE, Patrick, "Plan Local d'Urbanisme, Ed. Berger-Levrault", 2004.; MAILLARD, "Alain et PIPARD-THAVEZ, Dominique, Le PLU: entre theorie et pratique", Ed. MB Formation, 2012.

시재개발제도에 관한 법률"이 각 제정되었고, 이들 제도가 보다 유연한 구조의 "협의정비구역법(ZAC[63])"으로 대체되어 2000년 12월 13일에 일부 새롭게 개정된 이후 현재까지 이르고 있다. 협의정비구역 지정제도는 지방자치단체 등의 공적주체가 일정구역 내의 토지를 취득해 기반시설 등의 정비를 시행한 후에, 민간 건설주체에게 주택건축사업 부분을 시행토록 양도하는 토지의 공적인 정비공급 수법이라고 할 수 있다. 협의정비구역에 의한 정비사업은 공공단체, 정비자 및 건설자 그리고 관계주민과의 합의 형성을 꾀하면서, 일정한 법률 절차에 따라 전개되는데 사업설정과 실시조건 결정의 2단계로 구분된다.

나. 형태

구체적인 정비사업의 설정은 도시정비기본계획(SD[64])과 토지점용(이용)계획(POS[65])에 적합해야 하는데 이를 위해 반드시 사전조사가 선행되어야 한다. 사전조사는 구역지정의 결정근거를 명확히 하기 위해 사업내용 및 부지선정, 사업의 기술적 및 경제적 실현 가능성, 주

---

62) 'Zone à Urbaniser en Priorité'의 약어로 우리말로 번역하면 우선도시화지구(優先都市化地區)에 해당한다. 주로 1960년대 파리 등 대도시의 대규모 주거단지 개발 시 활용된 도시개발 기법을 의미한다.

63) 'Zone d'Aménagement Concerté'의 약어로 영문은 'Concerted Development Zone'이며, 한글로 번역하면 협의정비구역 내지 협의개발지구(協議開發地區)를 의미한다.

64) 'Schéma Directeur'의 약어로, 영문으로는 'large-scale plan for the 30-year development of a region'이며 우리나라의 "장기광역 기본계획 내지 도시개발정책(politique urbaine, stratégie urbaine)" 기능을 지칭한다고 볼 수 있다.

65) 'Plan d'Occupation des Sols'의 약어로 영문으로 번역하면 'Detailed Land Use Plan'으로서 일반적으로 최소 지방자치단체(commune) 단위로 작성된 도시계획 건축 및 토지이용지침으로서, 그 구체적인 내용은 우리의 도시계획법상 토지용도 지정 등에 상응한다고 볼 수 있다.

변 환경과의 조화, 실시방식 선정 등의 관점에서 이루어진다. 사업설정 및 발의주체는 사업실시 주체와는 달리 사적주체를 포함하지 않고, 공공단체 또는 법률 등에 의해 자격을 인정받은 공공기관(도시뉴타운 정비사업공단, 상공회의소, 항만공단, 공항공단 등)에 한정되는데, 사업실시조건을 결정하고 실시를 통제하는 역할도 병행한다. 한편, 정비사업 실시 여부에 대한 결정은 토지점용계획을 가진 시군구의 의회 또는 국가의 대리기관인 지방자치단체장이 하며, 구체적인 구역정비계획의 수립은 발의한 공공기관(주체)의 주도에 의해 진행되고 그 구역설정을 결정한 시군구 의회나 자치단체장이 이를 최종 승인한다. 협의정비구역 설정은 그 자체로 사적 소유권을 제한할 수는 없고, 개별 추가절차가 필요한바, 사업용지 취득을 위한 수용권 행사는 '공익성 선고' 등의 수용절차를 별도로 거쳐야 한다. 사업실시 방법은 발의한 공공주체와 실제 사업을 시행하는 정비사업자와의 법적관계에 따라 직영, 위임, 사업권설정, 계약 등 4가지로 나뉜다.[66)]

이처럼 프랑스는 1967년 종래의 민간주체에 의한 도시재개발사업과 병행하여 공공의 간여를 통한 사업의 효율성과 안정성을 높이기 위해 '협의정비구역'이라는 새로운 사업 방법을 제도화하였다. 이 협의정비구역은 주택, 상업시설, 공장, 공공시설, 관광시설 등 다양한 목적으로 이용할 수 있는 제도로서 다음과 같은 특징이 있다.[67)]

첫째는 협의의 방식으로서, 사업과 관련이 있는 공공단체와 사업주체, 건축주체 등이 사업내용을 협의하여 결정을 하면, 본래의 도시계획이 효력을 상실하고, 이에 준하는 구역정비계획을 다시 적용하는 것이 특징이다. 따라서 협의내용이 매우 중요한데 가장 중요한 것은

66) 대한국토·도시계획학회, 「도시계획론」, 보성각, 2005, 135-138면.
67) 국토개발연구원, "도시재개발사업의 평가 및 분석 연구", 1983, 22면.

새로운 도시계획의 결정 및 개발주체가 부담하는 시설정비의 내용이다. 협의정비구역은 도시계획의 설정을 개별 필지를 단위로 하는 '부지주의'가 아니라 하나의 구획을 단위로 하는 소위 '일단 지주의'를 취하고 있다. 협의정비구역의 특성은 프랑스 도시계획의 기본적인 규제수단인 도시계획에 입각하여 도시정비의 현안 과제를 토지 수용 상대방 등과의 협의라는 방법을 통해 개발자에게 부담시켜 해결하고자 하는 것이다. 이러한 협의는 시공자 선정에서부터 조합원 상호 간의 비용분담 문제, 수용 상대방에 대한 보상문제 등 종합적으로 이루어진다.

두 번째는 재개발사업을 계약에 의하여 민간 사업주체에게 위탁할 수 있다는 점이다. 공공단체와의 위탁계약에 의하여 민간이 사업주체가 되는 것을 계약 협의정비구역 또는 사적 협의정비구역이라고 한다. 프랑스에서는 전체 협의정비구역의 과반수가 이러한 민간 위탁 방식에 의해 추진되고 있다.

세 번째는 철저한 개발이익의 배제가 특징이다. 프랑스의 경우 도시개발에 따른 토지수용을 할 때 정비구역 지정에 관한 공공필요성 조사 절차 개시 1년 전 토지의 현실적 이용 상황을 기초로 보상액을 산정하는 것을 원칙으로 한다. 그 시점 이후에는 공공필요성 선언의 대상이 되는 공사 또는 사업의 공고로 인한 가격변동(가격 상승뿐만 가격 하락도 포함), 토지이용법규 변경(프랑스에서는 도시계획이 법령의 형식으로 제정되므로 지역, 지구의 변경도 이에 해당)의 전망 및 공공조사절차 개시 3년 전 부동산이 위치한 도시지역에서의 특정 토목공사 실시에 의한 가격변동도 모두 반영하지 않는 것으로 하고 있다.[68]

이는 겉으로 보기에는 수용당하는 토지소유자에게 일방적으로 불

68) 프랑스 수용법전 법률 제13-15.

리하게 보이나, 개발이익의 배제를 통하여 공공부담을 최대한 줄이며 효율적으로 도시정비사업을 시행하기 위한 것이다. 특히, 사인이 수용주체가 되는 경우 사인이 개발이익을 독식하는 것도 철저하게 배제하고 있다는 점에서 나름 합리성을 가진다.

다. 현재 프랑스 도시계획의 대표적 유형인 "지역도시 관리계획" (PLU: Plan Local d'Urbanisme)[69)]

(1) 장 · 단기적이면서 규범성과 실용성을 동시에 갖춘 통합적 계획

1967년에 제정된 프랑스 토지기본법은, 광역도시 및 지방 도 단위에서는 도시정비기본계획(SD)을 적용하고, 기초자치단체 단위에서는 토지이용계획(POS)을 적용하는 2단계 계획체제를 구축하였다. 즉, 토지이용계획은 개별 토지단위에서의 규제사항을 명시하고, 도시구상계획은 향후의 성장방향 및 종합적인 도시기반시설 공급체계를 명시하여 두 계획을 분리시킴으로써, 장래 토지이용의 예측 및 도시기반시설의 공급과 구체적인 건축규제를 분리시키는 데에 그 목적이 있었다. 2000년 "주거환경개선과사회적연대에관한법"(La loi Solidarite. et renouvellement urbains: SRU)의 제정과 함께 지역도시관리계획이 두 요소를 통합하는 계획으로 등장하면서, 소규모 '코뮌' 차원에서 하나의 계획을 구상하면서 동시에 전체 도시의 장 · 단기적 개발을 계획할 수 있게 되었다.[70)] 그리고 토지이용계획이 법규문서로서의 한계를 갖

---

69) Direction générale des collectivités locales, 2007, Les collectivités locales en chiffres. pp.254-268 요약 인용.

70) SRU법은 다양하고 양질인 거주공간의 제공, 사회적 융합, 도시정책과 교통정책 간의 논리적 일관성을 추구하도록 하고 있는데 이는 최근 우리나라에서 제정된 주거기본법과 유사한 법률이다. 이 법에서 도시정비기본계획(SD)과 토지이용계획(POS) 두 가지를 통합한 도시정비계획방식이 등장하였는데, 특히 이 법은 인구 3,500명 이상의 코뮌들이 20%의 저소득층을 위한 공공주택을 갖출 것을 의

고 있었던 것에 비해서, 지역도시관리계획은 법규문서뿐만 아니라 실질적인 계획방안과 도면을 포함한 명시적·통합적 도시계획체계로서 역할을 할 수 있게 되었다. 또한 건축허가나 개별 토지이용에 관련한 법규를 제정할 때에도, 한 도시의 향후 20년간의 장기적인 개발 방향을 고려하여 결정할 수 있는 시스템이 마련되었다는 점에서 지역도시관리계획은 매우 포괄적이면서도 규범성과 구체성, 실용성을 갖춘 통합적 도시정비계획이라 할 수 있다.

(2) 지방자치단체의 자치권이 강화된 계획

앞서 보았듯 지역도시관리계획은 계획수립의 필요성을 발의하고 확정하여 최종적으로 승인하기까지 자치단체의 권한과 지방정부의 독자성이 충분히 보장되는 계획이다. 국가의 역할은 자치단체에 기술적·법적 정보를 주거나 적법성을 판단하는 등의 기본적인 수준으로 제한함으로서, 도시재개발 과정에서 해당 도시가 속하는 지방자치단체와 지역주민의 참여가 큰 역할을 한다는 것을 알 수 있다.

(3) 협의를 바탕으로 하는 계획

한편, 상대적으로 낙후된 지방 소도시의 재개발을 위한 관리계획은 기존의 토지이용계획에 비해서 협의과정을 더욱 중요시하고 있다. 계획의 구상을 발의하는 단계에서부터 우선적으로 지역 주민들을 상대로 공청회와 협의회 등을 거쳐 의견수렴을 하여 사업여부와 사업 방식을 결정하여 의결하게 되어 있는 점[71] 역시 여론수렴과 협의에 전

무화하고 있다.

71) 프랑스 도시계획법 R123-18에 따르면, PLU 결정을 의결할 때 L300-2조 6항에 명시된 대로 시민들의 공청회를 통하여 결정을 이끌어낼 수 있다고 규정하고 있다.

보다 많은 중요성을 두고 있음을 증명한다. 그뿐만 아니라 지역도시관리계획이 결정 및 승인되어 공고된 뒤에도 이의를 제기할 수 있는 가능성을 남겨둔 점은, 계획의 수립과 실행 시 공개적으로 정당성이 인정되어야 한다는 것을 강조하는 것으로 비친다. 계획수립단계부터 지역주민들과 시민단체 및 전문가들이 참여하는 점이나 공청회, 면담, 계획도면 전시, 세부계획서의 열람 등을 통해 지역주민들의 의견을 수렴하고 이를 의회의 최종안에 반영하는 점 등은 프랑스 도시정비사업 과정에서의 협의와 여론수렴의 중요성을 명확히 보여준다.

한편, 이러한 원활한 협의를 위해 '지속가능한 정비와 개발계획(le Projet d'Aménagement et de Développement Durable: PADD)'이라는 명명 하에 각 지방자치단체는 향후 몇 년간 추구해 가야 할 개발 사업의 방향과 틀, 의도 등을 문서로 제시한다. 이 문서에는 기술적이고 전문적인 내용을 피하고 일반 주민들도 쉽게 이해할 수 있도록 상세히 풀어 기술하고 있다. 지역균형발전 및 지속가능한 개발계획에서 특징적인 면 중의 하나는, 비중 있는 재개발·재건축 사업의 경우에 자치단체의 적극적인 참여를 의무화하는 '협의개발지구(ZAC)'를 설정할 수 있다는 점이다.

협의개발지구는 토지이용계획이 지역도시관리계획으로 바뀌기 이전에는 토지이용계획 서류 문건 외에 별도 문건으로 존재하는 사안이었으나, 도시관리계획에서는 이를 모두 포함해서 작성한다. 그리고 균형발전 및 지속가능한 개발계획에서는 전반적인 방향 제시 외에도 선택적으로 더 세부적인 방향을 제시할 수 있다. 즉, 특정 공간이나 구역, 공공사업과 관련된 개발 방향을 선택할 수 있는데 이런 세부적인 사항의 경우, 비교적 단기간에 달성해야 하는 목표가 되는 경우가 많다. 또한 세부사항이 협의개발지역으로 지정된 지역을 다루는 경우에는 반드시 해당 지역의 위치와 지역 내 공공지의 특성, 주요 개발 사업이 실행될 위치, 녹지, 공공시설의 현황 등에 대한 내용이 포함되어야 한다. 이러한 세부 내용들은 향후 도시정비사업의 주요 근거가 되는 법규내용으로 밀접하게 연결되고 있다.

3. 네덜란드

가. 기본제도 개요[72)]

네덜란드의 도시정비사업 계획의 특징은 전략적 계획(strategic plan) 특성, 'top-down' 방식과 'bottom-up' 방식의 융·복합 형태를 들 수 있다. 먼저, 전략적 계획(strategic plan)은 모든 도시 재개발, 정비사업의 계획에 유연성과 연계성을 확보함과 동시에 불필요한 세부 계획은 가급적 지양하여 단순화 한다. 이러한 전략적 계획은 도시 지역별 개발 모델 디자인(regional design)과 함께 이루어진다. 이러한 전략적 계획을 기본 바탕으로 계획의 큰 틀을 세운 뒤, 각 도시의 토지이용 유형에 따라 토지이용 패턴의 변화속도가 다르다는 점을 고려하여 최종 토지이용을 결정한다. 그러나 빠른 변화속도를 보이는 토지이용 유형의 경우는 예측이 어렵기 때문에, 서서히 변화하는 토지이용의 유형에 초점을 맞추어 도시를 재개발하고 있다. 둘째, 'top-down' 방식과 'bottom-up' 방식을 융합하여 사용한다는 것이다. 대도시에서 상대적으로 강조되는 주택공급을 예로 들면, 정부와 지자체는 큰 틀

---

72) 김태균 외 4인, "합리적 도시개발을 위한 교통계획과 토지이용계획 연계방안 연구", 한국토지주택공사 토지주택연구원, 2013, 34면 이하; 김지현 외 2인, "1980년대 이후 네덜란드 도시집합주택 공간구성방식 연구", 한국도시건설학회 춘계학술 발표 논문, 2007. 6.; Villyrroya, A., 2007, Cultural Policies and Trends in Europe, COMPENDIUM 요약 인용.

에서 주택공급을 위한 기준을 제시하고, 민간주택사업자는 정부와 지자체가 제시한 개발가이드라인에 맞추되 해당 지역의 개발 여건에 맞추어 상당부분을 응용(변용)하여 합리성과 실용성이 강조된 최선의 주택을 공급하는 형태이다. 셋째, 네덜란드의 도시공간계획은 'cross scale design'을 통해 복합 형태로 이루어진다. 'up-scale down design'을 다룬 뒤 'down-scale design'을 검토하는 방식으로 시민과 공공이 함께 참여하는 복합적인 도시디자인 과정을 거쳐 구체적인 도시계획이 완성된다.

한편, 네덜란드는 중앙정부차원에서 국가교통체계계획(National Transport Structure Plan: SVV-II; 1989년)과 지방정부의 교통회람계획(Traffic Circulation Plan: TCP)을 수립하도록 되어 있다.[73] 1989년에 수립된 'SVV-II' 계획에 기반하여 네덜란드의 교통체계계획의 주요정책기조는 통행거리의 최소화, 개인 승용차의 이용저감 그리고 자전거와 대중교통의 시설확충이며, 이러한 정책 기조하에 지방정부는 TCP를 수립하도록 되어 있다. TCP는 도로의 기능비효율을 제거하고, 생활권의 속도저감 방안을 강구하며, 새롭게 조성되는 주택단지 등의 건축물에 대한 주차면수의 제한과 대중교통의 이용촉진을 도모할 수 있도록 계획을 수립하도록 하고 있다. 'SVV-II'는 1990년에 수립된 국가환경정책계획(National Environmental Policy Plan: NEPP) 및 국가의 물리적 도시정비계획(VINEX)과 상호보완적 관계를 형성하고 있다. 즉 각종 개발사업을 진행할 때 통합환경지구제(Integrated Envrionmental Zoning: IEZ)를 도입하여 '환경부하지수'를 설정하고, 일정기준의 오염수준을 저감하지 않으면 개발사업에 대한 규제를 할 수 있도록 하

73) http://www.government.nl/

고 있다.

나. 도시공간과 교통의 연계성을 강조하는 개발방식[74)]

네덜란드 중앙정부 부처 중 도시정비사업 과정에서의 토지이용과 교통계획을 담당하는 주요부서는 '주거공간계획 환경부(Ministry of Housing, Physical Planning and Environment; VROM)'와 '운송·공공사업·수자원관리부(Ministry of Transport, Public Works and Water Management; V&W)'이다. 그리고 재무부가 개발사업에 대한 재정지원규모를 조율하기 때문에 중요한 부서로 인식된다.[75)] 지방정부 차원에서는 해당 지방정부의 '물리적 계획부(Department of Physical Planning)'가 중요한 역할을 담당하고, 그 아래 하부 지방자치단체 수준에서는 '도시계획 및 주택부(Department of Urban Planning and Housing; dS+V)', '공공사업부(Department of Public Works; GWR)', '해당 지자체의 개발 및 공공운영사업부', '해당 지자체의 공공교통부'가 중요한 역할을 담당한다. 예컨대, 네덜란드 로테르담시의 경우 로테르담 항만운영국(Rotterdam Municipality Port Management; GHR), 로테르담개발국(Developing Department Rotterdam; OBR), 로테르담전기트램공사(Rotterdam Electric Tram; RET)가 있다.

한편, 네덜란드의 토지이용 및 교통계획의 통합정책으로는 주로 'ABC입지정책'이 다루어진다. 'ABC입지정책'은 1980년대 중반부터 네덜란드 경제가 회복되기 시작하면서 경제성장 동력으로 이동성이

74) 유경은 외 1, "VINEX 종합정책 이후 네덜란드 도시집합주택의 세장형 필지와 평면변화에 관한 연구", 건축공학, 대한건축학회, 2014, 32면; 김태균 외 4인, "전게논문", 47면 이하 요약 인용.

75) http://www.government.nl/

강조되는 반면, 배기가스로 인한 환경오염 문제가 제기되면서 마련되었다. 또한 1980년대 고속도로 연변에 사무실과 대형마트 등의 편의시설이 급격하게 늘어난 것도 주요 도입계기라 할 수 있다. 당시 네덜란드 정부는 도심지역의 늘어나는 주택수요에 대처하기 위해 제4차 국토 계획(1988년)에서 국가공간계획보고서(VINEX)를 채택하여 도시 주택문제를 해결하기 위한 기본계획을 수립하였고, 시민 주택단지와 도심지를 고급 대중교통수단으로 연결함으로써 불필요한 승용차의 통행량을 줄이려 하였다. 이는 현재 우리나라 서울시 등에서도 벤치마킹하여 시행하고 있는 정책들이다. 구체적으로 대중교통 이용량을 늘리고 승용차 통행량을 줄이려는 노력의 일환으로 "적절한 장소에 적절한 기업과 주거단지(the right business, house at the right location)"을 배치하려는 'ABC정책'을 제4차 국토계획 수정계획(1990~1999)과 2차 교통구조계획(SVVII, 1990~2010년)에서 도입하였다.

범정부 차원에서 진행하는 도시재개발 및 인근지역 개발사업에 해당하는 'ABC입지정책'은 국가 수준, 도, 광역 단위 지방정부 수준, 시군구 지방자치지역 수준의 세 분야에서 진행된다. 첫째, 중앙정부는 국가 수준에서 'ABC입지정책'을 입안하고 국가공간계획보고서(VINEX)에 이를 정책적으로 포함시킨다. 다시 주거공간계획환경부에서는 지방자치정부의 결정에 개입하여 개발사업에 대한 모니터링 및 수정, 권고를 담당한다. 또한 모든 지방정부의 공간계획을 검증하고 그 계획수립 과정에서 해당 거주 주민들과의 사이에 분쟁이 발생하는 경우, 조정을 권고하거나 조정성립 불발 시 사업승인 자체를 보류할 수 있다. 그 후 지방계획은 중앙정부에 의해 승인되며, 지역 및 지자체의 토지이용계획은 지방정부에 의해 승인된다. 둘째, 지방정부수준에서는 해당 지방정부의 부동산개발에 대해 모니터링을 하고, 부동산

시장의 수요와 공급이 급격히 차이가 나 균형이 깨어졌을 때는 관련 법률의 적용(행정권한의 발동)을 통해 영향력을 행사한다. 셋째, 하부 지자체 단계에서는 지방자치단체의 공간개발을 결정할 토지이용계획을 수립해야 하는데 이 계획에는 'ABC입지정책'이 포함되어야 한다. 중앙정부와 지방정부가 지자체의 결정에 개입할 수 있지만, 지자체가 주도권을 가지며 모든 정책적용은 지자체에 의해 이루어진다. 즉 중앙정부와 지방정부의 동의는 필수적인 것이다.

이와 같이 좁은 국토를 가진 네덜란드의 도시정비계획으로는 주로 교통기반시설을 토대로 새로운 주거지 개발이라는 압축형 도시개발 방식을 지향하는 형태의 'ABC입지정책'이 지금까지 주요 개발지침으로 실행되고 있다. 이로 인해 도시 (재)개발사업이 선정되는 사업지는, 대중교통과 도보와 자전거의 비동력 교통수단의 최적의 접근성을 가진 신도시지역이나 기성 시가지 내와 그 주변부에 위치하도록 하고 있으며, 개발방향은 높은 대중교통서비스와 고품질의 비동력 교통네트워크 형성, 고밀도의 도시기능의 복합성 그리고 엄격한 주차장과 고밀 주거밀도(최소 헥타르당 30주택 이상)를 유도하고 있다.[76)]

4. 영국

가. 기본 개요

18세기 산업혁명 이후 산업화의 가속으로 1960년대부터 영국의 대도시 도심부는 주거환경의 악화가 심화되고 중산층의 이탈이 증가

---

76) Boermans T., Lindner, S., 2007, Energieeffizienz und Solarenergienutzung in der Bauleitplanung-Zusammenfassung und Thesen zum Rechts-und Fachgutachten. p.15.

했다. 그러자 영국은 1970년대 초, 도심활성화법률(Inner Urban Area Act)을 제정하여 도시재개발 및 재생사업의 지원계기를 마련했다.[77] 1980년대 이후 영국의 도시정비정책은 시대흐름과 집권 정권 성향에 따라, 단기적 경제개발 촉진을 강조하는 것에서 지속가능한 개발모델을 강조하는 것으로,[78] 도시 내 낙후 · 결핍지구에 대한 문제 대응식 해결에서 광역적 · 통합적 해결방식으로, 중앙정부 위주에서 지방정부와 지역 시민 참여 등 파트너십을 강조하는 방향으로, 주택재개발 · 재건축 사업 등 물리적 환경개선 위주에서 고용 · 교육 · 문화 등을 강조하는 통합적 · 재생적 방식으로 변화하고 있다.[79] 이를 위하여 2000년대 초 블레어 정부는 지방의 독자적 특성을 살리는 방향으로 도시재개발 방식을 전환하였고, 지방 차원의 도시재생사업을 보다 집중적으로 추진하기 위한 '도시재생회사(URC: Urban Regeneration Company, 1999)'를 설립하였으며, 민간 도시재생사업에 대한 금전적 지원을 위한 중앙정부 차원의 지원기구인 '잉글리쉬 파트너십(EP: English Partnership)'을 설립했다.[80]

영국의 이러한 도시정비사업은 이미 1960년대에 당시 도시지역의 쇠퇴문제, 특히 도시 경제쇠퇴로 인한 생활환경악화 문제에 대응하기 위하여 도입되었다. 이는 통상적으로 다양한 토지이용이 포함된 넓은 지역을 대상으로 하고 있다. 다만, 2000년대 이후 영국 정부가 재개

---

77) 한국국토교통기술평가원, "도시재생사업단 사전기획(최종보고서)", 2006, 126면.
78) 한국국토교통기술평가원, "전게보고서", 126면. "영국의 도시재생이 지향하는 '지속가능한 개발(Sustainable Development)'은 지구의 환경용량 내에서 개발을 한다는 것으로서 개발이 환경에 미치는 악영향을 최소화하고 현세대의 삶은 물론 미래세대의 삶의 질을 보장한다는 개념"이라 한다.
79) 양재섭, "도시재생정책의 국제비교연구", 서울연구원, 2006, 86-87면.
80) https://www.gov.uk/browse/housing-local-services; 국토교통부 외 2개 기관, "지방도시재생 정책 방향과 추진계획 연구", 2010, 31면.

발・재건축 사업에 대한 재정지원을 크게 줄이면서 주택재개발사업의 활용도는 감소하였고, 대신 사회적인 측면을 중시하는 근린재생(neighborhood regeneration)제도[81)]를 도입하여 적극 추진하고 있는 실정이다.[82)]

나. 공공의 다양한 지원기금, 제한적 경쟁방식[83)]

영국 정부는 도시 내 낙후지역에 대한 도시재개발 및 재생사업의 활성화를 위해서 1990년대 이후 City Challenge, 통합재생기금(SRB: Single Regeneration Budget), 통합기금(SB) 등 다양한 정부 보조금제도를 활용하여 도시정비사업을 지원하고 있다.[84)] 즉, 각 부처에서 개별

---

81) 쇠퇴한 근린(neighborhood)을 대상으로 하는 정부의 주된 시책은 SRB(Single Regeneration Budget)와 New Deal for Communities(NDC)의 두 가지 프로그램이 있으며, 이 프로그램 내에 Renewal Areas 같은 좀 더 세부적인 주택재개발 프로그램을 포함할 수 있다(Whitehead, C., 2007, The Changing Role of Local Authorities in Housing Provision for Low Income Urban Residents in the UK, China-UK Comparative Studyon Housing Provision for Low-income Urban Residents: A Tale of Two Cities, Cultural and Edutation Section of the British Consultate Central, pp.148-184).

82) 현재 시행중인 영국 도시계획법(Planning Act 2008) 서문은 다음과 같다.
CHAPTER 29(http//www.legisition.gov.uk)
"An Act to establish the Infrastructure Planning Commission and make provision about its functions; to make provision about, and about matters ancillary to, the authorisation of projects for the development of nationally significant infrastructure; to make provision about town and country planning; to make provision about the imposition of a Community Infrastructure Levy; and for connected purposes. [26th November 2008] BE IT ENACTED by the Queen's most Excellent Majesty, by and with the advice and consent of the Lords Spiritual and Temporal, and Commons, in this present Parliament assembled, and by the authority of the same, as follows."

83) Bell, M., and Maginn, P., 2005, 'Urban Change and Conflict: Evaluating the Role of Partnerships UK', Housing Studies Vol. 20 No. 1.

84) 양재섭, "전게논문", 146면.

지원되던 20여 개의 보조금을 통합한 통합재생기금을 운영하고 경쟁방식과 지역의 쇠퇴 정도를 고려하여 지원 대상 지역을 선정한다. 보조금의 지원은 지역파트너십을 전제로 지역주민들의 참여를 이끌어 주민이 함께하는 도시재생사업을 유도한다. 보조금은 사업기간 중 5~7년간 지원하되 지원 및 개선효과를 정기적으로 심사평가하여 재지원 여부를 결정한다.[85)]

다. 다양한 주체의 협력에 의한 거버넌스형 도시재개발[86)]

영국의 도시정비사업은 다른 나라와 비교하여, 정부, 지자체, 시민, 사업시행자 등 다양한 주체간의 협력이 강조되는 거버넌스 체계를 구축하여 정비사업을 효율적, 통일적으로 진행한다는 점이 특징적이다. 지방정부 차원의 도시재생회사(URC)는 중앙정부와 지역개발기구(RDA), 지방자치단체 3자의 협력체제하에서 도시재생사업을 추진하고 있다.[87)] 이러한 '통합적 협력 거버넌스'의 구축은 영국의 도시정비사업 전반이 지향하는 지속가능한 개발, 즉 경제적 · 사회적 · 환경적 차원의 지속가능성을 포괄하며, 토지의 효율적 이용을 통한 사회적 통합, 환경보전, 에너지 절감을 위한 교통 통신체계의 구축, 역사 문화적

---

85) 양재섭, "전게논문", 86면.

86) Communities and Local Government, 2006, *Planning Policy Statement3 (PPS3): Housing*. CLG: London.; Communities and Local Government, 2007, *Planning for a Sustainable Future: The Planning White Paper,* HM Government.

87) 영국 역시 인간의 다양한 욕구를 수용할 수 있는 측면에서 물리적 철거 위주의 재개발보다는 지역이 보다 활동적으로 운영되도록 하기 위한 도시 회생수법을 도입하고 있는 것이 특징이다. 재개발 사업의 결과는 사업의 기본적 전략이 어떻게 구성되는가에 따라 엄청난 차이를 보인다. 물리적 재개발방식에서 회복형 도시재생으로 개발 방식을 변경한 런던의 도클랜드 지구개발의 경우가 그 예라고 할 수 있다(한국국토교통기술평가원, "전게보고서", 126면).

유산의 보존·복원 및 이를 통한 관광산업 유치 등을 총체적으로 고려하여 재개발사업을 효율적으로 수행할 수 있도록 하는 주요 동력원으로 작용하고 있다. 이와 같은 점에서 도시정비사업의 통합적 관리시스템이 절실한 우리에게 시사하는 바가 크다.

라. 주요 정비제도

도시정비사업의 주요 프로그램으로는 1989년 도입된 'Renewal Areas(RAs)' 제도에 이어, 1994년에 새로 도입된 'SRB(Single Regeneration Budget)'와 1998년에 도입된 'New Deal for Communities (NDC)' 등이 있다. Renewal Areas[88] 사업은 경제적, 사회적, 환경적 문제를 수반할 가능성이 큰 민간 불량주택 밀집지역이 주요 사업 대상이 되는데 지역의 쇠퇴과정을 되돌리고 경제 낙후의 주범인 지역시장의 신뢰회복을 목적으로 하며, 이를 통해 해당 지역 거주 저소득층 주민들의 지속 가능한 거주를 위한 사회·경제·환경 개선 프로그램을 개발하여 시행하고 있다. 다만, 이 사업에는 공공자원의 지원은 없으며 지방정부들이 중앙정부에 해당 개발사업에 필요한 자본을 빌려달라고 신청하면 지방자치 정부 간 공정 경쟁을 통해 중앙정부가 선별적으로 사업을 승인하게 되고, 그 후 진행되는 전반적인 사업은 지방정부가 모두 주관하는 구조이다. 한편, New Deal for Commu-

88) Renewal Areas(RAs)는 1989년에 도입된 제도로 오래된 민간주택지역의 주택개량을 위해 정부가 고안한 시책으로, 주택개량과 도시재개발이 어우러진 시책이다. RAs의 가장 주된 목적은 민간의 노후불량주택이 집중되어 있고 경제, 사회 및 환경적인 문제가 있는 지역에 있는 주택의 상태와 쾌적성을 개선하는 것이다. 더불어 계속해서 쇠퇴해 가는 지역에 활력을 불러일으킴으로써 시장활력을 살리고, 저소득계층이 소유하고 있는 주택들이 계속 보전될 수 있도록 사회 경제적 조치를 취하는 것 등이 목적이다.

nities(NDC) 프로그램은 '지역쇠퇴지수(ILD)'[89]에 의거 영국에서 가장 낙후된 지역들에 대해 대상 지역주민들의 기술개발과 취업기회 개선 및 지역의 기반 인프라 개선을 위한 프로그램을 시행하는 것이다. 역시 각 지역 간 공정 경쟁에 의해 지원대상이 선정되며 커뮤니티 파트너십 결성을 사업승인의 전제조건으로 하고 있다. 이 사업은 지방의 낙후지역과 일반 지역 간의 격차를 최소화하는 것을 목적으로 하며, 중앙정부로부터 재정적 지원이 이루어진다. 마지막으로 SRB(Single Regeneration Budget) 프로그램은 지역 간 격차 및 계층 간 격차 해소를 통한 수도권을 제외한 지방 주민의 삶의 질 향상을 목적으로 하고 있다. 지역쇠퇴지수 등에 의거 선정된 가장 낙후한 지역의 종합적 개선 프로그램이며 파트너십이 강조된다. 참고로 이 사업은 The New Deal For Communities 프로그램보다 더 넓은 광역 단위를 대상으로 하고 정부 지원규모도 훨씬 큰 프로그램이다.[90]

89) NDC 시책에서는 전국에서 가장 쇠퇴한 지역을 지역쇠퇴지수(Index of Local Deprivation, ILD)에 의해 17개 지방자치단체를 선정하여 시범사업을 추진하였으며, 1998년 이후 80%의 SRB는 ILD에 의해 65개의 지방자치단체를 가장 쇠퇴한 지역으로 평가하여 정하였다. §Hartlepool NDC partnership의 경우 지정사유는 주택노후도 높음, 범죄율 높음, 주민건강상태 취약, 교육성취도 낮음, 실업과 공공지원의존도 높음(4,500가구 1만여 명 주민거주)이었고, 지원규모는 지역재생을 위해 10년간 53.7백만 파운드 지원하기로 하였으며, 주요내용으로는 주택 478호 취득 및 철거, 주택 172호 신축, 철거대상 주민 재이전 보전, 기존주택 800호 개선, 공원 2개소 및 운동장 1개소 신설, 가로경관정비 등이다(Communities and Local Government, 2007, Building a Greener Future, Policy Statement, CLG, London. Communities and Local Government, 2007, Homes for the Future: More Affordable, More Sustainable, CLG, London. Communities and Local Government, 2007, Planning Policy Statement: Planning and Climate Change, Supplement to Planning Policy Statement 1, CLG, London.).

90) Estates Gazette. "JouRdnal of Planning and Environment Law", Estates Gazette Law Reports, 2010.

5. 미국

가. 기본 개요

미국 정부는 이미 1960년대에 증가하는 인종 간 갈등문제와 도시범죄의 증가 등 도심 내부의 쇠퇴가 도시의 외연적 확산에 반비례하여 진행됨에 따라 도시재개발사업 등 도시정비사업 정책 전반에 대한 인식을 새로 하게 되었다. 법제적으로는 1949년 'Housing Act'를 시작으로 1973년까지는 물리적 도시재개발을 통한 기준 이하 낙후주택을 철거하고, 신규주택을 건설하는 데 주력하였다. 그러나 이러한 전면적 철거 위주의 도시재개발방식에 대한 비판이 일면서 1974년에 'Housing and Community Development Act'를 제정했다. 이는 점진적 개량, 지역 사회의 문화적 · 환경적 · 자연적 자산 보전을 중시하는 도시재생사업을 강화하는 정책으로, 재개발에 대한 정책의 전환이 이루어졌다.[91]

나. 지속가능한 성장관리형 도시정비사업 정책의 추진[92]

1990년대 이후 미국에서 중심시가지 문제를 빈곤이나 사회적 격리와 같은 지역 자체의 문제로 국한하지 않고, 도시의 전체적인 구조를 고려하여 내부시가지의 쇠퇴문제와 외연적 확산의 부작용에 동시적으로 대응하고 공공교통시스템 정비 등 도시구조 자체를 재생하자

91) 도시재생사업단, "도시재생 정책방향", 국토교통과학기술진흥원, 2009, 216면; Mel Scott, "American City Planning Since 1890", University of California Press, Berkley, 2011.

92) Hoyler, M., Freytag, T., Mager, C., "Advantageous Fragmentation? Reimagining Metropolitan Governance and Spatial Planning in Rhine-Main", Built Environment 32(2), 2006, pp.124-136.

는 관점에서 '성장관리형 도시재생정책' 또는 'Smart Growth' 정책이 등장하였다. 즉, '내부문제=중심부 쇠퇴, 교외문제=무분별한 도시확산'이라는 이분법적 사고에서 탈피하여, 중심부와 교외부를 종합적으로 포괄하는 하나의 문제에 대응키 위해 도시 전체의 구조 자체를 재생하자는 관점의 도시재생정책이 확산되었다. 아울러 쇠퇴한 도심지역의 저소득층 및 세입자 등 사회적 약자의 재정착과 주거복지를 지원하기 위하여 연방정부가 지원하는 지역사회 및 도시개발기금(Urban Development Action Grant: UDAGs), 커뮤니티 개발보조금(Community Development Block Grant: CDBG) 등 다양한 정책적 지원을 지속적으로 추진하고 있다.[93]

다. 미국의 지역상권 육성제도(BID: Business Improvement District)와 사회적 취약지역에 대한 집중 관리제도[94]

미국의 도시재개발사업과 관련하여 특징적인 점은 이 사업의 기본지침으로서 '지역상권 육성'을 위한 다양한 정책수단들이 병행하여 시행되고 있다는 점이다. 이는 도시의 경제적 흥망 없이는 도시의 주거환경개선도 이루어질 수 없다는 명제에서 출발한 것으로, 모든 상업지역을 대상으로 상가활성화를 위한 기술 및 재정지원 프로그램을 운영하고 전문가 상담 등 직접 지원을 하고 있으며, 교육·워크샵·기술지원 및 재원 조달 등 소규모 상점 지원 프로그램도 동시에 운영중에 있다.[95] 이와 같은 지역상권 활성화를 도모하기 위한 제도로 발

93) 한국국토교통기술평가원, "전게보고서", 130면 이하; Cullingworth, B. and Nadin, V., 2006. Town and Country Planning in the UK(14th ed.), London and New York: Routledge Taylor & Francis Group 각 요약.

94) TCPA. "Manifesto for the 21st Century 'towns and countryside for a new age of challenge'", Retrieved 30 May 2014.

달된 것이 'BID'이다. BID는 캐나다에서 개념이 발원하여 뉴욕, 보스턴, 필라델피아 등의 미국 도시들에서 성공사례를 창출한 사업 방식이다. 도심 공동화에 따라 부동산 소유자들이 자산 가치 하락에 따른 대응책 마련을 적극 모색하면서 디벨로퍼, 부동산 소유자 등이 단일한 사업체를 구성하여 공동개발을 추구하는 과정에 이 사업체에 (공공개발 주체에 준하는) 어떤 법적 권한을 부여할 것을 요구하였으며 이러한 요구가 받아들여져 BID가 제도화된 것이다. 현재 미국 내에 1,000개 이상 BID가 구성되어 있다.[96]

사회적 취약지역의 관리와 관련하여 1980년대 도시빈곤과 쇠퇴문제에 정부가 제대로 대응하지 못하였다는 반성에 근거하여, 1993년 클린턴 정부 이후 최근 오바마 정부에 이르기까지 줄곧 도시 및 농촌의 사회적 취약지역에 대한 경제환경, 주거환경 개선을 위한 경제적·사회적 재생을 목표로 한 'Empowerment Zones and Enterprise Community program'을 국가 차원의 주요 정책으로 추진하고 있다.[97]

6. 일본

가. 개요

우리나라와 같이 일본도 도시정비사업 관련 제도가 상당히 다양하고 복잡하다. 일본의 경우 정비사업조합의 법적성격이 법인임에도 불구하고 "인가에 의해 성립한다"라고 규정하고 있어 재개발·재건축조합 등 정비사업조합은 행정관청의 설립인가로서 공법인의 지위를

95) 도시재생사업단, "전게보고서", 136면.
96) 도시재생사업단, "전게보고서", 142면.
97) 도시재생사업단, "전게보고서", 218면.

확보하고,[98] 조합의 정관 및 사업계획 또는 사업기본 방침이 확정되며, 조합설립에 동의했는지 여부와 상관없이 시행지구 내 토지소유자와 차지권(借地權)자는 모두 조합원이 되며 정관에서 정한 참가 조합원도 조합원의 지위를 갖게 된다. 다만, 조합설립인가가 있더라도 그 공고가 있어야만 정관 및 사업계획 또는 사업기본방침을 갖고 제3자에게 대항할 수 있는 것이 특징이다. 이러한 일본의 도시정비제도는 법률상 제도와 요강사업으로 구분할 수 있는데, 요강사업은 지자체의 지침에 의한 사업으로 지자체의 상황과 대상지역의 특성을 고려한 재개발 기법을 사용할 수 있다. 그렇기 때문에 그만큼 재개발과 관련한 다양한 제도를 가지고 있다.[99] 일본의 다양한 재개발사업 중 가장 대표적인 것은 시가지 재개발사업, 주택시가지 정비종합지원사업, 밀집시가지 정비촉진사업 등인데 그 중에서도 가장 많이 행해진 재개발사업은 시가지 재개발사업이다. 시가지 재개발사업은 1969년에 제정된

98) 최근 우리 대법원 판례 역시 정비사업조합설립인가의 법적 성질을 강학상 인가가 아닌 공법인의 지위를 부여하는 설권적 처분이라고 규정한바 있다. 이 점은 뒤에서 상세히 다룰 것이다.

99) 일본의 재개발은 주거환경정비와 도시기능의 갱신을 위한 사업으로 구분하여 시행하였으며 이는 다시 법률에 근거한 도시정비와 건설행정보조 등에 의한 도시정비, 유도수법에 의한 도시정비, 특정재개발사업 등으로 특성화되었다. 1927년 불량주택지구개량법에 의해 본격적으로 시도되었고 1960년 주택지구개량법에 불량주택을 철거하고 재개발을 시도하는 법적 근거를 확보하였으며 1970년대 들어 종합적인 정비기법을 도모하였다. 당시의 종합적인 정비기법은 전면 철거보다는 수복형이나 보존형을 생각한 것이며, 주민생활의 개선보다는 종합적으로 검토가 이뤄졌다. 시가지 재개발은 1969년 제정된 도시재개발법에 따라 시도되었으며, 1979년 재개발사업에 종합적인 재개발기법을 도입하여 주변지역과 연계된 면적인 시가지정비를 시작하게 되었다. 이후 1981년에는 주택도시정비공단이 창립되어 공공부문에 의한 재개발이 보다 전문화되기 시작했다. 고준환·장철순, “외국의 도시계획개발제도”, 일본 도시개발제도비교 연구회, 2006, 41-45면; 小林國際都市政策研究財團(1987) 歐美都市開發制度の 動向(국토개발연구원 일본연구회 역, (2012) 歐美都市開發制度의 動向).

도시재개발법에 근거한 법정사업으로 제1종 시가지 재개발사업과 제2종 시가지 재개발사업으로 나뉜다. 사업 주체나 방식에서 전자는 우리의 주택재개발사업과 유사하며, 후자는 주거환경개선사업(재건축사업 포함)과 비슷하다.

일본 도시재개발법상 개념정의 규정에 의하면 시가지 재개발사업이란 도시 내 토지의 합리적이고 건전한 이용과 도시기능의 효율성을 도모하기 위해 도시계획법이 정한 바에 따라 행해지는 건물 및 대지의 정비, 공공시설 정비에 관한 사업 및 그 부대사업을 말하고, 그것은 다시 1종 시가지재개발사업(제3장)과 제2종 시가지재개발 사업(제4장)으로 구분된다. 이러한 개발방식은 토지등소유자들이 기존에 살고 있던 장소에서 재건축을 하여 계속 거주하기를 희망하는 국민의식을 중시한 사업 방식이다.[100] 이와 같이 일본의 도시계획시설은 도시계획법에 의해 규율되며 그 전반적인 관리를 정부나 지자체의 주도에 맡기고 있다. 특이한 점이라면 도시계획시설을 나름대로 분류하여 개별적인 종류마다 호를 부여하고 있다는 점이다. 즉 일본의 도시계획법은 교통관련시설로서 도로, 도시고속도로, 주차장, 자동차터미널 등을 정하고(일본 도시계획법 제11조 제1항 제1호), 면적의 형태를 띠는 시설로서 공원 · 녹지 · 광장을 따로 규정하는(동항 제2호) 등 도시계획시설을 분류하려는 시도를 하고 있다. 이외에도 일본의 도시계획법은 부분적이기는 하지만, 독일의 경우와 유사하게 건축허가의 요건으로서 생활기반시설과의 연계문제가 도시계획법 자체에 규정되어 있는 것이 특징이다(동법 제33조 제3호, 제4호).[101]

현재 시행 중인 일본의 주요 도시정비사업 관련 법제로는 “수도권

100) 송본구, “매도청구권의 행사”, 「재판실무대계 제19집」, 청림서원, 1992, 494면.
101) 김종보, “도시계획시설의 법적 의미”, 「공법연구」, 한국공법학회, 1997. 6, 4면.

의 근교정비지대 및 도시개발구역의 정비에 관한 법률"(2007년 6월 22일 일부 개정되어 현재 시행 중), "긴키권의 근교정비구역과 도시개발구역의 정비 및 개발에 관한 법률"(2005년 7월 29일 일부 개정되어 현재 시행 중), "지역거점도시지역의 정비 및 산업업무시설의 재배치의 촉진에 관한 법률"(2006년 5월 31일 일부 개정되어 현재 시행 중), "지방거점도시 지역정비 및 상업업무시설의 재배치 촉진법" 등이 시행되고 있다.[102][103]

나. 국가 차원의 도시재생본부 설치와 도시재생프로젝트

(1) 도시재생본부

일본에서의 도시재생사업은 중앙정부가 적극적으로 전개하고 있는데, 2001년 4월에 개최된 경제대책각료회의에서 환경・방재・국제화 등의 관점에서 도시재생을 목표로 하는 통합기구 설치를 결정하고 내각총리대신을 본부장으로, 내각 관방장관(행자부장관)・지역 활성화 담당 대신・국토교통대신(우리의 국토교통부 장관)을 부본부장으로 하는 도시재생본부를 구성하여 추진하고 있다.[104] 도시재생본부의 주요업무는 도시재생 프로젝트에 관한 기본방향 설정 및 결정, 민간 도시개발 투자촉진을 위한 긴급결정, 도시재생특별조치법의 제정, 도시재생 긴급정비지역 지정 기본방안 작성, 도시재생 기본방침 각의결정(도시재생긴급정비지역 63개 지역 결정), 전국도시재생을 위한 긴급 조치의 결정 및 검토방향 등이다.[105] 아울러 지방도시재생을 위해 지역활성화

102) http://law.e-gov.go.jp/

103) 首都圏の近郊整備地帯及び都市開発区域の整備に関する法律(昭和三十三年四月二十八日法律第九十八号), 最終改正: 平成一九年六月二二日法律第九四号.

104) 양재섭, "전게논문", 104면.

105) 한국국토교통기술평가원, "도시재생사업단 사전기획(최종보고서)", 2006, 97면.

차원에서 추진되어 온 기존의 중심시가지활성화 본부, 구조개혁 특구 본부, 지역재생본부 등과 연계하여 지방재생을 위한 입안-실시하는 체제로서, 지역활성화 통합본부회합을 설치하고, 산하에 사무국을 두어 일원화된 대응체계를 구축하고 있다.[106)]

(2) 국가적 차원의 재생프로젝트 추진-운영[107)]

일본의 재생프로젝트는 크게 도시재생프로젝트와 민간도시개발프로젝트로 구분될 수 있다. 도시재생프로젝트의 경우, 환경 · 방재 · 국제화 등의 관점에서 추진하는 21세기형 도시재생사업이다. 프로젝트 사업 분야는 생명과학 및 첨단산업을 육성하기 위한 신산업 거점 도시 육성사업, 방재 · 방범 등 안전한 도시 육성사업, 친환경적 도시인프라 구축사업, 국유지의 전략적 활용 및 기성시가지 생활환경 정비사업, 국제교류와 물류기능을 강화하기 위한 국가기간인 공항 · 항만 인프라 확충사업이 있다. 또한 민간도시개발 프로젝트는 민간의 사업 참여를 확대하고 규제완화와 금융지원을 통해 도시재생활성화를 지원한다.[108)] 행정수속 등의 기간 단축과 기간의 명확화를 통해 사업시

---

106) 국토교통부 외 2개 기관, "지방도시재생 정책 방향과 추진계획 연구", 2010, 38면.

107) 양재섭, "전게논문", 100-103면 요약 정리: 이삼수, "일본 도시재생사업에서 지역의 관리 · 운영체계에 관한 연구", 서울도시연구 제8권 제2호, 2007, 24면.

108) 일본 재개발제도는 공공과 민간이 사업유형별로 분담하고 있고, 주민조합과 민간자본에 의한 결합으로 진행되어 우리의 합동재개발사업과 유사하다고 할 수 있다. 그러나 토지소유자의 기득권을 중시하는 토지구획정리사업 형태로 추진하고 있기에 중앙정부와 주택도시정비공단의 역할이 강하다. 공단은 직접 개발과 함께, 주민, 지자체, 민간부문과 연계하여 커뮤니티 주택을 건설하고 조정자로서 역할을 수행한다. 또한 일본은 주민중시형 재개발이 특징인데, 1970년 이후에 커뮤니티를 중시하는 재개발 기법이 시도되면서 중요한 문제로 등장하였다. 1980년대부터 주민과 민간기업, 정부, 공단 등이 다양한 형태로 협력한 지역사회만들기(まちづくり)가 가장 일반화되고 인간존중, 지역의 활성화, 자연과 공생, 공동체의 지속 등을 중시하는 개념이 성립하였다. 이는 물리적 환경개선과 사회

행의 시간 리스크를 경감시킨다. 민간도시개발 프로젝트의 특징은 지역 여건에 맞지 않는 규제를 재검토하고 민간의 도시계획 제안 및 자유로운 설계를 보장하여 민간이 창의성을 발휘할 수 있는 제도적 여건을 마련한다. 또한 관련 공공시설의 신속한 정비 추진을 통해 정비의 신속성과 중점화를 제고한다.

〈표 2-3〉 일본의 도시재생 정책

구 분	중심시가지	도시재생	구조개혁특구	지역재생
근거 법률	중심시가지 활성화법(2006년 개정)	도시재생 특별조치법(2002년[109])	구조개혁특구법(2002년)	지역재생특별법(2005년)
주요 목적	-시가지의 정비 -상업 등의 활성화	-대도시권 중심의 경제활성화	-규제개혁을 통한 지역경제 활성화 및 자립화	-지역경제 활성화 -지역고용기회 창출
추진 조직	-중심시가지 활성화 본부 -TMO(상점가, 행정, 시민, 기타사업자 등)	-도시재생본부	-구조개혁특구본부	-지역재생본부 -지역재생협의회
대상 지역	-지방 중핵도시(현청 소재지) -30만 이상의 지방도시	-대도시 -지방 중핵도시(현청소재지)	-시정촌 -도도부현	-시정촌 -지방중소도시
지원 방법	-교부금 -규제특례 -금융지원 -세제특례	-규제특례 -세제특례 -보조금	규제특례	-교부금 -규제특례 -보조금 -과세특례
지정 방법	시정촌 기본계획 수립 국가 지원	-신청 및 인정	-신청 및 인정	-신청 및 인정

출처: 국토교통부 외 2개 기관, "전게보고서", 37면.

적 환경개선을 중시하는 서구의 커뮤니티 중심의 개발이념과 상통한다.

109) 일본 "도시재생특별조치법"은 2009년 6월 3일에 일부 개정되어 현재 시행 중이다(http://law.e-gov.go.jp/).

다. 구체적인 도시재개발 사례: 일본[110] 다카마츠시 –소규모 연쇄형 재개발

다카마츠시는 일본 시고쿠 북동부 카가와 현 중앙부에 위치한 중소 항구도시로 인구는 약 33만 명에 달한다. 도시 중심부의 마루카메마치 상점가는 400여 년의 역사를 가진 상가로 일본 전체에서 명성이 있었다. 그런데 다카마츠시는 1987년에 시고쿠와 혼슈를 바로 연결하는 신칸센 철도의 건설과 이로 인한 시고쿠와 혼슈로의 쇼핑 및 관광 집중화로 쇠퇴하게 되었다. 이에 다카마츠시는 상가 토지주의 협력하에 시 차원의 공공 지원을 통하여 소규모 연쇄형 재개발을 추진하게 되었다.

구체적으로 시가지 활성화 계획을 수립하고, 중심 상가 470미터를 7개 블록으로 구분하여 지구단위계획을 수립한 후 전략적 보조금, 도시재생펀드 등을 활용한 기금을 마련하여 주거 및 상가의 재건축 내지 연쇄형 재개발사업을 추진하였다. 또한 그 재건축・재개발 사업을 시가지 재개발사업, 도시재생특별지구, 시설집약화사업 등의 다양한

110) 일본에서는 1960년대에 도시의 일부가 퇴락하는 현상을 극복하고자 도시재개발법이 만들어졌다. 일본의 재개발은 1969년 제1종 재개발사업을 원형으로 도시재개발법이 제정됨으로써 시작됐고, 1975년 제2종 재개발사업이 도입되면서 현재의 틀을 갖추게 됐다. 일본에서 제1종으로 재개발사업을 진행하는 경우에는 매우 강력한 수법인 '권리변환계획'이 수립되고 그 계획에 맞추어 '권리변환처분'이 내려진다. 일본의 재개발에서 전형적인 방식에 해당하는 제1종 재개발사업은 사업시행자가 소유권을 확보하는 과정을 거치지 않고, 권리변환처분이 내려지는 순간 구소유권이 소멸되면서 새로운 소유권으로 바뀐다. 그 후 일본의 재개발사업에는 다시 제2종 재개발사업이 도입됐는데, 전면수용방식을 전제로 공공기관만이 사업시행자가 되며, '관리처분계획'을 수립하고 이에 이어 '분양처분'을 한다는 점에서 제1종과 상당한 차이를 보였다. 제2종 재개발사업에서는 사업시행자가 소유권을 전부 흡수했다가 이를 관리하고 처분하는 계획을 통해 기존의 소유자에게 재배분하는 방식을 사용하기 때문이다. 김종보, '일본의 재개발, 한국의 재개발', 도시개발신문, 2011. 11. 18.

사업 방식을 적용하여 물리적으로 환경정비를 하였으며, 기존 건물을 최대한 활용하면서 2~3개의 필지를 공동으로 개발하여 중소 규모의 건물용적을 유지하였고, 부수적으로 시민광장과 쌈지공원 등 매력적인 오픈 공간(Space)을 조성하여 집객력(集客力)을 제고하였다.

한편, 위와 같이 다카마츠시가 도시정비사업을 추진하는 과정에서 일본 중앙정부(국토교통성과 통산성)와 지방(현)정부의 지원(약 40%의 보조[111])을 받았으며, 사업의 시행은 상점상가조합과 다카마츠시가 공동으로 설립한 마찌즈쿠리주식회사라는 특수목적법인(SPC)과 공무원, 전문가, 시민, 조합원으로 구성된 주민협의체 간의 상호협의, 조정을 통하여 사업이 시행된 것이 특징이다. 또한, 차지권(借地權)을 활용한 관리처분방식으로 기존 상인들의 재정착 기회를 확대하였다는 점은 주목할 만하다. 즉, 60년 동안 임차권을 보장하는 '정기차지권' 제도를 활용하여 토지의 소유권과 건물의 이용권을 분리함으로써 토지 비용이 들지 않는 권리변환방식을 채택한 것이다. 나아가 그러한 상가의 구체적인 관리는 특수목적 법인인 마찌즈쿠리주식회사가 일괄 운영함으로써, 필요한 시가와 장소에 점포를 배치할 수 있는 시스템을 도입하여 성공한 사례로 주목받고 있다.

---

111) 일본의 도시재개발사업의 사업비는 토지, 건물 등을 소유한 권리자들에게 사업 후 배분되는 건물면적(권리면적) 외에, 추가공간(保留상가)을 건설하여 매각한 자금으로 50% 조달하고, 나머지 50%는 중앙정부와 지방정부(기초자치단체 1/6, 광역자치단체 1/6), 조합이 각각 1/3씩 부담하는 구조이며, 구체적인 보조대상 사업비는 조사설계. 계획작성비, 토지 정비비, 공동시설 정비비, 기타 사무비 등이다. 양재섭 · 김상일, "전게논문", 14면.

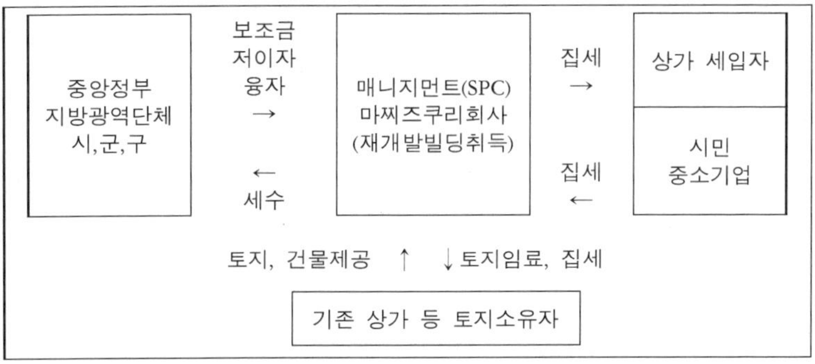

〈그림 2-4〉 다카마츠시: 소규모 연쇄형 재개발 사례 모형

7. 스페인

가. 바로셀로나

(1) 도시정비사업 정책 개요[112)]

스페인은 1975년 장기 군사독재정권이 막을 내리고, 1979년에 본격적인 지방자치제가 시작되면서 도시개발 및 도시계획 권한이 지방정부인 바르셀로나시로 이양되었다. 그 후 바르셀로나시는 지방정부 출범을 계기로 「도시 전체가 공공 공간」이라는 모토하에 공공 공간 부족과 주거환경 악화가 문제되었던 구도심지역(시우닷베야, CiutatVella) 지역에 대한 도시재개발사업을 주요 정책목표로 내세우게 되었다.[113)]

1980년에 시가지 개선 특별플랜(Plane special de Reforma Interior:

112) http://www.bm30.es/homemov_uk.html

113) 스페인 헌법에 따라 1987년부터 도시계획 결정권이 지방자치 정부로 넘어가면서 둘 사이의 알력은 더욱 커져 도시정비사업에 자꾸 차질이 생기게 되었다. 고래 싸움에 새우 등 터진다는 말처럼 누가 돈을 낼 것인가로 옥신각신하는 통에 애꿎은 순환도로와 호텔·지하철 건설 공사만 지연되었다. 바르셀로나 출신인 사마란치 국제올림픽조직위원장의 재촉이 없었더라면 바르셀로나시는 올림픽을 제대로 치루지 못했을 것이란 지적도 있었다.

PERI)을 작성하였다. 그 후 1984년 일체적 수복구역(ARI)의 지정 및 시가지개선특별계획을 수립하는 가운데, 1992년 올림픽 개최지로 선정되면서 자치주(카탈루냐 주), 국가(스페인정부)와 함께 본격적인 도시재생을 추진하게 되었으며, 도시재생사업을 전담하기 위하여 구시가개발공사(PROCIVESA)를 설립하고, 사업을 위한 의견조정 및 정책결정을 위한 메커니즘으로서 소위 ARI 관리위원회를 설립 · 운영하였다. 이런 계획에 맞추어 구도심 재생사업의 80%가 완료된 2002년 9월에 기존의 PROCIVESA가 구시가 진흥공사(Foment Ciutat Vella, S.A: FOCIVESA)로 변경되었으며, 물적 환경정비가 중점적 사업이었던 초기와 달리 현재는 재생지구의 관리에 중점을 두고 있다. 특히 1992년 하계 올림픽 유치로 바르셀로나 도시정책은 '남부의 파리'에서 바르셀로나 브랜드의 재창출을 위해 '서부 지중해의 수도'로, 즉 유럽의 도시네트워크상에서 핵심적인 역할을 하는 창조적인 도시를 구상하였다. 바르셀로나 도시민이 경제 · 사회 · 문화적으로 선진화되어야 유럽과 세계의 관심을 가지게 되고, 관광과 국제비즈니스도 활성화되어야 한다는 논리를 구상하였다. 먼저 「바르셀로나 2000 전략계획」을 통해 도시 거버넌스 체제를 구축하여 기업가, 노조, 시민사회단체 등 도시의 다양한 구성원을 참여시켰다. 도시교통의 하부구조 구축, 구도심지역의 재활성화, 해안지역의 재생 등을 통해 도시의 경제, 사회, 공간적 업그레이드를 이루었다. 나아가 단순한 관광도시를 벗어나 도시문화를 세계적 선도수준으로 이끌고, 유럽 대도시와의 경쟁에서 우위를 차지할 수 있도록 국제적 '경쟁력'을 확보하도록 하였다.114)

114) Spain-Portugal: Euro Road Atlas, 1998, CeoCenter.

(2) 도시문화 재건 프로젝트(Renovation)[115)]

스페인 바르셀로나가 '서부 지중해의 수도'로 자리매김하는 데 가장 중요한 역할을 한 도시개발 프로젝트는 바로 1992년 올림픽 개최를 계기로 이루어진 도시문화재건 프로젝트(Renovation)이다. 이 프로젝트를 통해 바로셀로나는 도시교통의 원활한 네트워킹을 위해 순환도로를 건설했으며, 항구도시의 특성을 살린 '해안의 파사드(maritime facade)'를 건설하여 바다로 연결된 신도시인 올림픽 타운을 조성하였다. 또한 도시 전체를 시민들의 여가와 문화공간으로 만들기 위해 다양한 공공투자와 민간자본을 유치하였는데 바르셀로나 현대미술관(MACBA), 바르셀로나 현대문화센터(CCCB), 카탈루냐 예술박물관(MNCA) 등 문화시설과 컨벤션센터, 호텔, 레크리에이션센터와 테마파크 등 위락 · 전시시설 등을 확충한 것이 예이다. 나아가 가로변과 스포츠시설, 공원, 아파트에 이르기까지 도시 전 영역에 걸친 도시재정비를 하면서 1848년부터 사용되어 오던 해안철도를 지하로 이동하였으며, 5천만 달러를 들여 50여 개의 야외 조형물과 200여 개의 공원을 새로 조성하였고, 다양한 공공미술 프로젝트를 진행하기 위하여 민간 예술가들에게 평균 2만 달러를 지원하였다. 이러한 공공미술 프로젝트 결과 바르셀로나는 유럽의 남쪽 관문(Southern Door of Europe)으로서 세계적 도시로 향상되었다. 중요한 점은, 예술을 단순한 장식품으로 여겨 도구적으로 이용하는 것이 아니라, 도시의 다양한 장소와 구조물들을 다시 소생하도록 자극하는 역할을 시민들이 담당하도록 상당한 자율권을 부여한 것이다.

한편 바르셀로나는 세계적으로 명망 있는 20세기 스페인의 가장

115) Hernández Aja, Agustín, 2004, Informe sobre los Indicadores de Sostenibilidad, Ministro de Fomento, España.

대표적인 작가들과 건축물을 보유하고 있는데, 이처럼 다양한 역사·문화자원을 보여주기 위한 단순 관광자원이나 파리와 런던 등 타 도시를 벤치마킹하여 유사한 기능과 역할을 하도록 구상한 것이 20세기 초의 '남부의 파리' 도시정비계획이라고 할 수 있다. 하지만 21세기의 '서부 지중해의 수도' 도시계획은 바로셀로나만이 가진 도시의 사회·역사적 특성과 장점을 확장시키고, 스페인 특유의 문화와 예술의 활성화를 통해 도시의 세계화와 경쟁력 및 주거환경을 개선, 강화시키는 계획이다. 20세기 초의 계획이 소위 글로벌 스탠다드에 맞추는 계획이라면, 21세기의 계획은 도시가 위치한 사회적·역사적·지리적 장소의 강점을 극대화하여 국제적 경쟁력과 경제 환경을 강화시키고 그를 통해 주민의 삶의 질을 향상시키는 계획이라고 할 수 있다. 이는 서구 대도시의 글로벌 스탠다드만을 강조하며 외관적 미관만을 중시해 온 우리나라의 도시재개발 방식에 시사하는 바가 크다.

끝으로, 바르셀로나 도시정비사업의 또 하나의 특징은 단순한 하향식 도시공간계획이나 디자인계획이기보다는, 공공과 민간의 합의와 협력에 기초한 '합동참여계획' 형태로 도시정비사업이 진행된다는 점이다. 다양한 도시정비 및 개발사업 프로젝트에 시민사회 그룹들의 참여를 적극 유도하고, 도시경제와 사회·문화를 기존의 산업도시, 관광도시에서 국제비즈니스 창조도시로 전환하면서, 시민의 자부심(civic pride)과 애향심, 소속감(urban patriotism)을 동시에 고양시키는 방식이다. 즉, 도시공간구조의 변화가 도시형태의 변화에 그치지 않고, 도시의 시민사회 조직과 도시 경제질서를 업그레이드하는 주요 수단으로 함께 작동하도록 한 것이다.[116)]

---

116) 필자가 2014년 7월에 스페인 바르셀로나 출장에서 만난 시청공무원 등의 진술에 의하면, 스페인 바로셀로나 도시개발의 주체는 대중들의 요구와 건축가 직업

(3) 도시재정비 정책의 방향으로서 다공질화(esponjamiento)[117)]

스페인 도시정비사업 역시 서구 여러 나라와 마찬가지로 일방적인 전면 철거 위주의 재개발·재건축보다는, 전통적 도시공간구조는 원칙적으로 유지하면서 노후 시가지와 주거지 중 수복이 불가능할 정도로 환경이 악화한 지역만 선택적으로 철거하여 새로운 공공 공간으로 정비한다는 원칙을 세우고 있다. 즉, 기존 건축물의 철거를 통한 공공광장을 조성하는 한편, 광장 주변의 노후 건축물의 리노베이션 등 수복기법을 통해 새로운 도시풍경을 형성하고, 노후화된 주변 건축물의 단계적·자발적 개선을 유도하는 한편, 범죄·가난 등 사회적 문제가 집중되어 있던 구도심 낙후지역을 새로운 공공 공간과 주변가로망의 접근성 개선을 통해 일반인의 지구 내부 침투를 유도하여, 상점 활성화 및 치안 향상을 통해 지역을 재활성하여 시민들의 주거공간으로 조성하고자 하였다.[118)]

① 시우닷베야(Ciutat Vella)

시우닷베야(자치구)는 바르셀로나 10개 구역 중 하나로 역사구역 (Raval, the Gothic Quarterand the districts of Sant Pere, Santa Caterinaand

---

의 문화엘리트들의 정책을 제시할 수 있는 분위기와 시청공무원들의 강력한 추진력에 의해 이루어졌다고 한다. 특히 올림픽 행사를 주도적으로 기획한 건축가 '오릴 보이가스'는 "정치가와 대등한 역할을 할 정도로 바로셀로나는 제도적으로 건축사의 권한이 법적으로 보장되어 있다"라고 전언한 바 있다.

117) 스페인 엘파이스 신문(http://ccaa.elpais.com/ccaa/2013/10/08/madrid/1381234120_025279.html).

118) 물론 1992년에 개최된 스페인 바로셀로나 올림픽에 따른 중앙정부의 재정적인 지원 없이는 그 정도로 파격적인 도시발전을 꾀하지는 못했겠지만, 지속적으로 도시의 정비 및 발전을 꾀하는 노력이 곳곳에서 진행되는 사회 분위기였고 올림픽은 그것을 가속화시키는 매개체였다. 이는 우리나라 서울의 경우와도 유사한 사례에 해당한다.

Ribera)과 해안가에 위치한 바르셀로네타의 4개 구역으로 구성되었는데, 19세기 중반까지는 바르셀로나의 중심지였으나 프랑코 독재정권 시기를 거치면서 물리적·사회적 쇠퇴가 집중되었다. 1970년대 조사 당시 시우닷베야 인구의 약 32%가량이 100년 이상 된 건축물에 거주하고 있었다. 이 지구는 집시나 이주민 등 인구조사에 포함되지 않은 주민들이 많아 65세 인구비율도 14.8%(1986년 기준)이며 최저소득계층이 57.8%에 달하는 사회적 취약계층이 집중되어 있는, 바르셀로나에서 가장 쇠퇴한 지구에 해당되었다. 그 후 1980년에 바르셀로나시는 지역 중심으로서의 활성화 및 거주지로서의 특성을 유지하기 위한 도시재정비정책을 적극 전개하기로 하였다.119)

도시재정비사업을 전개하기 위하여 바르셀로나시뿐만 아니라 카탈루냐 주정부(Government of Catlaonia), 스페인 중앙정부(Spanish Government), 지역주민조합, 상공회의소 등 다양한 주체들이 상호 협의하여 1979년에 시우닷베야 및 라발지구의 기초적인 정비방향을 담은 계획이 발표되었다(Plan Generalde Ordenación Urbana). 그중 구도심 지역(Historiccenter)에 대한 도시재정비 방향이 나오게 되었으며, 먼저 라발지구재개발에 착수하였다. 라발지구는 인구 감소, 고령화, 거주환경 악화 등 도시 전체에서 환경악화가 가장 심각한 지구로, 주민의 약 80%가 세입자로 거주자 스스로 수복할 경제적 능력도 없어 1980년대 환경개선을 요구하는 주민운동이 일어났던 곳이다. 이에 1980~

119) 〈PERI의 3가지 주요 제안〉 Hoyler, M., Freytag, T., Mager, C., "Advantageous Fragmentation? Reimagining Metropolitan Governance and Spatial Planning in Rhine-Main", Built Environment, 32(2), 2006, pp.130-136.
- 지역에 새로운 공공 공간 제공
- 심각한 기초적인 사회서비스 결핍을 겪고 있는 지역에 새로운 인프라 제공
- 공공주택을 포함하는 새로운 주택 재고 공급

1985년에 걸쳐 '라발 지구를 위한 시가지 개선 특별계획(Plá Especialde Reforma Interior(PERI), Especia lplan of rehabilitation)'을 만들었다. 이를 통해 낡았으나 보존가치가 있는 전통 건축물을 중심으로 주거, 서비스시설, 공공 공간의 재구축, 노후 건물 철거 및 신규 공공 공간의 확보와 산책로 정비 등 도시재생 중심의 정비사업을 촉진시키기 위한 개입을 한 끝에 새로운 공공·서비스·주거 공간을 창출하기 위해 도시계획 및 관리수법을 적용한 현대적 수요에 대응하는 주택공급체계를 마련하였다. 이와 같은 통합적 도시재생활성화 정책을 통해 건물 혹은 주거, 점포의 현대적 수복을 추진하여 시우닷베야 지역을 스페인 국민 누구나 살고 싶어하는 특별 레저, 문화, 관광 상업지로 개발하여 상업지구의 재활성화 및 경제 활성화 촉진지구로 거듭나도록 만들었다.[120)]

② 도시정비 종합계획(PGOU: Plan Generalde Ordenacion Urbana)

스페인 토지법에 근거한 도시정비계획으로서 기성 시가지역의 상세한 정비내용을 정하는 마스터플랜(PGOU)이 완성되었다. PGOU는 환경보존, 자연보존, 자연요소·도시 및 역사적 경관의 보호를 목표로 하는 계획으로, 재개발 실시 구역 설정, 상세용도 지정, 공공 공간 및 공원 지정, 공공시설 지정, 교통망 설계, 주차장 정비, 건조물 크기, 건축유형 등이 포함되어 있는 것이 특색이다.

③ 시가지 개선 특별플랜(PERI: Plane special de Reforma Interior)

그 후 1976년 토지법은 구시가를 포함하여 일반적인 기성시가지

120) http://www.bm30.es/homemov_uk.html

를 대상으로 "시가지개선특별계획(PERI)"을 수립할 수 있도록 개정되었다. 개정 토지법 제23조에 따르면 "도시지역의 밀도감소, 도시 시설 및 공공시설의 창출, 비위생지구의 환경개선, 교통문제 해결, 미관해결, 환경개선 혹은 공공서비스 개선, 그 외 비슷한 목적"을 갖는 것으로 명시되었다. 특히, 기성 시가지의 '종합적 교통시스템 정비, 오픈스페이스나 공공시설 정비, 역사적 건축물군의 정비 및 보존, 시가지 내부개선 및 위생개선, 도시·농촌·자연환경개선'을 목적으로 한다. 이는 구시가 재개발 계획을 직접적으로 제시하지는 않았지만, 사실상 그 목적이 역사적 시가지 및 중심 시가지가 갖고 있던 문제들의 해결과 일치하여 구시가 개선에도 지금까지 적극적으로 활용되고 있음에 주목할 필요가 있다. 한편, 기초자치단체는 상위계획에서 결정된 조닝에 따라 일정 구역 내의 토지정비를 포함하여 지구 내 각 구역에 부족한 공공 공간 정비나 공공시설 건설, 주택정비, 이용성 제고 등을 자체적으로 계획·설계할 수 있다.

④ 특별한 대응을 필요로 하는 지구, 시가지 소도시의 개선에 관한 법률(일명 지구법, 2004년 제정)

정식명칭은 "Llei 2/2004, de 4 de juny, de millora de barris, àrees urbanes i biles que requereixen una atenció especial"이다. 이 방식은 지방 주(州)정부가 먼저 지역기금을 조성하고, 쇠퇴지구가 있는 기초자치단체로부터 도시개발 프로젝트 신청을 받아, 채택된 지구 프로젝트에 대해 매칭방식으로 경비를 부담한다. 주민에 대한 복지수당이 아니라 도시문제 해결을 위한 지구 프로젝트에 대한 지원방식으로서 재정기반이 약한 지역에서는 주민들의 노력 여하에 따라 강력한 재정지원을 받을 수 있다. 특히 관광 등이 아닌 생활공간으로서 지구정비에 투자하는 것으로, 지명도가 낮은 소도시 중심부 혹은 대도시의 변두리 지역이 주 대상이 되고 있다. 지구법의 대상은 주택·상가 등 주거건축 환경의 재정비, 지속가능한 생활환경 조성, 시민사회의 발전, 경제활동의 촉진 등을 포함하고 있어야 하며, 4가지 분야를 다 포함하기 위해서는 개별 주무부처별 소관사업을 일체적으로 담당할 별도의 통합 사업팀을 구성해야 한다. 채택된 개발프로젝트에 대한 실적평가위원회에는 주민조직 등 시민대표가 참가하여 꼼꼼한 시민들의 감시와 참여가 이루어지고 있다.

⑤ 2008년 계획법(Planning Act, Ley 8/2007 deSuelo) 선포

이 법률은 지속가능한 도시개발을 위하여 그린필드 개발방식의 신개발을 축소하고, 종래 존재하던 도심지 재개발 즉 브라운필드 개발[121]을 다시 강조하는 내용이 담겨 있다.

⑥ Housing and Rehabilitation State Plan(2012)

가장 최근에 나온 정비계획(법률)으로서 지속가능성과 경제적 효율성이라는 두 마리 토끼를 동시에 잡고자 스페인 정부가 야심차게 준비한 법이다. 이 법은 기존 재고주택의 효용성을 극대화하는 한편, 특별 프로그램으로서 "Specific Programmes for areas of integral rehabilitation(ARIS) and urban Renovation(ARUS)"을 가동하여 도심

121) 브라운필드 개발에 대하여 미국 환경청은 다음과 같이 정의하고 있다. "Abandoned field or under-used industial and commercial facilities where expansion or redevelopment is complicated by real or perceived environmental contamination." 이를 의역하면, 이미 개발 완료된 부지(혹은 시설)로서 현재는 환경오염으로 인해 활용이 중단되었거나 활용가치가 낮은 부지에 대한 재생사업을 말한다. 재개발에는 어려움이 따르는 부지이지만 자연환경을 파괴하지 않아 활용가치는 더 높을 수 있다.

지 주거지역의 재개발과 주거환경개선에 방점을 두고 있는 것이 특징이다.

나. 마드리드[122)]

(1) 개요

마드리드는 이베리아반도 중앙부의 해발고도 635m의 메세타 고원에 위치하며 인구는 약 300만 명으로 유럽의 수도 중 가장 높은 곳에 있고, 스페인의 정치・문화 중심지일 뿐 아니라 근래에는 산업도시로서의 중요성도 크며, 남부유럽의 도로・철도 및 항공 요충지이다. 마드리드는 역사를 간직한 구도심의 건축물과 새롭게 건설된 신도심의 현대 건축물이 조화를 이루고 있는데, 문화유산을 소중히 여기는 전통 때문에 주택외관의 신축과 개보수가 엄격하게 규제되어 있으나 내부 수리는 자유롭게 허용되어 있어서 전통과 현대의 편리함이 공존하고 있다. 여러 부류의 유적을 많이 가지고 있는 역사도시로서 구도심의 도로변에는 각종 역사적 유물과 유적들이 산재하여, 도시의 아름다움을 더해 주고 있다. 유럽의 어느 나라나 그렇듯 마드리드도 광장 문화가 발달되어 있는데 스페인광장에서 도심으로 연결되는 그란비아(Gran Via)도로는 마드리드에서 가장 넓은 도로로서 100여 년 전에 마차가 이용할 수 있는 도로를 건설하였던 것을 거의 그대로 활용하고 있다. 당시 현재의 교통량을 미리 예측하여 50m 이상의 도로폭으로 개설하였으며 그 덕분에 도로변의 역사적 건물들이 그대로 존치될 수 있었다.

---

122) 필자가 본 연구용역을 진행하기 위하여 직접 2014년 7월에 스페인 마드리드를 방문한 경험을 기술하였다.

(2) 도시 공간 조성 형태[123)]

마드리드는 시청 건물이 입지해 있는 마요르광장을 지나 솔광장으로 향하는 좁은 골목길들이 즐비한데도 불구하고 자동차로 인한 혼잡이 별로 없다. 마드리드에서는 2010년 이후 기존 건축물을 허물지 않고 주차문제를 해결할 수 있도록 하는 지하주차장 건설이 한창이다. 또한 노변주차장의 주차요금을 높게 책정하여 시민들이 시가지에서 자동차를 운행하는 데 부담을 주어 도심지 자동차운행을 규제하고 있다. 그로 인해 도심 내 교통수단으로 오토바이를 많이 이용하고 있어 곳곳에 오토바이 주차장이 눈에 띄게 많다. 무엇보다 기존 건축물을 보호하기 위해 과거 도로 개설 당시의 도로를 그대로 활용하고 있으며 폭이 좁은 이면도로는 일방통행을 주로 실시하고 있었다. 기존 시가지 도로는 방사형으로 교차로는 로터리 방식이 많으며 교통량이 비교적 많은데도 유지되는 것은 우리나라의 방식과는 달리 교차로 내 진행차량에 우선권이 주어지는 현대식 회전교차로의 운영 개념을 사용하고 있기 때문이다. 마드리드 시내의 간판은 우리나라와 달리 거의 눈에 띄지 않을 정도로 규모가 작은 것이 특징이다. 전통적인 역사적 건물들이어서 현대 간판하고는 어울리지 않는다는 점도 있으나 마드리드에서는 간판에 대한 공공의 규제가 강력해서 현대적인 건물의 간판도 엄격하게 통제되고 있기 때문이다. 마드리드의 자부심 프라도미술관을 중심으로 한 그 주변의 프라도(prado)거리는 중앙분리대를 넓은 폭의 보행자도로 및 녹지공간으로 조성하여 시민들에게 쾌적한 주거환경을 제공하고 있었다.

---

123) Spain-Portugal: Euro Road Atlas, 2008, CeoCenter.

다. 빌바오[124)]

(1) 개요

빌바오시는 도시 설립 이래로 1970년대까지는 산업과 무역 컨텍스트가 증가하면서 스페인 북부 바스크 지방을 대표하는 자치행정구로서 바스크 지역의 재정 및 서비스 중심지가 되었다. 그러나 1975년 이후 경기 침체가 시작되면서 슬럼화, 우범화로 인한 주거환경의 악화 등 여러 구조적인 문제들이 나타났다. 이는 빌바오시의 주요 산업이 당시 세계적인 경기 불황에 가장 큰 타격을 입은 전통적인 철강, 조선, 설비제품 산업과 자율성이 불충분한 서비스 산업에 기반해 있었기 때문이다. 그 결과 도시산업 체계의 붕괴로 인한 높은 실업률(25~30%대였으며, Greater bilbao 지역에서는 35%에 육박했다)과 도시 환경의 황폐화, 타 지역으로의 이주 증가로 인한 인구수 감소, 중앙 정부의 역점 도시 지정 배제 등의 문제를 초래했다. 이러한 것들은 유럽의 피츠버그, 글래스고우, 함부르크, 로트르담, 투린 같은 다른 산업 도시들 역시 그 무렵 마찬가지로 겪은 문제였다. 이런 상황에서, 빌바오시는 지역 주민들이 바스크지역에 지속적으로 거주할 수 있도록 새로운 직장과 주거환경을 가질 기회를 창출해 낼 수 있는 새로운

---

124) 스페인 북부 바스크 자치지방 비스카야주 주도이고 인구는 약 45만 명으로 비스케이만에서 10km 정도 내륙으로 들어간 곳에 위치하며, 네르비온강에 면한다. 19세기에 서쪽 교외의 철광산을 배경으로 제철업이 시작되었으며, 영국을 비롯한 인근 여러 나라에 수출되었다. 또 포도주 · 섬유의 교역도 이루어져, 에스파냐에서 손꼽는 무역항이 되었다. 제철 · 제강 외에 금속 · 기계 · 화학 · 유리 · 도자기 · 담배 · 조선 등의 공업이 발달하였다. 빌바오는 '미술관 신화'를 만든 도시이다. 1997년 가을 개관 이래 2005년 말까지 800만 명의 방문객이 다녀간 『구겐하임 미술관』이 그 신화의 주인공으로, 미술관 하나만으로 인구 40만 명의 작은 도시가 뉴욕이나 파리 못지않은 브랜드파워를 갖게 됐다. 빌바오의 도시 구조는 네르비온강의 경계에서 도심 가운데로 모이는 구성이며, 기차역이 도시외곽에서 구도심과 신도심 사이로 끼어들고 있다.

도시재개발 내지 도시재생을 구현해야만 했다.125)

(2) 도시재생을 강조한 정비정책

1980년대 초 빌바오시의 경제를 지탱하던 제철업과 조선업이 쇠퇴하면서 항만 공업지대는 슬럼화가 되고 빌바오시는 급격한 쇠락의 길로 접어들었다. 그러한 위기를 기회로 만들어 준 사업이 'Bilbao Ria 2000'이었다. 1992년 스페인 중앙정부와 바스크 지방정부가 50:50 투자로 'Bilbao Ria 2000'을 조직하여 도시재개발계획을 수립하였고, 이를 통해 국제적 지명도를 가진 '구겐하임' 미술관을 유치하는데 성공해 도시 전체로 긍정적인 파급 효과를 유발하였다. 즉 국제도시로 탈바꿈하기 위하여 낡은 주택지구와 상업기반시설은 물론, 항구와 공항, 기차역과 전차 또한 새롭게 리모델링하면서 도시에 활력을 불어넣었다. 발상의 전환을 통해 위기를 기회로 삼은 빌바오시의 도시재생사업은 전 세계 도시재생의 모범사례로 인식되고 있다. 특히, '미술관 신화'라는 용어를 사용할 만큼 구겐하임 미술관은 빌바오시의 랜드마크로서 많은 관광객을 유치하여 도시의 활력소가 되고 있다. 미술관 자체의 명성과 건축적 의미로 인한 파급효과로 주변지역의 시설과 경관들이 새롭게 조성되었는데, '페드로 아루페'라는 보행자전용 다리를 건설하였고 시민들의 휴식을 위한 공원과 강변 약 3km에 이르는 산책로를 설치하여 시민들이 미술관을 언제라도 즐겨찾을 수 있도록 하는 등 살기 좋은 도시를 만들어 인구 유입을 촉진하였다.126)

---

125) http://www.bilbaointernational.com/en/the-columns-of-alhondiga-bilbao/

126) http://architecturerevived.blogspot.kr/2011/09/alhondiga-culture-center-bilbao-spain.html

또한 시민들의 경제생활 여건을 개선시키기 위해서는 일자리창출과 수입증대가 필요하였는데, 세제혜택과 공장 부지 제공 등을 통해 각종 기업들의 유치에도 적극적이었다. 이러한 경제적 바탕하에 레저, 문화 등 환경 친화적 차원에서 주민들에게 보다 나은 주거여건을 제공할 수 있도록 종합적 도시정비사업을 진행하였다. 도시계획의 관점에서 보면, 빌바오시와 같은 산업도시는 일반적으로 도시의 주거환경 분야 등 질적인 측면과 수입(경제)수준 측면이라는 두 가지 개념이 상호 충돌하는 것이 일반적이다. 통상적으로 대도시는 취업률이 높고 소득이 높긴 하지만, 높은 인구밀도로 인한 높은 주택가격 형성 등의 문제로 주거환경이 매우 취약하기 때문이다.

빌바오시는 이러한 주거환경의 악화와 노후화는 궁극적으로 도시의 경쟁력 손실을 야기하므로 이를 극복하고자 가능한 3차 산업을 발달시켜 새로운 직장을 창출하고, 또 이를 가능케 할 투자자를 끌어들이는 것이 도시정비사업의 성공 요인이 되었다. 그 후 스페인의 다른 도시들도 대체 공단지역과 개발지역을 찾는 기업들을 적극 유치하기 위해 경쟁하고 있다. 좋은 주거환경은 곧 우수한 기업을 유치하게 되고 그를 통해 보다 높은 수준의 도시를 만들고 유지할 수 있음을 단적으로 보여주는 사례이다.[127)]

한편, 빌바오시 도시재생사업의 또 다른 성공 이유는, 'bilbao Ria 2000' 사업이 지방정부, 민간회사, 시민전문가 그룹의 상호 파트너십을 통해 통합 도시정비계획을 수립했고, 사업진행과정에서도 일관성 있게 사업을 진행하였기 때문이다. 'bilbao Ria 2000' 사업은 정부의 공공투자에만 의지하지 않고, 다양한 프로젝트들을 통해 민간기업의

---

127) http://archiblock.com/philippe-starck-alhondiga-cultural-and-leisure-center

적극적 투자를 유치하는 등으로 소요 예산을 확보하여 산업·문화 등 모든 면에서 골고루 도시재생사업을 꾀할 수 있었다. 이러한 성공적인 도시재생사업의 전개로 빌바오시의 청년들은 마드리드와 바로셀로나 등 대도시에서 대학 과정이 끝나면 대부분이 고향으로 돌아와 취업하고 고향을 위해 자신의 능력을 발휘하는 것을 자랑스럽게 여긴다. 빌바오시의 사회기반도 그들이 한껏 능력을 발휘할 수 있는 기회를 제공함은 물론이다. 이러한 빌바오시 사례에서 우리나라 지방 대도시부터 중소도시들이 나아가야 할 도시 발전 정체 문제의 돌파구를 찾을 수 있다. 지역 주민들과 지방정부가 상호 공감대를 형성하고, 그를 바탕으로 통합적 도시정비계획을 함께 마련하며, 그 계획의 실행과정까지도 함께하는 도시재생사업 방식을 우리 지자체도 벤치마킹할 필요가 있다.

라. 정리

스페인의 도시정비 법령 체계는 1978년 개정 헌법[128]의 제8장에 의거하여 17개의 독립된 주로 구성되었으며 각 주에 중앙정부의 행정권이 이양되었다.[129] 헌법 148조에 의거하여 17개 주정부가 공간

---

128) 1978년 헌법은 스페인 최초로 합의에 의해 이루어진 헌법이며 현재까지 유효하다. 지방자치제 도입, 국왕의 역할에 대한 규정, 국가의 종교 불개입 등을 명기함으로서 이전까지 스페인 국내 정치 불안의 원인이던 중앙집권주의 대 분리주의, 왕당파 대 공화당파, 성직자 대 비성직자 등의 대립을 해결하였다.

129) 지방자치정부의 기본적인 제도적 규범은 지방자치단체 정관을 통하여 구성되었다. 1978년 헌법에서는 지방자치정부의 권한을 구체적으로 규정하지 않고 헌법의 테두리 내에서 각 자치단체의 규약을 통해 필요하다고 고려되는 권한을 자유롭게 취하도록 하고 있다. 따라서 지방자치정부에 의해 자치단체 정권에 명확하게 규정되지 않은 모든 권한은 독점적으로 국가에 부여된 권한과 더불어 중앙정부에 귀속된다.

계획에 관한 책임을 지고 각각의 지역은 상세한 계획 법령(legislation)을 가진다.[130] 지방자치정부의 법령은 국가의 법령과 동일한 지위를 가지며, 두 법령 사이의 분쟁은 헌법재판소의 결정에 따르도록 되어 있다. 한편 전국에 걸친 공간계획에 대해서는 전국 법령(national legislation)이 적용된다. 2007년에 새로운 계획법(new Planning Act, Ley 8/2007 de suelo)이 통과되었는데, 도시계획의 주체는 원칙적으로 시의회가 되며 주정부 및 중앙정부, 민간 NGO, 대학연구소, 시민단체 등 매우 다양한 그룹이 도시정비계획 과정에 참여한다(〈그림 2-4〉 참조). 그에 따른 중앙정부의 주요 도시계획 정책을 보면, 주택부에서 도시 정책권을 가지고, 2008년 8월에 제정된 도시개발 기본법령인 'Land Act'에 따라 정책을 수립하고 있다.

또한 2005년부터 시행된 'Housing Plan'은 상이한 정부 단위의 행정부서 간의 협력 및 협조 체계를 명시하고 있고, 'Comprehensive Restoration Areas'와 젊은이들을 위한 특정 구역을 설정함으로써 도시의 주거구조를 변화시키고 임대주택에 대해 재정적 지원도 실시하고 있다. 그에 더하여 'Sistema de Información Urbana(도시정보시스템)'을 구축하였고, 중앙정부에서 소유하고 있으나 사용하고 있지 않은 토지를 사회 시설이나 정부 제공 주택 부지로 이용할 수 있게 하고 있다(다만, 구체적 실행을 위해서는 주 의회 및 'municipio[131]' 의회의 동의가 있어야 한다). 이 정책의 결과 1천 7백만㎡의 부지에 5만 2천 채의

130) 지방자치정부는 국가의 독점적 국사(외교, 국방, 세관 및 관세 제도, 대외무역, 통화제도, 외환 환율 및 차환, 일반 재무, 국가 채무) 이외에는 입법적 기능뿐 아니라 행정적 기능을 한다.

131) 고대 로마에서 유래한 용어로 스페인어로는 '자치 마을'을 의미한다. 현재는 소규모 지방자치단체에 상응하는 의미로 사용된다. 예를 들어, 프랑스어 'commune(코뮌)', 이탈리아어의 'comune' 또는 스웨덴 'kommun' 등이 그것이다.

주정부 제공 공공주택을 건설하고 3백만㎡의 부지가 교육, 문화, 보건의료 시설로 시민들에게 제공되었다.

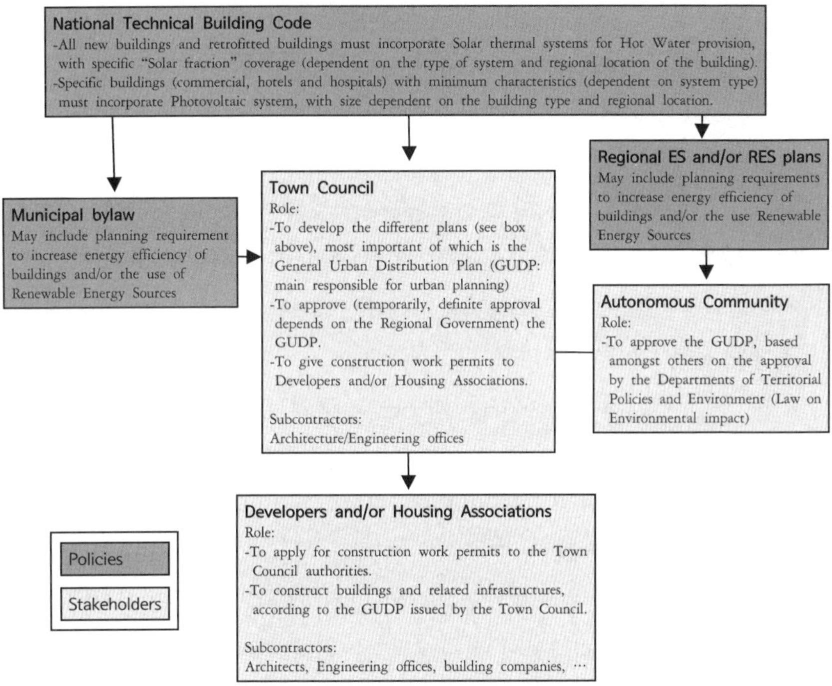

〈그림 2-5〉 스페인 도시정비계획의 주요 구성 주체(조직)

8. 체코[132)]

가. 개요

체코의 수도인 프라하는 구도시와 신도시의 개발을 위해 서로 다

132) 필자가 본 연구용역을 진행하기 위하여 직접 2014년 12월에 체코 프라하 시청 등을 방문한 경험을 위주로 기술하였다.

른 명확한 도시재개발과 도시재생 프로그램을 규정하고 있다. 프라하는 22개구, 57개 동으로 나눠져 있고, 이 행정단위를 기반으로 도시계획을 수립하고 있다. 프라하시 22개 구청마다 토지와 건축허가를 담당하는 부서가 있는데, 이 부서의 업무를 통합 조정하고 최종 인허가를 담당하고 있는 기관이 성북구의회에서 방문한 프라하시청 도시계획과(Magistrat)이다. 도시계획과에서 하는 일은 크게 두 가지로, 도시계획의 수립과 관리를 통해 세계문화유산으로 지정된 프라하 구시가지가 지속적으로 유지되고 발전될 수 있도록 하고, 각 구청에 접수된 건축허가나 토지이용계획에 대해 민원이 발생하거나 쟁점사항이 접수되면 이해관계자와 전문가의 의견을 청취한 뒤 최종적으로 통합 조정을 하는 것이다. 프라하 도시계획과는 토지이용을 비롯한 도시계획을 수립하고 건축 인허가를 내주는 과정에서 세계문화유산지구로 지정된 구시가의 문화재 보전을 가장 우선적으로 고려하고 있다. 현재 프라하의 도시계획은 1999년에 수립되어 2000년부터 적용되고 있다. 2000년 도시계획상 프라하는 토지를 사용 목적에 따라 40개의 용도구역으로 나눠 놓았다. 이 용도에 맞춰 건축행위를 할 경우는 큰 문제가 없지만, 도시계획에 지정된 용도 이외의 목적으로 변경할 경우에는 용도 변경 절차를 거쳐 변경이 가능하다.

즉, 구도시는 프라하 성, 찰스 교량, 중세 유적 등이 집중되어 있는 지역으로 관광 중심의 도시로 기능을 전환하였으며, 구도시 지역에 거주하고 있는 주민들로 하여금 신도시로의 이주를 적극 권장하고 있다. 신도시에는 장기적인 도시정비계획에 따라 기업, 주거단지 등이 입주할 수 있도록 건설하고 있다. 이러한 노력으로 프라하 신시가지는 동부 유럽의 물류 및 유통, 금융 중심지로 부상하고 있으며, 지극히 인위적이고 강제적인 개발이나 주변을 압도하려는 물리적 계획보다 기존

중세 건축, 문화지구들과 어우러져 새로이 도시기능을 수복해 나가는 도시재생 중심의 개발을 지향하고 있다.[133] 이러한 개발 방식은 프랑스 라데팡스와 호주 도클렌드, 일본 롯본기 등을 벤치마킹한 것으로, 주택재개발・재건축 사업 등 급격한 물리적 변화에 중심을 둔 우리나라 도시정비사업 방식이 눈여겨보아야 할 대목이다.

나. 특이점

체코 프라하도 스페인 바로셀로나 등과 마찬가지로 시민단체가 도시정비사업에 적극 관여하는 것이 인상적이다. 프라하 시청 도시건축계획 자문위원회라 할 수 있는 'MĚSTSKE ZASAHY PRAHA 2010'이 가장 대표적인 시민단체인데, 위 위원회는 전문가들로 구성된 자발적 시민단체이지만 그 영향력이 막강하다. 프라하의 중심가에서 신규 건축이 허용되는 땅은 거의 없다. 일례로 세계적으로 유명한 건축가 '얀 카플리츠키'가 제안해 당선된 프라하 국립박물관 시안 역시 2013년 신축불가 판정이 났다. 프라하에서는 국립박물관조차도, 비단 그것이 국책사업일지라도 도시건축계획 자문위원회의 통과 없이는 현대적 건물이 새롭게 들어서기란 여간 힘든 일이 아닌 것이다. 보수적인 체코인들의 성격 탓 또는 체코 여러 도시들이 유네스코 세계 문화유산인 탓인지는 몰라도, 체코 역시 기본적으로 도시의 역사성과 고전성을 해치지 않으면서 현대적인 요구에 부응하는 도시재생 방식의 도시정비기법을 선호하고 있음을 알 수 있다.[134] 예컨대 지나

133) 한편, 도시계획에 관한 최종 결정권은 프라하 시민들이 선출한 시의원이 전문행정인을 고용해서 행정을 책임지고 수행하는 체계이다. 프라하의 시의원은 모두 65명인데, 이들이 도시계획에 대한 최종 결정을 한다. 프라하의 전체 공무원은 2,000명이다. 22개 구청이 있지만 토지이용계획이나 도시계획에 대한 변경 권한은 프라하시청이 가지고 있다.

치게 넓은 국립극장의 콘크리트 입구 광장을 녹지화하여 작은 공원으로 만든다던지, 자동차가 다니는 고가 다리를 공원으로 꾸며 말 그대로 하늘 공원을 만드는 등 물리적인 재개발과 재건축이나 신축 대신 기존 건축물들을 최대한 이용한 주거환경 개선과 도시녹지화 등에 주력하고 있는 것이 일례이다.[135)]

9. 오스트리아

가. 개요

동유럽을 대표하는 역사 문화 도시 오스트리아 빈의 경우 오페라하우스와 슈테판 성당 사이 비엔나 최고의 번화가 케른트너 거리 등은 최근까지 공사현장이었다. 이는 비엔나 도심정비계획에 따라 대대적인 도시환경미화사업을 벌였기 때문인데 2014년 9월에 공사가 완료되었다. 케른트너 거리는 자허호텔, 슈테플 백화점, 스와보르스키, 보석전문점 하반 등 주요 상점들이 들어서 있는 보행자 전용거리로 비엔나를 대표하고 있다. 이러한 케른트너 거리를 비롯해 비엔나 남역, 비엔나 서역, 프라터 놀이공원 등 13개 지역에서 전개되는 오스

---

134) Jungmannova 35, 11000 Praha(http://www.praha.eu/jnp/cz/o_meste/magistrat/odbory/index.html?di visionId=144)

135) 역사지구로 지정된 프라하 시내는 재개발에 준하는 정도의 도시재생을 추진하는 지역이 사실상 없지만, 시 외곽에는 도시재생사업이 이루어지고 있다. 도시재생은 철저하게 해당 지역 주민들이 결정해서 추진한다. 예컨대, 프라하 외곽 노바베스 지역의 경우 이 동네에서 주말농장을 하는 10가구를 중심으로 주거지역을 만들어 달라는 요구가 있었는데, 다른 주민들이 동의하지 않고, 상하수도, 도로, 폐기물 처리시설 등 도시기발시설을 설치하는데 비용이 너무 많이 들며, 투자하겠다는 회사도 없어 현재 원래대로 주말농장으로만 이용되고 있다(프라하시 계획발전연구소, 홈페이지 podatelna@ipr.praha.eu; vacha@ipr.praha.eu 참조).

트리아 수도 비엔나 도시정비사업은 총 1,800만 유로가 투입되며 사업비의 90%는 비엔나시에서 재원을 조달하고 10%는 각 구청이 출자해 진행되었다.[136]

나. 소규모 주택정비사업

오스트리아 비엔나시의 공동주택의 대표적 유형으로, 시비지원금으로 프란츠쑴니취(Franz Sumnitsch)라는 건축가가 설계한 커뮤니티 공동주택인 '자륵파브릭(Sargfabrik)'이 있다. 이는 50여 가구, 5천m² 내외로 가구주들이 주거공동체를 형성해 함께 장기간 거주할 목적으로 지어진 주택으로서, 외형상으로는 우리의 지역주택조합에 의한 공동주택건설사업 내지 재개발·재건축 사업조합 시행의 공동주택건설과 큰 차이가 없어 보이나 다음과 같은 중요한 몇 가지 차이점이 있다. 우선 자륵파브릭 공동주택은 시비 보조 및 융자로 재원이 마련돼 건축되고, 입주자는 크레딧과 같은 원리금을 매년 조금씩 갚아나가는 구조로, 건축설계 단계부터 입주예정자와 건축설계자가 협력해 주택의 규모·형태 외에 서비스 시설의 종류 등 구체적인 사항을 건축계획에 포함해 개발하는 것이 특징이다. 즉, 자륵파브릭 공동체조합의 주택건축 개념은 "종합적인 계획, 건축, 관리, 주민들의 공동참여, 사회 약자·소외층과의 통합, 에너지절약 및 그린 에너지 등 생태적 건축, 주민공동체를 위한 맞춤식 공동시설 확보"로서, 이는 시민의 쾌적한 주거환경과 문화의 통합이라는 슬로건으로도 집약된다. 이를 위해 입주자를 위한 문화공연 공간, 수영장, 회의장과 같은 공동시설을

136) "Innovative Urban Development Projects in Vienna", Brigitte Jilka(DI Brigitte Jilka, MBA, Executive Group for Construction and Technology of the City of Vienna, Ebendorferstraße 4, 2013 Vienna, brigitte.jilka@wien.gv.at).

갖추고 있으며, 주택옥상은 녹지공원화했고, 입주자의 차량 소유에 맞게 주차 공간을 필요한 최소의 규모로 설계했다. 시민공동체를 위한 맞춤형 공동주택으로 거주민의 편의성과 사회성을 높였으며 공공의 행정 · 재정적 지원이 수반되는 만큼 강한 공공성을 띠고 있다.137)

위와 같은 오스트리아의 자륵파브릭은 우리나라에 다음의 교훈을 준다. 먼저, 조합원들은 대다수 실입주자 예정자들로, 건축주이자 자산관리자로서 준비단계부터 준공 후 주택관리 단계에 이르기까지 입주자조합을 운영한다는 점이다. 즉 건축설계부터 필요한 시설규모와 종류 그리고 실제 설계내용을 조합원들이 결정해 거주민의 주거만족도를 높인다. 또한 직업, 연령, 빈부차이 등 입주자 계층의 다양성으로 인해 여러 갈등과 문제점들이 표출될 우려가 있으므로 이를 막기 위해 사전에 주택의 규모 · 형태 · 설계 내용에 무거운 공공성을 요구받는 것도 한 특징이다.138)

다. 훈데르트바서 하우스139)

한편, 자륵파브릭(Sargfabrik)에 앞서 도입되어 운영되고 있는 공동주택모델로 '훈데르트바서 하우스(Hundertwasser haus)' 제도가 있다.

---

137) 필자가 본 연구용역을 진행하기 위하여 직접 2014년 12월에 오스트리아 빈 시청 등을 방문한 경험을 기술하였다.

138) "오스트리아 커뮤니티 공동주택 '자륵파브릭(Sargfabrik)'의 교훈", 서울시 의회 도시관리위원회 임시회의 142회 보고서, 2011. 12.

139) 훈데르트바서는 다양성을 추구한 것이다. 3가지 의미가 복합된 그의 이름을 살펴봐도 그의 사상을 알 수 있다. 첫 번째 이름의 프리덴스라이히(Friedensreich)는 평화의 집이라는 의미로 일본에서 생활하면서 지은 이름이다. 두 번째 이름인 둥클분트(Dunkelbunt)는 직역하면 어두운 다양한 색채 즉 강렬한 색채라는 의미를 포함하며, 마지막 이름인 레겐탁(Regentag)은 비오는 날을 뜻하지만 비온 후 날이 개듯이 맑은 날을 의미한다(Söfker, Wilhelm, Zum Gesez uber die Reform des Wohnungsbaurechts, William, 2011).

이는 오스트리아 빈 시에서 운영하는 시영주택으로, 빈 시내 헤츠가세역 근처에 있으며 아주 독특한 공동주거 건물로 화가이자 건축가인 훈데르트바서에 의해 지어져 그 이름이 유래되었다. 1985년 훈데르트바서는 '현대 건축에는 시민들의 영혼이 실종되었다'고 보았고, 이런 경향을 극복하기 위해 새로운 공동주택을 설계하였다. 훈데르트바서 하우스는 대지면적이 1,543㎡이고, 벽돌구조로 되어 있으며 층수는 3층부터 9층까지 다양하다. 총 주택 수는 52호이고, 상점은 5호로 각 주택의 규모는 30~150㎡이고 어린이놀이터 2곳과 윈터가든(winter garden), 카페 등의 공공 공간으로 구성된다. 내부의 입구 통로는 큰 회색 아치로 구성하였으며, 몇 개의 작은 창문이 아치의 안쪽에 자리 잡고 있고, 아치 위에는 어린이를 위한 놀이방인 어드벤처룸이 있는데 어린이들이 편안한 분위기에서 신나게 놀 수 있고 방의 바닥이 곡선이어서 미끄럼을 즐길 수 있도록 하였다. 그밖에 계단식으로 디자인된 지붕정원, 대화 장소나 개인적인 파티를 위해서 사용할 수 있는 윈터 가든이 있다. 특히 프리센슈라이히 훈데르트바서 하우스는 삭막하고 특징 없이 일관된 성냥갑 형식의 현대적 공동주택을 지양하고, 현대인들이 꿈꾸는 아름답고 이상적인 주거 건축물을 목표로 과거 왕궁과 같은 시민의 집 만들기를 실현하고자 소용돌이 모양이나 곡선을 많이 사용하고 나무를 많이 심어 예술적, 생태 자연주의적인 공동주택을 만들어 낸 것이 특징이다.[140] 하나의 독특한 대형 미술 건축 작품 같은 훈데르트바서는 처음 건설되었을 때는 수도 빈 시의 주요 논란거리가 되었으나, 이제는 빈의 명물로 자리 잡게 되어 많은 관광객을 유치하고 있기도 하며 최근 한국의 모 건설사에서도

140) "Urban Development Projects", Erdberger Mais/Aspanggründe, Wien 2013 (https://www.wien.gv.at/english/urbandevelopment/erdbergermais.htm).

비슷한 아파트 디자인을 내놓아 화제가 된 적도 있다.

VI. 결론

1. 외국 법제의 시사점

가. 도시정비 형태 측면

(1) 전면 철거형 재개발방식에서 수복형 재개발, 재생방식으로의 전환

영국, 독일, 일본 등 선진국에서는 근대화 과정에서 진행된 전면 철거에 의한 고층·고밀의 재개발방식은 기존 커뮤니티의 해체와 저소득층의 주거안정이라는 근본적인 문제를 해결하지 못하고 있다는 지적과 함께 1970년대 기점으로 지역의 커뮤니티와 사회, 문화, 자연자원을 적극 살릴 수 있는 수복형 재개발 방식으로 전환되었다. 그리고 노후불량주거지의 문제에 대해 단순한 물리적 환경의 개선에서 벗어나 경제, 사회, 환경적 측면에서 종합적인 도시재생시책으로 접근하고 있다.

(2) 개발규모의 소규모화와 광역차원의 계획적 정비 유도

일본의 밀집주택 시가지정비사업을 보면 비교적 넓은 구역을 사업구역으로 지정하고, 지구 상황에 맞는 정비수법의 적용을 통하여 사업구역 전체의 기반시설 정비와 각각의 세분화된 소규모 단위 주택개량사업을 실시함으로써 계획적 정비를 유도하고 있다. 소규모 단위의 주거지 정비에는 그룹 분양방식과 일단지 인정제도 등의 특별지원제도를 마련하고 있다. 독일에서는 도시재개발지구는 가급적 대규모로 지정하되, 소규모 B-Plan을 각 작성하여 기반시설 정비, 사회복지시

설의 설치 등 광역적인 재정비를 한 후, 소규모 블록단위의 개발을 유도하고 있는 것도 주목할 만하다.[141]

(3) 공공의 역할

독일에서는 도시 노후주거지 정비가 기본적으로 공공사업이라는 인식하에서 공공이 주도적으로 정비의 계획적 관리와 기반시설부문의 개선을 추진하고 있으며, 일본은 주민과 공공기관의 공동 협력에 의한 마을 만들기를 기본으로 정부 및 지방자치단체가 정비계획의 수립, 공공기반시설의 정비, 주민들의 생활재건을 위한 지원 등 다양한 지원제도를 마련하고 있다. 영국은 일종의 보조금 제도를 활용하여 주택의 최저 주거기준의 충족과 지자체 간의 경쟁을 통한 차별적인 지원을 통하여 자립형 노후 주거지 정비를 도모하고 있다.[142]

141) 이러한 세계적 경향을 받아들여 우리나라 도시정비사업 역시 정비구역 해제지역 등 주거환경이 열악한 지역에 대해 전면 철거방식 대신 소규모·수복형 방식으로 주거환경을 개선하기 위해 도입(도시정비법 2012. 2. 1. 개정 제6조 제1항, 제7조 제1항)하였는데, 주요 내용으로는 기존 도시구조를 유지하며 이주 수요를 최소화하는 수복형 정비방식을 강조하고 있다. 전용주거지역, 제1·2종일반주거지역 중 단독·다세대주택 등이 밀집한 지역으로 주거환경의 보전·정비·개량이 필요한 지역은 물론 해제된 정비구역 및 정비예정구역, 재정비촉진지구가 해제된 지역 등을 포함한다. 무엇보다, 소규모 수복형 개발의 경우 기존 단독주택 재건축·재개발 사업을 위한 정비구역의 토지등소유자 50% 이상이 주거환경관리사업으로의 전환에 동의하면 시장·군수가 직접 시행하되, 토지등소유자의 과반수 동의를 얻어 LH공사 등을 사업시행자로 지정하여 시행 가능하도록 하여 동의율을 완화하고 있으며, 사업시행자가 정비기반시설을 설치하고 토지등소유자는 스스로 주택을 보전·정비하거나 개량할 수 있도록 하고 있다.

142) Communities and Local Government, Department of Health, and Department for Work and Pension, 2008, Lifetime Homes, Lifetime Neighbourhoods: A National Strategy for Housing in an Ageing Society, CLG, London.

나. 환경적 측면: 녹색 건축과 친환경 정책

최근 미국과 유럽 국가들은 태양광 · 태양열 · 지열 · 풍력 등 친환경 에너지 사용을 적극적으로 장려하고, 녹색기술 개발 역시 국가적 지원을 아끼지 않고 있다. 국가와 지자체뿐만 아니라 일반 민간 건설업체에서도 녹색 건축의 가이드라인을 만들어 그 가이드라인 안에서 친환경 건축을 하고 분양을 하는 등의 노력을 기울이고 있다. 한편, 탄소 에너지 소비를 줄이기 위한 방법으로 전차버스, 전기버스, 노면전차(트램), 공공자전거 등 다양한 공공 교통수단을 구축해 이산화탄소 배출을 최소화하는 녹색교통에 관련된 정책도 꾸준히 시행하고 있다.

또한 친환경 에너지 절감용 패시브하우스 건립을 위해 다양한 정책과 기술개발로 일반 가정집에서도 에너지 사용량을 50% 정도 줄이고 있다. 초기 투자비가 많이 들기는 하지만 패시브하우스 등 친환경 녹색 건축이 장기적으로 경제적 효과가 크다는 점을 국가에서 적극 홍보하고 지원한 결과 독일 등 유럽의 몇 개 국가 및 지역은 친환경 에너지 사용량이 화석연료 사용량보다 많다고 한다. 무엇보다 관계수로였던 곳을 여울과 모래섬이 있는 자연하천으로 만드는 친환경 정책을 장기적으로 추진하여 자연 생태계를 회복하고, 자연과 사람과의 조화를 이루어내는 도시환경 정책들은 눈에 보이는 미관과 단기적 성과를 중요시하는 우리나라에 시사하는 바가 크다. 마지막으로 선진국에서 도시정비사업의 일환으로서 병행 추진되고 있는 녹색 건축사업과 친환경 에너지 구축사업의 성공사례로 언급되는 곳들은 전 세계에서 관광객과 관련 기술자, 행정가들의 견학지로도 유명해져 부수적으로 지역 관광사업의 활성화를 통한 경제적 이익도 보고 있는 점도 주목해야 할 점이다.

다. 문화적 측면

(1) 역사·문화 자원을 활용한 관광자원화

각 시대의 역사와 문화적 특성을 가지고 있는 역사·문화 자원들은 그 도시공간의 정체성을 부여해주는 자산으로써 가치가 높으며, 도시의 경쟁력과 브랜드 이미지 향상에 중요한 역할을 수행하고 있다. 유럽 각 도시의 역사·문화 자원은 국가와 지방자치단체의 체계적인 관리하에 엄격한 법적 기준과 더불어 자동차 이용제한이나 주거의 불편함을 기꺼이 감수하는 지역 거주민들의 자발적 참여를 통해 유지되고 있으며, 이러한 역사문화 자원의 보존과 함께 문화자원의 다양한 이미지와 이야기들은 부수적으로 관광상품화되어 정부와 지역 주민의 경제적 수입으로 이어지고 있다. 단적인 예로 우리나라에서는 기피 대상 1호인 공동묘지를 체코 프라하와 오스트리아 빈에서는 '음악가의 묘지'라는 특별 구역으로 시 중심지에 조성하여 개방하고 누구나 참배하게 하여 관광객을 유치하는 예에서도 볼 수 있듯이, 참신한 아이디어를 통해 관광지 개발과 상품화를 꾸준히 도모하고 있으며 관광자원의 홍보도 지속적으로 하고 있다. 그뿐만 아니라 지속적인 문화재 발굴과 훼손된 건축물 및 생태자원에 대한 복구도 철저히 진행하여 후세에 남길 더 많은 유산을 구축하고자 노력함으로써 역사·문화 자원을 이용한 도시재생사업의 가이드라인을 구축하고 있다.

또한 각 지방 도시별 지역성을 최대한 살려 지방 중소도시 역시 얼마든지 지역경쟁력과 자생력이 강화될 수 있다는 점을 보여주고 있는 유럽의 중소도시들은 자신들의 역사·문화 자원을 지역성을 감안하여 개발하는 정책을 운영하고 있다. 예컨대, 네덜란드 로테르담의 경우 '슬로우시티'라는 새로운 개념의 운동을 시작하여 약한 도시정비사업을 삶과 문화 전반의 개념으로 확장하여 일정시간이 되면 모든 시민들이 밖으로 나와 산책을 하는 등 지역 구성원의 삶의 태도를 바꿈으로써 건강한 도시 주거문화를 만들어가는 통합적 도시재생프로그램을 추진하고 있다.[143)]

(2) 자연과 인간의 조화를 강조하는 선진 건축물을 활용한 지역 활성화

한편, 앞서 언급된 스페인 바로셀로나와 오스트리아 빈, 네덜란드 로테르담 등 유럽 도시의 경우 기존 전통적인 구시가지와는 어울리지 않는다는 지역 보수 세력 등의 반대에도 불구하고 신도시 구역에 건설된 파격적이고 독특한 외형의 건축물들로 기존 역사문화자원을 보기 위해 도시를 방문하는 관광객뿐만 아니라 다양한 새로운 관광객을 유치하여 지역이 활성화되고 있다. 이를 보면 다소 파격적이긴 하나 다양한 문화적 · 예술적 자연친화적 컨셉을 가진 건축물이나 도시정비계획이 장기적으로는 도시를 보다 활성화 시켜 갈 수 있다는 점에서 추후 우리나라 도시정비와 도시재생사업의 주요 방법도 적극 감안할 수 있을 것으로 사료된다.

2. 통합적 정비계획 및 관리시스템 확립

영국의 도시정비계획 체계는 지속가능한 도시발전을 통합계획 지침의 목적으로 설정하고, 계획체계 간의 수평 · 수직적 통합체계를 구축하여 효율성 높은 합리적 도시개발을 유도하고 있다. 중앙정부가

143) 통의도시연구소, “네덜란드 이야기 2: 변화하는 땅, 그리고 도시”(http://www.turi.re.kr/?p=995).

수립한 정책 지침을 통하여 중앙정부의 정책목표가 지방정부의 개발계획에 일관성 있게 반영되어 시행되도록 정립하고 있는 것이다. 네덜란드의 ABC입지정책은 주택단지와 상업지구를 조성할 때 대중교통 접근성에 따라 주차관리방안을 마련함으로써 대중교통 이용효율성을 높이면서 좁은 국토를 효율적으로 활용하는 계층적 도시개발을 유도하는 정책을 펴고 있다. 프랑스 역시 도시개발의 새로운 패러다임으로 도시의 지속가능성에 초점을 맞추면서 관련 법제도의 정비를 통하여 국토개발 광역계획과 도시관리계획의 중간단계에 해당하는 도시정비계획을 수립하였고, 이 도시정비계획을 국가 교통계획과 연계시켜 전국적으로 효율적이면서 균형 있는 도시발전 계획을 수립하였다. 무엇보다 부처 간 및 중앙정부와 지자체 간 정책혼선으로 인한 행정력 낭비와 중복투자에 따른 비효율의 문제에 대응하기 위해 영국은 통합재생예산제도(single regeneration budget)와 도시재생공사(Urban Regeneration Companies)를 설립하였다. 일본은 수상직속으로 도시재생본부를 설치하고 수상이 본부장을 역임하며 정부 차원의 통합 도시재생정책을 펴고 있으며, 미국도 오바마 행정부 들어 2009년 10월에 백악관 직속으로 도시정책국(Office of Urban Affair)을 신설하여 전국적으로 도시재개발 정비사업 수행 시 연방정부와 지방 주정부의 관련 사업 정책들의 통합과 조정이 이루어지도록 하고 있다.[144)]

한편, 프랑스는 민간이 주요 사업주체가 되는 지주개발방식을 채택

144) 이영아, 2009, "영국 도시재생정책의 현황 및 평가", 『국토정책 Brief』 제248호(2009. 10. 19), 국토연구원; http://www.homesandcommunities.co.uk/ourwork/urban-regeneration-companies; 양재섭, 2006, "도시재생정책의 국제비교 연구—영국과 일본을 중심으로", 서울: 서울시정개발연구원; 김현식 · 김정은, 2009, "오바마 新행정부의 새로운 국토비전—대도시권국가(MetroNation)론", 국토정책 Brief, 제228호(2009.05.11.), 국토연구원.

하고 있으나, 과거와는 달리 효율적인 추진을 위해 우리나라의 재개발지구지정과 같이 협의지정구역을 설정하여 민간이 사업을 주도는 하되 공동사업주체가 결정되면 그에게 공적기능과 권능까지 부여하는 방식을 취하고 있어 공공의 영역이 예전보다 강화되는 모양새이다. 독일은 공적자금의 투입을 통한 공공개발방식을 주로 취하고 있으며, 이 경우 개발로 인해 발생하는 도시개발이익에 대한 철저한 환수를 원칙으로 하고 있는 것이 특징이다. 대부분의 선진국의 사례에서 볼 수 있듯이 많은 나라가 민간주도보다는 공공주도로 도시정비사업을 추진하고 있음을 알 수 있다.[145] 이는 도시 및 주거환경의 재정비로부터 발생되는 개발이익을 공공부문에서 환수하여, 공공지원시설과 분양가를 낮추는 데 도움이 되기 때문이다. 반면에 프랑스 같이 민간주도형 재개발은 가장 민주적인 절차에 의해 이루어지기 때문에 지주들의 권익이 비교적 잘 보장되어 재개발 사업 과정에서의 민원과 보상가를 두고 발생하는 분쟁의 소지가 가장 적으나, 그에 따른 개발이익이 대부분 지주에게 돌아간다는 문제점을 가지고 있어 보다 엄격하게 개발이익을 배제하기 위한 논의가 현재 활발하다.

사업 방식으로 민간주도형과 공공주도형 양자 모두 장단점을 가지고 있으나 도시 정비사업에서는 세입자를 비롯한 기존 원주민들과 새롭게 입주하는 입주민의 주거권과 재산권이 모두 적정하게 보호받아야 하므로, 공공부문이 주도하되 가능한 두 당사자 모두의 부담을 적게 주는 조화로운 해결방식을 취하는 것이 바람직하다고 본다.

한편, 유럽 선진도시의 다수는 랜드마크를 중심으로 한 거점개발방식으로 도시가 개발·유지되고 있는데, 역사적 또는 현대의 기념적인

145) 송시강, "전게논문", 23면 이하.

건축물 등이 랜드마크가 되며 그 주변으로 광장 등의 공공 공간(public space)이 조성되어 커뮤니티 공간을 제공하고 있는 것이다. 또한 도심 곳곳에 차량 출입이 제한된 공공 공간을 조성하여 시민들에게 쾌적한 공간을 제공할 수 있는 사회, 문화, 경제적 여건이 존재하고 있는데 이는 우리나라 도시정비사업에도 적극 도입되어야 할 것이다. 특히, 스페인 빌바오와 바르셀로나가 성공적으로 재개발될 수 있었던 것은 시민들의 도시발전에 대한 강력한 욕구와 더불어 건축가 등 문화 엘리트 계층의 리더쉽과 다양한 컨텐츠가 개발되고, 도시 브랜드 마케팅 유지에 중앙정부와 지방정부, 민간 3자의 강력한 추진 의지가 있었음에 기인한다. 또한, 도시계획을 주도하는 민간 건축가 등에게 막강한 권한이 주어진 반면 책임도 확실하게 지는 시스템으로 구성하여, 대형 개발 프로젝트의 경우 실력과 경험이 있는 외국의 스타 건축가를 초빙하기도 하고, 각 프로젝트를 세대에 맞게 의뢰해 세대별 시대관과 건축관이 적절하게 표현되도록 하여 도시에 독특한 이미지를 부여하고 있다. 특히, 바르셀로나시는 시 정부가 민간 전문가들로 구성된 도시계획 엘리트기구를 조직하여 운영함으로써 바로셀로나 특유의 정체성 있고, 지속적인 도시정비사업을 꾀할 수 있었던 것으로 보인다.

마지막으로, 선진 외국의 경우 도시정비사업과 도시재생사업 시 정부와 민관 간 적극적이고 다양한 협력방식을 채택 및 운영하고 있다. 공공이 각종 개발사업을 주도하되 구체적인 사업 설계에서부터 주택 건축에 이르기까지 시민 의견을 적극 반영하며, 무엇보다 정부와 지자체는 도시정비사업 과정에서 수반되는 기본 인프라로서 도심 내 간선도로, 공원 등 공적 기반시설을 철저하게 확보 · 제공한다. 이는 우리나라의 경우 각종 개발사업 시 사회 인프라 건설을 기부채납 형식 등으로 민간에 떠넘기는 것과는 차이가 있음을 알 수 있다. 또한 주거와 업무, 상업과 문화 등 이질적 기능을 융합하여 기존 도시공간체계를 개편하고 상호 시너지효과를 극대화시키고 있음은 물론 토지 이용상의 복합용도 조성뿐만 아니라 단일 건물 내에도 컨벤션, 미술관, 업무시설 등 다양한 기능의 복합을 통해 도시 거주민의 변화하는 라이프스타일에 대응하고 있다. 또한 도시가 발전적으로 잘 유지되기 위한 전제조건에 해당하는 주민들의 안정적 경제활동 보장을 위해 일자리 창출을 위한 생산·문화 시설 등의 프로그램 개발도 도시정비사업의 일환 내지 병행사업으로 적극 추진하고 있는 점도[146] 추후 우리 도시정비사업과 재생사업 추진과정에서 본받아야 할 점들이다.

146) 한국국토교통기술평가원, 도시재생사업단 사전기획(최종보고서), 2006, 137면.

/제3장/

정비사업조합 설립을 둘러싼 법적 쟁점

제1절 서설
제2절 조합설립인가의 문제
제3절 조합설립인가의 하자 문제
제4절 조합설립 후 결의 내용 등이 변경되는 경우의 문제
제5절 조합원 지위의 상실에 따른 법률관계
제6절 조합설립인가처분 무효 시 조합임원 처벌여부
제7절 정비사업조합의 조세법적 쟁점

제3장 정비사업조합 설립을 둘러싼 법적 쟁점

제1절 서설

Ⅰ. 쟁점

2002년 12월 30일에 제정된 도시정비법은 도시기능의 회복이라는 유사한 기능을 하는 사업임에도 개별 법규로 규제되던 주택재개발사업, 주택재건축사업, 주거환경개선사업 및 도시환경정비사업을 정비사업의 개념에 포괄하여 규제하고 있다. 도시정비법 제정 이전에 주택건설촉진법(이하, 주촉법이라고 한다), 집합건물법에 의하여 진행되던 주택재건축사업은 조합설립인가 시와 사업계획승인 시에만 행정처분으로 공법적 통제를 받았다는 점에서 주택재건축사업을 시행하는 조합이 유리한 것으로 인식되었으나, 토지소유권 확보의 어려움이나 법률관계의 불안정 등은 약점으로 작용하였다. 그러나 도시정비법 제정으로 조합설립인가와 사업계획승인이라는 공법적 통제만 받았던 주택재건축사업도 다른 정비사업과 마찬가지로 정비구역 지정, 추진위원회 승인, 조합설립인가, 사업시행인가, 관리처분계획인가, 이전고시, 청산금부과처분의 행정처분 등 사업 전반에 걸쳐 공법적인 통제를 받게 되었다.

특히 대법원은 2009. 9. 24. 선고 2008다60568 판결에서 행정청이 도시정비 등 관련 법령에 근거하여 행하는 조합설립인가처분은 단순히 사인들의 조합설립행위에 대한 보충행위로서의 성질을 갖는 것에 그치는 것이 아니라, 법령상 요건을 갖출 경우 도시정비법상 주택재건축사업을 시행할 수 있는 권한을 갖는 행정주체(공법인)로서의 지위를 부여하는 일종의 설권적 처분의 성격을 갖는 것으로 변경하였다. 나아가 재건축사업에서 중요한 역할을 해 온 조합설립결의의 지위를, 하자가 있는 경우 조합설립 자체를 무효화하는 중대한 기본행위로 간주하던 것에서 조합설립인가처분이라는 행정처분을 할 때 필요한 요건 중 하나에 불과한 것으로 이른바 행정법적 시각으로 수정하였다. 그런데 조합설립인가처분을 설권적 처분으로 보고, 조합설립결의(동의)가 인가처분이 내려지는 절차의 한 요건에 불과하다면 과연 조합설립결의(동의)에 어느 정도 하자가 있다고 하더라도 인가처분 전체가 무효가 되는 것은 부당한 것은 아닌지 다수의 조합설립무효사건, 매도청구사건 등에서 제기되어 왔다. 이와 관련하여 아래에서 검토하는 대상 판결은 그 정점에 있는 판결로 보인다.

따라서 이하는 먼저 리딩케이스에 해당하는 대법원 판결의 사실관계와 그 판결요지를 소개한 후 절을 나누어 제2절에서는 정비사업조합의 법적 지위 및 성질과 관련된 문제로서 조합설립인가와 변경인가를 둘러싼 법적 쟁점들을 논하고, 제3절에서는 조합설립인가의 하자와 관련된 문제에 관하여 관련 판례들을 검토한 후 그에 대한 문제점과 개선방안에 대해 차례로 서술해 보고자 한다.

II. 리딩케이스: 대법원 2012. 10. 25. 선고 2010두25107 판결

1. 사건의 개요[1)]

서울 강서지역의 금싸라기 재건축으로 꼽히는 긴등마을(현대건설 시공·526가구) 재건축사업조합설립인가와 관련하여, 긴등마을은 2005년 10월 23일에 재건축정비구역으로 지정·고시된 후 동년 11월 3일에 강서구청으로부터 추진위원회설립인가를 받았다. 2007년 7월에는 토지 및 건물 소유자 242명과 토지소유자 41명, 건물 소유자 4명 등

---

1) 참조 조문: 도시정비법(2007. 12. 21. 법률 제8785호로 개정되기 전의 것) 제16조(조합의 설립인가 등)

① 주택재개발사업 및 도시환경정비사업의 추진위원회가 조합을 설립하고자 하는 때에는 토지등소유자의 5분의 4 이상의 동의를 얻어 정관 및 국토교통부령이 정하는 서류를 첨부하여 시장·군수의 인가를 받아야 한다. 인가받은 사항을 변경하고자 하는 때에도 또한 같다. 다만, 대통령령이 정하는 경미한 사항을 변경하고자 하는 때에는 조합원의 동의 없이 시장·군수에게 신고하고 변경할 수 있다.

② 주택재건축사업의 추진위원회가 조합을 설립하고자 하는 때에는 집합건물의소유및관리에관한법률 제47조 제1항 및 제2항의 규정에 불구하고 주택단지안의 공동주택의 각 동(복리시설의 경우에는 주택단지안의 복리시설 전체를 하나의 동으로 본다)별 구분소유자 및 의결권의 각 3분의 2 이상의 동의와 주택단지안의 전체 구분소유자 및 의결권의 각 5분의 4 이상의 동의를 얻어 정관 및 국토교통부령이 정하는 서류를 첨부하여 시장·군수의 인가를 받아야 한다. 인가받은 사항을 변경하고자 하는 때에도 또한 같다. 다만, 제1항 단서의 규정에 의한 경미한 사항을 변경하고자 하는 때에는 조합원의 동의 없이 시장·군수에게 신고하고 변경할 수 있다.

③ 제2항의 규정에 불구하고 주택단지가 아닌 지역이 정비구역에 포함된 때에는 주택단지가 아닌 지역안의 토지 또는 건축물 소유자의 5분의 4 이상 및 토지면적의 3분의 2 이상의 토지소유자의 동의를 얻어야 한다.

⑤ 제1항 및 제3항의 규정에 의한 조합 설립신청 및 인가절차 등에 관하여 필요한 사항은 대통령령으로 정한다.

전체 287명의 토지등소유자 중 토지 및 건물 소유자 197명과 토지 소유자 6명 등 203명의 동의를 얻어 조합설립인가를 신청하여, 2007년 8월 1일에 조합설립인가를 받아 동년 10월 26일에 최종 사업시행계획을 인가받았다. 이후 긴등마을 재건축조합은 사업구역 내 토지 및 주택소유자 31명과 1명으로부터 추가로 조합설립동의서를 징구해 각각 2007년 12월 24일과 2008년 8월 27일 2차례에 걸쳐 조합설립 변경인가를 받았다. 문제는 2007년 개정[2] 전 구 도시정비법 제16조 제3항에 적시된 조합설립인가 조건인데, 위 규정은 "전체 토지 또는 건축물 소유자의 4/5(80%) 이상 및 토지 면적의 2/3 이상의 토지소유자의 동의를 받아야 한다"라고 규정하고 있는데, 긴등마을은 건축물의 경우 구역 내 전체 소유자가 246명으로 동의율 80%를 충족했지만 토지의 경우 전체 소유자가 283명에 달해 동의율이 71.73%에 불과하였다.[3] 그럼에도 강서구청은 건축물 동의율이 충족됐다는 이유만으로 조합설립인가를 하였다. 그 후 조합은 종전 계획 대비 103가구 늘어난 규모로 경미한 사항들에 대한 변경을 하면서 강서구청에게 토지 또는 건축물 소유자의 동의율 변경 등을 이유로 조합설립 변경인가를 신청하였고, 강서구청은 다시 아래 각주[4]와 같

2) 현재는 "주택단지가 아닌 지역이 정비구역에 포함된 때에는 주택단지가 아닌 지역 안의 토지 또는 건축물 소유자의 4분의 3(75%) 이상 및 토지면적의 3분의 2 이상의 토지소유자의 동의를 얻어야 한다"로 개정되었다. [개정 2007. 12. 21.]

3) 한편, 이 사건 사업구역 내 토지면적은 총 31,924.10㎡인데 그 중 동의대상 토지면적에 해당하지 아니하는 국·공유지를 제외하면 30,754.30㎡로서, 그 중 20,845.85㎡의 토지면적의 토지소유자가 동의를 하여 토지면적의 동의율이 67.78%(20,845.85 ÷ 30,754.30 × 100)가 되기 때문에 토지면적의 2/3 이상 토지소유자가 동의하였다고 본다.

4) ① 참가인 조합은 이 사건 사업구역 내 토지 및 주택소유자 31명으로부터 추가로 조합설립동의서를 받아 조합설립 변경인가를 신청하였고, 피고는 2007년 12월 24일의 조합설립 동의율을 91.56%(228 ÷ 249 × 100)라고 보고 참가인 조합의

이 조합설립 변경인가처분을 한 후 2008년 1월 23일 관리처분계획인가까지 고시하였다. 한편, 조합은 그 관리처분계획인가가 있기 직전인 2007년 11월 23일에 미동의자를 상대로 서울남부지방법원에 매도청구 소를 제기하였다. 그러자 원고 등은 매도청구를 거부하면서 피고 강서구청장을 상대로 조합설립인가처분무효확인소송을 서울행정법원에 제기하였다.

2. 판결의 요지

재건축조합설립인가 신청에 대한 행정관청의 조합설립인가처분은 법령상 일정한 요건을 갖출 경우 주택재건축사업의 추진위원회에게 행정주체로서의 지위를 부여하는 일종의 설권적 처분의 성격을 가지고 있고, 구 도시정비법(2009. 2. 6. 법률 제9444호로 개정되기 전의 것) 제16조 제2항은 조합설립인가처분의 내용을 변경하는 변경인가처분을 할 때에는 조합설립인가처분과 동일한 요건과 절차를 거칠 것을 요구하고 있다. 그런데 조합설립인가처분과 동일한 요건과 절차가 요구되지 않는 구 도시정비법 시행령(2008. 12. 17. 대통령령 제21171호로 개정되기 전의 것) 제27조 각 호에서 정하는 경미한[5] 사항의 변경에 대하여 행정청이 조합설립의 변경인가라는 형식으로 처분을 하였다고 하더라도, 그 성질은 당초의 조합설립인가처분과는 별개로 위 조

설립변경인가를 하였다(이하 '제1차 변경인가처분'이라 한다). ② 참가인 조합은 이 사건 사업구역 내 토지 및 주택소유자 1명으로부터 추가로 조합설립동의서를 받아 조합설립 변경인가를 신청하였고, 피고는 2008년 8월 27일 조합설립 동의율을 91.96%(229 ÷ 249 × 100)라고 보고 참가인 조합의 설립변경인가를 하였다(이하 '제2차 변경인가처분'이라 한다).

5) 원심과 달리 대법원은 앞의 각주와 같은 정도는 경미한 사항의 변경에 해당하는 것으로 보았다.

항에서 정한 경미한 사항의 변경에 대한 신고를 수리하는 의미에 불과한 것으로 보아야 하므로, 그런 의미에 불과한 변경인가처분이 있다고 하더라도 설권적 처분인 조합설립인가처분을 다툴 소의 이익이 소멸된다고 볼 수는 없다.

주택재건축사업조합이 새로 조합설립인가처분을 받는 것과 동일한 요건과 절차를 거쳐 조합설립 변경인가처분을 받는 경우 당초 조합설립인가처분의 유효를 전제로 당해 주택재건축사업조합이 매도청구권 행사, 시공자 선정에 관한 총회 결의, 사업시행계획의 수립, 관리처분계획의 수립 등과 같은 후속 행위를 하였다면 당초 조합설립인가처분이 무효로 확인되거나 취소될 경우 그것이 유효하게 존재하는 것을 전제로 이루어진 위와 같은 후속 행위 역시 소급하여 효력을 상실하게 된다. 그러므로 특별한 사정이 없으면 위와 같은 형태의 조합설립 변경인가가 있다고 하여 당초 조합설립인가처분의 무효확인을 구할 소의 이익이 소멸된다고 볼 수는 없다.

구 도시정비법 제2조 제9호 (나)목에서, 주택재건축사업의 '토지등소유자'는 '정비구역 안에 소재한 건축물 및 그 부속토지의 소유자, 정비구역이 아닌 구역 안에 소재한 대통령령이 정하는 주택 및 부속토지의 소유자와 부대·복리시설 및 그 부속토지의 소유자'를 의미한다고 규정함으로써 토지와 건축물을 모두 소유하는 '토지등소유자'를 '토지 또는 건축물의 소유자'와 구별하고 있는데 제16조 제3항은 명시적으로 '토지 또는 건축물 소유자의 5분의 4 이상'이라고 규정하고 있는 점, 토지만을 소유한 자 또는 건축물만을 소유한 자는 비록 주택재건축사업에서 조합원이 될 수 없다고 하더라도 〔개정 전 도시정비법 제2조 제9호 (나)목, 제19조 제1항〕 그 소유의 토지 또는 건축물은 매도청구의 대상이 될 수 있으므로(도시정비법 제39조) 재건축

조합의 설립에 중대한 이해관계가 있는 점 등 여러 사정을 종합하면, 개정 전 도시정비법 제16조 제3항에서 정한 '토지 또는 건축물 소유자'는 정비구역 안의 토지 및 건축물의 소유자뿐만 아니라 토지만을 소유한 자, 건축물만을 소유한 자 모두를 포함하는 의미라고 해석하는 것이 옳다.

관할 행정청이 구 도시정비법 제16조 제3항에서 정한 동의요건 중 '토지 또는 건축물 소유자의 5분의 4 이상'을 '토지소유자의 5분의 4 이상' 또는 '건축물 소유자의 5분의 4 이상' 중 어느 하나의 요건만 충족하면 된다고 잘못 해석하여 요건을 충족하지 못한 주택재건축사업 추진위원회의 조합설립인가신청에 대하여 조합설립인가처분을 한 사안에서, 위 처분은 개정 전 도시정비법 제16조 제3항에서 정한 동의요건을 충족하지 못하여 위법할 뿐만 아니라 하자가 중대하다고 볼 수 있다. 그러나 '토지 또는 건축물 소유자의 5분의 4 이상'의 문언적 의미가 명확한 것은 아니고 다의적으로 해석될 여지가 충분히 있는 점 등을 종합하면, 조합설립인가처분 당시 주택단지가 전혀 포함되어 있지 않은 정비구역에 대한 재건축사업조합의 설립인가처분을 하기 위해서는 '토지 및 건축물 소유자, 토지소유자, 건축물 소유자' 모두의 5분의 4 이상의 동의를 얻어야 한다는 점이 객관적으로 명백하였다고 할 수 없어 위 조합설립인가처분이 당연무효라고 볼 수는 없다는 이유로, 이와 달리 본 원심판결[6]에 법리오해의 위법이 있다.

---

6) 원심은 토지 또는 건축물의 소유자 수를 모두 합산하는 산정방식을 취하여 다음과 같은 이유로 하자가 중대하고 명백하다고 판시하였다. 즉, "이 사건 인가처분 당시 이 사건 사업구역 내 토지 또는 건축물의 소유자 수는 ① 토지 및 건축물의 소유자 242명, ② 토지소유자 41명, ③ 건축물 소유자 1명(3명 감소)으로 합계 284명(분모)이고 그 중 동의자 수는 토지 및 건축물의 소유자 198명(1명 증가), 토지소유자 7명(1명 증가)으로 합계 205명으로서, 이 사건 인가처분 당시 토지 또는 건축물 소유자의 동의율은 72.18%(205 ÷ 284 × 100)로 구 도시정비

제2절 조합설립인가의 문제

Ⅰ. 조합의 법적 지위와 조합설립인가의 법적 성질

1. 조합의 법적 지위

정비사업조합 설립인가 신청에 대한 행정청의 조합설립인가처분은 법령상 일정한 요건을 갖출 경우 주택재건축사업의 추진위원회에게 행정주체로서의 지위를 부여하는 일종의 설권적 처분의 성격을 가지고 있다. 도시정비법 시행 이전의 재건축과 재개발은 법적 절차가 매우 다른 것이었다. 구 도시재개발법(1995. 12. 29. 법률 제5116호로 전문개정되기 전의 것)에 의한 재개발조합은 조합원에 대한 법률관계에서 적어도 특수한 존립 목적을 부여받은 특수한 행정주체로서 국가의 감독하에 그 존립 목적인 특정한 공공사무를 행하고 있다고 볼 수 있는 범위 내에서는 공법상의 권리의무관계에 서 있다.[7)]

그런데 현행 도시정비법의 제정으로 말미암아 지금은 모든 정비사업조합(재건축, 재개발 등 모든 조합이 포함)이 도시정비법에 의해 시행되는 개발사업을 담당하는 공행정주체로 사업대상지역의 토지등소유자

법 제16조 제3항이 정하는 동의요건인 4/5에 여전히 미치지 못하였다고 할 것이다. 위와 같이, 이 사건 인가처분은 조합의 설립인가에 필요한 도시정비법 소정의 동의요건을 충족하지 못한 것으로서 위법하다 할 것이고, 그 동의율이 구 도시정비법 제16조 제3항이 규정하는 법정동의율보다 현저하게 낮은 이상, 이 사건 인가처분의 하자는 중대할 뿐만 아니라 객관적으로 명백하다고 할 것이므로, 이 사건 인가처분은 무효라고 봄이 상당하다.

7) 대법원 2010. 1. 28. 선고 2009두4845 판결; 대법원 1996. 2. 15. 선고 94다31235 전원합의체 판결 등.

로 구성되는 비영리, 공익법인으로 규정[8]되어 있다. 그런 이유로, 정비조합은 도시정비법에 의해 설립에 관한 절차가 규율되며, 동법에 의해 단체의 목적이 부여되는 공공단체로서 정비사업과 관련된 각종의 행정처분권을 행사할 권한을 갖는다. 이러한 공행정주체로서 정비조합은 정비사업의 시행에 관하여 자료제출 등의 의무를 지며, 구체적인 사업시행과 관련하여 국토부장관의 감독을 받는다(동법 제75조 이하). 즉, 도시정비법상 조합의 설립목적 및 취급 업무의 성질, 권한 및 의무, 정비사업의 성질 및 내용, 관리처분계획의 수립절차 및 내용 등을 살펴보면, 정비조합은 조합원에 대한 법률관계에서 적어도 특수한 존립 목적을 부여받은 특수한 행정주체로서 국가의 감독하에 그 존립 목적인 특정한 공공사무를 행하는 범위 내에서는 공법상의 권리의무관계에 서 있다고 할 것이다.[9]

따라서 조합을 상대로 한 쟁송에서 강제가입제를 특색으로 한 조합원의 자격 인정 여부에 관하여 다툼이 있는 경우에는 그 단계에서는 아직 조합의 어떠한 처분 등이 개입될 여지는 없으므로 공법상의 당사자소송에 의하여 그 조합원 자격의 확인을 구할 수 있다.[10] 한편 분양신청 후에 정하여진 관리처분계획의 내용에 관하여 다툼이 있는 경우에는 그 관리처분계획은 토지 등의 소유자에게 구체적이고 결정적인 영향을 미치는 것으로서 조합이 행한 처분에 해당하므로 항고소송에 의하여 관리처분계획 또는 그 내용인 분양거부처분 등의 취소를

---

8) 도시정비법 제18조(조합의 법인격 등).

9) 1996. 2. 15. 선고 94다31235 판결; 송현진 · 유동규, 「재개발 · 재건축 이론과 실무」, 법률출판사, 2010, 214면. 다른 한편 정비사업조합은 민법상 법인으로서의 지위도 갖게 되므로 도시재개발법이 특별히 달리 정하지 않고, 그 성격에 반하지 않는 범위 내에서는 민법상 법인에 관한 규정이 준용된다(도시정비법 제27조).

10) 대법원 2012. 11. 29. 선고 2011두518 판결; 대법원 2011. 3. 10. 선고 2010두4377 판결 등.

구할 수 있다고 할 것이다.

2. 조합설립인가의 법적 성질

가. 인가설

조합설립인가는 사인들의 조합설립행위를 보충하고 효력을 완성하여 주는 인가라고 보며, 정비사업조합의 지위를 일반조합과 동일하게 취급하는 시각이다. 종래 변경되기 전 대법원 판례의 입장으로 간주된다. 즉, 종래 대법원 판례[11]는 일관되게 주택법(구 주택건설촉진법)상의 주택(개량)재개발 조합설립인가의 성질을 강학상 인가로 보았고, 마찬가지로 주택건설촉진법에서 규정한 바에 따른 관할시장 등의 재건축조합설립인가는 인가로서 불량 노후한 주택의 소유자들이 재건

11) 조합설립행위와 그에 대한 인가, 사업시행계획과 그에 대한 인가 그리고 관리처분계획수립과 그에 대한 인가에 관한 각 판례를 보면 다음과 같다.

① 대법원 2000. 9. 5. 선고 99두1854 판결【재건축조합설립 인가처분 무효확인등】 기본행위인 조합설립에 하자가 있는 경우에는 민사쟁송으로써 따로 그 기본행위의 취소 또는 무효확인 등을 구하는 것은 별론으로 하고, 기본행위의 불성립 또는 무효를 내세워 바로 그에 대한 감독청의 인가처분의 취소 또는 무효확인을 소구할 법률상 이익이 있다고 할 수 없다.

② 대법원 2001. 12. 11. 선고 2001두7541 판결【관리처분계획변경 인가처분 무효확인】 도시재개발법 제34조에 의한 행정청의 인가는 주택개량재개발조합의 관리처분계획에 대한 법률상의 효력을 완성시키는 보충행위로서 …〈중략〉… 기본행위의 무효를 내세워 바로 그에 대한 행정청의 인가처분의 취소 또는 무효확인을 소구할 법률상의 이익이 있다고 할 수 없다.

③ 대법원 2008. 1. 10. 선고 2007두16691 판결【주택재건축정비사업시행 인가처분 취소】 조합의 사업시행계획도 원칙적으로 재건축 결의에서 결정된 내용에 따라 작성돼야 하지만, 조합이 사업시행계획을 재건축 결의에서 결정된 내용과 달리 작성한 경우 이러한 하자는 기본행위인 '사업시행계획 작성행위'의 하자이고, 이에 대한 보충행위인 행정청의 인가처분이 그 근거 조항인 위 법 제28조의 적법요건을 갖추고 있는 이상은 그 인가처분 자체에 하자가 있는 것이라 할 수 없다.

축을 위하여 한 재건축조합설립행위를 보충하여 그 법률상 효력을 완성시키는 보충행위일 뿐이라고 보았다. 그러므로 그 기본 되는 조합설립행위에 하자가 있을 경우 그에 대한 인가가 있다 하더라도 기본행위인 조합설립이 유효한 것으로 될 수 없고, 따라서 기본행위는 적법유효하나 보충행위인 인가처분에만 하자가 있는 경우 인가처분의 취소나 무효확인을 구할 수 있지만, 기본행위인 조합설립하자가 있는 경우 민사소송으로써 따로 그 기본행위[12]의 취소 또는 무효확인 등을 구하는 것은 별론으로 하고 기본행위의 불성립 또는 무효를 이유로 바로 인가처분의 취소 또는 무효확인을 구할 법률상 이익은 없다고 일관되게 판시하였다.[13]

---

12) 참고로, 사업시행인가에서의 기본행위란 도대체 어떤 행위를 의미하는 것인지에 대한 의문이 있을 수 있다. 조합설립에서는 창립총회, 관리처분계획에서는 관리처분총회가 기본행위가 되며 이들은 모두 총회라는 형태로 기본행위를 하게 된다. 그러나 사업시행인가의 기본행위인 사업시행계획을 수립할 때는 도시정비법에서 총회의 의결을 필수조건으로 하고 있지 않으므로 총회의 형태를 띠지 않는 경우가 많다. 이러한 경우에는 과연 기본행위가 무엇인지 의문이 들 수 있는 것이다. 이와 관련하여, 대법원(2008. 1. 10. 선고 2007두16691) 판결에서는 '사업시행계획 작성행위'가 바로 사업시행인가에 대한 기본행위라고 판시하고 있다. 사업시행계획 작성행위란 토지등소유자의 동의서를 징구하여 사업시행계획을 수립하는 것이라 볼 수 있다. 사업시행의 인가는 수익적 행정처분으로 재량행위이므로 행정청이 공익상 필요에 의하여 조건을 부과할 수도 있는 것이다.

13) 대법원은 "재건축주택조합의 조합장 명의변경에 대한 시장, 군수 또는 자치구 구청장의 인가처분은 종전의 조합장이 물러나고 새로운 조합장이 취임함을 내용으로 하는 조합장 명의변경 행위를 보충하여 법률상 효력을 완성시키는 보충적 행정행위로서, 그 기본행위인 조합장 명의변경에 하자가 있을 때에는 그에 대한 인가가 있다 하더라도 조합장 명의변경이 유효한 것으로 될 수 없는 것이므로, 기본행위인 조합장 명의변경이 적법·유효하고 보충행위인 인가처분 자체에만 하자가 있다면 그 인가처분의 취소를 구할 수 있는 것이지만, 기본행위에 하자가 있다고 하더라도 인가처분 자체에 하자가 없다면 따로 그 기본행위의 하자를 다투는 것은 별론으로 하고 기본행위의 하자를 내세워 바로 인가처분 자체의 취소를 구할 수는 없다"라고 일관되게 판시한 바 있다. 대법원 2005. 10. 14. 선고 2005두1046 판결; 대법원 1995. 12. 12. 선고 95누7338 판결 등.

이러한 인가론의 장점으로는 다음과 같은 점들이 있다. 먼저, 행정청의 책임범위 한정이다. 인가제도는 법률행위의 자유를 전제로 하면서도 일정한 공익상 필요와 공익적 관점에 관해 행정청의 동의를 얻도록 제약을 가하는 제도이므로 행정청은 법률이 정한 공익적 관점에 한정하여 대상행위를 심사하고, 그 행위가 공익적 관점에 저촉되지 않으면 인가를 해야 한다. 실정법의 태도에 의해 일정한 행정행위가 인가로 해석되면, 행정청은 그 인가에서 심사해야 할 목적에 한정하여 자신의 심사권을 행사하는 것으로 충분하고, 인가 대상이 되는 제3자 간의 법률행위 전체를 법률적으로 검토할 의무는 없는 것이다.[14) 이렇게 이해해야 기본행위의 하자를 주장하며 바로 인가의 취소를 구하지는 못하도록 한 종래 판례의 논리가 정당화될 수 있다. 이러한 항고소송에 대해서는 종래 학설과 판례가 일치하여 협의의 소익이 없음을 이유로 소를 각하해야 하는 것으로 보았다. 마지막으로, 인가제도는 기본행위와 보충행위의 구도를 취함으로써 기본행위의 효력에 인가의 효력을 의존시킨다. 따라서 기본행위가 효력을 발생하지 못하면 인가도 독자적으로 의미를 갖지 못하고, 특별한 무효선언이 없어도 효력을 갖지 못한다. 또한 기본행위가 사후적으로 무효가 되는 경우에도 인가행위는 그에 따라 효력을 상실한다. 이러한 경우에는 예

14) 인가론의 매력은 이처럼 기본행위의 하자를 이유로 취소소송을 제기하는 것을 차단함으로써, 동일사안을 이중으로 심리해야 하는 법원의 부담을 덜고 분쟁을 민사소송(경우에 따라서는 당사자소송)으로 집중시키는 데 있다. 또한 행정청의 입장에서도 자신이 심리한 범위를 넘어서는 하자 주장에 대해 행정소송을 면제받게 되므로 행정부담도 경감되는 효과가 있다. 이와 대조적으로 기본행위의 당사자 또는 제3자의 입장에서는 행정소송을 제기할 수 있는 길이 상당부분 봉쇄되므로, 인가심사 당시에 행정청의 과도한 심사권 행사가 제한되어야 그 정당성을 수긍할 수 있을 것이다. 김종보, “강학(講學)상 인가와 정비조합 설립인가—대법원 2002. 3. 11 자 2002그12 결정을 계기로”, 「行政法硏究」 第9號, 행정법이론실무학회, 2003, 327면 이하.

외적으로 기본행위의 하자를 이유로 인가의 무효확인을 구할 이익이 있는 것으로 해석된다.[15)]

나. 특허설

특허설은 주택재개발・재건축 조합설립인가는 통상적인 조합에 대한 인가와 다르게 파악하는 입장으로서, 사인들의 조합설립행위를 보충하고 효력을 완성시켜주는 인가 본래의 성격을 넘어서서 공법인으로서 행정주체가 될 수 있는 법적 지위를 새로 형성하여 주는 설권적 처분인 특허로서의 성질을 가진다고 본다. 인가도 설권적 행위이기는 하나 공법인의 특수한 독점적 지위를 형성하여 준다는 측면에서 특허의 성격으로서 지니는 특수성이 있음을 강조하는 입장이다.[16)] 최근 대법원은 "행정청이 도시정비법 등 관련 법령에 근거하여 행하는 조합설립인가처분은 단순히 사인들의 조합설립행위에 대한 보충행위로서의 성질을 갖는 것에 그치는 것이 아니라 법령상 요건을 갖출 경우 도시정비법상 주택재건축사업을 시행할 수 있는 권한을 갖는 행정주체(공법인)로서의 지위를 부여하는 일종의 설권적 처분의 성격을 갖는다고 보아야 한다. 그리고 그와 같이 보는 이상 조합설립결의는 조합설립인가처분이라는 행정처분을 하는 데 필요한 요건 중 하나에 불과한 것이어서, 조합설립결의에 하자가 있다면 그 하자를 이유로 직접 항고소송의 방법으로 조합설립인가처분의 취소 또는 무효확인을 구

15) 대법원 1979. 2. 13. 선고 78누428 판결.

16) 김중권, 「행정법 기본연구」, 법문사, 2008, 311면. 홍정선 교수 등 다수 학자 역시 이 인가설에 대해 지지를 하였다가 최근에는 특허설로의 변경이 타당하다고 견해를 변경한 바 있다(홍정선, 「행정법특강」, 법문사 2011, 238면). 한편, 인가와 특허의 양성적 성격을 가진 것으로 보는 입장도 있다(박균성, 「행정법(하)」, 2012, 510면 이하).

하여야 하고, 이와는 별도로 조합설립결의 부분만을 따로 떼어내어 그 효력 유무를 다투는 확인의 소를 제기하는 것은 원고의 권리 또는 법률상의 지위에 현존하는 불안·위험을 제거하는 데 가장 유효·적절한 수단이라 할 수 없어 특별한 사정이 없는 한 확인의 이익은 인정되지 아니 한다(대법원 2009. 9. 24. 선고 2008다60568호 판결)"라고 판시하여 특허설을 따르고 있다.[17)]

3. 소결

일반조합과 주택재개발·재건축 조합을 동일하게 본다면 인가설이 타당하겠지만, 주택재건축조합과 재개발조합 등 정비사업조합은 관련 도시정비법 등에 의하여 조합원에 대한 공법적인 행정작용을 할 수 있는 공법상의 주체로 인정되고 있으므로, 이러한 독점적이고 특권적인 권리와 공법상의 의무를 고려한다면 일반조합과 차별하고 구별하여 특허로 이해하는 것이 일단 타당하다. 종래 대법원이 조합설립인가를 강학상 인가로 보는 경우 오히려 정비조합의 주요 문제를 행정소송의 영역에서 배제시키는 사법정책적(司法政策的) 문제점을 가지고 있다.

즉, 인가의 보충적 성격(인가의 효력이 기본행위의 효력에 의존하는 속성)에서 소의 이익에 관한 그와 같은 특수한 도그마틱을 마치 당연한 것처럼 도출하는 것은 문제가 있다. 그 이유는 다음과 같다. 기본행위에 하자가 있는 경우에 원고는 사인을 상대로 민사소송(이행소송이 원칙일 것이나, 즉시확정의 이익이 있다면 확인소송도 가능할 것임)을 제기해서

17) 대법원 2010. 1. 28. 선고 2009두4845 판결 등.

기본행위의 효력을 다툴 수 있다. 그러나 그렇다고 해서 행정청을 상대로 항고소송(무효확인소송이 원칙일 것이나, 취소소송을 제기한다면 무효확인을 구하는 취지가 될 것임)을 제기하여 인가의 효력을 다툴 수 있는 가능성을 원천적으로 봉쇄할 이유는 없다. 민사소송을 제기하는 것이 권리구제에 더 직접적인 도움이 되는 경우라도 항고소송이 당사자에게 주는 이점이 분명 있을 수 있기 때문이다.[18] 언급한 바와 같이 정비조합은 단순히 사인 간에 권리를 주고받는 거래처(去來處)에 불과한 것이 아니라, 정비사업을 주도하며 그 사업에 동의하지 않는 제3자의 소유권을 박탈할 수 있는 권능(토지수용권 또는 매도청구권)까지 부여받은 행정주체이다. 이러한 주체를 만들어내는 조합설립인가라는 처분은 행정소송의 관할하에 있을 때 비로소 그 정당성이 승인될 수 있다. 이것이 공법적 통제를 강화한 현행 도시정비법의 입법취지와도 부합한다.[19]

II. 조합설립 변경 인가의 문제

1. 쟁점

도시정비법 제16조에서 규정하고 있는 조합설립 변경인가처분은 별개의 조합설립행위에 대한 인가가 아니라 당초의 인가처분과 동일성

18) 송시강, "도시정비사업 조합설립인가 및 그 변경인가의 법적 성격", 고시계, 2011. 11, 4-5면.

19) 김종보, "강학(講學)상 인가와 정비조합 설립인가", 335면 이하; 박현정, "재건축·재개발정비사업조합의 설립동의 또는 총회결의에 관한 소송유형의 검토: 2009. 9. 17. 및 2009. 9. 24.의 대법원 판결·결정을 중심으로", 행정법연구 제26호, 2010. 4, 154-155면.

을 유지하면서 일정 사항을 변경하는 것을 인가하는 것이다.[20] 따라서 최초의 조합설립인가와 동일성을 가지는 범위 내에서만 변경인가가 가능한 것이지 당초 동의요건 흠결로 무효인 조합설립행위를 사후에 변경인가로서 유효하게 하는 것은 변경인가가 상정하고 있는 범위를 넘어서는 것으로 허용될 수 없는 것인지 등이 문제된다. 이는 당초의 조합설립인가처분은 새로운 설권적 처분인 조합설립 변경인가처분에 의해 그 효력이 소멸된다고 볼 것인지 문제되며 나아가 조합이 새로 조합설립인가처분을 받는 것과 동일한 요건과 절차를 거쳐 조합설

---

20) 이와 관련하여 서울고등법원은 도시정비법 제20조 제3항의 신고와 동법 제16조 제1항의 신고를 다음과 같이 구분하여 판시하고 있다. 먼저 도시정비법 제16조 제1항 단서에서 규정하고 있는 신고는 조합원에게 실질적으로 부담을 지우는 사항들이 많을 뿐만 아니라, 법문의 규정 형식, 도시정비법 시행규칙의 규정 등에 비춰 행정청의 심사가 필요한 '수리를 요하는 신고'에 해당한다고 판단했다. 다음으로 도시정비법 제20조 제3항 단서에서 규정하는 "정관 변경 중 대통령령이 정하는 경미한 사항"의 내용은 예산의 집행 또는 조합원의 부담이 되는 사항 이외의 사항으로서 조합의 명칭 및 주소, 총회의 소집 절차·시기 및 의결 방법, 조합 직원의 채용 및 임원 중 상근임원의 지정에 관한 사항과 직원 및 상근임원의 보수에 관한 사항 등 관할관청에 정보를 제공하기 위한 목적이 주된 것으로 보인다고 해석했다. 결론적으로 서울고법은 행정청의 신고를 요하는 정관의 경미한 변경의 경우 행정청의 신고 여부와 상관없이 총회에서 결의하면 곧바로 정관의 효력이 발생하고, 유효한 정관에 따라 적법하게 조합장을 선출했으므로 조합설립 변경인가 처분을 해야 한다고 판단했다(서울고등법원 2011. 11. 10. 선고 2011누23865 판결). 양자의 차이점은, 전자의 경우 조합의 신청이 있고 그 신청에 대해서 행정의 인가가 있어야 비로소 효과가 발생하는 것과 달리, 후자의 경우 조합의 신고가 있으면 행정의 인가 없이도 효과가 발생한다는 데 있다. 다만, 후자의 경우에 그 신고가 도달하는 즉시 조합설립 변경의 효과가 발생하는지 아니면 더 나아가 행정의 수리가 있어야 비로소 효과가 발생하는지에 대해서는 논란이 있을 수 있다. 만일 자기완결적 신고로 간주하면 신고내용에 대한 행정의 사전규제가 불가능하다는 결론에 이르는바, 도시정비법시행령 제27조가 규정하는 신고사항이 법인등기와 밀접한 관련을 가질 뿐만 아니라 조합원의 이해관계라는 측면에서도 중요한 의미를 가질 수 있는 점에서 수리를 요하는 신고로 보는 것이 타당하다. 동지, 송시강, "도시정비사업 조합설립인가 및 그 변경인가의 법적 성격", 7면.

립 변경인가처분을 받은 후에 당초 조합설립인가처분의 유효를 전제로 당해 주택재건축사업조합이 매도청구권 행사, 시공자 선정에 관한 총회 결의, 사업시행계획의 수립, 관리처분계획의 수립 등과 같은 후속 행위를 하였다면 그 후 당초 조합설립인가처분의 무효확인을 구할 소의 이익이 존재한다고 볼 수 있는 것인지의 문제로 귀결된다.

2. 재판을 통한 소의 이익 존재 여부

가. 대상 대법원 판결 및 그 의미

먼저, 대상 판결은 원심과 달리 각주 20번과 같은 변경내용을 경미한 사항의 변경에 해당한다고 보았다. 즉, 경미한 사항의 변경에 대하여 행정청이 조합설립 변경인가라는 형식으로 처분을 하였다고 하더라도, 그 성질은 당초의 조합설립인가처분과는 별개로 위 조항에서 정한 경미한 사항의 변경에 대한 신고를 수리하는 의미에 불과한 것으로 보아야 하므로,[21] 경미한 사항의 변경에 대한 신고를 수리하는 의미에 불과한 변경인가처분이 있다고 하더라도 당초 조합의 동일성은 유지되어 존속하고 있으므로 설권적 처분인 조합설립인가처분

21) 대상판결에 이론적 논리를 보탠다면 '행정행위의 전환이론'을 들 수 있다. 행정행위의 전환은 본래의 행정행위로서는 하자가 있으나 다른 행정행위로 보면 요건이 충족되는 경우에 하자가 있는 행정행위를 하자가 없는 다른 행정행위로 인정하는 것을 말한다. 형식적인 관점에서 조합설립 변경신고에 해당하는 사항이 조합설립 변경인가로 처리되는 것은 법령위반이다. 그러나 조합설립 변경인가는 조합설립 변경신고 및 그 수리를 포함한다. 이렇게 대(大)는 소(小)를 포함한다는 관점에서 보면, 비록 형식은 조합설립 변경인가지만 당사자의 의사는 어디까지나 조합설립 변경신고 및 그 수리에 있기에, 조합설립 변경인가를 조합설립 변경신고 및 그 수리로 전환하는 것이 불가능한 것으로 보이지는 않는다. 송시강, "도시정비사업 조합설립인가 및 그 변경인가의 법적 성격", 10면.

을 다툴 소의 이익이 소멸된다고 볼 수는 없다고 판시[22]하고 있다. 원래 도시정비법 제16조에서 규정하고 있는 조합설립인가의 변경인가처분은 당초의 조합설립인가처분이 유효함을 전제로 하여 그 동일성을 유지하면서 이미 인가받은 사항의 일부를 수정・취소하거나 새로운 사항을 추가하는 것 등을 상정한 것으로 보인다. 이 경우 변경인가처분은 새로운 인가처분이 아니므로 별개의 독립된 설립인가처분으로서 평가될 수 없는 반면, 당초의 설립인가처분은 그 변경인가처분에 흡수되어 독립적 존재가치를 상실하는 것이 아니라 그대로 효력을 유지함은 물론, 설립인가처분에 가지는 설권적 효력도 당초의 인가처분에 의하여 발생한다고 할 것이다. 다만 변경인가처분에 의하여 변경된 내용이 당초의 인가처분의 내용에 포함되어 일체로서 하나의 설립인가처분을 구성한다고 볼 수 있을 것이다. 이는 후행처분이 선행처분의 연장선상에 있다, 즉 동질성이 유지되고 있다는 것을 강조하는 의미로 이해할 수 있다.

나. 원심 판결

이에 대해 이 사건 원심은 다음과 같이 설시하고 있다. 당초의 조합설립인가처분에 대하여 동의율에 관한 문제가 제기되어 조합이 동

---

22) 동지: 대법원 2010 12. 9. 선고 2009두4555 판결. 이 사건에서도 대법원은 경미한 사항의 변경에 대해 행정청이 조합설립의 변경 형식으로 처분을 하였다고 하더라도 그 성질은 당초의 조합설립인가처분과는 별개로 위 조항에서 정한 경미한 사항의 변경에 대한 신고를 수리하는 의미에 불과하다고 보아 별도의 독립된 처분이 아니라고 보았다. 이에 대해 김중권교수는 판례평석을 통해 대법원의 이러한 파격적 접근에는 세심한 요건제시가 필요하다고 비판하면서 인가제와 신고제에 관한 법리를 분명히 할 것을 촉구하며 인가제와 신고제는 행정법 도그마틱의 "휴경지"라는 의미심장한 표현을 사용하고 있다. 김중권, "도시정비법상의 조합설립 변경인가처분 관련 문제점", 법률신문, 2011. 1. 6.

의서를 추가로 징구하여 제출하면서 조합설립인가의 변경인가처분을 구하고, 그에 대하여 행정청이 조합설립인가의 변경인가처분을 한 경우에는, 비록 당초의 조합설립인가처분이 조합설립에 관한 동의율 요건을 충족하지 못한 것임이 밝혀져 그 효력이 없다고 하더라도, 행정청으로서는 형식상 존재하는 기존의 인가처분을 무시할 수 없어 변경인가처분의 형식을 취한 것에 불과하므로 그 변경인가처분은 실질적으로는 새로운 인가요건에 따라 이루어진 새로운 인가처분에 해당한 반면, 당초의 인가처분은 이러한 변경인가처분으로 대체되었다고 보아야 한다. 이때 당초의 조합설립동의가 정족수 요건을 충족하지 못하였더라도 추후 정족수 요건을 충족하게 된 경우에는 새로운 조합설립동의가 유효하게 성립된다는 전제에서 당초의 조합설립동의에 대한 하자를 다투는 것은 과거의 법률관계에 대한 확인을 구하는 것으로서 더 이상 이를 소구할 법률상 이익이 없다. 즉, 최초 인가처분 이후에 조합이 추가로 조합설립 동의를 받아 제출하였고, 그에 따라 구청은 순차로 제1, 2차 변경인가처분을 함으로써 새로운 조합설립 동의가 유효하게 성립되었으며 이로 인하여 더 이상 (최초) 인가처분의 효력을 다툴 여지가 없게 된 것이다.

다만, 도시정비법 제39조에 "사업시행자가 매도청구를 할 수 있다"라고 규정하고, 같은 법 제2조 제8호에 "사업시행자라 함은 정비사업을 시행하는 자를 말한다"라고 규정하고 있으며, 같은 법 제18조 제2항에 "조합은 조합설립인가를 받은 날부터 30일 이내에 주된 사무소의 소재지에서 대통령령이 정하는 사항을 등기함으로써 성립한다"라고 규정하고 있으므로, 조합은 조합설립등기를 마친 때로부터 매도청구를 할 수 있다고 할 것이고, 집합건물법 제48조 제4항에서 매도청구권의 행사기간을 규정한 취지 및 도시정비법 제39조에서 이러한 집합건물법 제48조 제4항을 준용하도록 한 입법 취지에 비추어 볼 때, 조합은 조합설립등기를 마친 때로부터 집합건물법 제48조 제4항 소정의 2월 이내에 원고에 대하여 매도청구를 할 수 있다고 해석함이 상당하고(대법원 2008. 2. 29. 선고 2006다56572 판결 참조), 위 조합설립등기는 유효한 조합설립인가처분을 전제로 한다. 위와 같은 법리에 비추어 보면, 조합은 최초 인가처분 이후로서 제1차 변경인가처분이 있기 이전인 2007년 11월 23일의 최초 인가처분이 유효함을 전제로 미동의자를 상대로 매도청구 소를 제기하였는데, 이는 인가처분의 유효 여부에 따라 조합이 매도청구권을 행사할 수 있는지가 달려 있는 이상, 원고로서는 변경인가처분이 이루어진 이후에도 최초 인가처분의 효력을 다툴 소의 이익이 있다.

3. 소결

위 대법원 판결과 원심 판시는 넓은 의미에서 소의 이익이 있다는 점에서 결론은 동일하나 결론에 이른 논거는 다름을 알 수 있다. 행정소송법 제12조 같은 조문에서 규정하고 있는 원고적격과 소의 이익의 문제는 각각 취소에 의한 주관적 측면과 객관적 측면에 대한 고찰이라는 점에서 동전의 양면에 비유될 수 있으나, 양자는 성질을 달리하는 것임을 인식할 필요가 있다. 그리고 이러한 이질성을 전제로 하여 양자가 다같이 '법률상 이익'의 존재를 요건으로 하는 경우에도 그에 관한 해석상의 차이에 관해 관계법규의 목적 · 취지와 구체적 사안 등을 고려하여 보다 유연하게 다루어져야 한다. 먼저, 대법원 판시는 도시정비법 제16조에서 규정하고 있는 조합설립 변경인가처분의 본래적 취지를 강조하여 사안의 경우 경미한 사항의 변경에 불과하고 그 경우 최초 인가처분을 전제로 동일성을 유지하면서 일부를 수정・취소하거나 새로운 사항을 추가하는 것으로서 당초 설립인가처분은 변경인가처분에 흡수되어 독립적 존재가치를 상실하는 것이 아니라 그대로 효력을 유지하므로 그 무효를 여전히 다툴 수 있다는 것이다. 따라서 이때의 무효를 다툴 소의 이익은 제12조 전단의 원고적격 일반에 관한 법률상 이익으로 봄이 상당하다. 그에 반해, 원심은 대법원과 달리 경미한 사항의 변경으로 보지 아니하는 전제하에서 서로 다른 별개의 처분으로 보면서도 최초 인가처분 후 (기존의 설립인가처분과 별도의 독립적인) 변경인가처분이 이뤄지기 전까지 이 사건 인가처분에 기하여 당해 조합이 유효하게 성립되었음을 전제로 어떠한 권리(매도청구권 행사 등)를 행사한 경우 종전의 설립인가처분의 효력 여부에 따라 조합이 위 권리 행사 당시 적법한 행정주체의 지위에 있었는지 여부가 달라지게 되므로, 변경인가처분이 이뤄진 후에도 여전히 인가처분의 효력을 다툴 소의 이익이 있다고 보았다. 이때 원심이 말하는 소의 이익이란 대법원 판시와 달리 행정소송법 제12조 후문의 협의의 소익을 의미하는 것으로 해석된다.[23][24] 법문언의 취지나 논리

23) 원고적격을 가진 자라도 항상 소송을 제기할 수 있는 것은 아니고 분쟁을 소송에 의해 해결할 현실적 필요성이 있어야 한다. 이를 협의의 소익 또는 권리보호의 필요성이라고 하는데, 위 원심 판시와 동일한 취지에서 대법원은 "도시개발사업의 시행에 따른 도시계획변경결정처분과 도시개발구역지정처분 및 도시개발사업실시계획인가처분은 도시개발사업의 시행자에게 도시개발사업을 시행할 수 있는 권한을 설정하여 주는 처분으로서 처분 자체로 그 처분의 목적이 종료되는 것이 아니고 처분이 유효하게 존재하는 것을 전제로 당해 도시개발사업에 따른 일련의 절차 및 처분이 행해지기 때문에 처분이 취소된다면 그것이 유효하게 존재하는 것을 전제로 하여 이루어진 토지수용이나 환지 등에 따른 각종의 처분이나 공공시설의 귀속 등에 관한 법적 효력은 영향을 받게 되므로, 도시개발사업공사 등이 완료되고 원상회복이 사회통념상 불가능하게 되었더라도 위 각 처분의 취소를 구할 법률상 이익은 소멸한다고 할 수 없다"라고 판시하여, 협의의 소익을 인정한 바 있다(대법원 2005. 9. 9. 선고 2003두5402・5419 판결).

일관적인 측면에서는 어쩌면 대법원 판결이 타당하게 보인다. 그러나 행정소송법상 소의 이익 문제를 보다 세분화 시켜 협의의 소익(권리보호이익) 문제로 접근하고 있는 원심의 논리 전개 역시 훌륭한 것임을 부인할 수 없다.

제3절 조합설립인가의 하자 문제(동의율 산정 문제를 중심으로)

Ⅰ. 조합설립 과정에서의 동의율 산정 문제

1. 쟁점

구 도시정비법 제16조 제2항에 따르면, 주택재건축사업의 추진위원회가 조합을 설립하거나 변경하고자 할 때에는 집합건물의 소유 및

24) 행정소송법 제12조 제1문과 달리 제2문의 경우 규정문언 형식상 취소소송으로 되어 있을 지라도, 단순한 취소소송이 아니라, 독일 행정법원법상의 계속확인소송(繼續確認訴訟)과 유사한 소송유형으로 보는 견해가 일반적인 입장으로 보인다. 계속확인소송이란, 독일 행정법원법 제113조 제1항 제4문에 따르면, 취소소송이 제기된 이후부터 판결기준 시 이전에 계쟁행정행위가 취소 기타의 사유로 완료된 경우 법원은 원고가 위법확인에 정당한 이익을 가지는 때에는 그 신청에 따라 당해 처분이 위법한 것이었음을 판결로써 확인하라고 규정하고 있는데 이에 따른 소송을 말한다. 독일의 경우 우리 행정소송법과는 달리 처분이 위법이었음을 확인할 정당한 이익이 있을 것을 요구하고 있다. 이렇게 볼 때 본 규정에 의한 소송은 현재의 행정처분이 사후적 불이익처분의 근거가 되는 경우 행해지므로 예방적인 성격을 가지며, 처분의 효력유무 확인을 목적으로 하는 무효등확인소송과는 달리 처분의 위법성의 확인을 목적으로 하는 확인적 성격을 가진다고 할 수 있다(홍준형, "효력기간이 경과된 제재적 처분에 대한 취소소송과 소의 이익", 판례월보, 1996. 2, 46면). 이 사건 원심 판시 또한 전반적으로 위와 같은 취지로 판시한 것으로 보인다.

관리에 관한 법률 제47조 제1항 및 제2항의 규정에 불구하고 주택단지 안의 공동주택의 각 동별 구분소유자 및 의결권의 각 2/3 이상의 동의와 주택단지 안의 전체 구분소유자 및 의결권의 각 4/5 이상의 동의를 얻어 정관 및 국토부령이 정하는 서류를 첨부해 시장・군수의 인가를 받아야 한다. 또한 동법 제16조 제3항은 "제2항의 규정에도 불구하고 주택단지가 아닌 지역이 정비구역에 포함된 때에는 주택단지가 아닌 지역 안의 토지 또는 건축물 소유자의 4/5 이상 및 토지면적의 2/3 이상의 토지소유자의 동의를 얻어야 한다"라고 명시하고 있다. 그렇다면 주택단지 없는 정비구역의 토지 또는 건축물 소유자 동의 요건은 과연 어떻게 될 것이며 이를 구비하지 못한 경우 법적 효과가 어떻게 되는지가 문제된다.

2. '토지 또는 건축물 소유자'의 의미

위 규정에서 명시한 '토지 또는 건축물 소유자'의 의미를 둘러싸고 논란이 많았다. 이와 관련하여, 주택단지가 전혀 포함되지 아니한 경우에도 도시정비법 조합설립인가에 관한 규정들의 내용, 형식 및 체제에 비추어 보면, 동법 제16조 제3항에 따라 "토지 또는 건축물 소유자의 4/5(현행 3/4) 이상 및 토지면적의 2/3 이상의 토지소유자의 동의를 얻어야 한다"라고 보는 의견이 있는데,[25] 대법원은 2012. 10. 25. 선고 2010두25107 판결에서 이를 명확히 정리했다. 즉, 대법원은 이 사건에서 먼저 "구 도시정비법에 명시된 규정들의 내용, 형식 및 체제에 비춰 보면, 주택재건축사업의 추진위원회가 조합을

25) 윤재윤, "주택단지 없는 정비구역 조합설립 동의 요건", 건설경제신문 기고 판례 평석, 2013. 7. 27.

설립함에 있어 정비구역이, △주택단지로만 구성된 경우에는 개정 전 도시정비법 제16조 제2항에 의한 동의만 얻으면 되고, △정비구역에 주택단지가 아닌 지역이 포함돼 있을 경우에는 주택단지에 대해서는 개정전 도시정비법 제16조 제2항에 의한 동의를 얻어야 하지만 주택단지가 아닌 지역에 대해서는 이와 별도로 같은 조 제3항에 의한 동의를 얻어야 하며, △정비구역에 주택단지가 전혀 포함되지 않은 경우에는 같은 조 제3항에 의한 동의를 얻어야 한다고 보는 것이 합당하다"라고 전제했다.

나아가 "개정전 도시정비법은 제2조 제9호 나목에서, 주택재건축사업의 '토지등소유자'는 '정비구역 안에 소재한 건축물 및 그 부속토지의 소유자, 정비구역이 아닌 구역 안에 소재한 대통령령이 정하는 주택 및 부속토지의 소유자와 부대·복리시설 및 그 부속토지의 소유자'를 의미한다고 규정함으로써 토지와 건축물을 모두 소유하는 '토지등소유자'를 '토지 또는 건축물의 소유자'와 구별하고 있다"라며 "구 도시정비법 제16조 제3항은 명시적으로 '토지 또는 건축물 소유자의 5분의 4 이상'이라고 규정하고 있는 점, 토지만을 소유한 자 또는 건축물만을 소유한 자는 비록 주택재건축사업에 있어서 조합원이 될 수 없다고 하더라도(개정 전 도시정비법 제2조 제9호 나목, 제19조 제1항) 그 소유의 토지 또는 건축물은 매도청구의 대상이 될 수 있으므로(개정전 도시정비법 제39조) 재건축조합의 설립에 중대한 이해관계가 있는 점 등 여러 사정을 종합하면, 개정 전 도시정비법 제16조 제3항 소정의 '토지 또는 건축물 소유자'는 정비구역 안의 토지 및 건축물의 소유자뿐만 아니라 토지만을 소유한 자, 건축물만을 소유한 자 모두를 포함하는 의미라고 해석함이 옳다"라고 판시했다.

3. 소결

도시정비법은 토지와 건축물을 모두 소유하는 '토지등소유자'와 '토지 또는 건축물의 소유자'를 개념적으로 구별하고 있는데, 동법 제16조 제3항은 명시적으로 '토지 또는 건축물 소유자의 4/5 이상(현행 3/4)'이라고 규정하고 있고, 토지만을 소유하거나 건축물만을 소유한 자는 비록 주택재건축사업의 조합원이 아니더라도(정확한 의미는, "아님에도 불구하고"란 문구가 적절하다[26]) 그 소유의 토지 또는 건축물은 매도청구의 대상이 될 수 있으므로 재건축조합의 설립에 중대한 이해관계가 있는 점 등을 종합하면, 도시정비법 제16조 제3항 소정의 '토지 또는 건축물 소유자'는 정비구역 안의 토지 및 건축물의 소유자뿐만

---

26) 그 이유는 다음과 같다. '토지 또는 건축물만 소유한 자'를 처음부터 조합원에서 배제하고 있는 것에 대한 비판적 견해가 꾸준히 제기되어 왔다. 즉, '토지 또는 건물만 소유한 자'의 경우 현행 도시정비법 규정상 조합원자격이 인정되지 않아 조합원으로 가입하는 것 자체가 불가능한 상황임에도 재건축사업 구역에 편입되었다는 이유만으로 강제적으로 재건축조합에 매도하여야만 한다는 점에 대해 비판이 있는 것이다. 도시정비법은 재건축조합이 조합원이 될 수 있는 자를 정비구역 안에 소재한 건축물 및 그 부속토지의 소유자와 정비구역 아닌 구역 안에 소재한 건축물 및 그 부속토지의 소유자와 정비구역이 아닌 구역 안에 소재한 아파트 또는 연립주택 및 그 부속토지의 소유자 및 부대·복리시설 및 그 부속토지의 소유자로 제한하고 있어 건물 또는 토지만 소유하고 있는 경우에는 재건축조합원의 자격이 인정되지 않아 아예 조합원으로 가입할 수가 없는 것이다. 그러나 매도청구권의 본래 취지가 재건축조합의 설립에 동의하지 아니한 미동의자의 재산을 강제적으로 취득하는 데 있는 것이고, 그에 따라 사전에 조합원으로 가입하여 재건축에 참가할 것인지의 여부를 최고하도록 하는 것이라는 점에 비추어 볼 때 법률의 규정상 원천적으로 조합원으로 가입하는 것이 불가능한 토지소유자나 건물 소유자에 대하여 매도청구제도를 적용하여 강제로 토지 소유권을 상실하게 한다는 것은 재건축사업에서의 매도청구제도의 취지에 부합하지 아니한 것으로서 사업시행자에 대한 일종의 특혜를 볼 수 있다. 그 개선점으로 이들에게도 재건축조합원 자격을 부여하는 도시정비법 개정론이 탄력을 받는 듯하였으나, 결국 국회 본회의를 통과하지 못하였다. 성중탁, "도시정비법상 매도청구에 관한 연구", 성균관대학교 대학원 박사학위논문, 2012, 59면 이하.

아니라 토지만을 소유한 자, 건축물만을 소유한 자 모두를 포함하는 의미라고 해석해야 한다는 것이다. 대법원은 원칙적으로 이와 같은 판단을 기초로 토지 또는 건축물의 소유자 수를 모두 합산하는 산정 방식을 취하여 인가처분 당시 사업구역 내 토지 또는 건축물의 소유자 수는 284명(분모)인데, 그 중 동의자 수는 205명으로서 동의율이 72.18%에 불과하여 구 도시정비법 제16조 제3항이 정하는 동의요건인 4/5에 여전히 미치지 못하였다고 할 것이므로 최초 인가처분은 그 동의요건을 충족하지 못하여 위법하고, 그 하자 또한 중대하다고 보았다.

II. 조합설립 하자의 중대, 명백성 인정 여부

1. 쟁점

조합설립인가 과정에 위와 같은 하자가 있다고 해서 해당 조합설립인가처분은 모두 당연무효인 것일까? 앞의 리딩케이스에서 원심은 위 대법원의 동의율 산정 기준을 그대로 적용하여 이러한 경우 중대하고도 명백한 하자로서 무효하고 판단했는데, 대법원의 결론은 달랐다. 즉 위 동의요건 법리는 그대로 인정하면서도 "법률관계나 사실관계에 대하여 그 해석에 다툼의 여지가 있는 때에는 행정관청이 이를 잘못 해석해 행정처분을 했더라도 그 처분 요건사실을 오인한 것에 불과해 그 하자가 명백하다고 할 수 없으므로(대법원 2004. 10. 15. 선고 2002다68485판결), 조합설립인가처분이 당연 무효라고 볼 수는 없다"라고 판시한 것이다.

2. 위법성의 정도

가. 판단 기준의 문제

위법성의 정도[27]에 대해서는 중대설, 중대명백설, 명백성보충요건설, 조사의무위반설, 구체적 가치형량설 등의 대립이 있다. 법적 안정성과 구체적 타당성을 조화하는 중대명백설이 타당하다. 다만 권리구제라는 구체적 타당성 측면에서 다른 학설들보다 취약한 면이 있다는 비판이 있다. 우리 판례는 대체로 행정처분의 하자가 중대한 법규의 위반이고 또한 그것이 외관상 명백한 것인 때에는 무효이고, 그에 이르지 않는 것인 때에는 취소할 수 있음에 불과하다고 보고 있다.[28] 그런데 정비사업분쟁을 처음 접하게 된 행정법원은 다른 처분의 하자는 중대명백설에 의하여 판단하면서 조합설립인가처분의 하자에 대해서는 그 기본행위인 조합설립결의(동의)의 하자를 절대적이라고 할 만큼 높게 평가하여 전체 인가처분의 무효를 판단하는 기존 대법원 판결의 태도를 답습하는 경향이 강하였다. 즉 행정법원은 무효가 아닌, 취소될 수 있는 재건축 결의의 하자, 조합설립동의의 하자에 대

27) 무효・취소의 구분은 만일 조합설립인가처분이 무효가 된다면, 그 하자가 승계되어 이후의 처분들이 모두 무효가 될 수밖에 없으나, 취소사유에 불과하다면 쟁송기간이 지난 후에는 이후의 처분들에 대하여 하자승계를 이유로 위법을 주장할 수 없기 때문에 실익이 있다.

28) 대법원은 "행정처분에 사실관계를 오인한 하자가 있는 경우 그 하자가 중대하다고 하더라도 객관적으로 명백하지 않다면 그 처분을 당연무효라고 할 수 없는바, 하자가 명백하다고 하기 위하여는 그 사실관계 오인의 근거가 된 자료가 외형상 상태성을 결여하거나 또는 객관적으로 그 성립이나 내용의 진정을 인정할 수 없는 것임이 명백한 경우라야 할 것이고, 사실관계의 자료를 정확히 조사하여야 비로소 그 하자 유무가 밝혀질 수 있는 경우라면 이러한 하자는 외관상 명백하다고 할 수 없다"라고 판시한 바 있다(대법원 2007. 6. 14. 선고 2004두619판결; 대법원 1992. 4. 28. 선고 91누6863판결 등).

한 기준을 만들지 않고 있었던 것이다. 따라서 행정법원은 민사법원에서 단순히 이관된 사건이므로 그전 사건에서 대법원이 세워놓은 논리구조를 따라 그대로 판단할 것이 아니라, 항고소송에서 무효, 취소를 구분하는 기준에 따라 도시정비법상 행정처분의 하자를 판단하여야 할 부담을 가지게 되었다. 대상 판결 역시 그와 같은 부담을 가지고 판단한 예인지도 모르나 일정 부분 비판이 불가피하다.

나. 판례의 태도

대법원은 "조합설립인가처분은 관할 행정청이 도시정비법 제16조 제3항에서 정한 동의요건 중 '토지 또는 건축물 소유자의 5분의 4 이상'을 '토지소유자의 5분의 4 이상' 또는 '건축물 소유자의 5분의 4 이상' 중 어느 하나의 요건만 충족하면 된다고 잘못 해석하여 요건을 충족하지 못한 주택재건축사업 추진위원회의 조합설립인가신청에 대하여 조합설립인가처분을 한 것으로서 도시정비법 제16조 제3항에서 정한 동의요건을 충족하지 못하여 위법할 뿐만 아니라 하자가 중대하다"라고 판단하면서도 "△'토지 또는 건축물 소유자의 5분의 4 이상'의 문언적 의미가 명확한 것은 아니고 다의적으로 해석될 여지가 충분히 있는 점, △매도청구에 관한 개정 전 도시정비법 제39조가 '조합설립에 동의하지 아니한 자'와 별도로 '건축물 또는 토지만 소유한 자'도 매도청구의 상대방으로 규정하고 있어 '건축물 또는 토지만 소유한 자'는 조합설립 동의의 상대방이 아니라고 오인할 여지가 있는 점, △건축물 또는 토지만 소유한 자는 주택재건축조합의 조합원이 될 수도 없는 점, △강서구청장이 사용한 동의총괄표는 구 서울특별시 도시 및 주거환경 정비조례 시행규칙(2008. 4. 17. 서울특별시규칙 제3620호로 개정되기 전의 것) 별지 제7호 서식에 따른 것으로서 위 서식에는 토지소유자의 동의율, 건축물 소유자의 동의율만을 구분해 산정하도록 되어 있었던 점 등을 종합하면 조합설립인가처분 당시 주택단지가 전혀 포함돼 있지 않은 이 사건 정비구역에 대한 재건축사업조합의 설립인가처분을 하기 위해서는 '토지 및 건축물 소유자, 토지소유자, 건축물 소유자' 모두의 4/5 이상의 동의를 얻어야 한다는 점이 객관적으로 명백했다고 할 수 없어 조합설립인가처분이 당연무효라고 볼 수는 없다"라고 판시했다.

다. 비판적 검토

조합설립인가 과정에 하자가 있는 경우 조합설립인가처분 자체를 무효로 볼 수 있는지 아니면 단지 취소사유로 보아야 하는 것인지와 관련하여, 일단 행정행위가 발급된 이상 사인이 행정행위의 효과를 좌우하는 것은 타당하지 않고 법적 안정성과의 조화도 중요하므로 취소원칙설이 타당하다. 그러나 취소원칙설에 의하는 경우에도 이익형량상 도저히 신청행위가 없다고 보이거나 명백한 하자가 있는 경우에는 무효로 볼 수밖에 없는데, 본 사안은 그러한 관점에서 접근하여야 하는 특수성이 있다. 사안의 경우 도시정비법 제16조에서 토지소유자 등의 특정비율 이상의 동의율 충족을 명백하게 요구하고 있고, 더불어 동법 제17조 제1항에서는 그 동의의 진위까지 철저하게 확인하도록 하고 있으므로 대법원 판시대로 문언이 다의적으로 해석될 여지가 있다고 하더라도 그 해석 중에 위 동의 요건을 유효하게 충족하지 못하는 것으로 해석될 여지가 있는 한 무효로 보아야 함이 상당하다.[29)]

---

29) 도시정비법상의 재개발조합설립에 토지등소유자의 서면에 의한 동의를 요구하고 그 동의서를 재개발조합설립인가 신청 시 행정청에 제출하도록 하는 취지는 서면에 의하여 토지등소유자의 동의 여부 및 동의율을 명확하게 계산함으로써 동

그런데 대법원은 미리 유효라는 결론을 상정한 후 중대명백설을 기초로 개별사안에 따른 뚜렷한 명백성심사를 거치는 형식을 취한 후 구체적 타당성보다 법적 안정성 측면을 강조하여 무효로 볼 수 없다는 취지로 끼워 맞춘 듯한 인상이 강하다. 더욱이, '토지 또는 건축물 소유자의 4/5'의 의미와 관련하여 '토지와 건축물을 모두 소유한 자뿐만 아니라 토지 또는 건축물만을 소유한 자를 모두 포함하여 그 4/5의 동의를 요한다'라고 판시하여 그동안의 논란을 불식시켰으면서도 한편으로는 정작 그 기준을 엄격히 적용해야 할 무효 여부의 판단에서는 그러한 기준을 엄격히 적용하지 아니한 채 문언의 의미를 일탈한 다의적 해석을 하여 '토지 및 건축물 소유자, 토지소유자, 건축물 소유자' 모두의 4/5 이상의 동의를 얻어야 한다는 점이 객관적으로 명백했다고 할 수 없다고 판시함으로서 동일한 사안을 두고 이중잣대를 적용하였다는 비판을 면키 어렵다.30)

오히려, 원심은 "'토지 또는 건축물 소유자의 4/5'의 의미는 '토지와 건축물을 모두 소유한 자뿐만 아니라 토지 또는 건축물만을 소유한 자를 모두 포함하여 그 4/5의 동의를 요한다'라고 봄이 상당한바, 구 도시정비법 제16조 제3항이 '토지소유자의 4/5 이상 또는 건축물 소유자의 4/5 이상의 동의'가 아닌 '토지 또는 건축물의 소유자의

의여부에 관하여 발생할 수 있는 관련자들 사이의 분쟁을 미연에 방지하고 나아가 행정청으로 하여금 재개발조합설립인가 신청 시에 제출된 동의서에 의하여서만 동의요건의 충족 여부를 심사하도록 함으로써 동의 여부의 확인에 불필요하게 행정력이 소모되는 것을 막기 위한 데 있다고 할 것이다. 대법원 2010. 1. 28. 선고 2009두4845 판결.

30) 다만, 이에 대해서는 반대로, 대법원이 '토지 또는 건축물 소유자의 4/5'의 의미와 관련하여 대상 판결에서 명백하게 정리를 하는 대신 본 사건에서는 그동안의 논란을 들어 명백한 하자로 볼 수 없다고 설시하였다는 긍정적 평가도 물론 가능할 수는 있다.

4/5 이상의 동의'라고 규정하고 있는 이상, 이 사건 인가처분에서와 같이 이를 '토지소유자의 4/5 이상의 동의 또는 건축물소유자의 4/5 이상의 동의 중 어느 하나만 얻으면 동의요건이 충족된다'라는 취지로 해석하는 것은 문언의 의미를 넘는 해석방법으로서 허용되지 않는다고 할 것이다"라고 판시함으로서 논리 일관적 판단을 하였다. 이와 같이, 똑같은 사안에 대해 중대명백설을 적용하면서 원심은 인가처분의 무효를 선언하였는데 반해 대법원은 그 반대의 판단을 하고 있는바, 이는 중대명백설의 허점을 보여준 사례이다. 본래 독일에서 명백설의 이름으로 발전된 중대명백설은 지금껏 우리나라에서 통설, 판례의 지위를 차지하고 있는듯 하나, 특히 누구(이해관계인, 평균인, 전문가 등)의 판단을 기준으로 그 명백성 여부를 결정하느냐 등에서 많은 문제를 내포하고 있는 것이다.[31)32)]

---

31) 이와 관련하여 김남진 교수 등은 명백성보충요건설을 적극 지지한다. 즉, 행정행위의 무효사유를 판단하는 기준으로서의 명백성은 행정처분의 법적안정성 확보를 통하여 행정의 원활한 수행을 도모하는 한편, 그 행정처분을 유효한 것으로 믿은 제3자나 공공의 신뢰를 보호하여야 할 필요가 있는 경우에 보충적으로 요구되는 것으로서 중대한 하자를 가진 행정처분은 특별한 사정이 없는 한 당연무효로 보아야 한다는 것인데 일단 경청할 가치가 크다고 생각된다. 김남진, "중대명백설의 맹종에서 벗어나야; 대법원 2002. 12. 10. 선고 2001두4566 판결 평석", 법률신문, 2003. 10. 2. 제3209호.

32) 무효와 취소의 구별기준 문제는 법적 안정성과 개인의 권익보호라는 양 가치의 조화문제이기도 하다. 이를 위해서는 보통 하자가 있는 행정행위의 경우에는 쟁송기간이 경과하면 더 이상 다툴 수 없도록 함으로써 법적 안정성을 취하고, 하자가 중대하고 명백한 행정행위에 대해서는 무효를 함으로써 개인의 권리구제를 도모하는 판례의 입장도 일리가 있음을 부인할 수는 없으나 입법론적으로는 독일 연방행정절차법의 예에서와 같이 가급적 무효사유와 취소사유에 대하여 법률에 명시하는 것이 바람직하다고 본다.

3. 소결

도시정비사업은 그 진행과정에서 매우 복잡·다양한 문제를 수반하며 사업의 중단에 따른 손실이 엄청난 것임에는 틀림없다. 그러나 사업의 시발점에 해당하는 조합설립요건과 관련하여, 조합설립행위에 법정 강행규정으로서 동의율에 대한 하자가 어떤 식으로든 명백히 발생한 경우로서, 진정성 있는 토지 또는 건축물 소유자의 5분의 4 이상의 동의라는 형식적·실체적 동의 요건을 결여하고 있는 대상 사건의 경우조차 유효한 인가로 인정하는 것은 재건축진행이라는 사업자와 조합 측의 이익만을 생각한 과도한 조치로서 비례원칙에 반한다.[33)]

---

33) 이러한 무효론을 전제로 한다면 후행 변경인가처분 역시 다음과 같은 이유로 무효라고 할 것이다. 즉, 변경인가처분이 가능하였던 것은 참가인 조합이 인가처분 당시 동의율 산정을 위한 모수에서 누락되었던 토지만을 소유한 자들을 상대로 매도청구소송을 제기하여 승소한 후 그들 소유의 토지들에 대한 소유권을 취득하였기 때문이다. 그런데 설립이 무효이어서 매도청구권을 행사할 수 없는 조합이 미동의 토지소유자들에 대하여 매도청구권을 행사하여 토지소유권을 취득한 후 스스로 사업구역 내 토지소유자에 해당함을 전제로 조합설립에 대한 동의권을 행사하는 것을 허용한다면, 인가처분 당시 주택단지가 아닌 지역에서의 조합 설립을 위해서는 토지 또는 건축물 소유자의 5분의 4 이상의 동의를 얻어야 한다는 구 도시정비법 제16조 제3항이 잠탈되는 결론에 이르게 된다. 그러므로 피고 및 참가인 조합의 주장과 같이 변경인가처분을 새로운 조합설립인가처분으로 허용하여서는 안 된다. 나아가 변경인가처분을 하기 위해서는 도시정비법 제16조 제3항에 따라 토지 또는 건축물 소유자 4분의 3 이상의 동의를 얻어야 하는데, 인가처분이 무효라면 참가인 조합이 조합설립에 동의하지 않은 토지소유자들에 대하여 매도청구권을 행사함으로써 이루어진 참가인 조합 명의의 등기 역시 무효가 되므로 참가인 조합이 매도청구권을 행사하기 전의 기존 토지소유자들을 정당한 동의권자인 토지소유자로 보고 동의율을 산정하게 되면 동의율이 80%에 여전히 미치지 못하는 것으로 되어 변경인가처분은 법정동의율에도 미달된다고 보아야 하는 것이다.

Ⅲ. 결론

법원이나 정비사업 전문변호사 등 관련 전문가들은 지금까지 기본행위인 조합설립동의의 하자를 치유하는 방법 내지 추완하는 방법 및 그 정당성에 대한 법리를 구성하려고 많이 노력하여 왔다. 결국 대법원은 행정법원을 포함한 하급심 법원에서 재건축 결의 및 조합설립동의의 절대적인 위치를 강조하던 과거 민사법원(대법원 판결 포함)의 오랜 구습에서 벗어나 도시정비법 및 그에 포함된 처분이 가지는 의미, 처분의 하자에 대한 행정법 고유의 하자 판정 기준을 구체화하여 적용하기 시작하였다. 이러한 변화는 일부 동의사항을 백지로 할 수밖에 없었던 사정을 원죄(原罪)처럼 가지고 고민하고 있는 상당수 정비사업조합에 처분의 공정력을 바탕으로 하여 향후 자신 있게 사업을 진행해 나갈 수 있고, 조합원들의 이익을 극대화할 수 있는 근거가 될 것이다. 왜냐하면 동의과정에서의 하자가 무효이냐 취소이냐의 문제는, 만일 조합설립인가처분이 무효가 된다면 그 하자가 승계되어 이후의 처분들이 모두 무효가 될 수밖에 없으나, 취소사유에 불과하다면 쟁송기간이 지난 후에는 이후의 처분들에 대하여 하자승계를 이유로 위법을 주장할 수 없기 때문이다.

그러나 이러한 큰 차이, 즉 재개발조합과 재건축조합에서 조합과 조합원들 사이의 이익 불균형이 너무나 크게 발생하므로 강행규정에 해당하는 동의율을 바라보는 시각은 보다 엄격하게 해석될 필요가 있다. 이는 재건축 · 재개발 설립 인가 동의율을 둘러싼 소송 형식이 민사소송에서 공법적 통제 즉, 행정소송으로 변경되었다고 하더라도 달리 볼 성질의 것이 아니다. 결국, 모든 공은 법원의 판단에 맡겨질 것이다. 법원으로서는 중대명백설에 대한 보다 신중하고도 엄격한 접근과 해석이 필요하다. 결국 무효여부에 대한 판단 시 중대설을 원칙으로 삼되 구체적인 사정에 따라서는 판사가 합리적인 재량의 범위 내에서 명백성 요건을 보충적으로 추가하는 방식이 타당하지 않을까 생각한다.

제4절 조합설립 후 결의 내용 등이 변경되는 경우의 문제

Ⅰ. 서설

주택재건축 · 재개발 사업을 할 때 조합원의 비용분담에 관한 사항이 당초 결의 내용과 달리 통상적으로 예상할 수 있는 범위를 초과하여 변경되는 경우가 발생하곤 한다. 이와 같이 재건축 · 재개발결의의 실질적인 변경으로써 '조합과 시공사 사이에 체결한 공사계약서에 포함될 내용'이 변경[34]되어 결과적으로 조합원의 비용부담이 가중되는 경우(추가부담금의 증가), 그러한 변경에 필요한 조합원 의결정족수(동의율)가 어떻게 되는지에 대한 논의가 꾸준히 있어 왔다. 재건축 결의 내용을 변경하는 조합원 의결정족수에 관하여 대법원 1998. 6. 26. 선고 98다15996 판결이 "재건축의 결의가 유효하게 성립한 후에는

34) 이와 관련하여, 비록 하급심이지만 수원지방법원 2007. 4. 24. 선고 2006가합2875 총회결의무효확인청구 사건에서 법원은 "조합원의 분담금을 재건축 결의에 의한 분담금에 비하여 대체적으로 상당한 금액을 인상하는 등으로 피고의 창립총회 개최일과 이 사건 총회 개최일 사이의 물가의 변동 등 통상 합리적으로 예상할 수 있는 범위를 초과하여 피고의 조합원들에게 경제적인 부담을 가중시키는 것은 재건축 결의의 변경에 해당한다"라고 판시한 바 있다.

재건축 결의에 찬성한 구분소유자[35] 등으로 구성되는 단체에 의하여 재건축사업이 실행되는 것이므로 집합건물법상 규약과 집회에 대한 규정은 적용되지 아니하고, 단체의 성격에 따라 민법상의 조합 또는 사단법인에 관한 규정이 적용된다 할 것인데, 특별히 의제된 합의 내용인 재건축 결의의 내용을 변경함에 있어서는 조합원 전원의 합의가 필요하다"라고 판시한 바 있다. 그런데 위 판결은 하자 있는 재건축 결의의 치유를 위한 결의에 필요한 정족수가 쟁점이었고, 재건축 결의의 내용을 변경하는 데 필요한 정족수에 관한 것은 쟁점이 아니었다. 그럼에도 대법원이 위와 같은 판시를 하면서 그 후 하급심에서는 위 대법원 판결에 따라 재건축 결의의 내용을 변경하는 총회 결의는 조합원 전원의 합의가 없는 한 무효라는 취지로 판단한 사례[36]가 나오는가 하면, 위 판결이 문언에서 다소 완화하여 조합원[37] 5분의 4 이상의 결의가 있으면 재건축 결의 내용을 변경하는 총회결의가 유효하다고 판단한 사례[38]도 있었다.

---

35) 참고로, 이러한 구분소유자는 자연인이거나 법인 또는 비법인사단일 수도 있다. 한편, 재건축조합원 중 1세대가 2주택 이상을 소유하고 있는 경우에 그를 구분소유자로서는 1인으로 보아야 할 것이다. 왜냐하면 그의 권리는 의결권의 3분의 2 또는 5분의 4 이상이라는 결의요건에 의하여 보호될 수 있고, 이와 같이 새기지 않으면 구분소유자와 결의권을 구분할 특별한 이유가 없을 것이기 때문이다. 다만 결의권의 정족수에 관하여 1인으로 보아야 한다는 견해에 따르면 이 근거는 주장할 수 없게 된다.

36) 서울지방법원 2003. 7. 31. 선고 2002가합10876 판결 등.

37) 구분소유자 수를 계산할 때, 하나의 구분소유권을 수인이 공유하는 경우 어떻게 계산해야 하는지가 문제된다. 이와 관련하여 도시정비법 제19조 제1항에서는 하나의 구분소유권을 수인이 공유하는 경우 수인을 대표하는 1인을 조합원으로 본다고 규정하고 있다. 공유자 모두에게 하나의 의결권을 준다는 것은 다른 구분소유권자와의 관계에서 형평에 어긋나기 때문에 타당한 입법이고, 이는 재건축 결의에서도 마찬가지로 해석되어야 한다. 이수철, "집합건물의 재건축 결의의 변경결의의 요건", 「부산판례연구회 判例硏究, 통권 18집」, 2007. 2, 18-20면.

38) 부산고등법원 2004. 8. 27. 선고 2004나599 판결; 서울고등법원 2001. 10.

위와 같이 판례들이 재건축 결의내용 변경에 관한 의결정족수에 대하여 서로 다른 판결을 내리고 있는 것은 집합건물법과 구 주택건설촉진법(2003. 5. 29. 법률 제6916호로 현재의 주택법으로 전문 개정) 및 도시정비법에 위와 같은 최초 재건축·재개발 결의 사항 내지 세부 내용이 변경되는 경우 그 의결정족수에 관한 명문 규정이 존재하지 않는 데 있다. 따라서 본고에서는 최근 선고된 관련 대법원 판례를 계기로 도시정비법 등 관련 법률상 재건축·재개발 사업 결의 내용의 변경이 유효하기 위한 의결정족수를 과연 어느 범위로 삼아야 할 것인지에 대해 살펴보고자 한다. 아울러 그러한 논의의 전제로서 재건축 결의 내용의 변경을 초래하는 직간접적 원인이 되고 있는 재건축사업에서 조합원의 비용분담(액)에 관한 문제도 살펴보고자 한다.

II. 리딩케이스: 대법원 2009. 9. 17. 선고 2007다2428 전원합의체 판결

1. 사건의 개요

피고 조합은 부산 북구 화명동 898-9 외 13필지 지상 화명주공아파트(이하 '이 사건 아파트'라 한다) 4,152세대의 소유자들이 재건축사업을 시행할 목적으로 2003년 6월 24일에 부산광역시 북구청장(이하 '북구청장'이라 한다)으로부터 조합설립인가를 받아 설립한 조합이고, 원고들은 피고 조합의 조합원들이거나 조합원이다. 피고 조합은 2002년 3월 23일에 창립총회를 개최하여 제1호 안건으로 '재건축 결의 및

31. 선고 2000나59557 판결; 서울고등법원 2005. 10. 27. 선고 2005나33406 판결 등.

사업계획 결의의 건', 제2호 안건으로 '조합규약 제정 및 제 규정 승인의 건', 제7호 안건으로 '시공사 선정 및 계약체결의 건' 등 안건을 상정 처리하였다. 그 후에도 피고 조합은 조합원들을 상대로 서면동의서를 징구하여 전체 조합원 중 약 96%인 3,986명으로부터 위와 같은 내용으로 재건축 찬성 동의를 받아 2006년 6월 23일에 북구청장으로부터 재건축정비사업시행인가를 받았다. 그런데 얼마 후 일부 조합원들이 결의 내용 중 무상지분율과 조합원 분담금이 불분명하다는 이유로 항의를 하면서 분양계약 체결을 거부하는 사태가 발생하자 피고 조합은 2006년 7월 28일에 분양공고를 취소하였다.

이에 피고 조합은 조합원들로부터 분양신청을 다시 받은 후, 2007년 10월 14일에 관리처분계획안 승인 등을 위한 임시총회(이하 '이 사건 임시총회'라고 한다)를 개최하여 전체 조합원 4,146명 중 서면결의를 포함하여 3,500명이 참석한 아래 제2호 안건으로 '정관 변경 승인의 건', 제3호 안건으로 '사업계획변경 승인의 건', 5호 안건으로 '관리처분계획(안) 승인의 건'을 상정하였다. 제2호 안건인 '정관 변경 승인의 건'에 대한 투표결과 3,500명 중 찬성 2,874명(전체 조합원대비 69.31%), 반대 114명, 무효 · 기권 512명으로 집계되었다. 그 개정내용은 개정정관 제44조 제2항의 '전유면적'을 '분양면적'으로 변경한 것이다. 제3호 안건인 '사업계획변경 승인의 건'에 대한 투표결과는 3,500명 중 찬성 2,834명(전체 조합원 대비 68.35%), 반대 104명, 무효 · 기권 562명으로 집계되었다. 제5호 안건인 '관리처분계획(안) 승인의 건'에 대하여 아파트 거실새시 비용(예상금액: 약 371억 원), 법인세(예상금액: 약 80억 원), 민원보상비(예상금액: 약 100억 원) 등을 조합원들이 부담하는 제1안과 롯데건설이 부담하는 제2안(단, 조합원에게 돌아가는 무상지분율이 제1안보다 적다)을 상정하여 투표한 결과 제1안에 대하여 찬성 395명, 제2안에 대하여 찬성 2,560명, 반대 183명, 무효·기권 362표로 집계되었다. 이에 피고 조합은 위 제2안을 채택한 후 제2안과 같은 관리처분계획에 관하여 북구청장에게 인가신청을 하여 2007년 12월 26일에 북구청장으로부터 관리처분계획의 인가를 받아 조합원들의 이주 및 공사 착공을 하였다(이하, 위와 같이 이 사건 임시총회를 통하여 수립되고 북구청장으로부터 인가받은 관리처분계획을 '이 사건 관리처분계획'이라 한다).

그런데 원고들은 "이 사건 임시총회와 관련하여 주택재건축조합 정관의 필요적 기재사항이자 엄격한 정관변경 절차를 거쳐야 하는 '조합의 비용부담'이나 '시공자·설계자의 선정 및 공사계약서에 포함될 내용(공사비와 공사기간 등)'에 관한 사항이 최초 재건축 결의 당시와 비교하여 조합원들의 이해관계에 영향을 미칠 정도로 실질적으로 변경된 경우, 그 동의에 필요한 의결정족수는 조합원 3분의 2 이상 이어야 하는데, 이러한 의결정족수에 못 미치는 동의로 가결된 임시총회 효력은 무효이다"라고 주장하며, 이 사건 관리처분계획의 무효확인 내지 취소[39]를 구하였다.

2. 판결의 요지

주택 재건축조합 정관의 필요적 기재사항이자 엄격한 정관변경 절

39) 도시정비법상 주택재건축정비사업조합이 같은 법 제48조에 따라 수립한 관리처분계획에 대하여 관할 행정청의 인가, 고시까지 있게 되면 관리처분계획은 행정처분으로서 효력이 발생하게 되므로, 총회결의 등의 하자를 이유로 하여 행정처분의 효력을 다투는 항고소송의 방법으로 관리처분계획의 취소 또는 무효확인을 구하여야 하고, 그와 별도로 행정처분에 이르는 절차적 요건 중 하나에 불과한 총회결의 부분만을 따로 떼어내어 효력 유무를 다투는 확인의 소를 제기하는 것은 특별한 사정이 없는 한 허용되지 않는다는 것이 대법원의 확립된 판례이다.

차를 거쳐야 하는 '조합의 비용부담'이나 '시공자, 설계자의 선정 및 계약서에 포함될 내용'에 관한 사항이 당초 재건축 결의 당시와 비교하여 볼 때 조합원들의 이해관계에 중대한 영향을 미칠 정도로 실질적으로 변경된 경우에는 비록 그것이 정관변경에 대한 절차가 아니라 하더라도 특별다수의 동의요건을 규정하여 조합원들의 이익을 보호하려는 도시정비법 제20조 제3항, 제1항 제8호 및 제15호[40]의 규정을 유추 적용하여 (정관변경에 필요한 의결정족수인[41]) 조합원 3분의 2 이상의 동의가 필요하다고 보는 것이 타당하다. 이와 달리 재건축조합의 정관 규정이 조합원들의 이해관계에 중대한 영향을 미치는 '조합의 비용부담'이나 '조합원의 비용분담', '시공자·설계자의 선정 및 계약서에 포함될 내용'에 관하여 그것이 당초의 재건축 결의 내용을 실질적으로 변경하는 것임에도 조합원 3분의 2 이상의 의결정족수에 못 미치는 동의로도 가결될 수 있도록 규정하고 있는 경우에는 도시정비법 제16조 제2항[42]에서 정한 엄격한 동의요건을 거쳐 성립한 재

40) 도시정비법은 '시공사 계약서에 포함될 내용'이 특히 조합원의 비용분담 등에 큰 영향을 미치는 점을 고려하여 이를 정관에 포함시켜야 할 사항으로 규정하면서(구 도시정비법 제20조 제1항 제15호) 그 기재사항을 변경하기 위해서는 조합원의 3분의 2 이상의 동의를 요하도록 규정하고 있다(도시정비법 제20조 제3항). 또한 구 도시정비법 제20조 제1항 제17호, 구 도시정비법 시행령(2005. 3. 8. 대통령령 18736호로 개정되기 전의 것) 제31조 제10호는 구 도시정비법 제48조 제1항 소정의 '관리처분계획에 관한 사항'을 정관에서 정하여야 할 사항으로 규정하면서 이를 변경하기 위해서는 조합원의 3분의 2 이상의 동의를 요하도록 하고 있다.

41) ( )부분은 이해를 돕기 위하여 필자가 임의로 삽입한 부분이다.

42) 도시정비법 제16조(조합의 설립인가 등) ② 주택재건축사업의 추진위원회(제13조 제6항에 따라 추진위원회를 구성하지 아니하는 경우에는 토지등소유자를 말한다)가 조합을 설립하고자 하는 때에는 「집합건물의 소유 및 관리에 관한 법률」 제47조 제1항 및 제2항에도 불구하고 주택단지 안의 공동주택의 각 동(복리시설의 경우에는 주택단지 안의 복리시설 전체를 하나의 동으로 본다)별 구분소유자의 3분의 2 이상 및 토지면적의 2분의 1 이상의 토지소유자의 동의(공동주택

건축 결의의 내용이 쉽게 변경되어 재건축 결의의 기초가 흔들릴 수 있을 뿐만 아니라, 일단 변경된 내용도 다시 이해관계를 달리하는 일부 조합원들의 이합집산에 의하여 재차 변경될 수 있어 권리관계의 안정을 심히 해하고 재건축사업의 원활한 진행에 상당한 장애를 가져올 수 있으므로, 그러한 정관의 가결정족수 규정은 사회통념상 현저히 타당성을 잃은 것으로서 효력을 인정하기 어렵다.43)

다만, 주택재건축조합이 도시정비법 시행 전에 재건축 결의가 이루어졌으나 위 법률 시행 후 재건축 결의 당시와 비교하여 용적률, 세대수, 신축아파트 규모 등이 대폭 변경된 내용의 사업시행계획을 정기총회에서 단순 다수결로 의결하고 관할 구청장으로부터 재건축정비사업시행인가를 받은 후 다시 임시총회를 개최하여 조합원 3분의 2 이상의 찬성으로 사업시행계획을 의결한 사안에서, 위 법 시행 후 재건축 결의 당시와 비교하여 용적률 등이 대폭 변경된 경우 사업시

의 각 동별 구분소유자가 5 이하인 경우는 제외한다)와 주택단지 안의 전체 구분소유자의 4분의 3 이상 및 토지면적의 4분의 3 이상의 토지소유자의 동의를 얻어 제1항 각 호의 사항을 첨부하여 시장·군수의 인가를 받아야 한다. 인가받은 사항을 변경하고자 하는 때에도 또한 같다. 다만, 제1항 단서에 따른 경미한 사항을 변경하고자 하는 때에는 조합원의 동의없이 시장·군수에게 신고하고 변경할 수 있다.

43) 이와 관련하여 대상 판결의 원심은 이러한 하자가 중대하고 객관적으로 명백하여 사업시행인가가 무효라고 하면서도 그 하자가 사후적으로 치유될 수 있다고 판단하였으나, 대법원은 이를 부인한다. 즉, 하자 있는 행정처분의 치유는 행정처분의 성질이나 법치주의의 관점에서 볼 때 원칙적으로 허용될 수 없는 것이고, 예외적으로 행정처분의 무용한 반복을 피하고 당사자의 법적 안정성을 위해 이를 허용하는 때에도 국민의 권리나 이익을 침해하지 않는 범위에서 구체적 사정에 따라 합목적적으로 인정하여야 할 것이나 무효인 행정처분은 그 하자가 중대하고 명백한 것으로서 하자의 치유가 인정되지 않는다고 본 것이다. 결국 대법원 판례 입장대로라면 선행 행정처분의 하자(결의 변경에 관하여 조합정관이 정한 동의율은 충족하였으나 조합원 2/3 이상 동의요건을 충족하지 못한 경우)가 무효사유라면 그 하자는 치유될 수 없고 후행 행정처분인 관리처분계획의 효력도 상실될 수밖에 없다고 할 것이다.

행계획 수립에 적용될 조합정관의 결의요건에 관한 규정이 유효한지에 관하여는 하급심의 해석이 엇갈리는 상황이었고 이에 관한 명시적인 대법원판결도 없었던 점 등에 비추어 정기총회에서 사업시행계획 수립에 조합원 3분의 2 이상의 동의를 얻지 못한 하자가 있다고 하더라도 그 하자가 객관적으로 명백하다고 보기는 어렵고 단지 취소사유에 불과하다고 할 것이다.

Ⅲ. 조합설립 결의 내용이 변경되는 경우의 주요 법적 쟁점

1. 조합설립 동의와 결의의 기본 쟁점

가. 동의와 결의의 차이점 및 재건축 동의의 특징

동의는 이미 마련된 어떤 의견이나 법률행위에 승인의 의미를 부여하는 단독행위로서 표의자와 동의를 받는 자들 개인적인 관점에서 포착한 것이고, 결의는 일정한 요건을 갖추어 효력이 발생한 경우 그 결의에 참가하지 않거나 반대한 자에 대해서도 효력이 발생한다는 점에서 집단적인 관점의 의사결정 방법이라는 차이가 있다.[44] 그러나 재건축에서 동의는 추진위설립 동의이든 조합설립 동의이든 다수의 동의자의 동의의 내용이나 그 상대방이 동일하며, 그 동의가 일정한 수에 이른 경우 그 동의로 인하여 동의하지 아니한 자에 대해서도 효력이 미친다는 점에서, 이는 의결의 한 방법에 불과하다. 도시정비법상 동의는, 의사결정을 위하여 한 곳에 모여 토론을 거치지 않아도

44) 김대원, “집합건물의 소유 및 관리에 관한 법률 제49조의 재건축에 관한 합의내용의 변경을 위한 의결정족수”, 「대법원 판례해설집 2005년 상반기」, 2005. 8, 114-115면.

되고 일정한 수의 동의만 있으면 효력이 발생한다는 점, 반대자에게 반대 견해를 제시할 기회를 주지 않아도 효력이 발생한다는 점에 특징이 있다.

나. 동의의 내용

조합설립인가에 대한 동의서에는 기존 추진위원회의 설립에 대한 동의의 의사가 포함되어 있는 것으로 볼 수 있지만, 반대의 경우 즉 추진위원회설립동의의 의사가 곧 조합설립동의의 의사로 볼 수는 없다는 것이 판례의 태도였다.[45] 그러나 2009년 3월에 개정된 도시정비법 제13조 제3항에서 "추진위원회의 구성에 동의한 토지등소유자는 조합의 설립에 동의한 것으로 본다"라는 규정이 신설되었다.

다. 동의의 방법

도시정비법상 제16조 제2항 및 제3항의 동의에 대해서는 도시정비법 시행령 제26조 제1항[46]이 서면주의를 취하고 있다. 따라서 원

45) 대법원 2008. 7. 24. 선고 2007두12996 판결. 위 사건에서 대법원은 "추진위원회 승인신청서에 첨부하도록 되어 있는 토지등소유자의 동의서란 토지등소유자가 추진위원회 설립에 대하여 동의한다는 의사를 소명하기 위한 자료에 불과한 점, 특별한 사정이 없는 한 기존 추진위원회의 자격으로 토지등소유자로부터 교부받은 조합설립인가에 대한 동의서에는 기존 추진위원회의 존재를 인정하고 조합설립인가에 대한 업무처리를 위임한다는 취지가 포함되어 있다고 볼 수 있는 점, 이에 국토교통부장관의 2003. 9. 2자 정비사업조합 설립추진위원회 업무처리기준 제3조 역시 2003. 6. 30. 이전에 구성된 추진위원회에 대하여 특례를 마련하여, 추진위원회가 조합설립인가를 위하여 법 시행일 이전에 기징구한 동의서로 추진위원회 승인 신청 시 제출하는 동의서에 갈음할 수 있다고 되어 있는 점에 비추어 보면, 기존 추진위원회가 토지등소유자로부터 교부받은 조합설립인가에 대한 동의서에는 기존 추진위원회의 설립에 대한 동의의 의사가 포함되어 있는 것으로서 법 시행규칙 제6조에서 정한 토지등소유자의 동의서에 해당한다"라고 판시한 바 있다.

칙적으로 도시정비법 제26조 제1항이 적용되는 경우가 아니면 동의의 방법에는 제한이 없다.

라. 동의의 철회

(1) 설립승인 신청 전 동의철회

도시정비법 시행령 제28조 제4항은 "토지등소유자는 법 제17조 제1항 전단 및 제12조의 동의(법 제8조 제4항 제7호 · 제13조 제3항 및 제26조 제3항에 따라 동의가 의제되는 경우를 포함한다)에 따른 인 · 허가 등의 신청 전에 동의를 철회하거나 반대의 의사표시를 할 수 있다. 다만, 법 제16조에 따른 조합설립의 인가에 대한 동의 후 제26조 제2항 각 호의 사항[47]이 변경되지 않은 경우에는 조합설립의 인가신청 전이라 하더라도 철회할 수 없다"라고 규정하고 있다. 위 도시정비법 시행령 제28조 제4항에 따라 적법하게 동의가 철회된 경우에는 토지등소유자의 과반수 동의자 수에서 제외하여야 하는바, 이러한 하자는 기본행위의 하자로 보아야 할 것이므로 행정소송으로서 승인처분취소를 구할 것이 아니라 민사소송으로서 기본행위의 하자 자체를 다투어 설립행위의 무효확인을 구하여야 한다. 이 경우 민사소송으로

---

46) 도시정비법 시행령 제26조 (조합설립인가신청의 방법 등) ① 법 제16조 제1항부터 제3항까지의 규정에 따른 토지등소유자의 동의는 국토해양부령으로 정하는 동의서에 동의를 받는 방법에 따른다.

47) 도시정비법 시행령 제26조 (조합설립인가신청의 방법 등) ② 제1항에 따른 동의서에는 다음 각 호의 사항이 포함되어야 한다.
1. 건설되는 건축물의 설계의 개요
2. 건축물의 철거 및 신축에 소요되는 비용의 개략적인 금액
3. 제2호에 따른 비용의 분담기준
4. 사업 완료 후 소유권의 귀속에 관한 사항
5. 조합정관

서 기본행위의 효력이 소멸되었음이 확정되면 승인처분은 별도의 처분 없이 당연히 효력을 상실한다.[48]

(2) 설립승인 신청 후 설립승인 전의 철회

동의의 철회가 있더라도 도시정비법 시행령 제28조 제4항 단서에 따라 철회가 불가하게 되어 동의자 수에서 제외되지 않게 되는 경우에는 설립승인 신청 후 승인처분 전에 동의철회서가 철회의 상대방인 추진위원회를 거쳐 시장·군수에게 제출되는 등의 방법으로 철회사실이 고지되었고, 철회된 동의서를 제외할 경우 토지등소유자의 과반수에 미달함에도 불구하고 승인처분을 하더라도 승인처분 자체에 하자가 없다고 본다. 추진위원회가 토지등소유자로부터 교부받은 조합설립에 대한 동의서는 도시정비법 시행규칙 제6조[49]에 정한 추진위원회 설립동의서에 해당하는 것으로 볼 수 있지만, 반대의 경우인 추진위원회 설립동의가 조합설립동의로 볼 수는 없는 것이다. 정리하면 추진위원회 설립에 대한 설립승인 신청 후 동의의 철회는 추진위원회

---

48) 대법원 2005. 10. 14. 선고 2005두1046 판결. 위 사건에서 대법원은 "행정청의 재건축주택조합의 조합장 명의변경에 대한 인가의 법적 성질 및 인가처분에 하자가 없고 기본행위인 조합장 명의변경에 하자가 있는 경우, 기본행위의 하자를 내세워 바로 그에 대한 행정청의 인가처분의 취소를 구할 수 없다"라고 판시한 바 있다.

49) 도시정비법 시행규칙 제6조(추진위원회의 설립승인신청 등) ① 법 제2조 제2호에 따른 정비사업을 시행하려는 자로서 법 제13조 제2항에 따른 조합설립추진위원회의 설립승인을 얻으려는 자는 별지 제2호 서식의 조합설립추진위원회 승인신청서에 다음 각 호의 서류를 첨부하여 시장·군수에게 제출(전자문서에 의한 제출을 포함한다)하여야 한다.
1. 토지등소유자의 명부
2. 토지등소유자의 동의서
3. 위원장 및 위원의 주소 및 성명
4. 위원선정을 증명하는 서류

에 대한 동의철회로서는 철회의사 표시의 시한을 도과하여 효력이 없지만 조합설립에 대한 동의철회의 의사표시로서는 유효하다.

마. 재건축 찬성 결의와 조합설립 동의 의사의 분리 문제

재건축의사와 재건축조합설립 동의가 이론상 구분된다는 의미는 다음과 같다. 재건축조합이 도시정비법 제16조 제2항 및 제3항[50]의 동의율을 갖추어 일단 설립인가를 얻었다면 그 인가는 행정처분으로서의 공정력을 가지게 되고 인가나 이를 전제로 한 설립등기가 무효가 되는 것은 아니다. 동의서의 유효성은 인가의 요건이 아니고, 유효한 결의가 조합설립행위의 일부를 이루는 것도 아니므로 그 무효인 재건축 결의를 목적으로 하는 조합 자체는 존재한다는 것이다. 그러나 여기서 주의할 점이 있는데, 조합설립에 동의하지 아니한 자에 대해서 도시정비법 제39조의 매도청구를 할 수는 없다. 왜냐하면 매도청구는 유효한 재건축 결의를 전제로 하기 때문이다. 따라서 매도청구소송에서 청구의 상대방인 피고로서는 당해 재건축 결의가 유효하지 않다는 항변을 소송 중에 할 수 있다.

그런데 현행 도시정비법상 주택재건축사업의 경우 노후·불량건축물을 정비하여 주거용 건물을 공급하는 사업임에 비하여, 집합건물법상의 주택재건축사업은 주로 그 재건축사업 대상이 집합건물임을 요할 뿐 재건축 전후의 건물이 주거용 건물일 것을 전제로 하지 않기 때문에 집합건물법 고유의 재건축은 도시정비법상의 재건축보다 적

50) 도시정비법 제16조(조합의 설립인가 등) ③ 제2항의 규정에 불구하고 주택단지가 아닌 지역이 정비구역에 포함된 때에는 주택단지가 아닌 지역안의 토지 또는 건축물 소유자의 4분의 3 이상 및 토지면적의 3분의 2 이상의 토지소유자의 동의를 얻어야 한다.

용영역이 훨씬 넓다. 따라서 집합건물법의 적용영역 중 주거용 건물의 재건축에 대해서는 도시정비법이 특칙으로서 우선 적용되고, 주거용 건물의 재건축이 아닌 경우에는 집합건물법 고유영역으로 남거나 정비사업의 종류에 따라서 해당 관련 법률이 적용된다고 보는 것이 상당하다. 다만, 도시정비법 제16조 제2항의 서면동의 시 그 동의서에는 도시정비법 시행령 제26조에 정한 사항을 기재하도록 규정하고 있는데, 이러한 규정은 집합건물법 제47조 제3항[51]의 재건축 결의사항과 차이가 없음을 알 수 있다.[52] 따라서 집합건물의 재건축의 경우 그 사업내용이 도시정비법상의 정비사업에 해당하면 반드시 도시정비법이 정한 절차에 따라 재건축조합을 설립하여야 하는 것이고, 이 경우 재건축 결의와 재건축조합설립동의가 그 실질적인 의사의 내용에 있어서 분리되지 않는다.[53][54]

---

51) 집합건물법 제47조(재건축 결의) ③ 재건축을 결의할 때에는 다음 각 호의 사항을 정하여야 한다.
    1. 새 건물의 설계 개요
    2. 건물의 철거 및 새 건물의 건축에 드는 비용을 개략적으로 산정한 금액
    3. 제2호에 규정된 비용의 분담에 관한 사항
    4. 새 건물의 구분소유권 귀속에 관한 사항 〔전문개정 2010. 3. 31.〕

52) 도시정비법상 조합설립동의서에도 단순히 조합설립에 동의한다는 기재만 있는 것이 아니라 집합건물법 제47조 제3항 기재 내용과 같은 재건축의 주요내용에 대한 동의의 의사도 요구하고 있다.

53) 대법원 2007. 3. 30. 선고 2005다45698 판결. 위 사건에서 대법원은 "재건축 결의가 재건축조합 설립행위의 일부를 이루는 것은 아니므로, 재건축 결의를 위한 관리단집회로서는 요건을 갖추지 못하여 재건축 결의가 무효라고 하더라도 이로써 곧 재건축조합 설립을 위한 창립총회의 결의까지 당연히 무효가 된다고 할 수는 없다"라고 판시한 바 있다.

54) 대법원 2002. 9. 27. 선고 2000다10048 판결. 위 사건에서도 대법원은 "집합건물법 제48조 소정의 구분소유자 등의 매도청구권은 재건축의 결의가 유효하게 성립하여야 비로소 발생하는 것이므로, 재건축의 결의가 같은 법 제47조 제2항 소정의 정족수를 충족하지 못하였다면 유효한 재건축의 결의가 있다고 할 수 없어 매도청구권을 행사할 수 없고, 매도청구권행사에 따른 소송 중에 재건축불참

2. 결의 내용 변경을 초래하는 사업비용 분담 문제

가. 문제의 제기

대상 판례와 같이 도시정비법은 물론 기존의 주택법과 집합건물법 등에 의해 진행되는 주택재건축사업이 진행되는 과정에서 조합과 조합원들의 비용분담에 관한 사항이 변경되었는데 이에 대한 적법한 재결의를 거치지 않은 사안에 관하여 해당 조합설립이 무효라는 취지의 법원 판결이 다수 선고된 바 있다.[55] 특히, 도시정비법에 의한 재건축・재개발 사업은 정비사업조합이 사업시행자가 되어 진행되는 사업으로서, 조합은 건축주가 되어 정비사업에 대한 모든 권한과 책임을 지는 주체이다. 그러므로 만약 조합설립이 무효라는 판결이 확정되면 조합이 유효함을 전제로 진행된 사업시행인가, 수용재결, 관리처분계획 등도 효력을 상실할 가능성이 높아지는 문제가 발생한다. 법원이 조합설립을 무효라 판단하는 사유는 대체로 조합설립에 대한 동의의 내용 중 "비용분담에 관한 사항이 구체적이지 않다"라는 것이다. 비용분담에 관한 사항이 구체적이지 않으면 재건축 결의가 무효라는 과거 1990년대 후반의 대법원 선례가 최근까지 하급심에게 강한 영향을

자 일부가 재건축 결의에 찬성함으로써 정족수를 충족하였다고 하더라도 정족수의 하자가 치유되어 무효인 종전의 재건축 결의가 소급하여 유효하게 되는 것은 아니며, 종전의 재건축 결의에 하자가 있어 새로이 재건축 결의를 한 경우 그 결의에 따른 매도청구권은, 집합건물법 제48조 제2항, 제4항에 따라 재건축참가자 또는 매수지정자가 재건축의 결의에 찬성하지 아니한 구분소유자 또는 승계인에 대하여 새로운 결의에 따라 재건축에 참가할 것인지 여부를 최고한 후 그 회답기간 만료일로부터 2개월 이내의 행사기간 내에 이를 행사하지 아니하면 그 효력을 상실하는 것이고, 매도청구권행사에 따른 소송이 계속 중이라고 하여 달리 볼 것은 아니다"라고 판시하였다.

55) 대법원 1998. 6. 26. 선고 98다15996 판결; 서울 북부지방법원 2008. 10. 10. 선고 2008가합4487 판결; 서울고등법원 2009. 3. 19. 선고 2008나38341 판결 등.

주었기 때문이다. 특히 비용분담이 구체적이지 않아 조합설립이 무효가 되었던 경우는 당초 주택재건축사업에 한정되었으나, 최근에는 도시정비법상 주택재개발사업, 도시환경정비사업[56]을 가리지 않고 조합설립 무효판결을 선고하며 그 대상범위를 확장하고 있다.[57][58]

나. 공사비 추가로 인한 조합원 비용분담의 증대 문제

짧게는 3~4년에서 길게는 10년 이상 걸리는 도시정비사업은 사업진행 중에 도시정비법 등 관련 법령의 개정이 자주 이루어지고, 부동산 경기의 흐름에 큰 영향을 받으면서 사업지연 내지 사업취소 등 많은 변수를 안고 있는 것이 사실이다. 사업의 지연은 곧장 금융비용

56) 도시정비법 제2조는 도시정비사업의 종류로 주거환경개선사업, 주택재개발사업, 주택재건축사업, 도시환경정비사업, 주거환경관리사업, 가로주택정비사업 등을 규정하고 있다.

57) 서울고등법원 2009. 1. 14. 선고 2008나27648 판결; 부산고등법원 2009. 4. 16. 선고 2008나16095 판결 등.

58) 다만, 최근 대법원은 표준동의서상에 비용 분담기준을 정하고 있는 경우에는 위법한 것으로 볼 수 없다고 판시한 바 있다. 즉, 도시정비법과 동법 시행령 및 조합정관 등에 평가방법・기준, 청산금 산정방식・부담시기・납부방법 등이 구체적으로 규정되어 있고, 그와 같은 내용이 담긴 조합정관이 조합설립결의 대상에 포함되어 있다는 점을 근거로, 표준동의서에 규정된 내용이 사업비용의 분담기준을 구체적으로 정하지 않은 것으로 볼 수 없다고 판단한 것이다(대법원 2010. 4. 8. 선고 2009다10881 판결). 이는 기존에 비용 분담의 구체성에 관하여 매우 엄격한 기준을 적용해 온 판결 취지와는 다소 다르다. 표준동의서에 기재된 비용분담 사항에 대해 유효성을 인정하여 향후 재건축 또는 재개발과 관련하여 표준동의서 사용에 따른 분쟁발생의 소지를 줄이려는 고려하에 내려진 판결로 보인다. 즉 도시정비법이 국토부장관으로 하여금 재건축추진위원회의 운영규정을 고시하도록 규정하고 있고, 그에 따라 장관이 고시한 내용을 상당수의 재건축사업 추진위원회가 그대로 채택하여 조합설립을 하는 것이 현실이기 때문에, 이를 고려하여 표준동의서에서 정해진 비용 분담에 관한 내용을 적법한 것으로 판단한 것으로 보인다. 현실적으로 재건축조합의 설립 단계에서 비용 분담에 관한 내용을 구체적으로 정하는 것이 쉽지 않은 것이 사실이다.

의 증대로 이어지면서 궁극적으로 사업비용을 증가시키는 방향으로 나아간다. 그런 연유로 최초 재건축 결의 내지 조합설립 결의 당시에 정한 공사비를 변경(증액)하지 않은 채 사업이 마무리되는 사업장이 거의 없는 것이 현실인바, 공사비 등의 증액으로 조합원들의 비용분담이 증대되는 것은 이제 재건축 정비사업 현장에서 가장 민감하고도 중요한 문제가 되었다.

이러한 사업비 증대와 관련하여 뒤에서 상세히 다루겠지만, 대법원은 조합원 4/5의 동의가 필요하다는 판시[59]를 한 바 있고, 대상 판결과 같이 이를 다소 완화하여 조합 정관 변경을 위해 정해진 조합원 2/3 이상의 동의가 있어야 한다고 판시[60]하기도 하였다. 공사비가 달라지는 것은 결국 조합원들의 비용분담에 관한 변경을 초래하므로 조합설립 초기에 비용분담에 관해 합의한 것과 유사한 절차를 거쳐 재합의를 해야 유효하다는 것이 법원이 밝히고 있는 핵심 논거이다. 이런 판례들은 일차적으로 공사비를 변경하기 위해 조합과 시공자 간에 체결된 공사비 인상 약정을 무효화하여 조합원들의 경제적 부담을 줄여주는 역할을 하지만, 이에 그치지 않고 변경된 공사비를 전제로 작성된 관리처분계획 자체를 위법한 것으로 만들어 대상 판결과 같이 관리처분계획의 무효, 취소소송으로 연결되고 있는 것이다.[61]

정비사업 과정에서 발생하는 분쟁을 보면 조합 설립 초창기에 제기되는 것과 조합 설립 후 관리처분이 이루어지는 과정에서 제기되는 것으로 크게 구별된다. 전자는 조합을 설립할 때 비용분담에 관한 사

59) 대법원 2005. 4. 1. 선고 2003다4969 전원합의체 판결.
60) 대법원 2009. 1. 30. 선고 2007다31884 판결 등.
61) 김종보, "재건축, 재개발 비용분담론의 의의와 한계", 행정법연구 제24호, 행정법이론실무학회, 2009. 8, 3면.

항이 불명확해서 조합원의 권리가 침해된다는 것이 주된 쟁점인 반면, 대상 판결과 같은 유형에 해당하는 후자는 대체로 공사비가 인상되는 경우 공사비 인상계약은 무효이고 그것을 기초로 한 관리처분계획 역시 하자가 있다는 것이 주된 쟁점이 된다. 그런데 이 두 가지 유형의 분쟁은 소송제기 시점이나 사업 진행 정도 및 양상은 서로 차이가 있으나 사업비를 둘러싼 조합원의 비용분담 문제에 관한 분쟁이라는 공통점이 있다.

다. 사업비와 비용분담의 관계

일반적으로 주택재개발, 주택재건축 등 도시정비사업에 소요되는 공사비를 의미하는 정비사업비는 사업시행자 측에서 부담하는 것이 원칙이다.[62] 그러므로 재개발・재건축 정비사업의 경우 조합을 구성해서 진행되는 경우가 대부분이므로 사업시행자인 조합이 비용을 부담할 의무를 지고, 조합의 의무는 결국 그 구성원인 조합원들의 의무로 이어진다. 따라서 재개발・재건축 사업 과정에서 조합원들이 토지나 건물 등을 출자하는 것 이외에 사업에 소요되는 금전적 비용을 어느 정도로 분담해야 하는가는 가장 중요한 문제이다. 이와 같이 재개발・재건축 조합을 설립할 당시에 장차 조합원이 될 사업대상 지역의 토지등소유자가 정비사업비에 대한 각자의 비용부담에 관한 사항을 사전에 미리 확인하고 이에 동의하는 것을 '비용분담'이라고 일반적으로 정의한다.[63]

사실 도시정비법은 물론이고 도시정비법 제정 이전의 주택건설촉

62) 도시정비법 제20조 제1항 12호, 도시정비법 제60조 제1항.
63) 김종보, "재건축, 재개발 비용분담론의 의의와 한계", 4면.

진법, 주택법, 집합건물법 등 도시정비 관련 법령들은 관련 법원 판례에 의해 발전되어 온 측면이 강하다. 비용분담에 관한 논의 역시 마찬가지이다. 앞서 언급한 바와 같이 비용분담 문제는 조합원들에게 가장 민감하고 중요한 관심사에 해당함에도 불구하고 2000년도 초반까지만 해도 재건축·재개발 정비사업시행자인 조합 측이 조합원들에게 비용분담에 관한 정확한 안내와 통지를 애써 외면한 채 사업 중간 중간에 일부 사업비를 울리는 관행이 다반사로 이루어졌다. 그러나 2003년 7월 도시정비법 시행을 계기로 국민들의 권리의식이 향상되면서 이러한 비용분담에 관하여 조합정관이나 재건축 결의 사항에 보다 구체적이고도 상세하게 기술되도록 요구하기 시작하였다. 즉, 도시정비법상 조합설립에 필요한 동의율(재건축 결의 정족수)이 충족되었다고 해도 그 동의의 내용으로서 비용분담에 관한 사항이 포함되어야 하고, 그러한 동의 내용(합의사항)은 사후에 다시 합의할 필요가 없을 정도로 구체적일 것을 요구하며 사전에 정보제공을 충분히 하여야 하는바, 비용분담에 관한 합의가 누락되거나, 충분히 구체적이지 않으면 조합 설립 자체가 무효로 될 수 있다는 것이 법원 판례의 확립된 견해로 자리 잡기에 이른 것이다.[64][65]

라. 도시정비사업에서의 비용분담의 지위

도시정비법이 제정되면서 종래 재건축에만 존재하던 비용분담제도

---

64) 대법원 2010. 7. 15. 선고 2009다63380 판결; 대법원 2010. 4. 8. 선고 2009다10881 판결 등.

65) 한편, 이러한 대법원 선례를 토대로 국회는 2012년 2월에 도시정비법을 개정하면서 다음과 같은 내용의 제16조 제6항을 신설하였다. "추진위원회는 조합설립에 필요한 동의를 받기 전에 추정 분담금 등 대통령령으로 정하는 정보를 토지등소유자에게 제공하여야 한다." 〔시행일 2013. 2. 2.〕

가 조합설립 동의의 핵심 내용으로 인식되어 재건축, 재개발, 도시환경정비사업 등 정비사업 일반에 대한 조합설립의 주요 전제요건이 되었다.[66] 또한 조합설립 당시 정해진 비용분담에 관한 합의는 정관에 기재되어 이후 진행되는 사업절차의 기준이 되므로 사후에도 비용분담의 내용에 반하는 행위는 허용되지 않는 것이 원칙이다. 만약 조합설립 후 사업 진행과정에서 비용분담에 관한 사항이 변경되는 경우 사업 초기의 합의방식과 동일하게 조합원들의 재의결 절차를 거쳐야 한다. 이러한 조합원들의 재결의 절차를 거치지 아니한 채 이루어지는 정비사업 관련 일체의 계약, 행정처분 등은 위법하여 무효 또는 취소가 된다. 대상 판례는 이러한 비용분담이 사업 진행 도중에 변경되는 경우 조합원들의 재결의를 거쳐야 함에는 논란의 여지없이 당연하다는 전제하에서 그 의결정족수를 어느 정도로 충족하여야 하는지가 쟁점이 되었다.

3. 관련문제: 현금청산 대상자의 사업비 부담 여부

가. 문제의 제기

정비사업에 동의하였으나 분양신청을 하지 않았거나 철회한 경우, 관리처분계획에서 배제된 경우, 분양계약을 체결하지 않아 현금청산 대상자가 된 경우에 그러한 현금청산 대상자들이 그동안 조합이 사용한 사업비를 분담하여야 하는지에 대해 최근 많은 소송이 제기되고 있다. 심지어 일부 조합은 재개발 등에서 수용권을 행사하면서 사업비를 공제하는 경우도 있다. 일단 재건축 등에 대해 조합설립동의서를

66) 도시정비법 제16조, 동법시행령 제26조 제2항.

제출하지 않은 자는 무조건 사업비 분담의무가 없다. 일단 조합설립에 동의하였으나, 후일 비조합원(현금청산 대상자)이 되는 경우에 사업비 분담 여부가 문제되는 것이다. 재개발 등은 조합설립동의 여부와는 무관하게 법에 의하여 조합원이 되므로 사업비를 분담하여야 한다는 견해가 있을 수 있으나, 사견은 아무리 강제조합원 주의를 취한다고 하더라도 조합설립에 동의를 하지 않은 사업비 분담의무는 없다고 본다. 사업비 분담의무가 있다는 정관에 동의를 한 적이 없기 때문이다.

사업비 분담 문제는 재건축사업에서 이를 분담하여야 한다는 하급심 판결이 나오면서 논란이 붙은 것이다. 즉, 서울중앙지방법원 2011. 9. 22. 선고 2011가합14706 판결은 "법 제47조에 따라 분양신청을 하지 아니하거나 분양신청을 철회한 토지등소유자에게 주어지는 현금청산은, 조합이 원활한 사업진행을 위하여 정비사업에 동의하고도 분양신청을 하지 아니한 조합원들에게 토지·건축물 그 밖의 권리의 자산가치를 평가하여 그에 상당하는 현금청산금을 지급하고 이에 대응하여 조합원들 소유의 토지·건축물 등 권리를 취득하는 것을 내용으로 하므로, 원고들에 대한 현금청산금을 산정함에 있어서는 원고들에게 현금청산사유가 발생하여 조합원의 지위를 상실할 때까지 발생한 조합의 사업비용 중 원고들이 조합원으로서 부담하였어야 할 금원도 고려되어야 할 것이다"라고 판결하였다.

나. 재건축사업의 경우

(1) 종래 하급심 판결

주택재건축사업에서는 앞에서 본 바와 같이 현금청산 대상자가 사업비를 분담하여야 한다는 하급심 판결들이 나오면서 논란이 붙었다. 특히, 서울고등법원 2012. 11. 19. 선고 2011나84580 판결, "현금청산은 조합이 원활한 사업진행을 위하여 주택재건축 정비사업에 동의하고도 분양신청을 하지 아니한 조합원들에게 토지·건축물 등 권리를 취득하는 것을 내용으로 하므로, 조합원 지위를 상실할 때까지 발생한 조합의 사업비용 중 조합원으로서 부담하였어야 할 금원도 고려되어야 할 것이어서, 사업비 중 현금청산자들의 종전자산 평가액에 대한 개별비율에 해당하는 금원을 청산금액에서 공제한 것은 정당하다"라고 판시한 바 있다.

(2) 대법원 2010. 8. 19. 선고 2009다81203 판결

위 대법원 판결은 "현금청산 대상자는…(중략)…형평의 원칙상 그에 대응하는 조합원으로서의 의무, 즉 사업비·청산금 등의 비용납부의무, 철거·이주 및 신탁등기 의무 등도 면하게 된다"라고 판시한 바 있는바, 위 대법원 판례의 태도와 관련하여 현금청산 대상자가 된 이후에 발생한 사업비·청산금 등의 비용납부의무는 면한다고 보아야 하나, 그 이전에 지출된 사업비에 대해서는 현금청산 대상자도 분담의무를 지는 것으로 판시한 것이라는 견해가 유력하였다.[67)]

(3) 검토

위 대법원 판결에서 사업비 분담부분은 판결대상이 아니었으므로 사업비 분담에 대해서는 대법원의 견해라고 볼 수 없다. 일부 정비조합은 이 판결을 인용하면서 대법원 판결에 의하면 사업비 분담의무가 있다는 취지로 주장하고 있으나, 이는 잘못된 것이다. 아직 재건축에서 사업비 분담의무가 있다는 명시적인 대법원 판결은 없다. 이 판결이 선고된 이후에 이를 따르는 많은 하급심 판결이 있었으나, 최근

67) 김향훈, "현금청산시 사업비공제 여부", 하우징헤럴드, 2012. 10. 14.

서울행정법원은 다른 견해를 피력하고 있다. 즉, 최근 일부 하급심 판결은 재건축 등에서도 재개발 등과 같은 논리로 사업비 분담의무가 없다는 판결을 하고 있다. 그러나 재건축 등에서 아직 사업비 분담의무가 없다는 판결보다는 있다는 판결이 더 많다. 따라서 이 문제는 대법원 판결이 나올 때까지 계속 논란이 있을 수밖에 없다는 점에 유의하여야 한다. 강제조합원 제도를 취하고 있는 재개발사업의 경우와 달리 임의가입제를 취하고 있는 재건축사업의 경우 어떤 결론이 날지 향후 대법원 판례 추이를 눈여겨 볼 필요가 있다.

(4) 보론: 신탁등기 후 발생한 재산세 납부의무

구 지방세법(2014. 1. 1. 법률 제12153호로 개정되기 전의 것) 제107조 제2항 제5호에 의하면, 신탁법에 따라 수탁자 명의로 등기된 신탁재산의 경우 재산세 납부의무자를 위탁자로 들고 있다(제5호는 2014. 1. 1. 법률 개정으로 삭제되었다). 따라서 현금청산 대상자가 재산세를 부담하여야 하였다. 그러나 최근 지방세법 개정[68] 이후부터는 조합이 부담하는 것으로 변경되었다.

---

68) 지방세법 〔시행 2014. 1. 1.〕〔법률 제12153호, 2014. 1. 1., 일부개정〕【제·개정이유】 신탁재산에 대한 재산세 납세의무자를 위탁자에서 신탁재산의 소유자인 수탁자로 변경함(제106조 제3항 신설 및 제107조 제1항·제2항).
제106조(과세대상의 구분 등) ③ 「신탁법」에 따른 신탁재산에 속하는 종합합산과세대상 토지 및 별도합산과세대상 토지의 합산 방법은 다음 각 호에 따른다. 〈신설 2014. 1. 1.〉
1. 신탁재산에 속하는 토지는 수탁자의 고유재산에 속하는 토지와 서로 합산하지 아니 한다.
2. 위탁자별로 구분되는 신탁재산에 속하는 토지의 경우 위탁자별로 각각 합산하여야 한다. 〔제목개정 2014. 1. 1.〕
5. 삭제 〈2014. 1. 1.〉

다. 재개발사업의 경우

(1) 판례의 태도

한편, 재건축사업과 마찬가지로 재개발사업에서도 재건축의 경우와 같이 사업비를 분담시킬 수 있다는 견해와 그렇지 않다는 견해로 나뉜다. 그러나 서울행정법원은 재개발사업의 경우 사업비 분담의무가 없다는 입장을 줄곧 고수해 왔고,[69] 이 문제는 최근의 아래 대법원 판결로 사업비 분담의무가 없다는 쪽으로 정리되었다.

(2) 대법원 2014. 12. 24. 선고 2013두19486 판결

① 사실관계 및 쟁점

A재개발조합(피고 조합)의 조합원이었던 B(원고)는 분양신청을 포기하면서, 피고 조합에게 주거이전비를 청구[70]하였다. 이에 대해 피고

---

69) 이미 서울행정법원은 재개발에서는 사업비 분담의무가 없다는 판결을 쏟아낸 바 있다(서울행정법원 2014. 5. 23. 선고 2013구합65021 판결, 2014. 5. 23. 선고 2013구합62770 판결, 2014. 5. 22. 선고 2014구합3266 판결, 2014. 5. 22. 선고 2014구합3280 판결, 2014. 5. 22. 선고 2014구합557 판결, 2014. 5. 22. 선고 2013구합30322 판결, 2014. 5. 22. 선고 2013구합31851 판결).

70) 주거이전비의 지급 여부와 관련하여, 2011년 부산지방법원 판례는 현금청산에 의하여 건물을 매도한 경우도 토지보상법을 준용하여 이주정착금, 주거이전비, 이사비를 지급해야 한다고 판결한 바 있다(부산지방법원 2011. 6. 2. 선고 2011구합915 판결). 2011년 서울고등법원 판례도 조합측은 "현금청산 대상자는 자의적으로 분양권을 포기하였기 때문에 주거이전비를 청구할 수 없다"라고 주장하였지만, 판결에서는 "현금청산 대상자 중 분양을 받아 추가부담금에 대한 여력이 없어 분양권을 포기한 사람들도 포함되어 있으므로 모두를 자발적인 분양권 포기라고 보기 어렵기 때문에 주거이전비를 지급하여야 한다"라고 판결한 바 있다(서울고등법원 2011. 4. 8. 선고 2010누34523 판결). 그러나 2012년 대전지방법원 판례는 현금청산 대상자에 대하여 수용절차가 아닌 협의에 의한 청산금액에 주거이전비의 상당액이 포함되어 있기 때문에 주거이전비의 지급대상이 될 수 없다고 판결하였다(대전지방법원 2012. 5. 2. 선고 2011구합4604 판결). 판례들은 개별 사건별로 현금청산자에 대한 주거이전비의 지급 여부를 달리 판결하고 있는바 그 기준이 상이해서 향후에도 갈등의 소지가 될 수 있음을 시사

조합은 원고가 조합에 대해 정비사업비를 납부할 의무를 부담한다고 주장하면서, 조합의 원고에 대한 정비사업비 채권으로 상계항변을 하였다. 대상 판결은 정비사업조합이 현금청산 대상자에 대하여 조합원의 지위를 상실하기 전까지 발생한 정비사업비에 관하여 청산 또는 반환을 구할 수 있는지에 대해 설시한 판결이다.

② 판결요지

도시정비법 제60조 제1항은 "정비사업비는 이 법 또는 다른 법령에 특별한 규정이 있는 경우를 제외하고는 사업시행자가 부담한다"라고 규정하고 있으며, 제61조 제1항은 "사업시행자는 토지등소유자로부터 제60조 제1항의 규정에 의한 비용과 정비사업의 시행과정에서 발생한 수입의 차액을 부과금으로 부과 징수할 수 있다"라고 규정하고 있고, 제61조 제3항은 "제1항 및 제2항의 규정에 의한 부과금 및 연체료의 부과, 징수에 관하여 필요한 사항은 정관 등으로 정한다"라고 규정하고 있다. 한편 분양신청을 하지 않거나 철회하는 등으로 현금청산 대상자가 된 조합원은 조합원의 지위를 상실하고, 도시정비법상 조합과 그 조합원 사이의 법률관계는 근거법령이나 정관의 규정, 조합원총회의 결의 또는 조합과 조합원 사이의 약정에 따라 규율되는 것으로서 특별히 정한 바가 없는 이상, 조합원이 조합원 지위를 상실하였다고 하더라도 조합원이 조합원 지위에서 얻은 이익을 당연히 소급하여 반환할 의무가 있는 것은 아니다. 결국, 주택재개발사업에서 조합은 조합원에게 도시정비법 제61조 제1항에 따라 정비사업비와 정

한다. 따라서 현금청산 사유 등을 고려한 주거이전비의 적용 원칙 등을 도시정비법상에 명확히 규정함으로써 이로 인한 갈등 발생의 원인을 해소할 필요가 있다(한국토지주택공사, "전게보고서", 148면).

비사업의 시행과정에서 발생한 수입과의 차액을 부과금으로 부과·징수할 수 있으나, 조합원이 법 제47조나 조합 정관이 정한 요건을 충족하여 현금청산 대상자가 된 경우에는 조합원의 지위를 상실하여 더 이상 조합원의 지위에 있지 아니하므로 조합은 현금청산 대상자에게 법 제61조 제1항에 따른 부과금을 부과·징수할 수 없고, 현금청산 대상자가 조합원의 지위를 상실하기 전까지 발생한 조합의 정비사업비 중 일정 부분을 분담하여야 한다는 취지를 조합 정관이나 조합원 총회의 결의 또는 조합과 조합원 사이의 약정 등으로 미리 정한 경우 등에 한하여, 조합은 법 제47조에 규정된 청산절차 등에서 이를 청산하거나 별도로 그 반환을 구할 수 있다고 보는 것이 타당하다.

③ 소결론

정관에 사업비 분담의무를 명확히 규정하고, 그 의미에 대해 사전 설명을 충분히 다하지 않은 경우 후일 현금청산 대상자로 되더라도 사업비 분담의무가 없다고 봄이 상당하다. 조합설립에 동의하는 것이지 추후 법률상 보장된 분양 미신청권을 행사하는 경우 사업비를 분담한다고 명시적으로나 묵시적으로 동의하지 않았다고 보아야 하는 점, 만일 동의를 하여 사업비를 분담하여야 한다면 같은 이유로 동의를 하여 그동안 조합이나 다른 조합원들이 누린 이익도 반환하여야 형평에 맞는 점 등을 고려하면 현금청산 대상자에게 사업비를 분담시킬 수는 없다고 본다.[71)]

71) 성중탁, "도시정비법상 현금청산에 관한 몇 가지 법적쟁점", 법학논고, 경북대학교 법학연구소, 2015. 5, 8면 이하.

라. 정관개정으로 사업비 분담의무가 생기는지 여부

대법원은 2014. 12. 24. 선고 2013두19486 판결에서 "현금청산 대상자가 조합원의 지위를 상실하기 전까지 발생한 조합의 정비사업비 중 일정 부분을 분담하여야 한다는 취지를 조합 정관이나 조합원 총회의 결의 또는 조합과 조합원 사이의 약정 등으로 미리 정한 경우 등에 한하여, 조합은 구 도시정비법 제47조에 규정된 청산절차 등에서 이를 청산하거나 별도로 그 반환을 구할 수 있다고 보는 것이 타당하다"라고 판시하여, 정관에 일정 부분을 분담한다는 규정이 있는 경우에는, 무조건 사업비를 분담하는 것처럼 오해할 소지를 남기고 있다. 그러나 위 판결에서 정관은 최초 정관상 그렇게 규정되어 있는 경우로 한정하여 해석하여야 한다. 즉, 조합설립 후에 그렇게 개정하는 것은 효력이 없다고 보아야 한다. 재개발 등은 강제조합원이긴 하나, 처음부터 재개발 등에 반대하는 사람은 그러한 정관개정을 위한 총회 절차에도 참석하지 않을 가능성이 큰데, 나머지 조합원끼리 정관개정 총회를 거쳤다고 하여 이를 조합설립에 반대한 사람들에게까지 소급적용할 수는 없기 때문이다. 재건축 등에서도 조합설립동의와 나중의 정관개정은 그 의미가 다르다. 따라서 백번을 양보해서 만일 정관개정으로 사업비를 분담하여야 한다면, 최소한 사업시행인가 이전에 개정된 정관(이 경우는 조합원 3분의 2 이상의 동의를 얻어야 하고, 그 취지가 명확하게 조합원들에게 설명이 된 후에 의결되어야 할 것이다)에서 그러한 규정이 있어야 하는 것으로 한정하여 해석하여야 할 것이다. 그렇지 않고 사업시행인가 후에 분양신청을 받아 이미 상당 수 조합원이 현금청산 대상자로 분류된 후에 그렇게 개정하는 것은 효력이 없다고 보아야 할 것이다. 즉, 조합원이 현금청산 대상자가 되어 조합원의 지위를 상실한 후 나머지 조합원들이 총회를 개최하여 위 조합원 지위 상실 시 사업비 등 이익 반환에 관하여 정관을 개정하거나 결의를 하였다 하더라도 이는 단체법의 당연한 법리상 이를 결의한 조합원들에 대하여만 적용되는 것이지 이미 조합원 지위를 상실하여 위 결의에 참석하지 못한 현금청산 대상자들에게 적용된다고 보기는 더더욱 어렵다(서울행정법원 2013. 11. 7. 선고 2013구합54595 판결, 인천지방법원 2013구합12069 판결).

또한 마찬가지로 분양신청을 하여 조합원인 상태에서 조합이 사업비를 분담하여야 한다는 취지로 정관을 개정하였고, 그 후 분양계약 체결을 하지 않음으로써 현금청산 대상자가 된 경우도 사업비 분담의무는 없다고 보아야 한다. 그 이유는 다음과 같다. ① 정관은 조합원에게 적용되는 것이지 비조합원이 된 경우에까지 적용할 수는 없기 때문이다. ② 현금청산관계는 공법상의 권리의무 관계임은 명백하다. 현금청산소송을 행정법원에서 진행하는 이유가 공법상의 권리의무 관계이기 때문이다. 대법원은 "주택개량조합의 정관에 재개발사업시행으로 주택이 철거되는 자를 임시수용시설에 수용하지 아니하더라도 사업을 시행할 수 있다는 규정이 있다 하여도 이로써 조합과 철거민 간에 공법상 어떠한 권리의무관계를 설정하는 효력이 있다 할 수 없으므로 철거민에 대한 임시 수용시설의 수용의무가 면제되는 것은 아니다"라고 판시하여(대법원 1992. 10. 13 선고 91누10862 판결), 정관에서 임의로 공법상의 권리의무관계를 설정할 수 없음을 명확히 하고 있다. ③ 수입에 대한 고려는 없이 비용에 대해서만 일방적인 청구는 불가하다. 일반분양분 발생에 따른 이익금도 분담되어야 하는데, 일방적으로 비용만 먼저 부담하는 것은 형평에 반한다(서울행정법원 2014구합6203 미아4구역 재개발). ④ 항고소송일 가능성이 큰데, 당사자 소송으로 일방청구는 불가하다고 보아야 한다(서울행정법원 2014구합6203

미아4구역 재개발). ⑤ 가사, 정비사업비를 분담한다고 하더라도, 일단 당해 정관 규정이 유효하여야 하고(3분의 2 이상 동의요건 충족), 사업비에 한하며, 즉 설계비 등 현금청산 대상자와 상관없이 필연적으로 발생하는 비용은 제외되어야 하고, 사업비 중에서도 현금청산 대상자 때문에 늘어난 사업비에 한하여야 하는데, 실제 이러한 비용은 없거나 분리하기가 어렵기 때문이다(재건축에서는 종전 자산가격에 비례하여 청구를 하는데, 이는 잘못이다. 의결권은 종전 자산가격에 비례하는 것이 아니고, 수입금 분배도 마찬가지이므로, 가사 분담하여야 한다고 하더라도 같은 비율 즉, N분의 1이다). ⑥ 나아가 만일 정관이 개정된 경우라면 개정된 시점부터 현금청산 대상자가 될 시점까지 예를 들어 분양신청을 하였다가 분양계약을 하지 않아 현금청산을 하는 경우라면, 개정된 날 또는 분양신청만료일 다음 날로부터 분양계약기간 만료일까지에 발생한 비용에 한하여야 하는데, 이 역시 현금청산 대상자로 인하여 추가로 발생하는 비용이 없거나 분리할 수 없는 비용이다. 따라서 사업비 분담조항을 두는 정관개정에 대해 조합원들은 많은 관심을 가지고 대처하여야 한다.

마. 정리

지금까지 재개발사업에서 현금청산 대상자들이 조합원 지위를 가지고 있었던 동안에 발생한 조합의 사업비를 부담해야 하는지에 대해 명확한 대법원 판례가 없어 논란이 있었으나 대법원 2009다81203 판결에서 현금청산 대상자에 대하여는 조합원 지위를 가지고 있던 동안에 발생한 사업비에 대해서도 원칙적으로 책임을 부담시킬 수 없다고 설시함으로써 논란은 정리가 되었다. 다만 대법원은 예외적으로 현금청산 대상자에게 조합원 지위를 가지고 있었던 동안에 발생한 사업비를 부담시킬 수 있다고 밝혔는데, 정관 규정에 현금청산 대상자가 조합원의 지위를 상실하기 전까지 발생한 조합의 정비사업비 중 일정 부분을 분담하여야 한다는 취지를 조합 정관이나 총회 결의 또는 조합과 조합원 사이의 약정 등으로 미리 정한 경우에는 가능하다는 것이다. 이때 정관 규정은 '조합원은 정비사업비를 부담한다'는 정도로는 가능하지 않다. 대법원은 "피고의 정관 제10조 제1항 제6호는 조합원이 정비사업비 등의 비용납부의무를 부담한다고 규정하고 있으나, 현금청산 대상자가 조합원의 지위를 상실하기 전에 발생한 정비사업비를 부담한다고 규정한 조항을 피고의 정관에서 찾아볼 수 없는 점 등 판시와 같은 사정을 이유로 피고는 원고들에게 협의매도일까지 발생한 정비사업비의 지급을 구할 수 없다"라고 설시하였다. 따라서 정관 규정을 통해 현금청산 대상자에게 정비사업비 지급의무를 부담시키려면 매우 구체적으로 기재되어 있어야 한다. 한편 위 사안이 재건축사업에서도 동일한 결론에 이를 것인지는 여전히 다툼이 남아 있으므로 대법원 판례 추이를 지켜볼 필요가 있다.

한편, 비용 배분 측면에서는 위 판례의 판시 배경과 판결기준 등을 고려하여 조합원의 자격상실 이전까지 발생된 조합운영비 등 사업비를 분담하는 것이 형평성에 부합한다고 보인다. 과거 대법원 2009다32850, 32867 판결은 조합원의 자격상실 이전까지 발생된 분담금을 분담하기 위해서는 그에 관한 내용을 해당 법률이나 정관, 결의, 약정 등에 명시해 둘 필요가 있음을 판시한 바 있으므로 사업비를 부담시키기 위해서는 그 근거 규정이 반드시 선결되어야 한다.[72] 그러나

72) 즉, 조합설립 동의 당시에 명확하게 조합정관에 나중에 현금청산 대상자가 되더라도 사업비를 분담하여야 한다는 규정을 두고, 이를 명확하게 사전고지하여 동의를 받은 경우에는 현금청산자에게도 사업비를 분담시키는 것이 타당하다. 다

현재 조합해산에 따른 매몰비용의 처리방안을 둘러싸고 중앙정부와 지방정부, 조합 이해관계자들 간의 이견이 첨예하여 현금청산자에 대한 사업비 배분여부와 원칙을 규정하기란 쉽지 않은 것이 사실이다. 이는 조합해산에 따른 매몰비용에 대해 재정지원 규정이 마련되지 않았기 때문인데 서울시 등 지자체는 중앙정부의 재정지원 필요성을 제기하고 있지만, 중앙정부는 사익목적으로 설립된 조합의 해산과 관련하여 국가재정을 투입할 당위성과 타당성이 없다는 입장이다.

Ⅳ. 조합 결의 내용 변경을 위한 의결정족수 확정 문제

1. 견해의 대립

가. 전원합의설

이 견해는 조합원 전원의 합의가 필요하다는 견해이다.[73] 그 논거로는 의제된 재건축조합원 사이의 합의의 성질이 민법상의 조합계약에 유사한 계약에 해당하므로, 재건축 결의의 내용을 변경할 필요가 생긴 경우에는 재건축조합은 조합원 전원의 합의에 의해서만 변경할 수 있고, 재건축 결의에 의하여 조합원 개개의 구분소유 관계는 소멸하므로 재건축에 참가하지 아니하는 구분소유자를 구분소유관계로부터 배제함으로써 재건축에 동의한 사람들만이 재건축조합의 조합원이 되어 재건축에 참가하는 상태가 형성된 것이기 때문에 그러하다고 본다. 다시 말해 당초 재건축 결의를 존중하여 재건축에 참가하였으

만, 조합은 이러한 사업분담금에 집착하지 말고 투명한 사업운영을 통한 사업기간의 단축 및 공사비 절감 등을 통해 조합원의 권익을 지키는 것이 바람직하다.

73) 서울지방법원 동부지원 재건축, 재개발실무연구회, "재건축 · 재개발 사업의 법적 문제에 관한 연구", 1996, 104면 이하.

나, 재건축 결의가 변경되는 경우 이해관계가 엇갈려 재건축 참가를 포기(=조합에서 탈퇴)하고자 하는 조합원이 발생하는 것이 다반사인데, 재건축조합의 성질상 임의탈퇴가 불가능하므로, 이러한 조합원을 보호하기 위해서라도 재건축 결의의 변경에는 재건축에 동의한 사람들로 구성된 조합원 전원의 동의가 있어야 한다는 주장이다.[74] 위 견해는 변경 전 대법원 판례[75]의 견해이기도 하다.

나. 특별정족수설

이 견해는 전원합의를 요할 경우 재건축의 진행이 불가능하므로 재건축 결의나 재건축 결의의 하자를 치유하는 결의에 준하여 조합원 5분의 4 이상의 결의로 가능하다는 견해이다.[76] 이 견해는, 원래 재건축 결의에 특별다수결을 요하는 것은 적어도 재건축 결의 사항은 재건축 시 이해관계가 대립되는 조합원들 간 형평을 기하기 위한 것이고, 재건축 결의 사항의 변경은 실질적으로는 재건축 결의나 다름없는 것이므로, 재건축 결의에 준하는 특별정족수인 조합원 5분의 4 이상의 동의가 필요하다는 것이다. 더욱이, 종래 대법원 판례가 재건축 결의의 하자를 추인하기 위해서는 특별정족수인 조합원 5분의 4 이상의 동의가 필요하다고 하고 있으므로,[77] 이점을 참작하면 재건축 결의의 변경에도 조합원 5분의 4 이상의 동의가 필요하다고 본 것이다.[78] 한편, 이 견해를 유지하되 집합건물법을 유추하여, 재건축 결

74) 이태운, 「주석 민법〔물권(2)〕」, 한국사법행정학회, 2000, 313-315면.

75) 1998. 6. 26. 선고 98다15996 판결 등.

76) 김교창, "재건축 결의 변경결의의 의결정족수", 「판례연구」, 서울지방변호사회, 2005. 12, 7면.

77) 대법원 2000. 5. 16. 선고 99다9769 판결; 2003. 5. 27. 선고 2002다14532, 14549 판결 등.

78) 이에 대해, 위 판결은 하자 있는 재건축 결의의 치유를 위한 결의에 필요한 정족

의에 따라 설립된 재건축조합은 민법상의 비법인 사단에 해당하므로 그 구성원의 의사의 합의는 총회의 결의에 의할 수밖에 없다고 할 것이나, 다만 집합건물법 제49조[79]에 의하여 의제된 합의 내용인 재건축 결의의 내용을 변경할 때는 그것이 구성원인 조합원의 이해관계에 미치는 영향에 비추어 재건축 결의 시의 의결정족수를 규정한 같은 법 제47조 제2항[80]을 유추 적용하여 조합원 5분의 4 이상의 결의가 필요하다는 견해가 있다. 이 견해는 뒤에서 언급할 대법원 2005. 4. 21. 선고 2003다4969 판결을 근거로 내세운다.

다. 조합규약(정관)설

이 견해는 재건축 결의를 변경하는 의사결정은 정관(규약)이나 법령에서 정하는 바에 따라야 한다는 견해이다. 대법원 판례가 재건축조

수가 주된 쟁점이었고, 재건축 결의의 내용을 변경하는 데 필요한 정족수는 쟁점이 아니므로, 재건축 결의 내용을 변경하는 데 필요한 정족수에 관하여 구속력 있는 법적 판단이 행해진 판결이라고 볼 수 없다고 보거나, 가령 볼 수 있는 경우라고 하더라도 민법상의 조합인 재건축조합에만 위 판례의 법리가 적용된다는 견해가 있다. 김대원, "전게논문", 119-120면.

79) 집합건물법 제49조(재건축에 관한 합의) 재건축 결의에 찬성한 각 구분소유자, 재건축 결의 내용에 따른 재건축에 참가할 뜻을 회답한 각 구분소유자 및 구분소유권 또는 대지사용권을 매수한 각 매수지정자(이들의 승계인을 포함한다)는 재건축 결의 내용에 따른 재건축에 합의한 것으로 본다.

80) 집합건물법 제47조(재건축 결의) ① 건물 건축 후 상당한 기간이 지나 건물이 훼손되거나 일부 멸실되거나 그 밖의 사정으로 건물 가격에 비하여 지나치게 많은 수리비·복구비나 관리비용이 드는 경우 또는 부근 토지의 이용 상황의 변화나 그 밖의 사정으로 건물을 재건축하면 재건축에 드는 비용에 비하여 현저하게 효용이 증가하게 되는 경우에 관리단집회는 그 건물을 철거하여 그 대지를 구분소유권의 목적이 될 새 건물의 대지로 이용할 것을 결의할 수 있다. 다만, 재건축의 내용이 단지 내 다른 건물의 구분소유자에게 특별한 영향을 미칠 때에는 그 구분소유자의 승낙을 받아야 한다. ② 제1항의 결의는 구분소유자의 5분의 4 이상 및 의결권의 5분의 4 이상의 결의에 따른다.

합의 성질을 비법인사단의 하나로 보고 있으므로, 재건축 결의를 변경하는 의사결정은 정관(규약)이나 법령에서 정하는바에 따라야 한다고 본다.[81] 따라서 정관이나 법령에 특별다수결을 요하는 규정이 있다면 이를 따라야 할 것이나 그렇지 않은 경우에는 일반 다수결에 의하면 족하므로, 규약상의 일반정족수인 재적과반수 출석에 출석과반수의 찬성을 요하면 족하다고 본다.

라. 검토

먼저, 전원합의설은 바로 뒤에서 살펴볼 '의제된 합의에 의하여 조합이 성립한다'고 보는 일본의 통설적 견해를 그대로 수용한 것으로 보인다. 그러나 우리나라와 재건축·재개발의 진행 양상이 상이한 일본의 이론을 전후 사정을 면밀히 검토하지 아니한 채 그대로 따르는 것은 무리가 있다. 무엇보다 재건축 결의의 내용을 변경함에 조합원 전원의 동의를 얻어야 한다면, 사실상 재건축조합 입장에서는 사업의 장기화로 인해 초래되는 다양한 외부사정의 변화 등에 대처하지 못하게 될 뿐 아니라, 조합원 1인이라도 반대한다면 사업시행이 불가능하게 된다는 중대한 문제점이 있다. 나아가, 2012년 8월부터 시행되고 있는 현행 도시정비법상 요구되는 의결정족수인 "주택단지 안의 공동주택의 각 동별 구분소유자의 3분의 2 이상 및 토지면적의 2분의 1 이상의 토지소유자의 동의와 주택단지 안의 전체 구분소유자의 4분의 3 이상 및 토지면적의 4분의 3 이상의 토지소유자의 동의"

---

81) 장찬익, "도시정비사업 관련 분쟁의 여러 모습", 「재개발, 재건축 관련 법률과 실무법관 연수집」, 사법연수원, 2007. 12, 23면; 김종보·전연규, 「새로운 재건축·재개발 이야기」, 한국도시개발포럼, 2010, 562면. 특히 위 책에서는 "도시정비법이 재건축 결의의 변경결의와 정관변경 결의의 결의요건을 별도로 규정한 것은 중대한 입법적 오류라고 주장"하고 있다.

는 물론이고, 집합건물법상 최초 재건축 결의 당시 요구되는 의결정족수인 "전체 구분소유자들의 5분의 4 이상의 동의"에 비하여 결의 내용을 변경하는 결의에서 그보다 가중된 조합원 전원의 동의를 받도록 요구하는 것은 모순이다.

다음으로, 특별정족수설은 조합원 5분의 4라는 특별다수의 의결정족수가 요구되는 시점은 개개의 구분소유자들을 재건축조합이라는 단체에 가입시키는 단계, 즉 재건축조합 자체가 결성되기 전의 구분소유자들 사이에 이루어지는 재건축 결의 시일 뿐이고, 재건축을 찬성하여 재건축조합에 가입한 구분소유자들은 비법인사단의 구성원으로서 단체법적 통제를 받는 조합원들 간의 내부적 의사결정 절차에 위임하였다고 볼 것이므로 조합규약이나 법령에서 특별히 정한 바가 없는 한 조합원의 5분의 4라는 특별히 가중된 다수의 의결정족수가 요구된다고 볼 수 없다는 점 및 특히, 일단 재건축사업이 착공되면 당해 사업대상 토지에서 조합원들이 모두 이주하여 뿔뿔이 흩어지기 때문에 5분의 4라는 특별다수의 결의를 시도하더라도 그 의결정족수를 채우기가 매우 어렵다는 현실적 문제가 발생한다.

마지막으로, 조합규약(정관)설의 경우 재건축조합이 재건축사업이라는 공동목적을 위한 것임에도 사단 법인적인 색채를 강조하여 조합의 사업추진의 효율성만을 중요시함으로써 조합원 개인 보호에 미흡할 소지가 있다. 또한 재건축조합은 재건축에 반대하는 소수 조합원의 반대를 극복하고 다수의 이익을 실현하기 위한 것인데, 재적과반수 출석에 출석과반수라 함은 극단적인 경우 전체 조합원 중 51%의 출석에 출석조합원 51%의 찬성, 즉 전체 조합원 중 26%의 찬성만으로도 조합원들의 가장 중요하고 예민한 문제에 해당하는 재건축 비용부담금이 증대되는 방향으로 결의내용이 쉽게 변경될 수도 있게 되어 시공사 편에서 있는 조합장 등 조합 임원들을 위시한 소수가 다수 조합원들의 이익을 함부로 침해할 수 있어 부당하다는 비판이 가능하다.[82)]

2. 일본 학계의 견해

일본은 '의제된 합의'의 내용에 관하여 조합계약 내지는 조합계약에 유사한 계약으로 본다. 그렇기 때문에 재건축사업을 수행하는 과정에서 설계상의 사정이나 자재가격의 변경 등에 의하여 재건축 결의 내용을 변경할 필요성이 생긴 경우에는 재건축조합은 조합원 전원의 합의에 의하여만 이를 변경할 수 있다. 그러나 재건축공사의 구체적 사항(재건축공사의 착공시기의 결정) 등은 재건축 결의에서 정하여진 이외의 사항에 관하여는 단체의 성격에 따라 그에 합당한 의사결정과정을 거쳐 결정하면 족하고, 반드시 전원의 동의를 얻을 필요는 없다는 것이 통설이라고 한다.[83)] 그런데 일본은 우리나라와 달리 소규모의 공동주택의 재건축이 주류를 이루고 있으므로, 대규모로 재건축이 이루어지고 있는 우리나라의 경우에 이와 같은 이론을 그대로 적용하는 것은 무리라는 것이 전문가들의 대체적인 견해이다.[84)]

3. 대법원 판례의 태도

가. 종래 대법원 판례

종래, 재건축 결의의 내용을 변경하는 결의의 의결정족수에 대하여

82) 동지; 김대원, "전게논문", 122-123면.

83) 青山正明 編, 「注解 不動産法 5」, 青林書院, 1997, 370면 이하; 藤山 雅行 編 村田 齊志 編, 「裁判實務大系(19) 區分所有關係訴訟法 제37장 建替えの遲延」, 青林書院, 2007, 533면.

84) 김대원, "전게논문", 125면.

대법원 1998. 6. 26. 선고 98다15996 판결은 "재건축의 결의가 유효하게 성립한 후에는 재건축 결의에 찬성한 구분소유자 등으로 구성되는 단체에 의하여 재건축사업이 실행되는 것이므로 집합건물법상의 규약·집회 및 관리단에 대한 규정은 원칙적으로 적용되지 아니하고, 단체의 성격에 따라 민법상의 조합 또는 사단법인에 관한 규정이 적용된다 할 것이나, 위 의제된 합의 내용인 재건축 결의의 내용을 변경함에 있어서는 조합원 전원의 합의가 필요하다"라고 판시한 바 있다.

나. 전원합의체 변경 판례

그 후 대법원 2005. 4. 21. 선고 2003다4969 전원합의체 판결은 재건축 결의의 내용을 변경하는 결의를 조합원 5분의 4의 서면결의에 의하여 한 사안에서 "재건축 결의에 따라 설립된 재건축조합은 민법상의 비법인 사단에 해당하므로 그 구성원의 의사의 합의는 총회의 결의에 의할 수밖에 없다고 할 것이나, 다만 위 의제된 합의 내용인 재건축 결의의 내용을 변경함에 있어서는 그것이 구성원인 조합원의 이해관계에 미치는 영향에 비추어 재건축 결의 시의 의결정족수를 규정한 집합건물법 제47조 제2항을 유추 적용하여 조합원 5분의 4 이상의 결의가 필요하다고 할 것이다"라고 판시하였다. 이 전원합의체 판결은 앞의 대법원 98다15996 판결에서 표시된 "집합건물법 제49조에 의하여 재건축에 관한 합의가 이루어진 경우 그 의제된 합의의 내용인 재건축 결의 내용을 변경함에 있어서는 조합원 전원의 합의가 필요하다"라고 한 견해를 변경한 것으로 보일 여지가 컸다. 다만 앞서 지적한 바와 같이, 대법원 98다15996 판결은 재건축 결의 하자치유에 필요한 정족수가 쟁점이었고, 재건축 결의 내용 변경에 필요한 정족수는 쟁점이 아니었으므로, 재건축 결의 내용 변경에 필

요한 정족수에 관하여 구속력 있는 법적 판단이 행하여진 판결로 볼 수 없다고 여겨질 여지가 있다.[85)]

다. 대상 사건 대법원 판례(대법원 2009. 9. 17. 선고 2007다2428 전원합의체 판결)

재건축 결의내용 변경과 관련하여 대상 판례의 경우 ① 재건축조합의 정관은 재건축조합의 조직, 활동, 조합원의 권리의무관계 등 단체법적 법률관계를 규율하는 것으로서 공법인인 재건축조합과 조합원에 대하여 구속력을 가지는 자치법규이므로 이에 위반하는 활동은 원칙적으로 허용되지 아니하는 점, ② 도시정비법은 '시공사 계약서에 포함될 내용'이 특히 조합원의 비용분담 등에 큰 영향을 미치는

---

85) 참고로, 위 사건에서 대법원은 "집합건물법 제41조 제1항은 '이 법 또는 규약에 의하여 관리단집회에서 결의할 것으로 정한 사항에 관하여 구분소유자 및 의결권의 각 5분의 4 이상의 서면에 의한 합의가 있는 때에는 관리단집회의 결의가 있는 것으로 본다'고 규정하고 있고, 재건축의 결의는 집합건물법 제47조 제1항에 의하여 관리단집회에서 결의할 수 있는 사항이므로, 이러한 재건축의 결의는 집합건물법 제41조 제1항에 의한 서면결의가 가능하다고 할 것이고(대법원 1999. 8. 20. 선고 98다17572 판결 참조), 나아가 재건축조합은 대체로 그 조합원의 수가 많고, 재건축에 대한 관심과 참여 정도가 조합원에 따라 현격한 차이가 있으며, 재건축의 과정이 장기간에 걸쳐 복잡하게 진행될 뿐만 아니라 재건축 대상인 건물이 일단 철거된 후에는 조합원의 주거지가 여러 곳으로 분산되는 등의 사정이 있음에 비추어, 재건축 결의의 내용을 변경하는 것도 집합건물법 제41조 제1항을 유추 적용하여 서면합의에 의할 수 있다고 할 것이다. 그리고 재건축 결의 내용의 변경에 집합건물법 제41조 제1항을 유추 적용할 필요성에 관한 앞의 사정들과 집합건물법이 서면합의에 의한 관리단집회의 결의를 인정하면서 서면합의의 요건이나 그 절차 및 방법 등에 관하여 아무런 제한을 하고 있지 않은 점에 비추어 볼 때 의결정족수에 영향을 미칠 우려가 있을 정도의 조합원들의 참여기회가 원천적으로 배제된 채 서면합의가 이루어지거나 조합원 5분의 4 이상의 자의에 의한 합의가 성립되었다고 인정할 수 없을 정도의 중대한 하자가 있는 등 특별한 사정이 없는 한 서면합의에 의한 재건축 결의 내용의 변경은 유효하다고 보아야 할 것이다"라고 판시한 바 있다.

점 등을 고려하여 이를 정관에 포함시켜야 할 사항으로 규정하면서(법 제20조 제1항 제15호) 그 기재사항을 변경하기 위해서는 조합원의 3분의 2 이상의 동의를 요하도록 규정하고 있는 점(법 제20조 제3항), 또한 ③ 도시정비법 제20조 제1항 제17호, 도시정비법 시행령 제31조 제10호는 도시정비법 제48조 제1항 소정의 '관리처분계획에 관한 사항'을 정관에서 정하여야 할 사항으로 규정하면서 이를 변경하기 위해서는 조합원의 3분의 2 이상의 동의를 요하도록 하는 한편(법 제20조 제3항), 도시정비법 시행령 제49조 제4호는 '도시정비법 제20조 제3항의 규정에 의한 정관의 변경에 따라 관리처분계획을 변경하는 때'를 도시정비법 제48조 제1항 단서 소정의 '경미한 사항'의 변경 중의 하나로 규정하고 이 경우에는 시장·군수에 대한 신고만으로 관리처분계획을 변경할 수 있도록 함으로써 재건축조합의 자치법규인 '정관의 변경'과 조합원의 비용분담과 권리분배 등을 정하는 '관리처분계획' 사이의 밀접한 관련성을 인정하고 있는 점 등 여러 사정을 종합·참작하여 보면, 재건축조합 정관의 필요적 기재 사항이자 엄격한 정관변경 절차를 거쳐야 하는 '시공자와의 계약서에 포함될 내용'에 관한 안건을 총회에 상정하여 의결하는 경우 그 계약서에 포함될 내용이 당초 재건축 결의 시 채택한 조합원의 비용분담 조건을 변경하는 것인 때에는 비록 그것이 정관 변경에 대한 절차가 아니라 할지라도 특별다수의 동의요건을 규정하여 조합원들의 이익을 보호하려는 도시정비법 제20조 제3항, 제1항 제15호의 규정을 유추 적용하여 조합원의 3분의 2 이상의 동의를 요한다고 봄이 상당하다고 판시하고 있다.

4. 관련 추가 판례: 대법원 2014. 5. 29. 선고 2011두33051 판결

가. 사실 관계

Y아파트재건축조합은 전체 조합원 549명 중 445명이 출석(출석률 81.05%)한 가운데 총회를 개최하고, 총 사업예상비용을 당초보다 10% 초과 증액하는 내용으로 사업시행계획을 변경했다. 그리고 변경된 사업시행계획을 전제로 한 관리처분계획안을 수립하고, 이러한 사업시행계획변경 등에 관한 포괄적인 조합원 동의를 위해 재건축재결의의 안건 등을 상정하며, 출석조합원의 과반수 이상의 찬성으로 의결했다(다만 찬성률은 출석조합원의 2/3 미만이었다). 그런데 Y조합의 규약에는 '조합원의 재산권 및 비용부담에 관한 사항 중 이사회나 대의원회에서 상정하는 사항은 재적조합원 2/3 이상의 출석과 출석조합원 및 출석조합원 의결권의 각 2/3 이상의 찬성으로 의결한다'고 규정하고 있었다. 조합원인 X는 Y조합의 의결은 이러한 조합 규약의 의결정족수에 미달되는 것이므로 무효라고 주장했다.

나. 경미한 사항의 변경에 대한 의결정족수 문제

현행 도시정비법 제16조 제1항은 주택재건축 조합설립인가 및 사업시행인가의 내용을 변경할 경우 그 내용이 경미한 사항의 변경에 해당하면 신고절차를 거치면 족한 경우로 규정하는 한편, 관리처분계획을 수립하기 위해서는 총회의결을 거쳐야 한다고 규정하고 있는바, 신고절차를 거치면 되는 경미한 사항의 변경에도 법령이나 정관에서 조합 총회의 의결대상으로 규정한 때에는 신고에 앞서 그러한 조합 총회의 의결을 거쳐야 하는지 의문이 있었다. 이에 대해 대법원은 "경미한 사항의 변경이어서 신고절차를 거치면 족한 경우에도 법령이나 정관에서 조합 총회의 결의대상으로 규정한 때에는 신고에 앞서 그러한 조합 총회의 결의를 거쳐야 한다"라고 판단했다. 이는 구 도시정비법과 그 시행령이 변경인가사항과 신고사항을 구분하는 이유는 중요한 사항 변경은 인가절차를, 경미한 사항 변경은 신고절차를 거치도록 하는 등 변경 대상의 중요도에 따라 처분의 형식을 달리하고자 하는 데 있을 뿐이라는 점을 고려한 것이다. 이를 고려할 때, 구 도시정비법령상 경미한 사항의 변경인지 여부와 무관하게 정관 등에 조합 총회의 결의 대상에 해당한다면 총회의 결의를 거쳐야 할 것이다. 나아가 대법원은 "조합 총회 결의의 효력 여부는 특별한 사정이 없는 이상 그 결의 내용이 강행법규에 위반되는지 여부 등 실체적 요건과 법령 또는 정관의 해석상 해당 안건의 결의에 필요한 의결정족수를 갖췄는지 등 절차적 요건을 모두 충족했는지에 따라 판단해야 한다"라고 전제한 다음, Y조합의 위 관리처분계획수립 결의가 총 사업예상비용을 당초보다 10% 초과해 변경하는 것을 내용으로 하는 등 객관적으로 '조합원의 재산권 및 비용부담에 관한 사항'에 해당하므로 조합규약에 정한 특별다수에 의한 결의방법을 따라야 하는 것으로 판단하고, 사안의 결의는 출석조합원 의결권의 2/3 이상의 찬성요건을 갖추지 못해 조합규약에 규정된 의결정족수조차 갖추지 못했으므로 효력이 없다고 보았다. 본 판결은 구 도시정비법상 재건축조합원의 이해관계에 중대한 영향을 미치는 재산권 및 비용부담에 관한 사항에 대하여 그 절차를 엄격하게 해석함으로써 조합원의 권리를 한층 더 강화했다는 점에서 의의가 있다. 따라서 재건축조합으로서는 총회 결의 등의 절차를 진행할 때 조합 규약에서 정한 의결정족수 등 구체적인 의결요건을 준수하도록 각별히 유의해야 할 것이다.

5. 소결: 도시정비법 제16조 준용

그동안 재건축 결의 내용 변경 시에는 조합원 전원의 합의가 필요하다고 읽힐 수 있는 대법원 1998. 6. 26. 선고 98다15996 판결을 놓고 재건축 결의 내용의 변경을 위한 의결정족수에 대한 선례가 된다고 보는 견해와 그렇지 않다는 견해의 대립이 있었다. 그러나 그 후 대법원 2005. 4. 21. 선고 2003다4969 전원합의체 판결은 재건축 결의 내용의 변경에 필요한 의결정족수를 밝힘과 아울러 이에 저촉되는 대법원 1998. 6. 26. 선고 98다15996 판결의 견해를 변경함으로써 더 이상 98다15996 판결이 재건축 결의의 내용을 변경하는 의결정족수에 대한 선례로 작용되지 못하도록 하였다. 그런데 이 전원합의체 판결이 나온 후 수년 만에 또다시 일부 동의 요건을 완화하는 취지의 대법원 판례가 나와 재건축이 상당히 빈번하게 일어나고 있고 향후 이러한 문제가 지속될 것으로 예상되므로 이와 같은 혼동은 정리될 필요가 있다. 이와 관련하여, 도시정비법 제16조(조합의 설립인가 등)는, "① 주택재개발사업 및 도시환경정비사업 추진위원회가 조합을 설립하고자 하는 때에는 토지등소유자의 4분의 3 이상 및 토지면적의 2분의 1 이상의 토지소유자의 동의를 얻어 정관 및 국토해양부령이 정하는 서류를 첨부하여 시장・군수의 인가를 받아야 한다. 인가받은 사항을 변경하고자 하는 때에도 또한 같다. ② 주택재건축사업의 추진위원회가 조합을 설립하고자 하는 때에는 집합건물관리법 제47조 제1항 및 제2항의 규정에 불구하고, 주택단지 안의 공동주택의 각 동별 구분소유자의 3분의 2 이상 및 토지면적의 2분의 1 이상의 토지소유자의 동의와 주택단지안의 전체 구분소유자의 4분의 3 이상 및 토지면적의 4분의 3 이상의 토지소유자의 동의를 얻어 정관 및 국토해양부령이 정하는 서류를 첨부하여 시장・군수의 인가를 받아야 한다. 인가받은 사항을 변경하고자 하는 때에도 또한 같다"라고 개정하였다. 그러므로 향후 이 도시정비법의 적용을 받는 재개발・재건축 사업은 당초 결의 내용을 변경하고자 하는 경우 도시정비법 제16조에서 정하고 있는 조합 설립인가 및 그 변경 요건이 준용될 여지가 상당히 있다.

V. 결론

지금까지 실무적으로 관리처분계획에 대해 불만이 있어 취소소송을 제기한 경우 그에 더하여 추가로 조합설립인가 무효 또는 사업시행인가 무효를 주장하며 소를 제기하는 것이 일반화된 까닭에 정비사업조합들이 상당히 곤욕을 치러 왔고 더불어 정비사업의 정체로 이어졌다. 이러한 법적 분쟁은 조합의 귀책사유에 의한 것이 것이라기보다는 조합설립인가나 사업시행인가 및 본 사건에서 문제가 된 사업계획 변경단계에서의 동의방법, 동의율 등에 대한 법리가 명백하지 못했던 사정에 기인하는 측면이 강하였다. 이러한 점을 고려하여 재건축 결의 내용의 변경을 둘러싸고 그 발생 원인과 결의의 변경가능성 및 재건축 결의 절차 등을 둘러싼 관련 법령 및 판례와 학설의 쟁점을 두루 살펴보았다. 그 중에서도 본 연구의 핵심은 사정변경으로 인해 재건축 결의 당시의 결의 내용이 사업 도중에 달리 변경되는 경우 유효한 변경 결의의 의결정족수를 과연 어떤 기준으로 삼을 것인가에 있는데, 대상 판결은 현행 도시정비법 등 관련법의 현실과 법리를 잘 적용하여 나름의 합리적인 결론을 도출해낸 것으로서 도시정비사업 진행 과정에서 상대적으로 약자에 해당하는 상당수 조합원들에게 유익한 판례로 작용할 것으로 예상된다. 즉, 재건축 결의 내용의 변경 문제는 조합원의 비용분담액의 증감에 관한 사항으로서 조합원들의 재산권에 중대한 영향을 끼치는 문제이기에 중요한 법리적 쟁점에 해당한다. 그럼에도 현행 도시정비법 등 관련법에는 그에 대한 명문 규정이 존재하지 않고, 대법원과 하급심 판례 역시 아직 그에 대한 명확한 기준을 정립하고 있지 않고 있었다. 그나마 다행스러운 점은, 본 대상 판결 등을 통해 재건축 결의의 내용이 변경되는 경우에는 조합원 5분의 4 이상 내지 적어도 3분의 2 이상의 다수에 의한 결의가 필요하다는 점만은 명확히 확인되었다는 점이다. 거꾸로 말하면 조합 설립 당시의 결의 내용을 쉽게 변경(특히 조합원의 비용분담을 가중시키는 결의)하는 것은 결코 허용할 수 없다는 것이다.

한편 조합원 3분의 2 이상 또는 5분의 4 이상이라는 결의 요건은 규약 기타 조합원의 합의에 의하여도 완화될 수 없는 개정금지 대상이라고 보아야 할 것이다.[86] 다만 재건축조합이나 조합 구성원들의 특별한 사정이 있으면 그 요건을 보다 더 가중하는 것은 가능하다고 할 것이다.[87] 그러나 위와 같은 문제를 해결하기 위한 가장 확실한 방법은, 도시정비법 등 관련법에 명시적으로 재건축・재개발 결의 내용의 변경 시 요구되는 의결정족수를 별도로 규정하던지, 아니면 최소한 위에서 언급한 도시정비법 제16조에서 규정하고 있는 조합설립인가 및 그 변경요건을 재건축 결의내용 변경 시에도 준용한다는 조항을 명시적으로 추가하는 법 개정작업이 조속히 요청된다.[88]

86) 동지; 김교창, "전게논문", 7면.

87) 동지; 박종두, "집합건물의 재건축과 소수 구분소유자 보호에 관한 연구", 강남대 법학논집 제21집, 강남대학교 법학연구소, 1997. 7, 20면 이하; 中野哲弘, 安藤一郎 編, 「住宅紛争訴訟法」, 青林書院, 2005, 483면; 부정하는 견해로는 서울지방법원 동부지원, "전게논문", 15면 이하.

제5절 조합원 지위의 상실에 따른 법률관계

Ⅰ. 서설

조합원이 분양권을 포기하고 현금청산을 받으면 해당 물량은 일반분양 몫으로 넘어가 부동산 시장이 좋지 않을 경우 현금청산이 늘수록 조합과 시공사의 자금부담이 커진다. 2014년 11월 서울행정법원에 따르면 부동산가격 급등시기였던 2006년에는 서울에서 제기된 현금청산 청구소송이 단 1건도 없었지만 2012년에는 16건으로 늘어났다. 전국적으로는 2006년 4건에서 2014년 60건으로 15배 증가했다. 집단소송 형식으로 진행된 경우 1건으로 처리되기 때문에 실제로 현금청산소송에 나선 조합원은 그보다 더 많다는 것이 법원의 설명이다.[89] 그런데 이러한 재건축조합원 지위의 상실과 현금청산의 관계와 관련하여 종래 신탁방식에 의한 재건축사업을 시행하고 있는 조합이 토지 등에 관하여, 이미 조합 앞으로 신탁을 원인으로 한 소유권이전

88) 참고로, 이에 대하여 김교창 변호사는 도시정비법이 도입되기 전 재건축·재개발 관련 근거법률 중 하나였던 구 주택건설촉진법의 해석상 재건축 결의 변경결의 요건은 최초 재건축 결의 요건과 같다고 할 것이고, 주택건설촉진법의 두 조문이 도시정비법으로 옮겨지면서 그에 대한 규정이 달라진 것도 아니므로 현행 도시정비법하에서도 재건축 결의요건과 재건축 결의 내용의 변경요건은 당연히 동일하다고 주장한다. 즉, 입법자들이 재건축 결의 내용 변경에 관한 별도의 명문 규정이 필요하다는 지적에 대해 지금까지 묵인하는 이유도 그런 연유에서 비롯된 것이라고 한다. 김교창, "전게논문", 8면.

89) 부동산 호경기하에서는 사업시행에 반대하는 소수 일부 조합원들에 대해 조합이 적극적으로 이전등기나 인도를 구하는 소를 제기하는 형태가 소송의 주류를 이루었지만, 2000년대 후반 이후 부동산 불경기로 인해 분양을 포기하는 조합원들의 청산금지급청구가 증가하고 있다(머니투데이, "재건축의 그늘 … 늘어나는 '현금청산' 소송", 2014. 11. 14.).

등기를 마친 이후에 조합원의 지위를 상실한 조합원을 상대로 하여 별도로 매도청구권을 행사할 필요가 있는지가 문제가 되었다. 이와 관련하여 도시정비법 제47조가 현물출자의무의 이행 이후에 조합원의 지위를 상실한 경우 이미 출자한 현물의 반환을 인정하지 않는 조항의 법률 해석과 관련하여 다툼이 있었던 것이다.

또한 공용환권 방식을 전제로 한 도시정비법의 체계 아래에서 당초 조합원이 현물출자로서 해당 토지 등에 관한 소유권이전등기절차를 이행하는 것은 문제되지 않고, 조합원으로서는 조합에게 토지 등을 현실적으로 제공하는 것으로 족하기 때문에, 현실제공 여부만이 문제될 뿐 현물출자의무의 이행 전후로 도시정비법 제47조의 적용범위나 취지를 논할 여지가 없다는 주장도 가능하다. 위 규정은 그 자체로 조합원의 지위를 상실한 경우의 법률관계를 일반적으로 정하고 있기 때문이다. 한편, 재건축사업의 시행을 목적으로 한 신탁관계가 조합원의 지위 상실에 따라 목적 달성의 불능으로 종료된 경우, 신탁관계의 규율과는 관계없이 위 규정에 따라 조합원 지위를 상실한 자의 소유권이전의무와 조합의 청산금지급의무가 당연 발생하는지도 문제가 된다. 위와 같은 쟁점과 관련하여 대법원 2013. 11. 28. 선고 2012다110477, 110484 판결 등을 중심으로 재건축조합원 지위의 상실과 현금청산의 관계 등 관련 문제에 대하여 상세히 검토하기로 한다.

II. 조합원 지위 상실자 등에 대한 토지취득 과정에서의 법적 문제

1. 정비사업에서의 일반적인 토지취득 과정

가. 조합원 소유인 토지 등의 확보 방안

(1) 논의의 배경

도시정비법에서는 정비사업 조합이 그 사업의 시행을 위하여 토지 등을 확보하는 방법을 별도로 규정하지 않았는데, 종래 실무에서는 대체로 신탁계약이나 신탁을 전제로 하는 규약에 따라 조합원이 조합에 신탁의 형태로 토지 등에 관한 소유권을 이전하는 방식으로 조합이 토지 등을 확보해 왔다. 정비사업을 추진하기 위하여 반드시 조합원 소유의 토지 등을 조합에게 신탁해야 할 필연적인 이유는 없음에도 실무상 신탁방식에 의하여 조합원 소유의 토지 등을 확보한 것은 사무의 일괄 처리에 따른 사업수행의 용이성 등으로 인하여 재건축사업의 원활한 추진을 도모할 수 있다는 판단에 기인한 것이었다.[90] 도시정비법은 물론이고, 2006년 8월 25일에 개정 · 고시된 국토교통부 정비사업조합 표준정관에도 '신탁'에 관한 조항은 전혀 없는데도 불구하고, 여전히 신탁방식에 의하여 재건축사업이 추진되는 것은 신탁방식의 유용성뿐만 아니라 도시정비법이 조합의 토지 등 소유권 취득

90) 대법원 2009. 3. 26. 선고 2008다30048 판결. 신탁재산에 관해서는 원칙적으로 강제집행이 금지되고, 일반분양자 및 조합원에게 신축 건물 및 대지를 자유롭게 분배할 수도 있으며, 각종 등기과정에서 조합원 전원의 협조를 받아야 하는 번거로움을 덜 수도 있다는 등의 이유에서 신탁등기의 유용성을 찾을 수 있다는 설명으로는, 홍득관, "이전고시의 효과 및 재건축사업의 신탁", 재판과 판례 제20집, 대구판례연구회, 2011. 12, 238-239면; 이상섭, 「재건축 및 등기」, 법률서원, 2011. 12, 238-239면 각 참조.

을 필연적 전제로 하고 있는지 분명하지 않다는 점에서도 그 원인을 찾을 수 있다고 본다. 조합이 그 사업을 시행하기 위하여 반드시 조합원 소유인 토지 등에 관한 소유권을 모두 이전받아야만 하는가의 문제를 둘러싸고 종래 치열한 논쟁이 있었다. 대법원 판결이 그 판시 내용에서 '공용환권'을 명시하면서 이러한 논란에 불을 지폈고, 이는 도시정비법에서 예정한 정비사업의 추진방식이 '공용환권'의 방식인지 여부를 둘러싼 논의로 확대되었다.

(2) 종래의 논의

대법원은 "재건축조합이 도시정비법상의 관리처분계획 인가 및 이에 따른 이전고시 등의 절차를 거쳐 신(新) 주택이나 대지를 조합원에게 분양한 경우에는, 구(舊) 주택이나 대지에 관한 권리가 권리자의 의사에 관계없이 신 주택이나 대지에 관한 권리로 강제적으로 교환・변경되어 공용환권된 것으로 볼 수 있다"라고 판시하였다.[91] 이는 주택재개발・재건축 사업 등 도시정비사업 과정에서 소유자의 의사와 무관하게 강제적으로 권리를 교환・분합하는 이른바 공용환권의 방식이 이용되고 있다는 학설[92]을 받아들인 것으로 이해할 수 있다. 이에 따르면, 조합이 조합원 소유의 토지 등에 관한 소유권을 따로 확보할 필요 없이 관계법령에서 정한 일정한 시점에 구(舊)소유권은 신(新)소유권으로 그대로 변환된다. 이에 대하여 도시정비법상 관리처분계획이 직접 구(舊)소유권을 신(新)소유권으로 변환하는 효과를 가진다고 보기 어려운 점, 관리처분이나 이전고시라는 용어는 그 자

91) 대법원 2009. 6. 23. 선고 2008다1132 판결.

92) 김동희, "전게서", 434면; 박균성, 「행정법론」(하) 제6판, 박영사, 2008, 469면; 홍정선, 「행정법원론」(하) 제18판, 박영사, 2010, 634면 등.

체로 조합의 소유권 취득을 전제로 하는 점, 주택재개발·재건축 사업에서는 여전히 신탁이 행해지고 있는 점 등을 들어 현행 법제상 주택재개발·재건축 사업은 조합의 취득·배분방식으로 행해지도록 설계되어 있다는 견해가 유력하다.[93] 이에 따르면, 조합은 일정한 시점까지 사업시행구역의 토지 또는 건축물의 소유권을 모두 취득하여야 하고, 사업의 완료 이후에 새로운 토지 또는 건축물을 조합원들에게 배분하는 절차를 거치게 된다.

(3) 검토

도시정비법이 정비사업 시행 시 어떠한 추진방식을 취하고 있는지를 살펴보기 위한 출발점은 조문의 체계적인 해석에 있다. 이와 더불어 짚고 넘어갈 사항은 조합원으로부터 토지 등을 확보하는 방안에 초점을 두고 결론을 도출해내야 한다는 점이다. 어차피 조합관계로부터 벗어나 있는 비조합원에 대해서는 토지 등의 취득만이 문제될 뿐이므로, 그 취득방식은 입법정책적 판단에 맡겨져 있어 정비사업의 추진방식이 갖는 본질을 좌우하지는 않기 때문이다. 여기서 비조합원과 조합원의 지위를 후발적으로 상실한 자를 구별 지어야 할 필요성도 찾을 수 있다.[94] 우선, 도시정비법의 규정을 들여다보면, 조합이

93) 김종보, “도시환경정비사업에서 시행자와 사업절차의 특수성”, 42-44면.

94) ‘공용환권’에 관한 다수 학설이나 대법원 판결 입장은 재건축사업에 찬성하는 자와 찬성하지 않는 자를 법적으로 크게 구별하지 않고, 사업기간 내내 그들의 법적 지위도 크게 다르지 않다고 주장하는 견해가 있으나(김종보, “공용환권의 개념과 법적 효과”, 30면), 공용환권의 법리에 의하더라도 조합관계의 구속을 받지 않는 비조합원 소유인 토지 등에 관한 구(舊)소유권이 환권처분에 따라 당연히 소멸하는 것은 아니고, 이러한 전제에서 도시정비법 제39조도 매도청구로써 조합이 비조합원의 토지 등에 관한 소유권을 취득하도록 규정하고 있는 것이므로, 공용환권의 법리에 의할 경우 조합원과 비조합원을 구별하지 않게 된다는 위 견해에는 동조하기 어렵다고 본다. 동지; 정기상, “주택재건축사업에 있어 조

그 사업의 시행을 위하여 조합원으로부터 토지 등에 관한 소유권을 취득하도록 정한 규정은 존재하지 않는다. 도시정비법 제50조 제5항이 일정한 경우에는 준공인가 신청 전까지 매도청구의 대상인 주택건설대지의 소유권을 확보하면 되는 것으로 정하고 있으나, 이는 어디까지나 비조합원으로부터의 토지 등 취득을 전제로 하는 규정일 뿐, 도시정비사업의 일반적인 절차를 정한 규정은 아니다. 이와 같이 명문의 규정이 없는 상황에서 단지 '관리처분'이나 '이전고시' 등과 같은 어휘의 통상적인 의미에 주목하여 도시정비사업의 전체적인 시행방식을 결론짓기는 어려워 보인다.[95)]

다음으로, 도시정비법 제55조 제1항은 이전고시에 따라 대지 또는 건축물을 분양받을 자에게 소유권을 이전한 경우 종전의 토지 또는 건축물에 설정된 지상권 · 전세권 · 저당권 · 임차권 · 가등기담보권 · 가압류 등 등기된 권리 및 대항력 있는 임차권은 새롭게 분양되는 대지 또는 건축물로 이전되도록 규정하고 있다. 종전의 토지 등에 관한 구(舊)소유권과 새로운 토지 등에 관한 신(新)소유권이 실질적으로 동일하다는 전제에 서지 않으면, 위 규정을 받아들이기는 어려워진다. 다수의 이해관계인에게 영향을 미칠 수 있는 '권리의 이전'을 규정한 만큼 이는 주택재건축, 주택재개발 사업 등 도시정비사업의 시행방식을 대변하는 것으로 봄이 타당하다. 끝으로, 관리처분계획의 인가는 다수의 도시정비사업이 공용환권에 의한 사업추진방식을 채택하고 있음을 방증한다고 본다. 조합이 사업의 시행에 필요한 토지 등의 소

합원 지위의 상실에 따른 법률관계", 저스티스, 한국법학원, 2014. 6, 252면.

95) 이와 관련하여 부산지법 정기상 판사는 오히려 '이전고시'를 종전의 권리가 주택재건축사업의 완료에 따라 새로운 권리로 옮겨 간다는 의미로 이해할 경우에는 위 어휘의 통상적인 의미가 '공용환권'의 본질에 반한다고 단정할 수도 없다고 본다. 정기상, "전게논문", 255면 이하.

유권을 모두 취득하여 사업을 추진하는 경우에는 굳이 행정처분의 형태로 이를 통제할 필요가 없다. 그럼에도 도시정비법 제48조가 정비사업의 시행으로 조성된 대지 및 건축물을 관리처분계획에 의하여 처분 또는 관리하도록 규정하면서 그 관리처분계획에 대하여 시장・군수의 인가를 받도록 한 것은 '권리의 변환'이라는 법률효과에 내포된 고권적 성질을 염두에 둔 결과로 볼 수 있다. 결국 도시정비법에서는 조합이 종전 대지 또는 건축물의 소유권을 모두 취득하지 않고서도 정비사업을 진행할 수 있되 사업의 진행경과 중 일정한 시점에 종전 대지 또는 건축물에 관한 권리가 그 동질성을 유지하면서 새로운 대지 또는 건축물로 변환된다는 것을 사업시행방식의 원형으로 전제하고 있다고 할 것이다.[96)]

나. 비조합원으로부터의 토지 등 취득

정비사업에 동의하지 않아서 당초 조합원의 지위를 취득하지 않은 토지등소유자에 대하여 조합이 해당 토지 등의 소유권 이전을 구하기 위해서는 원칙적으로 토지등소유자와 협의하는 절차를 취할 수밖에 없다. 그런데 종전의 건물의 노후화 등으로 인하여 그 건물을 유지할 때의 사회 전체의 효용보다 재건축, 재개발을 할 경우의 효용이 훨씬 크고, 그 효용의 증가분이 재건축, 재개발에 소요되는 비용을 상회함에도 불구하고, 단지 토지등소유자와 합의에 이르지 못하였다는 이유로 정비사업을 좌초시키는 것은 사회・경제적으로 바람직하지 않다. 이러한 인식 아래에서 창안된 제도가 앞에서 살펴본 도시정비법 제38조에서 규정하고 있는 수용과 제39조에서 규정하고 있는 매도청구

96) 정기상, "전게논문", 256면 이하.

이다. 특히, 주택재건축사업 진행 과정에서 행해지는 매도청구의 경우 일반 민사법상 청구권임에도 불구하고 조합의 매도청구에 의하여 비조합원의 동의 여부와는 무관하게 조합과 비조합원 간에 해당 토지 등에 관한 매매계약이 성립하게 된다. 조합의 일방적인 의사표시에 의하여 형성된 법률관계에 따라 비조합원의 토지 등을 취득할 수 있다는 것은 비조합원의 토지를 사실상 강제로 취득하는 것과 다름없다. 따라서 도시정비법 제39조는 집합건물법 제48조에서 정한 엄격한 매도청구 절차를 준용하도록 정하여 사실상 강제력을 수반하는 매도청구에 대한 법률적 통제를 가하고 있다.

2. 신탁방식에 의한 경우

가. 개요

조합정관에 조합원의 조합에 대한 신탁등기의무를 정한 경우에 조합은 조합원 소유인 각 토지 등에 관하여 신탁을 원인으로 한 소유권 이전등기를 마치는 방법으로 현물출자를 받고서 주택재건축, 주택재개발 등의 정비사업을 추진하게 된다. 신탁등기에 협조하지 않는 조합원이 있는 경우에 조합이 그 조합원을 상대로 조합정관에서 정한 신탁등기의무의 이행을 구할 수 있음은 물론이다. 문제는 분양신청을 하지 않거나 철회하는 등으로 인한 현금청산 대상자를 비롯하여 후발적으로 조합원의 지위를 상실한 자에 대하여 조합이 어떻게 해당 토지 등을 확보할 것인지이다. 조합원의 지위를 상실한 만큼 조합이 그를 상대로 조합정관에서 정한 신탁등기의무의 이행을 구할 수 없음은 당연하다.[97]

97) 대법원은 이와 같은 결론을 뒷받침하는 논거로서, "현금청산 대상자가 조합에

무엇보다, 주택재개발사업과 달리 주택재건축사업의 경우 토지 등의 수용을 허용하지 않으면서도 조합이 조합탈퇴자의 토지 등을 확보하는 일반적인 방법 또는 절차에 관한 규정을 마련하지 않은 도시정비법 아래에서 조합이 조합탈퇴자의 토지 등을 확보하는 방법은 해석론으로서 문제될 수밖에 없었다. 종래 조합원의 지위를 상실한 자를 당초 비조합원이었던 것처럼 취급하여 매도청구의 방식으로 토지 등을 확보하는 방안, 현금청산에 관한 도시정비법 제47조에서 조합의 청산금지급의무에 대한 반대급부로서 조합탈퇴자의 소유권이전의무가 도출된다고 해석하는 방안이 제시되었다.

나. 대법원 판결의 입장

(1) 매도청구에 관한 도시정비법 제39조의 준용

대법원은 다수의 사안에서 "도시정비법 제47조와 조합정관에서 정한 요건에 해당하여 현금청산 대상자가 된 경우에는 조합원의 지위를 상실하게 되어 조합탈퇴자에 준하는 신분을 가지는 것이므로, 매도청구에 관한 도시정비법 제39조를 준용하여 재건축조합은 현금청산 대상자를 상대로 정비구역 내 부동산에 관한 소유권이전등기를 청구할 수 있는데 위 매도청구권의 행사에 관하여는 그 최고절차 및 행사기간에 대하여 도시정비법 제39조에서 준용하는 집합건물법 제48조의

대하여 조합원의 가장 주된 권리인 분양청구권을 행사하지 못하게 되므로 형평의 원칙상 그에 대응하는 조합원으로서의 의무, 즉 사업비·청산금 등의 비용납부의무, 철거·이주 및 신탁등기의무 등도 면하게 된다고 보는 것이 타당한 점, 분양권을 상실한 현금청산 대상자가 조합에 대하여 신탁등기의무를 부담한다고 보게 되면, 이는 종전 건축물을 재건축하여 새로운 건축물의 소유권을 신탁자에게 이전하려는, 재건축사업에서 본래 예정한 신탁의 목적을 달성하기 위한 등기라고 보기도 어려운 점" 등을 제시하고 있다(대법원 2010. 8. 19. 선고 2009다81203 판결).

규율이 없다"라고 판시하여 조합이 현금청산 대상자를 포함한 조합 탈퇴자에 대하여 매도청구의 방법으로 그 토지 등을 확보할 수 있음을 밝혔다.[98] 다만, 대법원은 도시정비법 제39조에 따른 매도청구가 원칙적으로 조합원이 아닌 자를 상대로 하는 것으로서 조합설립에 동의한 조합원이었던 현금청산 대상자에 대하여 바로 적용할 수는 없고, 일정한 규율을 배제한 '준용'이 가능할 뿐이라고 판시하였다.[99]

(2) 현금청산에 관한 도시정비법 제47조의 해석

대법원은 "도시정비법 제47조의 규정에 따라 사업시행자가 분양신청을 하지 아니하거나 분양신청을 철회한 토지등소유자에게 청산금의 지급의무를 부담하는 경우에, 공평의 원칙상 토지등소유자는 권리제한등기가 없는 상태로 토지 등의 소유권을 사업시행자에게 이전할 의무를 부담하고, 이러한 권리제한등기 없는 소유권이전의무와 사업시행자의 청산금지급의무는 동시이행관계에 있는 것이 원칙인데, 다만 토지등소유자가 그 소유 토지 등에 관하여 이미 사업시행자 앞으로 신탁을 원인으로 한 소유권이전등기를 마친 경우에는 청산금을 지급받기 위하여 별도로 소유권을 이전할 의무는 부담하지 아니 한다"라고 판시하여 도시정비법 제47조에서 공평의 원칙을 매개로 하여 현금청산 대상자의 해당 토지 등에 관한 '권리제한등기 없는 소유권이전의무'를 도출해내고 있다.

98) 대법원 2010. 12. 23. 선고 2010다73215 판결, 대법원 2013. 9. 26. 선고 2011다16127 판결 등에서 한 가지 더 주목할 점은 현금청산 대상자가 조합탈퇴자에 준하는 신분을 가진다는 점을 근거로 현금청산 대상자에게도 매도청구에 관한 규정이 준용된다는 결론을 도출하였다는 것이다. 여기서 조합탈퇴자에게 매도청구에 관한 규정이 적용 또는 준용된다는 대법원의 입장을 추론해 볼 수 있다.

99) 위 대법원 2010다73215 판결.

그런데 이와는 정반대로, 대법원은 "도시정비법 제47조는 사업시행자인 재건축조합이 분양신청을 하지 아니한 토지등소유자에 대하여 부담하는 현금청산의무를 규정하는 것에 불과하므로, 재건축조합이 위 조항을 근거로 하여 곧바로 현금청산 대상자를 상대로 정비구역 내 부동산에 관한 소유권이전등기를 청구할 수는 없다"라고 판시하여 재건축조합이 현금청산 대상자에 대하여 그 토지 등에 관한 소유권이전등기를 구할 권원에서 도시정비법 제47조에서 정한 현금청산 규정을 완전히 배제하는 판결을 내리기도 하였다. 한편, 대법원은 앞서 본 2012다110477, 110484 판결에서 조합원이 현물출자의무의 이행으로서 그 소유의 토지 등에 관하여 재건축조합 앞으로 신탁을 원인으로 한 소유권이전등기를 마친 후 조합원의 지위를 상실함으로써 신탁관계가 그 목적 달성 불능을 이유로 종료된 경우, 재건축조합은 도시정비법 제47조에 따라 그 조합원에게 위 토지 등에 대하여 현금으로 청산하면 족하고, 위 토지 등의 소유권을 취득하기 위하여 도시정비법 제39조를 준용하여 새로 매도청구권을 행사할 필요가 없다고 판시하였다.

(3) 검토

위 대법원 판결들은 판시 내용만을 놓고 보면, 서로 모순되는 것처럼 보인다. 때로는 도시정비법 제39조에서 정한 매도청구를 근거로, 때로는 도시정비법 제47조의 현금청산 규정상 공평의 원칙을 근거로 현금청산 대상자를 비롯한 조합탈퇴자의 해당 토지 등에 관한 소유권이전의무를 도출해내고 있기 때문이다. 이로 인해 조합이 조합탈퇴자에 대하여 토지를 취득하는 방법이나 절차를 둘러싸고 일선 실무 현장에 혼선을 주고 있기도 하다. 다만, 위 대법원 판결들을 분석해 보면, 적어도 한 가지의 분명한 입장을 확인할 수 있다. 조합원이 현물출자의무의 이행으로서 '그 소유의 토지 등에 관하여 재건축조합 앞으로 신탁을 원인으로 한 소유권이전등기를 마친 후에' 비로소 현금청산 대상자에 해당하게 되는 등으로 조합원의 지위를 상실하는 경우에는, 도시정비법 제47조의 현금청산 규정에 의하여 조합이 그 토지 등을 조합탈퇴자에게 반환할 필요 없이 이를 확보하게 되고, 단지 위 규정에 따른 현금청산의무만을 부담할 뿐이라는 점이다. 즉, 여기서 조합이 매도청구권을 행사하는 문제는 발생하지 않는다. 제47조의 규정이 조합탈퇴 이후에도 그 탈퇴자의 토지 등을 조합이 그대로 보유할 권원은 되는 셈이다. 그런데 실무에서 문제가 되는 상황은 조합원의 탈퇴 당시에 이미 조합 앞으로 해당 토지 등에 관한 신탁을 원인으로 한 소유권이전등기가 마쳐진 경우가 아니라, 조합원의 탈퇴 이후에 비로소 조합이 그 탈퇴자의 토지 등을 확보하는 방법 또는 그 권원인데 이에 관해서 대법원이 일관된 입장을 견지하지 못하고 있다. 이는 향후 대법원 전원합의체 판결에 의하여 따로 명확히 정리되어야 할 것이다.[100)]

100) 이와 관련하여 정기상 판사는 "판결의 선고시점을 기준으로 위 각 대법원 판결을 일별하면, 최근에 선고된 판결들에서 일정한 경향을 발견할 수는 있다. 대법원이 현금청산 대상자에 해당하게 되는 등으로 조합에서 탈퇴하게 된 시점 이전에 이미 조합 앞으로 신탁을 원인으로 한 소유권이전등기가 마쳐진 경우와 그렇지 않은 경우를 나누어, 전자의 경우에는 도시정비법 제47조의 현금청산 규정에 의하여 조합이 그 토지 등을 보유할 수 있도록 하고, 후자의 경우에는 도시정비법 제39조의 매도청구 규정을 준용하여 조합이 조합탈퇴자를 상대로 소유권이전등기절차의 이행을 구할 수 있도록 하는 것이다. 즉, 조합탈퇴 당시 소유권이전 여부를 기준으로 조합의 토지 등 확보권원을 달리 보는 이중적 구조를 채택하고 있다고 볼 여지도 있다"라고 주장한다. 정기상, "전게논문", 260면.

다. 정리

정비사업조합이 현금청산 대상자를 포함한 조합원 지위의 상실자를 상대로 해당 토지 등의 소유권을 확보할 수 있는 법적 근거는 도시정비법 제47조의 현금청산 규정에서 찾을 수 있다고 본다. 이러한 결론을 뒷받침하는 구체적인 이유로 들 수 있는 것은 아래와 같다.

(1) 관계법령의 구조

도시정비법 제47조 제1항은 분양신청을 하지 않거나 이를 철회한 조합원 등에 대하여 일정한 기간 내에 토지 등에 관하여 현금으로 청산하여야 한다고 규정하고 있다. 조합원의 토지 등에 관한 현금청산을 필요적인 절차로 삼고 있으면서 그 현금청산의 사유가 발생하기 이전에 그 조합원이 조합에게 이미 토지 등의 소유권을 이전하였는지 여부를 묻지 않는다. 조합원의 현물출자의무에 따라 토지 등이 조합에 제공되어야 하는 이상, 신탁을 원인으로 한 소유권이전등기가 마쳐졌는지 여부와는 관계없이 조합이 현금청산 대상자의 토지 등을 확보할 수 있다는 관념이 전제되어 있는 것이다. 이에 따라 이 규정은 별다른 요건 없이 조합에게 청산금지급의무를 부과하기에 이르렀다고 볼 수 있다. 이 규정에 의하여 조합이 청산금을 지급하는 것에 대한 반대급부는 조합이 현금청산 대상자의 토지 등에 관한 소유권을 이전받거나 보유하는 것이다. 굳이 공평의 원칙을 거론하지 않더라도 '토지 · 건축물 또는 그 밖의 권리에 대한 현금청산'이라는 문언에는 '청산금에 대응하는 객체가 토지 · 건축물 또는 그 밖의 권리'라는 명제가 내재되어 있다. 따라서 이 규정이 토지 등에 관한 신탁을 원인으로 한 소유권이전등기가 마쳐진 경우에 한하여 적용된다고 제한적으로 해석할 필연적인 이유는 없다. 나아가 이 규정의 외연을 넓히면,

조합관계로부터의 이탈이라는 측면에서 현금청산 대상자와 같은 속성을 공유하는 자에게도 적용할 수 있을 것이다.

(2) 조합원의 지위를 상실한 자와 비조합원의 구별

한편, 주택재개발사업과 달리 임의가입제를 채택하고 있는 주택재건축사업에서는 정비구역 내의 토지등소유자라도 조합의 설립단계에서부터 재건축에 동의하는 조합원과 이에 동의하지 않는 비조합원으로 나뉜다. 비조합원은 당초 주택재건축사업에서 배제되어 조합은 매도청구의 방식으로 비조합원의 토지 등을 확보하게 되는 반면, 일단 조합원이었던 자가 가장 주된 권리인 분양청구권을 행사하지 않거나 행사하지 못하게 되는 경우에는 조합이 현금청산으로써 그 조합원과의 법률관계를 정리하게 된다. 당초부터 조합관계로 편입된 적이 없는 비조합원에 대해서는 조합이 사업의 시행을 위하여 토지 등을 확보할 수 있는 방안이 논의의 중심에 있다면, 재건축에 동의하여 조합관계 내에 있었던 현금청산 대상자에 대하여는 '청산'의 문제만이 남을 뿐이다. 결국, 도시정비법은 주택재건축사업의 시작과 끝을 같이 하는 분양대상자를 제외한 나머지 유형의 토지등소유자에 대하여는 각 유형의 속성에 기반을 둔 이원적 규율을 꾀하고 있는 셈이다. 도시정비법이 조합관계 밖에 있는 이해관계인을 규율할 때 지표로 삼은 비조합원과 현금청산 대상자라는 이원적 구성을 놓고 보면, 재건축조합에서 제명되거나 탈퇴하는 등으로 조합원의 지위를 상실한 자는 '조합관계로부터의 이탈'이라는 측면에서 비조합원보다는 현금청산 대상자에 더 가깝다.[101] 따라서 조합원의 지위를 상실한 자와 조합

101) 앞서 본 다수 대법원 판결에서 현금청산 대상자가 조합탈퇴자에 준하는 신분을 가진다고 판시한 것도 이와 같은 맥락에 선 것으로 보인다.

사이의 법률관계를 정리하는 '청산과정'에서는 현금청산에 관한 도시정비법 제47조의 규정이 적용 또는 준용될 수 있을 것이다.

(3) 신탁의 종료와 관련하여

조합원이 그 소유의 토지 등에 관하여 조합 앞으로 신탁을 원인으로 한 소유권이전등기를 마친 이후에 조합원으로서의 지위를 상실한 경우에, 그 신탁은 목적을 달성할 수 없게 된다. 신탁법 제98조 제1호는 신탁의 목적을 달성할 수 없게 된 경우를 신탁의 종료사유로 규정하고 있고, 대법원 2013. 11. 28. 선고 2012다110477, 110484 판결에서도 조합원 지위의 상실에 따른 신탁의 종료를 확인하고 있다. 그런데 이와 같이 신탁이 종료하더라도 신탁재산인 토지 등이 잔존하는 이상, 그 신탁재산의 귀속관계를 정하는 문제는 남게 된다. 위 대법원 판결에서는 조합원이 그 지위를 상실함으로써 신탁관계가 목적 달성의 불능을 이유로 종료된 경우 신탁재산이었던 부동산은 당연히 조합에 귀속된다고 판단하였다. 그러나 목적 달성의 불능을 이유로 신탁이 종료하는 경우에 신탁재산인 토지 등이 수탁자인 재건축조합에게 귀속되는 것이 과연 당연한 것인지는 생각해볼 일이다. 신탁법 제101조 제1항은 신탁의 목적을 달성할 수 없게 되어 신탁이 종료된 경우 신탁재산은 원칙적으로 ㉠ 신탁행위로 지정된 신탁재산의 잔여재산이 귀속될 자, ㉡ 수익자에게 귀속한다고 정하고 있다. 정비사업을 추진할 때 조합원들이 재건축, 재개발을 목적으로 조합을 설립하여 토지 등에 관한 소유권을 조합에게 신탁한 경우, 이러한 유형의 신탁은 일반적으로 위탁자인 조합원 자신이 스스로 수익자가 되는 이른바 자익신탁으로 보는 것이 타당하다.[102]

---

102) 정기상, "전게논문", 262면 및 같은 취지의 판결로는, 대법원 2003. 8. 19. 선고

따라서 조합정관이나 별도의 신탁약정 등에서 조합 앞으로 신탁을 원인으로 한 소유권이전등기가 마쳐진 이후 신탁이 종료하는 경우에 그 신탁재산인 토지 등을 조합에게 귀속시키기로 하는 '귀속권리자 지정의 내용'을 정하지 않은 이상, 그 신탁재산인 토지 등이 당연히 수탁자인 조합에게 귀속되지는 않는다고 보아야 한다. 이러한 취지에서 신탁의 종료에 따라 신탁재산인 토지 등이 당연히 조합에 귀속된다고 본 대법원의 입장에 동의하기는 어려우나, 다만 이미 조합 앞으로 소유권이전등기가 마쳐진 토지 등을 조합이 그대로 보유할 수 있도록 한 결론은 수긍할 수 있다. 앞에서 살펴본 바와 같이 조합은 도시정비법 제47조에 따라 조합원의 지위를 상실하는 자의 토지 등을 보유하되 그에 상응하는 청산금을 지급할 의무만을 부담하게 되는 터에, 조합이 신탁의 종료에 따라 수익자인 조합원에게 신탁재산인 토지 등에 관한 소유권을 이전한 이후 다시금 위 규정에 의하여 그 소유권을 이전 받는 것은 다분히 기교적이고 절차적으로 번잡하기만 할 뿐이기 때문이다.

3. 공용환권 방식에 의한 경우

가. 개요

정비사업조합이 공용환권방식에 의하여 사업을 시행할 경우에는 조합원의 토지 등에 관한 소유권을 취득할 필요가 없다. 사업의 진행 경과 중 일정한 시점에 종전 대지 또는 건축물에 관한 권리가 동질성을 유지하면서 새로운 대지 또는 건축물로 변환된다는 점은 앞에서

2001다47467 판결, 대법원 2009. 3. 26. 선고 2008다30048 판결 등이 있다.

살펴보았다. 분양대상자인 조합원에 대한 관계에서는 위의 논리가 그대로 타당한데, 현금청산 대상자를 비롯하여 조합원의 지위를 상실한 자에 대한 관계에서는 논란이 남는다. 조합관계에 구속되지 않는 자들이 소유하던 대지 또는 건축물이 당연히 새로운 대지 또는 건축물로 변환된다고 볼 수는 없기 때문이다. 여기서 재건축조합이 조합원의 지위를 상실하는 자의 대지 또는 건축물을 취득하여야 할 필요가 생겨난다. 다만, 신탁방식에 의한 경우와는 달리 당초 현물출자의 방법으로서 조합원으로부터 조합으로의 소유권 이전이 전제되지 않는 공용환권방식에 의한 경우에는 '이미 조합 앞으로 토지 등에 관한 소유권이전등기가 마쳐져 있는 유형'은 문제되지 않고, 조합이 원천적으로 조합원의 지위를 상실하는 자의 토지 등을 확보하는 방안이 문제될 뿐이다.

나. 조합원 지위를 상실하는 자로부터의 토지 등 확보

정비사업조합이 신탁방식으로 사업을 시행하든, 공용환권방식으로 사업을 시행하든 관계법령의 적용범위에 관한 해석에서 특별히 달라질 것은 없다. 더욱이 앞서 살펴본 바와 같이 도시정비법이 공용환권에 의한 사업시행방식을 전제하고 있어 정비사업을 추진하기 위하여 반드시 조합원의 재산권을 조합에 신탁해야 할 필요가 없음에도 안정적인 소유권의 확보와 소유권의 일괄처리에 따른 사업수행의 용이성 등 정비사업의 원활한 추진을 목적으로 조합이 조합원들과 신탁계약을 체결할 뿐이라면, 공용환권 방식에 의한 정비사업에서도 도시정비법 제47조의 현금청산 규정에 의하여 조합이 조합원 지위를 상실한 자로부터 그 토지 등을 확보할 수 있다고 볼 여지도 있다. 결국 사업시행의 방식은 당초 조합원으로 되지 않은 자와 조합원 지위를 상실한 자로부터 토지 등을 확보하는 방법에 어떠한 영향을 미치지 않는다. 즉, 비조합원에 대하여는 수용과 매도청구로써, 조합원 지위를 후발적으로 상실한 자에 대하여는 현금청산에 따른 반대급부로써 조합이 토지 등을 확보할 수 있도록 한 것이다.

Ⅲ. 조합원 지위의 상실과 현금청산의 관계

1. 조합원 지위의 취득과 상실

가. 개요

주택재건축사업에서는 조합설립에 동의하는 방식으로 그 사업에 동의한 정비구역 내의 건축물 및 그 부속토지의 소유자, 정비구역이 아닌 구역 안의 일정한 주택 및 그 부속토지의 소유자와 부대·복리시설 및 그 부속토지의 소유자만이 해당 주택재건축조합의 조합원 지위를 취득한다(도시정비법 제2조 제9호 나.목, 제19조 제1항). 이는 정비구역 내의 토지등소유자는 모두 조합 설립에 동의하는지 여부와 관계없이 조합원으로 편입되는 이른바 '강제가입제'를 채택하고 있는 주택재개발사업의 경우와 대비된다. 이처럼 주택재건축사업의 시행 시 토지등소유자는 조합설립단계에서부터 조합원과 비조합원으로 나뉘고, 뒤에서 살펴보는 바와 같이 원시적으로 조합원으로 편입되지 않는 토지등소유자에 대해서는 도시정비법이 별도의 규정을 마련하고 있다. 따라서 일단 취득한 조합원의 지위를 후발적으로 상실한 경우와 당초 조합원에 편입되지도 않은 경우를 같은 평면에 놓고서 일률적으로 규율하기는 어려워 보인다. 양자의 이러한 근본적인 차이에서 기인하는 각각의 법률관계에 관해서는 뒤에서 살펴보기로 하고, 재건축조합원의 지위를 상실하는 경우를 들여다보자. 재건축조합원 지위 상실사유에 조합원의 제명 및 탈퇴가 포함된다는 점에는 의문의 여지가 없는데, 나아가 분양신청을 하지 않거나 분양신청기간 종료 전에 분양신청을 철회하는 등으로 도시정비법 제47조 제1항에서 정한 현금청산 대상자에 해당하게 된 경우에도 조합원 지위를 상실하게 되는지 여부는 종래 해석의 영역에 맡겨져 있었다.

나. 현금청산 대상자가 조합원 지위를 상실하는지 여부

(1) 논의의 배경

도시정비법 제47조 제1항은 ① 분양신청을 하지 않은 조합원, ② 분양신청기간의 종료 이전에 분양신청을 철회한 조합원, ③ 인가된 관리처분계획에 따라 분양대상에서 제외된 조합원에 대해서는 그 토지, 건축물 또는 그 밖의 권리를 현금으로 청산하도록 규정하고 있다. 도시정비법에서는, 종래 재건축조합의 조합원으로서 분양신청을 거쳐 대지 또는 건축물을 분양받을 수 있는 잠정적인 지위에 있다가 그 지위를 후발적으로 상실하게 되는 자를 '현금청산 대상자'라는 범주로 편입하고자 한 것으로 볼 수 있다. 그렇다면 분양대상에서 제외된 현금청산 대상자는 재건축조합원으로서의 지위를 완전히 상실하는 것일까? 이는 주택재건축사업의 핵심인 대지 또는 건축물을 분양받을 수 있는 잠정적인 지위를 잃은 자를 조합관계로 구속하여 그들에게 총회의결권 등의 권리를 부여하고 토지나 건축물 제공 등의 의무를 부담시킬 수 있는가 하는 의문에서 출발한 논의이다. 다만, 현금청산 대상자가 조합원의 지위를 상실한다는 것을 명시한 규정이 없어 종래 이를 둘러싼 논란이 있었다.

(2) 견해의 대립

현실적으로 현금청산 대상자에게 조합원으로서의 권리와 의무를 강제할 실익이 없고, 분양신청을 하지 않은 것은 입주자로 선정된 지위 등을 조합에 양도한 것과 다름없다는 등의 근거를 들어 현금청산 대상자가 조합원의 지위를 상실한다고 보는 견해가 종래 주류를 이루었다. 이에 대하여 조합원이 현금청산 대상자에 해당하게 되었더라도 종전의 조합설립 동의가 당연히 그 효력을 상실하는 것은 아니므로, 현금청산 대상자는 여전히 조합정관에서 정한 신탁의무 등을 부담한다고 보는 견해가 유력하게 제시되고 있다.[103)]

(3) 관련 종례 대법원 판결

대법원은 ㉠ 도시정비법 및 조합 정관에서 현금청산조항을 규정한 것은 분양신청을 하지 않은 조합원 등에 대하여는 현금청산이 가능하게 함으로써 재건축사업을 신속하고도 차질 없이 추진할 수 있도록 하려는 데에 그 취지가 있는 점, ㉡ 현금청산 대상자는 조합에 대하여 조합원의 가장 주된 권리인 분양청구권을 행사하지 못하게 되므로 형평의 원칙상 그에 대응하는 조합원으로서의 의무, 즉 사업비 · 청산금 등의 비용납부의무, 철거 · 이주 및 신탁등기 의무 등도 면하게 된다고 보는 것이 타당한 점, ㉢ 분양권을 상실한 현금청산 대상자가 조합에 대하여 신탁등기의무를 부담한다고 보게 되면, 이는 종전 건축물을 재건축하여 새로운 건축물의 소유권을 신탁자에게 이전하려는, 재건축사업에서 본래 예정한 신탁의 목적을 달성하기 위한 등기라고 보기도 어려운 점, ㉣ 분양신청을 받은 후 잔여분이 있는 경우에는 도시정비

103) 김종보, "공용환권의 개념과 법적 효과", 행정법연구 제31호, 행정법이론실무학회, 2011. 12, 45-46면.

법 제48조 제3항에 의하여 보류지로 정하거나 조합원 이외의 자에게 일반분양할 수 있으므로, 결국 분양신청을 하지 않은 것은 입주자로 선정된 지위 등을 조합에 양도한 것과 다름없다고 볼 수 있는 점, ㉤ 재건축조합 가입의 주된 목적을 상실하여 이미 조합의 업무에 관심이 없는 현금청산 대상자에게 조합원으로서의 권리·의무를 부여하는 것은 당사자의 의사에도 부합하지 않는 점, ㉥ 조합의 입장에서도 현금청산을 통해 법률관계를 간명하게 마무리할 수 있을 뿐만 아니라 향후 관리처분계획을 수립·의결함에 현금청산 대상자를 의사정족수에서 제외함으로써 재건축사업을 보다 원활히 추진할 수 있는 점, ㉦ 현금청산 대상자는 조합으로부터 청산금을 지급받을 때까지 조합에 대하여 종전 토지 또는 건축물에 대한 소유권이전등기절차의 이행을 거절할 권리를 가지고 있고, 조합과 사이에 청산금액, 청산방법 등에 관한 협의가 이루어지지 않을 경우 법원에서 적절한 방법으로 이를 평가받을 수 있으므로 현금청산 대상자가 조합원의 지위를 상실한다고 보더라도 불리한 지위에 처하게 될 우려는 없는 점 등을 종합하면, 도시정비법 제47조 및 조합 정관에 따른 현금청산 대상자는 조합원으로서 지위를 상실하는 것으로 보아야 한다고 판시하였다.[104)]

(4) 검토

결론적으로 현금청산 대상자는 조합원의 지위를 상실한다고 보는

104) 대법원 2010. 8. 19. 선고 2009다81203 판결. 이 대법원 판결은 분양신청을 하지 않거나 분양신청을 철회한 조합원의 경우에 관한 것이지만, 이 같은 판결은 분양신청기간 종료 후 분양계약을 체결하지 않은 조합원의 경우에도 그대로 적용될 수 있다. 즉 도시정비법에는 규정되어 있지 않지만 국토교통부 표준정관을 비롯한 대부분의 조합 정관의 규정에 의하면 분양신청기간의 종료 후에 분양계약을 체결하지 아니한 자의 경우 분양신청을 하지 않거나 철회하는 경우에 준하여 현금청산자로 정하여 청산하도록 되어 있다.

것이 타당하다. 위 대법원 판결은 이러한 결론을 뒷받침하는 여러 논거를 제시되고 있는데, 특히 도시정비법 제47조에서 정한 현금청산은 분양대상에서 배제되어 주택재건축사업으로부터 이탈하는 조합원이 조합과의 종전 권리·의무관계를 정리하는 일반적인 절차를 정한 것으로 '청산절차'라는 본질을 지닌다는 점에 주목하여야 한다고 보았다. 현금청산 대상자가 당해 주택재건축사업과 관련된 법률관계를 종료시키고 재산관계를 정리해야 하는바, 원칙적으로 그 사업의 추진과정에 계속 관여할 필요성이 있다고 할 수도 없고, 일반적으로 분양대상인 조합원을 전제로 한 관리처분계획 수립 및 그 인가 이후의 정비사업 추진과정은 당초 그 사업으로부터 이탈하는 조합원의 지위와 들어맞지도 않는다.[105] 결국 도시정비법 제47조가 분양대상에서 배제된 조합원에 대하여 종전의 법률관계를 해소함을 전제로 하는 '청산'을 규정하고 있는 이상, 현금청산 대상자가 조합원의 지위를 상실하는 것은 이미 도시정비법이 예정하고 있다고 보아야 한다. 따라서 주택재건축조합이 재건축사업의 시행을 위하여 현금청산 대상자가 소유하는 토지 또는 건축물을 취득할 필요가 있다고 하더라도 조합이 그 소유권의 이전을 구할 법적 권원을 '조합원으로서의 의무'에서 찾을 수는 없게 된다. 여기서 조합이 현금청산 대상자에 대하여 토지 또는 건축물의 소유권 이전을 구할 수 있는 현행법상의 근거가 무엇인지가 문제된다.

---

105) 정기상, "주택재개발사업에 있어 현금청산 대상자의 확정과 법적 지위", 사법 제21호, 사법발전재단, 2012. 9, 317-318면; 한편, 분양신청은 관리처분절차에 참여할 자와 그렇지 않을 자를 가리는 중요한 기준으로 작동하고, 관리처분의 절차는 분양을 신청한 토지등소유자의 권리배분문제를 정하기 위한 것이므로 분양신청을 하지 않은 자들은 특별한 사유가 없는 한, 절차에 참가할 이유가 없다는 설명으로는, 김종보, "도시환경정비사업에서 시행자와 사업절차의 특수성", 법학논문집 제31집 제1호, 중앙대학교 법학연구소, 2007. 8, 676면.

2. 조합원 지위를 상실한 경우 현금청산 대상자로 되는지 여부

가. 대법원 2013. 11. 28. 선고 2012다110477, 110484 판결 사실관계

원고는 1998년 2월 6일에 창립총회를 개최하여 조합설립 등에 관한 결의를 하였고, 그 무렵부터 2000년 1월 말경까지 아파트 중 전체 구분소유자 4/5 이상, 각 동별 구분소유자 2/3 이상의 동의를 받아 2000년 2월 11일에 서울시 금천구청장으로부터 재건축조합 설립인가를 받았다(이 재건축 결의를 '제1차 결의'라 한다). 제1차 결의 당시 이 사건 아파트 중 000호(이하 '이 사건 제1아파트'라 한다)를 구분소유하고 있던 피고 1과 △△△호(이하 '이 사건 제2아파트'라 한다)를 구분소유하고 있던 ◎◎◎은 제1차 결의에 동의하였고, 피고 2・3은 2005년 2월 25일에 전소유자인 ◎◎◎으로부터 이 사건 제2아파트의 각 1/2 지분을 매수하여 2005년 3월 29일에 소유권이전등기를 마쳤다. 원고는 2005년 10월경부터 새로운 동의서 양식을 작성하여 구분소유자로부터 새로운 재건축 동의를 받고, 2006년 5월 17일에 사업시행변경인가를 받았는데(이 재건축 결의를 '제2차 결의'라 한다), 피고들은 제2차 결의에 동의하지 않았다. 원고가 2006년 4월 11일에 피고 1을 상대로 피고 1이 원고 조합에서 제명되었음을 전제로 매도청구권의 행사를 주장하며 제기한 이 사건 제1아파트에 관한 소유권이전등기청구소송과 피고 1이 2007년 12월 4일에 원고를 상대로 위 제명결의의 무효 확인을 구하며 제기한 소송에서, 원고와 피고 1 사이에 2008년 6월 18일 피고 1의 원고조합원 지위를 확인하여 피고 1이 원고에게 이 사건 제1아파트에 관하여 소유권이전등기절차를 이행한다는 내용의 조정이 성립되었다. 원고는 위 조정에 기하여 2008년 8월

25일에 이 사건 제1아파트에 관하여 신탁을 원인으로 한 소유권이전등기를 마쳤다. 원고는 2006년 11월 22일에 피고 2·3을 상대로 위 피고들이 원고의 조합원임을 전제로 신탁을 원인으로 한 소유권이전등기절차의 이행을 구하는 소를 제기하여 승소판결을 받았고, 2007년 12월 4일에 판결이 확정되었다. 원고는 이 확정판결에 기하여 2008년 5월 15일에 이 사건 제2아파트에 관하여 신탁을 원인으로 한 소유권이전등기를 마쳤다. 원고는 2008년 6월 29일 조합원 총회를 개최하여 피고 1이 원고의 사업 진행을 방해한다는 이유로 피고 1을 제명하는 결의를 하였고, 피고 1은 원고를 상대로 비조합원지위 확인의 소를 제기하여 위 제명결의에 의하여 피고 1이 조합원 지위를 상실하였음을 이유로 승소 확정판결을 받았다. 피고 2·3은 각 원고를 상대로 비조합원지위 확인의 소를 제기하여, 제1차 결의는 재건축 비용의 분담에 관한 사항을 구체적으로 정하지 않아 무효이고, 제2차 결의 등 새로운 재건축 결의에 동의한 바도 없다는 이유로 승소 확정판결을 받았다.

나. 판결요지

대법원은 아래와 같은 이유로 원고의 조합원 지위를 상실한 피고들 소유이던 이 사건 각 부동산에 관하여 이미 신탁을 원인으로 한 소유권이전등기를 마친 원고로서는 피고들을 상대로 하여 별도로 도시정비법 제39조를 준용한 매도청구권을 행사할 필요 없이 조합원 지위의 상실에 따른 신탁관계의 종료와 함께 위 각 아파트의 소유권을 확정적으로 취득하게 되고, 원고는 피고들에게 청산금지급의무만을 부담할 뿐이라고 판시하였다.

즉, 조합원이 분양신청을 하지 않거나 철회하는 경우에는 조합원의 지위를 상실함으로써 현금청산 대상자가 되는데, 조합원이 재건축조합에서 제명되거나 탈퇴하는 등 후발적인 사정으로 그 지위를 상실하는 경우에도 처음부터 분양신청을 하지 아니하거나 철회하는 경우와 마찬가지로 현금청산 대상자가 된다. 도시정비법 제47조에서 재건축조합이 분양신청을 하지 않거나 철회한 토지등소유자를 상대로 그가 출자한 토지 등에 대하여 현금으로 청산하도록 규정한 취지는, 조합원이 조합 정관에 따라 현물출자의무를 이행한 후 조합원 지위를 상실함으로써 청산을 하여야 하는 경우에 그가 출자한 현물의 반환을 인정하지 아니하고 현금으로 지급하도록 정한 것으로 보아야 한다. 이는 조합원이 그 소유의 토지 등에 관하여 재건축조합 앞으로 신탁을 원인으로 한 소유권이전등기를 마친 후 조합원의 지위를 상실함으로써 신탁관계가 그 목적 달성 불능을 이유로 종료된 경우에도 달리 볼 것은 아니므로, 재건축조합은 위 토지 등의 소유권을 취득하기 위하여 도시정비법 제39조를 준용하여 새로 매도청구권을 행사할 필요가 없다. 또한 조합원이 조합원 지위를 상실함으로써 신탁관계가 목적 달성 불능을 이유로 종료된 경우 신탁재산이었던 부동산은 당연히 재건축조합에 귀속되므로, 재건축조합이 먼저 토지등소유자에게 신탁등기의 말소등기와 신탁재산의 귀속을 원인으로 한 소유권이전등기를 한 뒤 다시 토지등소유자가 재건축조합 앞으로 청산을 원인으로 한 소유권이전등기를 밟을 필요는 없다고 봄이 상당하다.

다. 검토

대상판결에서는 조합원이 후발적으로 그 지위를 상실한 경우가 처음부터 분양신청을 하지 않거나 철회한 경우와 다를 바 없다는 이유에서 위와 같은 경우에도 현금청산의 대상에 해당하게 된다고 판시하였다. 이로써 현금청산 대상자는 조합원의 지위를 상실한다는 종전 대법원의 입장에서 더 나아가 이와는 역(逆)으로 조합원의 지위를 상실하면 현금청산 대상자에 해당하게 된다는 점을 확인하였다. 즉, 어떠한 원인으로든 일단 취득한 조합원의 지위를 상실한 모든 경우의 집합은 현금청산 대상자의 집합과 일치한다고 본 셈이다. 다만, 대상판결에서 이러한 결론에 대한 구체적인 근거를 명시하지는 않았기 때문에 그 논거를 추론해볼 수밖에 없다.

재건축조합원의 지위를 상실한 경우에 도시정비법 제47조에서 정한 현금청산절차로 이행된다는 대법원 판결의 결론은 아래와 같은 이유에서 타당하다고 본다. 우선, 당초 그 사업에 동의하지 않아서 비조합원에 해당하였던 경우와 재건축사업에 동의하여 조합원이 되었다가 후발적으로 그 지위를 상실한 경우는 질적으로 구분되어야 한다.[106] 전자의 경우에는 그 토지등소유자가 처음부터 조합관계로 편입되지 않기 때문에 어떠한 단체법적 규율로써 조합이 해당 토지 또는 건축물 등을 확보할 수는 없고, 여기서 조합이 조합관계의 외부에 존재하는 토지등소유자로부터 해당 토지 등을 취득하는 방법이 문제된다. 반면 후자의 경우에는 조합원 지위의 상실이 소급적인 효력을 갖는 것은 아니므로, 그 상실 시점 이전까지는 조합이 관계법령 및 조합정관의 내용에 따라 토지 등을 확보할 수 있는데, 다만 그 지위의 상실과 더불어 종전에 존재하던 법률관계를 정리할 필요가 있다. 전자의 문제의식에 바탕을 두고서 등장한 제도가 도시정비법 제39조에서 정한 매도청구이고, 후자의 종전 법률관계 정리를 목적으로 한

106) '현금청산 대상자 ⇒ 조합원 지위 상실'이라는 명제와 '조합원 지위 상실 ⇒ 현금청산 대상자'라는 명제가 모두 성립할 경우에는 '조합원 지위 상실 = 현금청산 대상자'라는 결론이 도출되는데, 앞서 본 2009다81203 판결에서는 전자의 명제가, 대상판결에서는 후자의 명제가 확인된 것으로 볼 수 있다.

것이 도시정비법 제47조에서 정한 현금청산이라고 볼 수 있다. 다음으로 도시정비법 제47조 제1항은 조합관계로부터 이탈하는 유형 중 주택재건축사업 등 정비사업에 특유한 것을 예시적으로 열거하고, 그 법률효과를 현금청산으로 정한 일반규정이라고 볼 수 있다. 조합원이 그 지위를 상실하는 경우에는 조합이 그를 상대로 청산절차를 이행하여야 하는데, 위 규정은 정비사업의 특수성을 고려한 청산의 일반원칙을 규정한 것으로 이해할 수 있다. 조합원 제명이나 탈퇴 등의 사유는 주택재건축사업 등 정비사업에 특유한 것이 아니어서 특별히 명시되지 않은 것일 뿐이므로, 이를 근거로 위 규정의 적용범위가 열거된 유형으로 한정된다고 해석할 것은 아니다. 따라서 주택재건축사업에서 청산절차를 거쳐야 하는 조합원 지위 상실의 경우에는 위 규정이 적용되어야 한다.

라. 대상판결의 의의와 한계[107)]

대상판결은 조합원의 지위를 상실한 경우에 조합이 해당 토지 등에 관한 소유권을 확보할 수 있는 권원 또는 방법과 관련한 종래의 논의에 해결의 실마리를 제공하였다는 점에서 그 의의를 찾을 수 있다. 적어도 '조합원이 해당 토지 등에 관하여 조합 앞으로 신탁을 원인으로 한 소유권이전등기를 마친 이후에' 비로소 조합원의 지위를 상실한 경우에는 조합이 그 토지 등의 소유권을 취득하기 위하여 별도로 매도청구권을 행사할 필요가 없음을 확인하였다. 그러나 조합 앞으로 소유권이전이 되지 않은 채로 조합원의 지위가 상실된 경우는 여전히 언급이 없다. 이러한 경우 매도청구권의 행사와 현금청산에

107) 정기상, 전게논문 중 "주택재건축사업에 있어 조합원 지위의 상실에 따른 법률관계", 265면 이하 요약.

기반을 둔 규율이라는 서로 다른 종래의 입장이 여전히 대립하고 있는 셈이다.

3. 분양신청 후에 현금청산을 받을 수 있는지 여부

가. 문제의 제기

현금청산 대상자는 원칙적으로는 ① 분양신청을 하지 아니한 자, ② 분양신청기간 종료 이전에 분양신청을 철회한 자, ③ 인가된 관리처분계획에 따라 분양대상에서 제외된 자이다. 그런데 최근 조합에서는 종전 자산가격에 대해 통지를 하지 않고 분양신청을 받으면서 조합원들이 종전 자산가격을 알려달라고 요구하면 분양신청 후에 이루어지는 관리처분단계에서 알려줄 것이니 일단 분양신청을 하고 나중에 종전 자산가격이 마음에 들지 않으면 '분양계약'을 체결하지 않는 방법으로 현금청산을 받을 수 있다고 말하여, 많은 조합원들이 이 말을 곧이곧대로 믿고 분양신청을 하는 경향이 많다. 종전 자산가격을 알려주지 않고 분양신청 통지를 한 것에 대해 대법원은 적법하다고 면죄부를 준 바 있다(대법원 2014. 2. 13. 선고 2011두21652 판결). 과연 분양신청기간 종료 후에 분양계약을 체결하지 아니한 자도 현금청산을 받을 수 있는 것인가가 문제된다.

나. 정관규정

국토교통부 표준정관 제44조 제5항은 "조합원은 관리처분계획인가 후 ○일 이내에 분양계약체결을 하여야 하며 분양계약체결을 하지 않는 경우 제4항의 규정을 준용한다"라고 규정하여, 이미 분양신청을 하였더라도 일정기한까지 분양계약을 체결하지 아니한 조합원에 대해서는 현금청산을 할 수 있도록 규정하고 있는데, 이와 같은 규정을 정관에 두고 있는 경우 정관규정에 의하여 현금청산을 요구할 수 있는지가 문제되는 것이다.

다. 관련 판례

이에 대해서는 하급심의 판결이 엇갈리고 있었다. 즉 위와 같은 정관규정은 법에 반하여 무효라는 판결(인천지방법원 2006가단35208, 137777 판결), 정관규정은 당연히 유효하므로 현금청산이 가능하다는 판결이 대립하고 있었다(수원지방법원 2006가합12209 판결). 그러나 최근 대법원 판결로 현금청산이 가능한 것으로 정리되었다. 즉, 대법원은 "분양계약 체결기간 이내에 분양계약을 체결하지 아니함으로써 특별한 사정이 없는 한 현금청산 대상자가 될 수 있다. 이러한 정관 규정은 조합원으로 하여금 관리처분계획이 인가된 이후라도 조합원의 지위에서 이탈하여 현금청산을 받을 기회를 추가적으로 부여하기 위한 데 그 취지가 있으므로 그 내용이 구 도시정비법에 위배되어 무효라고 볼 수 없다"라고 판시하였다(대법원 2011. 7. 28. 선고 2008다91364 판결). 또한 이 사건에서 대법원은 "조합과 조합원이 도시재개발사업시행과정에서 시공사에 대한 공사비 지급, 신축건물에 대한 조합원의 입주 및 분양대금 납부 등을 둘러싼 권리·의무관계를 원활하게 조정하고 이를 구체화하기 위하여 사법상 계약의 형태로 개별적인 약정을 체결하는 것은 그것이 재개발조합과 조합원의 자유로운 의사의 합치에 기하여 이루어진 것인 이상 총회결의 절차를 반드시 거쳐야 한다고 볼 수 없으며, …사법상 계약에서 조합원에게 정관이나 관리처분계획 등에서 예정하지 아니한 급부의무에 관하여 정하고 있다는 사정만으로 위 사법상 계약이 무효로 되는 것이 아니다"라고 판시하여,

조합원 분양계약을 유효하다고 인정하였다.

라. 문제의 발생

그런데 문제는 조합이 실제로 분양계약체결기간을 설정하고 분양계약에 착수하여야만 분양신청을 한 조합원이 분양계약을 체결하지 아니하고 현금청산을 받을 수 있는 것인데, 조합이 분양계약체결에 나서지 않으면 현금청산을 받을 수 없다는 것이다. 심지어 대법원은 정관에 "관리처분인가일로부터 90일 이내에 분양계약체결을 하여야 하며, 이때까지 분양계약을 체결하지 않으면 현금으로 청산한다"라고 규정되어 있다고 하더라도, 이 경우 실제로 조합이 분양계약체결에 나서지 않는 한 관리처분인가일로부터 90일 지났다는 사유만으로는 현금청산을 받을 수 있는 것이 아니라고 판시하고 있다(대법원 2012. 5. 9. 선고 2010다71141 판결).

이처럼 조합은 분양계약체결기간에 대해 자유롭게 정할 수 있으므로, 분양신청을 한 자에 대해서는 이주비를 지급하고 이사를 할 것을 종용하고 재건축에서는 신탁등기까지 청구할 수 있는 것이다. 그 후 착공을 하고 일반분양까지 한 후에 비로소 분양계약체결기간을 설정할 수도 있는 것이다. 그러면 분양신청을 한 자는 이때에 분양계약을 체결하지 아니하고 현금청산을 받을 수 있는데, 만일 재건축이면 신탁등기를 조합에게 해 주었으므로 조합은 이주비를 제외한 나머지 현금청산금을 적극적으로 지급하려 들지 않아 할 수 없이 현금청산자가 거꾸로 소송을 제기하는 것이고, 나아가 재건축은 사업비까지 분담을 하여야 하므로(물론 필자는 반대한다. 재건축에서 사업비를 분담하여야 한다는 판결은 대법원 판결은 아니고 고등법원 판결이다. 한편 재개발은 사업비 분담의무는 없다는 것이 서울행정법원 판결이다) 더더욱 손해를 보는 것이다. 재개발도 신탁등기를 제외하면 같다. 나아가 현금청산금을 산정함에도 건물은 철거되고 토지도 형상이 변하여 제대로 평가받기가 어려워 이중으로 손해를 보는 것이다. 극단적으로 조합이 분양계약체결을 준공검사 이후에 하던지 생략을 하면 아예 현금청산이 불가하기도 하다. 조합이 반드시 조합원과 분양계약을 체결할 의무는 없는 것이고, 분양계약을 체결하지 않는다고 하더라도 이전고시는 가능하다고 보아야 한다.

마. 소결

따라서 현금청산을 받기를 원한다면 분양신청을 하지 않는 것이 타당하다. 후일 정관에 규정이 있다면 그 규정에 기해 분양계약을 체결하지 않음으로써 다시 현금청산을 받을 수 있기는 하나, 이러한 절차는 매우 복잡하고 어려움을 감안하여 분양신청 여부를 처음부터 신중히 정하여야 할 것이다.

IV. 현금청산 시 감정평가기준 및 방법

1. 관련 규정

도시정비법 시행령 제48조에서 규정하고 있는 바와 같이 현금청산금액은 원칙적으로 사업시행자와 토지등소유자가 협의하여 산정할 수 있다. 다시 말하면 현금청산에 대한 감정평가 없이 청산금을 협의하여 산정할 수 있다는 의미이다. 그러나 청산금액에 조합과 현금청산자 간 이견이 있기 마련이고 조합은 사업의 투명성과 청산금액의 적정성을 담보하기 위해서 임의적으로 청산금액을 책정하기 어려운 현실적인 이유로 감정평가를 통하여 정하고 있는 것이 일반적이다.[108] 실무적으로 현금청산 시 재건축의 경우는 시행령 제48조의 규정에 의거 시장·군수로부터 추천받은 감정평가업자 2인이 평가한 산술평균금액을 기준으로 협의하고, 협의불성립 시 현금청산소송을 제기하여 소유권을 이전해 오는 반면, 재개발의 경우는 도시정비법 제38조 및 제40조의 규정에 따라 '공익사업을 위한 토지 등의 취득 및 보상에 관한 법률(이하, 토지보상법이라고 함)'이 정하는 절차와 방법에 의거 소유권을 이전해 오고 있다. 물론, 재개발의 경우에도 재건축의 경우처럼 시장·군수로부터 추천받은 감정평가업자 2인이 평가한 산술평균금액을 기준으로 협의할 수 있으나, 이러한 협의가 불성립 시 토지보상법 절차에 의한 협의과정을 다시 진행해야 하는 번거로움이 있기 때문에 협의 절차를 거치지 않고 곧바로 토지보상법에 의한 보상절차를 진행하고 있는 것이다.

2. 평가방법 등

먼저, 주택재개발사업에서의 현금청산 감정평가는 개발이익을 배제하여 평가하고 있다. 재개발 현금청산 감정평가는 실무적으로 토지보상법에 의한 협의평가가 적용되므로 토지보상법에서 규정하고 있는 평가기준과 방법을 준용해서 평가하면 된다. 예를 들어, 재개발사업으로 인하여 용도지역이 2종 일반주거지역에서 3종 일반주거지역으로 변경된 경우라면 2종 일반주거지역으로 평가하면 되고, 당해 재개발사업으로 인한 공법상 제한은 그 제한이 없는 상태를 기준으로 평

108) 즉, 도시정비법에서는 현금청산 대상자들에 대한 청산금은 사업시행자와 현금청산 대상자가 협의에 의해 그 금액을 정하되, 협의가 성립되지 않을 때에는 공익사업보상법에 의한 수용절차로 이행될 것을 예정하고 있다고 보아야 할 것이다(대법원 2008. 3. 13. 선고 2006두2954 판결).

가하여야 할 것이다. 기타 연도별 비교표준지 선정, 시점수정, 기타요인 보정(보상선례 선택의 적정성) 문제 등 평가방법 역시 원칙적으로 토지보상법에서 정하고 있는 기준과 방법에 따라야 할 것이다. 다만, 도시정비법 제40조 후단 단서조항에 따라 손실보상의 기준 등에 관하여 별도로 규정되어 있는 경우에는 그 보상 기준과 방법에 따라 평가하여야 할 것이다. 예컨대, 도시정비법 시행규칙 제9조의2 제1항에 따라 휴업기간은 토지보상법시행규칙 제47조 제2항에 따른 휴업기간(3개월 이내)에도 불구하고 4개월 이내로 평가하여야 한다.

다음으로, 현금청산 감정평가액이 종전자산 감정평가액보다 높은지 여부와 관련하여, 재건축사업은 '개발이익을 배분하는 관리처분방식'인 반면 토지보상법에 근거한 보상은 '개발이익을 배제하는 수용사용방식'으로 양자에는 근본적인 차이가 있다. 즉, 재건축의 종전자산 평가는 관리처분계획을 수립하기 위하여 조합원들 사이에 분배의 기준이 되는 권리가액을 산정하는 데 주된 목적이 있는 반면, 토지보상법에 의한 보상평가는 공익사업 시행 시 보상가액을 정하기 위한 것으로 정당한 보상액을 정하는 데 주된 목적이 있어 양자에 차이가 있는 것이다. 다시 말하면, 재건축 종전자산 평가는 관리처분 시 조합원이 납부해야 하는 부담금산정의 기준이 되므로 절대적인 가격보다 상대적인 가격, 즉 조합원 간의 형평성과 적정한 가격균형 유지가 무엇보다도 중요하게 된다. 따라서 재건축 종전자산 평가는 종전자산 평가액에 개발이익을 반영하여 평가할 수도 있고, 반대로 개발이익을 배제하고 평가하여도 조합원 간 형평성을 유지한 평가라면 종전자산 평가목적에 부합하는 것이다.109) 특히, 현금청산 평가액이 종전자산평

109) 그러나 실무상 일부 감정평가사들은 여전히 종전 자산 평가를 토지보상법에 의한 보상평가와 동일한 것으로 간주하여 현금청산 평가액이 종전자산평가액보다

가액보다 높은 경우에는 자칫 대부분의 조합원들이 현금청산을 요구하게 되는 사태를 가져올 수 있다는 점을 주의해야 한다. 또한 당해 사업이 근본적으로 사업성이 없는 경우는 물론, 실무적으로 현금청산 평가액이 종전자산 평가액보다 높게 평가될 것이라는 조합원들의 (잘못된) 판단으로 인해 현금청산이 발생하는 경우가 늘어나 현금청산 감정평가 시 종전자산 평가액에 개발이익이 반영되었는지 여부를 제대로 검토하여야 한다. 투자적 측면에서 현금청산을 선택하지 않은 조합원들은 장래 불확실한 사업리스크를 안고 있는 반면, 현금청산을 선택한 조합원들은 그러한 리스크를 부담하지 않는다는 기초하에서 가급적 개발이익을 배제하고 그 부동산이 가지고 있는 고유의 정상가치를 반영한 적정한 현금청산 감정평가를 이루어야 할 것인바, 적정한 감정평가를 위해서는 기술적으로 관리처분계획에 반영된 종전자산평가액, 권리가액, 부담금, 사업비, 조합원분양가격 및 일반분양가격 등의 적정성을 검증하는 과정도 함께 요구된다.[110]

3. 현금청산 시 감정평가 기준시점 문제

가. 쟁점

도시정비법은 현금청산금의 평가 기준일을 명확히 규정하지 않아 분쟁의 소지가 되어 왔다. 현금청산 대상자에게 청산금을 지급하기 위한 협의를 하기 위해 감정평가가 필요하고, 협의가 안 되어 소송을 제기하거나 토지수용절차에 따르게 되더라도 감정평가를 하게 된다.

무조건 높게 평가되는 것으로 잘못 알고 있는 것이 현실이다.

110) 조근렬, "재개발 현금청산, 감정평가가 사업의 성패좌지우지 한다!", KAPA FOCUS 2, 한국감정원, 2012. 12, 17-18면.

그런데 이러한 감정평가를 할 때 그 기준일을 언제로 삼을지가 문제된다.[111] 결론은 현금청산 대상자에 해당하게 된 날을 기준으로 봄이 상당하다. 왜냐하면 현금청산 대상자는 ① 분양신청을 하지 아니 한 자, ② 분양신청을 철회한 자, ③ 관리처분계획에 따라 분양대상에서 제외된 자 등 3가지 종류가 있는데, 이 3가지에 해당하게 되는 날짜가 각각 다르기 때문이다. 또한 현금청산 대상자들에게는 부동산가격이 상승기에 있으면 가급적 늦은 시점을 기준으로 하여 감정평가를 하는 것이 유리할 것이고, 하락하는 추세에 있을 경우에는 가급적 과거의 시점을 기준으로 하여 감정평가를 하는 것이 유리할 것이다. 사업시행자의 입장에서는 당연히 현금청산자와는 입장이 반대일 것이다. 따라서 감정평가시점을 언제로 정할지 결정하는 것은 매우 중요한 문제이다.[112]

나. 관련 판례

판례는 '현금청산 사유가 발생한 시기'를 현금청산금의 평가기준일로 보고 있다. 즉, 분양신청을 하지 않은 토지등소유자에 대한 청산금 지급의무 발생 시기는 시행자가 정한 '분양신청기간 종료일의 다음 날'이라고 보고 있으며, 현금청산의 목적물인 토지・건축물 또는 그 밖의 권리가액을 평가하는 기준시점은 청산금 지급의무가 발생하는 시기인 '분양신청기간 종료일의 다음 날'로 보고 있다(대법원 2011. 1. 27. 선고 2008두14340 판결, 수원지방법원 2010. 6. 18 선고 2009가합

111) 감정평가업자가 선정되면 선정된 감정평가업자에게 현금청산 대상 부동산에 대하여 감정평가를 의뢰하게 된다. 감정을 하는 기준시점이 언제인가에 따라서 해당 부동산의 감정평가금액이 다르게 나오기 때문이다.

112) 조필규, "도시정비사업의 현금청산 실태와 개선방안에 관한 연구", 토지공법연구 66집, 2014. 8, 10면 이하.

8760 판결, 대법원 2009. 9. 10 선고 2009다32850 판결). 또한 조합정관에 분양계약 미체결자를 현금청산 대상자로 정한 경우, 시행자의 청산금 지급의무는 '분양계약체결기간 종료일의 다음 날'로 보고 있다(수원지방법원 2010. 6. 18. 선고 2009가합8760 판결).

다. 개별 검토

(1) 분양신청을 하지 아니한 자

조합원 분양신청기간 내에 분양신청을 하지 않게 되면 신청기간이 종료됨과 동시에 현금청산 대상자로 분류가 된다. 따라서 현금청산 대상자로 최종적으로 분류가 된 날이 중요한 시점이 되는 것이다. 그래서 분양신청기간을 1차만 하고 끝내는 경우에는 '1차 분양신청기간이 종료한 그 다음 날'을 기준으로, 분양신청기간을 연장하여 2차 분양신청기간을 준 경우에는 '분양신청연장기간이 종료된 날의 다음 날'을 기준으로 감정평가를 함이 상당하다. 다만 문제가 되는 것이 법이 정하는 연장기간을 다 소모한 뒤에 조합이 추가로 분양신청기간을 다시 주었을 경우의 감정기준일이다. 이에 대해서는 ① 분양신청기간이 마지막으로 종료된 뒤에 다시 추가분양신청기간을 준 것은 이미 현금청산자로 분류된 분양미신청자에게 다시 기회를 준 것에 불과하기 때문에 감정기준일은 '1차 또는 연장된 기간이 종료된 다음 날'이 기준일이라고 해석하는 경우와 ② 사정이 어찌되었건 조합에서 마지막으로 분양신청기간을 추가로 준 것이므로 분양미신청자로 최종 확정된 것은 최종 분양신청기간이 종료된 날이기 때문에 그 다음 날을 기준으로 하여 감정평가를 하여야 한다는 두 가지 견해가 대립되고 있다.[113] 이는 조합과 조합원 중 누구에게 유리한가의 문제로서

113) 김조영, "쉽게푸는 재건축, 재개발, 조합원분양신청과 현금청산", 국토, 2014,

건설부동산 경기 및 감정 전후 제반 경제흐름에 따라 감정시점에 따른 감정가가 달라질 수 있는 것이므로 어찌 보면 청산 시마다 분쟁 발생이 불가피하다. 그러므로 이러한 논란의 여지를 없애기 위해서는 두 가지 견해 중 어느 하나로 특정하여 관련 정관이나 시행 규칙 등에 명문화함이 상당하다.

(2) 분양신청을 철회한 자

분양신청을 하였으나 자신이 한 분양신청을 철회하는 경우가 있는데, 이때 분양신청 철회는 분양신청기간 내에서만 철회가 가능하도록 대법원 판례(2011. 12. 22. 선고 2011두17936 판결)에 의하여 확정되었기 때문에, 분양신청을 철회한 자도 결국에는 해당 분양신청기간이 종료된 날의 다음 날을 기준으로 하여 감정평가를 하면 될 것이다.

(3) 인가된 관리처분계획내용에 의하여 분양대상에서 제외된 자

통상적으로 분양신청까지는 하였으나 분양계약을 체결하지 않는 자에 대하여 관리처분계획에서는 분양대상자에서 제외하고 있다. 즉, 분양계약을 체결하지 않은 경우에도 현금청산 대상자가 되는데, 이때는 분양계약체결기간이 종료되면 분양대상자는 그 다음 날로부터 현금청산 대상자가 되기 때문에 '분양계약기간 종료일 다음 날'을 기준으로 하여 감정평가를 하면 될 것이다. 그런데 도시정비법 제47조가 2012년 2월 1일에 개정되어 '관리처분계획에 따라 분양대상에서 제외된 자는 관리처분계획의 인가를 받은 날의 다음 날로부터 150일 이내에 현금청산'을 하도록 규정되어 있다가 2013년 12월 24일에 또 다시 개정되면서 위 조항을 삭제하였다. 그러므로 현재 위 조항이

125면 이하.

존재하지 않기 때문에 관리처분계획에 의하여 분양대상에서 제외된 자인 분양계약 미체결자는 대법원 판례에 따라 분양계약체결기간 종료일 다음 날을 기준으로 감정을 함이 상당하다.114)

4. 소결

부동산경기 침체 시의 과다한 현금청산은 남은 조합원들의 부담증가는 물론 해당 정비사업이 좌초될 수 있다는 점에 유의하여 토지보상법에서 정하고 있는 평가기준과 방법에 의한 적정한 보상평가가 이루어져야 한다. 또한 조합은 현금청산에 대한 감정평가 기준 및 방법을 분양신청 이전에 조합원들에게 충분히 고지하여 선의의 피해자가 양산되지 않도록 주의해야 할 것이다. 이와 관련하여 현금청산 관련 소송사례를 고려할 때 청산금의 평가기준일을 현금청산 발생 시기에 따라 각각 상이하게 적용하는 것이 합당한지에 대한 검토가 필요하다. 중도 탈퇴 조합원이 보다 더 높은 현금청산금을 받고자 하는 경향에 비추어 청산금의 지급 목적이나 지급 필요 시점 등을 고려하여 일관된 평가기준 시점을 확립할 필요가 있는 것이다. 구체적으로, 관리처분계획 수립 시 평가 기준일인 사업시행인가고시일로 일원화하는 방안이 하나의 대안이 될 수 있다. 이는 현행 관리처분계획 수립 시 분양조합원에 대한 종전자산의 평가기준시점인 '사업시행인가고시일'을 현금청산 대상자에게도 동일하게 적용하는 방안이다. 현금청산은 소유권이전과 동시이행관계에 있고, 소유권의 이전은 궁극적으로 관리처분인가 이후 이주단계에서 필요하므로 시행자는 이주단계에서 현금청산

---

114) 박영균, "주택재건축사업의 감정평가 쟁점에 관한 연구", 건국대학교 부동산대학원, 석사학위논문, 2009, 67면 이하.

금의 지급과 동시에 현금청산 대상자의 소유권을 이전하는 것이 바람직할 수 있다. 즉, 이주단계 이전의 행정절차인 '관리처분인가 고시일'을 기준으로 일정기간(예: 90일이나 120일 등)[115] 이내 지급하도록 지급기준을 일원화하는 것이 타당하다. 다만 정당보상의 개념을 반영하여, 현금청산금의 실질적인 지급시점에서 평가기준 시점을 보정(예를 들어 물가상승률 등을 반영)하는 방식으로 보완함이 상당하다.

V. 결론

주택재개발사업과 달리 당해 사업에 동의한 토지등소유자만을 조합원으로 편입하는 주택재건축사업에서 조합원과 비조합원은 전혀 다른 법적 지위를 갖는다. 기본적으로 비조합원은 당초부터 조합관계의 외부에 존재하기 때문에 단체법적 규율을 지울 수 없기 때문이다. 그러나 공공성을 띠는 재건축사업의 추진을 위하여 조합이 비조합원의 토지 등을 확보할 필요가 있고, 도시정비법이 그 확보의 방법으로 인정한 것이 도시정비법 제39조에 따른 매도청구이다. 반면에 조합원의 지위를 상실한 경우는 조합원 지위의 후발적 소멸로서 비조합원의 경우와 같은 논의의 평면에서 바라볼 수는 없다. 현물출자의무를 부담하던 조합원이 그 지위를 상실한 경우에는 이미 존재하던 법률관계를 정리한다는 측면에서의 '청산'이라는 문제가 남을 뿐이고, 이를 규율하는 일반규정이 도시정비법 제47조라고 보아야 한다.

결국 공용환권 방식을 전제로 한 도시정비법 체계 아래에서 재건축조합이 토지 등에 관한 소유권을 이전받아야 할 경우는 토지등소유

115) 실무관행상 관리처분인가 이후 이주단계에서 이주주택의 확보 등에 최소 3, 4개월 정도의 기간이 필요한 것으로 본다.

자가 원천적으로 조합관계 밖에 있는 경우(비조합원)와 조합원이 조합관계에서 이탈한 경우(조합원 지위의 상실) 뿐인데, 양자의 성질이나 조합과의 관계에서의 권리의무 등에 비추어 각각의 경우에 대한 규율은 전혀 다를 수밖에 없다고 본다. 대법원 2013. 11. 28. 선고 2012다110477, 110484 판결에서 신탁방식에 의한 재건축사업을 시행하고 있는 조합이 해당 토지 등에 관하여 이미 조합 앞으로 신탁을 원인으로 한 소유권이전등기를 마친 이후에 비로소 조합원의 지위를 상실한 자들을 상대로 하여 별도로 매도청구권을 행사할 필요 없이 그 토지 등에 관한 소유권을 갖는 것이고 단지 청산금을 지급할 의무만을 부담할 뿐이라고 한 결론은 타당하다.[116]

나아가 현재 도시정비법은 조합설립에 관한 규정은 있으나, 조합의 해산 등에 관한 근거 규정이 제대로 마련되어 있지 않아 사단법인에 관한 일반 민법규정이 준용(도시정비법 제27조)되어 어려움이 따르는 것이 현실이다. 이를 고려하여 현금청산 증가 등으로 해당 사업의 정상적인 추진이 어려울 것으로 판단될 경우에 대한 후속 조치에 관한 법적근거를 마련할 필요가 있다. 즉 사업시행자가 현금청산대상의 과다발생으로 정비사업추진이 어려울 것으로 판단될 경우 도시정비법 제2조에 따른 정관 등에서 정한 일정 비율 이상의 조합원의 동의를 얻어 정비사업의 일시중지 또는 중단, 시기조정, 제16조의2[117]에 따

116) 다만, 도시정비법에서 예정하고 있지도 않은 '현물출자의무의 이행으로서의 신탁을 원인으로 한 소유권이전등기의 경료 여부'를 기준으로 매도청구권 행사의 요부(要否)를 판단하는 입장에는 의문이 있다. 결국 대법원 2013. 11. 28. 선고 2012다110477, 110484 판결이 조합원의 지위를 상실한 자를 상대로 한 재건축조합의 토지 등 확보방법에 관한 종래의 대립(충돌) 국면을 정리하지 않은 채 적용범위를 한정하여 결론을 도출한 것은 아쉬움으로 남는다.

117) 2012년 개정으로 신설된 제16조의2에 의하면, 추진위원회 구성 및 조합설립에 동의한 토지등소유자·조합원의 2분의 1 이상 3분의 2 이하의 범위에서 조례로

른 조합해산 등을 의결할 수 있도록 도시정비법령이나 조합정관 등의 개정118)이 필요하다.

제6절 조합설립인가처분 무효 시 조합임원 처벌여부

Ⅰ. 서설(사례)

'갑' 조합장은 조합 설립 인가 후 총회 결의를 거치지 않고 용역업체를 선정하였고, 이에 구역 내 조합원 중 일부가 '갑' 조합장을 도

정하는 비율 이상의 동의 또는 토지등소유자·조합원 과반수의 동의로 추진위원회·조합의 해산을 신청하는 경우와 정비구역 등의 지정이 해제된 경우에는 추진위원회의 승인 또는 조합 설립인가를 취소하도록 하였다. 그리고 시·도지사 또는 시장·군수·구청장은 추진위원회의 승인이 취소된 경우 해당 추진위원회가 사용한 비용의 일부를 시·도조례가 정하는 바에 따라 보조할 수 있도록 하였다. 토지등소유자의 요청이 있는 경우, 시장·군수는 토지등소유자의 의사결정에 필요한 정보를 제공하기 위하여 개략적인 정비사업비, 추정 분담금 등을 조사하여 토지등소유자에게 제공할 수 있으며, 이 경우 시·도지사는 조사비용의 전부 또는 일부를 지원할 수 있도록 하였다. 특기할 만한 것은 위 조항의 대부분이 공포일로부터 2년간만 유효하다는 것이다(2012. 2. 1. 제11293호 부칙 제2조). 이는 정비사업의 시행이 어려운 사업지의 경우에는 가급적이면 위 유효기간 내에 퇴출할 수 있도록 독려하는 차원이라고 할 수 있다. 문제는 출구전략의 시행으로 인하여 사업이 무산된 경우 그 비용을 어떻게 할 것인가에 있다. 개정법에서는 추진위원회의 경우에 한정하여 그 일부만 조례에 의하여 시·도지사 또는 시장·군수·구청장이 보조할 수 있게만 규정하고 있기 때문에 앞으로 출구전략의 시행으로 인한 매몰비용에 관련된 해결방안의 모색이 절실하다.

118) 다만 위와 같이 조합해산에 대한 근거 규정이 마련될 경우, 비대위 관계자를 중심으로 조합해산을 위한 주민동의 수집 등 오히려 정비사업의 원활한 추진이 저해될 가능성이 있다는 비판이 가능하나, 조합해산 시 발생하는 매몰비용을 조합설립에 동의한 조합원에게 일정부분 배분하는 원칙을 정립한다면 조합해산에 대한 주민동의는 신중히 진행될 수밖에 없을 것이다. 아울러, 조합해산의 원인이 될 수 있는 무분별하고 과다한 현금청산발생도 일부 제어될 수 있을 것으로 예상된다.

시정비법 제24조 제3항 제5호, 동법 제85조 제5호 위반을 이유로 형사고소하였고, 항소심까지 벌금형이 선고되었으나 항소심 판결 후 조합설립인가처분이 무효라는 대법원 판결이 확정됨으로 인해서 형사사건 상고심에서 '갑'의 조합 임원 지위를 인정할 수 있는지 여부가 문제가 되었다.

II. 리딩케이스: 대법원 2014. 5. 22. 선고 2012도7190 전원합의체 판결

1. 다수 의견

'조합 임원이란 도시정비법에 따라 정비사업을 시행하기 위해 토지등소유자로 구성돼 설립된 조합이 둔 조합장, 이사, 감사의 지위에 있는 자이며 조합설립인가처분을 받았다 하더라도 처분이 무효여서 처음부터 조합이 설립됐다고 할 수 없는 때에는 조합장, 이사 또는 감사로 선임된 자는 도시정비법 위반죄의 주체인 조합 임원에 해당하지 않는다'고 판시하면서 항소심 판결을 파기 환송하였다.

2. 반대 의견

"조합에 대한 설립인가처분이 무효인 경우에도 도시정비법상 조합 임원이 금지조항을 위반하여 범죄가 성립할 수 있다. 도시정비법의 임원 처벌 규정은 조합이 투명하고 공정하게 운영되도록 하기 위해 만들어진 규정이며 조합원과 조합의 법적 이익이 보호될 수 있기 위해서는 조합의 최종적인 운명과 관계없이 조합설립인가 시점부터 조합이 지위를 상실하는 판단을 받는 시점까지 또는 조합의 지위가 소멸되는 시점까지 조합 임원의 의무가 존재한다고 해석해야 한다. 조합에 대한 설립인가처분이 무효로 확인됐다고 하더라도 조합이 행정청으로부터 조합설립인가처분을 받아 법인으로 등기한 이상 '갑'은 조합의 임원에 해당하며, 조합임원으로서 실체가 부정돼 범죄가 성립하지 않는다고 해석하면 행위 당시의 시점에서 범죄 성립 여부를 확정할 수 없어 부당하다"라고 판시하였다.

Ⅲ. 결론

위 반대 의견에 대해서는 3인의 대법관이 다수 의견에 대한 보충의견을 통해서 재반박을 하였다. 그 주된 내용은 '이 사건은 조합설립인가처분이 무효여서 처음부터 정비사업을 시행할 수 있는 행정주체인 조합이 성립되지 않은 경우로, 일단 조합이 유효하게 성립됐다가 처분이 취소돼 사후적으로 조합의 지위를 상실하는 경우와는 구별돼야 한다. 행정처분이 무효라는 것은 처음부터 아무런 법적 효력이 발생되지 않은 것을 의미하고, 조합으로서의 법적인 실체를 인정할 수 없는 이상 조합의 임원으로서의 실체도 인정될 수 없다. 도시정비법상 조합의 임원을 조합설립인가처분이 무효여서 조합이라는 법적 지위를 전혀 인정할 수 없는 경우까지 포함한다고 해석하는 것은 형벌 법규를 피고인에게 불리한 방향으로 확장 해석하는 것으로 죄형법정주의 원칙에 어긋난다'는 것이다.

반대의견처럼 형벌법규가 명령이나 금지를 담은 행위규범으로서 기능하는 면이 있다고 하더라도, 형사처벌 여부는 형사재판을 통하여 최종적으로 확정되는 것이고, 형사재판에서는 공판절차에서 최종적으로 드러난 법률관계 및 사실관계에 의하여 유죄 여부를 가려야 함은 부정할 수 없을 것이다. 그리고 비록 행위 당시에는 행정처분에 의하여 위법성 내지는 가벌성을 가지더라도 그 후 행정처분이 취소되어 최종적으로 위법성 내지는 가벌성이 없는 것으로 확정된 경우에, 행위 당시에 존재하였던 과거의 행정법적 의무 및 그 의무위반을 근거로 처벌할 것인지 아니면 이미 행정법적 의무 및 그 의무위반이 없는 것으로 확정된 상태에 기초하여 무죄로 판단할 것인지 문제될 수 있지만, 과거에 존재하였던 행정법적 의무를 위반한 행위를 처벌할 수 있는 규정이나 근거가 명확하지 아니한 상태에서 과연 이를 처벌하여야 한다는 견해가 타당하다고 할 수 있을지 의문이며, 다수의견에 대한 보충 의견이 내세우듯 오히려 죄형법정주의의 원칙 및 무죄추정의 원칙에 비추어 볼 때에 다수의견과 같은 취지의 해석론 역시 가능하다고 보인다.

제7절 정비사업조합의 조세법적 쟁점

Ⅰ. 정비사업조합의 조세법적 지위(영리법인성 여부를 중심으로)

1. 쟁점

도시정비법이 시행되기 전에는 재건축조합의 법인성에 대하여 해석상 다툼이 있었다. 그러나 현행 도시정비법 제18조에서는 주택재개발조합과 재건축조합을 정비사업조합이라는 명칭으로 통합하여 법인으로 규정하고 있다. 따라서 현행법상으로는 정비사업조합은 법인이 되며, 조합설립인가를 받은 후에 설립등기를 함으로써 성립하는 것이다. 즉, 도시정비법상 재건축조합은 그 명칭 중에서 정비사업조합이라는 문자를 사용하여야 하고, 사업비용의 부과 및 연체료를 강제로 징수할 수 있을 뿐만 아니라, 자료의 제출, 임원의 개선 등 행정청에 의한 감독을 받으며, 조합의 임・직원은 형법 뇌물죄의 적용상 공무원의 취급을 받는 등 도시정비법 규정 내용에 비추어 볼 때 공법상 법인이라고 보아야 할 것이다.[119] 이와 같이 현행법은 정비사업조합을 법인으로 보도록 하고 있는데, 실제로는 여전히 조합으로서의 성격을 지니고 있으며, 정비사업조합이 법인이라고 할 경우 당해 법인이 영리법인지 또는 비영리법인지의 여부가 문제가 된다.

정비사업조합은 도시정비법에 따라 법인으로 의제되는 조직체로, 주택재건축과 주택재개발의 두 사업에 따라 각각 설립될 수 있는데, 전자에 따라 설립되는 경우 후자의 경우보다 공공성이 낮고 영리성은 강한 반면, 후자의 경우에는 공공적인 측면이 강조되는 특성이 있다. 따라서 전자의 경우에는 영리법인, 후자의 경우에는 비영리법인으로 법적 성격이 파악될 필요가 있다. 다만, 현재 조세특례제한법에서는 한시적인 기간을 두고, 일괄적으로 양자를 비영리법인으로 의제하고 있는 특징이 있다. 또한 양자는 사업의 수행 및 운영 측면에서 볼 때, 실체[120](Entity)의 측면보다는 수익 또는 사업목적 달성을 위한 도

119) 김명섭, "주택재건축 관련 취득세 논의", 「사법논집」 제42집, 법원도서관, 2006. 12, 242면.

120) 실체설은 법인 또는 조합이 독자성을 갖추고 있는 존재로서, 구성원과는 별도로 취급할 필요가 있다고 판단한다. 이 견해에 따르면, 정비사업조합의 경우 법인격 있는 법인으로서 독자성을 갖추고 있으므로 법인으로서 과세상 취급을 받을 필요가 있게 된다. 따라서 조합원이 현물출자를 하게 되는 경우 이에 대한 양도소득세 과세문제가 발생하고 주택재건축 또는 재개발에 따른 수익에 대한 법인세

관[121](Conduit)의 성격이 강하므로, 이에 따라 과세제도가 구성될 필요성이 있다.[122]

2. 도관설 및 실체설에 따른 조합에 대한 과세 취급[123]

구 분	도관설	실체설
조합에 대한 출자	① 과세 없음 ② 다만 조합원이 자신의 출자이상의 지분을 취득한 경우에는 과세	① 조합에게 법인세(소득세) 과세 ② 이익 분배 시, 조합원에게 소득세 과세
사업에 따른 수입	조합원에게 소득세 과세	① 조합에게 법인세(소득세) 과세 ② 이익 분배 시, 조합원에게 소득세 과세
조합계약 해지에 따른 과세	과세 없음	① 조합에 대해 양도소득세 과세 ② 조합원에 대해 취득세 과세
출자했던 부동산의 조합계약 해지 후 처분(양도소득세 계산 시 기준)	조합출자 당시 부동산가액	조합계약 해지 당시(조합으로부터 돌려받을 때) 부동산가액

과세문제가 발생하며, 조합원에게 수익배분 시 조합원의 개별 소득세 과세문제가 발생한다. 또한 조합계약이 해지된 이후 부동산 처분을 하게 되면 도관설의 경우와 달리 조합원은 차익계산 시 조합이 해당부동산을 조합원에게 반환할 때의 가액을 기준으로 계산한다. 이준규 · 이은상, "조합과세의 문제점과 개선방안", 「세무학 연구」 제18권 제1호, 한국세무학회, 2001, 197-200면.

121) 도관설은 집합설 또는 결합설(Aggregate Theory)이라고도 하는데, 법인 또는 조합은 일종의 사업을 위한 수단으로서의 역할만 할 뿐 그 실체는 공동으로 사업을 하고 있는 법인 또는 조합의 구성원 개인이라고 보는 견해이다. 이에 따르면, 정비사업조합의 일련의 활동들은 모두 해당조합의 조합원에게 그대로 귀속되며 조합은 단지 통로로서(Pass-through)의 역할만 하게 된다. 이 견해에 따라 정비사업조합의 실체를 파악하면, 정비사업조합은 법인격을 가지고 있으나 조합원의 공동사업의 수단임을 감안하여 과세제도를 정비 또는 해석 · 적용해야 한다고 본다. 따라서 정비사업조합의 조합원이 현물출자를 하고, 출자지분 이상을 취득하게 되는 경우에만 양도소득세를 과세할 수 있게 되며 재건축 또는 재개발에 따른 수익 역시 조합원에게 바로 소득세 과세를 하게 된다. 특히 조합계약이 해지된 후 해당 부동산의 처분이 있는 경우 조합원의 조합에 대한 현물출자 당시 가액을 기준으로 조합원의 차익을 계산한다. 이준규 · 이은상, "전게논문", 200면.

122) 임규진 · 정승영, "정비사업조합의 법적성격과 과세문제", 조세연구 제9-3집, 2009. 11, 10면.

123) 이준규 · 이은상, "전게논문", 201-201면.

II. 영리법인 여부에 따른 과세제도의 차이

주택재건축과 주택재개발은 공공성에 따라 해당 정비사업조합의 법적 성격도 차이가 있을 수 있다. 주택재건축의 경우, 주택재개발과 달리 자율적이며, 노후 또는 불량에 따른 도시정비의 틀에서 벗어나 있기 때문이다. 물론 주택재건축이나 주택재개발이 모두 공공적 성격을 가지고 있다는 점과 정비사업조합이 공법(公法)인 도시정비법에서 명시적으로 법인으로 규정하고 있는 점을 감안하면, 일률적으로 비영리법인으로 보거나 반대로 주택사업 목적을 부각하여 일률적으로 영리법인으로 파악할 수도 있다. 주택재건축과 주택재개발이라는 조합설립의 사유와 목적에서 파생되는 근원적 차이 및 실무관행상 재개발과 재건축에 이르게 되는 과정이 정부나 지자체의 개입과정에서 차이가 있기 때문에, 그 법적 성격을 영리법인으로 볼지 비영리법인으로 볼지는 중요한 문제에 해당한다. 또한 각 조합을 영리법인으로 볼지 아니면 비영리법인으로 볼지에 따라, 과세소득, 납세의무의 범위 등의 과세상 주요 부분이 달라질 수도 있다.[124] 한편, 종래 과세관청은 재건축·재개발조합을 비영리법인으로 보고 과세문제에 접근하여 왔다. 구체적으로 조합원이 조합에 현물출자하고 조합으로부터 건축된 주택을 분양 받을 경우에는 이를 환지로 보아 양도소득세를 부과하지 않았다.[125] 다만, 조합이 비영리법인이라는 전제하에 조합이 획득한 소득 중 조합이 비조합원에게 분양하는 주택 및 상가만을 수익사업으로 보아 법인세 과세대상으로 삼아 왔다.[126] 이러한 해석은 부가가치

---

124) 김완석, "전게논문", 46면.

125) 재정경제원 재일 46014-2386, 1996. 10. 23.

126) 이에 대한 대표적인 해석으로는 다음을 들 수 있다. 「도시개발법에 의하여 설립

세 적용에서도 마찬가지인데, 재개발·재건축에서 조합원에 대한 분양은 재화의 공급에서 제외하여 부가가치세를 면제하여 왔다.[127] 지방세의 경우 도시정비법에 의한 주택재개발사업의 시행으로 인하여 당해 사업의 대상이 되는 부동산의 소유자가 환지계획·관리처분계획에 의하여 취득하는 자가 취득하는 체비지 또는 보류지의 취득세·등록세는 면제되었다.[128] 법인세법상 비영리법인의 경우 수익사업과 목적사업을 구분할 것이 요구되는데 이를 반영하여 주택재개발조합·주택재건축조합의 경우에도 조합원 분양분을 목적사업으로 일반분양분만을 수익사업으로 보아 회계 처리하여 왔다. 즉, 이는 과세대상을 일반분양에서 발생한 소득에 한정하였기 때문이다.

III. 정비사업 조합이 영리법인인지 여부

1. 쟁점

현행법에서는 정비사업조합을 법인으로 보도록 하고 있는데, 소득세나 법인세 또는 부가가치세 등의 과세 시 이러한 정비사업조합이 영리법인지 또는 비영리법인지에 따라서 차이가 발생하게 된다. 먼저, 영리법인의 경우에는 순자산증가설[129]의 입장에서 익금에서 손금

된 재개발조합이 상가 등을 신축 분양하는 때에는 법인세법 제1조 제1항의 수익사업으로서 법인세 납세의무가 있는 것임」(국세청 법인 46012-1554, 1993. 4. 27). 이러한 해석에 따라 일반적으로 재개발·재건축사업에 대해서는 비조합원에 대한 분양수익만을 과세대상으로 삼는 것으로 받아들여지고 있다.

127) 「재개발사업시행자가 종전의 토지 등의 소유자에게 신축 건축물을 분양하는 경우에는 부가가치세법 제6조의 재화의 공급에 해당되지 않는다」(구 재무부 소비 23601-1216, 1985. 12. 5).

128) 지방세법 제109조 제3항.

을 차감한 전체의 소득에 대하여 법인세를 과세하고, 청산소득에 대한 법인세 납세의무도 부담한다. 이에 반하여, 비영리법인의 경우에는 수익사업에 한정하여 법인세를 과세하고, 청산소득에 대한 법인세도 과세하지 아니 한다. 또한 비영리법인의 경우에는 고유 목적 사업준비금의 손금산입 등 영리법인과는 달리 여러 가지 특례를 인정하고 있다.

2. 학설

가. 영리법인설

영리법인설은 먼저, 주택재건축조합의 경우는 당연하고, 공공성이 강조되는 주택재개발조합의 경우에도 해당 정비사업에서 발생하는 이익은 조합원들에게 지분대로 귀속되고 그들이 내야 할 분양대금에서 이러한 이익을 조정 받게 되므로 궁극적으로 조합원들에게 이익을 배당하는 구조라고 본다. 이로 인해 재건축조합과 마찬가지로 재개발조합의 경우에도 비영리성이 부정되며, 무엇보다 비영리법인도 법인세법 시행령 제1조에서 정하는 조합법인 등에 해당하는 경우에 한하

---

129) 순자산증가설은 순자산의 증가가치를 과세소득으로 해야 한다는 학설로서, 자산을 증가시키는 원인이 되는 것은 사업활동, 증여, 물가변동, 보험, 기타 그 원천의 여하를 불문하고 기존의 자산에 부가된 처분가능한 자산증가액 대부분을 포괄적으로 파악한 소득을 과세소득으로 본다. 그에 반해 소득원천설은 고정된 수입원으로부터 경상적, 계속적으로 발생할 수 있는 수입을 과세소득으로 보고, 그 외의 일시적이고 지속적이지 않은 우발적 발생소득은 원천을 알 수 없으므로, 과세소득으로 보지 않는다는 학설이다. 따라서 상속·증여 등의 일시적인 수입, 고정자산의 처분액, 반복성이 없는 자본이득 등은 소득으로 보지 않는다. 우리나라의 현행 소득세법은 기본적으로 소득원천설의 입장에 있다. 소득원천설은 사회가 급격히 변화함에 비해 세법이 제대로 따라가 주지 못할 경우 조세의 실질적 형평에 반할 위험성을 가지고 있다.

여 이익을 배당할 수 있다고 하더라도, 주택재개발조합은 위 시행령상 비영리법인의 종류에 열거되어 있지 않기 때문에 법인세법상 마땅히 영리법인으로 과세되어야 한다고 본다.[130] 나아가, 영리법인인지 비영리법인인지는 조합이 영리활동에 의하여 얻은 이익을 그 조합원들에게 분배하는지 또는 법인이 해산할 때에 그 잔여재산을 조합원들에게 분배하는지를 보고 결정할 수 있다. 이에 의하면 어떤 법인이든 영리활동에 의하여 얻은 이익을 그 구성원에게 분배 또는 배당한다거나 법인이 해산하면서 잔여재산을 그 구성원에게 분배한다면 영리법인으로 보아야 한다. 그렇다면, 정비사업조합은 재건축, 재개발을 불문하고 아파트와 상가 등의 일반분양이라는 영리활동에 의하여 얻은 이익을 궁극적으로는 그 조합 구성원에게 배분하는 구조이므로 정비사업조합은 응당 영리법인에 해당한다고 주장한다.[131]

나. 비영리법인설

비영리법인설은 먼저 주택재개발·재건축 사업을 불문하고 정비사업조합은 비영리적인 성격과 영리적인 성격을 모두 가지고 있다는 전제하에서, 그 중 비영리법인으로서의 성격이 강한 조합원들에 대한 분양이 주된 것이고, 영리법인의 성격을 가지는 일반 분양은 단지 부수적인 것이므로 비영리법인으로 보는 것이 타당하다고 주장한다. 즉, 정비사업조합의 본질상 재건축한 부분 중 일부 남는 물량을 일반분양하여 그 분양대금으로 건축비 일부를 충당하는 사정만을 가지고

130) 박훈, "재개발조합의 과세문제", 조세와 법 제1권 제2호, 서울시립대학교 법학연구소·지방세연구소, 2008. 12, 225-226면.

131) 김청식, "주택재건축사업 관련 세제의 문제점과 개선방안", 서울시립대학교 세무전문대학원, 2009. 2, 49면.

영리법인으로 간주하여서는 아니 된다는 주장이다.[132] 특히, 주택재개발조합에 비하여 영리성이 강하여 문제가 되는 주택재건축조합의 경우에도 일반적으로 조합원들에게 별도의 지분권도 인정되지 않고, 조합 정관에 이익분배에 관한 규정도 따로 두고 있지 않은 경우가 상당수이기 때문에 모든 재건축조합을 영리법인으로 단정하여서는 아니 된다고 주장한다.[133]

다. 주택재건축조합과 주택재개발조합을 구분하는 견해[134]

위 견해는 주택재건축조합과 재개발조합을 나누어 전자의 경우, 다음과 같은 근거로 영리법인에 해당한다고 본다.[135] 첫째, 2014년 1월 개정 이전 조세특례제한법 제107조의 2 제2항에서는 '도시정비법 제18조에 따라 설립된 조합에 대하여는 법인세법 제1조에 불구하고 2013년 12월 31일 이전에 끝나는 사업연도까지는 비영리 내국법인으로 보아 법인세법(같은 법 제29조는 제외한다)을 적용한다'고 규정하고 있었는데,[136] 이는 기본적으로 조합이 영리법인임을 전제로 한 것

132) 이중교, "주택재개발사업과 재건축사업의 취득세 과세에 대한 연구", 공법연구 제37집 제1-2호, 한국공법학회, 2008. 10, 169면.

133) 김명섭, "주택재건축 관련 취득세 논의", 사법논집 제42집, 법원도서관, 2006. 12, 252면.

134) 한국조세연구소, "전게연구보고서", 78-81면 요약.

135) 임규진 · 정승영, "전게논문", 15면; 김청식, "전게논문", 104면.

136) 조세특례법 제104조의 7 제2항에서 도시정비법 제18조에 따라 설립된 조합에 대해서는 법인세법 제1조에도 불구하고 2013년 12월 31일 이전에 끝나는 사업연도까지는 비영리내국법인으로 보도록 되어 있는데, 이 기한은 당초 2010년 12월 31일까지였다가 2013년으로 연장되었다. 당시 국세청은 조합원이 정비사업조합을 통한 재건축 · 재개발로 토지 · 부동산을 공급받는 것은 환지처분의 성격을 지니는 점을 감안하여, 일몰규정의 기한을 연장했다고 개정취지에서 밝힌 바 있다(「2012년 개정 세법해설」, 국세청, 2012, 520면. 이하).

이다. 둘째, 주택재건축사업은 아파트 단지를 위주로 시행되는 현실에서 일반 분양수입이 비교적 크고, 조합원 분양과 일반분양은 재건축사업에서 불가분의 관계로 조세특례제한법의 규정은 외형상 비영리법인으로 규정하면서도 비영리법인의 고유목적사업비에 충당되는 수익사업소득에 대한 고유목적사업준비금의 손금산입을 허용하지 않음으로써 과세실무상 이미 영리법인과 같이 취급하고 있다.[137] 셋째, 재건축사업의 경우 토지등소유자의 재산가치의 증식 목적하에 주로 이루어지고 있으므로 출자자의 재산가치 증식을 위해 주택을 건축 및 판매하는 영리법인과 실질적으로 동일하다. 넷째, 사업에서 발생한 이익은 출자자들이 납부하여야 할 분양대금에서 마련되기 때문에 재건축사업의 모든 수익과 비용은 사실상 조합원에게 배분되는데 이 경우 배당은 조합원의 출자가액에 비례하게 되므로 일반 영리법인의 배당과 차이가 없다. 다섯째, 법인세법 제1조 제2호에서는 비영리법인이란 민법 제32조의 규정[138]에 의하여 설립된 법인, 사립학교법 기타 특별법에 의하여 설립된 법인으로서 민법 제32조상 규정목적과 유사한 목적을 가진 법인 및 국세기본법 제13조 제4항의 규정에 의한 법인으로 보는 법인격이 없는 단체를 말한다고 규정하고 있는데, 정비사업조합은 그 설립목적이 학술·종교·자선·기예 및 사교 등과 같은 비영리활동의 수행에 있지 않으므로 영리법인으로 보아야 한다.

다음으로, 후자인 주택재개발조합의 경우, 다음과 같은 이유로 비영리법인에 해당한다고 본다. 첫째, 주택재개발조합의 결성목적이다. 재개발조합은 그 설립목적에서 재건축사업에 비해 공공성이 더 강하

137) 김청식, "전게논문", 50면.
138) 학술, 종교, 자선, 기예, 사교 기타 영리 아닌 사업을 목적으로 하는 사단 또는 재단은 주무관청의 허가를 얻어 이를 법인으로 할 수 있다(민법 제32조).

다. 둘째, 재개발조합은 재건축조합과 달리 강제 가입제를 특징으로 한다. 즉, 재건축조합의 경우 조합원이 재건축에 동의하는 경우로 한정되는 반면, 재개발조합의 경우 조합이 인가를 받게 되면, 해당구역 내의 토지등소유자들이 당연히 조합원이 된다.[139] 이는 재개발의 경우 주택재건축보다 공공적 성격이 더 강한 도시정비사업임을 의미하고, 따라서 재개발조합이 비영리법인으로서의 지위를 갖는다는 가장 주된 근거로 볼 수 있다. 다만, 재개발조합의 경우에도 수익이 발생하면 조합원에게 분배하는 문제가 있지만, ① 재건축조합의 경우와 달리 자율적인 참여만 허용되는 것이 아니라는 점,[140] ② 정비기반시설의 불량이라는 도시환경의 악조건을 개선하는 목적도 포함되는 점, ③ 새로운 부동산을 조합원이 취득하고, 종전 부동산과의 차액을 청산하는 것이 중심인 점 등을 감안하면, 재개발조합의 경우에는 비영리법인으로 보아야 할 필요성이 크다는 것이다. 한편 과거 대법원도 구 도시재개발법에 근거하여 설립된 재개발조합에 대해 정비사업조합의 영리성을 부정하는 판결을 한 적이 있다.[141]

139) 도시정비법 제16조 제1항.

140) 재개발조합의 경우, 조합원은 조합의 이득에 대해 분배받는 것은 거의 없는 반면, 오히려 공사비 부족액을 청산금, 부담금 형태로 지급하는 경우가 대부분이다. 따라서 주택재개발조합을 영리법인으로 새겨서 법인세를 부과할 경우, 결국 영리목적이 없었던 조합원들에 대해서 과세부담을 지우는 꼴이 될 수 있다(홍성욱, "주택재개발 · 재건축사업 관련 제반 세법문제에 관한연구", 서울대학교 일반대학원 석사학위논문, 2006, 17-18면).

141) 대법원 2005. 5. 27 선고, 2004두27214 판결에서 대법원은, 첫째, 조합이 공법적으로 특별법인 도시재개발법에 의해 설립되었고, 둘째, 조합원이 자신의 부동산을 제공하고, 관리처분계획에 따라 사업이 진행되어, 새로운 부동산을 조합원이 취득하고, 해당 부동산과 종전 부동산 간의 차액을 청산하는 것이 중심인 과정을 감안한다면, 지분권이나 수익의 분배인정이 어렵다고 본 점, 셋째, 구 도시재개발법 제29조가 민법상의 사단법인 규정을 준용한 점을 이유로 판시한 바 있다.

3. 종례 판례 및 과세관청의 입장

판례는 기본적으로 정비사업조합이 비영리법인에 해당한다고 본다. 즉, 대법원은 구 도시재개발법(1995. 12. 29. 법률 제5116호로 전문 개정되기 전의 것)상 주택개량재개발조합은 법인세법 제1조 제1항 소정의 특별법에 의하여 설립된 법인으로서 민법 제32조에 규정된 설립목적 및 그와 유사한 설립목적을 가진 비영리법인에 해당하므로, 청산소득에 대한 법인세 납세의무를 부담하지 않는다고 한다.[142] 과세관청의 경우에도 재개발조합은 비영리법인이라는 전제하에 조합이 획득한 소득 중에서 비조합원에게 분양하는 주택 및 상가만을 수익사업으로 보아 법인세를 과세하고 있다.[143] 조세심판원의 경우도 동일한 입장을 취하고 있다.[144]

4. 일본 법제의 태도[145]

일본의 도시정비사업시행방식 중 가장 일반적으로 시행되고 있는 시가지재개발사업의 경우 재개발조합은 일본 민법 제34조에서 규정하고 있는 공익법인인가 기준에 따라 설립하고, 설립된 조합의 회계처리 역시 일반 공익법인의 회계장부 작성기준인 공익법인회계기준을 적용하고 있다. 그런데 일본에서는 영리를 목적으로 하지 않고, 공동의 이익을 목적으로 하는 법인단체로서 공익법인도 영리법인도

142) 대법원 2005. 5. 27. 선고 2004두7214 판결.
143) 국세청, 1993. 4. 27. 법인 46012-1554.
144) 국심, 1994. 1. 13.자 93서2665.
145) 典 夫. "市街地再開發事業「民營化」の 法的檢討 — 再開發會社制度に 即して—", 立命館法學 第286号, 2002.

아닌 중간적인 법인으로서 이른바 중간법인(中間法人)제도[146]를 따로 규정하고 있다. 구체적인 예로는 각종 협동조합, 의료법인과 재개발·재건축사업조합 등이 이에 해당한다. 무엇보다 일본은 영리법인의 경우 일본 상법[147]을, 비영리 법인의 경우 중간법인법을 따로 규율하고 있다는 점 등에 미루어 보건대 재건축, 재개발을 불문하고 정비사업조합을 우리나라의 비영리법인에 가깝게 보는 듯하다.

IV. 결론

과세관청은 그동안 정비사업조합을 비영리법인으로 보고 일반 분양분만을 수익사업으로 보아 과세하여 왔다. 한편 법인세법 제1조 제2호[148]상 비영리법인에는 (i) 민법 제32조의 규정에 의하여 설립된 법인, (ii) 사립학교법 기타 특별법에 의하여 설립된 법인으로서 민법 제32조에 규정된 목적과 유사한 목적을 지닌 법인 등이 있다. 주택재개발·재건축조합은 (ii)에서 규정하는 특별법에 의하여 설립된 법인의 범위에 속하는데 이 규정에 근거하여 비영리법인으로 인정받기 위

146) 일본 중간법인법(헤이세이 2013. 6. 15. 법률 제49호).

147) 일본 상법 제52조.

148) 제1조(정의) 이 법에서 사용하는 용어의 뜻은 다음과 같다.

2. "비영리내국법인"이란 내국법인 중 다음 각 목의 어느 하나에 해당하는 법인을 말한다.

가. 민법 제32조에 따라 설립된 법인

나. 사립학교법이나 그 밖의 특별법에 따라 설립된 법인으로서 민법 제32조에 규정된 목적과 유사한 목적을 가진 법인(대통령령으로 정하는 조합법인 등이 아닌 법인으로서 그 주주·사원 또는 출자자에게 이익을 배당할 수 있는 법인은 제외한다)

다. 국세기본법 제13조 제4항에 따른 법인으로 보는 단체(이하 "법인으로 보는 단체"라 한다)

해서는 원칙적으로 민법 제32조[149]에 규정된 목적과 유사한 목적을 지닐 것과 출자자 등에게 배당을 할 수 없을 것이 요구된다. 그러나 공법적 규율하에 있는 정비사업조합의 경우를 위와 같은 사법규정의 틀에 집어넣어 억지로 끼워 맞추는 식의 법리적 검토는 문제가 있다. 주택재개발과 주택재건축사업은 그 공공성 여부에 다소 차이가 있을지는 모르지만 양자 모두 공법인 도시정비법이 규율을 받는다는 점에서 공익성이 강조되는 사업이다.[150] 특히, 주택재건축사업은 도시정비법이 시행되면서 원칙적으로 주택재개발사업에 준하는 공법적 통제를 적용받게 되었고, 그로 인하여 자율적인 민간사업[151]으로 분류되던 재건축사업도 원칙적으로 공공 성격을 가진 도시정비사업으로 편입되게 되었다. 이에 따라 주택재건축사업은 도시정비법 제정을 전후로 그 절차와 내용에 큰 변화를 가져오게 되었는데, 공법적 통제의 측면에서 이를 비교하여 보면 〈표 3-1〉과 같다.

표에서 알 수 있는 바와 같이 도시정비법 제정 이후 주택재건축사업에서도 기본계획의 수립에서부터 구역지정과 관리처분계획, 이전고시와 공무원 의제규정에 이르기까지 많은 공법적 규율이 적용되어 정부 당국에 의한 통제가 보다 강화되었다. 이는 그만큼 공공성의 강도도 강화된 것을 의미한다. 위와 같이 주택재건축사업도 공법적 통제를 수반하는 도시 정비사업의 하나인 점에서 재건축 사업시행자에게 사업 구역 내 사업부지를 사실상 강제취득하는 매도청구권한을 부여

---

149) 민법 제32조에 규정된 목적이란 '영리 아닌 사업을 목적으로 하는 것'을 말한다.

150) 성중탁, "도시정비법상 매도청구제도에 관한 연구", 성균관대학교 대학원 박사학위 논문, 2012. 6, 28면 이하.

151) 국토교통부 발간 「주택업무편람 2004」는, 주택재건축사업이란 "사업시행자가 노후·불량한 주택을 철거하고 그 대지 위에 주택을 건설하기 위하여 기존 주택의 소유자가 자율적으로 조합을 결성하여 주택을 건설하는 사업을 말한다"라고 적시하고 있다.

〈표 3-1〉 주택재건축의 공법적 규율 변경 내역

구 분	주택재건축[152]		주택재개발
	구법(주택건설촉진법, 집합건물법)	신법(도시정비법)	
기본계획수립	규정 없음	적용	적용
구역지정	규정 없음	적용	적용
추진위원회 승인	규정 없음	적용	적용
조합의 성격	비법인 사단	법인	법인
매도청구	집합건물법 준용	집합건물법 준용	미적용
관리처분계획	규정 없음	적용	적용
이전고시	규정 없음	적용	적용
청산금	규정 없음	적용	적용
조합임원의 공무원 의제	규정 없음	공무원 의제	공무원 의제

하는 것은 어찌 보면 당연한 것이다. 한편, 도시정비법 제18조에 따라 주택재개발사업 등을 시행하기 위하여 설립된 정비사업조합은 법인세법 제1조 제2호 중 기타 특별법인 도시정비법에서 열거하고 있는 비영리내국법인에 해당한다. 그런 연유로 조세특례제한법은 특별히 정비사업조합을 비영리내국법인으로 규정하면서,[153] 정비사업조합

152) 주택재건축사업은 집합건물법상 재건축과 같이 재건축사유가 거의 같고, 이 모두가 주택의 재건축이라는 점에서 주택법상 주택의 신축인 주택건설사업과 동일하지만 사업의 공익성이 있다는 점에서는 다르다. 그리고 도시정비법상 주택재건축조합은 정비구역 내 또는 정비구역 밖에서 일정한 절차를 거쳐 재건축사업을 시행하거나 조합원의 동의를 얻어 시장·군수 또는 주택공사 등과 공동으로 재건축사업을 시행할 수 있고(도시정비법 제8조 제2항), 정비구역 내에서 하는 사업은 공익사업법이 준용되며(도시정비법 제40조), 조합원들에게 발생 이익을 배분하고는 있으나 비영리 목적으로 조합을 결성하여 행정관청으로부터 공법인으로서의 설권적 지위를 부여받은 사업주체라는 점에서 공법적 관계가 적용된다. 이에 비해 주택법상 주택건설사업은 공익사업법이 준용되지 아니하여 이는 사법관계라고 할 수 있고, 민간사업주체 역시 공공의 이익보다는 영리를 목적으로 행정관청의 승인을 받은 사업주체라는 점에서 그 법적 지위가 서로 다르다고 할 수 있다.

이 관리처분계획에 따라 조합원에게 종전의 토지와 건물을 대신하여 신축 건축물을 공급하는 사업은 수익사업이 아닌 것으로 보아 과세대상에서 제외하고 있다.[154]

특히, 2014년 1월 1일에 개정되어 현재 시행 중인 조세특례제한법 제104조의 7 제2항에 의하면, "도시정비법 제18조에 따라 설립된 조합(전환정비사업조합을 포함한다)에 대해서는 법인세법 제1조에도 불구하고 비영리내국법인으로 보아 법인세법을 적용한다"라고 명확히 규정하고 있다. 이 개정이 중요한 의미를 가지는 것은, 당초 영리법인설의 주요 논거였던 조세특례제한법 제104조의 7 제2항이 '일몰규정' 형식으로 그대로 유지되었더라면, 이 규정은 정비사업조합(특히, 주택재건축사업)의 영리성은 정비사업조합의 실체에 관한 논의와 함께, 정비사업조합에 대한 과세문제의 방향성을 결정하는 중요한 기준이 될 수 있었을 것이다. 그러나 이 개정법에서는 주택재개발과 주택재건축의 경우를 구별하지 않고, 정비사업조합에 대한 비과세 입장을 보다 명확히 정리하였다는 점에서 그동안의 논의에 쇄기를 박았다고 볼 수 있다.[155] 결국, 조세법률주의의 파생원칙인 확장해석이나 유추

---

153) 비영리내국법인으로 의제된 정비사업조합의 경우 공익 목적으로 수행하는 고유목적사업이 없으므로 법인세법 제29조에 따른 고유목적사업준비금 손금산입 규정의 적용은 배제된다고 볼 수 있다.

154) 조세제한특례법 시행령 제104조의4(정비사업조합의 수익사업의 범위) 법 제104조의7 제2항의 규정을 적용할 때 정비사업조합이 도시정비법에 의하여 당해 정비사업에 관한 관리처분계획에 따라 조합원에게 종전의 토지를 대신하여 토지 및 건축물을 공급하는 사업은 법인세법 제3조 제2항의 규정에 의한 수익사업이 아닌 것으로 본다.

155) 정비사업조합에 대한 이러한 과세특례제도는 국민의 주거환경을 개선한다는 공익적 성격을 갖는 도시정비사업을 공공 정책적으로 지원하여 원활하게 정비사업이 추진될 수 있도록 하려는 목적에서 비롯된 것으로 2014년 1월 1일자 조세특례법 개정에서 종례 존재하던 "비영리법인 의제규정"을 아예 삭제한 것은, 그동안의 부동산 경기침체로 인하여 뉴타운, 재개발, 재건축 사업이 많은 어려움을

해석을 금하는 엄격해석의 원칙상 현행법상 정비사업조합은 재건축, 재개발 사업을 불문하고 조세법 적용 시에는 비영리법인으로 간주됨이 상당한 것이다. 마지막으로, 주택재건축조합이 법인세법상 비영리내국법인에 해당하는 이상 정비사업조합이 주체가 되어 제3자에게 재건축한 아파트와 상가를 일반 분양하고 얻은 소득을 조합 구성원들에게 분배하는 경우 그 조합원에게 배당소득세를 부과함은 별론으로 하고, 그 소득은 원칙적으로 비영리법인의 사업소득이 되어 법인세 부과대상이 되는 것이므로, 조합원이 아닌 조합에게 일반분양으로 인한 소득에 대하여 법인세를 부과하는 것이 실질과세 원칙에도 어긋난다고 할 수도 없다.[156]

위와 같이 주택재개발사업과 재건축사업은 시간이 갈수록 그 구별 실익이 약해지고, 양자 모두 공익사업에 준할 정도로 공공성이 강조되고 있다는 측면에서 재건축, 재개발 조합을 불문하고 정비사업조합은 비영리법인으로 봄이 상당하다.[157] 다만 향후 관련 법령 정비 시 주택재개발의 경우와 주택재건축의 경우를 나누어, 정비사업조합에 대한 과세 입장을 보다 명확히 정리할 필요성은 있다.

겪고 있는 상황에서 종전의 과세특례제도가 종료될 경우 정비사업조합의 세 부담이 증가되어 정비사업 추진이 더욱 위축될 우려가 있다는 지적에서 비롯된 것이다.

156) 대법원 2005. 5. 27. 선고 2004두7214 판결.

157) 성중탁, “정비사업조합의 조세법적 성격과 취득세 부과 문제”, 행정판례연구, 한국행정판례연구회, 2015. 7, 12면 이하.

/제4장/

도시정비사업 과정에서 토지취득을 둘러싼 법적 쟁점

제1절 수용과 매도청구로 이원화된 토지취득 방식

제2절 토지취득 방식 통일의 필요성

제3절 토지취득 과정에서의 사인의 재산권 제한 및 침해 문제

제4장 도시정비사업 과정에서 토지취득을 둘러싼 법적 쟁점

제1절 수용과 매도청구로 이원화된 토지취득 방식

Ⅰ. 서설

도시정비사업 중 종전 도시재개발법상에 규정되어 있던 주택재개발사업과 도시환경정비사업, 종전 도시저소득주민의 주거환경개선을 위한 임시조치법상 주거환경개선사업이 공공사업 또는 공익사업이라는 점에 대해 의문을 갖는 경우는 거의 없는 것 같다. 그러나 종전 주택건설촉진법상 주택재건축사업은 상당기간 동안 공공사업이 아닌 사적(私的) 개발사업으로 인식되어 왔기 때문에 도시정비법에 규정된 이후에도 과연 주택재건축사업이 공공(공익)사업에 해당하는지에 관한 의문이 지속적으로 제기되어 왔다.

한편, 통상적으로 대도시에서의 재건축·재개발 사업은 아파트 등 공동주택 시설을 짓기 위한 사업으로서 장차 주택단지가 될 정비구역에는 이미 존재하고 있는 다수의 토지등소유자들이 있다. 이들이 합심해서 조합을 결성하고 정비사업을 진행하는 것이므로 대부분의 토지소유권은 자연스럽게 조합으로 넘어가지만, 토지소유자들 중에는 사업에 반대하는 사람들이 반드시 있게 마련이다. 현재의 집을 헐고 아파트를 짓는 것을 반대하는 사람일 수도 있고, 특정한 사람이 조합장이 돼 사업을 하는 것을 반대하는 사람일 수도 있다. 그런데 정비구역 내 토지소유권이 모두 확보되지 않으면 그 지상에 아파트를 짓는 것이 법적으로 불가능하므로 사업에 반대하는 자들의 토지소유권을 강제로 빼앗기 위한 수단이 필요하게 된다. 이러한 수단이 바로 도시정비법상 주택재개발사업에서의 수용과 주택재건축사업에서의 매도청구소송이다.

II. 도시정비법상 수용과 매도청구 제도

1. 쟁점

우리나라는 공익사업법 제3조의 규정에 의한 수용 또는 사용은 공익사업에 대해서만 허용하고 있는데 주택재개발 등 대부분의 도시정비사업은 공익사업에 해당되므로 위 법에 의한 수용 또는 사용이 가능할 것이다. 그런데 도시정비법은 주택재개발 과정에서 별도의 수용규정을 둠으로써 위 법상의 공익사업에 해당되는지의 여부에 관계없이 사인의 토지를 수용 또는 사용할 수 있도록 규정[1)]하고 있다. 다만, 정비사업 중 주택재건축사업에 대해서는 도시정비법 제8조 제4항 제1호 규정[2)]에 해당하는 예외적인 경우 토지 등의 수용 또는 사

1) 도시정비법 제38조(토지 등의 수용 또는 사용).

2) 천재, 지변 등으로 긴급히 정비사업을 시행할 필요가 있어 시장, 군수가 직접 시행하거나 주택공사 등을 사업시행자로 지정하여 시행하는 경우를 지칭한다.

용도 인정하고 있는데, 이는 재건축사업이 기본적으로 민간 주도 정비사업으로 간주하여 왔기 때문인 것으로 보인다.[3)]

따라서 공익사업법 제2, 3, 4조를 종합해 보면, 토지에 대한 수용, 사용권이 인정되는 도시정비법 제8조 제4항 제1호의 규정에 해당하는 특수한 재건축사업이 아닌 통상적인 재건축사업은 수용·사용권이 없는 결과 공익사업으로 보기는 어려운 것이다. 그러므로 토지의 수용과 사용 등 공용침해 문제는 주택재개발사업에서만 문제되는 것으로 이해된다.[4)] 한편 이러한 공용침해가 공공성을 띠는 사인이나 사기업에 의한 사적개발을 위해서도 허용될 수 있는지도 문제가 되고 있다.

2. 공용침해의 범주에 관한 논의

우리 헌법 제23조 제3항은 "공공필요에 의한 재산권의 수용, 사용, 제한 및 그에 대한 보상은 법률로써 하되 정당한 보상을 지급하여야 한다"라고 규정하여 재산권에 대한 침해 내지 제약의 세 가지 형태를 열거하고 있는데, 3개의 개념을 합하여 '공용침해'라고 지칭하는 것이 일반적이다.[5)] 한편, 독일 바이마르(Weimar) 헌법 제153조 제

3) 이에 대해 재건축의 경우 재건축에 동의하지 않는다는 이유로 수용 또는 사용하도록 하는 것은 불합리하고, 이는 헌법 제23조 제1항에서 규정하고 있는 국민의 재산권을 중대하게 제한할 수 있다는 점을 감안하여 수용에 대한 적용을 제한한 것으로 보는 학자도 있다. 그러나 재건축에서는 이름만 바뀐 형태로 사법상 매도청구제도라는 강제취득 수단을 두고 있다는 점에서 미동의자의 재산권 보호 차원에서 수용제도를 재건축에는 인정하지 않았다는 논리는 타당하지 않다.

4) 이우재, "전게서", 53면.

5) 김남진, 「행정법Ⅰ」, 2005, 539면; 김성수, 「일반 행정법」, 633면; 정하중, "전게서", 542면.

2항이나 본 기본법 제14조 제3항은 공용수용(Enteignung)이라고만 규정하고 있으나, 실제 현실은 우리 헌법과 마찬가지로 사용·이용제한을 모두 허용하고 있다.[6)]

따라서 고전적 수용개념에 대비하여 현대적 수용개념 내지 확장적 수용개념[7)]을 설명할 때 다른 개념적 요소를 추가 내지 변경하는 것은 모르되, 제한(Beschränkung des Eigentums)을 포함시키는 점을 강조하는 것[8)]은 독일 본기본법 등에서 수용만 규정하고 있는 경우에 의미가 있는 것이지 우리 헌법과 같이 수용, 사용, 제한이 모두 한꺼번에 규정된 경우에 있어서는 별다른 의미는 없다.[9)] 다만 수용, 사용,

---

6) 독일은 독일 제3제국 법원 이래, 재산권의 박탈 외에 특별한 희생을 가져오는 단순한 제한도 보상의 대상으로 하고 있다(vgl. K. Hesse, a.a.O., Rdn. 451, S.174.).

7) 이른바 고전적 수용개념(Der sog. klassische Enteignungsbegriff)이란 1919년 이전의 일련의 수용법률로부터 학설이 귀납적으로 도출했던 것으로 ① 특정의 공공의 이해관계에 있는 사업(ein im öffentlichen Interesse ligendes Untenehmen)목적을 위하여 ② 법적으로 허용된 행정행위를 통해 (durch einen gesetzlich zugelassenen Verwaltungsakt) ③ 토지소유권(Grundeigentum)을 ④ 완전한 보상(volle Entschädigung)을 하고 나서 ⑤ 공익사업 주체에게로 이전(Übertragung)하는 것을 의미했다. 1794년 프로이센 보통국법 제74조하에서 성립된 이와 같은 수용개념은 1919년 Weimar헌법 이후에는 ① 수용목적은 특정 목적 외에 일반적 공적목적으로 확대되었고, ② 침해의 형식은 행정행위에 의하지 않고 직접 법규정에 의하여서도 행하여지는 것으로 되었고, ③ 그 대상은 모든 재산적 가치 있는 것으로 확대되고 ④ 재산권의 단순한 제한의 경우도 포함되었다. 이를 이른바 확장적 수용개념(Der sog. erweiterte Enteignungsbegriff)이라고 한다(vg l. U. Batties, Allgemeines Verwaltungsrecht, 1985, S. 274ff; H. Maurer, a.a.O., S. 567-568; H.P.Bull, Allgemeines Verwaltungsrecht, 1986, S. 349.).

8) 홍정선, “독일의 손해전보제도”, 「월간고시」, 1986. 3, 62면; 특히, 이제는 이용제한이나 행정제한의 경우도 수용개념에 포함되고 있다고 단언하는 주장(석종현, 「행정법(하)」, 삼영사, 546면)은 오히려 우리 헌법 제23조 제3항의 해석론으로는 혼란을 야기할 우려가 있다고 본다.

9) 왜냐하면 우리 헌법과 같이 수용 외에 별도로 사용, 제한이 열거되어 있는 경우에는 제한을 수용의 내용으로 볼 필요도 없이 단지 실정법에서 보상규정을 두지 않았을 때는 어느 이론적·실정법적 근거에 의하여 손실보상을 인정하느냐의 문제

제한을 합하여 공용침해라는 용어를 사용하는 경우, 그것은 보상부 침해를 의미하는 것인지 아니면 단지 재산권 침해의 형태만을 규정하고 있는 것인지가 문제될 수 있는데 이는 각국의 법률 용어 및 법률 체계 구조상의 차이 때문에 개별적으로 결정될 문제이다.

3. 주택재개발사업에서의 수용의 효과

토지수용위원회의 재결이 있으면 공용수용의 절차는 종결되고, 일정한 조건하에 공용수용의 효과가 발생한다. 즉 주택재개발사업 시행자는 보상금의 지급 또는 공탁을 조건으로 하여 수용의 개시일에 사인의 토지인 해당 수용목적물에 대한 권리를 원시취득하고, 피수용자가 수용목적물의 인도·이전의무를 이행하지 아니하는 경우에 대행 또는 대집행청구권을 가진다. 이에 대해 피수용자는 수용목적물의 인도·이전의무를 지는 한편 강제 수용에 따른 손실보상청구권 및 환매권을 획득한다.

가. 사업시행자의 토지 등에 대한 소유권 취득

토지수용위원회의 재결이 있으면 공용수용의 절차는 종료되고, 일정한 조건하에 수용의 효과가 발생한다. 주택재개발사업 시행자는 '수용의 개시일'에 수용목적물(토지나 물건)의 소유권을 취득하며, 그 수용목적물에 관한 다른 권리는 이와 동시에 소멸한다.[10] 즉 수용의 절차

에 불과하다. 따라서 '제한'이 보상을 요하는 특별한 희생에 해당하는지, 아니면 보상을 요하지 않는 사회적 제약의 범주에 포섭되는 것인지(독일학자 Maurer의 표현대로 하면 사회적구속이냐 공용침해〈보상부 침해〉)에 관하여 논하면 족하다.

10) 공익사업법 제45조 1항.

는 협의의 성립이나 재결로 완성되는 것이나, 권리의 득실의 효과는 즉시 발생되는 것이 아니라 따로 정하여진 수용의 개시일에 발생되는 것이다. '수용의 개시일'이라 함은 토지수용위원회가 재결로서 정한 개시일, 즉 수용의 효과가 발생하는 날이다. 이렇게 재결과 수용의 개시일을 구분한 취지는 재결한 날로부터 수용의 개시일까지 사업시행자에 의한 보상금의 지급·공탁과 피수용자에 의한 목적물의 인도·이전을 완료하려는 데에 있다고 보인다. 사업시행자가 수용의 개시일까지 관할 토지수용위원회가 재결한 보상금을 지급 또는 공탁하지 아니한 때에는 당해 토지수용위원회의 재결은 그 효력을 상실한다.[11)]

그러나 사업시행자가 보상금을 지급·공탁하기만 하면 비록 피수용자가 목적물을 인도·이전하지 아니하더라도 수용 개시일에 권리의 취득과 소멸의 효과가 발생한다. 한편, 이러한 사업시행자의 수용에 의한 토지 소유권 취득은 토지소유자(피수용자)와 주택재개발사업시행자(수용자) 사이의 법률행위에 의한 승계취득이 아니라, 법률의 규정에 의한 원시취득(原始取得)이다.[12)] 그 효과는 대물적으로 모든 권리자에 대하여 발생한다. 사업시행자가 취득하는 소유권에는 등기를 요하지 아니하나, 타인에게 소유권을 처분하기 위해서는 등기하여야 한다.[13)]

---

11) 공익사업법 제42조 1항.

12) 김학석, "공용수용의 효과", 고시계, 1990. 5, 4면; 대법원 2001. 1. 16. 선고98다58511 판결.

13) 민법 제187조. 이와 관련하여 대법원은 기업자가 과실 없이 등기부상 소유명의자를 피수용자로 하여 한 토지수용의 효력(유효) 및 기업자의 과실로 실체적 소유권자의 참여 없이 이루어진 수용재결이 당연 무효인지 여부가 문제된 사안에서, "공익사업법 등에 의한 토지수용의 경우 기업자가 과실 없이 진정한 토지소유자를 알지 못하여 등기부상 소유명의자를 토지소유자로 보고 그를 피수용자로 하여 수용절차를 마쳤다면 그 수용의 효과를 부인할 수 없으며 수용목적물의 소유자가 누구임을 막론하고 이미 가지고 있던 소유권은 소멸함과 동시에 기업자가 그 권

나. 수용목적물의 인도 · 이전의무

(1) 일반적인 수용의 효과로서 인도 · 이전의무

피수용자(토지소유자 및 관계인 기타 수용 또는 사용할 토지나 그 토지에 있는 물건에 관하여 권리를 가진 자)는 수용 또는 사용의 개시일까지 사업시행자에게 토지나 물건을 인도하거나 이전하여야 한다.[14] 인도(引渡)란 토지나 물건의 점유를 풀어서 다른 사람에게 옮기는 것이며, 이전(移轉)이란 물건이 있는 장소를 다른 곳으로 옮기는 것을 말한다. 수용재결의 효과로서 인정되는 수용목적물의 인도 · 이전의무에는 하자담보책임은 포함되지 않는다.[15] 목적물의 인도 · 이전이 없는 경우에도 보상금이 지급되고 수용의 시기가 도래한 경우에는 사업시행자는 목적물에 대한 권리를 취득한다. 사업시행자가 수용목적물에 대한 권리를 취득하는 것은 수용의 개시일이므로,[16] 법률의 규정에 의하여 소유권이 변동되는 것이기 때문이다.[17] 인도의무는 사업시행자의 보상금지급의무와 동시이행관계에 있는 것이 아니다. 피수용자가 인도의무를 이행하지 않는 경우에도 사업시행자는 수용의 개시일까지 보

리를 원시취득하며 기업자나 중앙토지수용위원회가 수용토지의 소유자가 따로 있음을 알 수 있음에도 과실로 인하여 타인의 소유로 다루고 실체적 소유권자의 참여 없이 수용절차가 이루어진 것은 위법이라 하더라도 그 사유만으로 이미 이루어진 수용재결이 당연 무효라고는 할 수 없다"라고 판시한 바 있다(대법원 1991. 11. 12. 선고 91다27617 사건). 마찬가지로, 대법원은 "기업자가 과실 없이 진정한 토지소유자를 알지 못하여 형식상의 권리자인 등기부상 소유명의자를 그 피수용자로 확정하더라도 적법하고, 그 수용의 효과로서 수용 목적물의 소유자가 누구임을 막론하고 이미 가졌던 소유권이 소멸함과 동시에 기업자는 완전하고 확실하게 그 권리를 원시취득 한다"라고 판시한 바 있다(대법원 1995. 12. 22. 선고 94다40765 판결).

14) 공익사업법 제43조.

15) 대법원 2001. 1. 16. 선고 98다58511 판결.

16) 공익사업법 제45조 1항.

17) 민법 제187조.

상금을 지급하여야 하며, 만일 지급하지 아니하면 재결의 효력이 상실된다.[18)]

(2) 대집행의 문제

나아가, 피수용자가 고의·과실 없이 그 의무를 이행할 수 없거나 사업시행자가 과실 없이 토지나 물건을 인도 또는 이전하여야 할 의무가 있는 자를 알 수 없을 때는 사업시행자의 청구에 의하여 시장·군수 또는 구청장이 이를 대행(代行)한다.[19)] 또한 의무자에게 의무불이행·기간 내에 완료할 가망이 없는 경우, 의무자의 이행이 현저히 공익을 해한다고 인정되는 사유가 있으면 사업시행자의 신청에 의하여 시·도지사나 시장·군수 또는 구청장이 대집행(代執行)한다. 다만 사업시행자가 국가 또는 지방자치단체인 경우에는 직접 대집행할 수 있다.[20)] 토지·물건의 인도의무의 불이행의 경우에 대집행이 가능한가에 관하여는 견해가 나뉜다. 판례는 인도에는 명도도 포함되는 것으로 보고, 이러한 명도의무는 강제적으로 실현하면서 직접적인 실력행사가 필요한 것이지 대체적 작위의무라고 볼 수 없으므로 특별한 사정이

---

18) 이와 관련하여, 대법원은 제3자가 토지소유자 모르게 일반폐기물인 소각 잔재물 및 특정폐기물인 폐합성수지를 매립하였는데, 이후 사업시행자가 토지수용을 통하여 소유권을 이전받고 나서 이를 발견하여 종전 토지소유자를 상대로 민사소송으로 손해배상을 청구한 사건에서 "공익사업법에 의한 수용재결의 효과로서 수용에 의한 기업자의 토지소유권취득은 토지소유자와 수용자와의 법률행위에 의하여 승계취득하는 것이 아니라, 법률의 규정에 의하여 원시취득하는 것이므로, 토지소유자가 공익사업법 제63조의 규정에 의하여 부담하는 토지의 인도의무에는 수용목적물에 숨은 하자가 있는 경우에도 하자담보책임이 포함되지 아니하여 토지소유자는 수용시기까지 수용 대상 토지를 현존 상태 그대로 기업자에게 인도할 의무가 있을 뿐이다"라고 판시한 바 있다. 대법원 2001. 1. 16. 선고 98다58511 판결.

19) 공익사업법 제44조 1항.

20) 공익사업법 제89조

없는 한 행정대집행법에 의한 대집행의 대상이 될 수 있는 것이 아니라고 본다.[21] 다만, 민사상 명도단행가처분은 인정하고 있다.[22]

다. 위험부담의 이전

토지나 물건의 멸실 또는 훼손으로 인한 손실은 당해 토지의 소유자가 부담하는 것이 원칙이다. 그러나 수용의 재결이 있은 후에 피수용자의 고의나 과실 없이 멸실 또는 훼손된 경우에는 그 손실은 사업시행자의 부담으로 한다.[23] 사업시행자는 그것을 이유로 손실보상의 면제나 감액을 주장할 수 없다.

라. 손실보상

공용수용은 공익사업을 위한 재산권의 강제적 취득이므로, 그로 인

---

21) 대집행의 대상이 되지 않는다고 해석하는 것은 공익사업법 제89조를 유명무실하게 만드는 것이므로 토지나 물건의 인도·이전의무가 비대체적 작위의무이기는 하지만 공익사업법 제89조에 의해 예외적으로 대집행이 가능한 것으로 규정한 것으로 해석하여야 한다는 입장이 있다(박균성, 「행정법론(하)」, 박영사, 2009, 446면).

22) 이와 관련하여 대법원은, "〔1〕 수용대상 토지의 인도의무가 행정대집행법에 의한 대집행의 대상이 될 수 있는지 여부와 관련하여 피수용자 등이 기업자에 대하여 부담하는 수용대상 토지의 인도의무에 관한 구 공익사업법 제63조, 제64조, 제77조 규정에서의 인도에는 명도도 포함되는 것으로 보아야 하고, 이러한 명도의무는 그것을 강제적으로 실현하면서 직접적인 실력행사가 필요한 것이지 대체적 작위의무라고 볼 수 없으므로 특별한 사정이 없는 한 행정대집행법에 의한 대집행의 대상이 될 수 있는 것이 아니다. 〔2〕 수용대상 토지의 인도 또는 그 지장물의 명도의무를 피보전권리로 하는 명도단행가처분의 허용 여부와 관련하여 구 공익사업법 제63조의 규정에 따라 피수용자 등이 기업자에 대하여 부담하는 수용대상 토지의 인도 또는 그 지장물의 명도의무 등이 비록 공법상의 법률관계라고 하더라도, 그 권리를 피보전권리로 하는 명도단행가처분은 그 권리에 끼칠 현저한 손해를 피하거나 급박한 위험을 방지하기 위하여 또는 그 밖의 필요한 이유가 있을 경우에는 허용될 수 있다"라고 판시하고 있다(대법원 2005. 8. 19. 선고 2004다2809 판결).

23) 공익사업법 제46조

한 피수용자의 손실에 대하여는 당연히 정당한 보상을 하여야 한다. 헌법 제23조 3항은 “공공필요에 의한 재산권의 수용·사용 또는 제한 및 그에 대한 보상은 법률로써 하되 정당한 보상을 지급하여야 한다”라고 규정하여 공용수용으로 인한 재산권침해에 대한 보상원칙을 명시하고 있다. 이에 따라 공익사업법은 손실보상에 관한 원칙과 내용에 관하여 구체적으로 규정하고 있다. 손실보상 문제는 매도청구제도에서의 매도청구가격 산정 문제와 마찬가지로 사업시행자와 미동의자 사이에 뜨거운 쟁점 중 하나이므로 아래에서 매도청구가격 산정과 관련하여 보다 상세히 살펴보기로 한다.

4. 주택재건축사업에서의 매도청구의 효과

주택재개발사업에서의 수용과 달리 주택재건축사업에서의 매도청구의 경우 토지소유자인 매도인이 가지는 소유권이전등기 및 명도의무와 매도청구권자(주로 주택재건축 정비사업조합)의 시가 상당 금원지급 의무는 동시이행관계에 있게 된다.[24] 따라서 매도청구를 당하는 상대방은 매도청구권자가 매매대금인 시가 상당의 금원을 지급받거나 제공받을 때까지 소유권이전등기 및 명도의무의 이행을 거절할 수 있다. 즉, 매도청구권을 행사하는 경우에는 형성권으로서 매매계약이 성립되는 것이지만 공용수용과 달리 매도청구소송은 소유권이전등기 청구소송으로서 그 판결이 확정되지 아니한 이상 매도청구권자인 조합이 아직 소유권을 확정적으로 취득한 것은 아니므로 매도청구소송에서 동시에 명도청구를 할 수 있느냐의 여부가 논란이 될 수 있으나, 이에 동시이행관계에 있다는 것이다. 다만, 매매대금지급을 선이

24) 대법원 2009. 3. 26. 선고 2008다21549, 21536, 21563 판결.

행한 경우에는 수용에서와 마찬가지로 민사상 명도단행가처분 등 명도청구가 인정된다.

제2절 토지취득 방식 통일의 필요성

Ⅰ. 서설

전통적으로 '수용'이라는 단어는 사업의 공공성이 매우 높은 '공익사업'에서만 인정되는 것으로 받아들여져, 재개발사업에서는 인정되지만 재건축사업에서는 인정되기 어려운 것으로 생각되었다. 그래서 재건축과 재개발을 통합하는 도시정비법의 제정과정에서 재건축에도 수용권을 부여할 것인가 아니면 이미 존재하고 있던 매도청구소송을 인정하는 것에 만족할 것인가에 대해 논란이 있었고 지금도 그 논란은 계속되고 있다. 전자의 방법을 취하면 재건축과 재개발에서 소유권박탈의 절차와 방식이 동일해지지만, 후자를 취하면 두 사업에서 소유권박탈의 절차와 법리가 서로 달라진다. 결국 현행 도시정비법은 재건축에 대해서는 매도청구소송을 두는 것으로 만족하고 수용권을 따로 부여하지 않기로 하였는데, 이는 재건축이 갖고 있는 공공성이 재개발에 못 미친다는 입법자들의 근본적 생각에 기인한 것으로 사료된다. 그러나 도시정비법이 채택한 매도청구소송도 헌법상 규정된 이른바 '공용수용'에 해당하는 수용소송이라는 점에서, 도시정비법을 제정한 입법자가 별개의 사법상 매도청구권을 부여한 것은 같은 것을 다르게 한 것으로서 문제가 있다고 생각된다. 조합에 수용권을 줄 것인가 또는 매도청구권을 줄 것인가는 절차와 방식의 차이일 뿐 소유권을 강제로 박탈한다는 점에는 아무런 차이가 없기 때문이다.

입법자의 당초 의도대로라면 주택재건축조합은 재개발조합보다 사업부지에 대한 소유권을 확보하기 더 어려워야 하고, 수용을 당하는 반대 조합원보다 매도청구를 당하는 소유자가 더 유리한 지위에 있어야 하지만, 실제 사업현실에서의 진행양상은 이와는 정반대인 경우가 다반사이다. 재개발사업은 사업의 마지막 단계에 가서야 비로소 분양신청을 하지 않은 자에 대해 현금청산과 수용의 절차를 밟을 수 있고, 그조차도 행정청이 소극적이기 때문에 수용재결을 내리기 쉽지 않다. 이에 비해 재건축의 매도청구는 재건축조합만 설립되면 바로 미동의자 등을 상대로 매도청구소송이 제기되므로 상당히 이른 시점부터 반대하는 소유자의 지위가 매우 불안한 상태에 놓이게 되는 치명적 문제가 있다. 이들은 매도청구 본안 소송에 가서도 대부분 패소를 당하게 되는 것이 현실이며, 무엇보다 매도청구권을 규정하고 있는 도시정비법은 전형적인 공법(公法)에 속하는 것임에 비하여, 실제 매도청구 소송을 담당하는 재판부는 행정부가 아닌 민사부이기 때문에 공법의 영역으로 포섭된 도시정비법의 입법목적과 취지를 민사법원에서 얼마나 잘 이해하여 재판을 진행할지도 의문이라는 것이 대체적 시각이다.[25)]

이렇게 자신의 소유권 박탈여부에 대해 합리적인 기대를 할 수 없는 매도청구제도를 재건축사업에 별도로 도입한 것은 도시정비법을 만든 입법자의 착오에 해당하며 더욱이 매도청구가 가격 산정 시 개발이익을 포함하는 시가 개념을 적용하는 것 이외에 수용의 경우보다

---

25) 김종보, 「법학자의 눈으로 본 도시와 건축」, 도서출판 피데스, 2009, 65-67면.

토지소유자에게 더 불이익하게 작동하고 있는 현실에 비추어, 매도청구제도는 헌법상 재산권의 존속보장을 우위에 둔 도시정비법의 근본 취지에도 반한다. 지금이라도 수용과 비교해 매도청구제도의 문제점을 개선하려는 노력이 진지하게 이뤄져야 할 것이다. 제일 좋기로는 매도청구제도를 폐지하고 재건축에도 수용권을 부여하는 방식으로 법률이 개정되는 것이다.

II. 도시정비법상 재개발과 재건축 사업에서의 토지취득 방식의 통일 필요성

1. 쟁점

국토계획법에서는 도시계획시설사업, 도시개발법에 의한 도시개발사업 및 도시정비법에 의한 정비사업을 도시계획사업으로 명시적으로 규정[26]하고 있으며, 주택재건축사업을 다른 정비사업과 구분하지 않고 있다. 따라서 주택재건축사업이 다른 3가지 정비사업보다 공공성이 다소 약하기는 하지만 넓게는 도시주거환경 정비사업으로서 공공사업이라는 점을 부인할 수 없으며, 오히려 주택재건축사업을 공공사업으로 이해해야만 제1장에서 살펴본 바와 같은 현행 도시정비법이 추구하고자 하는 제대로 된 공법적 통제 내지 규제 장치를 보다 섬세

---

26) 국토계획법 제5조(도시 · 군계획 등의 명칭) ① 행정구역의 명칭이 특별시 · 광역시 · 특별자치시 · 특별자치도 · 시인 경우 도시 · 군계획, 도시 · 군기본계획, 도시 · 군관리계획, 도시 · 군계획시설, 도시 · 군계획시설사업, 도시 · 군계획사업 및 도시 · 군계획 상임기획단의 명칭은 각각 "도시계획", "도시기본계획", "도시관리계획", "도시계획시설", "도시계획시설사업", "도시계획사업" 및 "도시계획상임기획단"으로 한다. 〔개정 2011. 4. 14.〕

하게 마련할 수 있는 것이다. 이러한 관점에서 보면 도시정비법이 주택재건축사업에 대해서만 수용권을 인정하지 않고 매도청구권을 행사하도록 하는 이중적 입법 구조는 문제가 있는 것이다.

나아가 재개발사업의 경우 사업주체는 수용을 통한 완전한 권리의 취득을 하고 있는바, 재개발사업의 경우에는 분양신청을 하지 않는 방법으로 사업에 반대하는 자들에 대하여는 공익사업법에 따른 토지수용을 하게 되고(도시정비법 제38조, 제40조), 동법상의 토지수용을 하면 종전의 제한물권 등이 모두 말소되어 사업시행자인 조합은 수용보상금만의 지급으로 완전한 권리를 원시취득하게 된다(공익사업법 제45조 및 부동산등기법 제99조).

그에 반하여, 재건축사업의 경우 매도청구 행사를 통하여서는 불완전한 권리취득이 될 수밖에 없는 구조이다. 예컨대 재건축조합은 조합설립 초기에 미동의자들에 대하여 매도청구를 하게 되나 매도청구소송을 하면서 진행하는 처분금지가처분보다 후순위 권리에 대하여만 우선권이 있을 뿐 그보다 선순위의 권리에 대하여는 말소할 수 없고 승계하여야 한다. 즉, 현행법상으로는 매도청구권 행사를 통한 매매의 형식을 취하여 소유권을 취득하므로 이와 같이 선순위 권리의 부담을 안은 채로 승계 취득한다는 해석은 불가피한 것이다.

2. 매도청구권의 수용청구권으로의 통일이 필요한 이유

서두에서 기술한 바와 같이 주택법상 신축 주택건설사업과 집합건물법 및 도시정비법상 노후·불량건물에 대한 주택재건축은 공익사업에 해당한다고 볼 수 있다. 따라서 주택건설사업이나 재건축에 따른 매도청구권은 원활한 사업수행을 위해 형성권으로 해석하여 주택

건설사업이나 조합설립에 동의하지 않는 자에게 매도의무를 부담하게 할 수 있는 것이다. 이러한 사업을 위한 매도청구권은 오히려 헌법 제23조 제3항의 공공필요에 의한 재산권의 수용・사용 및 정당보상 법리가 적용될 수 있다할 것이고, 이들 법률상의 매도청구권은 일종의 수용청구권과 같은 성질이라고 할 것이다. 즉, 헌법 제23조 제3항은 "공공필요에 의한 재산권의 수용・사용 또는 제한 및 그에 대한 보상은 법률로써 하되, 정당한 보상을 지급해야 한다"라고 규정해 재산권 박탈 등의 경우 공공필요를 필수요건으로 하고 있다.

따라서 주택재건축사업에서의 매도청구권 역시 재건축사업에 반대하는 토지등소유자의 소유권을 사실상 강제적으로 박탈하는 것으로, 명백히 우리 헌법상 재산권의 수용에 해당한다는 점에서 우리가 일반적으로 이해하는 재개발과정에서의 토지수용과 동일한 성질의 것임은 이미 강조한 바 있다. 그러므로 매도청구권을 사권(私權)으로 이해하여 민사소송을 통하여 소유권을 확보하도록 하면서 그 행사요건에 공공성이 결여돼 있는 것으로 전제하거나 그렇게 이해해서는 분명 곤란하다. 헌법재판소와 대법원이 "집합건물의 소유 및 관리에 관한 법률 제48조 제4항에 정한 매도청구권은 재건축사업의 원활한 진행을 위하여 같은 법이 재건축 불참자의 의사에 반하여 그 재산권을 박탈할 수 있도록 특별히 규정한 것으로서, 그 실질이 헌법 제23조 제3항의 공용수용과 같다고 볼 수 있다"라고 판시[27]한 것도 이러한 취지인 것으로 보인다.

특히 주택법상 주택건설사업은 공익사업법상 수용할 수 있는 공익사업에 해당되고, 매도청구권의 성립요건인 사업계획승인・고시는 공

27) 헌법재판소 2006. 7. 27. 선고 2003헌바18 결정; 대법원 2008. 7. 10. 선고 2008다12453 판결.

익사업법상 사업인정·고시와 유사하고, 매도청구 전 3개월 이상의 협의는 공익사업법상 협의 전치주의와 유사하다. 또한 민사법원에 매도청구소송을 제기하는 것은 공익사업법상 토지수용위원회에 수용재결 신청을 하는 것과 그 실질이 유사하므로 주택법상 민사법원에 대한 매도청구는 민간 사업주체가 국가에 원조를 요구하는 공법상의 권리, 즉 개인적 공권이며 이는 일종의 수용청구권과 같은 성질이라고 할 수 있다.

과거 주택건설촉진법상 주택재건축사업에서 활용되던 매도청구권의 근거 법률인 집합건물법은 매도청구권의 행사에 재건축 결의를 그 전제요건으로 한다. 재건축 결의는 건물 건축 후 상당한 기간이 경과돼 건물이 훼손 또는 일부 멸실되거나 그 밖의 사정에 의해 건물의 가격에 비해 과다한 수선·복구비나 관리비용이 소요되는 경우, 또는 부근 토지의 이용 상황의 변화나 그 밖의 사정에 의해 건물을 재건축하면 그에 소요되는 비용에 비해 현저한 효용의 증가가 있게 되는 경우, 구분소유자 및 의결권의 각 5분의 4 이상의 다수에 의한 결의로 성립되는 것으로 규정하고 있다. 집합건물법상 재건축 결의는 집합건물에 대한 공동 소유관계의 특수성과 구분소유자 다수의 동의에 터잡아 허용되는 것으로 '건물의 훼손 등'과 같이 국민의 안전과 관련돼 공공성이 인정되는 경우뿐만 아니라 '비용에 비해 현저한 효용의 증가가 있게 되는 경우 등'과 같은 경제적 사유도 공동주택 '다수 소유자들'의 이익을 보호한다는 점에서 넓은 의미의 공공성을 확보하는 것으로 보아, 이 경우 재건축 결의에 찬성하지 아니하는 자들에 대한 매도청구를 인정하고 있는 것이다. 한편, 국토계획법은 주택재건축사업을 도시계획사업의 하나로 명시적으로 규정하고 있고 도시정비법은 주택재건축사업 역시 원칙적으로 정비구역의 지정과 정비계획의 수립을 의무화하고 있다는 점에서 주택재건축사업의 도시계획적 측면을 명확히 하는 한편 반드시 안전진단을 거쳐 이를 허용함으로써 주택재건축사업의 공공성을 더욱 강화하고 있다는 점에서도 양자의 경우에 더 이상 토지취득 방식을 달리 정할 이유가 없다.

3. 입법론

위와 같은 이유로 단순히 공동주택 소유자 다수의 합의로부터 공공성이 도출되는 집합건물법상 재건축 결의에 의한 재건축사업과 도시정비법상의 주택재건축사업을 동일시해 도시정비법상 주택재건축사업에 수용권을 인정하지 않은 것은 도시주거환경정비사업의 일환으로서 주택재건축사업의 공공적, 공법적 성격과도 맞지 않다. 따라서 주택재건축사업의 경우에도 매도청구권 대신 수용권을 인정하는 방향으로 도시정비법을 개정하는 것이 강하게 요청된다.[28] 구체적인 일례를 들면, 재건축사업 부지의 75%를 취득한 사업주체에 대하여 나머지 25%가 사업부지로 꼭 필요한 경우에는 이에 대하여는 매도청구권보다는 공익사업법상 토지수용권을 허용하는 것이 사업의 진행상 더 효율적일 것으로 생각된다.

따라서 현행 주택법과 도시정비법상의 매도청구제도를 수용제로 전환하기 위해서는 다음과 같이 위 관련 법조항을 개정할 필요성이 있다. ① 주택건설사업이나 재건축사업을 위하여 필요한 경우에는 사업자는 해당 정비구역 내 토지를 수용할 수 있다는 원칙규정의 삽입, ② 사업계획승인고시가 있으면 이를 공익사업법상의 사업인정으로

---

28) 김종보, 「법학자의 눈으로 본 도시와 건축」, 67면; 강신은, "주택재건축 사업과 매도청구", 도시개발신문, 2008. 1. 16.

간주하는 간주규정, ③ 수용절차 및 손실보상 절차에 관하여는 공익사업법을 준용한다는 준용규정, ④ 민간사업주체에게 도시정비법상의 수용청구권을 예외적으로 인정하기 위해서는 사업계획부지의 최소한 75%(3/4) 이상의 소유권을 선취득해야 한다는 취지의 예시규정, ⑤ 사업계획구역의 지정요건에 관한 구체적이고도 기술적인 규정, ⑥ 토지등소유자들에 대한 사업계획승인고시 등에 대한 사전 통지 등 정보제공의무 규정, ⑦ 협의 불성립 시 관할 토지수용위원회에의 재결신청에 관한 수용재결규정, ⑧ 취득대상 토지의 보상평가 주체, 보상 기준 및 방법에 관한 대강의 예측 가능한 규정례(자세한 규정은 하위 법류명령에 위임하는 방식) 등을 신설하면 될 것으로 보인다.[29)]

Ⅲ. 결론

지금까지 지속적으로 지적한 바와 같이, 도시정비법상 수용과 매도청구는 양자 모두 사인의 토지 등 재산권을 본인의 의사에 반하거나 무관하게 사실상 강제 취득하는 제도로서 필연적으로 헌법상 기본권인 사인의 재산권과 주거권 등을 침해한다는 동일한 공통점이 있다. 그러므로 이러한 위헌성 논란을 조금이라도 불식시키기 위해서는 양 제도를 위와 같이 공익사업법이 적용되는 수용방식으로 통일하여 공법의 영역으로 끌어안을 필요성이 있음은 아무리 강조해도 지나치지 않다. 위와 같은 논의하에 아래 제3절에서는 수용과 매도청구로 인해 침해받는 사인의 재산권과 관련하여 우리 헌법상 재산권 보장 체계에 관한 기본 논의를 고찰하기로 한다.

---

29) 동지; 이선영, "전게논문" 중 "주택법상 민간사업주체의 매도청구권 법리", 23면.

IV. 관련문제: 주택재개발사업에서의 부동산 신탁등기제도 도입

1. 최근 문제된 사례

조합원 240여 명으로 구성된 서울 강북 미아동의 한 주택재개발조합은 조합원의 3분의 1 가량이 분담금을 제때 납부하지 않은데다, 2010년 이후 부동산 경기침체로 일반 분양분 아파트의 분양가격까지 하락하면서 사업시행자금 확보에 애를 먹었다. 엎친 데 덮친 격으로 분담금을 미납한 조합원들 소유의 부동산에 근저당권 설정등기와 가압류, 압류등기 등이 설정되면서 조합 재정 상태는 더욱 어려워졌다. 이 때문에 이전고시절차가 장기간 지연됐고, 결국 약 160여 명의 조합원들과 100여 명의 일반분양자들이 계획된 기한 내에 소유권등기를 받지 못하는 등 피해를 입게 됐다. 지방의 다른 재개발조합은 사업구역 내 사찰토지에 대한 소유권을 미리 취득하지 못해 이 토지에 설정된 지상권등기를 준공인가를 받을 때까지 말소하지 못했다. 결국 사찰 소유 토지에 설정된 지상권등기는 재개발된 아파트부지에 그대로 남게 됐다. 용익물권인 지상권은 토지 전체에 효력이 미치기 때문에 결국 조합원과 일반분양자들은 자신들의 의사와 상관없이 아파트 전유부분에 지상권이라는 별도등기가 설정되었다.

2. 법적 쟁점

지금까지는 주로 재건축조합에서 신탁등기제도를 활용하고 있었고, 재개발조합에서는 일부 조합을 제외하고는 조합에서 신탁등기제도를 활용하지 않고 있었다. 그러나 앞으로는 재개발에서도 신탁등기제도를 적극 활용하여야 할 필요성이 있다. 왜냐하면 최근 주택재개발조합이 사업구역 내 부동산에 대한 소유권을 확보하지 못해 사업시행이 지연되고 조합원과 분양자들이 피해를 입는 사례가 끊이지 않고 있기 때문이다. 이 때문에 주택재개발·재건축 사업 등 정비사업과정에서 조합이 조합원과 신탁계약을 체결해 부동산 소유권을 취득한 후 사업을 진행할 수 있도록 관련 법령을 개정해야 한다는 전문가들의 목소리가 나오고 있다. 특히 도시기능 회복을 위해 건물과 그 부지를 정비하고 대지를 새롭게 조성하는 사업인 재개발사업은 재개발조합이 개별 조합원의 부동산에 대한 소유권을 취득하지 않고 있다가 이전고시절차 후에야 소유권을 취득하는 방식으로 이뤄지고 있다.30) 이 때문에 재개발조합은 재개발사업 추진위원회 설립 시부터 이전고시까지 부동산에 대한 소유권이 없이 정비구역 내에 있는 기존 건물을 철거하고 새로운 건물을 건축한 후 분양하는 등의 처분행위를 하게 된다. 추진위원회 설립부터 이전고시까지 많게는 10년이 소요된다. 결국 이 같은 재개발조합의 불완전한 법적지위가 장기간 지속됨에 따라 각종 법률적 문제들이 발생하고 있는 것이다.

3. 신탁등기제도의 도입 필요성

문제는 정비사업구역 내의 부동산 소유권이 조합원에게 그대로 남아 있다 보니 조합원들이 자기 소유의 부동산을 담보로 돈을 빌리거나, 세금 체납으로 해당 부동산이 압류되거나, 채권자들이 해당 부동

---

30) '이전고시'란 관리처분계획에서 정한 바에 따라 조합 등에 사업구역 내 부동산의 소유권을 귀속시키는 행정처분을 말한다.

산을 가압류한 후 경매를 신청하는 등 권리관계가 복잡해지고 있다. 이러한 근저당권이나 압류, 가압류 또는 경매등기 등이 말소되지 않아 시공사나 조합이 공사대금채권이나 분담금채권 확보에 어려움을 겪으면서 사업이 지연되는 경우가 발생하고 있는 것이다. 이러한 문제를 극복하고 재개발사업이 원활하게 진행되기 위해서는 조합이 사업시행과 동시에 사업 구역 내 부동산에 대한 소유권을 취득하는 것이 바람직하며, 소유권 취득 방식으로는 신탁계약에 의해 신탁등기를 경료하는 것이 가장 적절하다. 즉 조합원이 신탁계약에 따라 부동산의 관리, 처분, 운용, 개발 등의 권한을 조합에 이전한 후 이러한 신탁관계를 대외적으로 공시하기 위해 신탁등기를 함으로써 재개발사업 구역 내에 있는 부동산에 대한 권리관계를 명확하게 해둬야 한다. 또한 신탁등기를 경료한 경우에는 신탁등기 이후에 발생한 권리관계를 이유로 강제집행이나 담보권 실행을 위한 경매·보전처분, 국세 체납처분 등을 할 수 없다는 점도 장점이다.[31)]

4. 소결

재개발사업 추진위원회 설립 이후 이전고시 완료까지 평균적으로 대략 7~10년이 소요되어 왔는데, 이 기간 동안 악성 조합원들이 자신의 부동산에 다액의 근저당권이나 압류 등을 유발하더라도 조합은 이를 감내해야 하고 그로 인해 다수의 선량한 조합원들이 피해를 입는 문제가 항상 발생해 왔다. 그런데 조합명의로 신탁등기를 해두면 조합원은 등기의무자가 될 수 없어 사업완료 시까지 조합원의 재산이

---

31) 부동산신탁업협회, “도시정비사업 활성화방안”, 부동산신탁연구, 2007, 22면 이하.

감소하지 않게 된다. 또 재개발사업 중에는 사업부지 인근 공공시설 등과 교환으로 지적을 정리해야 하는 경우가 종종 발생하는데, 조합원명의로 신탁등기가 된 경우에는 일일이 조합원의 동의를 구하는 절차 없이 교환등기를 쉽게 경료할 수 있어 재개발사업을 원활하게 추진할 수도 있게 되어 보다 안정적이고 효율적이며 신속한 재개발사업 추진이 가능하게 될 전망이다.[32)]

제3절 토지취득 과정에서의 사인의 재산권 제한 및 침해 문제

Ⅰ. 서설

1. 쟁점

헌법 제23조 제3항은 "공공필요에 의한 수용, 사용[33)] 및 제한[34)]"이라고 규정하여, 공용수용 이외에도 공용사용과 공용제한을 포함하

32) 한편, 대한법무사협회는 2014년 10월 28일에 국토교통부에 재개발사업에서 신탁등기제도를 도입하는 내용의 '도시정비법' 개정안을 입법청원했다. 법무사협회의 개정안은 조합원이 되기 위해서는 조합 등 사업시행자에게 소유권을 이전하고 신탁등기를 경료하게 하고 있다. 2014년 11월 3일자 법률신문 기사 참조.

33) 공용사용이란 공익사업에 필요하여 그 사업의 주체가 공법(公法)에 의거하여 다른 사람의 사유물을 강제로 사용하는 행위로서 일시적 사용과 계속적 사용이 있다(김동희, 「행정법Ⅰ」, 박영사, 2012, 383-384면).

34) 공용제한이란 공공필요, 특히 특정한 공익사업 또는 공익상 필요한 물건의 효용을 확보하기 위하여 재산권에 가해지는 공법상의 제한으로서 개인에 대하여 의무를 부과하는 것이 아니라 직접 해당 물권(재산권)에 대하여 제한을 한다는 측면에서 인적 공용부담과 다르며, 구체적인 예로는 토지의 이용, 용도, 계획의 제한 및 보전제한, 사업제한, 공물제한 등이 있다(김동희, "전게서", 380-383면).

고 있다. 학설은 이를 대체로 "공용침해"라고 부르고 있는데 매도청구제도 역시 앞서 본 바와 같이, 사실상 사인의 토지 등 재산권을 강제로 취득하는 것과 동일한 결과를 가져온다는 점에서 수용과 다를 바 없다. 헌법 제23조 제1항 제2문과 제2항의 내용제한규정과 헌법 제23조 제3항의 보상부 수용의 엄격한 구별을 견지하는 입장(소위 분리이론)에서는 새로운 유형의 재산권침해, 즉 주택재건축 과정에서의 매도청구행사 등을 통한 재산권침해인 "기타 재산권침해"의 유형에 해당하는 것을 어떻게 해석할 것인지가 문제된다. 또한, 일반・추상적 규율에 의한 재산권제약은 내용제한 규정이지만, 개별・구체적 규율에 의한 재산권침해는 보상부 공용수용에 속하기 때문에 이러한 법형식에 해당하지 않는 재산권침해(예컨대 법규명령, 조례 및 사실행위 등에 의한 재산권침해)를 어떻게 파악해야 하는지도 아울러 문제된다.[35]

2. 현행 헌법상 재산권 보장체계

가. 헌법 제23조 제3항의 '재산권 보장'의 의미

헌법 제23조 제3항의 '공용수용'이나 제126조의 '사회화'와 같은 헌법상 엄격한 요건을 예정하여 존속보장에 대한 침해를 수인하도록 한 경우 예외적으로 재산권은 존속보장에서 가치보장으로 전환된다.[36] 헌법 제23조 제1항의 보장은 바로 '원칙적인 존속보장'과 '예외적인 가치보장'으로 구성되어 있다고 볼 수 있다. 이러한 존속보장

35) 물론 일반・추상적 규율로서 직접 법률에 의한 재산권침해가 보상을 요하는 공용수용에 해당될 수 있는데 이를 입법수용이라 한다. 그러나 이러한 입법수용은 예외적인 경우에 한하여 인정됨은 당연하다.

36) 강태수, "분리이론에 의한 재산권체계 및 그 비판에 대한 고찰", 「헌법학연구 10/2」, 한국헌법학회, 2004. 10. 23면 이하.

이 우위를 유지하기 위해서는 개별 재산권자의 '사적유용성'과 '처분성'을 보장해 주어야 한다. 또한 사유 재산제의 제도적 보장을 위한 의미도 가지고 있다. 즉 헌법 제23조 제1항의 보장은 바로 주관적 공권으로서 개별적이고 구체적인 '재산권의 보장'과 사적유용성과 처분성을 '본질적 내용'으로 하는 사유재산제라는 '제도적 보장'의 이중적 의미를 가지고 있다.37) 따라서 만약 입법자가 이러한 이중적 의미를 무시하고 재산권자가 본래 보유하고 있던 '사적유용성'과 '처분성'을 박탈하여 사유재산제를 전면 부정하는 재산권의 내용형성이 이루어진다면 위헌임을 면할 수 없다.38) 또한, 헌법 제23조 제3항에 의한 재산권보장은 '존속보장에 대한 침해'로서 헌법에 의하여 허용된 예외적인 존속보장의 박탈에 대한 가치보장이라는 의미를 가지고 있다.39) 예외적인 가치보장이라는 점에서 헌법 제23조 제3항에 의한 재산권의 보장은 존속보장을 내용으로 하는 재산권에 대한 침해를 전제로 한다.40) 따라서 헌법 제23조 제3항에 의한 재산권보장은 그 전제로서 적법한 재산권 침해를 요구하므로 예외적인 가치보상이 인정되는 경우에도 제23조 제3항이 정한 엄격한 정당화 요건을 갖추어야 한다.41)

---

37) 계희열, 「헌법학」, 박영사, 2004, 540면; 허영, "전게서", 477면; 홍성방, 「헌법학」, 박영사, 2005, 519면 이하; 정종섭, 「헌법학원론」, 법문사, 529면; 헌법재판소 1993. 7. 29. 92헌바20, 판례집 5-2, 36면 이하; BVerfGE 24. 367/389f; 26, 215/222f.

38) 성낙인, 「헌법학」, 법문사, 2010, 461면; 계희열, "전게서", 541면.

39) 계희열, "전게서", 550면 이하.

40) 정하중, "독일 Bonn 기본법 14조상의 부대조항(Junktim klausel)의 의미와 한국 헌법 제23조 제3항의 해석(상)", 「사법행정」, 1992, 9-10면.

41) 다만 여기서 주의할 점은 수용의 개념 자체가 적법할 필요는 없다. 왜냐하면 수용의 적법성은 어디까지나 손실보상청구권의 발생요건이지 수용 자체의 개념요소는 아니기 때문이다.

나. 우리 헌법 제23조 제1항과 제2항 및 제3항의 관계

(1) 쟁점

헌법은 '재산권은 보장하되 그 내용과 한계는 법률로 정한다(제23조 제1항 후문)'라고 하여 법률로 재산권을 규제할 수 있음을 명백히 하고 있다. 그뿐만 아니라 '재산권의 행사는 공공복리에 적합하도록 하여야 한다(제23조 제2항)'라고 하여 재산권행사의 사회적 의무성도 강조하고 있다.[42] 재산권행사의 사회적 의무성을 헌법 자체에서 명문화하고 있는 것은 사유재산제도의 보장이 타인과 더불어 살아가야 하는 공동체생활과의 조화와 균형을 흐트러뜨리지 않는 범위 내에서의 보장임을 천명한 것이다. 재산권의 악용 또는 남용으로 인한 사회공동체의 균열과 파괴를 방지하고 실질적인 사회정의를 구현하겠다는 국민적 합의의 표현이라고 할 수 있다. 이는 사법영역에서 신의성실의 원칙, 권리남용금지의 원칙, 민법 제103조, 104조 위반, 소유권의 상린관계 등의 형태로 투영되어 있다.[43] 결국, 재산권의 사회적 구속성은 사회국가 원리와 관련하여 구현된다. 구체적으로 헌법상 국가의 사회보장·사회복지의 증진 등을 위하여 노력할 의무(제34조), 환경보존의무(제35조) 등 사회적 기본권에 관한 규정 및 제119조 이하의 경제에 관한 제 규정[44]들은 위와 같은 재산권의 사회적 구속성을 구체화한 규정이라고 할 수 있다.[45]

---

42) 조홍석, "재산권 제한의 체계적 구조", 「법과 정책연구 3/2」, 한국법정책학회, 2003, 9면.

43) 헌법재판소 1989. 12. 22. 선고 88헌가13 결정.

44) 이에 대하여 성균관대 김형성 교수는 "경제조항 중 '국가가'라고 주체가 명시되어 있는 경우에는 법률적 근거 없이도 행정부에 대하여 직접적 규제권한을 부여한 것이라고 본다." 김형성, "헌법상의 경제질서와 독점규제", 「헌법학 연구 3」, 한국헌법학회, 1997, 3면 이하.

45) 조홍석, "전게논문", 1-9면.

(2) 학설

재산권의 사회적 구속성의 헌법상 근거와 관련하여, 헌법 제23조 제2항은 이미 확정된 구체적 재산권의 행사가 공공복리를 위하여 제한을 받는다는 의미로 이해하여 제23조 제2항에서 구하는 설이 있다.[46] 또한, 제23조 제1항 후문과 제2항은 재산권의 내용과 한계를 법률로 정할 때 가급적이면 공공복리에 적합하도록 해야 한다는 것과 개인이 재산권을 행사할 때도 자신의 이익만을 전적으로 위함은 자제되어야 하고 공공복리에 적합하도록 행사하여야 한다는 의미로 이해하여 양 규정 모두에서 근거를 구하는 설[47]이 있다.

3. 소결

헌법 제23조 제1항 후문에서 규정하고 있는 재산권의 내용과 한계는 구별이 용이한 개념이 아니므로 포괄하여 재산권의 범위라고 이해하는 입장에서는, 재산권의 사회적 구속성 역시 입법에 의하여 구체화되는 재산권의 범위에 포함된다고 하겠다.[48] 그러므로 입법자를 구속하는 의미에서의 재산권의 사회적 구속성은 헌법 제23조 제1항 후문과 제2항에 근거한다. 그런데 헌법 제23조 제2항의 규정 형식에 비추

46) 권영성 교수와 김철수 교수도 헌법 제23조 제2항에 근거한다고 보고 있다. 권영성, 「헌법학원론」, 법문사, 2010, 376-377면; 김철수, 「헌법학개론」, 박영사, 462-463면.

47) 구병삭, 「신헌법원론」, 박영사, 591-594면; 김문현, "재산권의 사회구속성과 공용수용의 체계에 대한 검토", 공법연구 32/4, 한국공법학회, 2004, 44-45면; 김형성, "재산권-기본권의 개념과 범위에 관한 연구", 「헌법재판연구」, 헌법재판소, 1995, 426-427면.

48) 김광수, "재산권의 보장의 구조와 사회적 의무", 「공법연구 28/3」, 한국공법학회, 2000. 3, 52면 이하.

어 볼 때 재산권의 사회적 구속성은 토지등소유자(재산권자)에게도 적용되며, 다만 그에 의한 의무는 법률에 의하여 구체적으로 입법되지 아니하는 한 헌법상의 추상적 의무에 불과하다.[49] 헌법 제23조 제1항 후문은 재산권의 "내용과 한계를 법률로 정한다"라고 규정하고 있는데, 이는 재산권의 보호영역은 다른 기본권과 달리 헌법해석에 의해서가 아닌 입법자에 의해 결정되는 부분이 더 많은 것을 명시하는 것으로서 입법자로서는 재산권 보호영역을 신중히 결정하여야 할 것이다.[50] 결국, 헌법 제23조에 의하여 국민의 재산권을 국가기관이 규제하는 형태에는 제1항 및 제2항에 바탕하여 재산권의 내용과 한계를 형성하는 것과, 제3항에 따른 토지 등에 대한 수용·사용 또는 제한을 가하는 것의 두 가지로 구별된다. 전자는 입법자가 장래에 추상적이고 일반적인 형식으로 재산권의 내용을 형성하고 확정하는 것을 의미하고(재산권의 보호영역의 확정), 후자는 본 논문에서 다루고 있는 재개발·재건축에서의 수용과 매도청구와 같이, 국가 또는 국가기관에 준하는 지위에 있는 사인이나 사기업체가 도시정비사업이라는 구체적인

49) 행정소송법 제26조는 "법원은 필요하다고 인정할 때에는 직권으로 증거조사를 할 수 있고, 당사자가 주장하지 아니한 사실에 대하여도 판단할 수 있다"라고 규정하며, 제28조 제1항 본문은 "원고의 청구가 이유 있다고 인정하는 경우에도 처분등을 취소하는 것이 현저히 공공복리에 적합하지 아니하다고 인정하는 때에는 법원은 원고의 청구를 기각할 수 있다"라고 규정하고 있다. 이는 국민의 재산권 행사가 공공복리에 적합하여야 한다고 하는 헌법 제23조 제2항의 내용을 구체화한 규정으로 이해할 수 있다. 대법원도, 법원은 위 규정에 근거하여 행정처분을 취소하는 것이 현저히 공공복리에 적합하지 아니하다고 인정하는 때에는 원고의 청구를 기각하는 사정판결을 할 수 있고, 이러한 사정판결을 할 필요가 있다고 인정하는 때에는 당사자의 명백한 주장이 없는 경우에도 일건 기록에 나타난 사실을 기초로 하여 직권으로 사정판결을 할 수 있다고 판시하고 있다(대법원 1995. 7. 28. 선고 95누4629 등 판결).

50) 동지; 오승규, "재산권의 사회구속성과 공용수용", 「한양법학 13」, 한양법학회, 2000, 25면 이하.

공적 과제를 수행하기 위하여 이미 형성된 국민의 토지 등 재산권을 전면적 또는 부분적으로 박탈·제한하는 것을 의미한다.51)

II. 수용과 매도청구 행사의 헌법상 한계

1. 쟁점

수용의 성립요건은 그 허용요건과 구별된다. 전자는 주로 공용수용의 개념과 관련이 있으나, 후자는 공용수용의 한계문제이다. 공용수용은 ① 재산권에 대한 고권적(高權的) 법률행위일 것, ② 재산권의 전면적 또는 부분적 박탈행위일 것, ③ 공공의 이익과 관련되는 공적 과제의 수행을 목적으로 할 것 등을 그 성립 요건으로 한다. 이러한 점은 현행 매도청구제도가 비록 민사소송으로 행해지고 있으나, 그 본질은 수용과 다를 바 없다는 점에서 수용방식으로 통일할 필요성이 있다는 점에서 그리고, 현행 매도청구소송에서도 위와 같은 행사의 한계는 지켜져야 한다는 점에서 논의의 가치가 있다.

2. 수용 및 매도청구 행사에서 비례원칙 준수의 필요성

수용과 매도청구가 가능하기 위해서는 공적 목적의 수행을 지향하여야 한다. 현행 헌법 제23조 제3항에는 수용의 경우 '공공필요'의 개념적 요건이 사용되고 있으나, 이는 대표적인 불확정 개념에 속한

---

51) 재산권의 보호영역을 전제로 하여 이루어지는 재산권제한을 의미한다. 강경근, "재건축사업에 따른 재산권의 제한과 사회적 기속성", 「공법학연구 제7권 제3호」, 5면.

다. 또한 이 '공공필요'의 개념은 단순한 공익 또는 공공복리와는 구별되어야 한다. 즉 헌법상 보장된 사인의 재산권을 박탈하는 수용을 허용하기 위해서는 특별한 공익필요성이 요구되는데, 만약 이러한 특별한 공익성이 인정되지 않으면 공용수용도 허용되지 아니 한다고 보아야 할 것이다.[52] 위와 같이 '공공필요'는 불확정적 법개념으로서 그 의미가 다의적이고 추상적이며, 정치 · 경제 · 사회적 제반 상황과 국가의 정책적 목표에 따라 그 내용과 결정기준이 다르게 나타난다.[53] 즉, 현행 헌법 제23조 제3항의 '공공필요'의 개념은 개별적 사례에서 수용을 통해 추구하는 공익과 침해되는 토지소유권자의 재산적 이익을 서로 형량함으로써 비로소 구체화될 수 있는데,[54] 공공필요의 개념이 자의적으로 해석되는 경우 공용수용의 적법성은 확보될 수 없다. 그 결과 재산권의 존속보장은 무의미해지게 된다. 재산권의 존속보장을 도모하기 위해서는 공용수용의 허용요건이 엄격하고 구체적이어야만 할 것이다.[55] 이러한 전제에서 수용과 매도청구행위는 헌법상 과잉금지 내지 비례성 원칙을 준수하여야 한다.[56] 따라서 수용과 매도청구행위는 공익목적의 실현을 위해 적합하고 필요한 수단이어야 하며 재산권보장의 헌법상의 취지로 보아 최후의 수단(ultima ratio)으로서 사용되어야 한다.

나아가, 개인의 재산권을 침해하는 경우에도 가장 적은 피해를 주

52) 헌법 제23조 제3항의 '공공필요'의 개념을 특정한 공익사업과 연관하여 특정인의 재산권침해가 불가피한 '고양된 공익개념(高揚된 公益槪念, qualifiziertes öffentliches Interesse)'으로 이해하는 견해가 있다. 김성수, "전게서", 641면.

53) 김연태, "공용수용의 요건으로서의 공공필요(public need as requirements for eminent domain)", 「고려법학」, 고려대학교 법학연구원, 2007, 9면 이하.

54) 김남진, 「행정법의 기본문제」, 박영사, 2005, 465면 이하.

55) 김연태, "상게 논문", 11면.

56) Ossenbühl, Staatshaftungsrecht, S. p.205.

는 수단이 사용되어야 한다는 점에서 이러한 수용과 매도청구는 강제적으로 본질적인 재산권의 존속보장을 침해하기 때문에 최소 침해의 원칙에 위배될 여지가 있음은 앞서 지적한 바와 같다. 비례원칙(과잉금지의 원칙)은 법치국가적 요청에서 당연히 나온다고 보는 것이 일반적이므로,[57] 공공필요의 개념 해석 시 비례원칙을 심사척도로 적용할 수 있다.[58] 헌법재판소도 다른 기본권 제한과 마찬가지로 재산권의 경우에도 그 한계로서 비례원칙을 적용하고 있다.[59] 종래 헌법재판소는 비례성 원칙의 헌법적 근거를 대체로 헌법 제37조 제2항에서 찾고 있었기 때문에,[60] 헌법 제23조 제3항과 헌법 제37조 제2항의 관계가 헌법학자들 사이에서 논의의 대상이 되었다. 그러나 헌법 제23조 제3항의 '공공필요'의 개념은 '공공복리' 또는 '공익'이라는 개념 문제가 아니라, 개별 · 구체적인 사안에서 관련된 제반의 이익들을 형량함으로써 더욱 분명하게 된다고 할 것이므로 양자를 모두 준용하는 것이 타당하다.[61]

---

57) Maurer, a.a.O., § 26 Rdn. p.58; 헌법재판소 1998. 12. 24. 선고 89헌마214 결정 등.

58) 허영, "전게서", 470면.

59) 헌법재판소 1998. 12. 24. 선고 89헌마214 결정 등.

60) 헌법재판소 1994. 2. 24. 선고 92헌바43 결정; 헌법재판소 1995. 5. 25. 선고 91헌마67 결정; 헌법재판소 1995. 11. 30. 선고 94헌가3 결정.

61) 헌법재판소는 2011. 11. 24. 선고 2010헌가95 결정【도시정비법 제38조 위헌제청 사건】에서 "도시환경정비사업을 통해 달성하고자 하는 계획적이고 체계적인 도시기능의 회복과 도시환경의 개선이라는 공익의 중대성은 결코 작지 않으며, 비록 이 사건 법률조항에 의하여 피수용자의 재산권이 제한을 당하게 되지만, 수용절차 및 보상제도 등을 종합적으로 고려할 때 이 사건 법률조항이 공익과 사익 간에 균형을 갖추지 못한 것으로 보기는 어려우므로, 법익의 균형성 원칙에 반하지 아니 한다. 따라서 이 사건 법률조항은 헌법 제23조 제3항 또는 과잉금지원칙을 위반하여 피수용자의 재산권을 침해한다고 할 수 없다"라고 판시하여 재산권 제한의 경우에는 그 위헌심사 기준으로서 헌법 제 23조 제3항과 제37조 제2항을 모두 인용하고 있다.

Ⅲ. 비교법적 검토: 최근 미국 토지수용 과정에서의 재산권 제한 논의

1. 미국 헌법상 재산권 보호 조항

앞서 사인에 의한 또는 사적개발 목적의 수용과 관련한 미국의 사례를 소개하면서 언급한 바 있듯이 미국 헌법 수정 제5조는 "누구든지 적법절차(適法節次)에 의하지 아니하고는 …… 재산을 박탈당하지 아니하며 또 정당한 보상 없이 그 사유재산을 공공의 목적을 위하여 수용당하지 아니 한다"라고 규정하고, 제14조 제1항도 "어떠한 주도 적법절차에 의하지 아니하고는 어떠한 사람으로부터도 …… 재산을 박탈할 수 없으며"라고 규정하고 있다. 그리하여 미국은 사유재산 수용의 근거법률이 보상규정을 두지 않는다면 헌법상 적법절차(適法節次) 위반으로 보고 있다.[62] 이러한 미국 수정헌법 제5조에 관하여 미국의 Rosenbloom 등 학자들은 미국 헌법상 재산권 제한에 관한 구조를 연구하였는데,[63] 그 주된 논지는 국가기관이나 이들로부터 위탁받은 민간이 어떠한 공적목적을 가지고 사업을 추진할 때 그 사업 행위가 사인에 대하여 적법한 재산권 제한의 범주(한계) 내에서 수행되고 있는가를 중요한 재산권 침해에 관한 위헌심사 기준으로 보았다. 그러나 이러한 경우에도 정부 등의 특정 행위를 두고 그것이 사인의 재산권을 침해한 것으로서 합헌인지 위헌인지 여부는 구체적

62) 이기한, "미국헌법상의 연방대법원의 손실보상의 판단기준", 「세계헌법연구 11」, 국제헌법학회 한국학회, 2006, 2-5면.

63) Rosenbloom은 자신의 저서인 "In Public Administration: Understanding management, politics, and low in the public sector"(2010)에서 미국 헌법상의 각종 기본권 및 그 제한에 관한 구조 모형을 제시하고 있다.

인 사례에 따라 달라질 수 있는데 이에 대한 기준으로 미국 수정 헌법 5번 조항은 "사유재산을 정부가 제한·수용할 때는 합법적인 공공목적하에서 이루어져야 하고, 그 목적하에서 정부가 재산권을 제한·수용한다 하더라도 그에 해당하는 보상이 있어야 한다"라고 규정하고 있다.

2. 미국에서의 사인 재산권 제한(수용, 사용)의 위헌 심사기준

가. 〈그림 4-1〉은 미국의 Rosenbloom 교수 등이 정부기관 등이 사인의 재산권을 제약하는 행위가 위헌인지 여부를 가리는 심사기준을 축소·구체화한 모형이다. 이 모형에 의하면 먼저, 정부나 지자체 등의 행정행위가 일반 사인(개인)들의 재산(소유)권에 어떠한 영향(침해)을 미치는가를 묻고, 다음 단계로 해당 재산권 침해 내지 제한행위(수용, 사용, 제한)가 공공의 이익과 관련되는가를 검토한다. 그리고 마지막으로 해당 재산의 소유자들이 받는 손해 내지 손실과 그에 대응하는 보상이 상호 합리적으로 비례하는가를 통해 당해 해당 정부나 지자체의 사인 재산권에 대한 제한·수용이 합헌적인지 위헌적인지를 가려낸다. 이는 우리 헌법체계에서의 기본권 제한의 심사척도로서 비례성 심사기준과도 유사한 측면이 있어 더욱 주목할 만하다.

나. 한편 Rosenbloom 교수는 위에서 살펴본 모형을 재산권 제한과 관련된 내용을 중심으로 〈그림 4-2〉와 같이 구체적으로 분석·통합하였다.

5번 수정조항(사유재산 수용 보상) 하에서의 개인의 소유권 사용 권리 구조

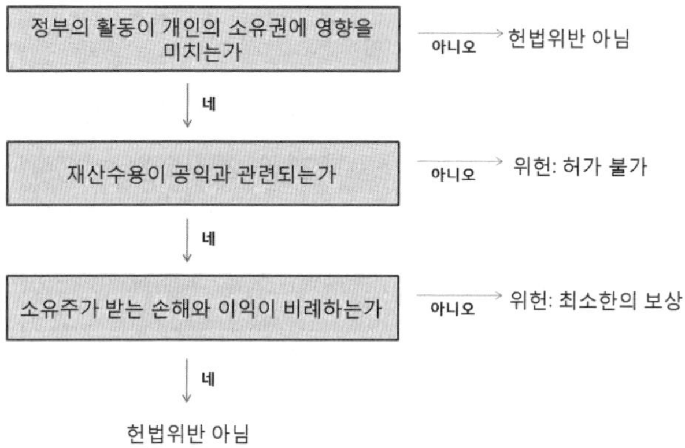

자료: Rosenbloom(2010) 등의 Public Administration, 11.5 The Structure of A Property Owner's Land Use Rights Under the "takings Clause" After Kelo.

〈그림 4-1〉 개인의 소유권 사용권리 구조 모형

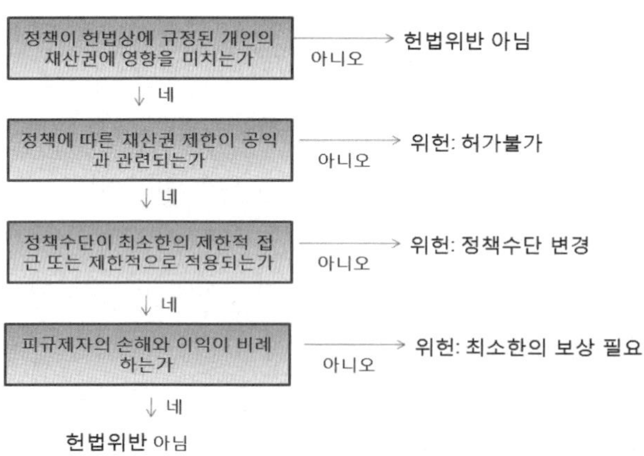

자료: Rosenbloom(2010) 등의 Public Administration, 11.6 The Structure of A Property Owner's Land Use Rights Under the "takings Clause" After Kelo.

〈그림 4-2〉 재산권 권리구조 모형

IV. 결론

우리 헌법상 재산권 보장의 취지는 우선적으로 현재 상태로의 재산권을 유지·방어하는 데 있음은 이미 살펴본 바와 같다. 그러한 취지에서 "수용은 물론 수용과 같은 효과를 가져오는 매도청구의 요건과 한계"를 보다 명확히 하는 것이 필요하다. 특히 수용과 매도청구의 성립요건에서 적법성 요건은 수용의 성립(존재)요건의 문제가 아니라, 수용의 한계 내지 허용요건에서 다루는 것이 수용과 매도청구로 인한 사인의 재산권의 일방적 침해를 차단하는 데 보다 합리적인 방안이라고 생각된다. 사인의 재산권의 존속보장에 대한 중대한 제약과 침해를 수반하는 도시정비법상 수용과 매도청구의 한계로서 이러한 수용과 매도청구의 경우에도 법률유보와 비례성 원칙은 반드시 지켜져야만 한다.

따라서 사인의 재산권을 제한하고, 침해하기 위해서는 법률상의 수권을 필요로 하며 과잉금지에 반하지 않을 것을 요한다. 다만, 우리 헌법 제23조 제3항의 "법률로써"의 개념을 형식적 의미의 법률에 한정하는 종래 견해는 오늘의 행정 국가화 경향에 맞추어 수정될 필요가 있다고 생각된다. 왜냐하면 행정수용 이외에도 입법수용(예컨대 가뭄, 홍수 등의 천재지변으로 인한 재난 발생 시 이를 처리하기 위한 특별법의 제정 등)이 얼마든지 발생가능하기 때문이다. 나아가, 수용과 매도청구가 적법하게 성립하기 위해서는 공적 목적의 수행이라는 전제가 되어야 한다. 이와 관련하여 헌법 제23조 제3항의 '공공필요'의 개념에 대한 보다 엄격한 재해석이 요청되며, 특히 공익사업법 제4조의 '공익사업'의 개념은 너무 광범위하게 열거되어 있어 재산권의 존속보장의 관점에서 재검토를 요한다. 또한 수용과 매도청구를 통하여 상대방인 사인의 재산권을 취득하는 행위는 비례의 원칙(과잉금지의 원칙)을 반드시 지켜야 한다.

마지막으로, 미국에서 가장 최근에 논의되고 있는 새로운 재산권 제한의 한계에 관한 기준 모델은 구체적·개별적 사건에서 재산권 제한의 한계 원리로서 수용과 매도청구 행사의 한계에 관한 나름의 논리적이고도 합리적인 기준을 제시하고 있으므로, 우리나라에서도 이러한 권리 제한 및 그 한계 모형을 응용모델로 도입할 필요성이 있다.

/제5장/

정비사업 과정에서의 각종 보상문제

제1절 주택재건축사업에서의 매도청구 가격 산정 문제

제2절 주택재개발사업에서의 수용보상금 산정 문제

제3절 영업손실 보상금 지급 문제

제5장 정비사업 과정에서의 각종 보상문제

제1절 주택재건축사업에서의 매도청구 가격 산정 문제

Ⅰ. 서설

매도청구제도하에서 매도청구의 상대방이 되어 자신의 토지 등 재산권을 순전히 조합 측의 매도청구소송과 그로 인한 법원의 판결이라는 타의에 의해 빼앗길 수밖에 없는 토지등소유자 입장에서는, 당해 매도청구 소송과정에서 결정되는 매매금액을 조금이라도 더 받아내기 위하여 치열하게 다툴 수밖에 없다. 여기서 문제되는 것이 개발이익의 포함문제인바, 매도가격 책정문제는 매도청구 소송의 가장 중요한 내용에 속한다. 또한 도시정비법의 시행에 따라 새로이 매도청구의 상대방이 된 '정비구역 내에 토지나 건축물만을 소유한 자'의 경우에도 그 토지나 건축물의 매도시가에 개발이익[1]이 포함되는지 여

1) 개발이 수반되면 많든 적든 지가가 상승하거나 하락하여 개발이익 또는 개발손실이 발생한다. 개발행위가 외부경제효과를 가져오게 되어 대상 토지뿐만 아니라 그 주변 지역의 토지 등이 가격에 영향을 미치기 때문이다. 이와 같이 개발로 인하여 발생한 가격 상승분을 '개발이익'이라 한다. 1972년 「국토이용관리법」이

부가 함께 문제된다. 이러한 개발이익 포함여부에 관한 논의는 토지 수용에서 발생하는 손실보상의 경우 그 보상 기준에 개발이익을 포함하지 않고 있는 것과 상호 비교된다. 아래에서는 먼저 매도청구 가격의 의의와 산정 기준 등에 관한 논의를 살펴본 후 토지 수용에서의 보상 기준에 관하여서도 상세히 검토하여, 이를 통해 매도청구와 수용에 따른 각각의 보상 가액 산정 시 올바르고 합리적인 기준을 제시하고자 한다.

II. 규정의 부존재로 인한 문제

재건축 과정에서 미취득 토지등소유자에 대한 매도청구권을 행사할 때는 그 소유대지의 시가(市價)에 의한 매도를 요건으로 한다. 이는 시가를 초과하는 가격으로 소유대지의 매도청구를 하는 것은 사실상 가능할 것이나 이에 미치지 못하는 가격으로는 허용되지 않는다는 것을 의미한다. 매도청구에 관하여 준용되는 집합건물법 제48조 제4항도 매도가격을 시가로 하도록 하고 있다. 그런데 집합건물법이나 도시정비법에는 시가에 관하여 아무런 규정이 없다. 여기서 시가는 보상의 경우와 마찬가지로 높은 가격을 받고자 하는 측(소유권자)과 낮은 가격을 제안하려는 측(재건축조합) 쌍방의 이해관계를 조정해야 하는 이중성을 띤 성격을 가지고 있다. 따라서 매도청구 시의 시가에 대한 명확한 개념정립이 필요하다. 그렇지 않으면 이를 둘러싼 소유

제정되면서 처음으로 개발이익이란 용어가 법률용어로 사용되게 되었다. 즉, 개발이익이란 "국가·지방자치단체 또는 정부투자기관의 개발사업이나 정비사업 등에 의하여 토지소유자가 자신의 노력에 관계없이 지가가 상승되어 현저한 이익을 받은 때의 이익"이라 규정하고 있었다(동법 제3조의2 제2항).

자와 조합 간의 지루한 분쟁이 발생할 여지가 많다. 이 때문에 시가의 의미나 그 평가방법에 관하여는 다양한 이론이 있을 수 있는데 아래에서 차례로 살펴보기로 한다.

또한 영업보상금 등의 지급여부와 관련하여서도 재개발사업과 도시환경정비사업의 경우에는 공익사업으로서 공익사업법이 적용되기 때문에(도시정비법 제38조, 제40조), '이주대책'을 수립·실시하거나 '이주정착금'을 지급하고, 주거이전비 및 동산이전비도 지급된다. 아울러 상인의 경우에는 영업손실보상금이 지급된다. 그런데 재건축사업은 민간주도 사업이라는 점 때문에 이와 같은 각종 보상이 주어지지 않는다. 그러나 단독주택 재건축사업의 경우에는 사업구역의 형상이 거의 재개발구역과 유사하고 잡화점, 세탁소, 음식점 등 상인이 많아 이들에게는 무엇보다도 영업보상금의 지급이 절실한 상황이다. 그러므로 재건축사업의 경우에도 최소한의 영업보상금은 소유자, 임차인 모두에게 주어져야 할 것이며, 보증금이 일정액 미만인 소액임차인에게는 주거이전비와 동산이전비도 주어져야 할 것이다. 이 점에 대하여도 후술하기로 한다.

Ⅲ. 매도청구가격의 의의

1. 매도청구가격의 개념

도시정비법이나 집합건물법상의 매도청구권이 예정하고 있는 "매도청구가격"이란 "당해 매도청구 대상이 되는 구분소유권 등을 당해 소유자가 임의로 타에 매도할 경우 그가 그 대금으로 취득할 것으로 예상되는 합리적이고 객관적인 교환가격"을 의미한다는 점에 대하여는 특별한 이견이 없는 상태이다.[2] 참고로, 매도청구와 대비되는 재개발과정에서의 토지수용의 경우에는 '공익사업을 위한 토지 등의 취득 및 보상에 관한 법률'에 의하여 그 손실보상액에는 개발이익이 배제된 토지가격을 기준으로 손실보상액이 정해지기는 하나,[3] 이 경우에도 시가산정은 결국 매매계약체결이 의제되는 시점을 기준으로 그 당시에 존재하는 모든 거래요소 즉 경제적 가치를 결정짓는 모든 정보를 고려한 상태에서의 시가이어야 할 것이다.[4]

2. 일반적인 시가 산정 기준

시가의 개념은 다의적일 수 있다. 주택법과 집합건물법은 소유대지의 시가에 의한 매도를 매도청구권의 행사요건으로 하면서 시가의 개념을 명확하게 하고 있지 않다. 시가는 시가(市價)와 시가(時價)로 구별할 수 있고 시가(市價)라 함은 일반적으로 시장에서 팔리고 사는 시장가격으로서 화폐량이 지급된 개별적·구체적 거래가격이라고 할 수 있는 반면, 시가(時價)는 시장가격이 형성되고 있는 형세나 사정, 즉 시세·호가(呼價)로서 화폐가 지급되지 아니한 일반적·추상적 거래가격 수준이라고 할 수 있다.[5] 이때의 시가는 적산가격, 수익가격 및 비준가격과 관련지어 평가하도록 되어 있고, 건물의 경우에는 원가법의 적용을 주로 하도록 하고 있으나, 실무상에서 아파트의 경우에는 거래

---

2) 송현진·유동규, 「재개발·재건축 이론과 실무」, 명문사, 2010, 500-503면.

3) 동법 제70조 참조

4) 김현성, "전게논문", 250면.

5) 이선영, 「토지평가법」, 법원사, 2008, 19-22, 132면; 국어사전은 市價를 시장에서 팔고 사는 값, 장금(동의어)이라 하고, 時價를 현재의 물건 값, 시세(동의어)라고 규정하고 있다.

사례비교법에 의한 비준가격으로 하고 있다.[6] 따라서 구분소유권 및 대지사용권의 정확한 평가를 위해서는 각 방식의 적용을 통해 시산가격(試算價格)[7]의 조정이 원칙적으로 이루어지도록 해야 한다.

3. 최근의 매도청구가격 산정 경향

한편, 최근 재건축사업에서는 여유 용적률이 없어 등가교환 방식에 의한 사업추진이 불가능한 아파트 단지가 나타나고 있다. 여유 용적률의 부재는 결국 재건축조합원(동의한 소유자들)의 사업비 부담으로 이어지게 되어, 경제적 능력이 없는 소유자나 고령자 세대의 경우에는 재건축사업에 참여하고 싶어도 참여하지 못하게 되는 경우가 발생하는 것이다.

그러므로 재건축사업이 공공개발사업의 성격을 띠고 있다고 하더라도 소유자들의 생활을 보장할 수 있는 정도의 가격 수준으로 시가보상을 하여야 하고, 그러기 위해서는 재건축사업에서의 시가란 단순히 물건의 가격이 아닌 구분소유건물 및 대지사용권의 대가 외에 종

---

6) 이와 관련하여, 대법원은 「소득세법」에서 말하는 시가라 함은 "원칙적으로 정상적인 거래에 의하여 형성된 객관적인 교환가치를 말하는 것이지만, 그와 같은 시가를 확인하기 어려울 때에는 객관적이고 합리적인 방법으로 평가한 가액도 시가로 볼 수 있다"라고 하여 정상적인 거래가격을 시가의 원칙으로 하되 객관적 평가가격도 시가로 보고 있다. 대법원 1991. 11. 26. 선고 91누2731 판결; 대법원 1991. 4. 23. 선고 90누7302 판결.

7) 시산가격이란 부동산감정평가에서 감정평가 3방식으로 구해진 가격을 가리킨다. 원가방식에 의하여 구해진 식산평가를 적산가격, 비교방식으로 구해진 시산가격을 비준가격, 수익방식으로 구해진 시산가격을 수익가격이라고 하는데 시산임료도 이에 준한다. 이론적으로는 이 세 가지 시산가격은 일치해야 할 것이나 각각의 작업 단계에서 실행 가능한 범위의 한계 및 자료의 채택과 각종 판단의 상이로 이들 시산가격 상호 간에는 자연히 격차가 생긴다. 따라서 최종적으로 감정평가액을 결정할 때에는 이들 시산가격을 상호 조정하여야 한다.

래 소유 주택이나 건물을 중심으로 누려 왔던 생활환경에 대한 대가도 포함된 가격으로 인식하는 것이 타당하다는 견해가 유력하다.[8] 이 견해는 매도청구와 관련 시가의 가격개념을 적정가격으로 보아 구분소유권 및 대지사용권의 가격에 재건축사업 후의 개발이익과 실제의 생활환경을 유지하기 위한 보상액 정도를 포함한 가격으로 보아야 한다고 한다.

다만, 종전의 법원 재판실무의 주된 견해는, 도시정비법상 재건축은 노후·불량건축물이 밀집한 지역에서 주거환경을 개선할 필요가 있는 경우에 하는 것이고, 기본적으로 토지등소유자가 자율적으로 재산권을 행사하는 사적 자치의 한 태양에 속한다는 점 등을 고려할 때 영업손실액은 포함되지 않는다고 보아 왔다.[9]

4. 매도청구 가격 산정 시점

가. 일반론

부동산의 시가는 주위환경에 따라서 항상 변동하는 것이므로 미취득 대지소유자에 대한 매도청구를 하려면 그 매도청구 대지의 가격시점을 정하여야 한다. 특히 주택건설사업의 시행이 예정되면 장래 기

8) 장희순, “매도청구권 행사시 시가의 개념 및 그 평가에 관한 연구”, 「감정평가학 논집 제1집」, 2002. 12, 129-131면.

9) 김현성, “전게논문”, 254면; 다만 이 논문에서 김현성 전 서울 북부지법 판사(현 변호사)는 이사비용도 시가 산정에 고려되어야 한다고 주장하고 있다(254면). 매도청구 가격 산정 시 이사비용까지 고려하는 견해는 사실상 반강제로 현재 살고 있는 주택에서 이사를 가야만 하는 토지등소유자에 대한 적극적 보호 측면에서 일면 타당하다고 생각된다. 그러나 이에 대해, 현실적으로는 매도청구가격 산정에 지나치게 본래의 건물가치 이외에 부수적 사항까지 포함되는 측면이 있어 받아들이기 어렵다는 비판론도 있다.

대되는 이익까지 포함하여 매도대상 대지의 가격은 급등하게 되므로 시가의 평가에서 가격시점은 매우 중요한 의의를 가진다. 주택법이나 집합건물법은 이에 관한 규정을 두고 있지 않지만, 매도청구권을 행사하는 경우에는 매매계약이 체결된 것으로 의제되므로 매도청구권자의 매도청구 의사표시가 미동의자에게 도달된 시점이 가격시점이 되고, 매도청구소송의 제기에 의하여 매도청구권을 행사한 경우에는 소장부본이 미동의자에게 송달된 시점이 가격 산정의 기준시점이 된다는 견해가 있다.[10] 이 견해에 따르면 소송결과 1심에서 시가감정을 통하여 판결이 된 이후 항소심에서 미동의자 소유권의 가격이 급등 내지 급락한 경우라 하더라도, 매도청구권은 형성권으로 적법하게 이를 행사한 시점의 매도청구가격을 산정하여야 하는 것이므로 항소심에서 다시 시가 감정을 하는 경우에도 그 감정의 기준시점은 1심에서의 적법한 매도청구권의 행사에 따라 매매계약이 의제된 날이 되어야만 한다.[11]

나. 사견

그러나 우리 헌법의 재산권 보장이 추구하는 정당보상의 의미로서 완전보상에 합치하기 위해서는 토지등소유자에 대한 매도청구권을 행사하는 경우 협의(協議) 시에는 매도청구 통지를 할 당시를 기준으로, 협의가 불성립되어 소송(訴訟)으로 가는 경우는 당해 판결을 선고할 당시나 사실심 변론 종결시점을 각각 매도 가격 산정 기준 시점으로 삼는 것이 매도청구 상대방의 재산권 보장에 보다 합치한다.[12]

---

10) 김태석, 전게논문 중 “주택재건축사업에서의 매도청구권에 관한 소고”, 383면.
11) 장찬익 · 송현진, “전게서”, 522면.
12) 동지; 이선영, 전게논문 중 “주택법상 민간사업주체의 매도청구권 법리”, 19면.

5. 소결

이상에서 매도청구 가격 산정에 관한 일반론을 살펴보았다. 시가는 다른 토지의 거래기준이나 매도대상 대지의 객관적 가치를 평가하는 기준이나 참작은 될 수 있을 것이지만 시가 그 자체를 매도대상 대지의 가격이라고 할 수는 없을 것이다. 즉, 주택법이나 집합건물법에서의 '시가로 매도할 것을 청구할 수 있다'라 함은 그 시가가 거래가격이든 거래가격수준이든 시가를 기준하여 또는 시가를 참작하여 객관적 가치로 평가한 가격으로 청구할 수 있다는 의미로 해석함이 타당하다. 아래에서 보다 구체적인 산정 기준에 관하여 살펴보기로 한다.

IV. 개발이익 포함여부 및 가격평가 방법

1. 쟁점

매도 청구 시 대상 토지 등 물건에 대한 시가 산정 기준 및 결정방법에 관하여 집합건물법과 도시정비법 등에는 아무런 규정을 두고 있지 않다. 그런 까닭에 시가산정과 관련하여 다음과 같은 문제가 제기된다. ① 매도청구의 대상인 소유권 및 대지사용권 등의 시가에 개발이익을 포함할 수 있는지, ② 건설회사가 관행상 조합원에 이사비용을 지급하고 있는데, 그 이사비용을 시가의 내용에 포함시킬 수 있는지 등이 그것이다. 즉, 이러한 시가산정과 관련하여, 매도청구권이 행사된 당시의 토지 등 소유권의 객관적 거래가격 속에 단순히 노후 되어 철거될 상태를 전제로 한 거래가격뿐만 아니라 그 건물에 관하여 재건축 결의가 있음을 전제로 그로 인해 발생이 예상되는 개발이익을 포함한 거래가격을 의미하는 것인지에 대해 논란이 있는 것이다.

2. 개발이익

가. 개발의 개념

개발의 개념을 어떻게 보느냐에 따라 개발이익의 범위가 결정될 수 있다. 영국의 경우 '도시 및 농촌계획법(Town and County Planning Act, 1971)'과 '재정법(Finance Act, 1974)'에서 지표 또는 지상에서 건축공사 토목공사 등의 공사와 같은 유형적 개발과 토지 또는 건축물의 중대한 용도변경 등 무형적 개발을 포괄하여 정의하고 있다. 일본의 도시계획법 제4조 제1항에서는 "개발행위란 주로 건축물의 건축 또는 특정 공작물의 건축용에 제공할 목적으로 행해지는 토지의 구획·형질의 변경"으로 규정하여 영국과 달리 유형적 개발만으로 한정하고 있다. 아직 우리나라의 관련 법률에서는 개발에 관한 명확한 규정은 없고, 다만 개발이익환수에 관한 법률에서 이익환수의 대상이 되는 개발사업의 종류를 열거하여 간접적으로 일본과 같이 유형적 개발을 규정하고, 국토계획 및 이용에 관한 법률(이하, '국토계획법'이라고 한다)에서 개발행위 허가대상을 나열함으로써 유형의 개발행위를 개발로 각 규정하고 있다. 개발사업의 경우 유형적 개발만이 수반되는 사업뿐만 아니라 무형적 개발행위와 서로 시간차를 두고 이어지는 경우도 있다. 토지형질변경이나 건축행위는 유형적 개발행위에 해당하고, 용도지역 지구의 변경을 비롯해 농지전용이나 산지전용 등은 무형적 개발에 해당한다. 이와 같이, 개발이익은 반드시 유형적인 개발에 의해서만 발생하는 것이 아니며 그에 따른 개발이익 환수를 위한 개발의 개념은 토지의 유형적 변경을 초래하는 경우뿐만 아니라 토지의 성질 및 용도변경을 포함하는 무형적 개념, 더 나아가 공간적·시간적 및 경제적·사회적 변화를 반영하는 총체적인 개념으로 보는 것이 타당하다.

나. 개발이익의 개념

개발이익이란 개념은 영국에서 최초로 나타났으며, 도시개발에 따른 지가의 증가분에 대한 과세가 논의되면서 사용되기 시작하였다. 개발이익은 다양한 요인에 의해 상승한 토지가치 증가분을 의미한다. 이런 증가분 중 어느 정도를 환수대상에 포함할 것인지는 개별 국가와 시대에 따라 다르게 나타나고 있다. 더욱이 개발의 개념과 개발이익의 개념은 확대되어 왔다. 20세기에 접어들어 영국과 프랑스를 포함하여 선진국 대부분에서 산업화와 도시화가 급속히 진행된 까닭에 도시용지의 공급을 위해 도시계획과 토지용도를 변경해야 했다. 이 과정에서 지가가 크게 상승하게 되어 어느 정도까지 개발이익으로 보느냐가 정책적 과제로 대두되었다. 사회적으로 창출된 증가를 전부 이익으로 보느냐, 아니면 그중에서 공공투자에 의한 것만을 이익으로 보느냐 하는 문제가 나타난 것이다. 이런 논란 속에서 점차 개발이익의 개념도 확대되기 시작한 것이다.[13] 일반적으로 개발이익은 토지소유자가 자신의 책임 아래 비용을 투입하여 토지를 개발할 때 발생하는 경우와, 국가 또는 지방자치단체 등에 의한 공공사업행이나 도시 정비, 용도 구역 지정 등의 결정·변경 등으로 인하여 얻게 되는 지가상승분을 말한다. 이러한 개발이익의 개념에는 토지가 우연히 특정지역에 있었다는 이유만으로 아무런 노력 없이 땅값이 상승하게 되어 토지소유자가

13) 개발이익환수에 관한 법률 제2조 제1호, 표준지 조사·평가 기준 제3조, 국토해양부훈령 제48호, 토지보상 평가지침 제3조

얻게 되는 불로소득적 개념도 내포한다. 즉, 개발이익(windfall)이란 자신의 노력에 의하거나(by the owner) 일반적 인플레에 의하지(by general inflation) 않은 부동산 가치의 증가로 보는 것이다.[14)]

또한 개발이익 환수대상은 공공의 개발사업으로 인한 증가뿐 아니라 도시계획 및 토지이용변경허가(무형적 개발)에 의해 상승한 이익으로까지 확대되었다. 우리나라의 경우 1967년 부동산 투기억제에 관한 특별조치법 제정 이후 토지소유자의 투자를 공제한 지가상승분을 개발이익 환수대상으로 확대하게 되었다. 1989년 개발이익 환수에 관한 법률 제정 시 개발이익의 개념을 개발사업의 시행, 토지이용계획의 변경, 기타 사회·경제적 요인에 의하여 상승한 지가 중에서 정상지가 상승분을 초과하여 개발사업시행자 또는 토지소유자에게 귀속되는 토지가액의 증가분으로 규정하였다. 다시 말해 개발이익은 토지소유자 자신의 노력 없이 개발사업, 토지이용계획의 변경, 기타 사회적·경제적 요인에 의해 상승한 모든 토지가액의 증가분 중에 정상적 지가상승을 초과한 상승분으로 정의하면서 개발이익의 개념을 점차 확대해 왔다. 결국 개발이익 개념과 환수의 대상이 되는 개발이익은 토지소유자의 직접 투자 분을 제외한 이득 중에 '공공투자에 의한 증가', '토지이용계획의 결정 및 변경으로 인한 증가', '사회 경제적 요인에 의한 증가'로 확대되는 추세이며 이것을 중심으로 최협의, 협의, 광의로 구분할 수 있다.[15)]

---

14) Donald G. Hagman and Dean J. Misczynski, Editors, 1978, WINDFALLS FOR WIPEOUTS, American Society of Planning Officials: 15.
15) 임윤수, "개발이익환수제도에 관한 연구", 법학연구 제21집, 한국법학회, 2006. 10.

(1) 최협의 개발이익

공공투자에 의한 증가만을 환수대상으로 한다. 1962년 도시계획법에 도입된 수익자부담금제와 구 국토이용관리법상의 개발이익의 개념이 이에 해당한다.

(2) 협의 개발이익

공공투자에 의한 증가에 무형적 개발인 토지이용계획의 결정 · 변경으로 인한 증가를 포함한다. 토지소유자의 개발투자 이외에 공적주체의 투자 혹은 결정에 의하여 발생하는 모든 이익이라 볼 수 있다.

(3) 광의 개발이익

협의 개발이익에 사회 · 경제적 요인에 의한 증가까지 포함하는 것이다. 우리나라의 「개발이익 환수에 관한 법률」상의 개발이익 개념이 이에 해당한다.

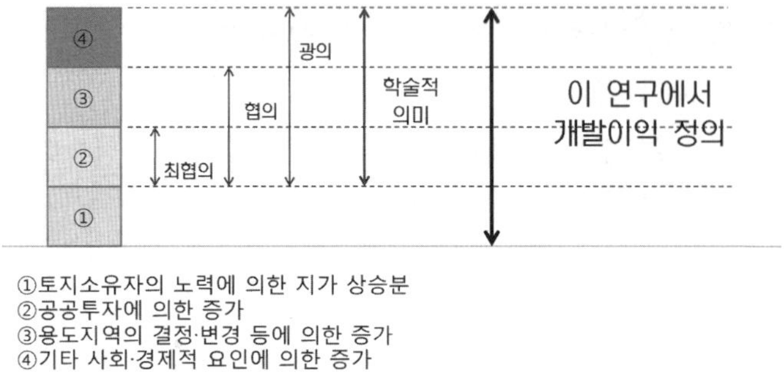

〈그림 5-1〉 개발이익의 개념정리 표

3. 개발이익 포함여부에 관한 견해 대립 및 판례 태도

가. 긍정설

긍정설은 매도청구권이 행사된 당시의 토지 등 소유권의 객관적 거래가격 속에 단순히 노후 되어 철거될 상태를 전제로 한 거래가격 뿐만 아니라 그 건물에 관하여 재건축 결의가 있음을 전제로 그로 인해 발생이 예상되는 개발이익을 포함하여야 한다고 주장한다.16) 위 견해에 의하면, ① 조합설립에 동의하지 않아 조합원이 되지 않은 '건축물 및 그 부속토지의 소유자'와 '토지 또는 건축물만을 소유한 자'는 모두 조합원이 아니라는 점에서는 차이가 없고 단순히 법률의 규정에 의하여 조합원이 될 수 있는 자격이 있었느냐의 차이만이 있을 뿐이다. 또한 개발이익을 포함한 가격과 이를 포함하지 않은 가격의 차이가 상당히 큰 점을 고려할 때, 전자에 대하여는 개발이익을 포함한 가격으로, 후자에 대하여는 개발이익을 배제한 가격으로 매수할 합리적인 차별사유가 없는 점, ② 나아가, 만약 '토지만을 소유한 자'에 대하여 개발이익을 인정하여 주지 않으면 결국 이들의 토지로 인한 개발이익은 조합원들과 인근의 토지등소유자들만이 누리게 되어 그들에게만 지나친 이익을 보장해 주게 되어 형평성에도 반한다는 점 등을 근거로 한다. 이러한 포함설을 주장하는 학자들의 속내는 개발이익을 전적으로 배제하는 것은 자기가 땅을 사면 투자이고, 남이 토지를 사면 불로소득을 노리는 투기로 매도되는 편향된 시각과 비슷

16) 김태석, 전게논문 중 "주택재건축사업에서의 매도청구권에 관한 소고", 383면; 한편, 서울고등법원 2008. 1. 23. 선고 2007나18296, 18302, 18319 판결(상고심 대법원 2009. 3. 26. 선고 2008다21549, 21556, 21563 판결에서 상고기각으로 확정)도 같은 취지이다.

한 현상이라고 비판한다.[17)]

나. 부정설

(1) 전면적 부정설

토지로부터 발생하는 불로소득이 아무런 제한장치 없이 토지소유자에게 귀속됨으로써 부동산투기를 유발하는 폐단이 발생하는 등 사회·경제적으로 바람직하지 않은 문제들이 파생되므로 사회정의 차원에서 개발이익은 전면적으로 환수되어야 한다는 논지이다. 위 논지는 각종 개발사업의 시행으로 인하여 얻게 되는 지가상승분(개발이익)은 국가 또는 일반국민의 몫이 되어야 하지, 우연하게도 토지가 거기에 있었다는 이유만으로 토지소유자가 그 개발이익을 향유한다는 것은 부당하다고 여기는 것이다.[18)] 특히, 프랑스의 경우 "이유 없는 부증식의 금지" 원칙 아래 개발이익은 국가 등의 공공투자에 의해 발생하는 것이고 피수용자의 노력이나 자본 투자에 의해 발생하는 것이 아니므로 기존 토지등소유자에게 귀속시키는 것은 타당하지 않으며 사회로 환원시켜야 한다는 것이 확립되어 있다.[19)] 즉, 공익사업자가

---

17) 류하백, "정당보상에 있어 개발이익배제논리의 위헌성에 관한 고찰", 감정평가연구 제18집 제2호, 2008. 6, 4-5면.

18) 이는 우리 헌법재판소가 1990. 6. 25. 선고 89헌마107 결정 등에서 재개발의 경우 보상금 지급 시 개발이익을 배제하고 있는 것을 합헌으로 판시한 것과 동일한 취지이다. 위 사건에서 헌법재판소는 "공익사업의 시행으로 지가가 상승하여 발생하는 개발이익은 기업자의 투자에 의하여 발생하는 것으로서 피수용자인 토지소유자의 노력이나 자본에 의하여 발생한 것이 아니다. 따라서 이러한 개발이익은 형평의 관념에 비추어 볼 때, 토지소유자에게 당연히 귀속되어야 할 성질의 것은 아니고, 오히려 투자자인 기업자 또는 궁극적으로는 국민 모두에게 귀속되어야 할 성질의 것이다"라고 판시한 바 있다.

19) 프랑스의 경우 우리나라보다 개발이익을 더욱 철저히 배제하고 있다. 프랑스는 개발이익의 배제를 위해 공공 필요성 판단을 위한 조사절차 개시 1년 전 토지의

사인(私人)인 경우에도 개발이익은 통상 도로건설 등 공공투자 또는 토지의 이용을 확대하는 방향으로의 토지이용계획의 변경에 의해 발생하는 경우가 많은데, 사인인 공익사업자에게 발생하는 개발이익은 어떠한 경우에도 적정하게 모두 환수되어야 한다는 논지이다.

(2) 제한적 부정설

위 견해는 일반적으로 조합원 자격이 있는 소유자가 재건축에 미동의한 경우 발생하는 매도청구의 경우에는 개발이익을 포함하여야 하나, 토지 또는 건축물만을 소유하고 있어 조합원 자격이 없는 자에 대한 매도청구의 경우에는 개발이익이 포함되어서는 안 된다는 것이다.[20] 이러한 경우에는 현행 도시정비법상 조합원이 될 자격이 처음부터 없고 따라서 이들은 처음부터 조합이 추진하는 주택재건축사업으로 인한 개발이익을 얻을 수 없었을 것임을 근거로 한다.

다. 판례의 태도

(1) 종래 태도

종래 대법원은 "매도청구권에 있어서의 시가는 노후되어 철거될 상태를 전제로 한 거래가격이 아니라 그 건물에 대하여 재건축 결의

현실적 이용상황을 기초로 보상액을 산정하는 것을 원칙으로 하면서 이 기준시점 이후의 가격변동은 공공필요의 대상이 되는 공사 또는 사업의 공고로 인한 가격변동(가격상승뿐만 아니라 가격하락도 포함), 토지이용법규 변경(프랑스에서는 도시계획이 법령의 형식으로 제정되므로 지역·지구의 변경도 이에 해당한다)의 전망 및 공공조사절차 개시 3년 전 이래의 부동산이 위치한 대도시지역에서의 공토목공사의 실현에 의한 가격변동도 일체 반영하지 않는 것을 원칙으로 하고 있다(프랑스 수용법전 법률 제13-15-I). 박균성, "손실보상제도의 몇 가지 쟁점", 월간법제 통권 제579호, 법제처, 2006, 6면.

20) 위 서울고등법원 판결의 제1심 판결인 수원지방법원 2006. 12. 22. 선고 2004가합12304 판결에서 취한 견해이다.

가 있었다는 것을 전제로 하여 구분소유권과 대지사용권을 일체로 평가한 가격, 즉 재건축으로 인하여 발생할 것으로 예상되는 개발이익이 포함된 가격"이라고 판시하여 매도청구에서의 시가의 개념을 명확하게 하고 있다.[21]

(2) 대법원 2009. 3. 26. 선고 2008다21549, 21556, 21563 판결

위 대법원 사건의 원심은 주택재건축사업의 매도청구권에서의 시가는 '개발이익이 포함된 가격'이어야 한다는 것의 근거를 매도청구권이 일반적인 매매와 동일한 성격이라는 점에서 찾았다.[22] 당초 피고들은 감정인의 감정가격이 개발이익을 제대로 반영하지 않았다고 주장하였고, 이에 대해 원심은 감정인이 ① 가격시점 현재의 아파트 가격을 조사·파악한 후 이를 토지·건물로 배분하여 대지가격을 도출하는 방법과 ② 인근 토지 가격과의 비교·분석으로 대지가격을 구하는 방법 등 두 가지의 방식으로 시산가격(試算價格)을 정한 후 다시 이를 평균 산정한 다음, 이 사건 각 토지의 현황이 도로일지라도 재건축이 추진되면 아파트 단지의 일부가 되므로 대지로서 평가하되, 다만 그 형태(세장형(細長型)[23] 등 형태가 불량함), 면적, 단독토지로서의 효용가치 등 획지 조건의 열세와 기여도 등을 감안하여 감액 평가하는 방식으로 '재건축을 전제할 경우의 시가'를 산출하였다는 이유로,

---

21) 위 대법원 판결의 가격개념 정의는 개발이익을 공제한 보상 법리를 규정하고 있는 공익사업법 및 구 공공용지의 취득 및 손실보상에 관한 법률이 적용되는 재개발의 미동의자에 대한 수용재결과 차이가 있다(대법원 1996. 1. 23. 선고 95다38172 판결).

22) 서울고등법원 2008. 1. 23. 선고 2007나18296, 18302, 18319 판결문 29면.

23) 세장형(細長型): 토지의 모양이 가늘고 길게 늘어진 것으로서, 가령 '서울특별시 도시 및 주거환경정비조례'에 의하면 세장형 필지는 1필지 토지의 폭이 5m 미만인 경우를 가리킨다.

위 감정인의 감정평가 결과를 그대로 채택하여 토지 매매시가를 결정하였다.[24)]

이에 대해 위 대법원 판결은 보다 구체적으로, "사업시행자가 주택재건축사업에 참가하지 않은 자에 대하여 도시정비법 제39조에 의한 매도청구권을 행사하면, 그 매도청구권 행사의 의사표시가 도달함과 동시에 주택재건축사업에 참가하지 않은 자의 토지나 건축물에 관하여 시가에 의한 매매계약이 성립되는 것이다. 이때의 시가란 매도청구권이 행사된 당시의 토지나 건물의 객관적 거래가격이다. 객관적 거래가격이란 노후되어 철거될 상태를 전제로 하거나 주택재건축사업이 시행되지 않은 상황을 전제로 한 거래가격이 아니라 그 토지나 건물에 관하여 주택재건축사업이 시행될 것을 전제로 토지나 건물을 평가한 가격이다. 즉 재건축으로 인하여 발생할 것으로 예상되는 개발이익이 포함된 가격을 말한다"라고 설시하였다.

라. 검토 및 사견

(1) 검토

매도청구권 행사에 따른 매도청구가격의 산정 시 재건축이 진행된다는 사정을 고려하여 재건축으로 인하여 발생한 개발이익을 포함하여야 하는지 아니면 주택재개발에서의 수용재결과 마찬가지로 공익사업법을 준용하여 당해 사업의 시행으로 인한 개발이익을 공제하여야 하는지에 대하여 위에서 본 바와 같이 견해가 나누어질 수 있다. 현재 통설과 판례는 주택재건축사업에서의 매도청구권 행사에 따른 매도청구가격 산정에서는 수용에 관한 법리가 적용되지 아니하고, 매

24) 서울고등법원 2008. 1. 23. 선고 2007나18296, 18302, 18319 판결문 30면.

도청구권은 일반적인 매매와 동일한 성격이라는 점 등에 비추어 재건축사업의 시행을 전제로 하여 매도청구권 행사시점에 형성된 시가에는 개발이익이 포함된 가격이라고 보고 있다.

한편, 대법원은 '재건축 결의가 있은 후 형성된 거래가격을 개발이익이 포함된 가격'이라고 설시하고 있으나 이는 정확히 말하면 개발이익이라기보다는 비동의자가 향유해야 할 매도청구를 당하게 되는 자신의 소유 토지에 대한 정당한 가치의 향유라고 봄이 상당하다. 왜냐하면 재건축 결의가 있은 후 형성된 거래가격은 소유자가 스스로 투자하여 개발하였거나 그의 노력에 의하여 얻은 이익으로서 토지등 소유자의 투자 또는 노력이나 기여 없이 우연히 얻은 이른바 불로소득성 개발이익과는 다르고, 조합설립을 반대한 자도 그 상승된 가격을 기준으로 자신이 소유한 토지의 가치를 향유할 권리가 있다고 볼 수 있기 때문이다.

무엇보다, 일반적인 국가나 지방자치단체가 시행하는 공공사업(도로, 전기, 수로, 항만, 산업공단, 신도시 건설 사업 등)과 종래 같은 장소에서 10년 이상 장기간 거주하는 사람이 대부분인 도심 내 주택의 재개발과 재건축 사업의 경우에는 그 보상 기준을 논함에 다른 기준이 적용될 필요성이 있다. 사람이 거주하지 않는 토지 등에 대한 보상을 할 때는 개발이익의 배제가 어느 정도 합리적인 측면이 있는 반면, 기존에 10년 이상 장기 거주하여 온 사람의 경우 자신의 고향집과도 같은 보금자리에서 강제로 쫓겨나야 하는 억울한 측면을 고려할 필요가 있다는 점에서 보다 완전한 금전보상을 할 합리적인 이유가 있는 것이다. 이렇게 해석하는 것이 우리 헌법상 재산권의 존속보장에 대한 예외로서 가치보장의 원칙인 정당보상 법리에도 타당한 것이다.

(2) 사견: 현행 도시정비법 규정체계에 배치되는 판례와 통설의 문제점

적어도 현행 도시정비법 규정하에서는 위 대법원 판례나 통설의 견해와 같이 모든 매도청구의 경우에 일괄적으로 당해 매도가액에 개발이익을 포함하여야 하는 것으로 해석하는 것은 문제가 있다. 왜냐하면 '토지 또는 건축물만을 소유하고 있어 조합원이 될 수 있는 자격이 없는 자'[25]에게 조합원이 될 수 있는 자와 동일한 기준이 적용되는 것은 오히려 다른 것을 같게 다루는 것으로서 우리 헌법의 대원칙인 평등원칙에 반한다고 볼 수 있기 때문이다.

또한 재건축을 전제로 하지 않을 경우에 구분소유자의 대지 지분면적은 그의 구분소유권 및 대지사용권과 동일한 가치를 지닌 도로나 나대지 면적에 비하여 상대적으로 매우 적다고 할 것인데,[26] 개발이익을 포함한 가격으로 시가를 산정할 경우 그 계산과정에서 도로나 나대지의 가치가 지나치게 과대평가될 가능성이 크고 이로 인한 보상비용 증대는 고스란히 조합원들의 부담으로 남겨지게 된다.[27]

그 밖에도 재건축이 아닌 재개발 등의 정비사업의 경우 토지수용

---

25) 이는 언뜻 인적 기준으로 보이나 실질적으로 물적 기준에 의한 것이다. 예컨대 동일인이 하나의 정비구역 내에 구분소유권 및 대지소유권과 함께 나대지나 도로를 소유하고 있는 경우, 구분소유권 및 대지소유권에 관하여는 조합원의 지위가 있는 것으로 나대지나 도로에 관하여는 조합원의 지위가 없는 것으로 다루어져야 하고, 이와 같은 기준에 따라 의결권의 수액이나 관리처분계획이 결정되어야 한다.

26) 예컨대 대지 지분이 20㎡에 불과하나 전용면적이 90㎡에 이르는 아파트와 동일한 가치에 해당하는 도로의 면적은 20㎡보다 넓을 것이다.

27) 분양 예정인 대지 또는 건축물의 합계액(A)에서 재건축비용을 공제한 금액(B)에 (재건축을 전제로 하지 않은) 종전 대지 또는 건축물의 합계액(C)에서 문제되는 대상 토지 또는 건축물의 가액(D)이 차지하는 비율을 곱한 금액을 시가로 할 경우((A-B)×D/C) 이러한 문제는 어느 정도 해소될 여지가 있다고 보이나, 실무상・현실상 이러한 복잡한 계산방법이 사용될 것으로 보이지는 않는다.

방식으로 소유권을 확보하게 되고, 이 경우 보상액 산정 시 원칙적으로 개발이익을 포함하지 않고 있다.[28] 그런데 재건축에서의 매도청구권 행사는 앞서 검토한 바와 같이 그 기능적 성격상 토지수용과 동일한 측면이 있으며, 이러한 수용적 성격은 조합원이 될 자격조차 없는 토지 또는 건축물만을 소유한 자에 대한 매도청구권 행사의 경우 더욱 두드러진다. 그러므로 이러한 제반 사정을 종합하여 보면, 토지 또는 건축물만을 소유한 자에 대한 매도청구권 행사의 경우 매매대금의 시가는 개발이익을 반영하지 않은 시가에 의하여 결정함이 적어도 현행법 규정상 타당하다. 다만, 이로 인한 토지 또는 건축물만을 소유하고 있어 조합원이 될 수 없는 자들이 받게 되는 불이익과 관련하여서는 도시정비법에 명시적으로 조합원 자격을 부여하여 당해 재건축 결의 여부에 관한 선택권을 주는 방안으로 해결하여야 할 것이다.

4. 구체적인 가격 평가방법론

가. 쟁점

매도청구제도는 사업시행자가 미동의자의 재산을 시가로 매수하는 제도이고 그 시가가 개발이익을 포함한 가격이라는 점에 대하여는 다툼이 없으나, 개발이익을 시가에 어떻게 반영하여 시가를 평가할 것인지에 대하여는 특별한 기준이 없어 논란이 예상되고 있으므로 개발이익을 포함한 장래가치를 현재가치로 산정하는 방법과 관련하여 구체적인 매도청구가격의 평가방법에 관한 합리적 기준을 마련할 필요가 있다. 그러한 기준이 마련되어야만 사업시행자나 상대방의 쌍방에

28) 대법원 2002. 4. 12. 선고 2001두9783 판결 등.

게 공평하고 합리적이며 객관적인 거래가격이 인정될 수 있고 그만큼 분쟁을 감소시킬 수 있는 것이다.[29] 현재, 매도청구권을 행사한 경우 매도청구가격의 산정 기준 및 산정방법에는 아래에서 보는 바와 같은 견해들이 있으며, 실무적으로는 원・피고 간의 합의 내지 법원에서 지정한 감정평가사에 의한 그때그때의 시가 감정 결과에 의하여 확정하고 있는 것이 현실이다.

나. 견해 대립

시가 평가 방법론으로 일반적으로 인정되고 있는 것은 없으나 몇 가지 견해가 제시되고 있다. 첫 번째는 실무상 감정인들이 취하는 방법들로서, 주변 시세를 고려한 거래사례비교법, 신축주택의 입주 시의 가격을 산정하고 중간이자를 공제하는 이른바 복성식평가법, 양자를 절충하는 방법 등이 있다.[30] 두 번째는 과거 서울 동부지방법원에서 채택한 방법으로서, 재건축이 종결되었다는 것을 가정한 상태로서의 시가변동을 반영하되 재건축사업 종결 예상시점에서의 가격과 현재 가격의 차이, 즉 중간이자를 공제한 후 재건축 현재 가치에서 투입시기를 고려한 재건축비용(철거비용 및 건축비용 등)의 현재가치를 공제하여 산정해야 한다는 견해이다. 세 번째는 일본 법무성에서 취하고 있는 견해로서, 재건축이 완성된 경우를 가정하여 재건축물 및 대지사용권의 가액과 그것을 위해 투입된 경비와의 차액 또는 대지의 교환가격과 건물 철거비용과의 차액 중 하나를 기준으로 삼아 매도청구가격을 평가해야 한다는 견해이다.

---

29) 차홍권, 전게논문 중 "건국대학교 부동산대학원 석사학위 논문", 68면.

30) 장찬익・송현진, "전게서", 594면; 건물복성가격 = 재조달원가(표준 건설비 + 통상 부대비용) × 잔존내용연수.

(1) 일본 법무성의 견해

이 견해는 "재건축이 완성된 경우를 가정하여 완성된 재건축물 및 대지사용권의 가액과 그것에 필요한 경비와의 차액 또는 대지의 교환가격과 현재의 건물의 철거비용과의 차액이라는 양자는 경제적으로 보아 이론상으로는 일치할 것이므로 이것을 기준으로 하여 매도청구가격을 평가하여야 한다"라는 것이다. 그리고 여기서 말하는 "재건축이 완성된 경우 재건축물 및 대지사용권의 가액"이라는 것은 재건축 후의 신 건물가격에 대지사용권의 가격을 가산한 것을 의미하며, 이 때 건물 자체의 가격은 건축비를 기준으로 산출하면 족하나, 대지사용권의 가격(이른바, 토지 자체의 가격)은 철거 전의 건물이 존재하는 상태의 가격이 아니고 가장 유효한 사용 상태로 복귀한 상태에서의 토지 가격을 말한다. "그것에 필요한 경비"라는 것은 구 건물을 철거하고 신 건물을 완성할 때까지 필요한 비용으로, 임차인의 명도비용 및 재건축 후의 건물에 재입주할 때까지 필요한 이전비용, 가주거나 가점포비용은 각 재건축권리자의 부담이 되므로 구 건물의 철거비용 및 재건축 건물의 건축비, 그 밖의 재건축 절차에 필요한 부대비용 등을 말하는 것이라고 해석한다.[31)]

그런데 재건축이 종결된 시점에서의 건물의 시가는 장래의 시가이므로 이를 평가하는 방법에는 한계가 있고, 평가가 이루어졌다고 하더라도 이는 잠재적인 장래의 가치에 불과한 것인데 이로부터 재건축비용만을 산술적으로 공제하는 것은 결국 재건축으로 인한 장래 이익까지 현재의 구분소유자인 매도청구소송의 피고에게만 보유시키고

---

31) 日本國 法務省民事局參事官室編, "新建物の區分所有等に関する法" 353면; 「裁判實務大系, 제19집, 제35장, 時價の 算定」, 510-511면; 송본구, "전게서", 510-511면.

매도청구권자에게는 전혀 그 이익을 향유하지 못하게 만들어 부당하다거나, 매수의 목적물이 구분소유권과 대지사용권 양자인데 왜 대지의 교환가격만을 시가산정의 기준으로 삼아야 하는지 등에 관하여 납득할 만한 설명이 없다는 비판이 있다.[32)]

(2) 서울동부지방법원 재건축연구회의 견해

이 견해는 "재건축이 장기간 추진된다는 점을 고려하여 매도청구가격을 평가하려면 재건축이 최종 종결된 것을 가정하여 그 재건축이 완성된 상태로서의 시가변동을 염두에 두지 않을 수 없으나, 재건축 종결후의 시가는 현재의 가치가 아니라 미래 가치로서 추정된 것에 불과하여 그 가액산정의 불완전성이 있고, 무엇보다 매매시점은 현재이므로 결국 장래의 가치변동을 고려하되 궁극적으로 현재의 가치가 얼마인가를 더 주요한 기준으로 삼아 판단하여 이것을 시가로 삼아야 할 것이므로 현재가치 평가로서 중간이자를 반드시 공제하여야 한다"라는 것이다.

또한 "재건축 예상종결 시점에서의 가격은 현재까지 아직 투입되지 아니한 재건축비용(철거비용 및 건축비용 등)이 추가로 들어간 상태하에서의 가격이고 이는 오로지 매수인인 재건축조합이 부담하게 되므로 매수인의 입장에서 보면 장래의 이익에 대하여는 비용에 불과한 것이므로 그 비용투입시기를 고려하여 그 비용의 현재가치를 공제하여야 한다"라고 한다. 그리고 "재건축 종결시점에서의 가격은 가정적인 것으로서 재건축 결의 당시의 장래 예상 투입비용 재건축 결의 내용을 중시하여 평가하여야 한다"라고 하고 있다.[33)]

32) 서울동부지원, "재건축・재개발사업의 법적 문제에 관한 연구", 1996, 68-69면.
33) 송본구, "전게서", 69-78면에서 재인용.

이 견해에 따라 매도청구권 행사에 따른 매도청구가격을 평가하는 경우에는 장래의 가치인 재건축 종결 후의 가격과 장래 투입될 비용에 대한 중간이자를 공제하는 현재가치를 평가할 수 있다는 점에서는 장점과 합리성이 인정될 수 있다. 그러나 이에 따른 평가가 정확하게 이루어지기 위해서는 재건축사업의 수익성 분석의 기초자료가 올바르게 전제되어야 하나 매도청구권 행사의 단계에서는 아직 구체적인 비용분담의 액수나 소요되는 비용과 지출구조 등이 확정되지 아니한 경우가 많아 이를 반영하기 어렵고, 부동산 경기의 변동과 물가상승에 따른 미래의 기대가치가 또한 제대로 정확히 반영되기 어려우며, 통상적으로 이루어지는 지분제 사업구조하에서는 정확한 평가가 더욱 어렵다는 비판이 가능하다.

다. 검토 및 사견

위에서 본 바와 같이 일본법무성 견해와 서울 동부지원 견해 모두 일부 단점을 가지고 있다. 매도청구권 행사에서의 매도청구가격이라는 것이 재건축이라는 개발사업을 전제로 거래되는 합리적인 거래 가격을 의미한다는 점에서 당해 재건축사업이 진행되는 것을 전제로 감정평가하는 기준시점에 가장 근접한 실제 거래 사례가 평가의 원칙적인 기준이 되어야 할 것이다. 실거래가에 충실한 객관적 감정평가에 의한 이러한 매도가격은 토지가치권[34]의 내용이 될 뿐만 아니라 헌법 제23조 제3항의 정당보상 법리를 충족한다. 이러한 매도가격이어야만 토지소유권의 강제적 변동을 수반하는 매도청구가 정당화될 수

34) 토지가치권이란 토지소유자가 헌법 제23조 제1항의 재산권의 가치보장에 근거한 소유토지의 정당한 가치를 향유할 권리로서 그 내용은 객관적 거래가격이나 평가가격이다. 이선영, “주택법상 민간사업주체의 매도청구권 법리”, 23면.

있는 것이다.

구체적으로는, 신축주택 입주 시의 가격을 현재의 가치로 평가하고 거기에서 건축비용 및 중간이자를 공제하는 양자를 절충하는 방식으로 시가를 산정하되, 다만 신축주택의 입주 시 가격 산정은 개발이익이 모두 반영된 실거래가격 즉 당해 물건에 대한 실거래 사례 및 물가변동 등의 지표 등을 종합적으로 반영하여 산정되어야 할 것이다. 이렇게 하면 개발에 따른 이익 또는 불이익에 대한 위험을 양자가 모두 부담하게 되어 공평하다. 실무상으로도 지금까지 서울과 전국의 대도시에서 재건축이 추진된 아파트 등을 보면 이미 개발이익 등 시세가 충분히 반영이 된 상태에서 거래가 이루어져 왔던 것이 사실이다. 그러한 실제 거래 사례들을 비교하는 방법에 따라 기준이 되는 평균적 거래비용(매매가액)을 먼저 지정한 후 이를 기준으로 하되 기타 당해 매도청구 건에서 문제가 되는 특수한 사정 등의 제반 사정을 추가하여 종합적으로 보정한 가격으로 가격을 산정하는 것이 가장 합리적 방안인 것이다.[35)]

참고로 도시정비법 및 동법 시행령은 청산금의 산정과 관련하여, 재개발사업의 경우 종전의 토지 또는 건축물의 가격 평가 시에는 사업시행인가 고시일을 기준으로 하여 시장·군수가 추천하는 '부동산 가격 공시 및 감정평가에 관한 법률(이하 '부동산가격공시법'이라고 한다)'에 의한 감정평가업자 2인 이상이 평가한 금액의 평균을 산술하여 산정하고, 분양 예정인 대지 또는 건축물의 가격 평가 시에는 원칙적으로 시·도의 조례가 정하는 바에 의하여 산정하되 시장·군수가

35) 강정규·강진영, "도시 및 주거환경정비법상 재건축사업의 매도청구권 소송사례 분석과 개선 방안", 토지공법연구 제43집 제2호, 2009. 2, 211면 이하에서도 필자의 견해와 유사한 취지의 기준을 제시하고 있는 것으로 보인다.

추천하는 가격공시법에 의한 2인 이상의 감정평가업자의 감정평가 의견을 참작하도록 하고 있다.[36)]

이에 비해 재건축사업의 경우에는 사업시행자가 정하는 바[37)]에 따라 평가하는 것을 원칙으로 하되, 재개발사업의 경우와 같은 방법도 사용할 수 있도록 하고 있다. 위 규정들이 매도청구가격의 시가산정에서 일단 기준이 될 수 있을 것으로 보이지만, 위 규정만으로는 구체적인 사안에서 어떠한 방법으로 평가하여야 하는 것인지 알기 어렵다. 실무상 감정인들의 감정방법에 큰 하자가 없다면 이에 따르게 될 것으로 보이지만, 보다 합리적인 평가방법이 상세히 규정될 필요가 있는 것이다. 이는 아래에서 다루는 손실보상의 경우에도 마찬가지의 문제로, 손실보상 기준에서의 감정평가 문제부분에서 그 개선점 내지 입법론을 다시 언급하기로 한다.

36) 도시정비법 제48조 제5・6항, 동법 시행령 제57조 제1항. 다만, 분양받은 대지 또는 건축물의 가격 산정에 있어서는 위와 같은 감정평가방법으로 평가된 가격에 정비사업비를 가산하고 도시정비법 제63조의 규정에 의한 보조금은 공제하도록 되어 있다(도시정비법 시행령 제57조 제3항).

37) 종래 구 도시재개발법하에서 서울특별시의 여러 자치구에서 조례로, 자력재개발 방식으로 사업을 시행할 경우 그 청산금은, 종전 토지의 면적에 감보율을 적용한 권리면적과 관리처분계획에 따라 분양받은 대지의 면적을 서로 비교하여 그 면적에 차이가 있으면 차이 나는 면적분의 가액을 '공사 착수 전(=최초의 관리처분계획인가 시)' 당시의 감정가격에 의하여 산정하여 징수하는 것으로 규정하고 있었는데, 이에 대해 대법원은 1995. 4. 25. 선고 93누17850 전원합의체판결에서 위 조례 등에서 취하고 있는 면적평가방식에 의한 청산은 비록 그 재개발사업의 시행방식이 자력재개발 방식인 경우에도 허용되지 않는다고 판시하였다.

제2절 주택재개발사업에서의 수용보상금 산정 문제

Ⅰ. 서설

재개발 사업시행자는 토지 등의 소유자와 원만한 합의를 이루어 사유재산권의 피해를 최소화하고 그 손실에 대한 정당한 보상을 하여야 한다. 그러나 토지등소유자와 협의가 이루어지지 않을 경우 강제취득을 하게 된다. 그 결과 헌법에 보장된 사유재산권에 대한 침해와 정당한 보상문제는 갈등으로 남게 된다. 무엇보다 과거 국가사업에 대한 이해와 협조보다는 개인주의로 의식구조가 변화하면서 자신의 토지 등이 공공사업에 편입되는 것에 대한 강한 반발과 집단민원을 제기하고 있어 공공사업을 시행하는 데 많은 어려움을 겪고 있다. 따라서 이제는 공익에 대한 명분만으로 사업을 추진하기는 어렵고 피수용자의 권익을 보호하고 동시에 공공사업을 효율적으로 수행할 수 있는 대안이 필요하다. 특히, 현행 공익사업법에 의한 손실보상제도는 사업시행자와 피수용자들 간의 협의가 성립되지 않으면 재결이라는 강제수용절차를 취할 수밖에 없는데 강제수용의 절차를 밟게 되는 것은 피수용자와 사업시행자 간의 보상가격에 대한 괴리를 발생시키고, 이로 인한 집단민원, 사업방해 등 사업지연에 따른 사회·경제적인 많은 문제가 발생되고 있다.

II. 일반 손실보상 기준

1. 쟁점

재개발사업의 경우 종전자산의 가격시점이 사업시행인가의 고시가 있은 날을 기준으로 하므로, 사업시행인가 고시일 이전에 고시한 공시지가를 기준으로 평가, 사업시행인가 고시로 인한 개발이익은 배제하고, 비교표준지는 개발이익을 배제하기 위해 사업구역 외의 비교표준지를 적용한다. 이와 대비하여, 앞서 본 바와 같이 주택재건축사업의 경우 개발이익이 포함된 가격으로 매수하여야 하므로 미동의자 소유 부동산에 대한 감정평가와 형평성 차원에서 조합원의 종전자산평가는 적정한 개발이익이 포함되어야 하고, 토지의 경우 가격시점의 정확한 시가 반영을 위해 비교표준지를 개발이익이 반영된 사업구역 내 또는 인접지역에서 선택하여야 한다.

한편, 토지에 대한 이용 현황 등은 객관적인 상황을 기준으로 평가하여야 할 것인데, 주택재개발사업에서 보상토지에 대응하는 비교표준지를 당해 정비구역 내에서 선정할 경우 그 공시지가는 공법상 제한을 받고 있는 상태의 가격이 적용될 여지가 있으므로 공법상 제한이 없는 상태의 가격으로 계산하여 적용할 필요성이 있다. 다만, 정비구역 인근 유사지역의 비교표준지공시지가를 기준으로 평가할 경우 지역 및 개별요인 비교 등에 신중해야 한다.

이러한 도시정비법상 수용에 대한 보상과 관련하여 우리 헌법 제23조 제3항은 "공공필요에 의한 재산권의 수용·사용 또는 제한 및 그에 대한 보상은 법률로써 하되, 정당한 보상을 지급하여야 한다"라고 규정하고 있는데, 이러한 수용에 대한 보상 기준의 원칙을 두고도 다양한 기준이 제시되고 있다. 이에 먼저, 우리나라에서의 보상 기준에 관한 학설의 논의와 판례를 살펴본 후 외국의 보상제도 및 그 기준에 관한 논의를 살펴 우리의 수용보상제도의 개선을 위한 지침으로 삼고자 하였다. 나아가, 구체적인 보상 기준에 관해서는 앞서 서술한 매도청구가액 산정 기준에서 문제가 된 개발이익, 영업보상 여부 등과 비교하여 검토하기로 한다.

2. 수용 보상 기준에 관한 학설[38] 및 판례의 태도

보상의 기준에 관한 학설은 완전보상설, 상당보상설 및 절충설로 나뉜다.

가. 학설

(1) 완전보상설

이 학설은 침해된 재산권의 완전한 보상이 이루어져야 한다는 견해이다.[39] 이는 다시 손실보상은 재산권의 보장에 대한 것이므로 피침해 재산에 대한 객관적 가치를 공평부담의 견지에서 보상하는 것으로 충분하다고 보는 견해와, 손실보상은 침해된 재산적 가치를 완전하게 원상회복 하는 데 목적이 있으므로 발생한 손실 전부를 보상하는 것이어야 한다는 견해가 있다.[40] 후자에 의하면 부대적 손실의 보상도 포함되어야 한다는 면에서 전자와 구별된다. 이러한 완전보상의

38) 구체적으로 토지수용에서의 손실보상액에 관하여는, 백현기, "토지수용에 있어서 손실보상액 산정의 시기 및 방법", 「행정소송에 관한 제문제(하)」, 법원행정처, 1995, 375-447면 참고.

39) 김동희, "전게서", 606면; 허영, "전게서", 509면.

40) 映寸誠和, 「損失補償制度の硏究」, 有斐閣, 2004, 37-38면.

관념은 프랑스 인권선언(Déclaration des droits de l'Homme et du citoyen) 제17조에서 유래하는 것이다. 프랑스 인권선언은 "하나의 불가침적이고 신성한 권리인 소유권은 신성불가침한 권리로 박탈될 수 없으며, 법률적으로 인정된 공통적 필요(공공필요)에 의하여 요구될 때에는 정당한 사전적 보상하에서만 침해될 수 있다"라고 규정하여, 완전보상으로서 정당보상 원칙을 최초로 선언하였다.[41] 그 후 프랑스 인권선언에 기초하여 만들어진 근대의 미국 헌법 수정 제5조의 '정당 보상(just compensation)'조항의 해석을 중심으로 미국에서 발전되어 왔는데, 이러한 완전보상설에 의할 경우 개발이익도 보상의 범주에 포함될 가능성이 크므로 수용 상대방 보호에는 유리한 측면이 있다.

(2) 상당보상설

이 학설은 재산권의 사회적 제약 내지 사회적 구속성, 재산권의 공공복리적합의무의 관점에서 공·사익을 형량하여 보상내용이 결정되어야 한다고 주장한다.[42] 이는 다시 당시의 사회통념에 비추어 객관적으로 공정·타당한 것이면 된다는 견해와, 완전한 보상이 원칙이지만 예외적으로 그를 하회하는 보상도 허용된다고 보는 견해로 나뉜다.[43] 이러한 상당한 보상의 관념은 재산권의 의무성을 강조하는 입

---

41) 이러한 프랑스에서의 사전적 완전보상을 기본으로 하는 수용에 대한 금전보상은 프랑스혁명의 부르주아적 성격으로 인하여 사적 소유권의 절대적 보호에 초점을 맞추고 있고, 이러한 사적 소유권이 공권력 작용에 의하여 이전되는 경우 공권력 행사 자체에 대하여는 합법성에 대한 통제와 행정책임에 의한 토제를 행하였으나, 보상행위 자체는 보다 공평한 금액 확정이 되도록 하기 위하여 보통법상의 일반사법판사로 하여금 민사재판의 형태를 취하게 하고 있다. 즉, 프랑스에서의 수용보상은 공평부담의 견지에서 하는 조절적 보상이 아니라, 일종의 강제매수(공법상 계약)에 따른 대금지불로 볼 수 있다고 한다. 이광윤, 신행정법, 361면.

42) 김남진·김연태, "전게서", 557면; 홍정선, 행정법원론(상), 박영사, 2007, 665면.

43) 김도창, "전게서", 663면; 한편, 이광윤 교수의 견해도 이러한 견해에 가까운 것

장에서의 주장으로 독일 바이마르헌법 제153조에서 유래하였다.

(3) 절충설

이 학설은 완전보상을 원칙으로 하면서도 공익상의 합리적 사유가 있으면 그것을 하회하거나 상회할 수 있다고 주장한다.[44] 이에 속하는 견해로 볼 수 있는 설에도 여러 가지가 있다.[45] 대표적인 예로 '적은 재산'의 침해에 대하여서는 완전한 보상이 행하여져야 할 것이나, '많은 재산'의 침해에 대하여는 상당한 보상만을 행하면 된다고 하는 견해가 있다. 즉, 손실보상의 원인이 되는 재산권의 침해에는 기존의 재산권 질서의 범위 안에서 개별적인 침해행위와, 기존의 재산법 질서를 구성하는 어떤 재산권에 대한 사회적 평가가 변화되어 그 권리관계의 변혁을 목적으로 행하여지는 침해행위의 두 가지 종류가 있으며, 전자의 경우는 완전한 보상을 요하지만 후자의 경우에는 상당한 보상을 하면 된다고 한다.

한편, 헌법재판소의 최근 판시 내용들은 이러한 절충설의 견해가 어느 정도 적용된 것이 아닌가라는 생각이 든다. 왜냐하면 과거 우리

으로 보인다. 즉, 이광윤 교수는 수용과 사용의 경우 완전보상을, 제한의 경우에는 상당보상으로 족하다는 취지에서 수용·사용에 대한 보상은 재산권의 보장(헌법 제23조 제1항)을 위한 것이므로 그에 대한 보상 역시 완전보상주의를 채택하여야 하나, 제한에 대한 보상은 공평 부담의 원칙(헌법 제11조)에서 행하는 조절적 보상이므로 각 사안별로 무보상, 상당보상, 완전보상을 하도록 하여 양자를 분리하여 규정하여야 한다고 주장한다. 이광윤, 신행정법론, 160면.

44) 권영성, "전게서", 422면; 김도창, "전게서", 662면; 석종현, 전게서 중 「손실보상법론」, 676-678면. 다만 김철수 교수는 "오늘날에는 사회적 정의의 원칙에 합치되게 경제적 약자에게는 시가 이상의 보상을 해주고, 사회경제적 필요가 우월하는 경우 경제적 강자에게는 시가 이하의 보상을 해줄 것이 요청된다"라고 설명하고 있는데, 이는 절충설에 해당하는 것으로 보인다. 김철수, "전게서", 399면.

45) 절충설은 넓은 의미의 상당보상설의 일종으로 보는 견해도 있다. 박윤흔, 「행정상 손실보상의 주요문제」, 박영사, 1997, 766면.

헌법재판소는 재산권 침해에 대한 '보상'의 근거로 오직 헌법 제23조 제3항만을 들어왔는데 이는 23조 3항만이 우리 헌법에 명문화되어 있는 보상관련 규정이었기 때문이다. 그런 연유로 헌법 제23조 제3항의 '수용, 사용, 제한'의 경우에만 '금전'에 의한 보상이 이루어질 수 있었다. 그러나 헌법재판소의 1998년 개발제한구역지정에 관한 위헌 결정에 따라 우리 헌법 체계에서도 헌법 제23조 제1항과 제2항을 근거로 한 금전보상이 가능해졌다. 이는 우리 헌법상 사인의 재산권에 대한 공용침해 시 그에 대한 손실보상은 완전보상을 원칙으로 하되 실제로는 그러한 완전보상의 의미는 개발이익과 영업이익이 모두 포함된 실거래가 수준의 말 그대로 완전한 보상이 아니라 공시지가보상에 그친다는 점에서 이러한 현실을 받아들여 이름만 완전보상을 추구할 것이 아니라, 위와 같은 절충설의 입장을 고려하는 방향 즉 보다 현실적으로 헌법재판소 판례구성이 흘러가는 것으로 추측되는 것이다.

나. 헌법재판소: 개발이익 포함여부와 관련하여

(1) 헌법재판소의 기본태도

헌법재판소는 "헌법이 규정한 '정당한 보상'이란 손실보상의 원인이 되는 재산권의 침해가 기존의 법질서 안에서 개인의 재산권에 대한 개별적인 침해인 경우에는 손실보상은 원칙적으로 피수용 재산의 객관적인 재산 가치를 완전하게 보상하는 것이어야 한다는 완전보상을 뜻하는 것으로서 보상금액뿐만 아니라 보상의 시기나 방법 등에도 어떠한 제한을 두어서는 아니 된다는 것을 의미한다고 할 것이다. 재산권의 객체가 갖는 객관적 가치란 그 물건의 성질에 정통한 사람들의 자유로운 거래에 의하여 도달할 수 있는 합리적인 매매가능 가격,

즉 시가에 의하여 산정되는 것이 보통이다"라고 판시하여,[46] 원칙적으로 완전보상설을 지지하고 있는 것으로 보인다.[47]

(2) 개발이익이 포함되는지 여부

헌법재판소는, 개발이익은 형평의 관념에 비추어 볼 때 토지소유자에게 당연히 귀속되어야 할 성질의 것은 아니고 오히려 투자자인 기업자 또는 궁극적으로는 국민 모두에게 귀속되어야 할 성질의 것이며, 또한 이는 공공사업의 시행에 의하여 비로소 발생하는 것이므로 그것이 피수용 토지가 수용 당시 갖는 객관적 가치에 포함된다고 볼 수도 없으므로, 개발이익을 배제하고 손실보상액을 산정한다 하여 헌법이 규정한 정당보상의 원리에 어긋나는 것은 아니라고 판시하고 있다.[48]

즉, 헌법재판소는 1995. 4. 20. 93헌바20등 결정, 1999. 12. 23. 98헌바13등 결정, 2001. 4. 26. 2000헌바31 결정, 2011. 11. 24.자 2010헌가95 결정 등에서 일관되게 "공시지가를 기준으로 수용된 토지에 대한 보상액을 산정하는 것이 헌법에 위반되지 않는다"라고

46) 헌법재판소 1990. 6. 25. 선고 89헌마107 결정.

47) 그 외 헌법재판소는, 국가보위에관한특별조치법 제5조 제4항은 "대통령은 동원대상지역 내의 토지 및 시설의 사용과 수용에 대한 특별조치를 할 수 있다. 이에 대한 보상은 징발법에 준하되 그 절차는 대통령령으로 정한다"라고 규정한 내용과 관련되는 사안에서, "징발법에 의한 징발은 징발 관이 토지와 시설물을 사용하는 데 그치고 수용하는 것이 아니므로 보상도 사용에 대한 보상이다. 그러므로 보상 기준을 정한 징발법 제21조 제1항은 징발물에 대한 사용료는 당해 사용연도의 과세표준을, 기타의 보상은 징발해제 당시의 과세표준을 기준으로 하여 정한다고 규정하고 있다. 징발법의 위 규정은 특별조치법에 의한 토지수용의 경우에 그 보상 기준이 될 수 없을 뿐만 아니라 위 징발법이 규정대로 과세표준을 기준으로 보상을 한다면 이는 정당한 보상이 될 수도 없다"라고 판시하였다. 헌법재판소 1994. 6. 30. 선고 92헌가18 결정; 헌법재판소 2001. 4. 26. 선고 2000헌바31 결정.

48) 헌법재판소 1990. 6. 25. 선고 89헌마107 결정.

하였다. 그 주된 요지는 "헌법 제23조 제3항이 규정하는 정당한 보상이란 원칙적으로 피수용 재산의 객관적인 재산가치를 완전하게 보상하는 완전보상을 의미하는바, 구 공익사업법 제46조 제2항 및 지가공시법 제10조 제1항 제1호가 토지수용으로 인한 손실보상액의 산정을 공시지가를 기준으로 하되 개발이익을 배제하고, 공시기준일부터 재결 시까지의 시점보정을 인근토지의 가격변동률과 도매물가 상승률 등에 의하여 행하도록 규정한 것은 위 각 법률의 규정에 의한 공시지가가 공시기준일 당시의 표준지의 객관적 가치를 정당하게 반영하는 것이고, 표준지와 지가산정 대상 토지 사이에 가격의 유사성을 인정할 수 있도록 표준지의 선정이 적정하며, 공시기준일 이후 수용 시까지의 시가변동을 산출하는 시점보정의 방법이 적정한 것으로 보이므로, 헌법 제23조 제3항이 규정한 정당보상의 원칙에 위배되는 것이 아니며, 또한 위 헌법조항의 법률유보를 넘어섰다거나 과잉금지의 원칙에 위배된다고 볼 수 없다"라는 것이다.

한편, 헌법재판소 98헌바13등 결정에서는, 위 결정요지에 추가하여, 손실보상액 산정의 기준이 되는 공시지가는 사업인정고시일 전의 시점을 공시기준일로 하는 공시지가로 규정한 조항에 대해서도 헌법에 위반되지 않는다고 판단하였다. 구체적으로 "공익사업법 제46조 제3항은 공시지가의 기준시점에 관한 조항인바, 손실보상액 산정의 기준이 되는 공시지가는 사업인정고시일 전의 시점을 공시기준일로 하는 공시지가로서, 당해 토지의 협의성립 또는 재결 당시 공시된 공시지가 중 당해 사업인정의 고시일에 가장 근접한 시점에 공시된 공시지가로 하도록 규정한 것은, 시점보정의 기준이 되는 공시지가에 개발이익이 포함되는 것을 방지하기 위한 것으로서 개발이익이 배제된 손실보상액을 산정하는 적정한 수단에 해당된다"라고 보아 개발이익의 배제원칙을 보다 확고히 하였다.

다. 대법원

대법원도 헌법재판소와 같은 취지로 판시하였다.[49] 즉, 대법원은 헌법 제23조 제3항은 보상청구권의 근거뿐만 아니라 보상의 기준과 방법에 관해서도 법률의 규정에 유보하고 있는 것으로 보아야 한다고 판시함으로써 완전보상을 뜻하는 것으로 해석하고 있다. 또한 '정당한 보상'이라 함은 원칙적으로 피수용 재산의 객관적인 재산가치를 완전하게 보상하여야 한다는 완전보상을 뜻하는 것이라 할 것이나, 투기적인 거래에 의하여 형성되는 가격 등은 정상적인 객관적 재산가치로 볼 수 없으므로 이를 배제한다고 하여 완전보상의 원칙에 어긋나는 것은 아니라고 보고 있다.

같은 취지로, 대법원 2010. 4. 29. 선고 2009두17360 판결은 "수용대상토지의 보상액을 산정하면서 인근유사토지의 보상사례가 있고 그 가격이 정상적인 것으로서 적정한 보상액 평가에 영향을 미칠 수 있는 것임이 입증된 경우에는 이를 참작할 수 있고, 여기서 '정상적인 가격'이란 개발이익이 포함되지 아니하고 투기적인 거래로 형성되지 아니한 가격을 말한다. 그러나 그 보상사례의 가격이 개발이익을 포함하고 있어 정상적인 것이 아닌 경우라도 그 개발이익을 배제하여 정상적인 가격으로 보정할 수 있는 합리적인 방법이 있다면 그러한 방법에 의하여 보정한 보상사례의 가격은 수용대상토지의 보상액을 산정하면서 이를 참작할 수 있다"라고 판시하고 있다.

---

49) 대법원 1993. 7. 13. 선고 93누2131 판결.

3. 검토 및 대안

가. 검토

정당보상의 의미는 사회적 환경이나 의식의 변화에 따라서도 달리 해석될 수 있는 여지가 있는 것으로 그 의미를 절대적으로 구분 짓기는 어려우나 손실보상이 재산권의 보장을 원칙으로 귀책사유 없이 공익실현을 위하여 특정인의 재산권에 가하여진 특별한 손실을 전보하여 주는 것이라는 관점에서 볼 때, 그 보상은 피침해 재산의 객관적 가치에만 한정되지 않고 부대 손실까지 포함하는 완전보상을 원칙으로 하는 것이 근원적인 재산권보장 차원에서 가장 바람직하다.[50]

이와 관련하여 김동희 교수는 당해 공공사업시행의 발표로 인하여 지가가 이미 상승하였거나 반대로 하락한 경우(폐기물이나 납골당 건립 등)도 있을 수 있는데, 이러한 경우에는 당해 토지가격 평가 시 공시지가에서 그 상승분을 공제하거나 공시지가에 당해 토지가격의 자연적인 상승분을 포함시키는 식의 탄력적 적용이 바람직하다고 주장하고 있는데,[51] 상당히 합리적인 방안으로 보인다.

나아가, 전술한 바와 같이 수용대상 토지가격을 사업인정고시일 현재의 공시지가 기준으로 평가하도록 한 취지는 개발이익을 배제하기 위한 것이나, 이러한 개발이익의 일방적 배제는 앞서 살펴본 매도청구 소송에서의 매도청구금액 산정의 경우에는 개발이익을 포함함을 원칙으로 한다는 점에서 동일한 공공목적과 필요에 의하여 사인의 토지 등 재산권의 강제취득이라는 법적효과를 가져오는 양 제도 사이의

---

50) 동지; 허강무, "정당보상 구현을 위한 손실보상 제도의 개선방안", 「전북대학교 법학연구 통권 제32집」, 2011. 5, 331-354면.

51) 김동희, "전게서", 608면.

형평성이 심각하게 상실되는 문제가 발생한다.

그러므로 개발이익에 관해서도 무조건적으로 배제할 것이 아니라 개별 사례별로 합리적인 사유가 있는 경우에는 반영하는 것이 타당하다. 특히 현재 사업시행자가 공익사업의 시행으로 개발이익을 얻는 경우가 문제되고 있는데, 이 경우 사업시행자가 국가나 지방자치단체인 경우에는 문제가 크지 않지만 사업시행자가 사인인 경우에는 문제가 있다. 공익사업으로 발생되는 개발이익을 이주하는 피수용자에게도 분배하는 것이 사회적 형평성에 부합하는 것이다. 그 일환으로 피수용자의 주거권과 생활권을 보호할 필요가 있는 경우에는 주거대책과 생활대책을 공익사업의 범위에 포함시킬 수 있도록 하는 제도의 도입을 검토할 필요가 있다. 예를 들면, 신도시를 건설할 시 수용당하는 토지등소유자에게 피수용부동산에 상응하여 사업시행지 내에 주택 및 상가를 분양하도록 할 필요가 있는 것이다.[52)]

나. 대안

사견으로는 우리 대법원[53)]이 알박기를 형법상 부당이득죄로 처벌하고 있는 기준을 손실보상에 적용할 수 있다고 생각된다. 즉, 알박기의 처벌과 관련하여 해당 지역의 토지소유자가 개발사업 등이 추진되는 상황을 미리 알고 그 사업부지 내의 부동산을 매수한 경우와 같

52) 공익사업에 의해 조성된 택지 또는 주택이 사인에게 분양되어 분양받은 사인이 적지 않은 프리미엄을 얻는 경우(예: 공업단지를 조성하여 사기업체에게 분양하는 경우나 택지를 개발하여 사인에게 분양하는 경우 등)가 있는데 이러한 경우 원래의 토지등소유자는 개발이익을 전혀 누리지 못한 채 억울하게 쫓겨나는 반면, 사업시행자인 사인이나 그 토지나 주택을 분양받은 제3자가 이익을 누리는 것은 형평성에서 크게 문제되는 것이다.

53) 대법원 2009. 1. 15. 선고 2008도8577 판결.

이 개발 사업자가 궁박한 상태에 빠지게 된 데에 적극적으로 원인을 제공하였거나 상당한 책임을 부담하는 정도에 이른 경우 부당이득죄가 성립하는 반면, 단순히 도시 재개발 내지 재건축사업이 추진되기 수년 전부터 사업부지 내 부동산을 소유하여 온 소유자가 사업시행자의 매도 제안을 거부하다가 인근 토지 시가의 40배가 넘는 대금을 받고 매도한 경우는 부당이득죄의 성립을 부정하고 있다. 대법원이 확립한 위와 같은 소정의 기준을 감안하여, 수용보상금의 산정에서도 해당 수용 대상 토지를 개발사업과 무관하게 수년 전부터 보유해 왔다가 본인의 의사와 무관하게 개발사업 추진으로 지가가 상승한 경우에는 그에 대한 합당한 보상으로써 개발이익을 상당부분 반영하는 것이, 인근의 비수용 대상 토지소유자들이 개발이익을 향유하는 현실 및 재건축 과정에서의 매도청구의 경우 개발이익을 매도가격에 원칙적으로 포함하고 있는 점과의 형평성과 재산권의 정당 보상 차원에서 보다 합당한 접근으로 보인다.

또한 앞서 언급한 바와 같이, 원래의 토지소유자인 피수용자에게 본인이 원한다면 조합원이 될 수 있도록 하여 분양권을 부여하는 등의 방법을 적극 고려할 필요가 있다. 즉, 피수용자와 그 가족들이 고향과 같이 장기 거주한 동네에서 계속 생활할 수 있도록 피수용자의 주거대책 및 생활대책도 공익사업의 부수적 사업으로 포함시키는 방안을 법제화할 필요가 있는 것이다. 이는 아래에서 살펴볼 영국과 미국은 구체적인 사례별로 다양화 · 세분화 하여 일종의 개발이익과 생활보상 측면의 기타 부대 이익까지도 일정 부분 보상의 범주에 포함시키고 있음을 알 수 있다는 점에서 더욱 그 필요성이 요청된다.

Ⅲ. 비교법적 검토

1. 영국

가. 일반론

영국의 손실보상 기준이 시장가치임은 분명하다. 그 중 아래에서 살펴볼 제2원칙이 가장 중요한 의미를 가지는바, 영국에서의 손실보상의 기준으로서 시장가치 내지 시장가격 원칙에 대한 개략적인 내용을 살펴보기로 한다.

나. 구체적인 보상 기준[54)]

제1원칙은 '보상 이외의 추가 수당지급(allowance) 금지원칙'으로 "사인 토지 등에 대한 국가의 취득이 강제적으로 되는 것만을 이유로 사인에 대하여 원칙적 보상 이외에 어떠한 추가적인 지급도 인정될 수 없다"라고 규정하고 있다. 1919년에 이 원칙이 처음으로 입법되기 전에는 토지의 가격 사정관이 토지의 가치에다 강제취득 당하는 소유자를 위로하는 의미로 일정 추가금을 더 지급하는 것이 일반적이었는데, 그러한 관례를 입법적으로 봉쇄한 것이었다.

54) 나채준, "영국의 공용수용 및 손실보상제도의 발전과정과 법체계에 관한 고찰", 인하대학교 법학연구 12편, 2권, 2009. 8, 30면 이하; 김진영, "영국의 강제취득과 손실보상제에 관한 연구", 감사 34호, 감사원, 1994. 3, 5면 이하; 김창휘, "영국에서의 손실보상평가기준에 관한 연구", 토지공법연구 제2집, 한국토지공법학회, 2002. 2, 10면 이하; United Kingdom Parliament Online, Planning Bill 2007-08, http://services.parliament.uk/bills/2007-08/planning.html(2008. 5. 25)을 종합적으로 요약하되, 일부 원서 번역상 오류에 대해서는 수정 보완하였음을 밝힌다.

제2원칙은 '공개시장 가치원칙'으로 "수용되는 토지의 손실보상 가치는 공개된 시장에서 매도인이 받을 것으로 예상되는 매매대금 상당이어야 한다"라고 규정하고 있다. 이 원칙은 원래 '소유자에 대한 가치(value to owner)'원칙을 토지와 관련된 보상요구의 요소에 적용하기 위한 시장가치라는 좀 더 객관적인 개념으로 변화시킨 것에 그 의의가 있다. 진입과 물건 선택이 자유로운 공개시장(open market)을 전제로 자발적인 매도인(willing seller)과 자발적인 매수인(willing buyer)에 의해 형성되는 시장 가격을 원칙으로 함으로써 개발이익이 다수 포함된 가격 형성이 이루어진다는 점에서 수용 상대방 입장에서는 상당히 공정한 보상을 확보할 수 있다는 의미가 있다.[55)]

제3원칙은 '특정 적합성 배제원칙'으로 "특정 토지가 정부당국의 법적 고유 권한으로 실행이 가능한 어떤 목적을 달성하는 데에만 필요한 경우에 국한되는 때에는 토지가 가진 특별한 적합성은 보상의 산정에서 고려되어서는 아니 된다[56)]"라는 원칙이다. 토지가 어떤 목적에 대해 특별한 적합성을 가진 경우, 즉 법적 권한에 의해서만 그 목적을 실행할 수 있는 경우에는 그러한 정부당국의 특별한 고권에 의한 적합성 때문에 높아진 토지가치 부분을 보상에서 배제하여 정부당국의 예산 손실을 막겠다는 취지로, 토지가 외진 곳에 위치하여 군사 목적이나 납골당시설 설치 등 강제 취득기관의 특별한 수요를 제외하면 해당 토지에 대한 수요가 거의 없는 경우 정부기관의 개발계획으로 증가된 개발이익 내지 토지가치는 보상에서 제외하는 것을 말한다.[57)]

---

55) 김창위, "전게논문", 22-24면.

56) 1961년 공익사업법 제5(3).

57) 우리나라의 경우, 공법상의 제한을 받는 토지란 관계법령의 규정에 의해 이용규제를 받고 있는 토지를 말하고, 이에 해당하는 것으로는 수도권정비계획법에 의한 수도권의 과밀억제권역 · 성장관리권역 · 자연보전권역, 문화재보호법에 의한

제4원칙은 '불법 사용가치 배제원칙'으로 "법원에 의해 제한결정이 내려지거나 법 위반을 수반하는 방법 또는 거주자들의 건강이나 공중위생에 유해한 방법으로 부동산을 이용하여 증대된 토지 가치는 보상에서 배제된다"라고 규정하고 있다.[58] 토지의 사용이 법률에 반하거나 공공의 이익에 해가 되는 방법으로 사용되고 있다면 그러한 위법한 사용으로 증가한 가치는 보상에서 배제된다는 원칙이다.[59]

제5원칙은 '원상회복의 원칙'으로 "토지가 특정목적으로 사용되어 강제취득이 되는 것을 제외하고는 그 토지에 대한 일반수요(demand)가 거의 없거나, 그러한 특정목적을 위한 토지에 대한 시장(market)도 따로 형성되어 있지 않은 경우로서 다른 장소에서 해당토지에 대한 동일한 재건(reinstatement)이 가능하고 이것이 정당한 것으로 판단될 때에는 법원은 재건[60]에 필요한 합리적인 비용을 손실보상으로 지급

문화재보호구역, 수도법에 의한 상수원보호구역 그리고 군사시설보호법에 의한 군사시설보호구역으로 지정하여 규제하는 경우를 들 수 있다. 그 중 대표적인 것은 개발제한구역의 지정으로 인한 제한이다. 그런데 이와 같은 용도지역·지구에 의한 제한은 종래의 용도로 계속 이용할 수 있는 한 재산권에 내재하는 사회적인 제약에 그치므로 그것만으로는 보상을 요하는 특별한 희생에 해당한다고 보기는 어렵다는 것이 헌법재판소의 입장이다(헌법재판소 2007. 8. 30. 선고 2006헌바9 결정). 그렇다면 수용재결 시점 당시에 당해 토지가 개발제한구역의 지정 및 제한이 있지 않은 상태를 상정하여 토지에 대한 보상액을 산정하는 것은 재산권에 대한 내재적·사회적 제약에 대해 보상해 주는 것과 다를 바 없어 타당하지 않으므로, 공법상 제한을 받는 토지에 대해서는 제한받는 상태로 평가하는 것이 상당하다는 것이 헌법재판소의 일관된 견해이다(헌법재판소 2011. 8. 30. 선고 2009헌바245 결정).

58) 1961년 공익사업법 제5(4).

59) Barry Denyer-Green, op. cit., p.204.

60) 일종의 환지 내지 체비지 개념으로 이해하면 될 것이다. 2012년 4월부터 시행된 개정 도시개발법에도 입체환지에 관한 규정이 있다. 즉, 개정 도시개발법 제4조, 21조, 21조의 2, 28조 5호, 62조의 3 소정의 환지 규정은 소규모 토지 또는 건물 소유자 및 세입자 등에게 이른바 입체환지(立體煥地; 상하 공간에서의 토지 교환. 토지 구획 정리에서 정리 후의 구획지가 너무 작아지지 않게 하기 위

한다"라고 규정하고 있다.[61] 이는 어떤 토지가 일반 수요가 없어 시장적 가치가 별로 없고 정부기관의 수용이 없었다면 현재 목적대로 계속 사용될 뿐인 경우라면, 그러한 토지에 대해서는 보상의 기준이 되는 시장가치를 기준으로 사용할 수 없거나 상당 부분 수정해서 적용해야 합리적이라는 의미이다.[62] 이 원칙은 특별한 경우에 적용되는 원칙으로 '형평성 있는 원상회복'이라는 원칙 아래 보상 청구권자가 이전 토지와 동일한 용도의 사용목적을 위한 건물이나 토지의 매수비용을 청구할 수 있다는 의미이다.[63] 이는 우리나라에서의 환지방식의 보상과 비슷한 경우이다.

제6원칙은 '부수적 보상의 허용원칙'이다. 토지를 수용당한 소유주는 다른 곳으로 이주해야 하기 때문에 이주비용이 발생한다. 그뿐만 아니라 이주하는 곳에서 살아야 할 주택이나 토지 등 부동산도 마련해야 하기 때문에 토지 자체에 대한 시장가치를 기준으로 하는 보상만으로는 충분한 보상에 이르지 못하는 경우가 일반적이다. 나아가 수용대상 토지의 소유자가 토지 위에서 가게를 운영하고 있었다면 그 가게의 단골 고객을 잃는 것은 물론 임시 휴업이나 심하면 폐업을 해야 하는 경우도 있기 때문이다. 이러한 문제제기에 따라 영국은 '1961년 공익사업법' 제5조에서 위 원칙을 처음으로 도입하였다. 제

하여 소유권 또는 차지권(借地權)을 갖게 되는 토지 대신에 건축물의 일부 및 그 건축물 부지의 공유지분(共有持分)을 주는 것 등을 말함)가 가능하도록 한 것이 특징이다.

61) 1961년 공익사업법 5조 5항.

62) 예컨대 교회나 학교처럼 영리를 목적으로 하지 않는 용도로 토지를 사용하기 때문에 해당 토지에 대한 시장성이 없거나, 일반적인 수요가 형성되지 않은 경우가 대표적이다.

63) 예컨대 학교용지는 다른 장소에 학교를 이전하는 경우를 상정하여 동일한 정도의 학교를 다시 건축하는 데 필요한 합리적 범위의 비용을 보상하도록 하고 있다.

6원칙의 규정은 크게 둘로 나누어 하나는 "토지이용의 방해(disturbance)"에 대한 보상과, 다른 하나는 "토지가치와 직접적인 관련이 없는 부수적 문제(other matter not directly based on the value of land)"에 대한 보상으로 구분하여 규정하고 있다.[64] 우리나라에서는 김동희 교수가 손실보상에서의 부수적 보상(생활보상, 생활재건조치, 사업손실보상, 이주비 보상 등) 포함에 대하여 일찍이 주장한 바 있다.[65]

2. 미국[66]

가. 미국 헌법상의 정당보상에 관한 조항

미국의 경우 연방정부와 주정부는 정당한 보상(just compensation)을 하는 한 공공사용을 위하여 사인의 재산을 수용할 권리를 가지고 있다고 본다. 이러한 권리를 일반적으로 'eminent domain'이라고 일컫는다. 그런데 미국 연방헌법은 'eminent domain'이란 권리를 명시적

64) 우리나라의 경우 당해 사업을 직접 목적으로 하는 공법상 제한의 경우에도 그 제한받는 상태로 평가한다면 보상대상자가 당해 공익사업으로 인한 정당한 보상을 받지 못하는 결과가 초래될 우려도 있으나, 관계법령은 당해 공익사업을 직접 목적으로 하여 공법상의 제한이 이루어진 경우에는 그러한 제한이 없는 상태를 상정하여 평가하도록 하고 있고(공익사업법 시행규칙 제23조), 대법원의 판례도 일관되게 그와 같은 입장을 유지하고 있어(대법원 1999. 3. 23. 선고 98두13850 판결 등 참조), 제한받는 상태를 기준으로 한 평가에 대한 적절하고도 합리적인 예외도 인정되고 있음을 알 수 있다.

65) 김동희, "전게서", 611-614면.

66) 이 부분은 이기한, "미국헌법상의 연방대법원의 손실보상의 판단기준", 국제헌법학회, 2006, 15면 이하; 이동수, "미국에서의 정당한 보상의 필요성과 기준", 토지공법연구 제31집, 한국토지공법학회, 2006, 8면 이하; 김창휘, "미국의 손실보상기준에 관한 연구", 「토지공법연구 14」, 한국토지공법학회, 2005, 10면; 성선제, "정당한 보상-미국의 경험을 중심으로", 「토지공법연구 제19집」, 한국토지공법학회, 2003, 9면 이하 등의 내용을 압축 요약하여 인용하되, 해당 영문원서에서 일부 부족하거나, 잘못 번역된 부분을 필자가 보완하였음을 밝힌다.

으로 연방정부 또는 주정부에게 부여하고 있지는 않다.[67] 즉, "정당한 보상이 없으면 공공의 사용을 위하여 사유 재산을 수용할 수 없다"라는 연방헌법 수정 제5조는 당초 연방정부에만 적용되도록 의도되었고 최소한의 범위 내에서 사유 재산을 연방정부가 수용할 수 있는 권한이 있음을 묵시적으로 인정한 것이라고 평가되었다.[68] 그런데 연방대법원은 계속하여 '보상 없는 사유 재산의 수용은 연방헌법 수정 제14조의 적법절차(due process of law) 조항에 의하여 주정부에게도 유사하게 금지된다'고 판시하고 있다. 즉, 주정부에게도 연방정부와 마찬가지로 공용수용권이 인정됨을 전제로 판결하고 있는 것이다.

그러나 미국 연방헌법 수정 제14조의 적법절차 조항은 수용이나 보상에 관하여서는 명시적 언급이 없으므로 주정부가 적법절차 조항에 근거하여 공용수용권을 가지되 정당한 보상을 하여야 한다는 판례이론은 명확하지 않은 측면이 있어 보인다. 이는 일종의 헌법변천에 해당한다.[69] 한편, 연방헌법 수정 제5조의 정당 보상 요건은 연방헌법 수정 제14조의 적법절차 조항에 직접적으로 구체화되었다는 견해가 있는데, 이 견해는 수정 제14조의 적법절차 조항은 좀 더 일반적임에도 불구하고 수정 제5조가 명시적으로 언급한 것과 같이 정당한 보상이 없는 사유 재산의 수용을 금지하는 것을 묵시적으로 포함하고

---

67) 수용과 규제에 관한 구별 기준에 대한 심도 깊은 논의를 한 연구는 다음과 같다. 김민호, "미국의 규제적 수용에 있어 공익과 사익의 조정", 「토지공법연구 제16집 제1호」, 2002, 73면; 김문현, "미국연방헌법상 공용수용과 경찰권에 의한 규제의 구별기준", 「미국헌법연구 제11호」, 2000, 307면.

68) Nowak & Rotunda, Constitutional Law, 438-40(West Publ., 5th Ed. 1995).

69) 미국의 경우 규범통제제도에 해당하는 대법원의 위헌법률심사제도는 원칙적으로 헌법의 명문규정으로 존재하여야 함에도 불구하고, 수정헌법에 규정되어 있지 않다. 그럼에도 불구하고 미연방 대법원 마샬 대법원장이 마브리-메디슨 사건에서 위헌법률심사제도를 최초로 도입한 이후 사실상 대법원에 위헌법률심사권한을 부여하였다. 이것이 대표적인 헌법변천에 해당한다.

있다는 견해이다.[70]

나. 수용에 대한 보상지급의 기본원칙

미국에서 수용보상에 관한 기본원칙들은 다음과 같다. 첫째, 연방헌법 수정 제5조에 의하여 지급되는 보상액은 수용을 당하는 토지소유자와 수용을 하는 공공기관 양자 모두에게 정당한 것이어야 한다.[71] 둘째, 규제적 수용의 경우에 보상은 수용 기간 동안에 사인의 토지(재산) 이용에 대한 공정가치(fair value for the use of the property during the period of the taking)로 평가되어 지급되어야 한다.[72] 셋째, 정당 보상을 받기 위하여 사유재산권 가치를 입증할 책임은 원칙적으로 토지등소유자가 부담한다.[73] 넷째, 보상액 산정의 초점은 정부의 이익이 아니라 토지소유자의 금전적 손실이 구체적으로 얼마인지에 우선적으로 맞추어져야 한다.[74] 다섯째, 상실이익, 이주비용, 영업권 상실 등과 같은 부대적 손실(consequential damages)은 원칙적으로 수정 제5조에 의하여 보상을 받을 수 없다.[75] 여섯째, 보상액을 결정함에 사실심 법원은 관련된 특수한 사실관계에서 가장 적절한 평가기준을 적용함으로써 구체적 사안별로 적합한 분석을 하여야 한다.[76]

---

70) Nowak & Rotunda, Constitutional Law, 444-50. 어느 경우이든 정당한 보상을 요건으로 하는 수용이 발생했을 때 이를 결정하는 기준은 연방정부와 마찬가지로 주정부에게도 같은 기준이 적용된다는 주장으로 일리가 있어 보인다.

71) United States v. Miller, 317 U.S, 1993, pp.369, 374-75.

72) First English, 482 U.S. at 319, 322.

73) United States ex rel. Tenn. Valley Auth. v. Powelson, 319 U.S., 266, 273-76(1943).

74) First English, 482 U.S. at 319; Kimball Laundry Co. v. United States, 338 U.S., 1,6(1949).

75) Kimball Laundry Co., 338 U.S. at 7; United States v. General Motors Corp., 323 U.S., 373, 379-80(1945).

(1) 공정 시장가치(fair market value)

미국 연방헌법상의 정당보상(just compensation)의 정의에 관해서는 연방 헌법이나 주 헌법에 명시적으로 존재하지 않기 때문에, 정당보상을 어떻게 해석하고 정의하는가는 법원의 판례와 학설에 맡겨져 왔다. 오늘날 미국에서도 정당보상의 기준으로서 앞서 살펴본 영국의 '공개시장 가치원칙'과 유사한 공정시장가치(fair market value)라는 용어가 널리 사용되고 있다. 즉 정당한 보상은 피수용재산의 공정한 시장가치를 기준으로 한다는 것이 확립된 원칙이며, 이것은 연방대법원 및 각 주법원에 의해 그대로 반영되고 있다.[77]

한편, 이러한 공정시장 가치라는 용어 대신에 시장가치(market value), 공정가치(fair value), 정상가치(normal value), 적정가치(justified value) 또는 그냥 가치(value) 등의 용어로 사용되기도 하지만 의미상의 큰 차이는 없다. 공정시장 가치는 일반적으로 수용시(at the time taking)를 기준으로 매각을 강요받지 않은 자발적인 매도인이 매입을 강요받지 않은 자발적인 매수인에게 지불할 것으로 여겨지는 매매가격을 말한다.[78] 공정 시장가치의 개념 속에는 ① 수용 시 기준, ② 공개 시장, ③ 매도인과 매수인의 자발성과 분별성, ④ 매도인과 매수인의 충분한 지식과 정보, ⑤ 위 ③, ④의 성격을 갖는 양자 사이에 매매가 성립될 가능성이 가장 많은 가격 등의 요소가 포함되어 있다.

---

76) United States v. Miller, 317 U.S. at 373-74.

77) United States v. Miller, 317 U.S, 1943, p.369.

78) 미국의 통일수용 법전(Uniform Eminent Domain Code)은 "매각을 강요받지 않은 자발적이며 정보를 가진 매수인이 서로 합의할 가격"이라고 시장가치를 정의하고 있다.

(2) 최고 최선의 용도(highest and best use)

위와 같은 공정시장 가치를 결정할 때에는 매수인이 자발적으로 지불하고자 하는 가격에 영향을 미치는 모든 요소를 고려해야 하는데, 특히 매수인이 매수를 통해 얻을 수 있는 모든 용도 가운데 최고 최선의 용도가 고려되어야 한다는 것이 미국 판례의 입장이다.[79] 이는 매수인이 당해 토지나 물건에 대해 지불하고자 하는 가격이 해당 물건의 용도 중 가장 수익성이 높은 용도를 가정하고 있다고 판단하는 것이 합리적이고 사인인 토지소유자(매도인 측)의 입장에서도 개발에 따른 지가 상승분이 상당히 반영되어 유리하기 때문이다.

이러한 최고 최선의 용도는 소유자의 현재의 토지 용도에만 국한되지 아니하고, 장래에 기대되는 용도까지도 모두 포함하는 개념이다. 따라서 최고 최선의 용도는 일반적으로 '당해 부동산에 대해서 합리적이며 합법적으로 이용이 가능한 대안 중에서 물리적으로 채택이 가능하고 경험적인 증거자료에 의하여 지지될 수 있고 경제적으로도 타당성이 있다고 판단되는 용도로서 최고의 가치를 창조할 수 있는 용도'로 미국의 학계와 판례는 정의하고 있다.[80] 한편, 이와 같은 정의에서 알 수 있듯 해당 수용이나 사용, 제한되는 토지의 최고 최선의 용도가 인정되기 위해서는 ① 합법적 용도일 것, ② 물리적으로 그 용도가 가능할 것, ③ 실질적인 수요가 존재할 것, ④ 충분한 증거가 제시되고 있을 것 등의 일련의 기본적인 요건은 갖추어야 한다고 본다.[81]

79) Olson v. United States, 292 U.S., 246, 255(1934); Hicks v. United States, 266 F.2d 515, 1959.

80) "The Appraisal of Real Estate", American Institute of Real Estate Appraiser, p.269.

81) William M. Shenkel, "ModeRdn Real Estate Appraisal", McGraw-Hill Book

다. 영구적 규제 수용(Permanent Regulatory Takings)의 경우

(1) 개설

미국은 영구적인 규제 수용과 일시적인 규제 수용의 각 보상액을 산정할 때 다른 원칙을 채택하고 있다. 사인의 토지 등 재산권에 대한 수용을 영구적으로 할 것인지 일시적으로 할 것인지는 문제이기 때문이다. 이와 관련하여 미국 연방대법원은 'First English' 사건에서 법원이 일정한 정부 행정기관의 규제가 보상을 요하는 수용에 해당하는 것으로 판결한 경우에, 당해 행정기관은 ① 위법한 규제수단을 그대로 둠으로써 수용이 영구적인 것이 되도록 하거나, ② 토지소유자의 토지에 적용된 규제를 정부기관이 취소함으로써 정부의 책임을 일시적인 수용에 따른 손실보상의 지급으로 대체하는 등의 두 방법 중 한 가지를 선택할 수 있다고 강조하였다.[82] 물론 다른 법적 또는 정책적 이유로 행정기관의 선택권이 제한될 수는 있을 것이다.

일반적으로, 영구적인 수용에서의 보상액산정 원칙은 수용 시의 재산권 가치에 수용 시로부터 보상지급 시기까지의 이자(또는 지연손해)를 더하고, 소유권자가 수용시기 이후에 재산으로부터 얻을 수 있었던 임대료 또는 수익을 공제하여 산정하여야 한다. 구체적으로 영구적인 수용의 경우 공정시장가치를 평가 기준은 아래 3가지로 발전되어 왔다.

(2) 구체적인 기준

① 매매접근법(Sales Approach)

수용대상 토지에 대한 가장 최근의 정상적 매매가격은 시장가치

Company, 1978, p.519.

82) 482 U.S, 304, 319, 1987.

평가의 가장 좋은 증거가 될 것이다. 그러므로 수용대상 토지를 피수용자가 최근 시장에서 공정하게 매입하였고, 매입 이후 그 토지의 상황이나 가치에 변화가 없는 경우에는 그 토지의 취득가격이 시장가치를 결정하는 가장 중요한 증거가 된다. 단, 해당 토지에 대한 수용자 또는 제3자가 제시한 청약가격(호가)은 원칙적으로 근거자료로 인정되지 않는 것이 원칙이다. 특히 수용자가 수용 이전에 제시한 가격은 소송을 회피하기 위한 대가가 포함되어 있기 때문에 증거로 인정되지 않는다. 다만 제3자가 제시한 가장 최근의 청약가격은 그것이 합리적 시기에 붙여진 양심적인 것이라고 인정되고, 피수용자가 그 가격에 동의하여 실제로 매매를 진행할 수 있는 상태의 경우에는 증거가 될 수 있다는 일부 주(州)의 판례도 있다.[83]

문제가 되는 것은 수용 토지에 대한 매매 자료가 없는 경우에 인근의 유사토지에 대한 매매자료가 증거로 이용될 수 있는가 하는 점이다. 이에 관하여는 연방 대법원 및 대부분의 주의 판례는 긍정하고 있지만, 부정하는 주의 판례도 있다.[84] 너무나 상이한 토지에 대한 매매자료는 증거로 인정될 수 없지만, 수용 토지와 근접하게 위치한 유사 토지의 최근 매매자료는 시장가치의 증거가 될 수 있을 것이다. 다만 이것을 부정하는 판례가 제시하고 있는 이유는, 어떤 유사한 토지라 하더라도 당해 토지와 완전히 동일시될 수 있는 것은 절대로 없으며 같은 넓이의 토지도 그 위치・형상・환경, 그 밖의 점에서 토지의 공정시장가치를 다르게 하기 때문이라고 한다.[85]

---

83) Faust v. Hosford, 119 lowa 97, 93 N.E. 58(1903); City of Chicago v. Lehmann, 262 Ill. 468, 104 N.E. 829, 1914.

84) Los Angeles v. Hughes, 262 Cal. 731, 262 P. 737, 1928.

85) 이는 우리나라의 상속증여세법 제60조 제1항에서 규정하고 있는 '시가주의'와 비슷한 개념에 해당한다. 2011년 1월 1일 이후 상속・증여분부터는 유사재산의

② 비용접근법(Cost Approach)

매매 혹은 유사 매매자료를 이용할 수 없을 때에는 비용 또는 감가상각 후의 대체비용이 시장가치 결정의 중요한 증거가 될 수 있다. 비용계산법은 최근의 신축건물 등의 평가에 이용되며, 특히 교회·병원·특수 공정을 위한 공장 같은 특수용도로 설계된 건물 평가에 적당하다. 신축 건물이 아닌 경우에는 실제비용 계산방법은 적절한 방법이 못되며, 대체비용 계산방법이 더 적당하다. 이로 인해 동등한 효용을 가진 개량물로서의 대체비용이 이른바 재생비용으로 불리는 동일한 생산비용보다 자주 이용된다. 한편 일단 대체비용이 산정되면, 다음에는 마모와 기능적 퇴화에 대한 감가상각이 행해진다. 이와 같이 건물의 가치를 결정할 때에 중요한 요소는 그 손상의 정도를 적정하게 파악하는 일인데, 손상의 정도는 물리적 손상뿐만 아니라 건물용도에 대한 적응성의 상실 정도 즉 기능적 손상도 고려되어야 한다.

③ 소득자본 환원 접근법(Capitalization of income Approach)

이 방법은 미국에서 상업건물에 관한 수용 시 중요한 가치기준이 되고 있다. 가령 아파트의 경우 개인 간 거래에서는 임대료 수입을 고려하여 수용가격이 결정되는 경우를 말한다.[86] 자본환원 소득은 그

매매 사례가액 등은 당해재산의 매매가액 등이 없는 경우에 한하여 적용하는 것으로 개정되었는데, 2011년 현재 상속·증여재산의 평가는 1순위로 당해재산의 매매가액 등을 적용하고 2순위로 당해 유사재산의 매매사례가액 등을 적용하고 3순위로 당해재산의 기준시가를 적용하도록 하고 있다. 실무적으로 유사재산의 매매사례가액 등을 시가로 사용하는 데 많은 어려움이 존재하여 유사재산의 매매사례가액 등의 적용을 폐지하여야 한다는 의견이 많다. 그러나 대법원은 2008두8505 등 사건에서 유사재산의 매매사례가액 등의 적용은 상증법의 시가범위를 구체화·명확화한 것으로 조세법률주의 또는 평등의 원칙 등에 위배되거나 위임입법의 범위를 한계를 벗어난 무효의 규정이라고 할 수 없다고 판시한 바 있다.

재산에서 장래 예상되는 이익 또는 그 재산이 잔여 수명 기간 중 산출할 수 있는 순소득(수익)의 현재가치를 가리키는 것으로, 연간 예상소득을 자본비율로 나누어 현재가치를 구하게 된다. 이 설은 부동산투자개발사업의 타당성분석, 즉 투자가치의 평가에서 특히 그 유용성이 인정되고 있다. 유의할 점은 여기에서의 소득은 당해 재산에서부터 직접적으로 생기는 수익을 말하며, 당해 재산에 의해 영위되는 사업에서 생긴 사업이익 등은 추상적이고 일정한 매상이 예측 곤란하기 때문에 일반적으로 시장가치의 증거자료로서는 인정되지 않는다는 점이다.

다만, 임대료 수입만은 예외이다. 다른 사업의 수익과는 달리 임대료 수입은 안정적이고 충분히 예상이 가능한 것이기 때문이다. 건물의 순 임대료 가치는 현재의 임대료, 유사 재산의 임대료, 현존 임대차 기간을 고려하여야 하고, 공실인 경우나 손실이 난 것에 대한 적정한 공제를 한 후 여기에서 이자 · 세금 · 감가상각 등을 포함한 제반 비용이 공제됨으로써 순 임대료 합계가 계산된다.[87]

---

86) 이 학설은 미국의 Frederick M. Babcock 교수가 편찬한 미국 최초의 부동산 평가교과서인 "The Appraisal of Real Estate(1924)"라는 책 내용 중 개량부동산에 대한 8가지 평가기법 중 하나로 제시되었던 것이다.

87) 소득접근법의 구체적인 절차는 다음과 같다.
(1) 시장연구: 소득접근법에서 시장연구는 여러 측면에서 중요성을 갖는다. 시장연구는 분석대상이 되는 특정 정보를 제공할 뿐만 아니라, 비교가능성을 결정하기 위한 정성적 정보를 제공하고, 분석결과의 적용가능성을 검토하는 데 도움을 주기도 한다. 따라서 이 접근법은 단순히 계량적(quantitative) 또는 수학적인 것이 아닌, 정성적(qualitative) 판단을 요한다. (2) 비교자료: 소득접근법에서, 비교자료에는 임대료, 소득, 경비 및 환원율과 수익률 자료가 포함된다. 미래소득과 경비의 예측 및 환원율과 수익률의 전개에 사용하는 비교가능 소득과 경비자료의 범위가 확인되어야 한다. (3) 소득과 경비의 분석: 일단 적절한 시장연구가 완료되고 비교가능한 자료가 수집되고 검증되면, 평가사는 대상 부동산의 소득과 경비명세서(expense statement)를 분석한다. 이 단계에는 대상부동산과 경쟁부동

라. 일시적 규제 수용(Temporary Regulatory Taking)의 경우

(1) 개설

일시적 규제 수용이란 개인 사유지에 대한 정부기관의 이용이나 제한의 규제 정도가 지나쳐 그것이 보상을 요하는 수용에 해당한다고 법원의 재판으로 결정된 후 정부가 그 규제를 그대로 유지하지 아니하고 취소하기로 선택한 경우 당해 규제가 채택되거나 당해 재산에 규제를 적용한 시점부터 법원이 수용조항에 위반된다고 판결한 시점까지의 수용 및 그에 대한 보상문제를 의미한다. 일시 규제로 인한 수용사건에서 보상액을 어떻게 산정할 것인가와 관련하여 미연방대법원은 'First English' 판결에서 "규제적 수용에 대하여 책임이 있다고 인정된 피고 정부가 법원에 의하여 위법으로 결정된 규제를 취소할 수 있는 선택권을 갖게 된다"라는 점을 인정하였다.

First English 사건은 토지이용규제의 취소를 선택한 정부는 사실상 정부가 수용한 기간에 대한 정당한 보상을 하여야 할 책임을 부담하게 된다는 점을 명확히 판시하였다는 점에서 의의가 있다.[88] 다만, 판결에서는 정부의 규제행위에 의하여 일시적으로 수용된 개인 재산

산의 이용 가능한 역사적 소득과 경비 자료에 대한 연구가 포함된다. (4) 가장 가능한 소득의 추계: 그 다음에는, 특정 소유자에게만 특유한 경험적 자료를 제거하고, 재구축된 영업명세서에 기초하여 시장의 기대를 반영하는 현금수지를 전개한다. 이 단계의 목적은 평가대상부동산의 가능한 소득을 추계하는 것이다. 이 소득이 자본화되어 가치의 지표(시산가치)가 된다. 이 추계치는 단지 한 기간의 소득과 경비를 반영할 수도, 여러 기간의 소득과 경비를 반영할 수도 있다. 재구축된 영업명세서에서 소득예측은 대상 부동산이 합리적이고 능률적인 운영자 또는 평균적인 능력의 관리에 의해 운영된다는 가정하에 행해진다. (5) 자본환원방법의 선택 및 적용: 평가사는 재구축한 영업명세서에 근거한 현금수지를 전개한 후에 자본환원방법을 선택해야 한다. 자본환원방법은 크게 직접환원법과 수익환원법으로 분류되며, 이 두 방법은 다시 다양한 방법으로 분류할 수 있다.

88) First English, 482 U.S. at 321.

권에 대한 보상액 산정과 관련된 구체적인 문제에 대해서는 논하지 않았다. 이에 대해 학자들은 일시적 수용에 대한 보상액을 산정하는 적절한 방법에 대하여 서로 다른 결론을 내리면서 논의가 분분하였으며 결론적으로 영구적 수용에 대한 보상액을 산정할 때 확립된 원칙이 일시적 수용사건에는 적용될 수 없다는 것에는 이설이 거의 없다.

특히, First English 사건에서는 일시적·물리적 수용의 경우 영구적 수용에서의 보상액 산정의 기준인 '공정시장가치' 기준을 적용하지 않았다는 점에서 판례도 그 궤를 같이 하였으며, 연방대법원은 그 대신 일시적인 규제적 수용에서 보상액 산정의 적절한 방법은 '일시적 수용기간 동안의 재산이용가치'라고 언급하였는바,[89] 이는 당해 재산에 대한 공정시장가치를 넘는 수준으로 토지소유자에게 보상되는 결과를 피하되 단지 잠정적인 보상수단을 고안하라는 것임에 주의할 필요가 있다. 이러한 판례의 태도는 영구적 수용의 경우에는 정부가 그 토지에 대한 권리를 취득하는 결과를 가져옴에 반하여, 일시적 수용의 경우에는 토지소유자가 토지에 대한 권리를 유지하고 단지 정부가 일시적으로 토지를 이용한다는 사실에 비추어 특별히 불공정할 이유는 없어 보인다. 일시적인 규제적 수용의 경우에 보상액을 어떻게 산정할 것인지에 대하여 미국 법원은 여러 가지 방법을 제안하여 왔다. 이를 간단히 살펴보면 다음과 같다.[90]

89) First English, 482 U.S. at 319, 321.

90) Robert Meltz, Dwight H. Harriam and Richard M. Frank, "The Taking Issue", pp.494-501.

(2) 구체적인 기준

① 임대료 가치(rental value)

임대료 가치 기준은 일시적·규제적 수용의 경우 정부가 당해 재산을 일정기간 임차한 것에 해당하므로 토지의 임료 가치를 기준으로 보상액을 산정하자는 것으로서 임대료 가치를 결정할 때는 시장가치, 토지의 상황, 개발전망, 규제내용, 수용의 기간 등을 고려하여야 한다. 그러나 환경적 규제의 대부분의 사건은 미개발지역인 경우가 많은데 이와 같은 지역에서는 임대료 가치를 산정할 수 없을 수도 있고 또 있다고 하더라도 극히 적기 때문에 만연히 임대료 가치를 기준으로 하는 방법은 적당하지 않다는 비판이 있다.

② 전후평가방법(Before-After Valuation Method)

전후평가방법은 정부기관의 사인 토지에 대한 규제로 인해 해당 토지의 가치 감소분에 대하여 보상하는 방법이다. 이 전후평가방법에도 2가지 방법이 제시되고 있는데[91] 하나는 수용 이전의 재산 가치와 수용 이후의 재산 가치의 차이만큼을 보상하는 방법이다. 즉 수용된 재산상 이익의 시장가치에 해당하는 부분만큼 충분한 보상을 하자는 것이다. 이 방법은 주로 부동산에 대한 권리 중 지역권이 수용된 경우에 보상액 산정의 기준으로 이용되는 방법이다. 다른 하나는 토지이용은 일정한 한도까지는 합헌적으로(보상 없는) 규제가 가능하기 때문에 그러한 범위를 넘는 부분에 대하여서만 보상하면 된다는 방법이다. 즉 이 경우 구체적인 보상액은 보상 없이 합헌적으로 규제되고 있는 상태에서의 토지가치와 보상을 요하는 즉 위헌적 규제를 받고

91) Note, Inverse Condemnation: "Valuation of Compensation in Land Use Regulatory Cases", 17 Suffolk U.L.Rev. 621, 646, 1983.

있는 상태에서의 토지가치의 차액이 된다.

전자의 방법이 대상 토지에 대한 이상적 최고 최선의 용도까지를 고려하여 그 개발을 제한하는 지역권을 정부가 수용하였다고 가정하고 있는 반면, 후자의 방법은 대상 재산의 헌법상 제한 가능한 최고 최선의 용도를 고려하여 이를 초과하는 개발을 제한할 수 있는 지역권을 정부가 구입하였다고 가정하고 있다는 점에서 차이가 난다. 즉 후자는 당해 토지의 이론적 최고 최선의 이용의 가치와 헌법상 제한 가능한 최고 최선의 이용의 가치의 차이에 대해서만 보상하면 족하다는 것이다. 전자의 방법은 보상액 산정이 간편하여 쉽게 이용될 수 있는 장점은 있지만, 보상 없이도 합헌으로 인정될 수 있는 범위까지도 보상액에 포함됨으로써 보상이 허용되지 아니하는 규제를 받고 있는 대부분의 규제 사례와 비교할 때 불공평을 초래할 수도 있다는 문제점이 있다. 그리고 후자는 전자의 단점을 극복할 수는 있지만, 보상 없이도 합헌으로 인정될 수 있는 구체적인 범위를 어떻게 결정할 것인가가 매우 어렵기 때문에 이를 둘러싸고 더 많은 혼란을 초래할 가능성이 있다는 문제점이 있다.

③ 선택권 가치(option value)

선택권 가치를 기준으로 하는 방법은 정부가 토지소유자로부터 대상 토지를 취득할 수 있는 선택적 권리를 수용하였다고 가정하여, 자유로운 거래에서 토지를 구입할 수 있는 선택권의 비용이 구체적으로 얼마인가를 결정하여 이를 보상액 산정의 기준으로 삼는 방법이다. 즉, 일정한 토지의 이용을 제한하는 규제를 행사하는 정부는 당해 토지를 구입할 수 있는 선택권을 수용하고, 만일 정부가 실제로 토지수용의 절차를 밟는다면 이 선택권은 소멸한다. 즉 정부는 규제 목적에 따른 토지수용(취득) 절차를 본격적으로 밟을 수도 있고, 반대로 경우에 따라서는 당해 토지에 대한 규제를 포기할 수 있는 2가지 선택권을 가진다는 것이다. 다만, 2가지 경우 모두 실제로 당해 토지를 물리적으로 수용하였는지에 관계없이 정부는 규제를 한 경우이므로 그 선택권에 대한 최소한의 가치를 사인에게 보상하여야 한다는 점이 특징이다.

④ 시장수익률(market rate of returns)

일시적 수용에서 시장수익률 접근방법은 최근 많은 관심을 끌고 있는 보상액 산정방법이다. 이 방법에 의하면, 토지소유자는 소득 또는 수익을 산출해낼 수 있는 능력의 일시적 상실에 따른 해당 손실액 상당의 보상을 받게 된다. 이 방식은 주로 문제가 된 규제를 받는 상태에서의 재산 가치와 규제를 받지 않는 상태에서의 재산 가치의 차이에 추가로 수익률을 따지는 것이다. 시장수익률을 통한 산정방법은 여러 가지 다양한 방법들이 존재하므로 경우에 따라 매우 다른 결과를 낳기도 한다.[92] 이 평가방법 중 가장 간단한 방식은 문제가 된 규제를 받는 상태에서의 해당 토지의 시장가치와 규제를 받지 않는 상태에서의 토지 시장가치의 차이에 적정한 수익률을 적용하는 것이다. 구체적인 수익률 산정이 문제가 되겠지만 이론적으로는 토지에 대한 장래수익과 개발비용의 시장평가를 반영한 수익률이 될 것이다.

특히 미국 제8순회 항소법원은 1985년에 이러한 접근방법을 채택하였는데,[93] 당시 법원은 먼저 공업지역으로 지정되었을 경우의 토지

92) J. Margaret Treatbat, "Calculating Compensation for Temporary Regulatory Takings", p.227.

93) Nemmers v. City of Dubuque, 764 F.2d 502, 505(8th Cir. 1985).

지가에서 주거지역으로 지정된(시당국에 의하여 부당하게 적용된 지정이었음) 상태하에서의 토지지가를 공제하는 방법으로 손실을 산정하였다. 그 후 법원은 위와 같은 차이에서 지정된 시장수익률을 추가로 적용하였다. 제11순회 항소법원은 토지로부터의 소득창출 또는 예상되는 수익과 같은 실제적 손실을 보상하여야 한다는 것을 제시한 바 있다. 일부 견해에 따르면, 이와 같은 변형된 시장수익률 산정방식은 규제가 가해진 시기에 토지가 이용되지 않고 있고, 그 규제가 이미 시장에서 평가된 가치의 변화에 영향을 미칠 때 가장 적절한 방법이라고 한다.

⑤ 실제적 손실(actual losses)을 기준으로 하는 방법

현재의 미국연방법전 42권 제1983조를 근거로 정부기관의 사인토지에 대한 규제에 따른 수용의 문제점을 지적하는 사건들이 점차 증가하고 있다. 몇몇 판례는 제1983조가 수정 제5조의 정당한 보상을 보장하기 위한 적절한 절차적 수단이라고 명확하게 판시한 바 있다.[94] 제1983조에 기초한 보상액 산정방식은 실제손실을 기준으로 보상액을 산정하는 방법이다. 이 방법은 손실보상을 정부가 수용한 재산상의 이익에 대하여 지급하는 것으로 생각하지 않고, 정부가 토지소유자에게 저지른 불법행위로 인한 손해에 대하여 지급하는 것으로 생각한다. 이에 대해, 손실보상액을 토지소유자가 입게 되는 실제손실에 한정하지 않을 경우 소유자는 뜻밖의 횡재를 하게 되거나 아니면 마땅히 보상받을 액수 이하의 적은 보상금을 받게 되는 극과 극의 상황이 연출된 가능성이 크다고 주장하면서 이러한 실제손실을 기

94) Azul Pacifico, Inc. v. City of Los Angeles, 973 F.2d 704, 705(9th Cir. 1992).

준으로 한 방법을 지지하는 견해가 있다.

• 판례

실제손실을 기준으로 산정하는 방법을 구체적으로 채택한 판례로는 'Corrigan v. Scottsdate' 사건[95]을 들 수 있다. 이 사건에서 토지소유자는 언덕에 위치한 자기재산의 개발을 심하게 제한하는 환경적 규제(조례의 일종)가 위헌이라고 주장하였는데 이에 대해 애리조나(Arizona) 대법원은 이 규제가 일시적 수용에 해당한다고 판시하고, 정당보상액을 산정하도록 하급법원에 사건을 파기 환송하였다. 그에 따라 하급심 법원은 일시적 수용의 경우 보상액을 어떻게 산정할 것인가의 문제를 다루면서, 모든 규제적 수용사건에서 사용될 수 있는 산정방법을 찾는 것은 어려운 일이고 개개의 사건에 따라 보상액이 산정되어야 한다고 하면서 보상액은 단지 수용으로 인하여 토지소유자가 실제로 받은 손실을 기준으로 할 수 있다고 판시하였다.[96]

또 하나의 판례로는 'Austin v. Teague' 사건[97]을 들 수 있다. 이 사건에서 토지소유자는 소매사업을 추진할 목적으로 고속도로 근처의 토지를 구입하고, 당해 토지를 개발하기 위해 필요한 수로개발허가를 관할 관청에 신청했으나 거부처분이 났다. 이에 토지소유자는 거부처분효력정지명령과 손실보상을 동시에 신청하였다. 하급심 법원은 허가를 거부한 것은 불합리하고 재량권을 일탈, 남용할 자의적인 처분이라고 판시하면서 관할 시 당국에게 허가를 하도록 명령하였으나 금전청구(손실보상청구)는 인용하지 않았다. 그러나 텍사스(Texas)주

95) 149 Ariz. 538, 720 P.2d 513(1986), cert.denied, 479 U.S, 986, 1986.
96) 149 Ariz.at 543~44. 720 P.2d at pp.518-19.
97) 570 S.W. 2d 389, 1978.

대법원은 손실보상청구를 인정하지 않은 하급심의 판결을 파기·환송하면서 위에서 언급한 일시적 규제적 수용에 대한 보상액 산정문제를 언급하였다.[98]

- 비판론

미국 연방법전 42권 제1983조에 기초한 보상액 산정방식, 즉 실제손실을 기준으로 보상액을 산정하는 방식이 일시적인 규제적 수용사건에 적용되는 경우, 보통 낮은 수준의 보상액이 지급될 가능성이 많다. 왜냐하면 위에서 살펴본 바와 같이 제1983조를 근거로 한 청구가 전통적인 보수적 엄격 불법행위법의 원칙에 주로 기초하고 있기 때문이다. 예를 들면, 제1983조는 그 법리적 성격이 법령에 의하여 지급되는 손해배상 내지 손실보상으로서, 원고는 정부기관의 위법한 행위로 인해 어떤 특정한 손해가 발생하였거나 적법한 행위로 인해 어떠한 손실이 실제적으로 발생하였다는 점을 스스로 입증하는 경우에만 금전보상을 받을 수 있는 구조이다. 그런 연유로 토지소유자 입장에서는 입증책임의 부담이 커 승소가능성이 높지 않은 것이다. 또한 무효로 선고된 어떤 특정의 규제법령이 제정된 당시에는 해당 토지가 실제로 이용되지 않고 있었다면 제1983조 상의 책임을 묻기도 어려운 구조이다. 결과적으로 법원이 일시적인 규제적 수용사건에서

98) 그 후 연방대법원은 "추구하는 정부의 목표와 정부가 선택하는 수단 사이에 매우 긴밀한 적합성(very close fit)이 있을 것을 요구"하고 있다. 즉, 정부가 선택한 수단이 정부의 이익을 증진하는 역할을 하지 않았다면 당초 요구되던 정부의 이익(compelling state interest)을 달성한 것으로 볼 수 없으므로 보상의 필요성이 줄어들게 된다는 것이다. 이러한 새로운 접근 방법은 단지 수단과 목표 사이에 최소한의 합리적 관련(minimally rational relation)만을 요구하여 오던 기존의 경제적 규제에 관한 일반적인 접근방법과 매우 상이한 방법으로서 보상 요건을 보다 엄격히 하는 것으로 해석되어 향후 귀추가 주목된다.

채택하고 있는 보상금 산정방식은, 토지소유자 입장에서는 전술한 수용법리에 기초한 보상금 산정방식보다 훨씬 못 미치는 금전보상을 받게 되어 부당하다는 비판이 가능하다.

3. 일본[99)]

가. 정상적인 거래가격 보상의 원칙

정당보상과 관련하여 일본의 헌법에서는 "사유재산은 정당한 보상하에서 이를 공공을 위하여 이용할 수 있다"(제29조 제3항)라고 규정하고 있고, 토지수용법에서는 "수용하는 토지 …에 대한 보상금액은 인근유사토지의 거래가격 등을 고려하여 산정한 사업인정고시 시의 상당한 가격"(제71조)으로 규정하고 있다. 일본에서는 전국적으로 통일된 보상 기준으로 『공공용지의취득에따른손실보상기준요강(1962. 6. 29. 일본 내각의 결정)』을 토지수용법의 하위규정으로 제정하여 사용하고 있다. 이 요강에 의하여 중앙성 청의 경우에는 훈령으로, 지방자치단체의 경우는 조례로, 공단 등은 사규로 이 보상 기준을 각각 채택하여 시행토록 함으로써 통일된 보상 기준을 적용하고 있다. 이 요강에서 취득하는 토지에 대하여는 '정상적인 거래가격'으로 보상하도록(제7조)하고, 정상적인 거래가격이란 소위 객관적 교환가치를 기초한 것이므로, 이를 통화로 표시한 것이다. …철도, 도로 등의 건설이

---

99) 나채준, "생활 보상제도에 대한 재검토", 「토지공법연구 제49집」,사단법인 한국토지공법학회, 2010. 4, 10-13면; 김용창, "공익사업에서 정당보상과 손실보상제도의 쟁점 및 개선에 대한 연구", 「공간과 사회 통권 제33호」, 2010, 11-13면; 이영수, "중국의 토지수용과 손실보상제도에 관한 연구–한, 중, 일의 비교를 중심으로", 건국대학교 부동산도시연구원, 2010, 6면; 석종현, "손실보상법제에 관한 연구", 「토지공법연구 16집」, 한국토지공법학회, 2002, 12/21면.

예정됨으로써 토지의 거래가격이 앙등한 경우에 그 가격상승 상당 분 즉, 사업이익(개발이익을 말함)은 토지소유자 일반이 받는 것이므로 피매수자에게만 이를 부정할 이유가 없고, 앙등한 경우에는 그 가격 상승이 투기적인 것이 아니고, 정상적인 거래가격으로서 형성되어 있는 한 그 가격을 보상하여야 한다"라고 기술하고 있다.

나. 개발이익의 원칙적 포함

이와 같이 '정상적인 거래가격 보상원칙'이 확립된 일본에서는 개발이익을 배제한 금액으로 수용 보상할 경우에는 공평부담의 원칙·평등원칙의 관점에서 보아 위헌 소지가 있는 것으로 보고 있다. 개발이익을 포함하여 보상하기 위한 일본의 제도적 장치로 도시계획사업의 경우에서는 사업인정신청 단계에서 이미 토지의 대부분을 취득하였고, 아무리 해도 협의매수가 어려운 경우에만 통상 재결신청을 하도록 하고 있다. 또한 공공사업이 예정됨에 따라 주변의 토지가격이 상승하는 경우에는 투기적인 것이 아닌 한, 매수하는 토지에 대하여도 공평의 견지에서 상승 상당 분을 포함한 가격에 의하여 보상되어야 하고, 사업인정고시가 있기까지 토지가격이 수용목적인 공공사업의 시행이 예정됨으로써 상승하였더라도 이를 포함하여 보상하여야 하며, 피수용자 측에서 보면 수용되지 않는 자는 공공사업에 의하여 이익을 받는데 반하여 수용되는 자는 그 이익을 받을 수 없다는 것은 불공평하므로 피수용자가 공평의 원칙에서 사업에 의한 이익(개발이익)을 받는 것은 당연하다고 본다.

이러한 개발이익이 포함된 정당보상원칙에 대하여는 일본 최고재판소는 다음과 같이 명확하게 판시하고 있다.[100] "토지수용법에서의 손

100) 일본 최고재판소 1973. 10. 18. 선고 昭和46年 146호.

실보상은 특정의 공익상 필요한 사업을 위하여 토지가 수용된 경우, 그 수용에 의하여 당해 토지의 소유자 등이 입는 특별한 희생의 회복을 도모하는 것을 목적으로 하는 것이므로, 완전한 보상 즉 수용의 전후를 통하여 피수용자의 재산적 가치를 대등하게 되도록 보상하여야 하고, 금전으로 보상하는 경우에는 피수용자가 인근지역에서 피수용지와 동등의 대체지 등을 취득할 수 있는 금액의 보상을 요한다."

4. 소결

우리나라의 법체계는 위에서 살펴본 영국이나 미국과 비교해 법률에 규정된 수용과정에서의 피수용자의 의견 진술 등 참여 절차가 부족하고 보상 내용도 실제 현실을 반영하기에는 지나치게 경직되어 있다는 점에서 수용이 있는 경우 대부분 보상금액을 다투는 법적 분쟁[101]으로 연결되고 있는 것이 현실이다. 장기적인 관점에서는 강제취득(수용) 절차와 그에 따른 손실보상절차를 구분하여 별개의 법체계로 규정하는 것이 바람직하고, 규정 방식에서도 수용이나 매도청구 및 그에 대한 보상의 절차에 따라 각 단계별로 규율하는 것이 합당하다. 그리고 보상제도의 내용과 관련해서도 정당보상을 실현하기 위해 실제의 해당 지역과 그 인근의 거래 현실을 보다 구체적으로 반영한 보상 제도가 마련되어야 할 것이다.[102]

이런 점에서 위에서 살핀 영국이나 미국의 보상에 관한 기본원칙으로서 시장가치 원칙 및 구체적 사안별 보상 기준들은 우리에게 합리적 보상 기준을 마련하는 하나의 방향을 제시한다는 점에서 시사하는

101) 대부분이 보상액 증액에 관한 공법상 당사자 소송이다.

102) 나채준, "전게논문", 36면.

바가 충분히 있다.[103] 특히, 우리나라의 공시지가 고시제도는 일본의 『지가고시제도(가격 고정제)』를 사실상 그대로 도입한 것이므로, 우리나라도 이제는 개발이익을 포함한 정당보상이 이루어 질 수 있도록 제도를 일부 개선하고 보완하여야 할 필요성이 있다.

Ⅳ. 개발이익의 배제에 따른 매도청구와의 형평성 문제

1. 쟁점

손실보상제도는 사업이 보다 원활히 추진되도록 하는 한편 자신의 의사와 무관하게 소유권을 박탈당하는 토지소유자에게 정당한 보상이 제대로 이루어질 수 있는 방향에 관한 심도 있는 논의를 통해 개선되어야 할 것이다. 특히 현행 공익사업법상의 손실보상제도는 개발이익 불포함에 따른 정당보상 침해 소지에 대한 대응방안으로서 기타 부수적 요인 보정의 합리화 내지 공시지가의 현실화가 요구되고, 그 밖에도 보상평가의 검증시스템 체계적 운영, 수용당사자가 향유하지 못하는 개발이익을 그 주변지역 소유자들이 반사적으로 누리고 있는 현실에 대한 합리적 개선 등이 개선 과제에 해당한다.[104]

2. 형평성 제고 방안

가. 공시지가의 현실화

표준공시지가를 적용하여 보상액을 산정할 때, 공시지가가 시가에

103) 김진영, "전게논문", 7면.
104) 국토해양부, "공익사업 손실보상제도의 문제점과 개선방안", 2011. 3, 공청회 자료.

미치지 못하는 지금의 현실하에서는 앞서 언급한 기타요인의 보정은 우리 헌법 제23조가 규정하고 있는 정당보상의 실현이라는 헌법적 목적을 달성(국민의 재산권 보장)하기 위하여 필수불가결한 과정이라고 할 수 있다. 특히 토지가격 변동이 심한 지역은 조세 저항 등 현실적인 문제로 인하여 공시지가가 시가를 반영하지 못하는 경우가 많아 기타요인 보정이 더욱 필요한 상황이다.[105] 다만, 과도한 기타요인 보정으로 인한 논란을 해소하기 위해서는 공시지가를 보다 현실화 시켜야 한다. 공시지가의 구체적인 현실화 방안으로는 당해 수용대상 토지 인근의 보상선례나 개발이익이 일정부분 상당히 반영이 된 실거래 사례를 충분히 반영하여 공시지가를 산정해야 할 것이며, 지역별·용도지역별·이용 상황별로 큰 격차가 발생하지 않아야 조세 형평성을 제고할 뿐만 아니라 합리적인 기타요인 보정 절차가 이루어질 수 있을 것이다.

나. 기타 요인을 통한 보정의 합리화, 구체화

부동산가격공시법 제9조 제1항에서는 국가·지방자치단체, 공공기관 등이 토지의 가격을 산정하는 경우에는 표준지공시지가를 기준으로 하되, 필요하다고 인정하는 때에는 산정된 지가를 보상·국공유지의 취득 및 처분 등의 목적에 따라 가감 조정하여 적용할 수 있도록 규정하고 있다.[106] 이 같은 부동산가격공시법의 내용을 고려하면 통

---

105) 다만, 이와 관련하여 헌법재판소는 2011. 8. 30. 선고 2009헌바245 결정에서 부동산가격공시법(2007. 4. 27. 법률 제8409호로 개정된 것) 제9조 제1항 제1호가 개별공시지가가 아닌 표준지공시지가를 기준으로 보상액을 산정하도록 한 것은 개발이익이 배제된 수용 당시 피수용 재산의 객관적인 재산 가치를 가장 정당하게 보상하는 것이라고 할 것이므로, 헌법 제23조 제3항에 위반된다고 할 수 없다고 판시한 바 있다.

상적인 시장에서 일정한 범위를 가지고 이루어지는 다양한 가격 중 성립될 가능성이 가장 높은 가격으로 지가를 공시하고, 평가목적에 따라 가감·조정하여 적용할 수 있도록 함으로써 지가공시제도와 토지가격의 다원성을 제도적으로 부합시키고 있다. 이와 같이 부동산가격공시법에서는 감정평가사가 표준지공시지가를 기준으로 평가한 평가금액이 정당보상액에 미치지 못할 경우 사업시행자가 이를 가감·조정하도록 규정하고 있는 반면, 공익사업법에서는 사업시행자가 보상금액을 산정할 때 감정평가사가 평가한 금액을 가감·조정할 수 있도록 하는 조항이 없다는 문제가 있다.[107)]

따라서 부동산가격공시법에 의한 평가금액이 정당한 보상액에 미치지 못할 경우 공익사업법에 의한 보상액의 결정은 헌법상 정당보상(완전보상) 원칙에 반하여 위헌이 될 소지가 있으며,[108)][109)] 이를 해소

---

106) 보상 평가 시 기타요인의 선례는 보상선례를 선정하는 것이 원칙이다. 거래사례는 정상가격임이 입증되었을 때 한정하여 쓸 수 있다. 다만, 개발이익을 배제한 보상선례를 선정하기 위한 것이니, 당해 사업에 따른 개발이익이 반영되지 않은 선례라면 가장 최근 선례를 사용하는 것이 타당하다.

107) 류해웅, "전게서", 102면.

108) 허영, "전게서", 509면.

109) 다만, 이와 관련하여 헌법재판소는 2011. 8. 30. 자 2009헌바245 결정에서 다음과 같이 판시한 바 있다.

〔1〕 토지·건물 기타 물건의 가격이나 손실액은 사회적·경제적·행정적 요인에 의하여 항상 변동할 수 있기 때문에 일정한 시점을 기준으로 보상액의 가격을 정하는 것은 보상절차를 진행하는 데 불가피하고, 수용 시기에 근접한 시점의 적정가격을 반영할 수 있는 요인들을 보상액 산정의 기준으로 하는 것이 정당한 보상에 가장 가깝다 할 것이다. 그러므로 공익사업법 제67조 제1항 중 수용재결에 관한 부분이 재결에 의한 경우 수용재결 당시의 가격을 보상액 산정의 기준으로 삼고 있는 것은 타당하다. 공익사업법 제70조 제2항은 피수용 재산의 객관적인 가치를 보다 정확히 반영하여 정당한 보상을 추구하기 위한 것으로 그 내용이 적정하다. 따라서 위 조항들은 헌법 제23조 제3항이 정한 정당보상의 원칙에 위배되지 아니 한다.

〔2〕 '공익사업법' 제70조 제4항, 구 '공익사업법'(2005. 1. 14. 법률 제7335호

하기 위하여 보상평가 단계에서 감정평가사가 인근지역의 유사 토지들의 정상적인 거래가격(이러한 인근 지역의 거래시세에는 개발이익이 반영된 것을 전제로 한다)을 충분히 반영할 수 있도록 기타요인이라는 항목으로 가격을 보정할 수 있도록 제도적으로 인정할 필요가 있다.

또한 현행 공익사업법하에서도 보상에서 제외되는 개발이익은 당해 공익사업으로 인한 것만으로 한정되어야 하므로, 당해 공익사업의 계획 또는 시행이 공고 또는 고시됨으로 인하여 토지의 가격이 변동되었다고 인정되더라도 연도별 공시지가를 소급 적용할 경우, 소급된 기간 동안의 다른 공익사업으로 인한 개발이익은 마땅히 보상에 포함되어야 할 것이다. 그러므로 이를 위하여도 기타 보정항목의 적용은 불가피한 실정이다.[110] 이러한 기타 항목의 보정은 현재 판례 또는 법률의 해석을 통하여 어느 정도 인정될 여지가 있어 보인다.[111] 그렇

로 개정되고, 2007. 10. 17. 법률 제8665호로 개정되기 전의 것) 제70조 제1항이, 공시지가를 기준으로 수용된 토지에 대한 보상액을 산정하는 것은 정당하고, 사업인정고시일 전의 시점을 공시기준일로 하는 공시지가를 손실보상액 산정의 기준이 되는 공시지가로 규정한 것은 개발이익이 배제된 손실보상액을 산정하는 적정한 수단으로서 정당보상의 원칙에 위배되지 않는다.

110) 김원보, “정당보상을 위한 평가방법”, 국회 국토해양위원회 전문가 간담회 자료, 2010. 12. 5, 15면.

111) 이와 관련하여 헌법재판소는 2009. 6. 25. 선고 2007헌바104 결정, 2007. 11. 29. 선고 2006헌바79 결정에서 ‘이용현황 조항’이 헌법에 위반되지 않는다고 선고한 바 있다. 다만, 이 결정들은 공시지가를 기준으로 보상액을 산정하고 보상액 산정에서 개발이익을 배제하는 것이 정당하다는 것을 포괄적으로 설시한 것일 뿐, 가격시점 당시의 이용상황을 기준으로 하여 보상액을 산정한다는 이 사건 이용현황 조항에 고유한 규율 내용에 대하여 독자적인 판단을 한 바는 없다. 그러나 그 후의 2011. 8. 30. 선고 2009헌바245 결정에서는 구체적으로, (가) 이용현황 조항은 ‘토지에 대한 보상액은 가격시점에서의 현실적인 이용상황과 일반적인 이용방법에 의한 객관적 상황을 고려하여 산정하되, 일시적인 이용상황과 토지소유자 또는 관계인이 갖는 주관적 가치 및 특별한 용도에 사용할 것을 전제로 한 경우 등은 이를 고려하지 아니 한다’고 규정하고 있는데 ‘현실적인 이용상황’이란 지적공부상의 지목에 불구하고 가격시점에서의 당해 토지의

더라도 공익사업법에서 명시적으로 기타요인 보정에 대해서 일체 규정하고 있지 않고 있는 까닭에 한계가 있으므로 이를 입법화하는 것이 바람직하다. 다만, 기타요인 보정의 주체를 사업시행자로 할 것인지 감정평가사로 할 것인지, 아니면 수용상대방 또는 매도청구 상대방으로 할 것인지 및 이를 법률로 규정할 것인지 시행규칙으로 규정할 것인지 등에 대해서는 연구를 거쳐 신중하게 결정할 필요가 있다.[112]

주위환경이나 공법상 규제의 정도 등으로 보아 인정 가능한 범위의 이용상황을 말한다. 실제의 이용상황에 따라 평가하여 보상하도록 하는 것이 피수용 재산의 객관적 가치를 보다 정확히 반영하는 것이며, 경우에 따라서는 토지소유자를 보다 더 보호하는 보상방법이 될 것이다. 또 이용현황 조항이 보상액 산정 시 토지가 놓여 있는 지역(공간적 상황)에서 가격시점 당시(시간적 상황) 당해 토지를 이용하는 평균인이 이용할 것으로 기대되는 이용방법으로서의 '일반적인 이용방법'을 고려하도록 한 것은, 토지소유자가 피수용 대상인 토지의 경제적인 가치를 활용하고 있는 정도에 관계없이 시장의 교환가치를 충분히 반영한 객관적인 가치를 보상하기 위한 것이다. 그것은 일반적인 이용방법에 의한 객관적인 상황을 고려하지 않을 경우 토지를 방치하거나 하는 등으로 토지의 재산적 가치를 최대한 활용하고 있지 않은 토지소유자는 부당하게 낮게 산정된 보상액을 받게 될 우려가 있기 때문이다. 원칙적으로, 피수용자에게 주어지는 보상은 주관적인 만족의 충족 여부에 달려 있는 것이 아니라 객관적으로 정당한 보상에 이르면 그것으로 족한 것이다. 보상액을 산정할 때 토지소유자 등의 주관적인 가치나 사용예정인 특별한 용도 및 일시적인 이용 상황까지 전부 고려해야 한다면, 고려할 요소의 범위를 결정하기 어려울 뿐 아니라, 그와 같은 주관적인 가치를 객관적인 가액으로 환산하기 곤란하며, 환산된 가액이 주관적인 가치를 충분히 반영하고 있는지 여부를 확인하는 것 또한 어려울 뿐만 아니라, 경우에 따라서는 주관적인 가치를 주장하는 토지소유자가 평균인에 비해 불합리하게 높은 가격의 보상액을 받을 가능성 또한 배제할 수 없다. (나) 그렇다면 이 사건 이용현황 조항이 보상액을 산정할 때 '가격시점에서의 현실적인 이용상황과 일반적인 이용방법에 의한 객관적 상황'을 고려하되, 일시적 이용상황, 주관적인 가치 및 사용예정인 특별한 용도 등을 고려하지 않도록 규정한 것은 피수용 재산의 객관적인 가치를 보다 정확히 반영하여 정당한 보상을 추구하기 위한 것으로 그 내용이 적정하다고 판시한 바 있다.

112) 허강무, "전게논문", 345면.

V. 결론: 보상규정 분리의 필요성

이상에서 수용에 따른 각종 다양한 법적 쟁점에 대해 상세히 살펴보았다. 헌법상 재산권보장의 내용은 일차적으로 재산권의 대상 그 자체의 존속보장이며, 공공필요를 위하여 개인의 재산권에 대한 침해가 불가피할 경우에만 예외적으로 재산권자는 정당한 보상을 받는 조건으로 국가의 침해행위를 수인할 수 있다. 중요한 점은 금전보상인 손실보상은 재산권의 대상 그 자체의 완전한 회복이 아니기 때문에 보상만 해주면 어떠한 재산권침해도 가능하다고 하는 과거 독일의 제3제국(das Dritte Reich)식 발상은 헌법상 재산권보장에 위배되는 것이다.[113)]

그러므로 헌법상 재산권보장의 이념과 정신에 역행하는 위에서 살핀 제도상 허점을 과감히 개선하여 수용으로 인하여 오랫동안 누려온 사인의 재산권을 실질적으로 보다 두텁게 보호한다는 견지에서 손실보장청구권이 인정되어야 할 것이며,[114)] 그러한 견지에서 궁극적으로는 재개발·재건축 사업 모두 손실보상액 및 매도가액 산정 시 개발이익과 영업보상 등을 모두 고려하되 이를 위해 공시지가의 현실화 및 기타 부수적 상황의 보정을 통하여 통일적으로 수용가와 매도가 산정 시 반영하는 방안을 입법화[115)]할 필요가 있다. 그에 부수하여 임차인에 대해서도 마찬가지로 충분한 보상 논의가 이루어져야 할 것이다.

---

113) 송동수, "전게논문", 14면 이하; 김창휘, "전게논문", 15면 이하.

114) 정연주, "독일 연방헌법재판소의 자갈채취결정(1981. 7. 15. 선고 BVerfGE 58, 300)과 관련하여", 「헌법판례연구 1」, 2002, 6면 이하.

115) 구체적인 입법형태는 도시정비법에서 대강의 기준과 요건이 예측가능하도록 규정하되 세부 전문적이고도 수시변경 가능성이 큰 내용은 하위법규명령인 시행령이나 시행규칙에서 정하도록 하는 것이 타당할 것이다.

또한 수용과 사용 및 제한에 대한 보상규정이 각각 분리될 필요성이 있다. 수용이나 사용의 경우 재산권의 보장을 규정하고 있는 우리 헌법 제23조 제1항에 따라 보상할 필요가 있는 반면 제한에 대해서는 공평부담의 원칙이라는 헌법 제11조에서 규정한 바에 따라 조절적 보상으로 보아 양자를 서로 구별하여 보상할 필요가 있으며, 구체적으로는 수용이나 사용에 대해서는 완전보상을 하되 제한에서는 그보다 약한 정도의 조절적 보상도 가능하다는 견해가 있다.[116]

이와 관련하여, 이광윤 교수는 제한의 경우 수용으로부터 분리하여 행정책임법으로 흡수하여야 한다는 의미 있는 제안을 하고 있는데, 그 주된 논거는 다음과 같다.

행정책임이란 행정의 공법으로서의 행정법적 작용의 결과로 행정객체에게 불법 내지 위법하게 야기된 손해에 대하여 국가가 지는 재산적 책임을 말하나, 수용에 대한 보상은 소유권의 이전에 따른 대금지급의 문제이기 때문에 사전적 완전보상을 전제로 하는 한 공법적 관계가 아니다. 따라서 행정책임의 대상에서 제외되며, 다만 '제한'은 객관적 법규범에 적법한 행정작용에 의하여 불법 내지 위법하게 야기된 손해에 대하여 국가가 지는 제재로서의 재산적 손해 전보의무이므로 행정책임에 문제이며 이러한 적법한 행정작용에 의한 행정책임으로는 부당이득책임, 사회적 위험책임, 공적 부담 앞의 평등의 원칙에 위반한 책임, 특별희생책임을 들 수 있다. 이들은 모두 무과실 책임으로 객관적 법규범을 위반한 입증과실에, 의한 책임, 추정과실에 의한 책임과 함께 불법행위 책임을 구성한다. 따라서 수용과 사용의 경우는 별도로 하고, 제한은 공무원의 직무상 무과실 책임을 인정하는

116) 이광윤, "손실보상제도의 문제점과 개선방안", 「토지공법연구 제7집」, 한국토지공법학회, 1999, 10면.

새로운 국가 책임법에서 흡수하여야 한다는 주장이다.[117)]

제3절 영업손실 보상금 지급 문제

Ⅰ. 서설

영업손실보상은 현재 영업장 자체가 지니고 있는 재산권적 가치를 보상하는 것이 아니라 영업에서 발생하는 소득 또는 이익이 장래에도 계속 유지될 것임을 전제로 하여 일정기간 동안의 소득 또는 이익과 영업장소의 폐업 또는 휴업에 대한 기타 부대손실 등을 보상하는 것이다. 그런데 공익사업법이 적용되는 재개발사업 및 도시환경정비사업과 달리 주택재건축사업과 같이 매도청구를 통해 토지를 취득하는 경우 사업시행자인 조합이 토지소유자에게 매매대금을 지급함에 있어 영업손실보상금 등을 감안하여야 하는지가 문제된다.

Ⅱ. 재개발사업과 도시환경정비사업의 경우

재개발사업과 도시환경정비사업의 경우에는 공익사업으로서 공익사업법이 적용되기 때문에(도시정비법 제38조, 제40조)[118)], '주거용 건축

117) 이광윤, 「신행정법론」, 160면.

118) 〈도시정비법 제40조(공익사업법의 준용)〉

① 정비구역 안에서 정비사업의 시행을 위한 토지 또는 건축물의 소유권과 그 밖의 권리에 대한 수용 또는 사용에 관하여는 이 법에 특별한 규정이 있는 경우를 제외하고는 「공익사업법」을 준용한다. 다만, 정비사업의 시행에 따른 손실보

물을 제공함에 따라 생활의 근거를 상실하게 되는 자(이주대책대상자)'에 대하여는 '이주대책'을 수립·실시하거나 '이주정착금'을 지급하여야 하고(공익사업법 제78조 제1항), '주거용 건물의 거주자'에 대하여는 주거 이전에 필요한 비용(주거이전비)과 가재도구 등 동산의 운반에 필요한 비용(동산 이전비)이 지급되는 것이 보통이다(동법 제78조 제5항). 아울러 상인의 경우에는 영업을 '폐지'하거나 '휴업'함에 따른 영업

상의 기준 및 절차에 관하여는 대통령령으로 따로 정할 수 있다. ② 제1항의 규정에 의하여 공익사업법을 준용함에 있어서 사업시행인가의 고시(시장·군수가 직접 정비사업을 시행하는 경우에는 제28조 제4항의 규정에 의한 사업시행계획서의 고시를 말한다)가 있은 때에는 공익사업법 제20조 제1항 및 제22조 제1항의 규정에 의한 사업인정 및 그 고시가 있은 것으로 본다.

〈도시정비법 시행령 제44조의2(손실보상 등)〉

① 제11조에 따른 공람공고일부터 계약체결일 또는 수용재결일까지 계속하여 거주하고 있지 아니한 건축물의 소유자는 「공익사업법」 제40조 제3항 제2호에 따라 이주대책대상자에서 제외한다. 다만, 질병으로 인한 요양, 징집으로 인한 입영, 공무, 취학 그 밖에 이에 준하는 부득이한 사유로 인하여 거주하지 아니한 경우에는 그러하지 아니하다. ② 주거이전비 보상대상자의 인정기준, 영업손실 보상대상자의 인정기준 및 영업손실의 보상 기준에 관하여 구체적인 사항은 국토해양부령으로 따로 정할 수 있다.

〈도시정비법 시행규칙 제9조의2(손실보상 등)〉

① 영 제44조의2 제2항에 따라 정비사업으로 인한 영업의 휴업 등에 대하여 손실을 평가하는 경우 「공익사업법 시행규칙」 제47조 제1항에 따른 휴업기간은 같은 규칙 제47조 제2항 본문에도 불구하고 4개월 이내로 한다. 다만, 다음 각 호의 어느 하나에 해당하는 경우에는 실제 휴업기간으로 하되, 그 휴업기간은 2년을 초과할 수 없다.

1. 해당 정비사업을 위한 영업의 금지 또는 제한으로 인하여 4개월 이상의 기간 동안 영업을 할 수 없는 경우
2. 영업시설의 규모가 크거나 이전에 고도의 정밀성을 요구하는 등 해당 영업의 고유한 특수성으로 인하여 4개월 이내에 다른 장소로 이전하는 것이 어렵다고 객관적으로 인정되는 경우

② 제1항에 따라 영업손실을 보상하는 경우 「공익사업법 시행규칙」 제45조 제1호의 사업인정고시일등은 영 제11조에 따른 공람공고일로 본다. ③ 영 제44조의2 제2항에 따른 주거이전비의 보상은 「공익사업법 시행규칙」 제54조 제2항 본문에도 불구하고 영 제11조에 따른 공람공고일 현재 해당 정비구역에 거주하고 있는 세입자를 대상으로 한다.

손실에 대한 '영업이익'과 '시설의 이전비용' 등을 고려한 영업손실 보상금이 지급[119] 된다(동법 제77조).

한편, 앞서 본 바와 같이 재개발사업과 도시주거환경정비사업은 공익사업으로서 수용재결을 통한 소유권 취득을 하게 되는데 이때 보상금액은 사업시행인가 고시일을 기준으로 한 공시지가를 기준으로 하여 결정하므로(공익사업법 제70조) 개발이익이 배제되는 것으로 본다. 개발이익이 배제되기 때문에 그에 대한 보완으로 헌법상 정당 보상의 관점에서 위와 같은 각종 보상을 하고 있는 것이다.

이러한 보상은 소유자이건 임차인이건 '주거용 건축물을 제공함에 따라 생활의 근거를 상실하게 되는 자(이주정착금 지급대상)'인지 또는 '주거용 건물의 거주자(주거이전비 및 동산이전비 지급대상)'인지에 의하여 주어지게 된다. 이와 관련하여 최근 대법원은 임차인의 경우에도 공익사업법을 유추 적용하여 손실보상을 하여야 한다고 판시한 바 있다.[120]

---

119) 실무상 이루어지는 이주정착금은 보통 1,000만 원, 주거이전비는 4인 가족 기준 1,400만 원 정도이며, 동산이전비는 50만 원 내외이다. 그리고 서울지역의 100㎡ 내외의 음식점인 경우 영업손실보상금이 개략적으로 3,000만 원 내지 5,000만 원 정도이다.

120) 대법원 2011. 11. 24. 선고 2009다28394(건물명도) 판결에서 대법원은 "구 도시정비법(2009. 5. 27. 법률 제9729호로 개정되기 전의 것) 규정에 따라 관리처분계획의 인가·고시가 있으면 목적물에 대한 종전 소유자 등의 사용·수익이 정지되므로 사업시행자는 목적물에 대한 별도의 수용 또는 사용의 절차 없이 이를 사용·수익할 수 있게 되는 반면, 임차인은 도시정비법 제49조 제6항 본문에 의하여 자신의 의사에 의하지 아니하고 임차물을 사용·수익할 권능을 제한받게 되는 손실을 입는다. 그렇다면 사업시행자는 도시정비법 제49조 제6항 본문에 의하여 사용·수익권을 제한받는 임차인에게 구 공익사업을 위한 토지 등의 취득 및 보상에 관한 법률을 유추적용하여 그 해당 요건이 충족되는 경우라면 손실을 보상할 의무가 있다고 봄이 타당하다"라고 판시하였다.

Ⅲ. 재건축사업의 경우

그런데 재건축사업은 민간주도 사업이라는 점 때문에 개발이익은 보상을 하면서도 위와 같은 재개발에서와 같은 각종 보상이 주어지지 않고 있는데, 재건축사업의 경우에는 소유자에게 개발이익이 포함된 시가(時價)보상이 이루어지기 때문에 위와 같은 영업보상 등이 필요하지 않다고 볼 수도 있다. 그러나 단독주택 재건축사업의 경우에는 사업구역의 형상이 거의 재개발구역과 유사하고 잡화점, 세탁소, 음식점 등 상인이 많아 이들에게는 영업손실보상금의 지급이 절실한 상황이다. 또한 '임차인'의 경우에는 아무런 보상도 없이 생활의 터전을 잃게 된다는 점이 지속적으로 문제점으로 대두되어 왔다. 소유자들이 민간사업인 재건축사업을 하든 공익사업인 재개발사업을 하든 임차인들 입장에서는 개발사업으로 생활과 영업의 터전을 상실한다는 점은 동일하기 때문에 임차인에 대한 보호가 절실한 상황이다. 그러므로 재건축사업의 경우에도 최소한 영업손실보상금은 소유자, 임차인 모두에게 주어져야 할 것이며, 보증금이 일정액 미만인 소액임차인에게는 주거이전비와 동산이전비도 주어져야 할 것이다.[121)]

Ⅳ. 결론

주택재개발과 재건축을 불문하고 영업손실 보상을 해주는 것이 타당하다. 특히, 일반 아파트의 경우에는 상가 세입자들이 모두 '단지내 상가'라고 불리는 특정건물에서 영업을 하므로 해당 아파트를 재건

121) 동지, 김향훈, "전게논문", 116면.

축하고자 할 경우에는 상가단과의 협상이 필수적인 까닭에 상가단은 자신들이 일시적으로 휴업함에 따른 손실보상을 협의를 통하여 충분히 얻어내 왔으나, 단독주택 지역 내 상인들도 그 처지가 재개발과 다를 바 없음에도 이들에게는 영업손실 보상이 주어지지 않았다. 보상규정 자체가 없기 때문이다. 이름이 재건축이라는 이유로 정당한 보상을 방기하는 것은 위헌소지가 다분히 있다고 할 것이다. 이 점에 관한 구체적인 개선방안은 제6장에서 다시 살펴보기로 한다.

/제6장/

정비사업 과정에서의 보상실무 등 개선방안

제1절 세입자 보상실무 개선방안

제2절 영업보상, 주거이전비, 종교시설 이전, 감정평가 등의 개선방안

제3절 상가권리금, 간접보상 등에 대한 보상실무 개선방안

제4절 정비사업 과정에서의 서민 주거권 보장 및 개선방안

제6장 정비사업 과정에서의 보상실무 등 개선방안

제1절 세입자 보상실무 개선방안

Ⅰ. 서설

1. 쟁점

상가세입자에 대한 보상의 경우 현행 규정상 상가세입자는 영업손실보상(시설이전비, 광고비, 시설비용 포함하여 감정평가사가 감정)을 받을 수 있으며, 공익사업 실시로 인한 휴업기간에 발생하는 영업용 자산의 감가상각비, 인건비, 시설비, 이전비 등 다양한 비용을 감정평가 결과에 따라 보상을 받도록 규정하고 있다(공익사업법 시행규칙 47조). 그런데 영업손실보상을 받으려면 사업인정고시일[1](구역지정을 위한 공람공고일) 3개

1) 사업인정고시일은 공익사업을 위해 토지 등을 수용 또는 사용할 사업으로 결정한 날을 말한다. 사업인정고시일은 전자관보 등을 통해 고시되므로 사업인정고시일을 알려면 각 사업지구에 대하여 전자관보 등을 열람하거나 간단하게 사업시행자에게 질의하면 된다. 사업인정고시일이 중요한 이유는 먼저 사업인정고시일에 가장 가까운 표준지공시지가를 바탕으로 토지의 감정평가가 이루어지기 때문이다. 이러한 사업인정고시일은 보상은 물론 세법에서도 중요한데, 먼저 공익

월 이전부터 영업을 해 오던 상가세입자로서 소득증명이 있는 경우 소득증명서로, 소득증명이 없는 경우 동업종의 평균 3년 소득 평가에 의해 받게 된다. 그러나 상가세입자의 경우 권리금과 인테리어비용 등 영업을 위해 투입된 비용이 보상되지 않을 뿐만 아니라 영세사업자로 소득신고를 제대로 하지 않기 때문에 재산권과 영업권에 대한 평가금액을 제대로 보상받기 어려운 구조이다. 무허가 영업자는 영업손실 보상을 받을 수 없으며, 휴업보상액 범위에서 가구원 수에 따라 3월분의 주거이전비를 지급(1989년 1월 25일 이후 건축된 건물에서 영업하는 무허가 영업자)받을 수 있다. 그러나 무허가 영업자, 특히 노점상들은 감정평가에서 누락되는 경우가 대부분이라 현실적으로는 보상을 받지 못하는 경우가 다반사이기 때문에 주로 분쟁의 요인이 되고 있다.

2. 정비사업과 보상규정

우리 헌법 제23조 제3항은 공공필요에 의해 재산권의 수용 사용 또는 제한을 하는 경우에는 그에 대한 보상을 법률로써 하도록 정하고 있다. 따라서 정비사업을 수행하는 데 재산권 침해에 대한 보상의 내용을 법률로써 명확히 규정할 필요가 있다. 보상에 관한 내용을 법률로 정하는 방법은 두 가지가 있는데 하나는 정비사업을 규정하는 당해 법률에 보상에 관한 내용까지 포함하여 입법하는 방식이고, 다

사업감면(조세특례제한법 제77조), 대토보상에 따른 과세이연(조세특례제한법 제77조의2), 공익사업 수용 등에 따른 공장 이전 시 과세특례(조세특례제한법 제85조의7) 등의 혜택을 받으려면 거주자는 사업인정고시일부터 2년 이전에 토지 등을 취득해야 한다. 세법상 비사업용토지 판정에서 거주자가 사업인정고시일부터 5년 이전에 취득한 토지는 무조건 사업용 토지로 보아 장기보유특별공제가 적용 가능하다.

른 하나는 보상에 관한 다른 별개 법률을 준용하는 방식을 택하는 것이다. 우리나라는 후자의 방법을 따르고 있다. 즉 도시정비법 제38조는 사업시행자는 정비구역 안에서 정비사업을 시행하기 위하여 필요한 경우에는 공익사업법 제3조의 규정에 의한 토지, 물건 또는 그 밖의 권리를 수용 또는 사용할 수 있도록 정하고 있으며, 동법 제40조는 정비구역 안에서 정비사업의 시행을 위한 토지 또는 건축물의 소유권과 그 밖의 권리에 대한 수용 또는 사용에 관해서는 동법에 특별한 규정이 있는 경우를 제외하고는 공익사업법을 준용하도록 하고 있는 것이다. 이처럼 우리 법체계에서 공익사업법은 실질상 정비사업에 대한 보상의 내용을 정하는 기능을 하고 있으며, 이러한 점에서 공익사업법을 보상법의 일반법이라고 하기도 한다.[2] 따라서 우리법상 보상과 관련해서는 우선 공익사업법의 내용을 살필 필요가 있으며, 그와 달리 개별사업에 관한 법률에서 정한 특별한 보상규정이 있으면 그에 따라 처리하면 될 것이다. 현행 공익사업법상 보상의 내용으로는 전형적인 대물보상 이외에도, 잔여지보상, 영업보상, 이주대책, 이전비보상 등이 있다.

3. 현행 상가세입자 보상제도

현행 공익사업법에서 상가세입자에 대해 정하고 있는 내용으로는 동법 제77조 제1항에서 정하는 영업손실보상이 있다. 이는 다시 동법 시행규칙 제45조 내지 47조와 제52조에 걸쳐 자세한 내용이 규정되어 있다. 이에 따르면 영업손실보상을 받기 위한 요건은, ① 사

2) 김종보, 「건설법의 이해」, 박영사, 2008, 424-426면.

업인정고시일 이전부터 ② 적법한 장소에서 행한 ③ 인적·물적 시설을 갖추고 계속적으로 행하는 영리적 사업으로서 ④ 관계법령에 의해 허가 등을 득하였으며 ⑤ 구체적인 사실로서 영업의 폐지 또는 휴업과 그로 인한 영업손실의 발생이 있어야 한다. 이러한 요건을 갖추었을 때 구체적인 보상의 내용은 〈표 6-1〉과 같다.

〈표 6-1〉 공익사업법상 영업손실보상의 내용

유 형		보상의 내용
폐업보상		2년간의 영업이익[3] + 영업시설 등 매각손실액
휴업보상	영업장소 이전 시	4월 이내의 영업이익 + 휴업기간의 고정비용 + 영업시설 등 이전비 + 이전 부대비용
	영업시설 일부 편입 시	영업시설 보수기간의 영업이익 + 시설보수비용 + 영업시설 등 매각손실액
	임시영업소 설치 시	임시영업소 설치비용
무허가 등에 관한 특례 시행규칙 제52조		3인 가구 3개월분 가계지출비 + 영업시설 등 이전비용
간접손실 시행규칙 제64조		요건에 따른 폐업 휴업보상

한편, 주거 세입자(주택임차인)에 대해서는 공익사업법과 '주택공급에 관한 규칙' 등[4]에서 주거이전비와 동산이전비 외에 국민임대주택의 우선공급과 같은 적극적인 보상내용을 보장하고 있는데 반해, 상가세입자(상가 임차인)에 관해서는 영업손실보상 이외에 다른 보상규정이 없다는 차이가 있다. 더욱이 주택임차인의 경우 무허가건축물의 세입자에게도 주거이전비를 보상해 주는데 반해, 상가 임차인은 적법

3) 최근 3년간의 평균영업이익을 의미한다.

4) 공익사업법(법률 제10239호, 일부개정 2010. 4. 5, 시행 2010. 4. 5) 제78조 제6항, 주택공급에 관한 규칙(국토해양부령 제254호, 일부개정 2010. 6. 30, 시행 2010. 6. 30) 제32조 제4항 제7호.

한 건축물에서 이루어지는 적법한 영업을 전제로 한다는 점에서 양자 간에 차이를 두고 있다.[5)]

II. 정당한 보상에 관한 논의

1. 정당한 보상의 필요성

정비사업을 진행할 때 사업시행자의 이익 못지않게 정비사업으로 인해 보금자리를 상실하게 되는 사람들을 위한 정당한 보상이 있어야 함은 당연하다. 그 이유는 다음과 같다. 첫째, 재산권 침해에 대한 보상은 헌법상 요청이다. 자유시장경제질서를 기본으로 하며 사유재산제도 보장을 골간으로 하고 있는 헌법질서에서 재산권을 보호하는 것은 핵심사항이며 자유시장경제를 유지하는 전제조건이 된다. 둘째, 정비사업의 진행과정에서도 정당 보상은 중요한 역할을 한다. 대부분의 정비사업 현장에서는 사업비를 마련하기 위해 융자 등을 통해 자금을 조달하고 이를 정비사업의 결과로 발생하는 수익을 통해 상환하는 구조를 취하게 된다. 따라서 이자 등 금융비용의 부담을 최소화하고 정비사업의 사업성을 확보하기 위해서는 신속한 사업의 진행을 요한다. 그런데 피보상자가 만족할만한 수준의 보상이 이루어지지 않는 경우 사업의 진행이 더뎌지고, 경우에 따라서는 2014년 발생한 코레일 용산지구개발사업과 같이 사업이 전면 중단되는 요인이 되기도 한다. 따라서 정당한 보상을 통해 갈등을 최소화하고 사업의 신속한 진행을 도모시키는 것은, 규범적인 면뿐 아니라 정비사업의 실제에서도

5) 김종보, "전게서", 120면.

중요한 문제이다. 셋째, 정비사업에서 보상문제는 피보상자의 생존권 문제와도 직결된다. 이는 특히 재개발사업현장에서 문제가 되는 경우가 많은데 종래의 낡은 아파트를 헐고 다시 짓는 재건축사업에 비해, 노후 불량주거 지역을 헐고 그 자리에 신규 아파트를 세우는 방식으로 진행된 재개발 사업에서는 종래 거주하던 저소득층 주민들의 주거권 문제로 직결되는 것이다. 나아가 더 많은 보상을 요구하는 피보상자들에게는 '인간답게 살 권리'와 같은 생존권의 문제로까지 확대된다는 점에서 원론적으로 정당한 보상이 필요하다는 점을 부정하는 사람은 없다. 다만 이때의 '정당한 보상'이 어느 정도의 보상을 의미하는지에 대해서는 상당한 이견이 존재한다.

2. 재산권의 손실과 완전한 보상

이 문제에 대해 종래 학설은 침해된 재산권이 완전히 보상되어야 한다는 견해(완전보상설)와 침해된 재산권에 대하여 사회통념에 비추어 타당성 내지 합리적인 보상이면 된다는 견해(상당보상설), 그리고 완전한 보상을 요하는 경우와 상당한 보상으로 충분한 경우를 나누어 보자는 견해(절충설) 등이 있었다.[6] 이에 대해 우리 판례는 비교적 일관되게, "헌법 제23조 제2항이 규정하는 '정당한 보상'이란 원칙적으로 피수용재산의 객관적인 재산가치를 완전하게 보상하는 것이어야 한다는 완전보상을 의미하며 (중략) 이때, 소유자가 갖는 주관적인 가치, 투기적 성격을 띠고 우연히 결정된 거래가격 또는 흔히 불리는 호가나 객관적 가치의 증가에 기여하지 못한 투자비용이나 그 토지 등을

6) 허강무, "영업손실보상에 관한 연구", 「공익사업법연구」 제10집, 2010, 11-13면.

특별한 용도에 사용할 것을 전제로 한 가격 등에 좌우되어서는 안 되며, 개발이익은 그 성질상 완전보상의 범위에 포함되지 아니 한다는 것"을 밝히고 있다.7) 이를 보면, 판례는 일단 피수용재산의 객관적인 재산 가치를 완전하게 보상해 주어야 한다는 '완전보상'의 입장에 있다고 할 수 있다. 이 경우 투기적인 거래나 주관적인 가치에 의해 형성된 가격을 배제한다고 하더라도, 일단 객관적인 재산가치를 보상하는 이상 완전보상의 원칙에 반한다고 볼 수는 없을 것이다. 이처럼 재산권의 손실에 관해서는 우리 헌법 제23조 제3항을 근거로 하여 피보상자가 정당한 보상을 요구할 수 있는 법적인 권리가 있으며, 그 구체적인 범위에 대하여 다소 이견이 있을지라도, 완전한 보상이 이루어져야 한다고 볼 수 있다. 따라서 피보상자는 재산권 침해에 대해 보상내용에 불만이 있을 경우, 헌법 제23조 제3항을 근거로 완전한 보상을 요구할 수 있다.

3. 재산권 외의 손실에 대한 보상문제

그러나 영업권이나 권리금 문제에서 보는 바와 같이 온전한 재산권적 지위로 승격되지 못한 부분의 손실에 대한 보상문제는 아직 이론적으로나 실무적으로 정리가 되지 않은 상태인 까닭에 많은 논란이 있다. 이는 기본적으로 재산권에 관한 손실보상을 헌법상 보장하고 있는 것 외에 재산권 이외의 손실 등에 관해서는 보장하는 명문의 헌법 규정이 없다는 점에서부터 비롯되는 것이다. 재산권 외의 손실에 대한 보상을 요구할 수 있는 근거는 무엇인가? 이때에 헌법 제23조

7) 헌법재판소 1995. 4. 20. 선고 93헌바20 등 결정. 같은 취지의 판결로는 대법원 1993. 7. 13. 선고 93누2131 판결.

제3항을 준용할 수 있는가? 이 유형의 손실에 대해서도 정당한 보상을 해야 하는가? 그렇다면 정당한 보상의 범위는 어디까지인가? 이러한 일련의 질문에 답을 구하는 과정에서 종래의 논의를 비판적으로 검토할 필요가 있다. 특히 종래의 전통적인 논의들은 상가세입자의 권리는 재산권 보상의 대상에서 제외되는 것이 원칙이라고 보았는데,[8] 이에 대해 검토하는 것은 이 글에서 주로 다루고자 하는 상가세입자 보상문제를 다루는 데에도 매우 중요한 부분이다.

Ⅲ. 도시정비법 제44조 제1, 2항에서 정한 '임차인'의 범위 문제

1. 쟁점

재건축사업구역 내 건물(이하 '본건 건물'이라 함)의 소유자(이하 '위탁자'라 함)가 이를 신탁회사(이하 '토지등소유자'라 함)에 담보신탁을 하고, 이후 위탁자가 토지등소유자의 동의나 승인 없이 위 건물을 임차인에게 임대하고 임대차보증금을 지급받은 상황에서, 사업시행자(원고)가 임차인(피고)에게 건물을 명도할 것을 구하자 재건축사업으로 임차목적을 달성할 수 없게 된 임차인이 도시정비법 제44조 제1, 2항에 따라 임대차계약을 해지하고, 재건축사업시행자에게 건물의 명도와 동시이행으로 보증금의 반환을 구한 사안이다(관련 사건에서 사업시행자는 본건 2심 판결선고 후 임대차보증금을 공탁하고, 토지등소유자에게 도시정비법 제44조 제3항에 따라 구상금을 청구하는 소를 제기하여 승소함). 문제는 본래 본건 건물을 신탁 받은 토지등소유자는 위탁자와 임대차계약을 체결

8) 김종보, "전게서", 117면.

한 임차인에 대해 임대보증금 반환의무를 부담하지 않음에도, 도시정비법 제44조 제1, 2항의 '임차인'의 범위를 제한 없이 인정할 경우, 정비사업의 시행이라는 우연한 사정에 기하여 당초 임차인 등에게 보증금반환의무를 부담하지 않는 토지등소유자가 위 도시정비법 조항에 기하여 실질적으로 임차인에게 임대보증금을 반환하게 되는 불합리한 결과를 초래한다는 점이다.

2. 관련 판례의 태도와 의의

도시정비법 제44조 제1항은 "정비사업의 시행으로 인하여 지상권·전세권 또는 임차권의 설정목적을 달성할 수 없는 때에는 그 권리자는 계약을 해지할 수 있다"라고 규정하고 있고, 제2항에서는 "제1항의 규정에 의하여 계약을 해지할 수 있는 자가 가지는 전세금·보증금 그 밖의 계약상의 금전의 반환청구권은 사업시행자에게 이를 행사할 수 있다"라고 규정하고 있다. 위 사례에서 원심 법원은 도시정비법 제44조 제1, 2항의 '임차인'의 범위를 문언 그대로 해석하여, 본건과 같이 토지등소유자에게 임대보증금 반환을 구할 수 없는 임차인이라고 하더라도, 위 도시정비법 조항에 기해 사업시행자에게 임대차계약 해지 및 그에 따른 임대보증금 반환을 구할 수 있다는 전제에서, '임차인은 사업시행자로부터 임대보증금을 반환받음과 동시에 사업시행자에게 건물을 인도하라'고 판시하였다.[9)]

이러한 판시에 대하여 대법원은, 도시정비법 제44조의 규정취지가 정비구역 내 임차인의 정당한 권리를 보호하기 위함이지 정당한 권리

---

9) 서울고등법원 2012. 6. 7. 선고 2011나98831 판결.

를 초과한 혜택을 부여하기 위함이 아니라는 점, 도시정비법 제44조 제3항에 따른 사업시행자의 토지등소유자에 대한 구상권은 토지등소유자가 임차인에게 임대보증금 반환의무를 부담함에도 사업시행자가 이를 대신하여 반환함에 따라 토지등소유자가 임대보증금 반환채무를 면하는 이득을 얻게 될 경우를 전제로 한 규정이라는 점 등의 사정을 고려하여, "도시정비법 제44조 제1, 2항에 따라 임차권자가 사업시행자를 상대로 보증금 등의 반환을 구하려면 임차권자가 토지등소유자에 대하여 보증금반환채권을 가지는 경우에 한정된다"라고 판결하였다.10)

---

10) 대법원 2014. 7. 24. 선고 2012다62561 판결. 이 사건에서 대법원은 그 전제로서, "도시정비법(2012. 2. 1. 법률 제11293호로 개정되기 전의 것) 제38조, 제40조 제1항, 제49조 제6항의 문언과 취지를 종합하면, 도시정비법 제49조 제6항 단서는 도시정비법 제38조에 따라 사업시행자에게 공익사업법상 정비구역 안의 토지 등을 수용 또는 사용할 권한이 부여된 정비사업에 제한적으로 적용되고, 그 권한이 부여되지 아니한 주택재건축사업에는 적용될 수 없다. 나아가 도시정비법의 입법 목적 및 취지, 도시정비법상 주택재건축사업의 특성 등과 아울러 ① 도시정비법은 다양한 유형의 정비사업에 대하여 각 사업의 공공성 및 공익성의 정도에 따라 구체적 규율의 내용을 달리하고 있는 점, ② 도시정비법상 주택재건축사업은 '정비기반시설은 양호하나 노후・불량건축물이 밀집한 지역에서 주거환경을 개선'할 목적으로 시행하는 것으로서 정비기반시설이 열악한 지역에서 정비기반시설설치를 통한 도시기능의 회복 등을 목적으로 하는 주택재개발사업 등에 비하여 공공성 및 공익성이 상대적으로 미약한 점, ③ 그에 따라 도시정비법은 주택재건축사업시행자와 토지등소유자 등의 협의가 성립하지 않을 경우의 해결방법으로, 수용・사용 등의 공적 수단에 의하지 않고 매도청구권의 행사를 통한 사적 자치에 의해 해결하도록 규정하고 있는데, 이는 도시정비법의 기본적 틀로서 입법자가 결단한 것이라고 볼 수 있는 점, ④ 주택재개발사업 등에서 수용보상금의 산정이 개발이익을 배제한 수용 당시의 공시지가에 의하는 것과는 달리, 주택재건축사업의 매도청구권 행사의 기준인 '시가'는 재건축으로 인하여 발생할 것으로 예상되는 개발이익이 포함된 가격을 말하는데, 이러한 차이는 주택재건축사업의 토지등소유자로 하여금 임차권자 등에 대한 보상을 임대차계약 등에 따라 스스로 해결하게 할 것을 전제로 한 것으로 보이는 점 등에 비추어 보면, 주택재건축사업에 대하여 도시정비법 제49조 제6항 단서나 공익사업법규정이 유추 적용된다고 보기도 어렵다"라고 판시하였다.

이로써 정비사업구역 내 지상권·전세권 또는 임차권 계약의 해지 및 보증금 등 반환청구를 할 수 있는 권리자의 범위에 대한 명확한 지표를 최초로 마련하였다는 점에서 매우 의의가 있는 사건이다.

제2절 영업보상, 주거이전비, 종교시설 이전, 감정평가 등의 개선방안

Ⅰ. 영업보상 문제

1. 쟁점

위 사업들의 경우 기본적으로 도시정비법의 규율을 받으나 정비사업시행으로 인한 보상 등에 대해서는 도시정비법 외에도 공익사업법이 적용된다(도시정비법 제40조).[11] 즉, 재개발정비구역 내 세입자들의

11) 도시정비법 제38조는 "사업시행자는 정비구역 안에서 정비사업(주택재건축사업의 경우에는 천재·지변 그 밖의 불가피한 사유가 있는 경우에 한한다)을 시행하기 위하여 필요한 경우에는 '공익사업법' 제3조의 규정에 의한 토지·물건 또는 그 밖의 권리를 수용 또는 사용할 수 있다"라고 정하고, 제40조 제1항은 "정비구역 안에서 정비사업의 시행을 위한 토지 또는 건축물의 소유권과 그 밖의 권리에 대한 수용 또는 사용에 관하여는 이 법에 특별한 규정이 있는 경우를 제외하고는 '공익사업법'을 준용한다"라고 정하고 있다. 그리고 공익사업법 제78조 제5항은 "주거용 건물의 거주자에 대하여는 주거이전에 필요한 비용과 가재도구 등 동산의 운반에 필요한 비용을 산정하여 보상하여야 한다"라고 정하고 있고, 이에 따라 공익사업법 시행규칙 제54조 제1항 본문은 "공익사업시행지구에 편입되는 주거용 건축물의 소유자에 대하여는 당해 건축물에 대한 보상을 하는 때에 가구원 수에 따라 2월분의 주거이전비를 보상하여야 한다"라고 정하고, 제55조 제2항은 "공익사업시행지구에 편입되는 주거용 건축물의 거주자가 해당

경우 이들에 대한 보상 및 이주대책과 관련한 규정은 공익사업법 제16조 및 동법 시행령 제8조, 공익사업법 제77조 및 동법 시행규칙 제45조부터 제47조 등인데 이 규정들에 따르면 정비사업 지구 내 영업 세입자들에 대한 영업손실보상은 '영업의 폐지에 따른 손실보상'과 '영업의 휴업으로 인한 손실보상(이하 '휴업보상'이라 한다)'으로 구분된다. 그에 따르면, '영업의 폐지에 따른 손실보상'은 영업장소 등의 특수성으로 당해 영업소가 소재하는 자치구 또는 인접 자치구의 다른 장소에 이전해서 영업하는 것이 불가능한 경우 등 3가지로 한정되어 있고, 그 외에는 모두 '휴업보상'만 적용된다. '영업의 폐지에 따른 손실보상'은 '최근 2년간의 평균영업이익'을 기준으로 하는 반면, '휴업보상'은 '최근 3개월 치의 평균 영업이익'이 기준이 되는 등 보상금의 액수를 비교할 때 양자 사이에는 엄청난 차이가 존재한다(다만 두 경우 모두 임시상가 등의 현실적인 이주대책이 없다는 점은 동일하다).

2. 현실적 난관

그러나 일반적으로 재개발지구 내 세입자들의 경우, 정비사업으로 인해 영업장소를 이전할 경우 임차보증금 이외에도 '권리금' 명목의 추가비용부담을 감수하여야 할 뿐 아니라, 대부분의 경우 새로운 인테리어 비용마저 추가로 지불하여야 하기 때문에 정비사업 인근 지역에서 기존에 형성하여 온 고객관계를 지속하면서 동종의 영업을 영위한다는 것은 사실상 불가능한 일이 될 수밖에 없다. 즉, 이들은 권리

공익사업시행지구 밖으로 이사를 하는 경우에는 별표 4의 기준에 의하여 산정한 이사비(가재도구 등 동산의 운반에 필요한 비용을 말한다)를 보상하여야 한다"라고 정하여 공익사업시행지구에 편입되는 주거용 건축물에 거주하는 소유자에 대하여 주거이전비 및 이사비를 보상하도록 규정하고 있다.

금이 현행법상 인정되지 않는다는 점과 임대인들과 당초 계약 체결 시 권리금 등에 대한 요구를 하지 않기로(포기) 약정하였다는 이유 등[12]으로 임차보증금 및 3개월치 상당의 영업이익만을 수령하고 이전하여야 하나, 새로운 영업장소 물색을 위해서는 그 금원만으로는 도저히 감당할 수 없는 추가 비용을 부담해야 하는 것이 엄연한 현실이다. 더 큰 문제는 일정 기간 휴업을 전제로 하는 휴업 보상금을 수령하였으나 실제로는 영업을 폐지해야 하는 상황에까지 직면하게 되는 것이다. 더구나 주택재개발사업 및 도시정비사업 지정구역의 주변은 이미 주변의 전세가격 및 임대료 등이 폭등하였을 뿐 아니라, 새로운 영업장소를 찾아 이전하더라도 다시 새로운 정비사업이 진척되어 그마저도 쉽지 않은 실정이다.

그에 반해 상가 세입자들이 오랜 기간 영업을 하면서 쌓아온 고객관계 등에 근거하는 권리금은 정비사업으로 인해 '개발이익'으로 변모하여 고스란히 조합원들과 시공사의 이익으로 귀속된다. 상가 세입자 중 종전 임차인에게 권리금을 지급하고 영업을 시작한 경우라면 정비사업으로 인한 점포 명도로 인해 다음 임차인으로부터 권리금을 수령할 수 있는 기회를 박탈당하게 된다. 업종을 변경하여 인테리어 시설을 새롭게 하거나 20년 이상 영업을 하여 영업시설·비품 등 유

12) 본격적인 정비사업이 진척되면, 조합원들의 주축을 이루는 임대인들은 세입자들에게 임대차계약서를 새로 작성할 것을 요구하면서 '개발로 인해 이주할 시 모든 권리를 포기한다'는 취지의 문구를 일반적으로 기재하도록 한다. 이는 조합(또는 조합설립추진위원회)에서 조합원들에게 그렇게 하도록 사전에 지시 내지 요청하기 때문이다. 이러한 관행은 세입자들에 대한 보상비를 줄여 전체 사업비를 줄이고 나아가 개발이익을 높이기 위한 것으로, 기존의 여러 정비사업 지구에서 이러한 현상을 확인되고 있다. 또한 임대차계약서가 새로 작성되면서, 실제로는 10여년 가까이 영업을 하여 온 세입자가 마치 정비사업시행에 즈음하여 보상금을 노리고 개발예정지 내 상가를 임차한 듯 억울하게 둔갑되는 사례도 있다. 물론 소위 딱지를 노린 일부 임차인들의 문제는 이와 별개이다.

형물이나 거래처, 신용, 영업상의 노하우 또는 점포 위치에 따른 영업상의 이점 등 무형의 재산적 가치에 해당하는 권리금을 형성한 세입자들 역시 정비사업이 아닌 통상의 영업 점포 이전의 경우 충분히 수령할 수 있는 권리금 수령의 기회를 박탈당하게 된다. 한편, 정비사업으로 도시정비법 및 공익사업법상의 보상만으로 점포에 대한 사용, 수익권을 취득한 조합 및 시공사들은 위와 같이 피고인 등이 향유해야 할 권리금 상당의 이익을 개발이익 명목으로 그대로 전취하게 된다. 특히 상권이 발달하여 영업활동을 통해 많은 이익을 기대할 수 있는 지역일수록 높은 권리금이 형성됨에도 그 이익은 세입자에게 전혀 돌아가지 않고 막대한 개발이익으로 변화되는 것이다.

아울러 공익사업법상 주거 세입자에게는 상가 세입자와 달리 임대아파트 입주 신청권과 4개월간의 생활비에 해당하는 주거이전비[13] 및 동산 이전비(이사비용) 등이 지급되도록 규정되어 미흡하나마 주거안정을 위한 조치들이 마련되어 가고 있다. 그러나 실제로는 재개발조합과 관할관청에서 각종 기망의 방법으로 주거 이전비의 지급을 회피하는 경우가 다수 보고되고 있고, 임대아파트에 입주하더라도 세입자들이 감당하기 어려운 임대료 등의 문제로 종전 주거지를 떠나야 하는 상황이 발생하고 있다.[14] 어떻든 주거 세입자에 대해서는 임대아파트 입주를 통해 이주대책이 미약하나마 확보되어 있으나, 상가 세입자의 경우에는 계속적 영업이 가능하도록 하는 이주대책 등은 전

13) 한편, 공익사업법 시행규칙 제54조 제2항은 "가구원 수에 따라 4개월분의 주거 이전비를 보상하여야 한다"라고 규정하고 있을 뿐, 가구원의 개념을 한정하고 있지 아니한 점, 이주대책이 생활보상의 일환으로 국가의 적극적이고 정책적인 배려에 의하여 마련된 제도인 점 등을 종합하여 보면 사업시행인가 고시가 있은 때를 기준으로 가구원 수를 확정하고, 그에 따라 보상금액을 산정해야 할 것이다.

14) "봉천 뉴타운조합, 주거이전비 회피 논란", cafe.daum.net/goodneigbors/KTg4/29, 2012. 3. 12. Daum 카페 기사 참조

혀 마련되어 있지 않다. 그리고 상가 영업권을 인수하면서 지출한 각종 비용과 그동안 형성한 상권에 대한 보상도 전혀 인정되지 않고 있는 것이 현실이다.

3. 영업보상 확보 방안

가. 영업보상 실무 개요

사업인정고시일 등 전부터 적법한 장소(무허가건축물 등, 불법형질 변경토지, 그 밖에 다른 법령에서 물건을 쌓아놓는 행위가 금지되는 장소가 아닌 곳)에서 인적·물적시설을 갖추고 계속적으로 행하고 있는 영업과, 영업을 행함에 관계법령에 의한 허가 등을 필요로 하는 경우에는 사업인정고시일 등 전에 허가 등을 받아 그 내용대로 행하고 있는 영업에 대해서는 영업보상이 실시된다. 영업보상은 폐업보상과 휴업보상을 나뉜다. 실무적으로 폐업보상이 실시되는 경우는 극히 드문 현상이므로, 휴업보상에 대해 살펴본다.

이러한 휴업보상은 ① 휴업기간에 해당하는 영업이익, ② 휴업기간 중의 영업용 자산에 대한 감가상각비·유지관리비와 휴업기간 중에도 정상적으로 근무하여야 하는 최소인원에 대한 인건비 등 고정적 비용, ③ 영업시설·원재료·제품 및 상품의 이전에 소요되는 비용 및 그 이전에 따른 감손상당액, ④ 이전광고비 및 개업비 등 영업장소를 이전함으로 인하여 소요되는 부대비용에 대한 보상이 실시된다.

나. 휴업기간 문제

위에서 휴업기간은 3월 이내이나, 다만 ① 당해 공익사업을 위한 영업의 금지 또는 제한으로 인하여 3월 이상의 기간 동안 영업을 할 수 없는 경우, ② 영업시설의 규모가 크거나 이전에 고도의 정밀성을 요구하는 등 당해 영업의 고유한 특수성으로 인하여 3월 이내에 다른 장소로 이전하는 것이 어렵다고 객관적으로 인정되는 경우에는 실제 휴업기간으로 하되, 그 휴업기간은 2년을 초과할 수 없다(규칙 제47조 제2항). 실무상 최근 가장 많은 문제가 제기되고 있는 것이 이 휴업기간 문제이다. 통상 폐업보상이 인정되는 경우는 거의 없다. 그리고 사업시행자는 그동안 관행적으로 무조건 영업보상 시 휴업기간을 3개월로 고정하고 감정평가를 의뢰하여 협의보상단계에서는 휴업기간이 3월 이상으로 인정된 사례를 찾아보기가 어려웠고, 재결단계에서도 운전면허학원에 대해 4개월이 인정된 사례 외에는 극히 찾기가 어려웠다. 그러나 이러한 사업시행자의 조치는 위법한 것이고, 우월적인 지위를 남용한 횡포이다. 실제로 이전을 하기 위해서는 다양한 기간이 소요되리라는 것은 경험칙상으로도 인정할 수 있는 것이다. 그러함에도 사업시행자들이 그러한 조치를 취한 것은 대법원 판례가 단초를 제공했기 때문이다.

즉, 과거 대법원은 "구 공특법 시행규칙 제25조 제2항은 영업장소의 이전으로 인한 휴업기간은 특별한 경우를 제외하고는 3월 이내로 한다고 규정하고 있는바, 이는 피수용자 개개인의 구구한 현실적인 이전계획에 맞추어 휴업기간을 평가하는 경우 그 자의에 좌우되기 쉬워 평가의 공정성을 유지하기가 어려운 점에 비추어 통상 필요한 이전기간으로 누구든지 수긍할 수 있는 것으로 보이는 3월의 기준을 정하여 통상의 경우에는 이 기준에서 정한 3월의 기간 내에서 휴업기간을 정하도록 하되, 3월 이상이 소요될 것으로 누구든지 수긍할 수 있는 특별한 경우임이 입증된 경우에는 그 입증된 기간을 휴업기간으로 정할 수 있도록 하는 취지라 할 것이다(1994. 11. 8. 선고 93누

7235, 2004. 1. 29. 선고 2003두11520 등 참조)"라고 판시하였던 것이다(2005. 9. 15. 선고 2004두14649).

그러나 위 판례가 지적하고 있는 특례법 시행규칙 제25조 제2항은 "제1항의 규정에 의한 영업장소의 이전으로 인한 휴업기간은 특별한 경우를 제외하고는 3월 이내로 한다"라고 규정하여, 현행 공익사업법과는 매우 큰 차이를 보이고 있다. 현행법은 '특별한 경우'라는 표현을 버리고, '객관적으로 인정되는 경우'라는 표현을 쓰고 있다. 따라서 이제는 휴업기간은 '특별한 경우'가 아닌 객관적으로 보아야 한다.

이와 관련하여 한국토지주택공사는 위와 같이 법이 달라진 점을 인정하고, 객관적으로 휴업기간을 평가하기 위하여 스스로 감정평가업자가 아닌 당해 영업시설의 이전에 관한 전문기관에게 용역을 의뢰하여 그 결과를 기초로 휴업기간을 정하여 평가의뢰를 한 바 있다. 즉, 2007년 시흥목감지구 택지개발사업을 시행할 때 별도로 전문기관에게 용역을 주고 휴업기간에 대한 감정평가를 의뢰한 것이다. 그 결과 양어장의 경우 휴업기간이 10개월이 인정되기도 하였다(수원지방법원 2012. 5. 9. 선고 2009구합10483). 아주 바람직한 변화이다. 다만 전국적으로 확산되지는 못하고 영업보상대상자들의 대응강도에 따라 처리결과가 달라지고 있는 것이 안타깝다.

다. 영업보상금 증액을 위한 방안

사업시행자는 현재도 대부분 영업보상 시 휴업기간을 3개월로 정하여 감정평가를 의뢰한다. 법원 재판에서 이 휴업기간을 어떻게 연장하는지가 최고의 숙제인 것이다. 따라서 재판 당시 대형시멘트 공장 이전과 관련하여 휴업기간 즉 이전기간을 산정하는 업무는 전문가가 감정을 하여야 한다는 점을 내세우면서, 감정인으로 전문기술사를 선정하여 달라고 신청할 필요성이 있고, 아니면 최소한 보조인을 선정하여 달라고 신청할 필요성이 크다.[15)]

이와 관련하여 대법원은 "법원이 보상금의 증감에 관한 소송에서 보상금 산정에 관해 감정을 명할 경우 그 감정인으로 반드시 감정평가사나 감정평가법인을 지정하여야 하는 것은 아니다(1991. 10. 11. 선고 90누10087 판결, 2002. 6. 14. 선고 2000두3450 판결 등)"라고 판시하고 있다. 또한 공익사업법 제70조, 동법 시행규칙 제16조 제3항에 의하면, "감정평가업자는 평가를 의뢰받은 때에는 대상물건 및 그 주변의 상황을 현지조사하고 평가를 하여야 하고, 이 경우 고도의 기술을 필요로 하는 등의 사유로 인하여 자기가 직접 평가할 수 없는 대상물건에 대하여는 사업시행자의 승낙을 얻어 전문기관의 자문 또는 용역을 거쳐 평가할 수 있다"라고 규정하고 있다. 따라서 최종 평가는 부동산가격공시법에 따른 감정평가사가 하되, 전문보조인으로 하여금 용역조사를 하게 한 후 그 결과를 토대로 감정을 실시하게 하는 것도 좋은 방법이다. 기타 공장 영업 보상문제에서는 더 많은 문제점들이 있는데, 휴업기간 외에도 이전 감손액 문제, 자료 확정 문제 등 제대로 대응을 하여야 정당보상금을 받을 수 있을 것이다.

15) 실제 사건에서 이와 같이 한 결과 휴업기간이 1심에서는 21개월로 인정되어 보상금이 110억 원에서 210억 원으로 증액되었다. 그러나 2심에서는 휴업기간이 12개월로 인정되어 110억 원이었던 보상금이 160억 원으로 증액되었고, 이에 대해서 사업시행자도 수긍을 하고 상고를 포기하여 2심에서 확정되었다. 무려 50억 원이나 증액된 것이다(서울고등법원 2013. 11. 14. 선고 2011누31781).

II. 주거이전비 지급기준 시점 확정 문제

1. 지급기준 시점이 문제되는 이유

공익사업법 시행규칙 제54조 2항은 주거이전비 지급기준일에 관해 '사업인정고시일 등 당시 또는 공익사업을 위한 관계법령에 의한 고시 등이 있은 당시'라고만 규정하고 있다. 따라서 상가 세입자에 대한 보상의 기준 시점을 '사업시행인가 고시일'로 볼 것인지 아니면 정비구역 지정과 관련한 '공람공고일'로 볼 것인지가 문제되고 있다. 이에 대한 서울행정법원 하급심 판결도 서로 견해가 나뉜 바 있다.[16) 결론적으로 기준시점은 '사업시행인가 고시일'로 보는 것이 타당하며

---

16) 이와 관련하여 서울행정법원 행정2부는 2008년 10월에 주거이전비 지급기준일을 사업시행인가고시일로 보는 판결(2008구합24699)을 내린 바 있다. 이 입장에 따르면 공람공고일과 사업인정고시일 사이에 이주해 3개월 거주요건을 채운 세입자도 주거이전비 지급대상에 포함된다. 그 후에도 서울행정법원은 2009. 7. 2. 이 모 씨가 "주거이전비 지급기준일은 사업시행인가고시일"이라며 주택재개발정비사업조합을 상대로 낸 주거이전비 등 청구소송(2009구합10918)에서 "조합은 주거이전비 등 700여만 원을 지급하라"며 원고승소 판결을 내린 바 있는데, 재판부는 판결문에서 "공익사업법시행규칙에서 명시적으로 규정하고 있는 '사업인정고시일'을 배제하고 공익사업을 위한 관계법령에 의한 여러 고시·공고일 중 비교적 초기단계에서 이뤄지는 '정비구역지정을 위한 공람공고일'만이 기준일에 해당한다고 해석하는 것은 문언의 의미한계를 벗어난 지나친 축소해석"이라고 밝혔다. 재판부는 이어 "주택재개발사업의 경우 주거이전비 지급기준일을 정비구역공람공고일로 한정하려면 도시정비법령에 별도로 명문의 규정을 둬야 한다"며 "공람공고일로 제한하는 해석은 주택세입자들에 대한 사회보장을 도모하고 조기이주를 장려해 사업추진을 원활하게 하려는 당초의 입법취지가 퇴색될 여지가 있다"라고 덧붙였다. 그런데 비슷한 시기인 2009년 3월에 서울행정법원 행정3부가 '정비구역지정을 위한 공람공고일'을 기준으로 보는 판결(2008구합48343 사건 및 2009구합11010 사건)을 연이어 내놓으며 논란이 시작됐다. 이 입장에 따르면 공람공고일과 사업인정고시일 사이에 이주해 3개월 거주요건을 채운 세입자는 주거이전비 지급대상에서 배제되어 원고패소 판결이 선고되었다.

최근 선고된 대법원 판결(2012. 9. 27. 선고 2010두13890 사건)도 그와 동일한 취지의 선고를 한 바 있다. 공익사업법 제2조 제5호는 사업시행자가 보상해야 하는 '관계인'을 사업인정고시일 이전부터 점유하고 있던 사람으로 규정하고 있다.

또한 정비사업의 구체적인 계획 등이 드러나는 것은 사업시행인가 고시를 즈음하여 비로소 가능하므로 사업시행인가 고시일을 기준으로 영업을 영위하고 있는 세입자들에 대해서는 정당한 손실보상이 제공되어야 할 것이다. 그에 반해 공람공고일을 주장하는 견해는, "정비사업구역지정과 정비계획(안)에 관한 공람공고가 있은 후 구역지정과 정비계획이 확정・고시된 경우라면 공람공고에 의해 주택재개발 정비사업이 시행된다는 것이 공지의 사실로서 객관화되고 일반인들이 모두 알 수 있는 상태에 이르게 되었고, 공람공고 후에 이주해 오는 세입자를 주거이전비 지급대상자로 인정하는 것은 도시정비법과 공익사업법이 보호하고자 예정하는 범위를 넘는 것이라며 사업시행인가고시일을 기준일로 할 경우 재개발사업예정지역에 이주・전입해 오는 악의의 세입자를 막을 방법이 없게 된다"라고 지적한다.[17]

2. 지급기준 시점에 관한 판례의 태도

도시정비법상 주택재개발사업에서 주택의 세입자에 대한 주거이전비 지급기준일과 관련하여 도시정비법 제40조 제1항, 제2항, 공익사업법 제78조 제5항, 제9항, 공익사업법 시행규칙 제54조 제2항 등 관계규정에 의하면, 사업시행자는 주택재개발사업의 시행으로 인하여

17) 서울행정법원 2009. 6. 26. 선고 2009구합11010 판결.

이주하게 되는 주택의 세입자로서 사업인정고시일 등 당시 또는 공익사업을 위한 관계법령에 의한 고시 등이 있은 당시 당해 정비사업구역 안에서 3월 이상 거주한 자에 대하여 주거이전비를 보상하여야 한다고 규정하고 있다. 공익사업의 시행에 따라 이주하는 주거용 건축물의 세입자에게 지급하는 주거이전비는, 당해 공익사업시행지구 안에 거주하는 세입자들의 조기이주를 장려하여 사업추진을 원활하게 하려는 정책적인 목적과 주거이전으로 인하여 특별한 어려움을 겪게 될 세입자들을 대상으로 하는 사회보장적인 차원에서 지급하는 금원의 성격을 가지므로, 공익사업법 시행규칙 제54조 제2항에 규정된 '공익사업의 시행으로 인하여 이주하게 되는 주거용 건축물의 세입자로서 사업인정고시일 등 당시 또는 공익사업을 위한 관계 법령에 의한 고시 등이 있은 당시 당해 공익사업시행지구 안에서 3월 이상 거주한 자'에 해당하는 세입자는 이후의 사업시행자의 주거이전비 산정통보일 또는 수용개시일까지 계속 거주할 것을 요함이 없이 사업인정고시일 등에 바로 공익사업법 시행규칙 제54조 제2항의 주거이전비 청구권을 취득한다고 볼 것이다(대법원 2006. 4. 27. 선고 2006두2435 판결 등).

나아가 이와 관련하여 최근 대법원 2012. 9. 27. 선고 2010두13890 판결과 서울고등법원 2008누34711 판결 등도 공익사업으로 이주하게 된 주거 세입자들의 주거이전비 지급기준일을 도시정비법상 사업인정고시일에 해당하는 사업시행계획인가일로 산정하는 판결을 내리고 있다.[18] 주거 세입자들에 대한 주거이전비 지급은 공익사

18) '사업시행인가 고시일'을 기준으로 해야 한다는 취지로서 '정비구역 지정고시일' 이후 이주해 온 세입자도 사업시행인가 고시일을 기준으로 3개월 거주요건을 갖추기만 하면 주거이전비를 청구할 수 있게 된 것이다. 공익사업법 시행규칙 제

업법 시행규칙 제54조 제2항에 규정되어 있는데, 위 규정의 해석상 논란에도 불구하고, 각 법원에서 위와 같이 세입자들의 복리를 두텁게 도모하는 취지의 판결을 내리고 있는바, 상가 세입자들에 대한 보상 기준은 공익사업법 관련 규정에 비추어 명백히 사업시행인가 고시일을 기준으로 하여야 할 것이다.

3. 소결

판례는, 공익사업법 시행규칙 제54조 제2항에서 주거이전비의 지급기준일에 관하여 '사업인정고시일 등 당시 또는 공익사업을 위한 관계법령에 의한 고시 등이 있은 당시'라고 규정하고 있으므로, 특별한 사정이 없는 한 '사업인정고시일 등 당시' 또는 '공익사업을 위한 관계법령에 의한 고시 등이 있는 당시'를 모두 포함하는 것으로 해석함이 법문에 충실한 해석이다. 이와 달리 위 조항에서 명시적으로 규정하고 있는 '사업인정고시일'을 배제하고 '공익사업을 위한 관계법령에 의한 여러 고시 중 초기 단계에서 이루어지는 정비구역 지정을 위한 공람공고일'만이 위 조항 소정의 기준일에 해당한다고 한정하여 해석하는 것은 그 문언의 의미한계를 벗어난 지나친 축소해석이라고 판단된다.

주택세입자의 주거이전비의 지급기준일을 정비구역의 지정을 위한 공람・공고일이라고 제한하여 해석하면, 세입자들에 대한 사회보장을 도모하고 조기이주를 장려하여 사업추진을 원활하게 하려는 당초의 입법취지가 퇴색될 여지가 있고, 나아가 사업인정고시일 전부터 영업

54조 2항은 주거이전비 지급기준일에 관해 '사업인정고시일 등 당시 또는 공익사업을 위한 관계법령에 의한 고시 등이 있은 당시'라고 규정하고 있다.

을 한 상가세입자에 대하여는 영업보상을 해준다거나(공익사업법 시행규칙 제45조), 공익사업시행지구에 편입되는 주택소유자에 대하여도 거주기간의 제한 없이 주거이전비를 지급하는 점(공익사업법 시행규칙 제54조 제1항)과 비교해 보더라도 주택세입자에 대하여만 더욱 엄격한 기준을 적용하는 결과가 되고, 특히 기준일로부터 1년 이상 거주할 것을 요하는 무허가건축물의 세입자(공익사업법 제54조 제2항 단서)에 대하여는 주택재개발사업의 시행 여부가 불투명한 시점까지 기준일이 소급되는 것이 아닌가 하는 의문이 남는다.

또한 정비구역지정을 위한 공람공고 이후에도 정비구역지정고시 단계에서 정비구역이 일부 확대되거나 축소될 가능성도 있고, 해당 정비구역의 토지등소유자의 4분의 3 이상의 동의를 얻어 조합설립인가를 받아야 하는 등 주택재개발사업의 시행 여부가 확정되는 사업시행인가를 얻기까지 상당한 시간이 소요될 여지가 있는 만큼, 정비구역지정을 위한 공람공고만으로 정비구역이 확정되었다거나 주택재개발사업이 사실상 확정되었다고 단정하기 어려운 측면도 있다. 주거이전비의 법적 성격에 대하여 판시한 2006두2435 판결에서도 공람공고일에 준하는 실시계획의 공고열람일에 대한 언급 없이 단순히 사업인정고시일에 해당하는 실시계획인가고시일 당시를 기준으로 3월 이상 거주하고 있던 세입자에 대하여 주거이전비의 지급을 명한 원심의 조치를 정당하다고 설시하고 있다. 위에서 본 바와 같은 주거이전비의 법적 성격과 입법취지, 해당 조항 문언의 의미, 상가세입자 등과의 균형 등을 종합하여 보면, 주택재개발사업의 경우 사업시행인가고시일 당시 당해 정비구역 안에서 3월 이상 거주한 주택세입자는 주거이전비 지급청구권을 취득한다고 해석함이 상당하다.[19)]

19) 한편, 지급되는 주거이전비의 액수는 사업시행인가일이 만약 2015년 7월 30일

Ⅲ. 현금청산자에 대한 주거이전비 등의 지급 문제

1. 쟁점

한편, 주택재개발사업의 현금청산 대상자로서 현금청산에 관한 협의가 성립되어 사업시행자에게 주거용 건축물의 소유권을 이전하는 자에 대하여도 구 공익사업법에 따른 이주정착금, 주거이전비 및 이사비를 지급해야 하는지 여부가 문제될 수 있다. 즉, 소위 신도시 사업 등으로 주택을 가진 자가 그 공익사업시행으로 인하여 집이 수용되어 이사를 가게 되면 일정한 요건을 충족할 시 이주정착금, 주거이전비, 이사비를 지급받는다. 과연 이러한 이주정착금, 주거이전비, 이사비를 주택재개발사업 등 도시주거환경정비사업에 의하여 현금청산을 받는 자도 지급받을 수 있는지가 문제된다. 결론적으로 재개발사업이나 기타 도시주거환경정비사업의 현금청산 대상자도 당해 조건을 충족할 경우 신도시 사업과 같이 이주정착금, 주거이전비, 이사비를 모두 받을 수 있다. 한편 주택재건축사업은 아래와 같은 규정이 없으므로 이주정착금 등을 받지 못한다.

2. 관련 규정

도시정비법 제38조는 “사업시행자는 정비구역 안에서 정비사업을 시행하기 위하여 필요한 경우에는 공익사업법 제3조의 규정에 의한 토지·물건 또는 그 밖의 권리를 수용 또는 사용할 수 있다”라고 규

이라고 한다면 그 날짜에 해당하는 2015년 3/4분기 근로자가구의 월평균 가계지출비 × 4월이 될 것이다.

정하고, 제40조 제1항 본문은 "정비구역 안에서 정비사업의 시행을 위한 토지 또는 건축물의 소유권과 그 밖의 권리에 대한 수용 또는 사용에 관하여는 이 법에 특별한 규정이 있는 경우를 제외하고는 공익사업법을 준용한다"라고 규정하며, 제47조 제1항은 "사업시행자는 분양신청을 하지 아니한 자, 분양신청기간 종료 이전에 분양신청을 철회한 자 또는 제48조에 따라 인가된 관리처분계획에 따라 분양대상에서 제외된 자에 대해서는 관리처분계획인가를 받은 날의 다음 날로부터 90일 이내에 대통령령으로 정하는 절차에 따라 토지·건축물 또는 그 밖의 권리에 대하여 현금으로 청산하여야 한다"라고 규정하고 있다.

한편, 공익사업법 제78조 제1항은 "사업시행자는 공익사업의 시행으로 인하여 주거용 건축물을 제공함에 따라 생활의 근거를 상실하게 되는 자를 위하여 대통령령으로 정하는 바에 따라 이주대책을 수립·실시하거나 이주정착금을 지급하여야 한다"라고 규정하고, 공익사업법 시행규칙 제53조 제2항에 따르면 이주정착금은 보상대상인 주거용 건축물에 대한 평가액의 30퍼센트에 해당하는 금액으로 하되, 그 금액이 6백만 원 미만인 경우에는 6백만 원으로 하고, 1천 2백만 원을 초과하는 경우에는 1천 2백만 원으로 한다. 제54조 제1항 본문은 "공익사업시행지구에 편입되는 주거용 건축물의 소유자에 대하여는 당해 건축물에 대한 보상을 하는 때에 가구원 수[20]에 따라 2월분

20) 생활의 근거지는 그 이전이 용이하지 않고 생활의 근거지를 상실하게 되는 거주자가 종전의 생활 상태를 원상으로 회복하기 위해서는 상당한 비용이 필요하므로 생활보장의 측면에서 이를 보상해 주어야 할 필요성 등에 터 잡아 이주대책이 마련된 본래의 취지가 있는 점에 비추어 볼 때, 공익사업법 시행규칙 제54조 제1항에 따른 주거이전비 산정의 기준이 되는 가구원에 해당하는지 여부는 단순히 공부상 기재만을 절대적이고 유일한 기준으로 판단할 것이 아니고 실제로 해당 건축물에 거주하였는지 여부를 보아 판단해야 할 것이다. 예컨대, 조합설립인

의 주거이전비를 보상하여야 한다"라고, 제55조 제2항은 "공익사업시행지구에 편입되는 주거용 건축물의 거주자가 해당 공익사업시행지구 밖으로 이사를 하는 경우에는 별표 4의 기준에 의하여 산정한 이사비(가재도구 등 동산의 운반에 필요한 비용을 말한다)를 보상하여야 한다"라고 정하여 공익사업시행지구에 편입되는 주거용 건축물의 소유자에 대하여 이주정착금, 주거이전비 및 이사비를 보상하도록 규정하고 있다.21)

3. 관련 판례

그런데 도시정비법 제47조, 같은 법 시행령 제48조와 같은 법 제38조, 제40조 제1항 등에 의하면, 주택재개발사업의 사업시행자는 토지등소유자 중 분양신청을 하지 않거나 분양신청을 철회하는 등으로 현금청산 대상자가 된 자에 대하여 그 해당하게 된 날부터 150일 이내에 토지·건축물 또는 그 밖의 권리에 관하여 현금으로 청산하

가 후 개인적인 특별한 사정으로 매우 단기간인 약 1개월 정도만 잠시 주소만을 이전하였을 뿐 계속하여 구역 내에 거주하였던 것으로 볼 수 있고 차임을 그 기간에도 지급하였다는 것을 입증하는 경우에는 주거이전비 보상대상자에 해당된다고 봄이 타당하다.

21) 한편 동규칙 제3항에서 제1항 및 제2항에 따른 주거이전비는 「통계법」 제3조 제3호에 따른 통계작성기관이 조사·발표하는 가계조사통계의 도시근로자가구의 가구원 수별 월평균 명목 가계지출비(이하 이 항에서 '월평균 가계지출비'라 한다)를 기준으로 산정한다. 이 경우 가구원 수가 5인인 경우에는 5인 이상 기준의 월평균 가계지출비를 적용하며, 가구원 수가 6인 이상인 경우에는 5인 이상 기준의 월평균 가계지출비에 5인을 초과하는 가구원 수에 다음의 산식에 의하여 산정한 1인당 평균비용을 곱한 금액을 더한 금액으로 산정한다〔개정 2012. 1. 2.〕고 규정하면서, 그 기준으로 「1인당 평균비용 = (5인 이상 기준의 도시근로자가구 월평균 가계지출비 − 2인 기준의 도시근로자가구 월평균 가계지출비) ÷ 3」으로 규정하고 있다.

되, 청산금액은 현금청산 대상자와 사이에 협의하여 산정하여야 하고, 협의가 성립되지 않을 때에는 공익사업법에 의한 수용절차로 이행할 것을 예정하고 있다. 이러한 규정들을 종합하여 보면, 도시정비법상 주택재개발사업의 현금청산 대상자로서 현금청산에 관한 협의가 성립되어 사업시행자에게 주거용 건축물의 소유권을 이전한 자이거나 현금청산에 관한 협의가 성립되지 않아 공익사업법에 의해 주거용 건축물이 수용된 자에 대해서는 공익사업법을 준용하여 이주정착비, 주거이전비 및 이사비를 지급하여야 한다고 봄이 상당하다(대법원 2013. 1. 24. 선고 2011두1429, 1436(병합) 판결 참조).

4. 대상자

가. 이주정착금 = ① + ②

원칙적으로 주거용 건축물의 소유자가 지원대상자이다. 다만, 당해 건축물에 공익사업을 위한 관계법령에 의한 고시 등이 있은 날부터 계약체결일 또는 수용재결일까지 계속하여 거주한 자여야 한다. 또한 공부상 근린생활시설, 무허가·미등기(단, 1984년 1월 24일 후 건축물에 한정)는 배제된다.

나. 주거이전비

주거용 건축물의 소유자인 현금청산 대상자이다(현금청산에 관한 협의 성립여부 불문하고 지원 대상자임, 대법원 2013. 1. 10. 선고 2011두19031 판결). 다만, 무허가 건물 소유자는 대상이 아니며, 당해 건축물에 대한 보상을 하기 전에 소유권을 상실한 자도 대상이 아니다. 한편 소유자에 대해서는 전입시점에 대해서는 제한이 없다. 즉, 소유자는 당해 건축물에 대한 보상시점에 실제로 거주하고 있으면 지원대상이 되는 것이다(대법원 2013. 1. 16. 선고 2011두19185).

다. 이사비

종례에는 주거이전비 지급대상자이면 모두 이사비를 지급하여 왔으나, 개정법은 주거이전비와는 달리 기준일이 없고, 단지 공익사업 시행지구에 편입되는 주거용 건축물의 거주자로만 규정하고 있는 실정이어서 폭넓은 지원이 가능하도록 하였다. 또한 소유자와 세입자에 대한 특별한 차별 조항도 없다. 이와 관련하여 대법원은, 이사비의 경우는 기준일 없이 단지 정비구역 안의 주거용 건축물에 전입하여 거주하다가 사업시행인가고시일 이후에 이사를 하게 되면 지급대상자라고 보았다(대법원 2012. 8. 30. 선고 2011두22792 판결).

5. 지원 금액

가. 이주정착금

이주정착금의 경우 보상 대상인 주거용 건축물에 대한 평가액의 30퍼센트에 해당하는 금액으로 하되, 그 금액이 6백만 원 미만인 경우에는 6백만 원으로 하고, 1천 2백만 원을 초과하는 경우에는 1천 2백만 원으로 한다(공익사업법 시행규칙 제53조 제2항). 즉, 실제 거주한 면적을 기준으로 산정하는 것은 아니다(서울행정법원 2014. 11. 13. 선고 2014구합1086).

나. 주거이전비

주거이전비는 원칙적으로 도시가계조사통계의 근로자 가구의 가구원 수별 월평균 가계지출비×2월분을 지급한다. 참고로, 2015년 2분기 기준으로 한 지급금액은 〈표 6-2〉와 같다.

〈표 6-2〉 가구원별 주거이전비 지급 금액

가구원 수	1인	2인	3인	4인	5인
금액(원)	3,223,074	5,623,294	6,962,744	8,082,158	8,266,408

다. 이사비

이사비의 경우 가재도구 등 동산의 운반에 필요한 실비로 하되 주거용 건물 점유면적 기준에 의하여 지급한다. 자가 주택거주자와 세입자 이사비는 동일하다. 주택건평별 이사비는 〈표 6-3〉과 같다(2013년 7월 기준).

〈표 6-3〉 주택 평형별 이사비 지급 금액

주택건평	33㎡ (10평) 미만	33㎡(10평)~ 49.5㎡(15평) 미만	49.5㎡(15편)~ 66㎡(20평) 미만	66㎡(20평)~ 99㎡(30평) 미만	99㎡ (30평) 이상
금액 (천 원)	350,412	547,593	684,492	821,390	1,095,186

이사 인부 노임은 국가통계포탈자료에 따르도록 하고 있으며(공사부분 보통인부 노임: 84,166원(공표일자: 2014. 1. 1.)), 이사용 차량운임은 통계청 자료가 별도로 없으므로, 통상 합의나 소송과정에서 다툼 없는 사실로 정리한다. 보통 2014년 현재 5톤차 1일 8시간을 사용 기준으로 산정하며, 통상 대당 20만 원으로 계산한다.

6. 합의로 주거이전비 등 포기가 가능한지 여부

이주정착금, 주거이전비, 이사비 지급조항은 강행규정으로 보는 것이 대법원 판례이므로(대법원 2011. 7. 14. 선고 2011두3685), 비록 이사 이전에 조합 등과 합의로 주거이전비 등에 대한 포기각서를 제출하였다고 하더라도 이는 무효로 보아 재청구가 가능하다고 본다.

7. 소결

도시정비법 제47조, 동법 시행령 제48조와 동법 제38조, 제40조 제1항 등에 의하면, 주택재개발사업의 사업시행자는 토지등소유자 중 분양신청을 하지 아니하거나 분양신청을 철회하는 등으로 현금청산 대상자가 된 사람에 대하여 그에 해당하게 된 날부터 150일 이내에 토지·건축물 또는 그 밖의 권리에 관하여 현금으로 청산하되, 청산금액은 현금청산 대상자와 사이에 협의하여 산정하여야 하고, 협의가 성립되지 아니할 때에는 공익사업법에 의한 수용절차로 이행할 것을 예정하고 있다(대법원 2008. 3. 13. 선고 2006두2954 판결 등). 따라서 위 각 규정을 종합하면, 도시정비법상 주택재개발사업에서 주거용 건축물의 소유자인 현금청산 대상자로서 현금청산에 관한 협의가 성립되어 사업시행자에게 주거용 건축물의 소유권을 이전하거나, 또는 현금청산에 관한 협의가 성립되지 아니하여 공익사업법에 의하여 주거용 건축물이 수용된 경우에는 각각 위 법규정을 준용하여 주거이전비와 이사비를 지급함이 상당하다고 할 것이다. 무엇보다 최근 선고된 대법원 판례 역시 같은 취지로 판시한 바 있다.[22)]

22) 대법원 2013. 1. 16. 선고 2011두19185 판결 및 같은 날 선고 2012두34 판결

Ⅳ. 종교시설 이전을 둘러싼 문제

1. 쟁점

종교시설이란 일반 공중의 종교의식을 목적으로 예배, 설교, 법요 등을 하기 위한 교회, 성당, 사찰, 향교 등의 건축물 및 부지와 그에 접속된 부속시설물 및 부지를 말한다. 이러한 종교시설이 정비구역 내에 있을 경우 사업시행자와 협의가 늦어지거나 이루어지지 않아 일반 재개발・재건축 사업의 경우보다 더 많은 사회적 갈등이 초래되곤 한다. 이러한 갈등을 줄이는 방안에 대해 살펴보고자 한다.

2. 서울시 뉴타운사업 지구 내 종교시설 처리 지침[23)]

종교시설은 우선적으로 해당 정비구역 내에 '존치'가 되도록 검토함이 상당하고, 만약 이전이 불가피한 경우 존치에 준하는 이전계획을 수립하여야 한다. 이전계획 수립 시에는 관련 종교단체와 반드시 협의를 하여 기존 부지와 이전예정부지는 '대토'를 원칙으로 한다. 한편, 현재 종교시설의 실제 건물 연면적에 상응하는 건축비용을 조합이 부담하며, 이때 성물(聖物) 등 가치가 큰 종교물품에 대한 재제작설치비 역시 고려되어야 한다. 한편, 사업기간 동안 종교활동에 지장이 없도록 임시장소의 마련 및 임시장소로의 이전비용 역시 조합이 부담함이 상당하다.

등 참조

23) 문서번호: 뉴타운사업 2담당관-8497 / 2009. 9. 27.

3. 유의점

먼저, 도시정비계획 수립과정에서 미리 종교시설에 대한 재건축을 사업계획에 반영하는 것이 바람직하다. 이와 관련하여 특히 종교시설의 정비구역 내 존치나 구역 내 대체부지를 마련해 주는 조합의 경우 행정청에 녹지 비율 일부 축소 등 인센티브를 건의함이 상당한데 이러한 점을 감안하여 인허가 시 반영하는 행정청도 나타나고 있다. 또한 사업시행인가 전에 행정청에 민원을 제기하여 행정청의 중재로 조합과 종교단체 간 합의를 이끌어내는 것이 가장 바람직하다. 한편, 합의계약서는 조합 이사회와 대의원 회의를 거쳐 조합원 총회 결의까지 받아야 유효한 효력이 발생한다. 구체적인 합의안으로는 대토가 가장 합리적이다. 즉, 대토의 경우 기존부지와 대체부지의 가격을 따로 결정하지 않아도 되므로 분쟁이 조기에 종식될 수 있는 것이다. 또한 사업시행자가 조합이지만 결국 조합원들의 혈세에서 이전비용 등을 부담하는 실정이므로 이러한 합의안 체결에는 전문변호사로부터 컨설팅을 받는 것이 좋다.

4. 합리적 처리방안

가. 현 위치에 그대로 존치하는 방안

종교시설이 정비기반시설 설치에 지장이 없거나, 소유자가 원하는 경우 존치가 가장 타당한 방안임은 언급한 바와 같다. 다만, 종교시설의 부지가 정형화되어 있지 않을 경우 가급적 정형화하고, 건축법에 따라 도로에 인접한 곳에 건축이 가능하도록 토지이용계획을 수립함이 상당하다. 한편, 기반시설 비율(도로, 공원, 주차장 등)만큼 감보율을 적용하여 권리면적을 정형화하고, 부지면적 증감에 따른 비용의 정산은 조합과 종교단체 쌍방이 협의로 결정한다. 통상 10~20%를 적용하여 결정함이 상당하다고 본다.[24] 또한 사업시행자는 철거 및 공사 기간 동안 종교활동에 지장이 없도록 진입도로와 안전시설을 우선 확보하도록 조치하여야 한다.

나. 정비구역 내에서 다른 위치로 이전하는 경우

건축계획에 지장이 없도록 종교시설 부지를 토지이용계획에 반영하고, 만약 정비구역 내 여러 개의 종교시설이 있는 경우에는 이를 적절히 분산 배치하며, 종교시설 소유자끼리 합의가 안 될 경우 그에 대한 별도의 대응책을 마련할 필요도 있는데, 기반시설 비율(도로, 공원, 주차장 등)만큼 감보율을 적용한 권리면적으로 정형화하고 부지면적 증감에 따른 비용의 정산은 쌍방 협의하여 결정한다. 기존건축물 보상의 경우 일반 조합원에 대한 것과 같은 감정가로 결정하는 것이 타당하고, 이전비 등과 관련하여서는 이전에 따른 임대료, 인테리어 비용, 기타 비용과 신축에 따른 설계 감리비 등에 대해 협의하여 결정토록 한다. 신축 건축물인 경우에는 신축공사비, 임대료 등에 대해 협의하여 결정하면 될 것이다.

다. 정비구역 밖으로 이전하는 경우

기존 건축물 보상의 경우 마찬가지로 감정가로 결정하는 것이 타당하고, 이전비 등은 이전에 따른 임대료, 인테리어비용, 기타 비용과

---

24) 단, 이에 대해서는 종교시설이 전혀 움직이지 않았고, 기반시설을 이용하는 것이 제한적이므로, 감보율을 적용하는 것은 타당하지 않다는 견해도 있다.

신축에 따른 설계 감리비 등에 대해 협의하여 결정한다. 한편 부지매입비 및 신축건축물 공사비용 등의 경우 부지매입비, 신축공사비, 임대료 등에 대해 협의하여 결정한다. 다만, 신축비용은 기존건축물의 연면적, 구조 및 마감재 등과 동등하거나 그 이상의 건축물로 신축할 수 있도록 사업시행자가 지원함이 상당하다.

라. 공동주택단지 내 복리시설 등으로 이전하는 경우

종교시설 건축물은 상가 및 부대복리시설 동과 별개의 동으로 구분하여 건축 및 진·출입 동선을 계획한다. 다만, 소유자가 상가 내에 배치를 원하는 경우 협의하여 결정함이 상당하다. 한편 종교시설 연면적은 원칙적으로 기존 시설면적 이상으로 하고, 부지면적은 전체 단지 면적에서 연면적 비율만큼 지분으로 소유하며, 기존 부지면적이 지분 소유 면적보다 클 경우 감정평가 금액으로 정산하도록 한다. 이전비 등 이전에 따른 임대료, 인테리어비용, 기타 비용과 신축에 따른 설계·감리비 등에 대해서도 상호 협의하여 결정한다.

마. 현금청산 경우

도시정비법에 의하면 분양신청을 하지 않으면 현금청산대상이 되는데 이때는 공익사업법에 따라 보상한다. 이 경우 사업 당시의 사정에 따라 장단점이 나뉘므로 매우 신중히 결정하여야 하는데 상호간의 원만한 합의가 최선의 방안이다. 왜냐하면 사업시행자는 종교시설물에 대한 명도가 쉽지 않고, 종교시설 소유자는 공익사업법에 따른 보상대상자여서 완전한 보상을 받기란 쉽지 않기 때문이다.

5. 소결

종교시설이나 단체와 해당 사업시행자는 구체적인 정비계획 수립 단계부터 원만한 이전문제 해결을 위해 지속적으로 협의해 나가야 한다. 특히 사업시행자는 미리 합의가 되지 않을 경우 종교단체의 민원 제기에 따른 명도지연 문제가 발생하거나, 사업시행인가나 관리처분 인가가 지연될 소지가 있으며, 종교시설 소유자는 분양신청 여부를 신중히 결정하여야 하는 어려움이 있는 점을 쌍방이 잘 이해하고, 양보의 미덕을 발휘하는 것이 타당하다. 나아가 합의서 체결은 조합원 총회를 통과하여야 하므로, 이에 대비하여 조합원 설득 노력도 게을리 하여서는 아니 될 것이다.

Ⅴ. 감정평가의 공정성 확보 문제

1. 쟁점

보상과 관련하여 또 한 가지 문제점은 보상을 위한 자산평가에서 공정성이 제대로 보장되지 않는다는 점이고, 보상에 합의하지 않는 경우 일부 명도를 위한 위법행위가 자행되고 있다는 점이다. 도시정비법에서는 조합에서 선정한 2개 업체가 감정평가를 실시하도록 규정하고 있으나, 감정평가기관의 선정과 비용지급을 조합이 하기 때문에 개별조합원이나 조합원이 아닌 상가 등 세입자들에게 불리하게 평가가 이루어지는 경우가 자주 발생하게 된다. 특히 재개발조합과 감정평가업체를 선정하는 과정에 여러 가지 비위도 발생하곤 한다. 나아가 가옥주나 상가세입자가 보상에 합의하지 않는 경우 폭행, 절도,

수도파손, 전기차단, 영업장에서 고성방가, 손님과의 시비 등으로 영업을 방해하는 행위도 종종 나타나고 있다.

또한 보상액의 결정과정에서 투명성과 객관성을 확보하기가 어렵다는 문제는 줄곧 제기되고 있다. 즉 경우에 따라 동일한 사안임에도 세입자나 임차상인들의 저항이 강할수록 보상액이 달라지는 문제가 발생하는 것이다. 현재는 주민들이나 상인들의 생활권을 기준으로 보상액을 평가하는 것이 아니라 기존 자산이나 영업권에 대한 평가에 기초하고 있기 때문에, 실제 보상액으로는 주민들이 기존의 생활권을 지속하는 것이 불가능한 경우가 많다. 이에 따라 재개발, 재건축 등 정비사업 추진 과정에서 상실된 생활권을 보상받기 위한 갈등과 투쟁이 나타나게 되는 것이다. 또한 이들의 항의와 투쟁의 강도가 강해짐에 따라 보상금액이 차별화되는 것이 관행화되어 세입자와 임차상인들은 보상투쟁의 강도를 점점 강하게 표현하게 되는 악순환이 발생하게 된다.

2. 현재의 감정평가 실무 현황

영업보상에 대해서는 공익사업법 시행규칙 제47조[25)]에서 규정하

---

25) 제47조(영업의 휴업 등에 대한 손실의 평가)

① 공익사업의 시행으로 인하여 영업장소를 이전하여야 하는 경우의 영업손실은 휴업기간에 해당하는 영업이익과 영업장소 이전 후 발생하는 영업이익감소액에 다음 각 호의 비용을 합한 금액으로 평가한다. 〔개정 2014. 10. 22.〕

1. 휴업기간 중의 영업용 자산에 대한 감가상각비·유지관리비와 휴업기간 중에도 정상적으로 근무하여야 하는 최소인원에 대한 인건비 등 고정적 비용
2. 영업시설·원재료·제품 및 상품의 이전에 소요되는 비용 및 그 이전에 따른 감손상당액
3. 이전광고비 및 개업비 등 영업장소를 이전함으로 인하여 소요되는 부대비용

② 제1항의 규정에 의한 휴업기간은 4개월 이내로 한다. 다만, 다음 각 호의 어

고 있다. 이 규정에 따르면 4개월의 휴업기간 동안의 영업이익에 휴업기간 중 영업용 자산의 감가상각비, 유지관리비 및 인건비와 영업시설 · 원재료 · 제품 · 상품의 이전비용, 이전 감손액, 이전광고비 및 개업비 등 영업장소 이전에 따른 부대비용을 가산하도록 규정하고 있다. 영업보상의 경우 앞서 설명한 바와 같이 법적 근거에 따라 보상하게 된다. 시설비에 대한 부분은 이전 부대비용에 포함하여 동일한 수준의 시설을 위한 시설비를 가산하여 보상하고 있다. 그러나 최근 문제가 되고 있는 상가권리금에 대한 부분은 보상할 수 있는 법적근거가 여전히 없다. 따라서 법적 근거가 없는 상가권리금의 보상문제로 사업시행자인 조합과 상가세입자 간에 갈등이 증폭되고 있는 것이 현실인 것이다. 여기에 도시정비법의 감정평가업자 선정기준에서 사업시행에 미동의자가 대부분인 세입자의 경우 공익사업법의 규정을 준용하여 사업시행자인 조합이 2인을 선정하고, 소유자가 1인을 추천하도록 되어 있어 이해가 상반된 조합과 세입자 간의 갈등 유발요인이 되고 있는 것도 현실이다.

정부와 국회는 용산사태에 대한 후속조치로서, 상가세입자의 경우에는 현행 3개월의 휴업보상금을 4개월로 상향조정하고 조합원에게 분양하고 남은 상가분양권을 우선 부여하였다. 또한 건물주의 책임을 강화하여 조합이 전액 부담하던 세입자 보상금을 건물주도 일부 부담하도록 하는 방안이 추진되었으나 현실화되지는 못하였다. 그리고 재

느 하나에 해당하는 경우에는 실제 휴업기간으로 하되, 그 휴업기간은 2년을 초과할 수 없다. 〔개정 2014. 10. 22.〕

1. 당해 공익사업을 위한 영업의 금지 또는 제한으로 인하여 4개월 이상의 기간 동안 영업을 할 수 없는 경우
2. 영업시설의 규모가 크거나 이전에 고도의 정밀성을 요구하는 등 당해 영업의 고유한 특수성으로 인하여 4개월 이내에 다른 장소로 이전하는 것이 어렵다고 객관적으로 인정되는 경우

개발사업 과정에서 세입자와 조합, 조합과 조합원의 분쟁을 해결하기 위한 분쟁조정위원회의 설치도 제안되고 있다. 상가세입자의 경우 휴업보상금이 1개월 치가 더 지급되므로 실질적인 보상액이 증가될 것으로 예상되고, 조합이 전액 부담하던 세입자 보상금을 건물주도 일부 부담하게 됨에 따라 일부 건물주들이 위장 전입하던 사례는 줄어들 것으로 예상된다. 다만 상가 우선분양권의 경우 조합원에게 분양한 뒤 남는 물량이 있을 경우에는 실효성이 있을 것으로 생각된다.

3. 감정평가 관련법령

가. 헌법 제23조 제3항

헌법 제23조 제1항은 "모든 국민의 재산권은 보장된다. 그 내용과 한계는 법률로 정한다"라고 규정하고 제2항에서는 "재산권의 행사는 공공복리에 적합하도록 하여야 한다"라고 규정하며, 제3항에서는 "공공필요에 의한 재산권의 수용·사용 또는 제한 및 그에 대한 보상은 법률로써 하되, 정당한 보상을 지급하여야 한다"라고 규정하여 보상 법률주의를 명시하고 있다. 이에 반해 미국 연방헌법(Constitution of the United States)에는 재산권을 보장하고 있는 명문규정이 없다. 따라서 재산권은 헌법상 수용조항과 계약조항에 의하여 간접적으로 보호되고 있을 뿐이다. 수정 헌법 제5조가 "…사유재산권을 정당한 보상 없이는 공공목적을 위하여 수용되어서는 안 된다(nor shall private property be taken for public use, without just compensation)"라고 규정하고 있는데, 우리나라와 제도적 취지는 같은 것이다.[26)]

---

26) 박홍우, 「미국헌법」, 사법연수원, 2007, 137면.

나. 부동산가격공시 및 감정평가에 관한 법률

(1) 법 목적

부동산가격공시법은 토지, 주택 등 부동산의 적정가격(適正價格)을 공시하여 부동산 가격을 평가하고 산정(算定)하는 데 기준이 되게 하여, 국토의 효율적인 이용을 도모하고 감정평가사와 토지 · 건물 · 동산 등 재산과 권리의 감정평가(鑑定評價)에 관한 사항 등을 규정하여 재산과 권리의 적정한 가격형성과 국민경제의 발전에 이바지함을 목적으로 한다(부동산가격공시법 제1조). 이 법은 「지가공시및토지등의평가에관한법률」을 전부개정하면서 법률 명칭을 개정한 것이다(2005. 1. 14. 법률 제7335호) 시행일은 2005년 1월 14일부터이다.

(2) 감정평가에 관한 규칙(국토교통부령 제55호)

부동산가격공시법 제31조에서 토지 등의 감정평가 시 공정성과 합리성을 보장하기 위하여 감정평가업자가 준수하여야 할 원칙과 기준은 국토교통부령으로 정한다. 이에 위임을 받아 감정평가업자가 감정평가를 할 때 준수하여야 할 원칙과 기준을 규정한 감정평가준칙으로 감정평가에 관한 규칙을 규정하고 있다.

(3) 감정평가실무기준(국토교통부 고시 제2013-620호)

국토해양부는 감정평가시장 선진화 방안의 일환으로 감정평가에 관한 규칙 제28조에 의거 동 규칙에서 규정하는 사항 외에, 감정평가업자가 감정평가를 할 때 지켜야 할 세부적인 기준을 국토교통부장관이 정하여 고시하였다(2014년 1월 1일부터 시행). 이 기준의 제정으로 일반인이 감정평가서의 가격 산정의 과정을 이해할 수 있게 되는 등 감정평가의 투명성과 객관성이 제고되고 나아가 감정평가업계에 대한 국민의 신뢰가 높아질 것으로 기대하고 있으며, 이 기준은 「부동산 가격공시법」 및 「감정평가에 관한 규칙」에 따른 감정평가의 구체적 기준을 정함으로써 감정평가업자(소속 감정평가사를 포함)가 감정평가의 공정성과 신뢰성을 제고하는 것을 목적으로 한다.

다. 공익사업을 위한 토지 등의 취득 및 보상에 관한 법률

(1) 제정목적 및 법률 통합 취지

공익사업법은 공익사업에 필요한 토지 등을 협의 또는 수용에 의하여 취득하거나 사용함에 따른 손실의 보상에 관한 사항을 규정함으로써 공익사업의 효율적인 수행을 통하여 공공복리의 증진과 재산권의 적정한 보호를 도모하는 것을 목적으로 한다. 현행공익사업법은 구 토지수용법과 구 공공용지의취득및손실보상에관한특례법(이하, 구 공특법)으로 이원화되어 있는 공익사업 용지의 취득과 손실보상절차를 전체적으로 규율하고 있다. 외국의 입법례를 보아도 주요국가의 경우는 모두 수용법제 및 보상법제가 단일화된 체제로 되어 있는데, 이는 개별법으로 분산하기보다는 정당한 사유가 없는 한 단일법체제하에 운영하는 것이 행정작용의 절차를 개관 가능하도록 하는 데 유리한 장점을 가지기 때문이다. 이에 따라 현행 공익사업법은 협의취득절차와 강제취득절차에 공통되는 절차규정과 양 취득절차의 중복을 피하기 위한 규정들로 구성되어 있다. 특히 구 토지수용법과 구 공특법 보상규정을 모두 포함하고, 특히 구 공특법은 손실보상에 관한 주요 내용을 시행규칙에서 규정하고 있었기 때문에 그 규범적인 체계에 문제가 많았으나, 현행 공익사업법은 종래 시행규칙에서 규율하였던 손실보상의 주요 내용들을 법률 및 시행령 차원에서 규율함으로써 법치국가의 원리, 특히 법률유보의 원칙을 실현하고 있다.[27]

(2) 공용수용의 절차

공용수용은 헌법상의 재산권보장에 대한 예외를 의미하기 때문에 공익과 사익의 적절한 조절이 다른 행정작용에 비하여 강하게 요청되면서 엄격한 절차를 거치게 규정하는 것이 보통이다. 공용수용의 보통절차는 ① 사업인정, ② 토지조서·물건조서의 작성, ③ 협의, ④ 재결·화해의 4단계로 나누어진다.

라. 기타 관련 법령

민사집행법에서 강제경매(민사집행법 제80조 이하), 담보권 실행 등을 위한 경매(민사집행법 제264조 이하)를 규정하는 등 기타 「국유재산법」, 「국세징수법」 등 140여 개 법령에서 200여 업무를 감정 평가사가 수행하도록 규정하고 있다.[28]

4. 부동산 감정평가의 기준

가. 감정평가에 관한 규칙상 부동산 감정평가 기준

감정평가에 관한 규칙(이하, 감정평가규칙)은 부동산가격공시법 제31조에 따라 감정평가업자가 감정평가를 할 때 준수하여야 할 부동산 감정평가 원칙과 기준을 규정한 국토교통부 장관의 훈령으로서 대략 〈표 6-4〉와 같이 규정하고 있다.

27) 석종현·김원보·신봉기, 「신토지공법론」(제10판), 삼영사, 2011, 347-348면.
28) 국민권익위원회, "부동산 감정평가 투명성 제고방안", 2008, 2면.

〈표 6-4〉 감정평가 기준 요약

평가방법		의의	논리	대상 물건	정의 근거
3 방식	원가법	대상물건의 재조달원가에 감가수정(減價修正)을 하여 대상물건의 가액을 산정[29]	대상 물건을 만드는 비용에 착안	건물, 구축물, 선박, 항공기 등	규칙 제2조 제5호
	거래 사례 비교법	대상물건과 가치형성요인이 같거나 비슷한 물건의 거래사례와 비교하여 대상물건의 현황에 맞게 사정보정(事情補正), 시점수정, 가치형성요인 비교 등의 과정을 거쳐 대상물건의 가액을 산정	대상물건이 시장에서 거래되는 가격에 착안	토지, 아파트, 입목, 자동차, 동산	규칙 제2조 제7호
	수익 환원법 (收益還元法)	대상물건이 장래 산출할 것으로 기대되는 순수익이나 미래의 현금흐름을 환원하거나 할인하여 대상물건의 가액을 산정하는 감정평가방법	대상물건의 수익성에 착안	상업용 건물 등	규칙 제2조 제10호
평가방법	(표준지) 공시 지가 기준법	부동산가격공시법 제21조 제1항에 따라 감정평가의 대상이 된 토지(이하 '대상토지')와 가치형성요인이 같거나 비슷하여 유사한 이용가치를 지닌다고 인정되는 표준지(이하 '비교표준지')의 공시지가를 기준으로 대상토지의 현황에 맞게 시점수정, 지역요인 및 개별요인 비교, 그 밖의 요인의 보정(補正)을 거쳐 대상토지의 가액을 산정하는 감정평가방법[30]	법정평가	토지	규칙 제2조 제9호

29) 감정평가에 관한 규칙 제15조 제2항.
감정평가업자는 원가법에 따라 건물을 감정평가할 때에 다음 각 호의 순서에 따라야 한다.
1. 재조달원가 산정: 감정평가의 대상이 된 건물(이하 '대상건물'이라 한다)을 일반적인 방법으로 건축하는 데에 드는 비용을 기준으로 산정하는 것을 원칙으로 할 것
2. 감가수정: 경제적 내용연수(耐用年數)를 기준으로 한 정액법 · 정률법 또는 상환기금법 중에서 대상건물에 가장 적합한 방법을 적용할 것. 이 경우 물리적 · 기능적 · 경제적 감가요인을 고려하여 관찰감가(觀察減價) 등으로 조정하거나 다른 방법에 따라 감가수정할 수 있다.

30) 감정평가에 관한 규칙 제14조 제3항.
감정평가업자는 공시지가기준법에 따라 토지를 감정평가할 때에 다음 각 호의 순서에 따라야 한다.
1. 비교표준지 선정: 인근지역에 있는 표준지 중에서 대상토지와 용도지역 · 이

나. 표준지공시지가의 평가기준

표준지공시지가는 부동산가격공시법의 규정에 의한 절차에 따라 국토교통부장관이 조사·평가하여 공시한 표준지의 단위면적당 가격을 말한다(부동산가격공시법 제2조 제5호). 표준지공시지가의 조사·평가는 부동산가격공시법 제3조 및 동법 시행령 제5조의 규정에 의하여 선정된 표준지의 적정가격의 조사·평가에 관하여 세부적인 기준과 절차 등을 정하기 위하여 표준지 조사·평가 기준(국토교통부훈령 제186호)에 의한다. 표준지의 평가가격은 일반적으로 당해 토지에 대하여 통상적인 시장에서 정상적인 거래가 이루어지는 경우 성립될 가능성이 가장 높다고 인정되는 가격('적정가격')으로 결정하되, 시장에서 형성되는 가격자료를 충분히 조사하여 표준지의 객관적인 시장가치를 평가한다. 실제용도 기준평가(표준지 조사·평가 기준 제16조), 나지상정평가(표준지 조사·평가 기준 제17조), 공법상 제한상태 기준평가(표준지 조사·평가 기준 제18조), 공익사업의 계획 또는 시행이 공고 또는 고시

용상황·주변환경 등이 같거나 비슷한 표준지를 선정할 것. 다만, 인근지역에 적절한 표준지가 없는 경우에는 인근지역과 유사한 지역적 특성을 갖는 동일 수급권 안의 유사지역에 있는 표준지를 선정할 수 있다.

2. 시점수정: 「국토의 계획 및 이용에 관한 법률」 제125조에 따라 국토교통부장관이 조사·발표하는 비교표준지가 있는 시군구의 같은 용도지역 지가변동률을 적용할 것. 다만, 다음 각 목의 경우에는 그러하지 아니하다.
   가. 같은 용도지역의 지가변동률을 적용하는 것이 불가능하거나 적절하지 아니하다고 판단되는 경우에는 공법상 제한이 같거나 비슷한 용도지역의 지가변동률, 이용상황별 지가변동률 또는 해당 시군구의 평균지가변동률을 적용할 것
   나. 지가변동률을 적용하는 것이 불가능하거나 적절하지 아니한 경우에는 「한국은행법」 제86조에 따라 한국은행이 조사·발표하는 생산자물가지수에 따라 산정된 생산자물가상승률을 적용할 것
3. 지역요인 비교
4. 개별요인 비교
5. 그 밖의 요인 보정

됨으로 인한 지가의 증가분, 공익사업의 시행에 따른 절차로서 행하여진 토지이용계획의 설정 · 변경 · 해제 등으로 인한 지가의 증가분, 기타 공익사업의 착수에서 준공까지 그 시행으로 인한 지가의 증가로 인한 개발이익을 반영평가(표준지 조사 · 평가 기준 제19조)하여 평가한다. 표준지공시지가 적정가격의 평가는 표준지 조사 · 평가 기준 제21조에 의한다. 표준지의 평가는 거래사례비교법, 원가법 또는 수익환원법의 3방식 중에서 당해 표준지의 특성에 가장 적합한 평가방식 하나를 선택하여 행하되, 다른 평가방식에 의하여 산정한 가격과 비교하여 그 적정여부를 검토한 후 평가가격을 결정한다.

일반적으로 시장성이 있는 토지는 거래사례비교법으로 평가한다. 다만, 새로 조성 또는 매립된 토지는 원가법에 의할 수 있으며, 상업용지 등 수익성이 있는 토지는 수익환원법에 의할 수 있다. 시장성이 없거나 토지의 용도 등이 특수하여 거래사례 등을 구하기가 현저히 곤란한 토지는 원가법에 의하여 평가하거나, 당해 토지를 인근지역의 주된 용도의 토지로 보고 거래사례비교법에 의하여 평가한 가격에 그 용도적 제한이나 거래제한의 상태 등을 고려한 가격으로 평가한다. 다만, 그 토지가 수익성이 있는 경우에는 수익환원법에 의할 수 있다. 표준지의 평가가격을 원가법에 따라 결정할 경우에는 다음과 같이 한다.

〔조성 전 토지의 소지가격 + (조성공사비 및 그 부대비용 + 취득세 등 제세공과금 + 적정이윤)〕 ÷ 해당 토지의 면적 ≒ 평가가격

다만, 특수한 공법을 사용하여 토지를 조성한 경우 등 해당 토지의 조성공사비가 평가가격 산출 시 적용하기에 적정하지 아니한 경우에는 인근 유사토지의 조성공사비를 참작하여 적용할 수 있다.

〈표 6-5〉 표준지공시지가 산출 공식

표준지공시지가 = 거래사례(또는 보상사례) × 사정보정 × 지가변동률 × 지역요인 × 개별요인 × 그 밖의 요인 비교*

* 그 밖의 요인 보정치 산출식

$$= \frac{\text{(표준지의 기준시점 현재가격)표준지공시지가}\times\text{지가변동률}\times\text{지역요인비교}\times\text{개별요인비교}}{\text{(거래사례기준 표준지가격)거래사례단가}\times\text{지가변동률}\times\text{지역요인비교}\times\text{개별요인비교}}$$

다. 손실보상 감정평가기준

(1) 손실보상평가 기준의 변천과정 및 현행 일반 손실보상평가 기준

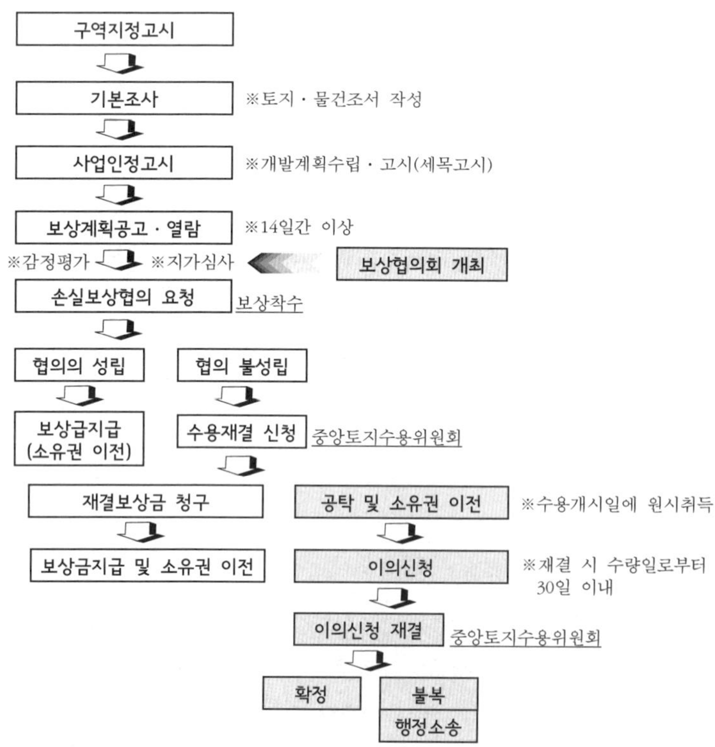

〈그림 6-1〉 손실보상의 일반절차

〈표 6-6〉 토지의 손실보상평가 기준의 변천

법명	시행일자	조문	기준	비고
공특법(협의취득) '2003. 1. 1. 폐지	1976. 7. 1. 제정	제4조 제3항	거래사례비교법	
	1991. 12. 31.	제4조 제2항 제1호	표준지공시지가 기준	종전에는 거래사례비교법으로 보상액 산정했으나, 1989. 7. 1 지가공시법에 의한 지가공시(공시지가)제도의 도입으로 개발이익이 포함되지 아니하는 표준지공시지가를 기준으로 함
토지수용법(수용취득) '2003. 1. 1. 폐지	1962. 1. 1. 제정	제46조	거래사례비교법	
	1971. 1. 19.	제46조 제1항	거래사례비교법	
		제46조 제2항	지가고시지역 보상은 고시가격	개정취지에서 기업자는 개발이익을 배제하고 보상하기 위하여 우선 기업자가 국가나 지방자치단체인 경우에는 수용할 토지에 대한 지가의 고시제를 신설(토지수용법제16조의2)하여 토지수용가격을 보상
	1981. 12. 31.	제46조 제1항	거래사례비교법	
		제46조 제2항	국토이용관리법 제29조 제1항의 기준지가고시 지역 토지보상은 기준지가 기준	토지수용법에 의한 지가고시제도를 삭제하여, 국토이용관리법에 의한 기준지가고시제도로 일원화함
	1989. 7. 1.	제46조 제2항	표준지공시지가 기준	1989. 7. 1 지가공시법에 의한 공시지가제도의 도입
토지보상법	2003. 1. 1. 통합 제정	제70조 제1항	표준지공시지가 기준	

(2) 공익사업법 제70조의 토지보상 기준

① 표준지공시지가 기준

협의나 재결에 의하여 취득하는 토지에 대하여는 「부동산가격공시법」에 따른 공시지가를 기준으로 하여 보상하되, 그 공시기준일부터 가격시점까지의 관계 법령에 따른 그 토지의 이용계획, 해당 공익사업으로 인한 지가의 영향을 받지 아니하는 지역의 대통령령으로 정하는 지가변동률, 생산자물가상승률(「한국은행법」 제86조에 따라 한국은행이 조사·발표하는 생산자물가지수에 따라 산정된 비율을 말한다)과 그 밖에 그 토지의 위치·형상·환경·이용상황 등을 고려하여 평가한 적정가격으로 보상하여야 한다(공익사업법 제70조 제1항). 토지에 대한 보상액은 가격시점에서의 현실적인 이용상황과 일반적인 이용방법에 의한 객관적 상황을 고려하여 산정하되, 일시적인 이용상황과 토지소유자나 관계인이 갖는 주관적 가치 및 특별한 용도에 사용할 것을 전제로 한 경우 등은 고려하지 아니 한다(동법 제70조 제2항).

② 사업인정 전 협의취득

사업인정 전 협의에 의한 취득의 경우 제1항에 따른 공시지가는 해당 토지의 가격시점 당시 공시된 공시지가 중 가격시점과 가장 가까운 시점에 공시된 공시지가로 한다(동법 제70조 제3항).

③ 사업인정 후 취득

사업인정 후의 취득의 경우 제1항에 따른 공시지가는 사업인정고시일 전의 시점을 공시기준일로 하는 공시지가로서, 해당 토지에 관한 협의의 성립 또는 재결 당시 공시된 공시지가 중 그 사업인정고시일과 가장 가까운 시점에 공시된 공시지가로 한다(동법 제70조 제4항).

5. 그 밖의 요인(기타요인)의 보정 문제[31)]

가. 쟁점 및 법적근거

감정평가가격 산식은 "토지단가 = 표준지공시지가 × 시점수정 × 지역요인비교 × 개별요인비교 × 그 밖의 요인 보정"에 의한다. 표준지공시지가에 시점수정, 지역요인 및 개별요인의 비교 외에 대상토지의 가치에 영향을 미치는 사항이 있는 경우, 그 밖의 요인을 반영할 수 있는가의 본질적인 문제는 표준지공시지가를 기준으로 평가하도록 강제하고 있는 규정을 벗어나 인근 유사지역 토지의 거래사례(去來事例)와 보상선례(補償先例)를 참작할 수 있는가의 문제이다.[32)] 그 밖의 요인 보정은 표준지공시지가의 적정가격과 실거래가격 및 인근 보상평가 선례 등과의 괴리를 보정하는 역할을 한다. 종래와 달리 현재는 법적 근거로 감정평가실무기준은 시점수정, 지역요인 및 개별요인의 비교 외에 대상토지의 가치에 영향을 미치는 사항이 있는 경우에는 그 밖의 요인 보정을 할 수 있다. 그 밖의 요인 보정을 한 경우에는 그 근거를 감정평가서(감정평가액의 산출근거)에 구체적이고 명확하게 기재하여야 한다(동 기준 610-1.5.2.5).

나. 그 밖의 요인 보정 기준(감정평가실무기준 810-5.6.6)

그 밖의 요인 보정을 할 때에는 해당 공익사업의 시행에 따른 가격의 변동은 보정하여서는 아니 된다. 그 밖의 요인을 보정하는 경우

31) 배명호, "부동산 감정평가의 문제점과 개선방안", 경북대 법학과 일반대학원 2014년 2학기 토지공법 판례연구 수업 발표문, 20면 이하.

32) 부동산가격공시법 제42조의2 제1항에 의하여 감정평가사가 법정된 사유 없이 표준지공시지기준법에 의하지 않는 평가를 할 경우 감정평가사징계위원회에 회부된다.

에는 대상토지의 인근지역 또는 동일수급권 안의 유사지역(이하 '인근지역 등'이라 한다)의 정상적인 거래사례나 보상사례(이하 '거래사례 등'이라 한다)를 참작할 수 있나. 다만, 이 경우에도 그 밖의 요인 보정에 대한 적정성을 검토하여야 한다. 거래사례 등은 다음 각 호의 요건을 갖추어야 한다. 다만, 제4호는 해당 공익사업의 시행에 따른 가격의 변동이 반영되어 있지 아니하다고 인정되는 사례의 경우에는 적용하지 않는다.

(1) 용도지역 등 공법상 제한사항이 같거나 비슷할 것

(2) 실제 이용상황 등이 같거나 비슷할 것

(3) 주위환경 등이 같거나 비슷할 것

(4) 적용공시지가의 선택기준에 적합할 것

다. 그 밖의 요인(기타요인) 보정에 관한 견해의 대립[33)]

(1) 학설

① 부정설

첫째, 종전(1991. 12. 31 개정 이전)에는 기타사항으로 참작하도록 구 토지수용법 제46조에 규정이 있었으나, 현행 공익사업법에서는 보상액의 산정에서 기타사항을 참작할 수 있는 근거규정을 삭제하였다. 둘째, 공시지가 제체에는 이미 인근유사토지의 정상적인 거래가격 등 기타사항이 종합적으로 참작된 적정가격이기 때문에 그 외에 별도의 기타사항을 참작할 필요가 없다. 셋째, 공익사업법 제70조의 "그 밖

33) 석종현 · 김원보 · 신봉기, "전게서", 144-145면; 허강무, "공시지가기준 보상액 산정의 문제점과 개선방안", 한국법제연구원 · 한국공익사업법연구회 공동세미나(2011. 4. 28) 발표 발제문, 11-13면; 고헌환, 「손실보상 법제의 비교」, 한국학술정보, 2011, 76면.

에 당해 토지의 위치·형상·환경·이용 상황 등"의 규정은 개별요인의 비교항목에 한정된 것만이 열거되었기 때문에 개별요인의 비교 외에 다른 항목을 참작할 수 없다. 넷째, 보상액 평가를 감정평가업자의 자의성이나 재량으로부터 멀리하기 위하여서는 법정의 참작항목 이외에는 어떠한 요인도 참작할 수 없도록 해석된다는 견해 등이 있다.

② 긍정설

첫째, 공시지가는 일반적으로 시가(市價, market value)에 미달하고,[34] 헌법 제23조 제3항의 정당보상에 이르는 방법에는 어떠한 제한이 따라서는 아니 되므로 기타사항을 고려하여야 정당보상이 이루어진다면 기타사항을 참작할 수 있도록 하여야 하는 것이지 공익사업

34) 경실련 아파트값 거품빼기 운동본부(2005. 10. 06)에서 2004년에 132개의 대규모 필지를 대상으로 공시지가와 시세를 비교 검증한 결과, 정부에서 발표한 공시지가 현실화율 91%는 허위수치며 공시지가의 시세반영률은 평균 42%에 불과하다고 주장(연합, YTN, 매경, 프레시안, 노컷뉴스 등 보도)하여 논란이 제기되었다.

〈2011년도 표준지공시지가 실거래가반영률 현황(시도별)〉

전국 평균	서울	부산	대구	인천	광주	대전	울산	경기
58.72%	58.40	66.65	67.97	54.44	73.61	65.08	50.45	58.09
	강원	충북	충남	전북	전남	경북	경남	제주
	49.82	55.07	57.26	63.46	64.98	58.28	54.83	64.91

출처: 국토해양부, 2012. 2. 28, 보도자료.

〈2011년도 단독주택 시·도별 실거래가반영률 현황〉

전국 평균	서울	부산	대구	인천	광주	대전	울산	경기
58.79%	45.29	66.11	67.60	48.11	76.05	63.82	44.82	52.08
	강원	충북	충남	전북	전남	경북	경남	제주
	56.55	56.37	56.68	63.77	62.15	60.78	60.15	66.02

출처: 국토해양부, 2012. 1. 30, 보도자료.

법에 참작항목에서 삭제되었다 하여 임의적 참작대상에서도 배제되는 것으로 해석하여야 할 이유가 없다. 둘째, 토지에 관한 감정평가를 규정하고 있는 「감정평가에 관한 규칙」 제14조 제3항 제5호에 「그 밖의 요인 보정」을 명시하고 있기 때문에 보상액평가에서도 이를 적용하여, 기타사항을 당연히 고려함이 상당하다. 셋째, 공익사업법 제70조 제1항에서 기타요인 보정이나 보상선례의 참작가능성에 대하여 구체적 언급은 없으나, “그 밖에 당해 토지의 위치 · 형상 · 환경 · 이용 상황 등”은 열거조항이 아닌 예시조항으로 해석 가능하다. 넷째, 보상액의 평가에서 감정평가업자의 자의성이나 재량의 여지를 없애기 위해서는 기타사항을 참작할 수 없는 것으로 해석하여야 한다는 주장은 정책의 문제를 규범의 문제로 해결하려는 오류를 범하고 있다고 한다.

(2) 대법원의 태도

대법원은 긍정설을 취하여, 인근 유사 토지가 거래사례(보상선례 포함)가 정상적이고 적정한 보상액 평가에 영향을 미칠 수 있다고 입증된 경우에는 보상선례 등을 참작할 수 있으나, 이를 참작하여야 적정보상이 이루어진다는 것을 해당 토지를 평가한 감정평가사가 입증하여야 한다고 판시하였다. 또 제도의 운영상 잘못으로 공시지가가 시가에 미치지 못할 경우에는 인근유사토지의 정상거래가격 참작 등 기타사항 참작에 의한 보정방법으로 조정할 수도 있어 보상선례를 적용

〈공동주택 유형별 실거래가반영률 현황〉

구분	전체		아파트		연립		다세대	
	‘11년	‘12년	‘11년	‘12년	‘11년	‘12년	‘11년	‘12년
전국	72.7	74.0	74.0	75.5	60.9	67.9	55.8	65.2

출처: 국토해양부, 2012. 4. 27, 보도자료.

한 기타요인의 적용이 헌법에 위배되지 않는다는 의미(대법원 2004. 8. 30. 2004두5621 등)로 판시하였다.

(3) 표준지공시지가 기준을 보상선례・거래사례 기준으로 보상하는 경우의 문제점[35)]

① 문제의 제기

현행 평가과정의 가장 큰 문제점은 평가기법상 표준지공시지가 기준을 적용한다고는 하지만, 실질에서는 보상선례 또는 거래사례를 기준으로 평가하는 논리모순에 빠져 있다는 점이다. 2006년부터 축적된 거래사례의 건수의 다과가 지역적으로 편차를 보이지만 쇠퇴해가는 지역이나 기성시가지를 제외하고 개발예정지역의 경우 거래사례가 충분한 경우가 보통이므로 거래사례를 보상선례보다 기타요인 보정치 산정에 권장하고 있다. 거래사례를 기타요인 보정치로 사용하더라도 보상선례를 기타 요인보정치로 사용하는 것과 똑같은 논리모순에 빠지게 된다. 즉, 표준지공시지가 기준 보상액평가 제도를 그대로 둔 채, 그 밖의 요인(기타요인)에 대한 법적 근거만을 마련하는데 그친 개선은 적절치 못하다는 것이 아래 산출식에서 거듭 확인됨을 알 수 있다.

> 보상단가 = 표준지공시지가 × 지가변동률 × 지역요인비교 × 개별요인 비교 × 기타요인 보정치*
>
> * 기타요인 보정치 산출식
>
> $$= \frac{\text{(거래사례기준 대상토지가격)거래사례단가} \times \text{지가변동률} \times \text{지역요인비교} \times \text{개별요인비교}}{\text{(표준지기준 대상토지가격)표준지공시지가} \times \text{지가변동률} \times \text{지역요인비교} \times \text{개별요인비교}}$$

35) 배명호, "전게발제문", 25면 이하.

상기 감정평가방법에 "기타요인 보정치 산출식"을 산입하면 분모·분자에 공통된 요소들이 약분되고 거래사례를 기준으로 대상토지가격을 감정평가한 결과가 된다.

② 현행 보상선례비교법·거래사례비교법의 문제점

아래는 하급심 판례이지만 보상선례를 적용하여 기타요인을 보정하는 현행 보상감정평가실무에 대하여 나름의 견해를 표명하고 있다. 즉, 평가선례·거래사례를 기타요인 보정치로 사용하는 현행 감정평가실무는 상위법상 규정인 "표준지공시지가 기준 평가방법"을 사실상 잠탈하고 있어, 결국 이는 위 표준지공시지가 기준 보상액 평가방법이 감정평가실무와는 괴리된 평가방법임을 단적으로 나타내는 것으로 요약된다.

• 기타요인 보정치 산출식이 위법하다고 본 판결[36)]

아래 표와 같이 인근 지역 보상선례·거래사례를 기준으로 한 당해 토지 가격을 표준지공시지가를 기준으로 한 당해 토지 가격으로 나누는 방법의 산식을 사용하여 보상대상 토지에 대한 평가대상 항목 중 '기타요인 보정치'를 결정한 다음, 다시 그 기타요인 보정치를 표준지공시지가를 기준으로 한 당해 토지가격에 곱하여 평가가격을 산출한 사실이 인정되는바, 이는 결과적으로 보상선례가격을 기준으로 당해 토지를 감정평가한 것으로서 표준지의 공시지가를 기준으로 당해 토지를 감정평가 하도록 정한 관련 법령에 위반되어 위법하다고 판시하였다.

---

36) 창원지법 2007. 10. 25. 선고 2005구합3064 판결.

보상단가 = 표준지공시지가 × 지가변동률 × 지역요인비교 × 개별요인비교 × 기타요인 보정치*

* 기타요인 보정치 산출식

$$= \frac{\text{(보상선례토지기준대상토지가격)보상선례단가} \times \text{지가변동률} \times \text{지역요인비교} \times \text{개별요인비교}}{\text{(표준지기준대상토지가격)표준지공시지가} \times \text{지가변동률} \times \text{지역요인비교} \times \text{개별요인비교}}$$

즉, 상기 감정평가방법에 '기타요인 보정치 산출식'을 산입하면 분모 · 분자에 공통된 요소들이 약분되고 보상선례 기준으로 대상토지 가격을 감정한 결과만 남는다는 것이 위법 판결의 핵심 사유이다.

● 기타요인 보정치 산정 방식이 위법하지 않다고 본 판결37)

위 사건에서는 기타요인 보정치 산정 방식에 관하여는 법령, 한국감정평가협회 발간 구「토지보상평가지침」에 일반화된 기준도 마련되어 있지 않고, 제2법원 감정(아래 산출식)은 현재 감정평가업계에서 가장 일반적으로 사용되는 산정 방식에 따라 보상선례 토지의 시가 기준으로 한 토지의 가격과 비교표준지공시지가 기준으로 한 토지의 가격 사이에 존재하는 격차율을 구하여 기타요인 보정치를 산정한 사실이 인정된다. 따라서 현재 감정평가업계에서 널리 사용되고 있는 위와 같은 산정방식이 시가와 공시지가 사이에 존재하는 격차율을 반영한다는 점에서 합리성이 있으므로 위법하다고 볼 수 없다고 판시하였다.

제2법원 감정의 기타요인 보정치 산출식

$$= \frac{\text{(보상선례토지기준대상토지가격)보상선례단가} \times \text{지가변동률} \times \text{지역요인비교} \times \text{개별요인비교}}{\text{(표준지기준대상토지가격)표준지공시지가} \times \text{지가변동률} \times \text{지역요인비교} \times \text{개별요인비교}}$$

---

37) 부산지법 2010. 5. 28. 선고 2008구합2003 판결.

(4) 기타요인 보정과 정당보상 여부

헌법상 정당보상은 피침해 재산이 가지는 완전한 가치를 보상하는 완전보상을 의미하는데, 표준지공시지가 기준 보상액 산정은 피수용토지의 취득에 따른 제비용(취득세 · 등록면허세 등 세금, 중개수수료, 각종 토지를 재매입에 따른 경비 등)이 포함되어야 하나, 상기 식에서 약분되고 결국 "보상선례(또는 거래사례) × 지가변동률 × 지역요인비교 × 개별요인비교"에 의한 식에 의하게 되면 이를 고려할 방법이 없다. 결국 헌법 제23조 제3항의 정당보상에 미치지 못하게 되고 이러한 규정은 위헌 법률이며, 현실적으로는 공익과 사익이 충돌하는 문제가 발생한다. 올바른 기타요인 보정방법은 "보상선례(또는 거래사례) × 지가변동률 × 지역요인비교 × 개별요인비교 × 기타요인 참작"이며, 여기서 기타요인 참작은 피수용토지의 취득제비용(취득세 · 등록면허세 등 세금, 중개수수료, 각종 토지를 재매입에 따른 경비 등)이 될 것이다.

라. 개선방안

부동산가격은 부동산에 대한 수요와 공급의 법칙에서 형성된다. 따라서 부동산감정평가이론도 이러한 수요공급의 원칙이 포함된 원가법 · 거래사례비교법 · 수익환원법이라는 3방식에 의하여 평가하는 것이 가장 이론적일 것이다. 표준지공시지가 기준 평가법을 감정평가의 주된 방식으로 하는 것은 부동산실거래가 신고제도(2006년 1월 1일부터 시행)가 시행되기 이전에는 다소 유용하였으나, 지금은 평가 3방식을 원칙으로 하고 단지 표준지공시지가 기준 평가법은 보충적으로 운용되어야 할 것이다.

6. 개발이익 배제에 따른 문제점

가. 공익사업시행지역 안과 밖의 불균형

공익사업시행지역 안에서의 보상액산정에서는 위와 같은 방법으로 개발이익의 배제가 이루어지고 있으나, 시행지역 밖에서는 거의 환수하지 못하고 있는 상태이다. 시행지역 안의 개발이익배제제도와 시행지역 밖의 개발이익환수제도 간의 불균형이 심화되는 경우에 그 불균형을 시정하기 위하여 그 안의 보상액산정에서 개발이익의 일부를 포함시키는 것은 타당하지 못하다는 것이 다수의 견해[38]와 판례의 태도이다.

나. 개발이익 배제와 정당보상과의 관계

논리적으로 보상액산정에서 개발이익을 배제하는 것이 타당하다는 견해가 다수이며 현행 개발 관련 법제 다수도 입법적으로 개발이익을 배제하도록 규정하고 있다. 토지에 대한 보상은 시가에 의하여 산정되는 것이 당연하고 시가의 산정은 인근유사토지의 거래가격을 기준으로 하여 추산하는 방법에 의하여 평가되어야 하며, 여기에는 투기가격이나 개발이익이 포함되어서는 안 되는데 공익사업의 시행계획이 공표되면 그 토지의 이용가치가 장차 증가될 것으로 기대되어 그 기대가치만큼 지가가 미리 상승하게 되나 이 부분은 보상대상에 포함되어서는 안 된다.[39] 여기서 시가(실거래가격)는 사람들의 편견·정보

---

38) 석종현·김원보·신봉기, "전게서", 2011, 180면.

39) 2011년 6월부터 보상금이 지급된 경상북도 도청이전 신도시 편입지의 경우 도청예정지 지정공고에서 보상금 지급시기까지 무려 약 4배 정도 거래가격이 상승하였다. 현장조사를 하면서 만나 본 주민들은 상승된 거래가격으로 보상가격을

또는 지식의 한계·특별한 사정이나 동기의 개재 등으로 정상적으로 형성되기가 어렵다. 그리고 주민들 간에 이루어지는 실거래가격은 투기가격이나 개발이익이 포함되어 이루어지는 것으로, 공익사업의 시행계획이 공표된 바로 다음은 그에 따른 영향을 파악하기가 비교적 쉬우나 상당한 기간이 지난 주민들 간에 많은 거래가 이루어지고 그 가격이 시가로 인식된 후 그 중 일부를 개발이익이라 하여 보상액 산정에서 공제하는 것이 과연 가능한지는 의문이다.

즉 표준지공시지가 기준 보상액(정당보상액)이 위헌으로 되지 않는다는 것은, 정당보상과 개발이익은 명확하게 구분된다는 것을 전제로 하여 "시가(실거래가격) = 정당보상 + 개발이익 및 투기가격"의[40] 공식에서 보상액은 개발이익을 배제하기 때문에 시가와는 차이가 나고 그것이 헌법상 보장된 정당보상을 제한하는 것은 아니라는 것이다. 그러나 위의 공식을 다시 "정당보상 = 시가 − 개발이익 및 투기가격"으로 변형시키고,[41] 공익사업의 계획·시행의 공고·고시가 된 후 상당한 기간이 흘러 주민 간에 그 가격이 시가로 인식되어 많은 거래가 쌓인 후 분명히 구분되지도 않는 부분을 개발이익이라는 명목으로 시가에서 공제하면서 그 금액을 정당보상이라고 지급할 경우 토지소유자가 쉽게 동의할 수 있는 것인지가 여전히 문제된다.[42]

받는 것으로 생각하고 있었으며 개발이익 배제와 관련하여 충돌이 많았다. 매일신문, 2011. 6. 24, 사회면(도청이전지 보상가 반발 주민 트랙터 시위); 뉴시스, 2011. 9. 22(경상북도, 토지재평가 진정 건 국민권익위 최종 각하 결정); 서울경제, 2011. 7. 13, 정치사회면(경북도청 이전지 토지 보상비 갈등—주민들 '평균 22만원 수준 돼야').

40) 예컨대 200,000=50,000+150,000.

41) 예컨대 150,000=200,000−50,000.

42) 석종현·김원보·신봉기, "전게서", 181-182면.

7. 공정성 확보방안

감정평가 업무는 의뢰인을 위하여 업무를 수행하는 여타 자격자와는 달리 제3자적 위치에서 어느 쪽에도 치우치지 않는 중립성이 매우 강하게 요구되고 있으므로 공정성을 확보하는 것이 매우 중요하다. 이를 위해 감정평가협회에서는 감정평가 업무의 객관성과 공정성을 확보하기 위한 일환으로서 감정평가심사위원회를 2007년 3월부터 설치하여 운영하고 있다. 감정평가심사위원회의 설치 목적은 부실평가를 방지하고, 감정평가서에 대한 사실검증과 관계 법령에 의거하여 적정하게 평가되었는지를 검증함으로써 감정평가의 신뢰성을 확보함에 있다. 이 위원회에서는 보상평가, 택지비평가, 자산재평가 그리고 협회에서 추천한 물건 등에 대하여 의뢰기관에 감정평가서를 발송하기 전에 감정평가의 공정성 및 적정성에 대한 심사를 한 후 심사필증을 발급하고 있다. 또한 2009년 1월부터는 국제회계기준의 국내적용에 따른 공정성 제고를 위하여 자산재평가 물건에 대해서도 심사하고 있으며 이에 대하여 회계업계에서도 호평을 받고 있다.

감정평가심사위원회는 감정평가 업무경력 10년 이상의 감정평가사들 중에서 이론과 실무에 능한 감정평가사 및 변호사, 세무사, 관계부처 공무원 등 전문지식을 갖춘 외부위원으로 구성되어 있다. 일부에서는 감정평가심사위원회가 심사과정에서 보상가격의 하향조정 등 가격조정기능을 하고 있다는 비판도 제기되고 있다. 이에 대해 감정평가심사위원회에서 감정평가서를 심사하는 것은 감정평가서가 관계법령에 따라 적정하게 작성되었는지, 산출방법 및 계산식에 오류는 없는지, 산출근거 및 의견은 적정하게 작성되었는지의 여부 등을 심사하는 것으로 감정평가액의 높고 낮음은 원칙적으로 감정평가심사위원회의 심사대상이 아니라고 반박하기도 한다.

2003년도 이후 사업시행자 측에서 감정평가기관을 선정하여 왔다. 그러나 언론에도 보도되었듯 이해관계인인 사업시행자가 감정평가기관을 선정함으로써 발생하는 불공정행위가 더 큰 문제로 부각되었다. 이에 따라 사업시행자의 감정평가기관 선정의 공정성, 투명성 확보방안에 대한 모색이 필요하게 되었는데 한국감정평가협회에서는 기존의 협회 추천시스템의 문제점을 개선 보완하고 보다 효율적이고 공정한 감정평가기관 선정방안을 제시하기 위하여 감정평가기관 추천위원회를 신설하였다. 주요내용으로, 평가대상 물건 소재지별로 감정평가기관을 추천함으로써 해당 지역 상황에 정통한 감정평가기관을 선정할 수 있고, 협회 추천물건 전담평가사제를 시행하여 협회 배정물건에 대한 책임감과 성실한 평가업무 수행을 유도하게 된다. 아울러 감정평가심사위원회의 심사의견서를 통한 심사점수를 수치화하여 담당평가사의 평가업무 성실도 및 감정평가서 충실도 등을 평가하고 있다. 이런 엄격한 관리과정을 통해 일정 점수에 미달하는 평가기관은 협회 추천에서 제외하는 등의 조치를 통하여 감정평가업무의 객관성 및 공정성을 확보할 수 있으리라 사료된다.[43]

결국, 사업시행자와 토지소유자 간의 이해관계가 대립하는 환경에서 감정평가기관의 선정은 매우 중요한 일이 아닐 수 없는데, 감정평가기관추천위원회를 설치함으로서 이해관계에 얽매이지 않는 중립의 감정평가기관 선정이 가능해지게 된다. 이로써 사업시행자의 감정평가기관 추천과정에서의 불공정행위를 막을 수 있으며 감정평가기관 추천제도를 보완함으로써 이전에 제기되었던 협회 추천물건에 대한

43) 동지; 배명호, "전게발제문", 30면 이하.

감정평가기관의 평가업무 소홀, 협회의 추천 후 사후 관리시스템 부재로 인한 책임감 및 서비스 부족 민원 등을 없앨 수 있을 것으로 전망된다.

8. 소결

부동산 감정평가와 관련된 쟁점을 검토하기 위하여 관련법령과 감정평가기준에 관한 규정, 판례 태도를 비교적 상세히 검토하였다. 그러나 학문에서는 감정평가와 관련된 법적쟁점을 위주로 개선방안에 관해 논하지만, 현실은 그러한 공법적 쟁점보다는 정책을 주관하는 주무부서와 산한 공기업의 정치 논리에 의해 제도 개편이 추진되고 있어 문제가 아닐 수 없다. 감정평가사는 이해당사자 간의 제3자적 위치에서 시장가치에 대한 의견을 제시하는 중재자 역할을 한다고 볼 수 있는데, 감정평가 업무의 대부분은 공적 평가업무이고 이해관계 당사자는 행정주체와 상대방인 경우가 많으며, 이에 행정주체가 개입하는 경우가 많아 감정평가의 독립성을 침해할 우려가 높은 것이다. 기본적으로 한국감정원 등 감정평가법인이 공기업인 경우는 더더욱 제3자적 지위를 잃어버릴 수 있다.

결국 현행 부동산 감정평가 기준인 표준지공시지가 기준 평가법은 문제가 많으므로 감정평가 과정에서 위 방식을 강제하는 원칙은 부당하다고 할 것이므로 이를 보조방식으로 전환하는 것이 바람직하다. 나아가 손실보상에서 개발이익 배제 문제도 개발이익을 일정부분은 포함하여 평가하는 쪽으로 관련법을 개정함이 상당하다. 끝으로, 그 밖의 요인(기타요인) 기준에 관한 논란은 평가방식을 감정평가이론에 따라 3방식으로 평가할 경우 자연적으로 해결될 수 있어 보인다.

제3절 상가권리금, 간접보상 등에 대한 보상실무 개선방안

Ⅰ. 상가권리금 문제와 그 개선방안

1. 쟁점

권리금이라고 하면 일반적으로 용익권, 임차권 등의 권리를 양도하는 대가로 주고받는 금전으로서 부동산의 임대차에서 임대료나 보증금 외에 별도로 주고받는 금전을 말한다. 이러한 부동산 권리금의 종류에는 바닥권리금, 시설권리금, 영업권리금으로 나누어 볼 수 있다. 바닥권리금은 상권이 가져다주는 기본 영업력에 의한 대가로 입지적 우월성에 의한 대가를 말하며 이것은 부동산 가격 및 임대료에 내재되어 있다. 시설권리금은 현재 임차인이 초기 개점 시에 투여된 시설비용 예를 들면, 인테리어, 간판, 기자재 등에 대가를 말한다. 영업권리금은 임차인이 자신의 노력에 의해 점포를 활성화하여 형성한 권리금을 말한다. 영업손실을 보상할 때 바닥권리금은 부동산가격 및 임대료에 내재되어 있다고 볼 수 있다.

따라서 상가세입자가 지불한 권리금은 사실상 시설권리금과 영업권리금으로 구성된다고 볼 수 있다. 시설권리금은 공익사업법에 의하여 휴업보상 평가 시 영업자산에 대한 감가상각비, 부대비용인 이전비 및 설치비에 일정 부분 포함되어 보상되고 있다. 그러나 상가세입자의 무형자산가치인 영업권리금은 별도의 법적근거가 없어 보상평가에서 제외되고 있다. 현실적으로 영업권리금은 임차인 사이 즉, 권리 매매 당사자 간의 주관적 투자가치로서 시장에서 워낙 다양하게 나타나기 때문에 거래가격 조사 자체도 용이하지 않다.

2. 비교법적 검토

권리금은 임차인 사이의 문제일 뿐만 아니라 다른 나라의 경우에도 권리금을 보상해주는 경우가 없고 또한 국내법에서도 인정하고 있지 않기 때문에 권리금에 대한 보상방안을 찾는 것은 어려운 일이다. 그러므로 권리금 보상에 대한 외국의 사례는 어떤지 살펴볼 필요가 있다. 독일, 프랑스, 일본 등의 입법례를 살펴보면, 주택의 경우에는 국가가 사회법적인 차원에서 임차인을 보호하고 있으나, 상가임대차 관계에서는 당사자 간의 형평성 유지 또는 상가건물 임대차제도의 근대화를 위한 보충적 입법으로 나가는 것이 일반적인 경향이다. 다시 말해서 외국의 경우에는 권리금을 사적 자치에 맡기고 있으며, 그 이유는 우리나라와 달리 보증금 액수가 그리 많지 않고, 대부분 월세에 의존하는 경향과 시설물의 대부분을 임대인이 시설하도록 하는 관행 등으로 인해 임차인을 강력히 보호할 필요성이 크지 않기 때문인 것으로 판단된다. 외국의 경우 권리금에 관한 구체적인 법적 규율은 찾아보기 힘들며, 다만 권리금제도와 유사한 제도만을 찾아볼 수 있다.

3. 개선방안

상가권리금은 현실에서 거래되는 실체이지만 현행법상 관련 규정이 없어 뉴타운사업이나 정비사업시행과정에서 많은 갈등을 유발하고 있다. 2009년 용산참사도 상가세입자의 권리금 보상문제가 직접적인 도화선이 되어 발생하였으며, 이후 상가세입자의 권리금을 법적 테두리 안에서 보호해야 한다는 요구가 높아졌다. 그러나 상가권리금 보상문제는 아직까지도 우리 사회가 풀지 못한 숙제로 남아 있다. 상가권리금에 대한 논란을 잠재우고, 헌법상의 정당보상 실현을 위한 임차인 권익보호와 효율적인 공익사업 추진을 위한 제도적 방안이 모색되어야 한다. 이와 관련하여 권리금은 영업의 가치를 나타내는 가치척도에 해당하는 것으로, 권리금 문제는 점포임차인의 영업보호라는 관점에서 접근해야 한다. 그리고 점포임차인의 영업보호를 위해 임차인의 영업권이 소멸되는 것에 대한 적절한 보상이 이루어져야 하며, 이를 위해 점포임차권의 영업요소 인정과 정확한 영업가치 평가방법 마련이 전제되어야 할 것이다. 나아가, 현행 공익사업 또는 정비사업 영업보상 시 권리금을 인정하지 않아 발생하는 사회적 문제를 해결하기 위해 세입자들이 주장하는 권리금의 적정한 가치를 산정하는 방법이 필요하다. 이를 위해 권리금 유형 및 영향요인을 분석하고, 다중회귀분석모형을 활용하여 보상을 위한 권리금 산정모형을 제시하고, 정확한 권리금 산정을 위해 권리금 거래내역 신고 및 공개제도 도입 등 제도적 보완이 이루어져야 할 것이다.

가. 영국

(1) 개요

영국은 임대인과 임차인 사이의 임대차와 관련하여 차임이나 보증금 이외에 주고받는 금전의 존재를 인정하고 이를 프리미엄(premium)이라 한다. 즉 임차료에 부과된 부담금의 의미를 가지는 금전으로, 임차권의 설정이나 갱신 또는 양도의 대가로서 지급하는 차임 이외의 포괄적인 금전적인 대가를 포함하는 개념으로 이해하고 있다.[44] 영국

44) 법무부, "상가건물임대차보호법 개정안 마련", 법무부 법무심의관실, 2014. 9, 6면

에서는 주거용 건물의 경우 주책임차권자의 주거권을 보장하기 위하여 임차료를 엄격하게 통제하였고 1977년의 차임법(the Rent Act, 1977) 제119조에서는 프리미엄의 취득을 엄격하게 금지하였다. 그러나 영업용 건물에 대한 권리금의 지급금지 규정은 존재하지 않았기에 권리금의 수수나 그 액수 등은 당사자의 재량사항으로 파악되고 있다. 임대차계약과 관련되는 비용은 당사자 쌍방이 부담하는 것으로 되어 있고, 계약은 대부분의 경우 사무변호사(Solicitor)에 의해 작성되므로 영업용 건물의 임대차에 관한 법률문제가 소송으로 되는 경우는 적다고 한다.[45] 실제로 상가 임차인이 건물을 개량하거나 시설을 보수하는 경우 임대인의 동의가 필요한데, 그 조건으로 프리미엄을 지급하기도 한다.[46]

(2) 영업권(Goodwill)의 인정

영국은 영업권(Goodwill)이 인정되고 있는데 영업권은 우리나라의 권리금 중 영업적 이익의 대가로서의 권리금과 유사하다.[47] 영국의 영업권이란 "영업의 단골고객들이 지속적으로 영업장을 찾아오거나 영업하는 회사의 이름을 믿고서 계속 거래할 것이라는 가능성 때문에 물건이나 재고의 가치 이상으로 지불하려고 준비하는 가격"으로 정의된다.[48] 영국에서는 영업권을 토지의 가치에 추가하여 양도할 수

45) 법무부, "전게보고서", 35면 이하.

46) 나채준, "영국의 상가 임차권에 대한 손실보상제도에 대한 연구－영국의 영업손실보상제도와 상가 권리금보상에 대한 논의를 중심으로", 공법연구 제37집 제4호, 한국공법학회, 2009, 297면.

47) 우리나라에서는 'premium'을 권리금이라고 번역하고 있지만, 이는 일본서적을 무비판적으로 수용한 결과라고 주장한다. 나채준, "전게논문", 297면.

48) Jeremy Rowan Robinson/C.M. Brand, Compulsory Purchase and Compensation, London: Sweet & Maxwell, 1995, p.197.

있는 하나의 재산권으로 인정하고 있다.[49] 그리고 임차권은 물권적 권리이므로 처분이 가능하다. 임차권 처분 시 영업권은 포함하여 처분할 수도 있고 별개로 처분할 수도 있다. 영업권의 손실이나 감소에 대하여 보상을 받을 수 있는지 여부는 여러 상황에 따라 달라질 수 있으나, 영업을 더 이상 할 수 없는 상황(타의에 의한), 강제적으로 폐업된 경우, 영업이주로 인하여 영업권이 감소한 경우에는 보상이 가능하다. 우리나라의 권리금의 개념이 영국의 영업권과 유사한 내용을 담고 있거나 적어도 영업권의 범위에 포함되는 것으로 판단하는 견해도 있다.[50]

나. 프랑스

(1) 영업소유권(la proprite commerciale)의 인정

한편 프랑스의 영업용건물임차인의 권리를 영업소유권이라고 하는데, 프랑스에서는 상인이 소유한 영업재산(fonds de commerce)을 보전한다는 관점에서 전개되고 있다.[51] 영업소유권은 고객이 중심인 유・무형의 경영 요소의 총체이고, 영업재산이 임차건물에서 경영된 경우에는 임차권은 중요한 요소가 된다고 파악하고 있다. 영업소유권은 법적으로 보호받고 있다. 영업재산은 상인의 소유에 속하고 양도가 가능한 재산적 가치를 가지지만, 임대차의 갱신거절 등의 사유로 임차권의 양도가 불가능해지면 영업재산은 양도가 불가능해지게 된

---

49) Keith Davies, Law of Compulsory Purchase and Compensation, London: Butterworth, 1984, pp.202-203.

50) 자세한 내용은, 나채준, “전게논문”, 299면 이하.

51) 이송희, “영업용 건물의 임대차에 관한 연구”, 전주대학교 박사학위논문, 1995, 44면 이하.

다. 이러한 관점에서 임대인이 임차인의 임대차계약 갱신요구를 거절하는 경우 영업재산의 침해의 불공평을 시정하고자 하였다. 이에 따라 임대인이 갱신을 거절하는 경우에는 퇴거하는 임차인에게 영업재산의 가액의 상환을 인정하는 제도가 1926년 '영업소유권에 관한 법률'에 의하여 입법화되었다. 이 규정은 1953년의 법령에도 계속 유지되어 임대인에게 임대차계약갱신거절의 자유를 인정하되 퇴거보상을 하도록 하고 있으며, 퇴거보상의 금액을 고액화함으로써 사실상 갱신을 강제하는 기능을 하고 있다.[52)]

(2) 권리금의 인정 여부

프랑스에서는 임대차계약 체결 시에 임대인이 임차인에게 임차료 외에 금원을 요구하는 경우가 있다. 이 경우 1개월 또는 수개월의 차임을 선불하도록 요구하는 경우가 대부분이다. 이때 차임의 선불인지 아니면 보증금부 선불인지 구별하기 어렵다는 문제가 제기된다. 이러한 선불의 고액화와 남용을 막기 위하여 두 달 분을 넘는 차임액의 선불의 경우에는 프랑스 은행의 통용이자율로 계산된 이자가 발생하는 것으로 규정하고 있다(프랑스 민법 제24조). 프랑스에서 임대인이 임차인에게 요구하는 금원은 차임의 선불로서의 성질과 기득권가격의 보상으로서 혼용되고 있으므로 이를 권리금이라고 보기 어렵다. 다만 임대인이 임차인에게 차임 외의 금전을 수령했다면 임대인은 그것을 보상해야 한다는 판례가 존재한다. 프랑스에서는 권리금이나 시설물 매수청구의 개념이 매우 불분명하므로 일관되게 이를 인정하거나 부정한다고 하기 어렵다. 다만 그 수수는 일종의 퇴거보상의 성질을 가지고 있다.

52) 법무부, "전게보고서", 71면.

다. 독일

독일의 임대차에는 권리금을 수수하는 관행을 찾아볼 수 없다. 임대차계약에서 임차인은 계약상의 부수의무로 보증금과 임대료의 선불 또는 건축비보조금에 대하여 약정할 수 있도록 하고 있으나 이는 주거용 건물에만 해당하는 것으로, 영업용 건물의 경우 명시적인 규정이 없어 당사자 간의 자유로운 의사에 맡기고 있다. 건물 및 임대공간의 시설과 관련하여 비용은 동 시설이 계약상 임차인에게 영향을 줄만한 가치가 있는 경우에만 임차인이 지급할 의무가 있다. 그러나 임차인의 시설물매수청구권에 관하여는 필요비의 규정은 있으나 유익비의 규정은 없고 부속물매수청구의 규정도 없다.[53] 즉 독일에서는 상가 임차인의 권리금이나 시설비가 특별히 보호되지 않는다고 정리할 수 있다.

라. 일본

일본에서도 정기적으로 지급된 임대료 외에 입주 시에 일괄적으로 지급된 대가를 권리금이라 한다. 권리금의 수수는 임대차관계에서 행해져 왔고, 그 금액도 상당히 고액이었다. 민법에서는 권리금에 관한 규정이 없고 지대가임통제령(地代家賃統制令)[54]이 이를 금지하고 있을 뿐이지만, 건설성(建設省)의 지대가임통제령에서는 지대(地代), 가임(家賃)을 목적물의 사용대가라고 하고 권리금은 부동산소재지를 이용함으로써 향유한 장소적 이익에 대한 대가(代價)라고 정의하고 있다.[55]

---

53) 김만웅, "권리금 통제를 위한 상가임대차 보호법의 개선방향", 토지법학, 제20호, 한국토지법학회, 2004, 96-99면.

54) 일본의 國家總動員法 제19조의 규정에 기한 地代 및 家賃에 관한 통제를 목적으로 1939년에 제정되었으며, 1986년에 폐지되었다.

일본에서 권리금은 제2차 세계대전 이후 당시의 지대가임통제령에 의하여 동결된 임대료와 인플레이션에 따라 단기간 폭등한 임대료와의 격차를 메우기 위하여 “반환되지 않는 부금(負金)”의 형태로 등장했다고 한다. 초기의 지대가임통제령은 원래 권리금의 수수를 인정하고 다만 금액의 통제만을 규율했다고 한다(1940년법 제13조 시행규칙 제7조, 제9조). 그러나 1948년 10월 9일에 지대가임통제령을 개정하여 어떠한 명의로도 임대인이 임차인으로부터 권리금을 수령할 수 없다고 규정하고(제12조의 2), 이를 위반했을 경우 지대가임통제령의 위반과 같은 벌칙이 가해진다고 규정(제18조 제1항 제3호)하여 명문으로 권리금의 수수를 금지하였다. 그러나 일본에서는 실무상 권리금의 수수가 이루어지고 있다. 명칭은 통일되어 있지 않으며 그 내용 또한 다양하다.[56]

일본에서는 임대차계약체결 시에 임차인이 임대인에게 보증금 이외에 지급하게 되는 금전을 총칭하여 권리금이라고 한다.[57] 권리금 수수계약도 일종의 계약인 이상 당사자의 합의에 의하여 그 금액이나 조건 기타의 내용을 자유로이 정할 수 있으나, 권리금이 일반관행에 비하여 부당하게 고액인 경우에는 공서양속(公序良俗)에 반하여 무효라고 할 것이다. 다만 전부 무효는 아니고 부당한 범위에서 무효이어서 부당하지 않은 범위에 속하는 부분은 유효로 파악하는 것이 일본의 다수설의 태도라고 한다.[58] 임대인이 임대차계약의 체결에 즈음하여 임차인으로부터 권리금을 받은 때에는 임대인은 앞으로 임차인이

---

55) 이송희, “전게박사학위논문”, 57면.

56) 平野裕之, 契約法, 信山社, 2008, 514면.

57) 內田貴, 民法II 債權各論 第2版, 東京大學出版會, 2008, 182면.

58) 법무부, “전게보고서”, 203면 이하.

임차권을 양도하거나 전대하는 것을 적어도 묵시적으로 승낙한 것이라고 보아야할 것인가 하는 점에 관하여, 통설은 권리금을 받았다는 사실만으로는 승낙한 것이라고 볼 수 없다고 소극적으로 풀이하고 있고, 판례는 초기에는 적극적인 태도를 취하다가 뒤에 이르러서는 소극적으로 풀이하기에 이르렀다.[59]

상당한 권리금이 임차인으로부터 임대인에게 지불되어 있음에도 불구하고 계약 성립 후 이내 임대인이 일방적인 이유로 임대차계약을 해지하고 임차물의 반환을 구한 때에는, 다만 신의칙 위반뿐만 아니라 수수된 권리금 그 자체의 효과로써 무엇인가 제한을 가할 수 있어야 하지 않을까 생각되는 것이고, 이러한 관점으로부터 권리금의 수수가 있을 때에는 그것에 의하여 상당기간 임차권의 존속을 보증하는 효과가 수반한다고 한다. 권리금의 반환문제에 관하여는 불법원인급여(일본 민법 제708조) 단서조항을 적용하여 반환을 인정하는 견해, 구체적 사정 여하에 따라서 선의수익자의 반환의무(일본 민법 제703조)에 의하여 반환을 인정하는 견해가 있다. 하급심 판례도 이러한 견해들과 같이 권리금을 인정하기도 하였으나 그에 비하여 일본 최고재판소는 임대차 성립 이후의 권리금은 대체로 그 반환을 인정하지 않는 방향으로 나아가고 있다.[60]

마. 검토

이상에서 검토한 외국의 입법례와 판례에서 우리나라의 (상가) 권리금에 해당하는 제도는 존재하지 않는 것으로 파악되었다. 즉, 대부분

59) 법무부, "전계보고서", 204면.

60) 最高裁判所 昭和 43年 6月 27日, 民集 22巻 6號, 1427면.

의 나라에서는 임차인의 권리를 보호하기 위한 법적 장치의 마련이 필요하다는 인식하에 임차권의 존속기간을 보장하거나 임차권의 해지에 관한 규정을 두고 있으나, 권리금을 보장하기 위한 법적 제도는 두고 있지 않는 것으로 파악된다. 다만 영국의 경우 임차권을 부동산 물권으로 파악하고 있기에 임차권 처분의 자유를 인정하고 있었고, 프랑스의 경우 영업용 건물의 임차인의 권리를 영업소유권으로 보아 임차인을 보호하고 있다는 특징이 있지만 우리나라의 권리금에 대비될 수 있는 법적 규율은 없다고 보아야 할 것이다. 일본의 경우 권리금에 유사한 제도가 관행적으로 존재하고 있지만, 법령상의 규제가 존재하고 일본의 최고재판소도 임대차 성립 후의 권리금은 대체로 그 반환을 인정하지 않는 방향이라고 정리할 수 있다.

II. 간접보상의 문제점과 그 개선방안

1. 쟁점

영업손실보상은 현재 영업장 자체가 지니고 있는 재산권적 가치를 보상하는 것이 아니라 영업에서 발생하는 소득 또는 이익이 장래에도 계속 유지될 것임을 전제로 일정기간 동안의 소득 또는 이익과 영업장소의 폐업 또는 휴업에 대한 기타 부대손실 등을 보상하는 것이다. 공익사업에 따른 간접침해는 넓은 의미에서 '사람의 일생생활과 관련되는 주거 및 생활환경'에 대한 침해를 의미한다. 이러한 주거 및 생활환경권은 헌법상 국민의 기본권으로서, 구체적인 사법상 권리의 발현모습으로 환경권이 인정되고 있다. 따라서 이러한 주거 및 생활환경권의 침해에 대해서는 어떤 형식으로든 구제되어야 한다. 이 점에서 현행 도시정비법 및 공익사업법상의 간접보상제도는 상당한 한계를 지니고 있다. 영업손실 등의 간접침해가 행정법상 손실보상의 영역인가의 문제를 떠나 우선 간접보상에 대한 개념 자체가 명확하지 않은 것이다. 아래에서는 구체적인 사안별로 각 문제점을 짚어 보기로 한다.

2. 공익사업시행지구 안 영업손실보상의 문제점 및 개선방안

시행규칙 제45조에 의하면 영업보상대상의 지정요건으로 "(허가 대상인 경우 허가 등을 받고) 적법한 장소에서 그 허가 내용대로 영업을 행하고 있을 것"을 요하고 있다. 여기서 적법성의 문제를 영업 자체에 국한시킬 것인지 아니면 영업을 하고 있는 건축물까지 적법하여야 하는지가 문제된다. 무허가건축물 내 자유영업의 경우 과거 건설교통부의 유권해석[61]은 이를 무허가영업으로 분류하여 보상대상에서 제외하고 있었다. 그러나 이에 대한 판례[62]는 "영업장소인 건축물에 관

61) 건설교통부 유권해석(토관-3357, 2004. 7. 28): "모든 법령은 적법한 상태를 상정하여 제정되는 것이므로 공익사업을 시행함에 따른 토지 등의 수용 및 손실보상을 함에 있어서도 종전의 「공익사업법」의 규정도 적법한 경우를 상정하여 제정되었다고 보며 불법행위에 대하여 보상을 인정하고 있다고 볼 수 없을 것으로 본다"라고 해석한 이후 일관된 원칙으로 하고 있다.

62) 서울행정법원 2005. 5. 6. 선고 2004구합3809 판결, 서울고등법원 2007. 3. 16. 선고 2006누19787 판결 등에서 법원은 "라벨제조업을 운영하다 공장건물이 수용된 영업자가 서울 강서구청을 상대로 토지수용보상금증액 청구소송을 제기하자 강서구청은 영업자에게 영업휴업에 따른 손실보상액 6백여만 원을 지급하라고 판시하였는바, 구체적으로 영업손실보상에서 제외되는 영업을 행함에 있어서 관계법령에 의한 허가·면허·신고 등을 받지 아니하고 행하는 영업이라 함은, 영업에 관한 허가 등을 받지 아니한 경우를 말하는 것이고, 영업장소인 건축물에 관한 허가 등의 여부와는 직접적인 관련이 없으므로 무허가 건물에서 영업을 하였다 하더라도 이러한 사유만으로 영업권 보상대상에서 제외된다고 볼 수는 없다"라고 원고 일부승소 판결한 바 있다.

한 허가 여부와는 직접적 관련이 없다"라고 입장을 달리하여 영세 상인을 보호하고자 하였다. 결국, 허가 등을 필요로 하는 업종의 경우 적법한 건축물이 아니면 영업 허가 등이 처음부터 이루어지지 않게 되어, 무허가 건물에서 세입자가 영업을 한 경우에는 불법영업이 되므로 영업보상대상에서 제외되는 것이 일반적이다. 그러나 관할세무서에서 소득세법 및 부가가치세법에 의한 사업자등록증을 필하고 자유로이 영업이 가능한 자유영업의 경우는 허가 등을 필요로 하지 않기 때문에 영업행위 자체는 불법이 아니다. 따라서 단순히 영업장소가 무허가건축물이라는 이유만으로 영업보상대상에서 제외하고 있는 보상실무는 사업자등록을 통하여 납세의무를 부담하고 있는 자와 그렇지 않은 자에 대한 구별을 하지 않고 있는 것이 되어 신의칙에 따른 정의와 형평에도 부합하지 않으며 나아가 부당결부금지원칙과 헌법 제23조 제3항의 정당보상원리에도 위배된다.[63]

왜냐하면 적법하지 않는 영업장소에 대해서는 건축법, 개발제한구역법, 국토계획법 등 개별 법령상의 감독의무를 국가나 지자체가 철저히 하여 그러한 위법 건축물이 완성되기 전에 공사중지 및 철거명령 등의 행정처분을 하였어야 함에도 불구하고 장기간 그러한 조치 없이 불법건축물 영업을 방치하였다가 영업손실 보상단계에서 비로소 이를 문제 삼아 불법건축물에 대한 제재로 영업보상을 하지 않겠다는 것은 지극히 행정편의 주의적 법 운영이며, 영업행위 자체에 허가 등을 요하는 영업에서 그러한 허가 없이 영업을 행한 경우에도 공익사업법 시행규칙 제52조가 일정한 범위의 보상을 규정하고 있는데, 영업의 적법성과는 무관하게 영업장소로 사용되는 건축물의 불

63) 김해성, "공법상 영업손실보상의 개선방안에 관한 연구", 「도시행정학보」 제25집 제1호, 한국도시행정학회, 2012. 3, 12면.

법성 때문에 영업보상을 전혀 받지 못한다는 것은 영업보상제도의 본질에도 반하는 것이기 때문이다. 특히, 무허가건축물의 세입자에게는 영업보상을 하면서 건물주가 영업을 하는 경우에는 영업보상을 하지 않는 것은 형평에도 어긋난다. 따라서 그 개선방안으로서, 현행 영업손실의 장소적 요건으로서의 '적법한 장소'를 '일정한 장소'로 공익사업법 시행규칙 신·구조문 대비표와 같이 개선할 필요성이 있어 보인다.

현행 공익사업법 시행규칙	개선방안
제45조(영업손실의 보상대상인 영업) 법 제77조 제1항에 따라 영업손실을 보상하여야 하는 영업은 다음 각 호 모두에 해당하는 영업으로 한다. 1. 사업인정고시일등 전부터 적법한 장소(무허가건축물 등, 불법 형질변경 토지, 그 밖에 다른 법령에서 물건을 쌓아놓는 행위가 금지되는 장소가 아닌 곳을 말한다)에서 인적·물적시설을 갖추고 계속적으로 행하고 있는 영업. 다만, 무허가건축물 등에서 임차인이 영업하는 경우에는 그 임차인이 사업인정고시일등 1년 이전부터 「부가가치세법」 제5조에 따른 사업자등록을 하고 행하고 있는 영업을 말한다.	제45조(영업손실의 보상대상인 영업) 법 제77조 제1항에 따라 영업손실을 보상하여야 하는 영업은 다음 각 호 모두에 해당하는 영업으로 한다. 1. 사업인정고시일등 전부터 일정한 장소에서 인적·물적 시설을 갖추고 계속적으로 행하고 있는 영업.

3. 공익사업시행지구 밖 간접침해보상의 문제점

간접침해의 유형으로는 주택재개발·재건축 사업 등 각종 도시정비사업으로 인한 소음·진동, 먼지, 환경오염 및 용수고갈, 일조권침해 등 다양한 형태로써 사업시행지구 밖 인근에 거주하는 주민들이 주거생활 및 영업유지가 곤란한 경우를 상정하면 이해하기 쉽다. 그런데 현행 규정상 간접침해에 대한 구체적인 보상법규가 미비되어 사실상 주거생활과 영업이 불가능하게 되는 정도의 피해가 발생될 것이

명백히 예측 가능한 경우에도 대부분은 민사상 손해배상청구 등 개별적으로 권리구제를 받을 수밖에 없는 것이 현실이다.[64] 그러나 사전적 구제절차인 손실보상으로 구제받지 못하고, 사후적 구제절차인 손해배상으로 구제를 받게 되면 피침해자에게는 소송진행을 위한 많은 비용과 오랜 시간이 소요되고 소송을 제기하여 권리구제를 받은 자와 그렇지 못한 자와의 또 다른 형평성 문제도 발생하게 된다.

앞서 서술한 공익사업시행지구 안에 거주하던 세입자 등에 대한 보상 규정상의 문제점 이외에도, 공익사업법 등 현행 보상 관련 법령은 공익사업시행지구 밖 거주자에 대한 간접보상의 청구 및 보상결정에 대한 불복수단에 관하여 명시적인 규정을 두고 있지 않은 문제점이 있다. 이에 대해 종래 다수견해는 공익사업법은 간접손실보상의 청구 및 보상결정에 대한 불복수단에 관하여 아무런 규정을 두고 있지 않은 것으로 보고, 불복 시 손실보상청구소송(학설에 의하면 당사자소송, 판례에 의하면 민사소송)을 제기하여야 한다고 본다.[65] 그러나 공익사업법 시행규칙 제59조 이하는 "간접손실보상은 공익사업시행지구에 편입된 것으로 보고 보상하는 것으로 규정"하고 있으므로 토지수용위원회의 재결에 의해 구체적인 보상액이 결정된다고 보아야 한다. 따라서 간접보상의 거부와 보상액에 관한 다툼은 이의신청 또는 행정소송(당사자소송 형식)인 보상금증감청구소송을 통해 구제가 가능하다고 해석되며, 궁극적으로는 공익사업법에 이러한 취지의 명문의 규정을 두는 것이 타당하다.[66] 참고로, 이에 대해 간접보상의 본질은

64) 석종현, "간접침해보상에 관한 소고", 「감정평가연구」 제13집 제2호, 감정평가연구원, 2003. 12, 19면.

65) 김동희, "전게서", 616면.

66) 박균성, "손실보상제도의 몇 가지 쟁점", 「월간법제 통권 제579호」, 법제처, 2006, 15면.

재산권에 대한 보장이 아닌 국가책임의 대상이라는 점이므로 국가배상법 제5조에 의한 배상문제로 정리해 나갈 필요가 있다는 견해도 있다.[67)]

4. 소결

현행 공익사업법 등 수용에 따른 손실보상 관련 법령을 보면 개발이익을 원칙적으로 배제하고 있으나 보상실무 관행을 보면 개발이익이 일부 포함되고 있다.[68)] 그러나 여전히 사업시행자, 피수용자, 개발사업 주변의 토지소유자 및 세입자들 사이에는 경제적 이익에서 형평성이 상당히 결여되어 있다. 특히, 공익사업으로 이주하게 된 주거 및 상가세입자 등이 종전과 같은 생활을 유지할 수 있도록 보장하는 생활보상제도 등에 관한 법령의 미비점이 크다. 이러한 문제의 해결은 세입자의 권익보호를 위해서도 필요하지만, 합리적인 보상제도를

---

67) 이광윤, 일반행정법, 377면; 이광윤 교수는 행정책임이란 행정의 공법으로서의 행정법적 작용의 결과로 행정객체에게 불법 내지 위법하게 야기된 손해에 대하여 국가가 지는 재산적 책임을 말하나, 수용에 대한 보상은 소유권의 이전에 따른 대금지급의 문제이기 때문에 사전적 완전보상을 전제로 하는 한 공법적 관계가 아니다. 따라서 행정책임의 대상에서 제외되며, 수용과 사용의 경우는 별도로 하고, 제한은 공무원의 직무상 무과실 책임을 인정하는 새로운 국가 책임법에서 흡수하여야 한다고 주장한다. 이광윤, "손실보상제도의 문제점과 개선방안", 「토지공법연구 제7집」, 한국토지공법학회, 1999, 10면 이하.

68) 토지 수용에 따른 보상에서도 실무상 시점수정을 위해 지가 변동율을 고려하는 과정에서 개발이익이 일부 보상액에 반영되는 경우가 있다. 이에 대해 토지 등의 가격 산정에서 개발이익을 사실상 반영하는 것은 문제이며 보상액 산정에서 개발이익을 완전히 배제하기 위하여는 재결기간을 단축하고, 시점 수정 시 지가변동율의 적용을 제외하여야 한다는 견해가 있으며, 특히 박균성 교수는 당해 공익사업 이외의 다른 공익사업으로 인한 개발이익은 보상액 산정에서 제외하는 방법이 아닌 다른 방법으로 환수되어야 한다고 주장한다. 박균성, "손실보상제도의 몇 가지 쟁점", 월간법제 통권 제579호, 법제처, 2006, 10면 이하.

도입함으로써 국가의 불필요한 부담을 줄이고, 보상과 관련한 갈등을 줄여 도시정비사업 등과 같은 공익성 사업이 원활하게 시행되도록 하기 위하여도 필요하다.

Ⅲ. 현행 보상실무의 한계 및 그 극복방안

1. 보상실무의 한계

한편, 공익사업법은 전면적인 수용을 전제로 '생활보상'이라는 명목으로 소유자와 세입자를 가리지 않고 보상해 줄 수 있는 조항들이 다수 마련되어 있다. 예컨대 주거이전비, 영업보상 등이 이에 해당한다. 이렇게 해서 공익사업법에 마련된 손실보상조항은 원칙적으로 수용이나 매도청구권 행사에 의한 강제 매도를 전제로 하는 보상이라는 태생적인 한계가 있다. 그러므로 토지나 건물을 수용당하지 않으면 보상조항이 적용되기 어렵게 되어 있는 구조인데, 재개발사업에서 이 문제가 간과되어 왔다. 더욱이, 재개발과 유사한 재건축사업은 공익사업법을 매개하지 않고 반대하는 소유자에 대한 민사상 매도청구소송을 활용해 왔기 때문에 매도청구를 당하는 소유자의 세입자는 물론이고 사업에 찬성하는 조합원의 세입자에 대해 보상이 이뤄져야 한다는 인식이 없었던 것이 사실이다.

그런데 실제 현실은 재개발 구역 내 토지소유자 중 다수는 사업에 찬성한 동의자들이고, 토지를 수용당하는 것이 아니라 재개발사업을 위해 자신의 재산을 출자하는 사업시행자의 구성원들이다. 그러므로 수용당하지 않는 조합원에 대해 공익사업법을 적용하고 보상을 해주는 것은 정상적인 법해석을 통해서는 불가능하고, 이들의 세입자들에 대해 영업손실을 보상하거나 주거이전비를 지급하는 것과 관련하여서도 법적 근거가 불분명한 상황이다. 다만 수용당하는 조합원들의 세입자에 대해서는, 현행 공익사업법 제40조 제3항 제3호[69]는 이주대책의 대상자에서 명시적으로 세입자를 제외[70]하고 있어 그에 대한 보완으로 세입자에 대해서는 종합적 이주대책이 아닌 단지, 공익사업법 제54조(주거이전비의 보상) 제2항·제3항에 의하여 3개월 이상 주거용 건축물에 거주한 경우 가구원 수에 따라 월평균 가계지출비를 기준으로 3월분의 주거이전비가 지급되고 있으며, 같은 규칙 제55조(동산의 이전비 보상 등)에 따라 소정의 이사비만이 보상되고 있는 실정이다.

---

69) 공익사업법 제40조(이주대책의 수립·실시) 3항 다음 각호의 1에 해당하는 자는 이주대책대상자에서 제외한다. 〔개정 2011. 12. 28.〕
3. 타인이 소유하고 있는 건축물에 거주하는 세입자

70) 이와 관련하여, 헌법재판소 2006. 2. 23. 선고 2004헌마19 결정에서 헌법재판소는 "동법 시행령 40조 3항 1호 조항은 공공수용에 따른 보상에 관련되므로 헌법 제23조 제3항의 수용·사용·제한 및 이에 대한 정당한 보상에 관련된 것으로 볼 것이다. 그런데 이주대책은 정당한 보상에 포함되는 것이라기보다는 정당한 보상에 부가하여, 이주자들에게 종전의 생활 상태를 회복시키기 위한 생활보상의 일환으로서 국가의 정책적인 배려에 의하여 마련된 제도이다(대법원 2003. 7. 25. 선고 2001다57778 판결). 그러므로 이주대책의 실시 여부는 입법자의 입법 재량의 영역에 속한다. 그렇다면 이 사건 조항이 세입자에게 이주대책을 제공하지 않았다고 해서 세입자의 재산권을 침해하는 것이라 볼 수 없다. 또한 이 사건 조항은 세입자에게는 이주대책을 부인하고 소유자에게는 이를 허용하는 것이므로 세입자를 차별하고 있으나, 소유자는 주거용 건축물을 공공사업에 제공함으로써 해당 생활의 근거를 영구적으로 상실하게 되는 것에 비하여 세입자는 원래 계약기간 동안(통상 2년)에만 해당 건축물을 임대받아 생활의 임시 근거지로 사용하였던 것이므로, 생활의 근거의 상실 정도에 차이가 있다. 한편 세입자에 대해서는 이주대책이 아니더라도 공익사업법 시행규칙 제54조(주거이전비의 보상) 제2항·제3항에 의하여 3개월 이상 주거용 건축물에 거주한 경우 가구원 수에 따라 월평균 가계지출비를 기준으로 3월분의 주거이전비가 지급되고 있으며, 같은 규칙 제55조(동산의 이전비 보상 등)에 따라 이사비가 보상되고 있다. 따라서 이주대책 대상자에서 세입자를 제외하고 있다 하더라도 세입자의 평등권을 침해하는 것이라고 볼 수 없다"라고 판시한 바 있다.

현행법상 손실보상은 수용과 불가분적으로 연결돼 있기 때문에 자신의 재산을 자발적으로 사업에 출자하는 조합원들과 그 세입자에 대한 손실보상 문제는 법의 관심영역 밖에 머물러 있었던 것이다. 재개발 현장에 따라 세입자들이 보상을 받기도 하고 그렇지 못하기도 한 것도 바로 이 때문이다. 재개발, 재건축 구역 내 세입자의 운명을 전적으로 사업시행자의 결단에 맡기는 것은 헌법이 정한 법치국가의 원리에도 정면으로 반한다. 따라서 이러한 문제를 해결해야 할 법률이 바로 도시정비법이며, 도시정비법에 공익사업법과 다른 별도의 보상특례조항을 만들어야 할 필요성이 여기에 있다.

2. 극복방안

세입자의 기본 주거권과 영업권 등 생존권을 충분히 보장해 줄 수 있는 방식으로 관련법령을 개정할 필요가 있다. 이를 위해 영업폐지보상금이 지급되는 범위를 확대하거나 휴업보상금의 범위를 탄력적으로 적용하여 용산참사 때처럼 사실상 영업폐지에 이를 정도의 손실이 예상되는 경우에는 영업폐지에 준하는 보상이 이루어지도록 하고, 휴업보상의 경우에도 지역 및 공익사업의 특수성을 고려하여 보상금의 범위를 달리 정하여야 한다. 그리고 권리금이 개발이익의 명목으로 조합원들에게 전취되지 않도록 상가 세입자에게 권리금 중 일정부분을 보상해 주어야 한다. 또한, 상가 세입자들이 영업을 계속할 수 있도록 대체상가를 건설해 주거나 임대아파트와 유사한 개념의 임대상가에 입주할 수 있도록 하여야 할 것이다. 그 밖에 사업시행 과정 특히 강제퇴거 및 철거 과정에서 인권침해를 방지하기 위한 민사집행법, 행정대집행법 등의 개정이 필요하고 재개발사업절차 전반에 공공성을 강화하는 방안을 마련하여야 한다.

제4절 정비사업 과정에서의 서민 주거권 보장 및 개선방안

Ⅰ. 기본권으로서 주거권 보장의 필요성

1. 주거권의 의의

주거권은 "모든 사람이 적절한 주거를 향유할 권리"71) 또는 "인간의 존엄성에 적합한 주택조건을 향유할 권리"72), "주거에 관한 국민생활최저선의 확보"73)를 의미한다. 주거권을 인정한다는 것은, 모든 사람이 차별 없이 적절한 주거에서 생활할 수 있는 권리가 있음을 인정하는 것이고, 이 권리의 인정에 따라 국가는 이를 보장할 책임이 있음을 확인하는 것이기도 하다. 현재 우리 법에서는 아직까지 '주거권'을 구체적으로 정의하고 명시한 규정이 존재하지 않는다. 따라서 '주거권'은 법적 개념이라기보다는 사실상의 개념에 더 가깝게 다루어지고 있으며, 그 인정여부, 법적 성격 등에 대해서도 일치를 보이지 못하고 있다. 주거권에 대한 논의는 2014년을 뜨겁게 달군 송파 세 모

---

71) 이대열, "주거권의 법리에 관한 연구", 서강대학교 대학원 박사학위논문, 2012. 2, 6면.

72) 이은기, "프랑스의 주거기본권 실현형태로서의 사회주택에 관한 법적 고찰: H.L.M(저임료 주택)을 중심으로", 서울대학교 대학원 박사학위논문, 1995. 8, 25면.

73) 하성규, "주거권 보장과 서민주거안정: 유엔 Habitat II를 중심으로", 「한국사회정책」 제3집, 한국 사회정책학회, 1996. 12, 110면.

녀 자살사건을 계기로 시민단체 내지 정치권에 의해 주장되면서, '주거기본법 제정' 논의로 확대되기도 했다.74) 그러나 현재 주거권 인정 주장의 근거로 인용되는 것은 국제사회에서의 논의와 규약 등이 더 많은 편이다. 「세계인권선언」 제25조 제1항에서는 "모든 사람은 식량, 의복, 주택, 의료, 필수적인 사회역무를 포함하여 자신과 가족의 건강과 안녕에 적합한 생활수준을 누릴 권리를 가진다"라고 규정하여 주거권은 '적절한 생활수준을 향유할 권리'의 한 대상으로 보고 있다.75) 유엔은 「세계주거전략 2000」을 통해 적절하고 안전한 주거는 기본적 인권이며, 인간소망의 충족에 반드시 필요함을 역설했다.76)

또한, 「인간 정주에 관한 벤쿠버선언」에서는 "적절한 주택과 서비스는 기본적인 인권이고, 정부는 모든 사람이 이를 충족시킬 수 있도록 보장해야 할 의무가 있다"77)라고 규정하고 있으며, 「인간정주에

---

74) 국회 국토교통위원회 김성태 의원은 2015년 1월 29일에 '주거기본법'과 '민간임대주택에 관한 특별법'을 대표 발의했다. 법안에 따르면, 우선 민간임대주택 건설 시 용적률을 '국토계획법'의 상한까지 적용할 수 있도록 했다. 특히 300세대 이상 기업형 임대주택에 대하여는 분양주택이나 업무・판매시설 등과 복합개발을 하는 경우까지 용적률의 법정상한을 확대하여 적용하며, '기업형임대주택 공급촉진지구'를 도입해 사업절차를 간소화하고 건축규제를 추가적으로 완화할 수 있도록 했다. 이와 함께, 주택도시기금을 융자받거나 공공택지를 매입하는 경우에도 공공임대주택으로 보지 않도록 해 핵심규제 6개 중 임차인의 주거 안정과 관계가 적은 규제 4개(분양전환의무, 임차인 자격, 초기임대료, 담보권 설정 제한)가 적용되지 않도록 했다. 다만 주거안정을 위해 필수적인 임대의무기간은 존치하되 그 기간을 5~10년에서 4~8년으로 단축하고, 임대료 증액제한 역시 연 5%로 존치하기로 했다. 또한, 임대사업자 및 주택임대관리업자에 대한 세제・금융 지원 및 택지 우선공급 등 국가・지자체의 지원 근거를 마련했다. 오마이 건설뉴스, 2015. 1. 30.

75) 김용창, "국제인권법 및 인권규범의 주거권 규정에 대한 연구", 「한국지역지리학회지」 제19권 제3호, 2013, 514면.

76) 「Global Stategy for Shelter to the Year 2000」(A/RES/42/191/1987).

77) The Vancouver Declaration On Human Settlements, United Nations Conference on Human Settlements, Vancouver, Canada, 31 May to June 1976,

관한 이스탄불 선언」에서는 "모든 사람은 자신과 가족이 적절한 수준의 생활을 할 권리를 가지고 있고, 여기에는 적절한 음식과 의복, 주택, 물, 하수처리 등이 기본적으로 포함되어야 한다",[78] "정부는 사람들이 주거를 확보하고 자신이 가는 집과 지역사회를 보호하고 개선할 수 있도록 해야 할 의무가 있다. 우리는 공정하고 지속가능한 기반 위에서 생활조건과 노동조건을 개선하고 이를 통해 모든 사람들이 건강하고 안전하며 안정적이고 이용하기 쉽고 부담할 수 있는 적절한 주거(기본적인 서비스, 편의시설과 오락시설, 그리고 세입자의 법적 안정과 주거상의 차별로부터의 해방을 포함한)를 확보할 수 있도록 해야 한다"[79]라고 규정하고 있다. 문제는, 이상에서 인용한 '벤쿠버 선언'과 '하비타트 의제'를 포함한 국제선언 및 권고, 결의 등은 국내에서 법적 효력을 갖고 있다고 볼 수 없다는 점이다. 규약 또는 협약의 경우는 우리 헌법 제6조 제1항[80]에 따라 국내법과 같은 효력을 갖게 되겠지만, 언급된 선언 · 결의 · 권고의 경우는 대부분 법적인 구속력을 갖지 않기 때문이다.

2. 주거권 보장의 국제법적 근거

가. 국제인권규약

1966년 유엔총회는 「시민적 · 정치적 권리에 관한 국제규약」(2번

Section III(8).

78) The Habitat Agenda, the Habitat II conference in Istanbul, Turkey 3 10 14 June 1996, para. 11.

79) The Habitat Agenda, op. cit., para. 39.

80) 헌법 제6조 ① 헌법에 의하여 체결 · 공포된 조약과 일반적으로 승인된 국제법규는 국내법과 같은 효력을 가진다.

규약, 일명 B규약 또는 자유권 규약, 이하 '자유권 규약'이라 함)과 「경제적, 사회적 및 문화적 권리에 관한 국제 규약」(3번 규약, 일명 A규약 또는 사회권적 규약, 이하 '사회권 규약'이라 함)을 채택한 바 있다. 이 중 사회권 규약은 노동, 사회보장, 주거, 교육 등과 같은 생존권적 기본권의 존재를 대상으로 하는 것으로 동 규약은 국제규범에서 인권으로서의 주거권을 도출할 때 가장 상위에 있는 규범이라 할 수 있다.[81] 사회권 규약은 주거권과 관련하여 제11조 제1항에서 "이 규약의 당사국은 모든 사람이 적당한 식량, 의복 및 주택을 포함하여 자기 자신과 가정을 위한 적당한 생활수준을 누릴 권리와 생활조건을 지속적으로 개선할 권리를 가지는 것을 인정한다. 당사국은 그러한 취지에서 자유로운 동의에 입각한 국제적 협력의 본질적인 중요성을 인정하고, 그 권리의 실현을 확보하기 위한 적당한 조치를 취한다"라고 규정하고 있다.

사회권 규약은 주거권을 포함한 경제·사회·문화적 권리들의 완전한 실현을 위한 조치들을 각국의 정부가 취하도록 강제하고 있다.[82] 우리나라는 1990년에 가입했는데, 이 규약에 가입할 경우 당사국은 국민들에게 노동권, 사회보장권, 주거권, 적정한 생활수준, 건강권, 교육권, 문화권 등을 보장해야 한다. 사회권 규약은 헌법 제6조 제1항에 따라 국내에서 직접적인 법적 효력을 갖는다. 따라서 주거권과 관련한 규약의 내용 또한 국내에서 직접적인 효력을 갖는 것이 마

81) 김용창, "국제인권법 및 인권규범의 주거권 규정에 대한 연구", 「한국지역지리학회지」 제19권 제3호, 2013, 519면.

82) 이와 관련하여 사회권 위원회는 규약의 조항에 대한 해석, 또는 규약을 보충하기 위한 안내의 성격을 가진 문건으로 일반논평을 채택하고 있다. 사회권 규약의 일반논평의 번역본으로는, 국가인권위원회, 「유엔인권조약감시기구의 일반논평 및 일반권고」, 경제적·사회적 및 문화적 권리위원회, 도서출판 한학문화, 2006. 8, 123면 이하.

땅하지만, 현실적으로는 국제법적 근거가 있다는 사실만으로 국내법 차원에서 확고한 기반이 있다고 하기는 어렵다.[83] 실제로 사회권위원회는 대한민국 정부에서 제출한 제1차 보고서에 대한 「유엔 사회권규약위원회의 최종견해」에서, "위원회는 경제 · 사회 · 문화적 권리의 영역에서 본 조약이 신구를 막론한 모든 국내법에 우선하도록 한국 정부가 그 법적 지위를 보장해야 할 의무가 있다는 점을 상기하고자 한다. 위원회는 조약의 규정에 부합하도록 하기 위해 한국 정부가 모든 국내법을 검토할 것을 권고한다. 또한 위원회는 한국 사회에서 조약규정에 대한 인식을 높이고, 법 집행기관들이 규정을 준수하는 것뿐만 아니라 사법절차에 규정을 적용할 수 있도록 하기 위해 교육 프로그램을 확대할 것을 권고한다"[84]라고 선언한 바 있다. 제2차 보고서에 대한 「유엔 사회권규약위원회의 최종견해」에서는, "위원회는 1차 보고서 심의 이후에, 규약 권리의 보장을 국내법에 완전히 수용시키기 위한 적절한 노력이 없었던 점에 대해 유감스럽게 생각한다. 헌법에 따르면 규약은 국내법과 동등한 지위를 갖지만 신법 또는 특별법이 규약의 권리에 우선할 수 있다는 점을 위원회는 우려한다. 또한, 규약상의 모든 권리가 국내법원에서 직접 원용되는지 여부에 관해 명확한 입장이 없는 점 그리고 그러한 판례가 없다는 점에 대해 우려한다"[85]라고 표명한 바 있다. 제3차 보고서에 대한 최종견해에서도 이와 같은 권고는 반복되고 있다.[86] 유엔사회권규약위원회가 우

83) 장은혜, "주거권의 법리적 쟁점과 보장법제에 관한 연구", 「아주법학 제8권 제1호」, 2014, 53-54면.

84) 제1차 보고서에 대한 경제적 · 사회적 및 문화적 권리위원회의 최종 견해: 대한민국. 1995년 6월 7일 문서번호: EC./12/1995/3/ para 16.

85) 제2차 보고서에 대한 경제적 · 사회적 및 문화적 권리위원회의 최종 견해: 대한민국. 2001년 5월 21일 문서번호: EC./12/1/Add, 59 para 15.

리 정부에 제시한 이상의 견해들을 살펴보면, 주거권을 포함한 사회권의 실질적 실현이 우리의 법체계 안에 이루어지지 못하고 있는 것으로 평가할 수 있다.

나. 강제퇴거의 제한

"일반논평 제4호"에서는 강제퇴거와 관련하여, "모든 사람은 어느 정도 주거안정성을 갖고 강제퇴거, 괴롭힘, 기타 위협으로부터 법적 보호를 받아야 한다"라고 규정하고, "소송을 제기하여 법원이 발부하는 강제명령으로 퇴거 또는 철거를 막기 위한 항소, 그리고 불법퇴거에 대한 법적 보상절차가 마련되어야 한다"라고 규정하고 있다. 강제퇴거와 관련하여, 사회권규약위원회는 우리나라에 다음과 같은 의견을 제시한 바 있다. 이는 2009년도 용산사태 이후 제출된 정부보고서에 대한 최종견해로, 위원회는 "강제퇴거나 강제철거로 영향을 받거나 받게 될 사람들을 위한 효과적인 협의 및 법적 구제책이 부족한 점, 그리고 강제 퇴거된 개인과 가족들에게 충분한 보상 또는 적절한 이주지가 주어지지 않는 점에 대해 깊이 우려한다. 또한 위원회는 당사국의 보고서에 당사국 내에서 시행된 강제퇴거, 특히 대규모 개발사업의 결과로 시행된 강제퇴거의 규모에 관한 충분한 정보가 포함되어 있지 않다(제11조)", "강제퇴거는 오로지 최후수단으로 이용될 것, 그리고 용산 사건에서와 같이 폭력에 의존하는 일이 없도록 하기 위하여 어떠한 개발 사업이나 도시재개발사업도 그 사업으로 영향을 받는 사람들에게 사전통지하지 않거나 임시 주거를 제공하지 아니한 채

86) 제3차 보고서에 대한 경제적 · 사회적 및 문화적 권리위원회의 최종 견해: 대한민국. 2009년 11월 20일 문서번호: EC./12/KOR/CO/3 para 6.

시행되어서는 안 된다"라고 권고하는 등 강제퇴거와 관련하여 주요한 기준을 제시하고 있다.87)

3. 주거권의 헌법적 근거

오늘날은 주택이나 주거공간에 대해 개인의 소극적 소유권 확보차원을 넘어 공법적 차원에서 국가에 대하여 적극적 확보를 요구할 권리(권원)에 관해 논할 필요가 있다. 그 이유는 주택공급문제는 국가 또는 지방자치단체 등 공공 차원에서 해결하지 않으면 안 될 정도로 절실한 사회문제가 되었기 때문이다.

가. 관련 헌법 규정

지금까지 국내 헌법학자들의 주거나 거주와 관한 논의는 대부분 헌법 제14조 및 제16조와 관련하여 자유권적 기본권의 측면에서 주거생활의 안온·유지와 주거 이전 자유에 대한 논의에 국한되었다. 그러나 주거권을 사회권의 일종으로 보는 경우, 헌법상 '인간다운 생활을 할 권리'를 통해 국가를 상대로 주거권 보장을 요구할 수 있을 것이다.88)

한편, 헌법재판소는 "인간다운 생활을 할 권리로부터 인간의 존엄에 상응하는 생활에 필요한 최소한의 물질적인 생활의 유지에 필요한 급부를 요구할 수 있는 구체적인 권리가 상황에 따라서는 직접 도출될 수 있어도, 동 기본권이 직접 그 이상의 급부를 내용으로 하는 구체적인 권리를 발생케 한다고는 볼 수 없다. 이러한 구체적 권리는

87) 장은혜, "전게논문", 2014, 65면.
88) 「대한민국 헌법」 제34조 ① 모든 국민은 인간다운 생활을 할 권리를 가진다. ② 국가는 사회보장·사회복지의 증진에 노력할 의무를 진다.

국가가 재정형편 등 여러 상황들을 종합적으로 감안하여 법률을 구체화할 때 비로소 인정되는 법률적 권리로서 입법자에게 광범위한 입법재량권이 인정된다"라고 판시한 바 있다.[89]

이 헌법재판소 결정에 따를 경우, 사회권으로서의 주거권은 정부에게 일정한 '급부'를 요청하고 이를 보장할 책임을 지울 수 있는 권리이지만, 법률을 통해서 구체화되지 않으면 실질적으로 의미를 갖지 못하는 권리에 해당한다. 한편, 주거권을 환경권[90]에 포함된 특정 권리로 이해하는 견해도 있다. 우리 헌법에서는 '주거권'을 명시적으로 언급하고 있지 않기 때문에, 주거권 인정의 기초로 환경권을 들 수 있다고 보기도 한다. 그러나 환경권의 범위 안에 이른바 '쾌적한 주거생활권'이 포함될 수 있을 것인지에 대하여는 논란이 있다. 다만 헌법상 환경권의 대상으로서의 환경에는 자연환경과 생활환경이 모두 포함된다고 보고 있다.[91]

나. 법적 성격

헌법 제35조 제3항에 의해 국민이 국가에 대해 쾌적한 주택에서 생활할 수 있도록 요구할 수 있는 권리가 도출되는지 여부에 대해 견해가 나뉜다.

---

89) 헌법재판소 1995. 7. 21. 선고 93헌가14 결정; 헌법재판소 1998. 2. 27. 선고 94헌가10 등(병합) 결정.

90) 헌법 제35조 ① 모든 국민은 건강하고 쾌적한 환경에서 생활할 권리를 가지며, 국가와 국민은 환경보전을 위하여 노력하여야 한다. ② 환경권의 내용과 행사에 관하여는 법률로 정한다. ③ 국가는 주택개발정책 등을 통하여 모든 국민이 쾌적한 주거생활을 할 수 있도록 노력하여야 한다.

91) 김철수, "전게서", 861면; 권영성, "전게서", 688면; 구병삭, "전게서", 910면 참조. 이 견해가 다수설이나 홍성방 교수는 독일의 경우와 같이 환경은 자연환경만을 의미한다고 보고 있다. 홍성방, 「헌법학」, 현암사, 2006, 589-591면 참조.

(1) 적극설

김철수 교수는 "헌법 제35조가 건강하고 쾌적한 환경에서 생활할 권리와 쾌적한 주거생활권을 규정하고 있고 나아가 헌법 제10조는 행복추구권을 규정하고 있으며 또 제36조 제3항에서 보건의 권리를 규정하고 있기 때문에 이를 통합하여 광의의 환경권이 보장된 것으로 보고 있다. 따라서 국민은 국가에 대하여 '쾌적한 주거생활에 대한 권리'를 가지며, 국가는 적절한 공공주택·영구임대주택 등을 제공할 의무가 있다"라고 본다.[92] 이를 위하여 공익사업법, 주택법, 도시정비법, 도시개발법, 임대주택법 등을 두고 있다고 본다. 또한 김 교수는 헌법 제36조에 기하여 국민은 국가에 대하여 '보건의 보호를 받을 권리'를 인정하는 한편 그 성격을 보건을 유지하도록 국가에 대하여 적극적으로 요구할 수 있는 권리로 보고 그 내용으로는 "국가는 … 주택개량 등을 실시하고 이를 위하여 일련의 보호입법, 사회입법을 제정할 의무를 진다"라고 보고 있다.

권영성 교수는 "기본적 인권으로서의 환경권의 대상은 자연환경과 생활환경 모두를 포함한다. 헌법이 제35조 제3항에서 「국가는… 모든 국민이 쾌적한 주거생활을 할 수 있도록 노력하여야 한다」고 규정하고 있기 때문이다"라고 주장한다. 한편 환경권의 구체적 노력으로는 환경보전청구권, 환경복구청구권과 함께 '쾌적한 주거생활권'[93]이 포함되는 것으로 보고 있다. 권 교수는 헌법 제35조 제3항이 쾌적한 주거생활권을 보장한 규정이라고 보는 한편, 쾌적한 주거생활권은 인간

92) 김철수, "전게서", 861-862면.

93) 권영성 교수는, '쾌적한 주거생활권'은 건강하고 쾌적한 생활환경을 조성하고 보전해 줄 것을 국가에 대하여 요구할 수 있는 권리이며 생활의 질을 높이기 위하여 환경급부적 생존배려차원에서 환경파괴를 예방하고 파괴된 환경을 깨끗한 환경으로 개선하여 줄 것을 요구할 수 있는 권리로 보고 있다.

다운 생활에 필수적인 쾌적한 주거생활의 확보를 위하여 국민이 국가에 대하여 일정한 배려와 급부를 요구할 수 있는 권리가 있고 국가는 이에 대한 의무를 진다고 보며, 그 법적 성격을 인간다운 생활을 확보하기 위한 사회권적 기본권으로 본다. 또한 그 내용으로는 ① 국민이 국가에 대하여 쾌적한 주거를 개발하고 공급할 주택정책의 수립을 요구할 수 있고, ② 국민이 국가에 대하여 쾌적한 주거생활에 필수적인 '환경조성'을 요구할 수 있고, ③ 국민은 양질의 주택에서 건강하고 문화적인 주거생활을 영위할 수 있는 여건을 조성하여 주도록 국가에 대하여 권리를 가진다고 상세하게 설명하고 있다.

(2) 소극설

홍성방 교수는 환경의 개념을 자연환경에 국한하므로, 환경권은 자연적 생활기반을 복구·유지·개선하고 피해를 회피하거나 제거하며 자연자원을 보호하는 것을 목적으로 하는 조치의 총체에 대한 권리로서 이러한 조치를 국가에 대하여 요구할 수 있는 권리(사회권적 측면)와 국가 또는 국민이 자연환경을 파괴하거나 이러한 조치에 대하여 방해를 할 때 그것을 배제할 수 있는 청구권(자유권적 측면)적 성격을 가진다고 본다. 따라서 헌법 제35조 제3항에 의해 주택문제는 사회보장의 대상이며 환경정책에 주택정책은 포함되지 않는다고 본다.[94] 또한 정종섭 교수는 환경권을 자유권적 기본권이나 사회권적 기본권과는 다른 유형의 권리로 분류하여 환경권적 기본권으로 보고 있으며, 환경권을 주거생활뿐만 아니라 모든 생활에서 보장되는 것이므로 헌법 제35조 제3항을 환경권과 결부하여 해석하는 것은 타당하지 않

94) 홍성방, "전게서" 589-590면.

다고 주장한다.[95]

다. 소결

우리나라 다수 학자들은 헌법 제35조 제3항에 근거하여 주거권(주택권)을 인정하거나, 그 밖의 다른 조항을 근거로 주거기본권 또는 주택인권을 별도의 헌법상 기본권으로 인정하지 않고 있다. 즉, 여전히 현행법상 국민은 국가에 대해 주택 또는 주거에 대한 어떤 급부를 적극적으로 청구할 권리를 가지지 못한다고 해석하고 있다.[96] 다만, 김철수 교수와 권영성 교수 등은 위 헌법조문에 기하여 국가가 공공임대주택 급부(제공)의무를 진다고 보고 있다.

생각건대 헌법 제34조 제2항의 "국가는 사회보장·사회복지의 증진에 노력할 의무를 진다"라는 규정과 제36조 제3항의 "모든 국민은 보건에 관하여 국가의 보호를 받는다"라는 규정형식과 내용에 비추어 동조문은 헌법상의 주거권이나 주택권의 근거가 될 수 있을 것으로 보인다. 한편 헌법 제10조는 "모든 국민은 인간으로서의 존엄과 가치를 가지며 행복을 추구할 권리를 가진다. 국가는 개인이 가지는 불가침의 기본적 인권을 확인하고 이를 보장할 의무를 진다"라고 규정하고 있어, 이 규정에서도 간접적이지만 주거에 관한 기본권을 도출할 수 있다. 결국 헌법 제35조 제3항은 국가에게 국민에 대한 쾌적한 주거생활 보장의무를 지고 있는 것이다. 다만, 현재 국가의 주

95) 즉, 정종섭 교수는 사회적 환경까지 환경권의 대상으로 삼는 것은 권리보장적 측면이나 실효성확보 면에서 바람직하지 않다는 소극설(협의설)을 취하고 있다. 정종섭, "전게서", 717-718면.

96) 쾌적한 주거생활권을 헌법상 환경권의 하나로 보는 권영성 교수나 생활환경조성청구권을 환경권의 한 내포로 보는 허영 교수는 주택급부에 대한 권리를 환경권적 기본권의 하나로 보고 있는 것으로 보인다.

택급부의무는 국가의 재정적 사정 등에 의하여 단지 유보되고 있다고 볼 수 있다. 여기서 국가의 주택급부의무는 물론 저소득층 무주택자에게 인정되는 최저한의 인간의 존엄성을 확보할 수 있는 정도의 공공임대주택 등 사회주택의 급부의무에 그칠 뿐, 모든 국민의 자가 주택소유에 대한 의무로 볼 수는 없을 것이다. 현행 주택법, 임대주택법, 도시정비법, 공익사업법[97] 등은 위와 같은 헌법적 근거하에서 묵시적으로 주거에 관한 기본적 권리, 즉 주택인권에 바탕을 둔 여러 공공(임대) 주택제도 등의 공공 정책을 펴고 있다.[98]

결국, 헌법 및 관련 법률의 해석상 주거(주택)기본권을 인정한다면 이는 생존권(사회권)적 기본권임과 동시에 환경권의 성격도 갖는 권리[99]로 볼 수 있다. 왜냐하면 주택은 환경권의 대상으로서의 환경[100] 이라기보다는 오히려 인간의 '생존의 장'으로서의 성격이 매우 강하고 최저한도의 주거장소를 확보하고자 하는 저소득층 국민의 주거(주택)급부청구권은 국가의 급부행정 작용과 맞물려 생활보장적 성격도

---

97) 이 법 제78조는 사업시행자에게 공공사업의 시행으로 인해 주거용 건축물을 제공함에 따라 생활의 근거를 상실하게 되는 자(이주대책대상자)를 위한 이주대책의 수립·실시와 이주정착금지급의무에 대해 규정하고 있다.

98) 1993년 12월 27일에 임대주택건설촉진법에서 바뀐 임대주택법은 '임대주택의 건설·공급 및 관리와 주택임대사업에 필요한 사항을 정함으로써 임대주택의 건설을 촉진하고 국민주거생활의 안정을 도모함'을 목적으로 하고, 2003년 5월 29일에 전면 개정된 주택법은 '쾌적한 주거생활에 필요한 주택의 건설·공급 관리와 이를 위한 자금의 조달·운용 등에 관한 사항을 정함으로써 국민의 주거 안정과 주거수준 향상에 이바지함'을 목적으로 한다.

99) 이은기, "프랑스의 주거기본권 실현형태로서의 사회주택에 관한 법적 고찰", 1995, 333-336 참조

100) 현행 환경정책기본법은 환경을 '자연환경'과 '생활환경'으로 나누고 생활환경이라 함은 "대기, 물, 폐기물, 소음·진동, 악취 등 사람의 일상생활에 관계되는 환경"을 말한다(제3조 제1항)고 규정하고 있어 주택을 생활환경에 포함시키지는 않고 있으나, 한정적 열거가 아닌 예시적 열거로 보면 포함될 여지는 있다고 본다.

겸하고 있기 때문이다.[101]

4. 정비사업과정에서의 주거대책 관련 규정

가. 주택의 규모 및 건설비율

국토교통부 장관은 주택수급의 안정과 저소득 주민의 입주기회를 확대하기 위하여 정비사업으로 건설하는 주택에 대하여 대통령령으로 정하는 범위 안에서, 정비사업으로 공급하는 주택의 최대·최소 규모 또는 주택의 규모별 면적이 전체 연면적에서 차지하는 비율, 임대주택의 규모 및 규모별 건설비율을 정하여 고시할 수 있으며, 사업시행자는 고시된 내용에 따라 주택을 건설하여야 한다(구 주택법 제4조의2, 주거기본법 제5조).

나. 이주대책

도시개발 사업시행자는 정비사업을 원활히 시행하기 위하여 정비구역의 내외로 새로 건설한 주택 또는 이미 건설되어 있는 주택에 정비사업의 시행으로 철거되는 주택의 소유자 또는 세입자(정비구역에서 실제 거주하는 자에 한한다)가 임시로 거주하게 하는 등의 방식으로 그 정비구역을 순차적으로 정비하는 등 주택의 소유자 또는 세입자의 이주대책[102]을 수립하여야 하고(도시정비법 제35조 제1항),[103] 주거환경개

101) 이은기, "주거권의 입론", 「서강법학 제9권 2호」, 2007, 174-176면.

102) 도시개발법 제23조에서는 도시개발사업의 시행자는 공익사업법이 정하는 바에 따라 도시개발사업의 시행에 필요한 토지 등을 제공함으로 인하여 생활의 근거를 상실하게 되는 자에 관한 이주대책 등을 수립·시행하여야 한다고 규정하고 있다. 공공사업시행지구 내에 건물을 소유하고 있다가 당해 공공사업의 시행을 위하여 당해 건물을 사업시행자에게 제공함으로써 생활근거를 상실하게 되는 자

선사업 및 주택재개발사업의 시행으로 철거되는 주택의 소유자 또는 세입자에 대하여 당해 정비구역 내외에 소재한 임대주택 등의 시설에 임시로 거주하게 하거나 주택자금의 융자알선 등 임시수용에 상응하는 조치를 하여야 한다(도시정비법 제36조).

다. 손실보상문제

정비구역 안에서 정비사업의 시행을 위한 토지 또는 건축물의 소유권과 그 밖의 권리에 대한 수용 또는 사용에 관하여는, 도시정비법에 특별한 규정이 있는 경우를 제외하고는 공익사업법을 준용한다(도시정비법 제40조).[104]

만이 공공용지의 취득 및 손실보상에 관한 특례법 소정의 이주대책대상자가 되고 당해 건물에 계속하여 거주하지 아니하던 자는 당해 건물의 제공으로 인하여 생활근거를 상실하게 된 자가 아니어서 이주대책대상자가 되지 아니 한다(대법원 1994. 2. 22. 선고 93누15120 판결).

103) 택지개발촉진법 제12조 제4항에서 준용한 공익사업법 제78조 제1항이 이주대책대상자에 대한 이주대책의 수립·실시를 대통령령으로 정하도록 위임함에 따라 같은 법시행령 제40조 제3항 제2호는 '관계법령에 의한 고시 등이 있은 날' 이후의 사람들이 이주대책대상자에서 제외되는 것으로 규정하고 있는 바, 이는 소극적으로 그 이전의 사람들이 이주대책대상자에 포함되는 것으로 구별하고 있는 점에서 이주대책 기준일에 관한 규정이며, '고시가 있은 날'이 아니라 '고시 등이 있은 날'로 규정한 점에서 지구지정 고시일과 공람공고일이 모두 포함될 수 있는, 이주대책 기준일에 관한 포괄적 규정으로 볼 수 있다. 또한 위 시행령 제40조 제3항은 제1호와 제3호에서 무허가건축물의 소유자와 타인 소유의 건축물에 거주하는 세입자를 이주대책대상자에서 제외하고 제2호에서 건축물 소유자에 대하여도 계속 거주 요건을 부과함으로써 이주대책대상자를 확정하는 데 필요한 요건들을 규정하고 있다(헌법재판소 2005. 5. 26. 선고 2004헌마62 결정).

104) 한편, 국토계획법 제92조 제2항이 토지수용으로 인한 손실보상액의 산정을 공시지가를 기준으로 하되 그 공시기준일부터 가격시점까지의 시점보정을 지가상승률 등에 의하여 행하도록 규정한 것은 공시지가가 공시기준일 당시의 표준지의 객관적 가치를 정당하게 반영하는 것이고, 표준지와 지가산정 대상토지 사이에 가격의 유사성을 인정할 수 있도록 표준지의 선정이 적정하며, 공시기준일 이후

5. 정비사업과정에서의 주거권 침해 문제

앞서 이미 언급한 것과 같이 주택재개발・재건축 사업 등 도시정비사업에서 주거권이 침해되는 원인으로는 민간 개발사업지구 내 세입자에 대한 주거대책의 부재, 세입자 대책 기준일의 혼선 내지 부적절성, 미등재 무허가 주택입주자 대책, 임시주거대책의 미흡, 가구의 특성을 고려하지 않은 획일적인 주택규모, 원거주민 재정착을 위한 지원 부재, 소득수준을 고려한 공공임대주택 임대료 체계 부재 등을 꼽을 수 있다.

첫째, 주거와 관련된 법규의 혼란성이다. 즉, 주거에 관련된 헌법상 관념의 중요성에도 불구하고 헌법상 주거권의 정립이 확실히 되어 있지 않고, 개별법에서도 주거와 관련된 법률들이 주거기본법, 도시정비법, 주택법, 임대주택법, 건축법, 주택공급규칙, 공익사업법 등 각종 법률에 산재해 있어 주거관련 법률의 통일성에 많은 저해요인이 되고 있다. 또한 주거에 대한 국가와 국민의 권리・의무 관계 설정, 주거대책・보상[105] 등에 대해 다소 추상적 해석 등으로 인하여 법적

수용 시까지의 시가변동을 산출하는 시점보정의 방법이 적정한 것으로 보이므로, 청구인의 재산권을 침해하였다고 볼 수 없다(헌법재판소 2007. 11. 29. 선고 2006헌바79 결정).

105) 구 공익사업을 위한 토지 등의 취득 및 보상에 관한 법률(2007. 10. 17. 법률 제8665호로 개정되기 전의 것) 제2조, 제78조에 의하면 세입자는 사업시행자가 취득 또는 사용할 토지에 관하여 임대차 등에 의한 권리를 가진 관계인으로서, 같은 법 시행규칙 제54조 제2항 본문에 해당하는 경우에는 주거이전에 필요한 비용을 보상받을 권리가 있다. 그런데 이러한 주거이전비는 당해 공익사업시행지구 안에 거주하는 세입자들의 조기이주를 장려하여 사업추진을 원활하게 하려는 정책적인 목적과 주거이전으로 인하여 특별한 어려움을 겪게 될 세입자들을 대상으로 하는 사회보장적인 차원에서 지급되는 금원의 성격을 가지므로, 적법하게 시행된 공익사업으로 인하여 이주하게 된 주거용 건축물 세입자의 주거이전비 보상청구권은 공법상의 권리이고, 따라서 그 보상을 둘러싼 쟁송은 민사소

혼란이 야기되고 있다.

둘째, 최저주거기준은 인간이 기본적으로 누려야 할 최소한의 주거기준이라 할 수 있으며, 일반적으로 가구가 확보해야 할 규범적인 시설 및 면적기준과 주택의 물리적 상태 등을 주요내용으로 하고 있다. 이러한 최저주거기준은 이미 20세기 초반부터 최저 주거기준을 제도화하여 운용하고 있으며, 이를 주거복지 정책의 주요 수단으로 활용하고 있다. 그러나 우리나라의 경우, 최저 주거기준이 본격적으로 거론된 것은 비교적 근래의 일이며 아직 적절한 운용기반을 갖추고 있지 못하고 있는 실정이다. 이는 아직 우리나라에서 주거권이 기본권으로 정착되지 못하고 있음을 보여주는 단적인 예라고 할 수 있다. 지금으로부터 10년 전인 2005년 인구, 주택조사결과에 의하면 우리나라의 최저 주거기준 미달 가구는 총 206만 가구로 전체가구의 13%에 달하는 것으로 나타났는데, 아직도 여전히 최저 주거기준에도 미치지 못하는 환경에서 살고 있는 사람이 많은 것으로 나타났다.[106] 결과적으로 최저주거기준의 미달은 우리 국민의 주거환경 질적 하락과 우리 국민의 삶의 질 개선에 커다란 장애가 된다고 할 수

송이 아니라 공법상의 법률관계를 대상으로 하는 행정소송에 의하여야 한다(대법원 2008. 5. 29. 선고 2007다8129 판결).

106) 국토교통부가 격년으로 실시하는 조사에서 2013년 현재 거주하는 주택의 특성 등을 살펴보면, 가구당 평균 주거면적은 78.1㎡로서 '10년도와 비교 시 9.4㎡ 넓어졌으며, 1인당 주거면적은 28.5㎡에서 3.2㎡ 증가한 31.7㎡로 나타나는 등 양적 주거수준이 개선되었다. 최저주거기준 미달가구가 대폭 축소되어 주거의 질적수준도 향상된 것으로 조사되었다. 2010년 조사 시 전체가구의 10.6%인 184만 가구가 최저주거기준에 미달하였으나, 2012년에는 전체가구의 7.2%인 128만 가구가 미달하여 총 56만 가구가 감소하는 등 주거의 질적수준이 크게 개선되었다. 자가점유율은 53.8%로 '10년 54.3%에 비해 소폭 감소하였는데, 저소득층의 자가점유율은 증가한 반면, 중·고소득층 중심으로 자가점유율이 감소하였다. 국토교통뉴스, 2013. 5. 13.

있으며, 특히 서민주거복지의 개선이 시급한 과제이다.

셋째, 재개발·재건축으로 인하여 보상가에 비해 지나치게 높은 아파트 분양가로 거주민이 재정착을 포기하는 경우가 많이 발생하고 있다. 특히, 재개발 사업 지역의 소형 평수의 가옥주나 국·공유지를 점유하고 있는 가옥주 등에 대한 보상액이 적은 경우, 보상가보다 훨씬 비싼 분양가를 감당할 수 없어 재정착을 포기하게 된다.[107] 아파트 중심의 획일적인 주택재개발사업은 오히려 주거환경을 악화시키고 저렴한 주택이 멸실되면서 저소득층의 주거불안이 가중되고 주거의 하향 이동과 주거비부담 등의 문제가 발생한다. 현행 재개발사업은 거주민이나, 저소득층 세입자를 고려하지 않아 주거부담은 단독·다세대주택 거주 시보다 커지고, 도시환경이 공동주택단지로 획일화되고 실수요자보다는 중산층 이상의 수요자들이 대거 입주함으로써 빈곤층과 서민이 거주할 수 있는 저렴한 주택은 멸실, 감소되어 주거불안이 가중되고 있다.[108]

넷째, 주택재개발사업 시 세입자에 대한 주거대책과 관련하여 도시경정비법 시행규칙 제9조의2(손실보상 등)를 보면 "공익사업법 시행규

---

107) 2004년 한국도시연구소에서 주거환경개선사업지구를 대상으로 한 조사결과에서는 재정착하지 않겠다고 응답한 가옥주 중 71.6%가 '돈이 없어서'라고 응답하였다(대한주택공사 「주거환경개선사업지구주민의주거안정대책에관한연구」, 2004. 8, 73면).

108) 서울시의 뉴타운사업 전후 주택수준을 보면 재개발 및 뉴타운 사업 과정에서 주로 서민들이 거주하던 소형주택은 멸실되고, 중·대형 주택으로 변화하고 있음을 알 수 있다. 재개발사업 전에는 매매가 5억 미만, 전용면적 60㎡ 이하의 주택비율이 높은 반면 재개발사업 후에는 평균 주택가격은 5억 4천만 원, 평균 주택규모도 80㎡에서 107㎡로 넓어졌다. 그리고 사업 전에는 전세가 4천만 원 미만의 주택이 83%를 차지했지만 사업 후에는 0%로 소형·저렴주택이 멸실됨으로써 재개발사업 후 서민용 주택이 대폭 감소하였음을 알 수 있다. 심미영, "주거권 확보를 위한 세입자 이주대책에 관한 연구", 세종대 석사논문, 2010. 6, 21면.

칙 제54조 제2항에 따른 주거이전비의 보상은 영 제11조에 따른 공람공고일 현재 당해 정비구역 내에 거주하고 있는 세입자를 대상으로 한다"라고 규정되어 있다. 이는 공람공고일부터 사업이 시행되기까지는 수년의 기간이 걸리는 전례에 비추어 볼 때 관련 정보를 제대로 제공하지 않는 한, 다수의 세입자들은 미 해당자로 분류되어 어떠한 대책도 받지 못한 채 새 주거지로 떠날 수밖에 없는 결과를 초래한다.[109] 세입자에게 공급되는 공공임대아파트의 경우에도 이와 유사하 결과를 초래하고 있다. 가구원 수나 가구의 경제적 여건과 같은 가구의 특성은 고려하지 않은 채 주택규모를 획일적으로 공급함으로써, 이러한 조건에 부합하지 못하는 거주민들의 재정착이 저해되고 있는 것이다.[110]

---

109) 공익사업법 시행규칙 제54조 제2항은 세입자에 대한 주거이전비 보상대상을 "사업인정고시일 등 당시 또는 공익사업을 위한 관계 법령에 의한 고시 등이 있은 당시 당해 공익사업시행지구 안에서 3월 이상 거주한 자"로 규정하고 있다. 이 규정이 주거이전비 보상 기준일을 "고시가 있은 날"이 아니라 "고시 등이 있은 날"로 규정한 취지는, 토지수용절차에 같은 법을 준용하는 '관계 법령'중에는 바로 사업인정고시를 할 뿐 고시 이전에 주민 등에 대한 공람공고를 예정하지 아니한 법률이 있는 반면, 사업인정고시 이전에 주민 등에 대한 공람공고를 예정한 법률도 있기 때문에 그러한 경우를 모두 포섭하기 위한 것으로 보일 뿐만 아니라, 고시가 있기 전이라도 재개발사업의 시행이 사실상 확정되고 외부에 공표되어 누구나 사업시행 사실을 알 수 있게 된 후 재개발사업지역 내로 이주한 자를 주거이전비 보상 대상자로 보호할 필요가 없는데다가, 재개발사업이 있을 것을 알고 보상금을 목적으로 재개발사업예정지역에 이주·전입하는 것을 방지함으로써 정당한 보상을 하기 위함으로 보인다. "고시 등이 있은 날"에는 재개발사업지역 지정 고시일뿐만 아니라 고시를 하기 전에 관계 법령에 의해 공람공고 절차를 거친 경우에는 그 공람공고일도 포함된다고 보아야 할 것이어서, 그 공람공고일을 보상 기준으로 볼 수 있다. 또한, 위 규정의 "3월 이상 거주"라 함은 실제로 그곳에 거주하는 것을 말하는 것이지, 그곳에 주민등록이 되어 있는 것을 말하는 것이 아니므로, 주민등록상 등재 여부 및 다른 여러 가지 사정에 비추어 실제 거주 여부를 판단하여야 한다. 부산지법 2008. 8. 22. 선고 2008나2279 판결, 세입자 주거대책비 청구 사건.

110) 2012년 한국도시연구소의 조사에 의하면, 노후 주거환경개선사업 지구 내 세입

다섯째, 공공임대주택의 임대보증금 및 주거비에 대한 부담으로 인한 재정착률이 저조하다. 세입자들에게 제공되는 공공임대주택은 전세 형식도 존재하지만 대부분이 보증부 월세 형식이다. 따라서 매월 임대료를 지불해야 하기 때문에 고정적으로 일정금액이 지출되게 된다. 특히 공공임대주택은 임대료 이외에도 관리비가 추가적으로 들어가게 되는데, 전기세, 수도세, 가스비 등 공과금 등이 부담으로 작용되고 있다. 이처럼 공공임대주택 입주 후 주거비 부담이 커지게 됨에 따라 이를 감당하지 못하는 세입자들은 장기간 임대료를 연체하게 되어 강제퇴거의 입장에 놓이게 된다. 일부 주민의 경우, 주거비에 대한 부담으로 공공임대주택의 생활을 포기하고 민간임대주택을 다시 선택하기도 한다.[111)]

여섯째, 재개발사업에 대한 순환정비 방식의 경우, 실질적인 세입자 주거대책으로 기능하지 못하고 있다. 즉, 거주민의 기본 생활권 등을 고려하지 않은 채 사업지구로부터 멀리 떨어진 곳으로 배치하거나 가구원 수를 고려하지 않은 주택규모를 공급하는 경우도 있다.[112)] 순환재개발방식의 대표적 사례지역인 성남시 단대구역의 이주현황을 보면 전체 세입자의 25%만이 재개발 후 신축주택으로 이주한 것으로 나타났다. 이는 입주 자격을 적격세입자로 한정짓고 있기 때문에

자들은 전세인 경우, 전세보증금이 평균 2,000~3,000만 원이고, 보증부 월세의 경우 평균 30~50만 원 정도의 보증금에 월 평균 30만 원 정도의 임대료를 지불하고 있는 것으로 나타났다. 소위 비닐하우스 촌이라 불리우는 미등재 무허가 주거지는 자가인 경우가 대부분이며(19.5%), 세를 살고 있는 경우에도, 전세 500만 원 정도에 살고 있고, 무상으로 살고 있는 경우도 18.7%에 이른다(서울시정개발연구원 · 한국도시연구소, "주거환경개선사업지구내 세입자 실태조사보고서", 2012, 85-86면).

111) 국가인권위원회, "전게논문", 124-125면.

112) 국가인권위원회, "전게보고서", 113-114면.

부적격 세입자는 애초에 제외되는 문제와 적격세입자도 교육, 교통, 주거환경 등 여러 여건상 입주를 포기함으로써 입주율이 대폭 낮게 나타난 것이다.[113)]

일곱째, 도시정비법과 공익사업법에 의한 손실보상은 토지등소유자에 대한 보상을 위주로 규율되고 있지만(공익사업법 제77조(영업의 손실등에 대한 보상)), 개별적인 필요에 따라 공익사업법이나 주택법 등에 의해 세입자에 대한 각종의 생활권보상 조항들이 불규칙적으로 마련되어 있다. 세입자에 대한 생활권보상은 주택세입자에 대한 주거이전비(동법 제78조), 국민 임대주택 특별공급, 상가세입자에 대한 영업손실보상 등을 포괄한다. 특히, 상가세입자에 대해서는 권리금보상, 상가의 특별공급에 관한 조항도 마련되어 있지 않고 시설비보상도 미흡한 것으로 나타났다.[114)] 즉, 개발 사업으로 인해 세입자들이 적절한 대책을 제공받지 못한 채 자신의 의지에 반하여 쫓겨나는 '강제 퇴거' 과정에서 그 피해가 발생하고 있다.[115)]

여덟째, 주택재개발사업과 관련하여 강제퇴거의 인권침해가 문제시되고 있다. 강제철거 과정에서 인권침해 사례는 ① 완전한 퇴거가 이루어지지 않은 채, 적절한 이주대책도 없는 상태에서 강제철거와 기물파손 행위, ② 철거과정에서 용역반원의 철거민에 대한 폭행, ③ 명도

113) http://www.realer.co.kr/(최종 검색일 2014. 10. 10).

114) 2009년 1월 서울 용산구에서 철거민 다섯 명과 경찰 한 명의 목숨을 앗아간 용산 참사의 근본 원인은 용산의 상가 세입자들이 3개월분의 평균소득에 해당하는 약간의 보상금밖에 제안받지 못했고, 개발사업 이후 생계를 유지할 대책은 전혀 보장되지 않았다는 데 있다. 이런 상황에서 세입자들은 개발구역의 빈 건물을 점거하여 농성을 벌인지 하루 만에 1,600여 명의 경찰과 대치했고 무리한 진압 작전 끝에 대형 참사가 벌어졌다.

115) NGO 네트워크 UN 경제 사회 문화적 권리위원회 제출, "사회권규약 제3차 반박보고서 중 경제적·사회적·문화적 권리에 관한 NGO 반박보고서", 2009. 10, 69면.

소송과 행정대집행(「행정대집행법」제3조 제3항)을 통한 사전고지 절차 없는 강제철거, ④ 동절기와 장마철의 강제철거, 심야나 새벽의 철거 행위, 특히 철거민의 자녀들이 집에 있는 시간에 철거, ⑤ 철거 중 주변의 빈 집들에서 화재발생과 화재발생 시 소방서의 늦장 출동 및 소극적인 화재 진압 등이 있다. 이러한 철거와 관련된 행위는 실제 거주민들의 재산과 생명을 크게 위협하는 반인권적인 악행이다.[116)]

II. 정비사업과정에서의 주거안정 대책에 관한 비교법적 검토

1. 영국

1930년대 이후 영국에서도 노후주거단지와 도심 슬럼지역에 대한 전면 철거 위주의 도시재개발이 진행되면서 우리나라와 같은 문제들이 크게 대두되었다. 하지만 현재는 이와 같은 문제가 사회적 문제로 더 이상 대두되지 않고 있다. 그 가장 큰 원인은 개발사업과 관련해 자신이 거주하던 집으로부터 강제적으로 퇴거와 철거를 시키는 경우가 불가능하기 때문이며, 이와 관련해 퇴거해야 하는 모든 사람들에게 적절한 주거대책이 제공되고 있기 때문이다. 버밍햄의 경우를 예로 들면, 지방자치정부가 운영하는 사회주택에 대한 전면 철거형식의 도시재개발에서, 임차인의 임대기간이 만료될 때까지 철거를 유보하고 계약 만료 후 이주한 가구에 대해서는 폐쇄조치를 취함으로써 모든 임차인이 임대료 만료에 따라 이주를 한 이후에 비로소 철거를 수행하는 방식으로 재개발사업을 수행한다.

116) 국가인권위원회, "전게보고서", 128-139면.

또한 이러한 사회주택에 거주하던 이들에게는 다른 지역의 사회주택 입주권이 주어진다. 그리고 임대료 보조 등이 이뤄지기 때문에 주거비에 대한 부담으로 인해 이주하지 못하는 경우는 거의 없다. 앞서 도시정비사업제도 전반에 관한 비교법적 검토에서 이미 언급한 바와 같이 영국의 주거환경 정비관련 사업들은 오랜 기간 동안 변화되어 왔는데, 정비수법도 전면 철거방식에서 수복·보전 중심의 도시재생 방식으로 변화되었다. 다만, 예외적으로 물리적 철거방식의 도시재개발이 불가피한 경우에도, 시장가치를 기초한 충분한 보상과 주거대책을 마련하는 것은 정비사업을 수행하는 전제조건이 된다. 이러한 철거재개발은 최근 일부 노후한 사회주택 이외에는 거의 이루어지지 않는 편이다. 그리고 도시정비사업 시 정비의 대상도 물리적인 환경을 개선하는 차원에서 지역사회의 재생과 활성화 차원으로 전환되었다.[117)]

가. 거주자 재정착 지원

전면 철거방식 재개발로 인해 퇴거되는 가구들을 재정착시키기 위한 조치를 제도화시킨 것은 1930년의 「그린우드주택법(Greenwood Housing Act)」이다. 이 법에서는 지방정부에게 재개발로 이주해야 하는 주민을 재정착시킬 의무를 부과하고, 특별 보조금제도도 도입하였다. 즉, 중앙정부는 보조금을 제공하고 지방정부가 이를 수행하도록 하는 방식은 간단하고, 직접적이며, 효과적이었다. 한편 보조금은 재정착 주민의 수에 따라 배분되었다. 이를 통해 철거를 당하는 주택의 소유주는 물론 세입자들도 일정기준을 충족하면 공공주택에 입주할 수 있게 되었다. 그러나 초기 재정착과정에서 여러 문제들이 발생하였다.

---

117) 국가인권위원회, "전게보고서", 111면.

대표적으로 많은 주민들이 공공주택으로의 재정착 기회가 제공되기 이전에 이주를 해버린 경우가 다수 있었는데, 제도적으로 모든 주민에게 재정착을 위한 지원이 제공된 것이 아니었기 때문이다. 무엇보다 세입자들 중 다수는 엄격한 조건으로 인해 법률상 지원을 받을 자격을 갖추지 못하였던 것이다. 그 후 1973년 약칭 「공익사업법(Land Acquisition Act 1973)」이 도입되면서 보편적인 재정착 제도가 도입되었다. 그에 따라 슬럼지역 철거 및 재개발 과정에서 지방정부에 의한 재정착 기회를 제공받는 것은 모든 거주자가 향유할 수 있는 중요한 권리가 되었다.

그런데 재정착을 위한 지원을 받을 자격을 제공하는 것만으로는 문제가 해결되지 않았다. 재정착 과정에서 저소득 주민들이 새로 이주한 공공주택의 주거비조차 부담할 수 없다는 점이 대두되었다. 이러한 주거비 문제 역시 주거비 보조제도의 도입을 통해 해결될 수 있었다. 이로써 임대료 부담 때문에 지방정부가 제공하는 사회주택에서 나가지 않아도 되게 되었다.[118] 한편 1960년대 이후 건물 및 토지소유자의 전면적·물리적 재개발사업에 대한 반대가 커지면서, 재개발 과정에서의 보상이나 지원정책이 보다 확대되었다. 무엇보다, 의무적 혹은 자발적인 과정을 통해서 기존 주택들을 지방정부가 매입하고 그에 따른 법적 보상을 하는 경우 시장가치가 그 기준이 된 것도 이 시점이다.[119] 이러한 시장가치는 토지의 용도가 변화했을 경우에 기대되는 가치까지 반영하는 것이다. 보상에 더하여 다른 적절한 부동산을 구입하는 경우에 대해 재정적인 지원을 하는 것도 가능해졌는데

---

118) Berry, Fred, Housing: The Great British Failure, London: Charles Knight, 1974, pp.163-164.

119) Carley, Michael, Housing and Neighborhood Renewal, Exeter: Policy Studies Institute, 1990, p.94.

재정착 지원금은 자가소유자들이 같은 지역에서 비슷한 주택을 대체 구입할 수 있도록 한다. 이것은 기존 부동산의 가격과 그들이 사고자 하는 것의 가격 차이에 따른 보조금 역할을 한다. 이러한 재정착 지원금은 최고 2만 파운드까지 가능한데, 이것을 받기 위해서는 반드시 소득 조사를 받도록 규정하고 있다.[120)]

사람들은 종종 자신이 오랜 기간 살아온 커뮤니티에 계속 머물고자 하며 새로운 곳으로의 이주를 거부하기도 한다. 특히 특정 집단에 대한 강한 소속감을 가지고 있는 경우 이런 경향이 강할 수 있다. 이런 문제는 새로운 주택의 위치가 기존 주택에서 멀리 떨어질 경우 더 심각하게 나타날 수 있다. 이에 따라 소수 인종이나 노인, 장애인 등의 경우에는 소속감의 문제가 특히 중요할 수 있다. 따라서 영국에서는 특수한 집단의 이주와 관련해서는 특별한 고려를 할 필요가 있다는 것이 1980년대 중반부터 중요하게 제기되고 있다. 이는 다문화 사회로 접어들고 있는 우리나라에서 외국인들 집단 거주지역에 대한 재개발의 경우에 특히 참작할 대목이다.[121)]

나. 부당한 퇴거 단행 시의 보호수단

한편, 재개발과정에서 세입자로서는 명도명령을 받게 되면 대부분 퇴거할 수밖에 없다. 만약 임차인이 명도일까지 퇴거하지 않으면, 임대인은 법원 판결을 통해 집행관에게 물리적으로 명도하도록 요청할 수 있고, 집행관은 강제로 임차인을 퇴거시킬 수 있는 권한이 있다.

120) The Unpopular Housing Action Team, National Strategy for Neighborhood Renewal−Report of Policy Action Team 7: Unpopular Housing, DETR, 1999, p.54.

121) 국가인권위원회, "전게보고서", 115-118면.

집행관은 법원에서 판결문을 통해 명도를 명한 경우에만 가구와 기타 소지품을 들어낼 수 있는데 일반적으로 임차인이 집기를 옮길 때 지켜보는 역할을 한다. 한편 집행관이 비합리적으로 행동했거나 월권을 했다고 판단하는 경우, 체포나 구금에 대한 위협을 한 경우, 폭력적인 말을 사용한 경우, 임차인의 소유물에 대해서 피해를 입히는 경우, 집에 어린이만 있을 때 퇴거를 수행하는 경우, 적절한 조치가 취해지지 않은 상태에서 장애인 등 취약한 사람들을 퇴거시키는 경우에 대해서는 정식으로 항의할 수 있는데, 보통 집행관의 행위에 대한 이의신청은 '집행기관연합(Association of Civil Enforcement Agents)'에 할 수 있다. 또한 명도고지를 받은 임차인 등이 자신의 권리와 의무를 제대로 이해하지 못할 때에는 관련 상담을 받을 수 있는데 이를 위해 여러 기관에서 다양한 정보와 무료 상담 서비스를 제공하고 있다. 무료로 상담과 법률적인 지원을 받을 수 있는 곳으로는 시민상담센터(citizen's advice centre), 주거정보센터(housing advice centre), 지방정부, 커뮤니티 법률 센터(Community Legal Service) 등이 있다.[122]

2. 일본[123]

가. 개요

일본의 경우 주거지 개발과 관련한 사업들이 주로 공공에 의해 이루어진다. 이 경우 도시재생주택의 공급 및 공영주택의 응능응익(應能應益) 제도(소득과 누리는 편익에 따른 차등 임대료 부과체계), 격변완화조치

122) 국가인권위원회, "전게보고서", 124-125면.
123) 앞에서 일본 도시재개발, 재건축 전반을 다루었으므로 여기에서는 주거대책 분야에 국한하여 검토한다.

등을 통해 개발사업에 따른 주거권 문제가 사회적으로 대두되지 않고 있다. 또한 민간 개발사업이라 하더라도 해당지구 세입자에게도 일정한 보상을 해주는 것이 관례이며, 무엇보다도 일본 사회에서 정상적인 노동을 하는 이들이 자신의 소득만으로 적절한 주거를 구할 수 있을 만큼의 사회·경제적 환경이 형성되어 있다. 자신의 소득만으로 적절한 주거를 구할 수 없는 경우는 일본 사회에서 극빈층에 해당하는 이들이라 볼 수 있다. 그들에게는 생활보호법에 따라 주거급여가 제공되는데, 그 수준은 최소한의 적절한 주거를 구할 수 있을 정도이다.

나. 노후주거단지 정비사업 관련 제도 및 주거안정 대책[124)]

일본의 노후주거지 재개발사업은 법률에 근거하는 법정사업과 법률에 근거하지 않은 요강사업으로 구분된다. 대표적인 법정사업으로는 「주택지구개량법」에 근거한 주택지구개량사업을 들 수 있다. 법률에 근거하지 않은 요강사업 중 대표적인 것은 주택시가지정비총합지원사업과 밀집주택시가지정비촉진사업, 가로환경정비사업이다. 지구의 특성에 적절한 사업 방식은 그림으로 간략히 표시하면, 〈그림 6-2〉와 같다.

(1) 주택지구개량사업[125)]

① 전면 철거(clearance)

주택지구개량사업에서는 지구 갱신의 기초적인 요건으로서 '지구 내 불량주택의 제거'가 의무화되어 있다. 또한 이러한 취지를 달성하

---

124) 이창호·서수정·배웅규, "현지개량사업 활성화를 위한 일본 노후주거지 정비수법 분석 연구", 국토계획, 대한국토 도시계획학회, 2007. 12, 112면 이하.

125) 일본 「주택지구개량법」, 1960년 법률 제84호.

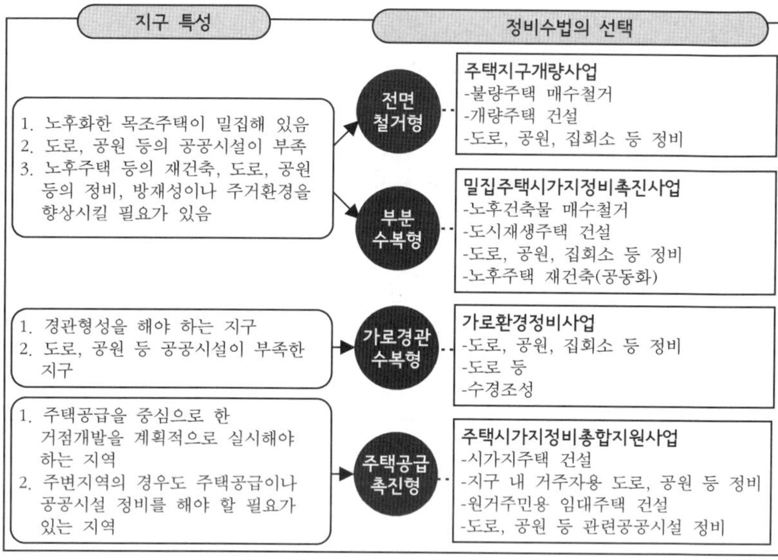

〈그림 6-2〉 지구특성에 따른 정비수법의 선택

기 위해 필요한 경우 불량주택의 수용도 인정하고 있다. 다만 이러한 사항은 기본적으로 '불량주택이 밀집하여 존재하고 있는 상황 자체가 화재 등 안전 유지상 위협을 초래하여 주민의 건강을 훼손하는 상태의 주 원인이라는 인식에 기초한 사업'이라는 것을 의미하고 있으며, 이를 위한 필수적인 해결책으로서 불량주택의 제거라는 의미를 갖고 있다.

② 개량주택의 건설

개량주택은 '사업시행에 수반하여 거주하는 주택이 멸실됨에 따라 곤궁한 주거상태에 처하게 되는 세대'를 위해 시행자가 건설하는 것이다. 「주택지구개량법」은 그 법의 목적에 '건강하고 문화적인 생활을 영위함에 충분한 주택의 집단적인 건설'을 제시하고 있다. 개량주택의 건설은 원칙적으로 지구 내 건설이다. 지구 외 건설의 경우는 가능한 한 신중하게 검토할 필요가 있다. 주택 계획 시에는 세대 구성 등을 조사한 후 다양한 공급을 꾀한다. 또한 지구시설 등을 중심으로 커뮤니티가 다시금 형성될 수 있도록 사전 계획단계에서도 충분히 배려하도록 하고 있다.

③ 현지주의

열악한 주거환경을 인내해가며 생활해야만 하는 불량주택 거주민은 직업적으로도 지연에 대한 의존도가 높고, 사회・경제적인 신용도 역시 낮은 경우가 많다. 따라서 특별한 사정이 있는 경우를 제외한다면 주택지구개량사업은 사업의 시행에 수반하여 자발적으로 지구 외로 이전해 가는 자 이외에는 현지에서 거주할 수 있도록 지원하지 않으면 안 된다는 것을 시행자에게 의무 지우고 있다. 개량지구는 일반적으로 도시의 발전으로부터 뒤쳐진 지구나 공장 등이 급속하게 진출한 지역에 산재해 있는 곳이 많다. 이는 많은 개량지구가 주거지로서 바람직하지 않은 경우라는 것을 의미한다. 그러나 이들 지역에 거주할 수밖에 없는 주민의 노동조건(교대제, 조기출근, 가족노동, 기숙생활형 노동 등) 등에 따라 주택의 입지조건이 구속되고 있는 상황을 고려하여, 주거환경으로서는 반드시 바람직하지 않은 지역이라 하더라도 현실적으로는 적극적으로 위해적인 요소를 방지할 방법을 고려해가면서 이들 지역을 주택지로서 정비해 가야 하는 경우도 있다.

(2) 밀집주택시가지 정비촉진사업[126)]

밀집주택시가지는 도로가 협소하고 권리관계가 복잡하며, 소유자의 고령화 등으로 인해 자체적인 재건축이 곤란한 상황에 처해 있다. 특히 목조노후 건축물(건물의 구조는 80% 이상이 목조)은 방화성능이 열악하기 때문에 지진 등의 재해에 취약하여 집단 연소 위험이 높다. 1995년 일본열도에 엄청난 충격과 피해를 안겨준 한신·이와지 대지진으로 피해가 집중된 곳은 주로 밀집주택시가지였다. '밀집주택시가지 정비촉진사업(이하 밀집사업)'은 이와 같은 특성을 갖는 지역의 주택 및 주거환경의 개선과 방재성의 향상을 목적으로 한 보조사업제도이다.

① 원거주민 대책용 주택 등의 확보

목조 임대주택 등의 재건축에 즈음하여 세입자 등 원거주민에 대한 주택 확보를 위해 가능한 폭넓은 대응메뉴를 준비한다. 원거주민 대책이란 원 거주지에서 계속적으로 거주하고자 하는 의향을 갖은 거주자(가옥주, 세입자에 관계없이)가 주택을 재건축한 후에도 지구 내에 주택을 확보하는 것을 지원하는 체계이다. 원거주민의 재정착을 위한 경로를 그림으로 간단히 정리하면 〈그림 6-3〉과 같다.

- 원거주민용 주택(도시재생주택(커뮤니티주택)[127)])으로의 입주: 기초자

---

126) 「밀집주택시가지 정비촉진 사업제도 요강」(2001년 개정)과 1997년에 제정된 「밀집시가지의 방재가구의 정비촉진에 관한 법률」에 근거한다. 일본에서 밀집시가지란 도로, 주차장, 공원 등 도시기반시설의 정비가 미흡한 상태에서 건축물이 고밀도로 들어서 있는 노후 시가지로, 특히 목조주택이 밀집되어 있는 지역을 말한다. 밀집시가지는 도쿄, 오사카 등 대도시에 주로 분포하고 있다. 이러한 밀집시가지의 정비를 위하여 일본 정부는 도시재생특별조치법(2002)에 근거해서 다양한 정책을 입안하는 한편 2001년부터 2009년 사이에 13차에 걸친 도시재생본부회의를 거쳐 23개 도시재생프로젝트를 결정, 현재 진행 중이다.

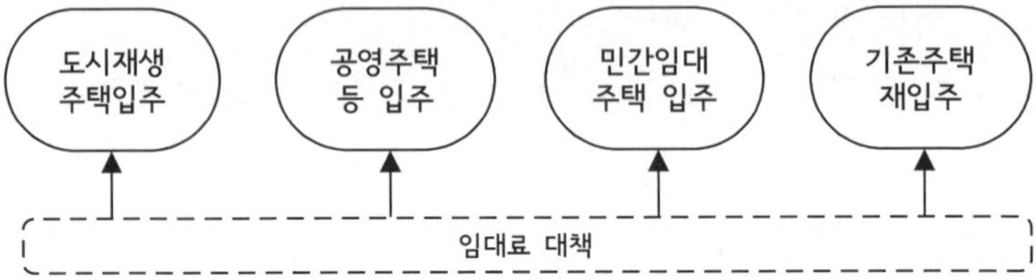

〈그림 6-3〉 원거주민의 재정착 경로

치단체가 민간의 임대 주택을 임차하여 도시재생주택을 공급한다. 민간 임대주택의 임차에 의한 공급이 곤란한 경우는 기초자치단체가 도시재생주택을 건설 혹은 매입하여 공급한다.

- 공영주택 등으로의 입주: 공영주택과 특정 공공임대주택, 특정우량 임대주택 등에 입주를 알선하는 방법이다. 기초 자치단체에 따라서는 밀집사업에 의한 주거 빈곤계층에 대해 특별 입주를 제공하는 사례도 늘고 있다.
- 재건축 후 건립된 주택에 재입주: 임대료와 이전비용에 대한 배려가 제공된다.
- 민간 임대주택 알선: 근방의 민간 임대주택으로 입주 알선하여 새로운 주택을 확보하는 것이다. 일정한 조건에 따라서는 기초 자치단체가 임대료를 조성하는 것도 가능하다.
- 보상금 지불에 의한 임차관계의 해소: 이전과 관련된 비용과 임차관계의 해소에 필요한 비용 등을 소유자와 세입자가 협의하여 금전으로 지불하는 방법이다.
- 거주안정계획의 작성: 「밀집시가지에 있어서 방재가구의 정비 촉

---

127) 2002년도부터 원거주민 대책을 더 한층 효율적으로 수행하기 위해 밀집주택시가지 정비촉진사업의 커뮤니티주택은 주택시가지정비 종합지원사업과 일원화하여 동 사업의 도시재생 주택제도가 창설되었다.

진에 관한 법률」에 근거하여 임대주택이 제거 권고를 받은 경우, 소유자는 거주안정계획을 작성한다. 이것이 인정을 받는 경우 원거주민은 공영주택 등으로의 특별입주, 임대료 감액, 이전비용을 받을 수 있다.

② 생활재건의 지원

밀집사업에서는 원거주민의 생활재건을 위해 '임대점포', '임대작업소' 등 종전 영업자용 임대시설, 재건축 시의 '가설주택' 및 '가설점포' 등의 공급도 이루어지고 있다. 예를 들어 밀집사업에 수반하는 생활재건 지원책으로서 토쿄도 스미다구 쿄사마지구에서는 임대점포, 아키치구 세키하라 1쵸메지구에서는 임대작업소를 정비하였다. 또한 재건축 후에도 계속해서 점포 등을 임대할 수 있다.

3. 미국[128)]

미국은 모든 국민들이 깨끗하고 적절한 주택에 거주할 권리를 보장하며, 주거권에 대한 기본적인 개념을 지난 50여 년 동안 국가 주택정책의 목표로 천명하였다.[129)] 미국에서의 재개발사업은 저소득층

128) State of Massachusetts, 2008, A Model Ordinance for a Traditional Neighborhood Development, Smart Growth/Smart Energy Toolkit Bylaw에서 요약.

129) Hartman, C., The Case for a Right to Housing, Housing Policy Debate, 1998, 9(2), p.223.
미국 「주택법」에서는 "모든 미국 가정에 알맞은 집과 주거환경(a decent home and suitable living environment for every American families)"이라는 개념이 선포되었다. 그리고 이를 위해 1952년 미국공중보건협회에서는 체계적인 주거기준을 제시하였고, 많은 주에서 이를 모델규정으로 채택하였다. 이를 Model Housing Code라 하는데, 이 중 가장 대표적인 것은 Uniform Housing Code와 APHA-CDC Recommended Minimum Housing Standards이다. 대부분의 주

을 위한 민간주택시장의 임대료를 감당할 수 없는 가구들을 위해 깨끗하고 저렴한 주거공간을 제공하기 위한 목적으로 실시되기 시작하였다. 특히, 미국의 저소득층을 위한 주택정책을 크게 세 가지로 나눌 수 있다. Section 8에 의한 주택바우처(Housing Voucher)프로그램과 HOME(Home Investment Partnership Program, 주택투자협동프로그램)프로그램에 의한 주택포괄보조금(Housing Block Grant), 그리고 각종 세금감면정책이다.

첫째, 주택바우처 프로그램은 저소득층을 위한 대규모 주택건설사업 대신에 임차인에게 주택바우처 프로그램에 속한 주택(대체로 주택)을 선택하게 하여 그 임대료의 일정부분을 정부가 보조해 주는 정책이다.

둘째, 주택포괄보조금(Housing Block Grants) 정책은 주택사업에 대한 연방정부의 역할을 실질적으로 지방정부에게로 이양시킨 정책이기도 하다. 이 정책은 지역사회 내 불량주거지를 재개발하고자 하는 사업에 포괄적인 보조금을 지원하는 정책이다. 그리고 HOME프로그램은 1990년「저렴한 주택공급에 관한 법(National Affordable Housing Act)」의 일부분으로, 연방정부가 주정부나 지방정부에 저렴한 주택을 공급하기 위해 주택임대, 주택신축, 주택복구 등에 재정보조를 하는 프로그램이다.[130]

셋째, 각종 세금감면 정책인데, 저소득층을 위한 주택세금공제(LIHTC: Low-Income Housing Tax Credit) 정책이다. 이것은 1986년 입안된「세금개혁법(Tax Reform Act)」이후 저소득층을 위한 저렴한 임대주택을 건설하기 위해 연방 프로그램의 하나로 마련되었다. 그리고

에서는 이러한 규정을 기반으로 자신들이 정한 최저주거기준 위반에 대해 강력한 규제조치를 실시할 수 있도록 규정하고 있다(대한주택공사, 2005a, pp.21-22).

130) TCPA. "Manifesto for the 21st Century 'towns and countryside for a new age of challenge'", Retrieved 30 May 2014.

커뮤니티개발 포괄보조금(CDBG: Community Development Block Grant)은 1974년 도입된 「주택 및 커뮤니티 개발법(Housing and Community Development)」에 근거해 실시되었으며, 저렴주택의 개량과 슬럼화된 커뮤니티에서의 일자리 창출 등을 위한 비용을 지원하는 것을 목적으로 하고 있다. 지방자치단체가 직접 사업을 시행하여 스스로 지원금 전액을 사용할 수도 있고, 공공비영리단체나 영리단체에게 지원금을 지급하여 필요한 사업을 시행하도록 할 수도 있다. 또한 'HOPE VI'는 심하게 낙후된 공공주택의 철거와 신규주택의 건설·복구를 위해 지방의 공공주택관리국에 연방기금을 직접 제공하는 것이다.[131] 재개발사업을 위해 원거주민이주와 다른 지원서비스를 위한 자금지원이 포함된다.

4. 프랑스

가. 입법 과정[132]

프랑스에서 과다채무, 실업, 질병, 이혼 등으로 인한 빈곤층의 증가는 결국 일정한 주거가 없는 사람들(SDF: Sans Domicile Fixe)의 증가로 이어져 큰 사회문제로 비화되었다. 이 문제에 대한 대책을 마련하라는 사회적 압력으로 2006년 12월 16일 파리에서 세계 의사회의 결정에 따라 일명 '돈키호테의 아이들'이란 단체의 주도하에 강변의 텐트에서 노숙생활을 체험하는 퍼포먼스가 있었으며, 여기에 참가한 주택소유자들로부터도 많은 공감을 얻어냈다.[133] 이러한 사회적 요구

131) http://cafe.naver.com/realpark.cafe?iframe_url=/ArticleRead.nhn%3Farticleid= 834&
132) http://www.cohesionsociale.gouv.fr
133) 오승규, "프랑스 대항력 있는 주거권의 법제화", 「최근외국법제동향」, 한국법제

를 받아들여 종래의 주거권 개념을 강화한 법률을 제정하라는 자크 시라크 대통령의 지시(2006년 12월 31일)가 있은 지 3일 후, 도미니크 드 빌팡 총리는 구체적인 추진계획, 즉 법안을 발표하였다(2007년 1월 3일). 결국 이 법안은 치열한 논쟁을 걸쳐 2007년 3월 5일 공포되었고, 2007년 3월 6일 관보에 게재되었는데 그 명칭은 사회주의적 요소가 다분히 내포된 "주거를 위한 국가의 약속에 관한 법률"(La loi sur l'engagement national pour logement)이다.[134]

나. 법안의 주요내용

(1) 대항력 있는 주거권의 보장

프랑스에 합법적이고 영속적으로 거주하는 이들 가운데 스스로 주거권을 향유할 수 없는 사람들을 대상으로 1990년 5월 31일 법률에서 규정하는 주거권이 보장될 것이고, 이를 위하여 각 부(department) 별로 국가의 대표자 산하에 중재위원회가 설치된다. 위원회는 매년 주거권 보장 조치의 시행 실적을 대통령에게 보고한다. 이 위원회는 일정요건을 충족하여 사회적 주거를 신청하였으나, 법정 기한 내에 그 답을 받지 못한 사람들로부터 제소를 접수하여 일정기간 내에 우선순위자를 지정한 후 국가의 대표자에게 긴급수용대상자의 명단을 전달한다. 국가의 대표자는 각 청구인에게 맞는 임대기관을 지정하고 그 입주 시기를 결정한다. 우선순위자들 중 법정 기간 내에 주거 제공을 받지 못한 자들은 중재위원회를 통하여 국가의 대표자를 상대로

연구원, 2010, 44-45면.

134) 이에 앞서 주거권은 임대인과 임차인의 권리·의무에 관한 정의를 내린 1982. 6. 22. 끼요법 제1조에서 처음 명시적으로 인정되었다; 이은기, "프랑스의 주거기본권 실현형태로서의 사회주택에 관한 법적 고찰 H.L.M.(저임대주택)을 중심으로", 서울대학교 박사학위논문, 1995, 26면.

행정소송을 제기할 수 있다.

(2) 사회연대를 위한 조치

안정적인 주거가 없는 이들을 위하여 기초 자치단체에 설치된 사회활동센터를 이들의 법률상의 주소로 선정할 수 있도록 하고, 이를 기초로 각종 사회적 원조를 제공한다. 극소규모의 소기업에서 자유직으로 일하는 근로자를 위해서 이들이 소득 이상의 납세를 해야 하는 상황을 방지하기 위하여 매출액에 비례하는 사회공제를 신설한다. 또한 이민자를 위한 사회원조수당도 신설되었는데, 프랑스 영토 내에서 최소 15년 이상을 거주한 자 중 그 조상이나 후손이 프랑스 내에서 살지 않고 그 소득이 아주 적은 사람들에게 고국으로 돌아갈 수 있도록 사회복지수당의 손실을 보충해주는 조치를 취한다. 끝으로 노인이나 장애인을 돕는 서비스 등에 대한 접근 가능성을 높이기 위하여 경제활동세대에게 면세 등 세액공제 범위를 확대한다.

(3) 사회빈곤층의 주택 구입 자금지원

법률은 도시정비지구(quartier) 내 신축 주택의 구입 시 부가가치세를 5.5%로 인하한다. 이들 지구는 국가도시정비기구(l'agence nationale de rnovation urbaine)가 정한다. 사회주택의 임차인은 단계적 구입을 통하여 그 주택의 소유자가 될 수 있다. 2010년 12월 31일까지 세율을 0%로 하는 대출자금의 총액이 최대 15,000유로로 인상되었다. 이는 사회주택 자금의 한도 내에서 설정된 세대의 주택구입이 가능하도록 한 것이다. 자금의 대출 가능성은 일반퇴직예금계획(Plan Epargne Retraite Populaire: PERP)으로부터의 자금의 인출이 개시될 때에 최초 주택구입을 위하여 주어질 것이다. 사회주택의 건축을 희망하는 도시의 시장들은 임차인에게 사회주택 매매에 관한 계획을 게시하고, 코뮌에 위치하는 주택에 관한 정보를 전달하고자 주택구입에 관한 정보 창구를 설치할 수 있을 것이다.

(4) 사용가능한 주택의 구입

비위생적인 주택과의 전쟁을 위하여, 노후 주택을 임대하고자 하는 경우에는 시장으로부터 사전에 임대신고증서를 교부받아야 할 것이다. 5.5%의 부가가치세는 도시냉·난방 망에 적용된다. 저소득층의 주거권 보장을 위하여 동절기 단수, 단전, 가스공급중단이 엄격히 금지된다. 사회주택의 임대료 초과분 혹은 연대로부터의 임대료 보충분은 그 자금이 사회주택 임차인들로 하여금 사적시장에서의 주택구입이 가능할 수 있도록 자금의 융통성 확보를 위하여 증액될 것이다. 법률은 특히 지방자치단체에 의한 주택의 건설을 부양하고 임대주택의 공급을 증가시키기 위한 다양한 수단들을 포함하고 있다.

Ⅲ. 도시정비사업 과정에서의 주거권 확보 방안[135)]

1. 쟁점

도시재개발사업과 관련하여 적절한 주거대책 방안이 마련되어야 한다. 즉, 개발 사업으로 주거를 상실당하는 주민들에 대한 현지 재정착 지원과 공공임대주택의 공급 확대 및 임대료 체계 개편 등 체계적인 주거대책이 수립·집행되어야 할 것이다.

135) 이재삼, “도시개발법상 주거권 확보 방안”, 토지공법연구 제56집, 2012, 231-237면.

2. 구체적인 방안

첫째, 주거에 대한 헌법상 이념체계를 명확하게 정립하는 것이 요구된다. 그리고 주거관련 개별법률 체계의 정립도 필요하다. 즉, 주거관련 법률체계를 위하여 주거의 확보, 활용, 개발, 관리, 규제, 정보에 대한 구체적인 체계 정립과 주거여건을 반영한 통합적인 법체계의 정립이 필요하다.[136] 특히, 도시개발 사업에서의 주민들의 주거대책의 안정적 제도 보장이 이루어져야 할 것이다.

둘째, 도시정비사업에 대한 법체계상 상호간의 조정을 위한 제도적

---

136) 이와 관련하여 '주거기본법'이 2015년 6월 29일에 제정되었다. 그간 주택정책의 기본법이라고 할 수 있는 주택법은 주택건설이나 공급에 초점이 맞춰져 최근 주택의 양적 절대부족의 해소, 저출산・고령화, 1~2인 가구 증가 등의 시대변화에 따른 주거정책에 대한 국민적 요구를 반영하기에 한계가 있었다는 지적에 따라 주거복지정책의 실현 기반을 확고히 하고 국민의 주거안정 실현을 위해 새로 제정되었다. 이 법은 앞으로 주택법, 주거급여법, 도시 및 주거환경 정비법 등 주거 관련법을 아우르는 정부의 주거정책에 관한 기본법으로서 역할을 하게 된다. 주거기본법은 국민의 주거권을 "국민이 법령에 따라 물리적, 사회적 위험에서 벗어나 쾌적한 주거환경에서 인간다운 주거생활을 할 권리"로 규정하면서 주거복지정책의 지표로서 유도주거기준을 "1인가구의 경우는 33㎡에 방 2개와 부엌, 4인가구의 경우는 66㎡에 방 4개와 식사를 할 수 있는 공간을 겸한 부엌" 식으로 구체적으로 정하고 있다. 국가와 지자체는 국민 모두가 유도주거기준을 충족시키는 주거생활을 누릴 수 있도록 주거급여의 제공, 공공임대주택의 공급 등 주거복지전달체계를 구축하여야 한다. NGO, 사회적 기업, 협동조합 등이 공급하는 '사회주택'의 개념도 처음 도입했다.

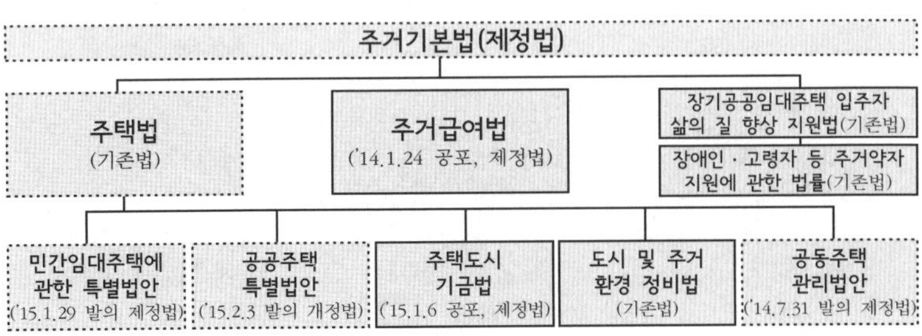

장치로서 주거대책의 제도화와 정책의 집행이 균형과 조화를 이루어야 할 것이다. 도시정비사업에 따른 주거대책의 통합적인 규정 마련과 그에 적합한 주택정책의 집행이 이루어져야 한다. 즉 도시정비법과 임대주택법, 건축법, 주택법, 공익사업법 등을 통할하고자 제정된 주거기본법에 따라 보다 일관성 있는 주택정책이 집행됨으로써 도시개발 및 주택정책의 효율화가 이루어져야 할 것이다.

셋째, 최저 주거기준은 인간이 기본적으로 누려야 할 최소한의 주거기준이라 할 수 있으며, 일반적으로 가구당 면적, 방 수, 화장실, 부엌 등 가구가 확보해야 할 규범적인 시설 및 면적기준과 주택의 물리적 상태 등을 주요내용으로 하고 있다. 이러한 최저 주거기준을 확보함으로써 국민 전체의 주거안정과 주거복지가 실현되는 것이다. 즉, 최저 주거 실현은 국민의 주거환경의 질적 향상과 우리 국민의 삶의 질 개선에 이바지하게 될 것이다. 그리고 각종 도시개발사업[137]으로 인해 퇴거를 당하는 주민들의 주거권 보장을 명문화하고, 주거권 상실 시 주거대책의 필요성과 방법까지 보장할 필요가 있다. 도시개발 사업에서는 무엇보다도 열악한 주거수준에 거주하는 주민들의 주거안정과 복지를 향상하는 데 우선적인 목적을 두어야 한다. 즉, 개발사업은 사업지구 내에서 오랫동안 살아 온 거주민의 생활 전반에 많은 영향을 끼치므로 재산권의 변동, 생활 근거지의 파괴 및 공동체의 붕괴 등으로 인해 경제적 피해뿐만 아니라 정신적·심리적 피해

---

137) 주택건설촉진법 제34조 제1항은 "사업주체(등록자를 제외한다)가 국민주택 및 국민주택과 동일규모의 주택을 건설하거나 같은 법 제44조의3 제4항의 규정에 의하여 노후·불량주택을 재건축하기 위하여 필요한 경우에는 토지나 토지에 정착한 물건 및 그 토지나 물건에 관한 소유권 이외의 권리를 수용 또는 사용할 수 있다"라고 규정하고…, 지가공시 및 토지 등의 평가에 관한 법률위반【대법원 2001. 5. 29. 선고 2000도6044 판결】.

도 상당히 입게 된다. 따라서 개발사업의 경우, 거주민에 대한 토지 등에 대한 직접적인 보상[138]뿐만 아니라 거주민의 주거 및 생활안정을 위한 이주대책[139]을 광범위하게 실시해야 한다.[140]

---

138) 직접보상은 건축물 · 입목 · 공작물과 그 밖에 토지에 정착한 물건(이하 "건축물 등")에 대하여는 이전에 필요한 비용(이하 "이전비")으로 보상하여야 한다(공익사업법 제75조). 공익사업법 제78조 제5항, 같은 법 시행규칙 제54조 제2항 본문, 구 도시정비법(2008. 3. 28. 법률 제9047호로 개정되기 전의 것) 제4조 제1항, 제2항, 같은 법 시행령 제11조 제1항의 각 규정 내용, 형식 및 입법 경위, 주거이전비는 당해 공익사업시행지구 안에 거주하는 세입자들의 조기이주를 장려하여 사업추진을 원활하게 하려는 정책적인 목적과 주거이전으로 인하여 특별한 어려움을 겪게 될 세입자들을 대상으로 하는 사회보장적인 차원에서 지급하는 성격의 것인 점 등을 종합하면, 구 도시정비법상 주거용 건축물의 세입자에 대한 주거이전비의 보상은 정비계획이 외부에 공표됨으로써 주민 등이 정비사업이 시행될 예정임을 알 수 있게 된 때인 정비계획에 관한 공람공고일 당시 해당 정비구역 안에서 3월 이상 거주한 자를 대상으로 한다(대법원 2010. 11. 11. 선고 2010두5332 판결).

139) 이주대책은 공익사업법 제78조 제1항과 동법 시행령 제40조에 근거한 대책이다. 즉, 이주대책은 사업시행자가 공공사업의 시행에 필요한 토지 등을 제공함으로 인하여 생활근거를 상실하게 되는 자(이주자)를 위하여 이주정착지에 대한 도로, 급수시설, 배수시설 기타 공공시설 등 당해 지역조건에 따른 생활기본시설의 계획을 수립하고 집행하는 것을 말한다. '주택공급에 관한 규칙' 제19조 제1항 3호 (다)목이 '도시계획사업으로 인하여 철거되는 주택의 소유자'에게 국민주택 등을 특별 공급할 수 있다는 취지로 규정하면서 다가구주택을 일반적인 단독주택과 동일하게 취급하고 있지는 않은 점, 당해 다가구주택은 설계 및 건축 단계에서부터 6세대가 독립적으로 생활할 수 있도록 물리적으로 구획되어 있고 매매도 각 세대별로 이루어졌으며, 제세공과금도 각 세대별로 부과되었다는 것이므로, 그 실질은 다세대주택과 유사한 공동주택으로 볼 여지가 많은 점 등에 비추어 보면, 공익사업법에서 정한 이주대책은 이주자들에 대하여 종전의 생활상태를 원상으로 회복시키면서 동시에 인간다운 생활을 보장하여 주기 위한 이른바 생활보상의 일환으로 국가의 적극적이고 정책적인 배려에 의하여 마련된 제도로 보아야 마땅하다(대법원 2007. 11. 29. 선고 2006두8495 판결).

140) 공익사업법 제78조, 같은 법 시행규칙 제54조 등 관계 법령에서 정한 이주대책은 이주자들에 대하여 종전의 생활상태를 원상회복 시키는 등 생활보상의 일환으로 국가의 적극적이고 정책적인 배려에 의하여 마련된 제도라는 점, 이주대책을 마련한 본래의 취지가 생활의 근거지는 그 이전이 용이하지 않고 생활의 근거지를 상실하게 되는 거주자가 종전의 생활상태를 원상으로 회복하기 위하여는

넷째, 현행 전면 철거 위주의 정비사업이 시행되는 지역의 주민들에 대해 가급적 원하는 주민들 모두가 현지 재정착을 할 수 있도록 적극 유도하고 지원하는 것이 가장 바람직하다. 다만, 정비구역 내 주민들의 주거권을 실질적으로 확보하기 위해서는 현재와 같은 전면 철거 위주의 개발방식은 전면 재검토해야 한다. 즉 정비사업이 추진되고 있는 구역 내 세입자를 비롯한 소유자에게 주거권을 온전하게 보장할 수 없는 구조인 전면 철거 위주의 재개발방식을 지양하고 수복형, 회복형 주택개량방식을 추구하는 도시재생사업 방식[141]으로 변경하는 것이 바람직하다. 이러한 도시재생 방식은 기존 거주민들의 주거안정을 도모하며 기존의 시설을 유지하는 철거방식의 대안으로써 자신의 능력에 맞는 주거지에서 계속 거주할 수 있는 장점이 있다.

상당한 비용이 필요하므로 생활보장의 측면에서 이를 보상해 주어야 한다는 점 등에 비추어 보면, 위 관계 법령상 '주거용 건축물'을 판단할 때에는 실제 그 건축물의 공부상 용도와 관계없이 실제 주거용으로 사용되는지 여부에 따라 결정하여야 하고, 그 사용목적, 건물의 구조와 형태 및 이용관계 그리고 그곳에서 일상생활을 영위하는지 여부 등을 아울러 고려하여 합목적적으로 결정하여야 한다(대구지법 2009. 10. 28. 선고 2009구합1183 확정 판결). 나아가, 도시개발법 제23조에서는 도시개발사업의 시행자는 공익사업법이 정하는 바에 따라 도시개발사업의 시행에 필요한 토지 등을 제공함으로 인하여 생활의 근거를 상실하게 되는 자에 관한 이주대책 등을 수립·시행하여야 한다고 규정하고 있는데, 공공사업시행지구 내에 건물을 소유하고 있다가 당해 사업의 시행을 위하여 당해 건물을 사업시행자에게 제공함으로써 생활근거를 상실하게 되는 자만이 공공용지의 취득 및 손실 보상에 관한 특례법 소정의 이주대책대상자가 되고 당해 건물에 계속하여 거주하지 아니하던 자는 당해 건물의 제공으로 인하여 생활근거를 상실하게 된 자가 아니어서 이주대책대상자가 되지 아니 한다(대법원 1994. 2. 22. 선고 93누15120 판결).

141) 현지개량방식은 정비지구 내 필요한 도로의 정비를 위하여 몇몇 거물을 철거하고, 나머지 주택은 단독주택으로 개량하거나 일부 필지를 합하여 다세대·다가구 주택을 신축하는 것이고, 지구 내의 가로망의 골격은 그대로 두고 단독주택을 증·개축하는 것이다. 이러한 방식은 도로의 확폭이나 필지의 합필이 없기 때문에 건물 철거가 없다는 점을 특징으로 한다.

다섯째, 개발사업으로 인한 주거권 침해 여부에 따라 생활기반을 조성해 주고 건물소유자와 세입자에게 동등하게 이주대책과 생활보상 대책을 강구하는 것이 필요하다.[142] 즉, 이주대상자가 이주 후에 발생하는 막대한 손실에 대비하여 현실적인 이주대책·이주정착금, 주거이전비 보상, 건축물 등에 대한 보상, 영업손실에 대한 보상 외 실비변상가(예: 이전료보상)와 생활보상(간접 보상) 등이 확대되어야 한다. 영업손실 보상에 있어서도 개발사업으로 인한 영업손실에 따른 현실성을 감안해야 하며, 개발사업으로 인한 휴직 및 실직보상도 충분히 지급해야 한다.[143]

여섯째, 철거가 이루어지는 정비지역 주민들을 위한 지원이 확대되어야 한다. 구체적으로 공공임대주택 입주우선권 부여, 민간임대주택의 임대료 보조, 정부 재정지원으로 매입한 다가구 등 임대주택으로의 공급, 국민주택에 대한 자금지원, 저소득층 무주택 서민·근로자의 주택구입 및 전세자금 지원, 저소득가구의 전세자금 지원, 일정규모 이하 소형주택 전세보증금의 소득세 한시적 배제, 실수요 중심의 소형 주거용 주택의 공급 확대 등 적극적 주거지원이 필요하다.[144] 그리고 임대료 차등화 등의 정책 수립과 원주민 재정착시 세제 및 권리가액 보정 등의 혜택도 부여해야 한다.[145]

---

142) 공익사업법 제78조 제1항 내지 제7항.

143) 이재삼, "공정사회와 토지보상에 관한 연구, 「토지공법연구 제54집」, 한국토지공법학회, 2011. 8, 23-26면.

144) 유진수, "인천지역 주거권과 주거복지 확보를 위한 10대 요구", 「월간 복지동향 제80권」, 2005, 2면.

145) 주택공급에 관한 규칙 제19조의2에 의한 공공기관 건설 주택의 우선공급 기준으로서 '입주자모집공고일 현재 65세 이상의 직계존속을 3년 이상 부양'하는지 여부는 일단 주민등록등본의 기재를 기준으로 하되 반드시 그에 한정되는 것은 아니고, 그 밖의 증거에 의하여 실제로 65세 이상의 직계존속을 3년 이상 부양하고 있는 점이 인정된다면 그 자격을 갖추었다고 봄이 상당하다(수원지법

일곱째, 특히 주택재개발사업의 경우 해당 정비지역에는 통상적으로 소규모 자영업이[146] 많이 분포하고 있고, 현지 주민들 중 사업대상 지구에서 영세자영업을 하는 경우도 있으나, 재개발 후에 일반 상가를 분양받을 경제적 능력이 없는 경우가 많다. 또한 사업시행 과정에서 상점이 철거되어 사업기간 중에 생계유지가 어려워지는 경우도 있어 이들에 대한 체계적인 대책도 필요하다.[147] 영세 상인을 위해 사업기간 동안 대체시장을 제공하고, 기존 임차상인에게는 사업완료 후 우선 임차권을 부여하여 재정착 또는 재입주를 유도함이 상당하다.

여덟째, 정비사업 진행과정에서 강제퇴거로 인한 인권침해가 문제되고는 하는데 아무리 행정대집행과 명도소송에 의한 강제철거라 하더라도, 인권침해를 방지하기 위해서는 사람이 사는 주거지에 대한 강제철거와 기물 파손, 철거용역원들의 불법 폭행과 방화, 동절기·장마철·심야·새벽 시간대에 이루어지는 강제철거를 법률로 명시적으로 금지하고 엄단해야 한다. 또한 불가피한 강제철거의 경우에도 유엔 사회권 규약이 권고한 대로 철거시기의 사전고지가 반드시 이루

2007. 8. 17. 선고 2006가합21791 판결 확정).

146) 부동산중개업 등록행위에 다소 절차적 위법이 있다 하더라도 그 등록수리행위가 당연무효이거나 취소되지 않은 이상 사업인정 및 고시일 이전에 폐업신고를 하였다 하더라도 공익사업법 시행규칙 제45조에 따른 손실보상의 대상인 영업에 해당한다(서울고법 2007. 3. 16. 선고 2006누19787 판결).

147) 공익사업법 제67조 제1항은 공익사업의 시행으로 인한 손실보상액의 산정은 협의에 의한 경우에는 협의성립 당시의 가격을, 재결에 의한 경우에는 수용 또는 사용의 재결 당시의 가격을 기준으로 한다고 규정하므로, 위 법 제77조 제4항의 위임에 따라 영업손실의 보상대상인 영업을 정한 같은 법 시행규칙 제45조 제1호에서 말하는 '적법한 장소(무허가건축물 등, 불법 형질변경토지, 그 밖에 다른 법령에서 물건을 쌓아놓는 행위가 금지되는 장소가 아닌 곳을 말한다)에서 인적·물적 시설을 갖추고 계속적으로 행하고 있는 영업'에 해당하는지 여부는 협의성립, 수용재결 또는 사용재결 당시를 기준으로 판단하여야 한다(대법원 2010. 9. 9. 선고 2010두11641 판결).

어지도록 하고, 행정대집행 시 사전고지 절차를 생략할 수 있는 예외 조항을 둔 「행정대집행법」을 개정하여 예외 없는 사전고지를 법적으로 의무화함이 상당하다.[148)]

3. 소결

주거기본법이 제정된 지금 우리 사회는 현재, 기본권으로서 주거권 보장을 위한 공감대가 형성된 것으로 보인다. 서울시의 경우 강제철거를 골자로 한 행정대집행 인권매뉴얼을 제정해 시행하고 있고, 주거복지 차원에서 2014년부터 주거급여도 본격적으로 확대·개편하여 시행되고 있다. 그러나 위 인권매뉴얼은 강제철거에 따른 인권침해를 방지하는 데 큰 의의가 있으나 가이드적 성격으로 강제성이 없어[149)] 조속히 법제화가 필요하다. 또한 위에서 논한 정비사업 과정에서의 주거권 확보방안들을 2015년 제정된 주거기본법에 따라 통일적으로 정립해 나가야 할 것이다. 주거권 보장을 위한 법제가 '복지'적 측면에서 접근되는 것이 현실적이고 당연하게 여겨질 수도 있으나 주거권은 '복지'를 넘어선 인간존엄성 보장을 위한 전제적 요건이 되어야 함을 간과해서는 안 된다. '주거복지'를 보장하는 것이 아니라, '주거권' 자체에 대한 보장이 이루어져야 하는 것이다.[150)]

148) 행정대집행법 제3조 제3항은 '비상 시 또는 위험이 절박한 경우에 있어서 당해 행위의 급속한 실시를 요하여 전2항에 규정한 수속을 취할 여유가 없을 때에는 그 수속을 거치지 아니하고 대집행을 할 수 있다'라고 규정하고 있다.

149) 도시개발신문, "서울시 강제철거 금지 골자 '인권매뉴얼' 전국최조 마련·시행", 2013. 7. 10.

150) 장은혜, "주거권의 법리적 쟁점과 보장법제에 관한 연구", 「아주법학 제8권 제1호」, 2014, 76면.

Ⅳ. 도시정비법 등 관련 법 개정방안

1. 주민(세입자 포함) 이주대책의 체계적 확립

현행 도시정비법은 사업시행자가 정비사업을 시행하고자 하는 경우에는 사업시행계획서에 정관과 그 밖에 국토부령으로 정하는 서류를 첨부해 시장·군수에게 제출하고 사업시행인가를 받아야 하며(법 제28조 제1항), 사업시행계획서에는 임시 수용시설을 포함한 주민이주대책, 세입자의 주거 및 이주대책과 임대주택의 건설계획 등을 포함해야 한다고 규정하고 있다(법 제30조). 이처럼 도시정비법은 사업시행자가 사업시행계획서에서 정해야 할 사항으로 '임시수용시설을 포함한 주민이주대책'과 '세입자의 주거 및 이주대책'을 별도로 구분하고 있다. 이는 공용수용의 일반법이라 할 수 있는 공익사업법이 이주대책 대상자를 주거용 건축물의 소유자로 한정하고 있는 데에 기인하는 것으로 공익사업법과 도시정비법에서 사용하는 이주대책 개념의 통일성 유지를 위한 것이다.[151] 따라서 법률에 이주대책이 세입자에 대한 주거대책을 포함하는 광의의 개념으로 사용되는 경우도 있지만 도시정비법은 이주대책의 개념을 존중해 세입자에 대해서는 주거대책이라는 별도의 용어를 사용하고 있었다.

그런데 2009년 5월 27일 도시정비법 개정으로 종전 '세입자에 대

151) 다만 「주한미군기지 이전에 따른 평택시 등의 지원에 관한 특별법」에서는 이주자 및 세입자 등을 이주대책 및 생활대책대상자로 정의해 이주대책대상자를 주거용 건축물 소유자 외에 세입자로 확대하고 있으므로, 세입자를 이주대책대상자에 포함되는 것으로 개념 정의하느냐 아니면 세입자를 이주대책대상자와 다른 개념의 용어 즉 주거대책대상자로 정의하느냐 하는 것은 획일적인 것이 아니고 개별 법률마다 달리 사용할 수 있는 것이다.

한 주거대책'이 '세입자에 대한 주거 및 이주대책'으로 변경돼 주거대책과 이주대책이 어떤 차이가 있는지, 그리고 세입자에 대한 이주대책과 주거용 건축물 소유자에 대한 주민이주대책이 서로 다른 것인지 등의 해석상 혼란이 여전히 남아 있는 상태여서, 이에 대한 정리 작업이 조속히 필요하다.[152] 이와 관련하여 2012년 12월부터 시행된 개정 도시정비법에서는 일부 세입자 보호 관련 규정을 추가하고 있다. 먼저, 정비계획에 세입자의 주거대책을 포함하도록 하였고(제4조 제1항), 도시환경정비사업의 시행자는 사업시행으로 이주하는 세입자가 사용할 수 있는 임시상가를 정비구역 또는 정비구역의 인근에 설치할 수 있도록 하였으며(제36조의2 신설), 정비사업의 공공관리 업무에 세입자의 주거 및 이주대책수립에 관한 지원, 관리처분계획 수립에 관한 지원 업무를 추가하였다(제77조의4 제2항).

2. 순환정비 개발방식의 의무화

도시정비사업의 최우선적인 목표는 주택재개발·재건축 지역 주민의 주거안정에 두어야 한다. 이를 위해서는 정비지역에서 멸실되는 주택을 대체할 수 있는 순환용 공공임대주택을 적극 확보할 필요성이 있다. 서울시에서는 순환용 임대주택 공급을 시범사업으로 시작하였으나, 아직 공급 가구 수가 너무 적어 실효성이 떨어지고 있다. 특히 대규모 재정비사업이 동시에 이루어지는 경우 원주민이나 세입자의 안정적인 주거를 확보하기 어렵다는 점을 고려하면 가수용 단지가 보장된 경우에 한해서 정비사업을 추진할 수 있도록 순환재개발을 의무

152) 김종보, "법학자의 눈으로 본 도시와 건축", 68-69면.

화하도록 제도화할 필요가 있다. 순환정비 개발방식을 활용한 인천 송현지구에서는 순환용 주택 재정착률을 포함한 전체 재정착률이 79.5%, 신림2-1지구는 67.8%, 신림1지구에서는 47.1%에 달한 것으로 나타난 점[153]을 고려하면 순환정비 개발방식은 반드시 의무화되어야 한다.

이와 관련하여, 2015년 1월에 시행된 '서울특별시 도시 및 주거환경 정비 조례'는 재개발·재건축 조합이 법적 상한용적률에서 정비계획으로 결정된 용적률을 뺀 나머지 용적률의 50%를 반드시 임대주택이나 장기 전세주택 등 소형으로 공급하도록 하고 있다.[154] 예컨대

---

153) 대한주택공사, 「순환정비사업 성과분석 및 확대방안 수립 연구」, 2009. 9, 요약보고서 31면. 참고로 이 보고서에 따르면, 신림 2-1지구의 관리처분계획상 재입주자 기준으로 본 재정착률은 74.7%에 이른다.

154) 조례 제8조(정비계획의 내용 및 세부기준) ① 영 제13조 제1항 제9호에서 "그 밖에 정비사업의 원활한 추진을 위하여 시·도조례가 정하는 사항"이라는 정비계획의 내용과 정비계획의 세부기준을 말한다. 〈개정 2009. 7. 30., 2010. 3. 2.〉 ② 정비계획의 내용은 다음 각 호의 사항을 말한다. 〈신설 2010. 3. 2., 2012. 1. 5., 2012. 12. 31., 2014. 5. 14.〉

1. 가구 또는 획지에 관한 계획
2. 임대주택의 건설에 관한 계획(도시환경정비사업은 일반주거지역과 주택이 있는 준주거지역·상업지역 및 준공업지역에 공동주택을 건설하는 경우만 해당하며, 구청장은 대학 주변지역의 정비구역에 대해서는 대학생에게 공급할 수 있는 임대주택 건설계획을 수립할 수 있다)
3. 주민의 소득원 개발에 관한 사항(주거환경개선사업에 한한다)
4. 환경성 검토결과(「국토의 계획 및 이용에 관한 법률」 제27조 제2항을 준용한다)
5. 기존 수목의 현황 및 활용계획
6. 인구 및 주택의 수용계획
7. 주거환경관리를 위한 주민공동체 활성화 방안(주거환경관리사업에 한한다)
8. 구역내 옛길, 옛물길 등 역사·문화자원의 보전 및 활용계획

③ 정비계획의 세부기준은 다음의 각 호의 사항을 말한다. 〈신설 2010. 3. 2., 2010. 7. 15., 2015. 1. 2.〉

1. 공통사항

가. 정비구역에는 원칙적으로 기존 공원이나 녹지를 포함하지 않도록 한다. 다만, 공원 또는 녹지의 기능을 회복하거나 그 안의 건축물을 정비하기 위하여 필

3종 주거지역의 경우 조례상 용적률인 250%를 법적 상한용적률인

요한 경우와 토지이용의 증진을 위하여 필요한 경우에는 그러하지 아니하다.

나. 공동주택을 건립하는 정비구역에는 「주택건설기준 등에 관한 규정」에 따른 부대시설·복리시설 등의 설치기준에 적합한 계획을 수립하여야 한다.

다. 영 제13조 제1항 제3호에 따른 기존건축물의 정비·개량에 관한 계획은 건축물의 경과연수, 용도, 구조, 규모, 입지, 허가유무 및 노후·불량 정도를 고려하여 존치, 개수, 철거 후 신축, 철거이주 등으로 구분하여 계획하도록 한다.

라. 종교부지, 분양대상 복리시설 부지 및 정비구역 안에 건립하는 임대주택 부지는 필요한 경우 획지로 분할하고 적정한 진입로를 확보하도록 하여야 한다.

마. 법 제4조 제1항 제7호에 따른 정비사업시행 예정시기는 사업시행자별 사업시행인가신청 준비기간을 고려하여 정비구역 지정고시가 있은 날부터 4년 이내의 범위 안에서 정하여야 한다.

2. 도시환경정비사업을 위한 정비계획

가. 건축계획은 정비구역의 특성과 도심부 기능회복을 위하여 복합용도건축계획을 원칙으로 하며, 다음의 사항이 포함되도록 하여야 한다.

(1) 각 지구별 건축계획선에 따른 건축물 배치계획, 공개공지계획, 조경계획, 지구별 건축물의 주·부 출입구 위치와 이에 따른 보행동선계획, 지구별 건축물의 차량 진·출입구 위치와 이에 따른 차량동선계획

(2) 주변의 건축물을 감안한 해당 정비구역에 대한 스카이라인 계획

(3) 주변에 문화재나 자연 지형물이 있는 경우에는 주변경관에 미치는 영향을 최소화할 수 있는 경관계획

(4) 장기전세주택을 건설하는 경우에는 우수디자인 계획, 커뮤니티 지원시설 계획, 공공시설물 설치계획, 사회혼합계획

나. 도시환경정비구역 안에서의 건축물 최고높이는 법 제3조에 따른 기본계획에서 정하는 기준에 따른다.

다. 일반주거지역에 200세대 이상의 공동주택을 건설하는 경우의 임대주택의 건설규모 및 건설비율은 국토교통부장관이 고시한 주택재개발사업의 임대주택의 건설규모 및 건설비율을 준용한다.

라. 준주거지역·준공업지역 및 상업지역에 200세대 이상의 공동주택을 건설하는 경우의 임대주택의 건설규모는 전용면적 40제곱미터 이상으로 하되, 건설비율은 (해당 구역에 건설하는 주택 전체 세대수의 17퍼센트 또는 주거용 건축물연면적의 10퍼센트)×(해당 구역에 건설하는 전체 건축물연면적에 대한 주거용 건축물연면적 비율)로 산정된 비율 이상으로 한다.

마. 공동주택을 건설하는 경우 국민주택규모의 주택을 전체 세대 수의 60퍼센트 이상 건설하되, 주택전체연면적의 50퍼센트 이상 건설하여야 한다.

바. 장기전세주택 건립에 따라 용적률을 완화 받는 경우에는 완화된 용적률의 50퍼센트 이상을 장기전세주택으로 공급하여야 한다.

300%까지 완화할 경우 완화된 50%의 절반인 25%를 소형주택으로 짓도록 하는 방식이다. 이는 기존 재개발 정비사업에서 정한 임대주택 비율인 20%보다 많은 임대주택을 확보하기 위한 조치로 보인다. 특히 '50%'라는 범위는 재건축 사업에 제시한 소형비율(50%)의 형평성을 감안하여 마련되었다.

3. 정비구역 주민(세입자 포함)의 사업 참여권 보장

현행 도시정비사업 구조하에서는 세입자의 이익을 대변할 주체가 없어 비전문적인 기존 철거경험자로부터 정보와 투쟁전략을 인수하여 과격한 투쟁을 유발하거나 양산하고 있는 것이 여전히 현실이다. 2009년 용산참사 이후 정부가 발표한 분쟁조정위원회는 현재와 같이 조합과 이를 지원하는 전문기관이 정보나 권한을 보유하고 있는 상태에서 정보력과 자금력이 부족한 세입자나 상가입주자들이 분쟁조정위원회에서 설득력 있는 논리를 도출하는 데 한계가 있다.[155] 재개발 대상지역에서 주민들에게 필요한 것은 조합이나 정비업체, 시공업체 등으로부터 일방적으로 정보를 제공받을 것이 아니라 사업의 추진과정이나 주민에 대한 보상 및 이주대책, 주민들의 부담액이나 권리 등에 대해 정확한 정보를 제공받는 것이다.[156]

또한 많이 향상되었다고는 하나 지방자치단체 공무원들은 전문성이 떨어질 뿐만 아니라 순환보직으로 연속성을 확보하기 어렵기 때문

155) 정치선, "불량주택지역의 주거환경 개선방안에 관한 연구: 부산시 주거환경개선지구의 현지 개량방식을 중심으로", 동아대 대학원 박사학위논문, 1999, 78-82면.
156) 오준근, "주택재개발사업에 있어 세입자의 법적 지위: 개정 도시재개발법의 문제점과 그 대안 제시를 위하여", 「도시및주거환경정비법에 따른 재건축 길라잡이II」, 하우징해럴드, 2004, 25-26면.

에 전문가들로 구성된 재개발·재건축 사업지원 전문가단을 조직하여 재개발사업 지구별로 파견할 필요가 있다. 위 사업지원 전문가단에는 도시계획이나 재개발분야 전문가, 민간 정비업체, 지역사회를 대상으로 활동해 온 시민사회 단체 등의 관계자들이 포함되어야 한다. 현행 뉴타운지구별 총괄계획가(MP)는 전체 사업계획을 총괄하는 반면, 재개발사업 지원전문가단은 세입자나 비동의 조합원의 이익을 대변하는 공익계획가의 역할을 수행하게 된다.[157] 한편 이와 관련하여, 2012년에 제정된 '서울특별시 도시 및 주거환경 정비 조례 개정[158]'은 주민의사에 따라 사업추진 여부를 결정하는 제도적 기반을 마련했다. 이로써 분담금 증가 등으로 인해 토지등소유자와 세입자를 포함하여 주민 과반수가 반대하면 구역 해제가 가능해진다.[159]

---

157) 2010년도 변협 인권보고서, "재개발 과정에서의 세입자 보호방안", 대한변호사협회, 2011. 2.

158) 서울특별시 도시 및 주거환경 정비 조례 제4조의2(정보제공 및 의견청취) 서울특별시장 및 구청장은 필요한 경우에는 토지등소유자에게 의사결정에 필요한 정보를 제공하고 의견을 청취할 수 있다. 〈신설 2012. 7. 30.〉
동조례 제6조(정비구역지정의 입안을 위한 주민제안) ① 영 제13조의2에 따라 구청장에게 정비계획의 입안을 제안하려는 때에는 해당 지역 토지등소유자의 3분의 2(단, 주거환경관리사업의 경우 토지등소유자의 과반수) 이상 및 토지면적의 2분의 1 이상 소유자의 동의를 얻어야 한다. 〈개정 2012. 1. 5., 2014. 5. 14.〉 ② 토지등소유자가 입안을 제안하는 경우 제안내용에는 제5조 각 호의 사항이 포함되도록 하고, 제안서식은 규칙으로 정한다. 〈신설 2010. 3. 2.〉 ③ 제1항에 따른 동의자의 산정방법 등은 영 제28조의 규정을 준용한다. 다만, 국·공유지는 동의자 수 및 동의면적 산정에서 제외한다. 〈개정 2012. 1. 5.〉

159) 한편, 2012년 개정 도시정비법은 사업 단계별로 일정기간 동안 사업이 진행되지 아니하는 경우 또는 추진위원회 승인 또는 조합설립인가가 취소되는 경우 등에는 주민공람, 지방의회 의견수렴 및 도시계획위원회의 심의를 거쳐 정비예정구역 또는 정비구역 지정을 해제하도록 하였다(제4조의3 신설). 예를 들면, 주택재개발·재건축사업에서 토지등소유자가 정비구역으로 지정·고시된 날부터 2년이 되는 날까지 추진위원회의 승인을 신청하지 아니하거나 3년이 되는 날까지 조합 설립인가를 신청하지 아니하는 경우(추진위원회 없이 바로 조합설립하는 경우임), 추진위원회가 추진위원회 승인일부터 2년이 되는 날까지 조합 설립인가

4. 단계적 · 순차적 개발

한편, 지금까지의 재건축 · 재개발 사업 등 도시정비에서 나타난 과속 개발, 동시다발적 개발의 폐단을 시정할 필요성이 있다. 서울시의 경우 오세훈 시장 재임 시까지만 해도 주택 멸실률과 이주수요, 이에 따른 전세대란 등을 고려하지 않은 채 개발속도만 앞세워 규제완화, 절차간소화, 밀어붙이기식 개발사업이 주로 이루어진 것이 사실이다. 박원순 시장 취임 이후 이러한 관행에서 벗어나 적어도 각 구별로 주택 멸실률과 이주수요 등을 감안하여 단계적 · 순차적 개발허가가 이루어지도록 일정부분 규제가 이루어지고 있다.[160] 다만 이러한 조절은 이미 정비사업 인허가가 난 곳에서도 본격적인 주택 철거와 신축 공사 착공시기에 대해서는 적절히 조정할 필요가 있다.

5. 공공부문의 적극적인 개입과 재정적 지원

외국의 경우 도시재생을 촉진하기 위해 계획적인 개발을 유도할 수 있는 다양한 인센티브 중심의 정책 프로그램을 개발하여 사업활성

를 신청하지 아니하거나 조합이 조합 설립인가를 받은 날부터 3년이 되는 날까지 사업시행인가를 신청하지 아니하는 경우 또는 신설된 제16조의2에 따라 추진위원회의 승인 또는 조합 설립인가가 취소되는 경우 등이다. 그 외 시 · 도지사 또는 대도시 시장은 정비사업시행에 따른 토지등소유자의 과도한 부담이 예상되는 경우, 정비예정구역 또는 정비구역의 추진 상황으로 보아 지정 목적을 달성할 수 없다고 인정하는 경우 또는 토지등소유자 100분의 30 이상이 정비구역 해제를 요청하는 경우에는 도시계획위원회의 심의를 거쳐 정비구역 등의 지정을 해제할 수 있도록 하였다. 정비구역 등이 해제된 경우에는 정비계획으로 변경된 용도지역, 정비기반시설 등은 정비구역 지정 이전의 상태로 환원된 것으로 본다.

160) 주관수, "공공의 역할 강화를 통한 재개발사업 방식의 전환에 관한 연구", 서울시립대 대학원 박사학위논문, 2004, 180-184면.

화를 지원하고 있다. 영국, 프랑스, 독일, 일본의 경우 재정비사업을 위한 도로나 주차장, 공원 등에 대해 재정적인 지원을 하거나 지자체 소유 토지나 산하의 공사나 공단의 토지를 활용, 토지수용 지원, 환지방식을 통해 재정과 건설에 대한 의무를 이행하고 있다.161) 일본의 경우 독립행정 법인인 'UR도시재생기구'가 밀집시가지 정비사업의 초기 및 사업실시 단계에서 코디네이터로서 주요 생활도로 정비의 위탁, 종전 거주자용 임대주택 건설 등의 업무를 수행하고 있다.162) 그러나 우리나라에서는 도시정비사업을 촉진하기 위한 정부의 지원 수단이 제한적이어서 공공지원이 거의 없거나 명목적으로만 규정하고 있어 허가여부 등 지나친 행정적 규제만 할 뿐 도움이 되지 않는다는 비판이 많다.

재개발 · 재건축 정비사업의 궁극적인 목적을 시민들의 종합적인 주거환경개선으로 설정한다면, 사업추진은 공공기관이 직접 수행하거나 공공기관과 주민 등의 참여를 통해 구성된 공동조합이 수행하는 것이 바람직하다. 이 경우 정비구역 내 주민의 지원을 위해 공공부문이 적극적으로 재정적, 행정적 지원을 확대할 필요가 있다. 이러한 사업 방식은 공익성을 지닌 지역재생사업으로서 수익성을 전제로 하는 사업이 아니기 때문에 정부나 지자체는 지역경제 활성화나 지역균형발전, 세입자를 포함한 주민의 복지증진을 위해 공공재원을 투입하여야 하는 것이다. 또한, 공공부문이 적극적으로 도시정비사업에 참여하기 위

---

161) 고준환 · 장철순, "전게논문", 41-45면.

162) 참고로, 일본 도시재개발법상 개념정의 규정에 의하면 시가지재개발사업이란 시가지 토지의 합리적이고 건전한 고도 이용과 도시 기능의 갱신을 도모하기 위해 도시계획법 및 이 법률로 정한 바에 따라 행해지는 건축물 및 건축 대지의 정비 및 공공시설의 정비에 관한 사업 및 이것에 부대한 사업을 말하고, 각 제1종 시가지재개발사업(제3장)과 제2종 시가지재개발 사업(제4장)으로 구분된다.

해서는 이를 지원할 수 있는 기금을 확보해야 한다.[163] 구체적으로 도시·주거환경정비기금을 대폭 증액하되 재정여건에 따라 중앙정부에서 기금을 지원하는 방안을 고려할 수 있다. 공공지원의 범위를 합리적으로 정하되, 특히 공공이 직접 사업시행할 경우 다른 구역에 비해 용적률을 높이는 것은 물론이고 공공기반시설을 더 확대하는 방안을 추진할 수 있다. 공공이 직접 시행하는 재정비사업인 경우, 특히 세입자 보호에 신경을 써 원주민의 재정착에 초점을 맞추어 공급평형을 다양화하고 공공임대주택이나 공공자가주택 등 다양한 주택유형을 공급함으로써 민간부문이 주도하는 재정비사업과 차별화해야 한다.[164]

V. 결론

지금까지 우리나라에서 주택재개발·재건축 과정은 조합과 시공사

---

163) 임계호, "주거환경정비에서 공공의 역할 연구: 서울시 사례를 중심으로", 「국토계획 제39권 제2호」, 대한국토·도시계획학회, 2004. 4, 22-30면.

164) 이를 위해 정비사업 시 저소득 영세민이 부담가능한 공공임대주택을 공급할 필요가 있다. 공동주택방식의 주거환경개선사업 추진하는 경우 공공임대주택 공급되고 있으나, 영세 원주민의 주거비 부담 증가로 세입자 대책으로는 한계가 있다. 그러므로 임대주택 거주방식도 지역 여건과 사업지구 원주민 여건에 따른 선택이 가능하도록 하고, 임대주택 유형 임대주택 기간의 다양한 공급을 추진한다(공폐가 매입 후 용도전환 및 개량 후 임대 활용하는 방식 등). 또한 주거지정비사업 기간 동안, 현실적인 세입자 주거대책 보완으로서 공동주택방식 추진 시 사업기간 동안 임시 수용시설 건설이 이루어지지 않아 사업기간 동안 기존 주거비 대비 고비용의 주거비 지출 발생하고 있는데, 영세세입자가 공사기간 동안 안정적으로 거주할 수 있도록 사업지구 내외에 단기거주용 주택 확보를 다가구 임대주택매입사업 등과 연계하여 추진할 필요성이 있다. 마지막으로 이를 위해 영세 소유주·세입자 등 원주민 금융지원을 강화할 필요가 있다. 세입자의 경우, 주택자금의 융자를 알선하고, 최초 이주 시 전세자금 저리융자 등 금융지원책 마련하고, 구체적으로 저소득·영세민 전세자금 융자제도 및 근로자·서민전세자금융자제도 등 기존 주거금융지원책을 정비사업 거주 세입자 요건과 연계하여 활용할 필요성이 있다.

측의 이익을 위해 속도전에만 치우쳐 온 것이 사실이다. 그 과정에서 토지등소유자에 대한 보상은 일부 논의의 진전이 있었으나, 세입자에 대한 보상은 뒷전이었다. 특히, 주택재건축사업의 경우 공익사업법을 매개하지 않고 민사상 매도청구를 활용해 왔기 때문에 매도청구를 당하는 소유자의 세입자는 물론이고, 사업에 찬성한 조합원의 세입자에 대한 보상이 이뤄져야 한다는 인식이 전혀 없었다. 헌법상 평등원칙은 도시정비사업 과정에서 소유자와 세입자에 대해서도 동일하게 적용되어야 하는 가치이다. 즉 도시정비사업의 보상 체계상 지금까지 소외되어 온 세입자에 대한 보호가 보다 체계적으로 입법화될 필요성이 있는 것이다.

도시정비사업이 공공사업의 성격을 띠고 있기는 하나, 일단 사업시행자가 선정되면 대부분의 과정이 사업시행자와 조합에 의해 이루어지는 구조이다. 이로 인해 철거 과정에서 용역 업체의 무분별한 개입, 사업시행사와 조합 간의 결탁, 토지와 건물 소유자, 시공업체들의 경쟁적 이익 추구 문제가 매번 발생하며, 도시 정비법 등 관련법과 제도는 이러한 이익추구 경쟁을 단순히 행정적으로 뒷받침하는 역할에 그친다는 비판이 끊임없이 제기되어 왔다. 이와 같은 문제점을 해결하기 위해 정부와 지자체는 도시정비법을 일부 개정하여 소위 공공관리제를 도입하였지만 자치구의 재정여력 부족, 공공의 지원이 가장 필요한 부분인 세입자 보상이나 철거 등에는 정작 공공의 역할이 개입되지 않으면서 정비사업체 및 시공사 선정과정 등 사업의 주도권을 행사할 수 있는 사항에만 공공의 권한을 불필요하게 확대하였다는 등의 비판이 여전히 제기된다.

즉, 정작 중요한 세입자 보상과 철거 문제에서의 공공의 역할이 강조되지 않고 있는 것이다. 더 이상 도시정비사업 과정에서 보상과 철거문제를 두고 용산사건과 같은 사회적 갈등이 재발하지 않도록 하기 위해서는 도시정비사업 과정에서 세입자 보호를 위한 공공관리의 강화 및 생활보상 개념을 도입하여 보다 실질적이고 현실적인 보상이 이루어지도록 입법적으로 해결할 필요성이 있다.[165)]

165) 다행스럽게도 2015년 7월에 정부와 국회는 그동안 문제점이 불거져 온 공공관리제 등에 관하여 도시정비법을 개정안을 내놓았는데, 개정안에서는 공공관리제 시행에도 불구하고 조합과 시공사 간 공동시행 또는 LH 등이 조합 업무를 대행하는 경우 시공사를 조합설립인가 이후 조기 선정할 수 있도록 허용했다. 현재는 사업시행인가가 나야 시공사를 선정할 수 있다. 만약 공공관리제 개선방안이 시행되면 조합설립인가는 났지만 사업시행인가까지 대기 중인 재개발・재건축사업장이 조기에 시공사를 선정하게 돼 사업에 속도를 낼 수 있을 것으로 기대되고 있다. 자금과 역량이 부족한 추진위를 대신해 시공사와 LH 등이 자금을 조달해 각종 절차를 앞당길 수 있다. 이와 함께 정비사업을 통해 기업형임대사업(뉴스테이)이 공급될 수 있도록 정비사업 단계별 법적 근거와 인센티브 조항을 마련했다. 인센티브는 복합적인 건축물 용도계획을 허용하고 용도지역을 상향해 주는 내용이다. 국토부는 현재 뉴스테이 공급확대 계획의 하나로 재개발・재건축 사업장 일반분양 물량을 뉴스테이로 공급하는 방안을 추진하고 있다. 그 첫 사례로 인천시 부평구 청천2 재개발 사업장에 2017년 뉴스테이 3,197가구가 들어서는데 인천시는 사업 재개를 촉진하기 위해 용적률을 상향해 주기로 했다("재개발 매몰비용 지원관련 도정법 개정안, 국토위 통과…영향은?", 2015. 7. 6. 뉴스1 기사).

/제7장/

미래 도시정비사업의 방향

제1절 사회 계층 전부가 공생할 수 있는 정비사업제도 개선방안

제2절 도시정비사업의 새로운 패러다임으로서 도시재생

제3절 도시정비사업과 도시재생사업의 향후 바람직한 추진방향

제7장 미래 도시정비사업의 방향

제1절 사회 계층 전부가 공생할 수 있는 정비사업제도 개선방안

Ⅰ. 개관

1. 도시정비사업의 민주성, 투명성 확보

뉴타운·재개발지역에 사는 많은 주민(가옥주와 세입자)들은 도시정비사업 추진과정에 민주적인 주민 참여를 요구하고 있지만, 참여가 보장되지 않는다. 사업시행과정, 조합설립과 운영과정에서 조합임원 및 시공사, 용역업체와 관할 공무원들에 의한 비민주적 행위에 대해 직접 참여하여 시정할 수 있는 제도의 보완이 이루어지지 않는 한 재개발조합과 주민들 간의 분쟁, 지방자치단체와 주민들의 분쟁은 더욱 불거지면 불거졌지 줄어들지 않을 것이다. 이를 위해 자치단체별로 이해관계자 및 전문가, 시민단체로 구성된 상설적인 민원조정기구를 제도화해야 하며, 재개발조합의 회계 및 업무의 투명성 확보를 위해 주민감사기능을 확대하여 소수의 개발추진세력이 장악한 조합에게 지나치게 많이 부여된 의결 및 집행권한을 제한하여 비리구조를 원천적으로 차단해야 한다. 또한 뉴타운·재개발사업의 본래 취지를 회복하기 위해서라도 이해당사자인 주민들은 물론 관계자들이 참여하는 '뉴타운·재개발사업 종합 개선추진위원회'를 정부 차원에서 구성하여 용산참사를 통해 근본적인 드러난 문제를 해결할 필요성이 있다.

2. 임대주택 의무건설비율 조절, 순환재개발 실시, 임시주택 제공

2014년 현재 서울시 뉴타운지역의 세입자 가구 수 비율은 전체 가구 수의 70%를 넘어서고 있다. 특히 왕십리뉴타운, 노량진뉴타운, 영등포뉴타운 등은 세입자 가구 비율이 80%를 넘기 때문에 세입자 가구의 주거안정대책이 마련되지 않고서는 뉴타운·재개발사업의 문제를 해결할 수 없다. 그러나 뉴타운·재개발지역 철거세입자들에게 공급되는 공공임대주택의 건립의무비율은 총 건설세대 수의 17~20% 정도 밖에 되지 않기 때문에 많은 세입자들이 주거지를 잃고 있는 실정이다. 따라서 뉴타운·재개발지역 세입자들의 주거안정을 위해 공공임대주택의 건립비율을 총 건설세대 수의 30%까지 확대할 필요성이 있다. 다만, 임대주택 비율의 확대 문제는 2014년 이후 괄목할 정도의 개선이 이루어지고 있는 것으로 보인다.[1)2)] 이에 더하여

---

1) 공공주택 업무처리지침 〔시행 2014. 1. 27.〕 〔국토교통부훈령 제336호, 2014. 1. 27, 일부개정〕 제5조(공공주택의 건설 비율)
① 영 제3조 제1항에 따른 주택지구의 공공주택 건설비율은 다음 각 호에 따라 배분하여야 한다(면적이 30만 제곱미터 이하의 지구조성사업에 대해서는 지구계획 승인권자와 협의하여 다르게 정할 수 있다). 다만, 지구계획 승인권자가 해당 지역의 여건 및 주택 지구 규모를 고려하여 필요하다고 판단하는 경우에는 10퍼센트 포인트 범위 내에서 조정할 수 있다.

인근 지역의 전·월세 가격의 상승으로 대체주거를 마련하기 힘든

---

1. 공공임대주택
가. 전용면적 60제곱미터 이하 주택은 공공임대주택 건설호수의 80퍼센트 이상
나. 전용면적 60제곱미터 초과 85제곱미터 이하 주택은 공공임대주택 건설호수의 20퍼센트 미만으로 한다.
2. 분양주택: 분양을 목적으로 하는 주택은 전용면적 60제곱미터 이하로 한다(전용면적 50제곱미터 이하 주택 35퍼센트 이상 포함). 다만, 법 제4조 제5호 및 제6호의 자가 시행하는 민간참여 공공주택사업의 경우에는 그러하지 아니 한다. 〈개정 2013. 6. 3〉

② 영 제3조 제2항에 따른 공공주택의 세부 유형별 주택비율은 전체주택 건설호수에 대해 다음 각 호의 비율에 따라 배분하여야 한다. 다만, 지구계획 승인권자가 수요분석 결과 및 해당 지역의 여건에 따라 배분비율을 조정할 필요가 있다고 판단되는 경우에는 5퍼센트포인트 범위 내에서 배분비율을 조정할 수 있으며, 영구임대주택은 해당지역의 여건 및 주택지구 규모를 고려하여 확보하지 아니할 수 있다

1. 장기공공임대주택: 15퍼센트 이상(영구임대주택 3퍼센트 이상)
2. 삭제
3. 공공분양주택: 15퍼센트 이하 〈개정 2013. 12. 26〉

③ 제2항의 규정에도 불구하고 면적이 30만 제곱미터 미만인 지구조성사업에는 해당지역의 여건을 고려하여 시행자가 승인권자와 협의하여 유형별 주택비율을 별도로 정할 수 있다. 〈신설 2011. 7. 4〉

④ 5년 임대주택은 공동주택건설 호수의 5퍼센트 이하의 범위에서 공급할 수 있다. 〈개정 2012. 3. 9〉

2) 서울특별시 도시재정비 촉진을 위한 조례 〔시행 2014. 10. 20.〕 〔서울특별시조례 제5756호, 2014. 10. 20., 일부개정〕 제20조(임대주택의 건설비율 등)

① 도시재정비 촉진을 위한 특별법 시행령 〔시행 2014. 4. 29.〕 〔대통령령 제25339호, 2014. 4. 29., 타법개정〕 제34조(임대주택의 건설비율 등) 제1항 제1호에 따라 "시·도 또는 대도시의 조례로 정하는 비율"은 50퍼센트 이상을 말한다. 〈개정 2014. 10. 20.〉

② 영 제34조 제1항 제2호 가목에 따라 "시·도 또는 대도시의 조례로 정하는 비율"은 50퍼센트 이상을 말한다. 〈개정 2014. 10. 20.〉

③ 영 제34조 제1항 제2호 나목에서 "시·도 또는 대도시의 조례로 정하는 비율"이란 다음 각 호에 따라 산출된 비율을 말한다. 〈개정 2010. 1. 7., 2014. 10. 20.〉

1. 재정비촉진계획에 따라 설치하는 기반시설 부지 면적(이하 "계획 기반시설 부지면적"이라 한다. 이 경우 계획 기반시설 부지면적은 법 제11조 제3항에 따라 부지 제공의 대가로 용적률이 조정된 기반시설을 제외한 부지면적을 말한다)이 재정비촉진지구 지정 당시 재정비촉진구역 내 국가 및 지방자치단체 소

철거세입자들을 위해 도시정비법에 적시된 임시주택을 제공할 필요성이 있다. 또한 공공임대주택의 공급으로 해소할 수 없는 철거세입자 가구들에 대해서는 서울시가 2014년 11월 26일 발표한 '주택재개발 및 도시환경정비사업 등 세입자대책'에서 밝힌 '도시재정비 촉진을 위한 조례' 개정을 통해 전세자금 저리지원(특별회계)제도를 시급히 마련, 실시해야 한다. 더불어 용산사태의 시발점이 되었던 상가세입자들에 대한 영업손실보상금을 현실화해야 한다. 그동안 영업손실보상금을 평가하는 방식은 비공개적이며, 상가세입자들이 신뢰할 수 없었다. 정부는 하루라도 빨리 영업손실보상 체계와 절차를 다시 마련하여 권리금, 상권 등 그동안 감정평가에서 제외된 유·무형의 자산까지 평가하여 상가세입자들이 납득하게 해야 한다.[3] 그리고 상가

유의 기반시설 부지 면적(이하 "기존 기반시설 부지면적"이라 한다)보다 많은 경우 주택 이외의 용도로 증가된 용적률에 따른 임대주택의 건설은 하지 아니한다.

2. 계획 기반시설 부지면적이 기존 기반시설 부지면적보다 적은 경우 주택 이외의 용도로 증가된 용적률에 따른 임대주택의 건설비율은 다음 산식에 따라 산출된 비율을 말한다. 임대주택의 건립비율=25퍼센트×(기존 기반시설 부지면적-계획 기반시설 부지면적)÷기존 기반시설 부지면적

④ 영 제34조 제1항 제3호에서 "시·도 또는 대도시의 조례로 정하는 비율"이란 30퍼센트를 말한다. 〈개정 2014. 10. 20.〉

⑤ 영 제34조 제2항에서 "시·도 또는 대도시의 조례로 정하는 비율"은 40퍼센트 이하를 말한다. 〈개정 2014. 10. 20.〉

3) 현행법은 영업을 폐지하거나 휴업함에 따른 영업손실에 대하여는 영업이익과 시설의 이전비용 등을 고려하여 보상하도록 하되, 보상액의 구체적인 산정 및 평가 방법과 보상 기준에 관한 사항은 국토교통부령으로 정하도록 하고 있으며, 같은 법 시행규칙은 공익사업으로 인한 영업폐지와 영업휴업에 관한 세부 보상 기준을 규정하고 있다. 그러나 영업손실보상이 영업장소의 이전으로 인한 임대료 차액의 보상, 영업시설의 이전이 불가능하거나 불필요한 경우의 보상, 인근 지역에서 동종 동규모의 영업을 다시 시작할 수 있는 영업지원금의 보상을 포함하지 않는 등 충분한 보상이 이루어지지 않고 있어, 이로 인해 보상에 관한 갈등이 발생하고 있는 실정이다. 이에 2014년 3월 28일에 윤후덕 의원은 공익사업의 시행에 따른 영업의 폐지 또는 휴업으로 인한 영업손실에 대하여는 보상 기준을 법률에 규정

세입자들의 요구 시 임시상가 설치 등을 제도화, 명문화하여 그들의 생존권을 보다 체계적으로 보호할 필요성이 있다.

3. 도시정비법제의 통합 필요성

지난 2010년 1월 13일 국회 본회의를 통과한 도시정비법 개정안의 주요내용인 토지등소유자의 동의 절차 간소화 등 사업절차 간소화는 개발지역 주민들에게 향후 개발과정에서 재산상 불이익을 주게 될 조항들이다. 이 개정안은 많은 부분이 공익성을 상실하고 지나치게 주택법에 근접한 민영사업 위주로 위헌적인 요소를 다수 포함하고 있다.

정치권에서는 학계와 실무계 서울시 주거환경개선정책자문위원회 등에서 그동안에 제안한 기존 도시정비 내지 도시개발 법안들을 통폐합하는 문제를 두고서 일부 진전된 논의들을 하였으나 결국 관련 제도들을 통폐합하지 아니한 채 새로운 법으로서 종래 관련법들과 다수 중복되는 「도시재생활성화 및 지원에 관한 특별법」을 독립적으로 제정하여 도시정비사업 분야에 또 다시 혼선을 주고 있는 것이 사실이다. 새로운 법의 제정은 다양한 이해관계가 걸려 있는 사회 제세력간의 사회적 합의가 필요한 문제이기 때문에 좀 더 숙고하고 통폐합에 초점을 맞추어야 했으나 그렇지 못한 아쉬움이 있는 것이다. 향후에는 우선 도시재개발, 재건축, 재생사업 과정에서 드러난 문제를 최소화시킬 수 있도록 현행 도시정비법과 도촉법, 도시재생법 등을 주

하는 한편, 영업시설의 이전이 불가능하거나 불필요한 경우에 해당 영업시설의 잔존가치와 매각가격의 차액, 영업장소의 이전에 따른 6개월분의 임대료 차액, 영업정상화를 위한 지원금에 대한 보상을 추가함으로써 공익사업의 시행에 따른 영업손실보상을 현실화하고자 공익사업법 제77조 제1항 제1호 및 제2호 신설을 발의한 상태이다.

민참여확대, 조합민주주의 실현, 공익성 강화, 세입자 주거안정 방안 확대 등의 방향으로 점차적으로 개정하고 또 통합해 나가는 작업이 절실하다. 구체적인 관련 법률의 개정 방향과 제도 개선 방안에 대해 아래에서 계속 논하기로 한다.

II. 세입자 등 소수자 보호를 위한 관련 법제도 개선방안

1. 주거이전비 자격취득기준일 변경 필요성

국토교통부, 서울시, 각 지방자치단체 및 정비사업조합 등은 도시정비법 제40조의 규정에 따라 공익사업법 시행규칙 제54조 제2항의 규정을 준용하여 '익사업을 위한 관계법령에 의한 고시 등이 있은 당시'를 기준으로 하여야 하며, '고시 등이 있은 당시'는 도시정비법에 있는 사업이 시행된다는 사실을 불특정 다수인이 알 수 있도록 확정 고시 또는 공고된 날 중 가정 먼저 고시, 공고된 날을 의미하므로 공람공고일을 기준일로 보아야 한다고 해석하여 정비사업구역 내 주택세입자 주거이전비 지급 자격취득 기준일이 구역지정 공람공고 3월 전으로 규정하고 있으나, 미보상 주택세입자의 문제가 많기 때문에 위 기준을 '사업시행인가 3월 전'으로 자격취득 기준일을 변경할 필요성이 있다.

가. 현행 주거이전비[4] 지급 자격취득요건

분류	자격기준(거주기간)		실거주 요건	주택소유 여부	단독세대주 해당 여부
	허가건축물	무허가건축물			
주거 이전비	공람공고 3개월 전[5]- 관리처분 후 이주 시까지	공람공고 3개월 전- 관리처분 후 이주 시까지	실거주만으로 가능 (입주의무)	구역 내 무주택이면 가능(구역 외 소유자는 가능)	나이, 소득세 납부 여부와 무관하게 가능

►무허가건축물은 1982년 4월 8일 이전 발생 건축물로 무허가건축물대장이 있으며, 건축물대장에 표시되어야 함

나. 주거이전비 지급 자격취득요건 개선방안[6]

분류	자격기준(거주기간)		실거주 요건	주택소유 여부	단독세대주 해당 여부
	허가건축물	무허가건축물			
주거 이전비	사업시행인가 3개월 전- 사업시행인가 이후 이주 시까지	사업시행인가 3개월 전- 사업시행인가 이후 이주 시까지	실거주만으로 가능 (입주의무)	구역 내 무주택이면 가능(구역 외 소유자는 가능)	나이, 소득세 납부 여부와 무관하게 가능

4) 도시정비법 7조, 공익사업법 제78조, 같은 법 시행규칙 제54조 등 관계 법령에서 정한 이주대책은 이주자들에 대하여 종전의 주거용 건축물에 공람공고일 현재 3개월 이상(무허가건축물 등에 입주한 경우 1년 이상) 거주한 세입자에 대하여는 가구원 수에 따라 4개월분의 주거이전비를 지급하고 있다.

5) 주거용 건축물의 세입자가 주거이전비를 보상받기 위해서는 공람공고일까지 해당 정비구역에 3개월 이상 거주하고 있는 세입자여야 하며, 이후 계속 거주할 필요는 없으므로 주택재개발조합이 주거이전비 지급을 거절하는 것은 위법 부당하다.

6) 한편, 국민권익위원회는 2014년 2월 4일에 세입자가 주택개발정비구역 지정을 위한 공람공고일 이후에 정비구역 외 지역으로 주민등록을 이전하였다는 이유만으로 주거이전비를 지급하지 않는 것은 법령에서 정한 요건을 과도하게 제한하는 것으로 위법·부당하다며 서울 녹번 제1구역 제1지구 주택재개발정비사업조합에 시정을 권고한 바 있다.

다. 서울행정법원 판결[7)]

흑석6구역, 월곡2구역 서울행정법원의 판결 요지
서울행정법원은 판결문에서 세입자에게 지급되는 주거이전비가 사회보장적 성격의 금원임을 명시했고, 현행 임대차보호법상 법정임대기간을 2년으로 정하고 있는 사정에 비추어 보면 '관계법령에 의한 고시 등'이 사업인정고시일로부터 2년 이상 전에 있었던 경우에 이를 주거이전비 지급기준일로 보게 되면 소유자(집주인)의 임대차계약 갱신거절 의사에 따라 공익사업이 시행될 때까지 계속 거주할 수 없게 되는 바람에 주거이전비를 지급받지 못하는 경우의 발생은 부당하다고 밝혔다(서울행정법원 2013. 1. 31. 선고 2012구합16107 판결).

2. 임대주택 신청 자격취득기준일 변경 필요성

현행 재개발사업으로 철거되는 철거세입자에 대한 임대주택 제공은 주택공급에 관한 규칙 제19조(주택의 특별공급) 제1항 제4호 "제3호에 해당하는 주택 및 도시정비법에 의한 주택재개발사업으로 철거되는 주택의 세입자로서 관계법령에 의하여 당해 사업을 위한 고시 등이 있거나 재해가 발생한 날 현재 3월 이상 거주한 자. 이 경우 임대주택에 한하여 공급할 수 있다"에 근거하여 공급하고 있다. 서울시의 경우 뉴타운 주택재개발사업 철거세입자의 임대주택 공급대상과 자격취득기준일은 서울시 도시및주거환경정비조례 제32조와 도시정비법 시행령 제54조 제2항 관련 〔별표 3〕 제2호에 따라, 당해 정비구역에 거주하는 세입자로서 세대별 주민등록표에 등재된 날을 기준

7) 대법원 역시 "주거이전비는 당해 공익사업시행지구 안에 거주하는 세입자들의 조기이주를 장려하여 사업추진을 원활하게 하려는 정책적인 목적과 주거이전으로 인하여 특별한 어려움을 겪게 될 세입자들을 대상으로 하는 사회보장적인 차원에서 지급하는 성격의 것인 점 등을 종합하면, 도시정비법상 주거용 건축물의 세입자에 대한 주거이전비의 보상은 정비계획이 외부에 공표됨으로써 주민 등이 정비사업이 시행될 예정임을 알 수 있게 된 때인 정비계획에 관한 공람공고일 당시 당해 정비구역 안에서 3월 이상 거주한 자를 대상으로 한다고 보는 것이 타당하다"라고 판시한 바 있다(대법원 2010. 11. 11. 선고 2010두5332 판결 등).

으로 도시정비법 시행령 제11조의 규정에 의한 정비구역의 지정을 위한 공람공고일 3월 이전부터 사업시행인가로 인하여 이주하는 날까지 계속하여 거주하고 있는 무주택세대주이어야 한다고 명시되어 있다.

〔도시및주거환경정비법 시행령〕 제54조 제2항 관련 〔별표 3〕 제2호	〔서울특별시 도시및주거환경정비 조례〕 제32조
-기준일 3개월 전부터 당해 주택재개발사업을 위한 정비구역 또는 다른 주택재개발사업을 위한 정비구역 안에 거주하는 세입자 -기준일 현재 당해 주택재개발사업을 위한 정비구역 안에 주택이 건설될 토지 또는 철거 예정인 건축물을 소유한 자로서 주택분양에 관한 권리를 포기한 자 -〔국토의계획및이용에관한법률〕제2조 제11호의 규정에 의한 도시계획사업으로 인하여 주거지를 상실하여 이주하게 되는 자로서 당해 시장·군수가 인정하는 자 -시·도조례가 정하는 자	1.당해 정비구역에 거주하는 세입자로서 세대별 주민등록표에 등재된 날을 기준으로 도시 및 주거환경정비법 시행령 제11조의 규정에 의한 정비구역의 지정을 위한 공람공고일 3월 이전부터 사업시행인가로 인하여 이주하는 날까지 계속하여 거주하고 있는 무주택세대주. 다만, 신발생 무허가건축물에 거주하는 세입자는 제외한다. 2.당해 정비구역 안의 주택을 공급받는 자격을 가진 분양대상 토지등소유자로서 분양신청을 포기한 자 3.당해 정비구역 이외의 주택재개발구역 안의 세입자로서 제1호에 해당하는 입주 자격을 가진 무주택세대주 4.당해 정비구역에 인접하여 시행하는 도시계획사업(이 법에 의한 정비사업을 제외한다)으로 철거되는 주택의 소유자 또는 무주택세대주로서 구청장이 추천하여 시장이 선정한 자

가. 현행 임대주택 자격취득요건

분류	자격기준(거주기간)		실거주 요건	주택소유 여부	단독세대주 해당 여부
	허가건축물	무허가건축물			
임대 아파트	공람공고 3개월 전-사업시행인가 후(이사시점/자격확정일 사업시행인가일)	공람공고 3개월 전-사업시행인가 후(이사시점/자격확정일 사업시행인가일)	주민등록 등재+ 실거주	무주택가구만 가능(구역 외에서도 소유하고 있으면 불가)	공람공고 3개월 전 현재 만 30세이거나 소득세 납부하면 가능

그런데 보통 3~4년씩 걸리는 재건축·재개발 사업의 특성상 구역지정공람공고일 3월 전부터 거주하는 주택세입자에 한하여 임대주택의 공급대상자를 축소하는 것은 뉴타운 재개발지역 전체 세입자의 주거안정을 보호하고자 도입한 임대주택 공급정책에 반하는 것이기 때문에 서울시 재개발조례가 규정한 '구역지정공람공고일 3개월 전'에서 도시정비법 제40조(공익사업법 준용) 제2항 "제1항의 규정에 의하여 공익사업법을 준용함에 있어서 사업시행인가의 고시(시장·군수가 직접 정비사업을 시행하는 경우에는 제28조 제4항의 규정에 의한 사업시행계획서의 고시를 말한다. 이하 이 조에서 같다)가 있은 때에는 공익사업법 제20조 제1항 및 제22조 제1항의 규정에 의한 사업인정 및 그 고시가 있은 것으로 본다. 〈개정 2007. 12. 21.〉"에 따라 사업인정고시일을 사업시행인가일로 해석하여 임대주택 공급대상자 자격기준일을 '사업시행인가 3개월 전'부터 거주자로 해야 한다.

나. 임대주택 자격취득요건 개선방안

분류	자격기준(거주기간)		실거주 요건	주택소유 여부	단독세대주 해당 여부
	허가건축물	무허가건축물			
임대 아파트	사업시행인가 3개월 전-사업시행인가 이후 이주 시까지(이사시점/자격확정일 사업시행인가일)	사업시행인가 3개월 전-사업시행인가 이후 이주 시까지(이사시점/자격확정일 사업시행인가일)	주민등록 등재+실거주	무주택가구만 가능(구역 외에서도 소유하고 있으면 불가)	공람공고 3개월 전 현재 만 30세이거나 소득세 납부하면 가능

3. 상가세입자 보상제도 변경 필요성

앞에서 이미 상세히 언급한 바대로 용산참사의 원인이 되었던 상가세입자의 영업손실 보상금이 현실화되어야 한다. 그동안 영업손실 보상금을 평가하는 방식은 비공개적이며, 현실성이 결여되어 상가세입자들이 그 평가금액을 신뢰하지 않고 있다. 따라서 하루라도 빨리 영업손실 보상체계와 절차를 다시 마련하여 권리금, 상권 등 그동안 감정평가에서 제외된 유·무형의 자산까지 평가하여 상가세입자들이 납득하게 해야 한다. 그리고 상가세입자들의 요구 시 임시상가 설치 등을 제도화하여 이들의 생존권을 보호해야 한다.

4. 임시주거단지 설치를 통한 순환정비(순환재개발) 방식 도입 확대

가. 도시정비법 제35조 개정을 통한 순환정비방식의 의무적 시행 명시

과거	개정법
제35조(순환정비방식의 정비사업) ① 사업시행자는 제2조 제2호 가목 내지 라목의 정비사업을 원활히 시행하기 위하여 정비구역의 내·외에 새로 건설한 주택 또는 이미 건설되어 있는 주택에 그 정비사업의 시행으로 철거되는 주택의 소유자 또는 세입자(정비구역에서 실제 거주하는 자에 한한다. 이하 이 항 및 제36조 제1항에서 같다)가 임시로 거주하게 하는 등의 방식으로 그 정비구역을 순차적으로 정비하는 등 주택의 소유자 또는 세입자의 이주대책을 수립하여야 한다. <개정 2009. 5. 27.>	제35조(순환정비방식의 정비사업) ① 사업시행자 ------------------------------------ ------------------------------------ ------------------------------------ ------------------------------------ ------------------------------------ ------------------------------------ ------------------------------------ -------정비해야 한다.[8]

나. 순환정비의 장점

① 생활공동체의 유지: 순환정비방식의 가장 큰 장점은 재정착률을 크게 높여 생활공동체를 그대로 유지한 채 재정비사업을 추진

8) 현행법 제35조는 2항은 구법에 비하여 순환정비를 강조한 측면은 있으나, "그 정비구역을 순차적으로 정비하는 등 주택의 소유자 또는 세입자의 이주대책을 수립하여야 한다"라고 되어 있어 순환정비를 의무로 둔 것인지는 모호한 측면이 있다.

할 수 있는 점이다.

② 주변지역 전셋값과 집값 급등 예방: 이주비를 지급하는 방식에서는 철거 주민이 한꺼번에 전셋집과 살집을 구해 재개발지 인근 집값이 급등하는 현상이 나타났으나, 이주단지를 만들면 이를 예방가능하다.

③ 도심지에 순환이주용 주택 비축: 지금까지 순환이주용 주택은 철거주민의 임시사용 용도로 활용한 후 처분했다. 하지만 기성시가지 재정비 수요가 계속 발생함에 따라, 일정 분량의 주택을 순환이주용으로 비축해 상설 운영할 필요성이 제기되고 있다.

다. 임시 주거단지 설치 관련 도시정비법 및 동법 시행령

도시정비법 제60조(비용부담의 원칙) ② 시장・군수는 시장・군수가 아닌 사업시행자가 시행하는 정비사업의 정비계획에 따라 설치되는 도시계획시설중 대통령령이 정하는 주요 정비기반시설 및 제36조의 규정에 의한 임시수용시설(이하 "임시수용시설"이라 한다)에 대하여는 그 건설에 소요되는 비용의 전부 또는 일부를 부담할 수 있다

도시정비법 시행령 제44조(임시수용시설의 설치 등) 법 제36조 제2항 전단의 규정에 의하여 국가 또는 지방자치단체는 사업시행자로부터 법 제36조 제1항의 임시수용시설에 필요한 건축물이나 토지의 사용신청을 받은 때에는 그 건축물이나 토지에 관하여 다음 각호의 1에 해당하는 사유가 없는 한 이를 거절하지 못한다.
1. 제3자와 이미 매매계약을 체결한 경우
2. 사용신청 이전에 사용계획이 확정된 경우
3. 제3자에게 이미 사용허가를 한 경우

라. 사업지역 부지 확보의 필요성

① 재개발・재건축 사업으로 인한 세입자 임시 이주수요가 많은 서울 등 대도시의 개발제한구역 해제 등 규제완화 예정지구, 주택지로 활용 가능한 차량기지 및 유휴 국공유지, 향후 주택지 개발이 가능한 준공업지 등 대규모 개발지역 배후의 활용 가능한 부지를 확보할 필요가 있다.

② 대규모 뉴타운구역의 경우 정비계획 수립 시 구역 내에 일정 규모의 임시주거단지 부지를 확보하는 방안을 적극 검토: 본 구역 건설 입주 시 일반 임대주택으로 전환 가능하도록 할 필요가 있다.

마. 기존 주택 활용 방안

① 특정 개발구역 내에 조성하는 임시주거단지: 개발사업 완료 후에는 본 구역 세입자(1순위)와, 타구역 세입자(2순위)에게 일반 재개발 임대주택으로 제공한다.
② 공유부지 등에 조성되는 임시주거단지: 입주자 순환을 통해 해당 광역권역 주민을 위한 임시주거시설로 계속 활용하도록 한다.
③ 입주기간: 본 구역 임대주택 건립완료시점 또는 타구역 이주희망 임대주택 입주 시까지로 엄격하게 제한하여 입주자 순환이 원활하게 이루어져 다수 가구가 수혜대상이 될 수 있도록 규정한다.

바. 사업시행자(조합) 참여 방안

① 정비 구역 내 세입자를 위 한 임시 주거대책 수립을 희망하는 해당권역별 사업시행자(정비조합)들이 공동으로 임시 주거단지 조성용 토지 사용을 신청하도록 사전에 관할 지방자치단체와 협의 및 조정하도록 한다.
② 사업시행자(정비조합)가 임시 주거단지 조성사업에 참여하는 경우 해당 사업에 대한 승인 심의과정에서 사업시행자의 세입자 주거안정에 대한 노력(기여) 정도를 평가하여 승인 여부를 결정하도록 한다.

사. 도시정비사업자금 확보방안

① 서울시 재정 외에 다양한 방법으로 기반시설 공사비용과 건축비를 조달하는데 현행 세제 구조상 지자체가 전적으로 사업을 추진하는 것은 한계가 있으므로 중앙정부의 적극적인 지원이 절실하며, BTO(시민들에게 시설이용료를 징수하여 투자자금을 회수하는 방식)나 BTL(임대형 민간투자사업 방식)[9] 등 민간기업과의 합작 사업도 검토해 볼 만한 하다.

---

9) 임대형 민간투자사업(BTL)은 새로운 유형의 민간투자방식으로 민간이 공공시설을 짓고 정부가 이를 임대해서 쓰는 민간투자방식이다. 민간이 자금을 투자해 공공시설을 건설(Build)하고 시설완공시점에서 소유권을 정부에 이전(Transfer)하는 대신 일정기간 동안 시설의 사용·수익권한을 획득한다. 주로 해당 시설을 정부에 임대(Lease)하고 그 임대료를 받아 시설투자비를 회수하는 구조로 민간이 시설소유권을 갖는 BOO(Build-Own-Operate)방식과 구별된다. 또한 시민들에게 시설이용료를 징수하여 투자자금을 회수하고 시민들로부터의 이용료 수입이 부족할 경우 정부재정에서 보조금을 지급(운영수입보장)해 사후적으로 적정 수익률 실현을 보장하는 BTO(Build-Transfer-Operate)방식과도 다르다.

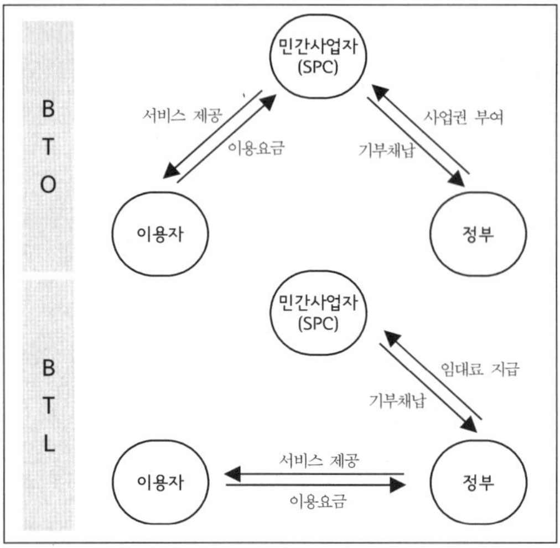

② 순환재개발사업자금: 인구 50만 이상인 시와 자치구의 경우 도시계획세 30%를 "순환재개발사업기금"으로 적립하여 사업지원 또는 국토부와의 협의하에 국민주택기금 중 '공공임대주택자금'을 대출받도록 제도적 장치를 마련토록 한다(전용면적 60㎡ 이하: 5,500만 원 범위 / 연 2.0% 조건으로 가능).

아. 입주과정

① 입주자선정: 재개발, 뉴타운사업으로 이주하는 임대아파트 선택 세입자 중에서 우선순위에 의거하여 선정하도록 한다(1순위: 수급자, (차)차상위계층, 한부모가정 및 장애인가구 등 / 2순위: 저소득 가구).
② 임대료: 입주대상층의 부담능력을 감안하여 보증금과 임대료는 표준임대료 산출식을 통해 동일 규모 평형의 재개발 임대아파트 70% 이하로 설계하도록 함이 상당하다.

5. 주거 안정기금 조성 및 지원

가. 필요성

① 주택재건축, 주택재개발 등 도시정비사업의 시행으로 인해 소형·저가주택의 급속한 멸실이 이루어져 재개발임대주택으로 세입자들의 이주수요를 감당하기에는 한계가 있다.
② 뉴타운 재개발사업으로 2006년부터 2014년까지 멸실되는 주택수는 156,346호로 이주수요는 2015년까지 대략 60여만 명 발생할 것이 예상되므로, 재개발임대주택으로 해소가 안 되는 영세 소유자 및 세입자들에 대한 주거안정기금의 지원이 필요하다.

나. '정비사업 원주민 주거안정기금' 조성

① 주거안정기금의 재원 조성 방법으로는 도시계획세[10] 및 재개발 과정에서 징수된 조세를 적극 활용할 필요가 있으며, 구체적인 신청자격과 대출대상 주택, 대출금액 등은 다음 표와 같다.

▸ 기금신청자격
-뉴타운 재개발지역에 거주하는 만 20세 이상 무주택세대주
-임대차계약을 체결하고 임차보증금의 10% 이상을 지불한 자
-해당 구역 지방자치단체장의 추천을 받은 자
▸ 대출대상주택
-임차하는 주택의 전용면적이 85㎡ 이하(약 25.7평 이하)
-건축물 관리대장상 '주택'으로 실제 주거용만 가능
▸ 대출금액
-호당 대출한도 범위 내에서 전세보증금의 70%까지
-자녀수가 3명 이상인 경우, 좀 더 넓은 주택을 구해야 하므로 대출한도 상향조정
-신용등급이 낮아 주택금융신용보증서를 발급받지 못하거나 연대보증인을 세울 수 없는 경우 임대인의 '임차보증금 반환 확약서'로 대출 가능
▸ 대출금리: 연 2.0%(단, 임대인 확약서로 대출받는 경우에는 연 3.0%)

② 나아가 주택재개발·재건축 지역 내 철거세입자의 경우 저리의 전세자금 대출을 적극 시행할 필요가 있는데 구체적인 안은 〈표 7-1〉과 같다.

〈표 7-1〉 영세세입자 전세자금대출 금액[11]

구분	주민등록표상 자녀 수 3명 미만		주민등록표상 자녀 수 3명 이상	
	일반대출	반환확약서 대출	일반대출	반환확약서 대출
서울시	8,000만 원	7,000만 원	9,000만 원	8,000만 원
광역시 및 수도권과밀억제권역	6,000만 원	5,000만 원	7,500만 원	6,000만 원
기타지역	4,000만 원	3,000만 원	5,000만 원	4,000만 원

10) 도시계획세는 도시의 건전한 발전을 도모하고 공공의 안녕질서와 공공복리의 증진을 위한 교통·위생·산업·공원 등 도시계획사업에 필요한 비용에 충당하기 위하여 국토계획법에 의하여 고시된 도시지역 내에 있는 토지·건축물·주택의 소유자에게 특별시장·광역시장 또는 시장·군수가 보통징수 방법에 의하여 부과징수하는 목적세의 일종으로 봄이 상당하다.

11) 지역별 호당 대출한도는 대출신청자가 모든 조건을 충족했을 때 받을 수 있는 최

6. 공공임대주택[12] 추가 건설

가. 필요성

① 재개발임대주택 수요와 공급의 불일치 현상 심화: 2014년 현재 서울과 수도권 및 지방 대도시 내 주택 재개발·재건축 등 정

고 액수이다. 실제로는 대출신청자의 연소득에서 부채를 차감한 금액을 대출받을 수 있다.

12) 2015. 1. 개정된 임대주택법 제2조(정의)에서 규정하고 있는 임대주택 관련 정의는 다음과 같다. 〈개정 2009. 3. 25., 2011. 8. 4., 2012. 1. 26., 2012. 12. 18., 2013. 3. 23., 2013. 6. 4., 2014. 5. 28., 2015. 1. 6.〉

1. "임대주택"이란 임대 목적에 제공되는 건설임대주택 및 매입임대주택을 말한다.

1의2. "전세후 임대주택"이란 국가, 지방자치단체, 「한국토지주택공사법」에 따른 한국토지주택공사(이하 "한국토지주택공사"라 한다) 또는 「지방공기업법」 제49조에 따라 주택사업을 목적으로 설립된 지방공사(이하 "지방공사"라 한다)가 전세계약의 방식으로 임차하여 공급하는 주택을 말한다.

2. "건설임대주택"이란 다음 각 목의 어느 하나에 해당하는 주택을 말한다.
   가. 임대사업자가 임대를 목적으로 건설하여 임대하는 주택[임대사업자가 토지를 임차하여 건설·임대하는 주택(이하 "토지임대부 임대주택"이라 한다)을 포함한다]
   나. 「주택법」 제9조에 따라 등록한 주택건설사업자가 같은 법 제16조에 따라 사업계획승인을 받아 건설한 주택 중 사용검사 때까지 분양되지 아니한 주택으로서 제6조에 따른 임대사업자 등록을 마치고 국토교통부령으로 정하는 바에 따라 임대하는 주택

2의2. "공공건설임대주택"이란 다음 각 목의 어느 하나에 해당하는 건설임대주택을 말한다. 다만, 대통령령으로 정하는 주택은 제외한다.
   가. 국가 또는 지방자치단체의 재정으로 건설하는 임대주택
   나. 「주택도시기금법」에 따른 주택도시기금의 자금을 지원받아 건설하는 임대주택
   다. 공공사업으로 조성된 택지에 「주택법」 제16조에 따라 사업계획승인을 받아 건설하는 임대주택

2의3. "민간건설임대주택"이란 공공건설임대주택이 아닌 건설임대주택을 말한다.

3. "매입임대주택"이란 임대사업자가 매매 등으로 소유권을 취득하여 임대하는 주택[「주택법」 제2조 제1호의2에 따른 준주택 중 대통령령으로 정하는 오피스텔(이하 "오피스텔"이라 한다)을 포함한다]을 말한다.

3의2. "장기전세주택"이란 국가, 지방자치단체, 한국토지주택공사 또는 지방공사

비사업구역 내 거주가구 중 세입자 비율이 절반이 넘는데 반해 임대주택은 17%만 건축하도록 되어 있어 전체 세입자 가구 중 약 20% 미만만 입주가 가능한 상황이다.

② 임대주택 입주 수요의 증가: 개발사업의 활성화에 따른 주변 주택 임대료 상승과 단독, 다가구주택 등 소형·저렴 주택의 멸실 추이와 공익사업법 개정에 따라 임대주택 입주 수요가 늘어나고 있다.[13)]

가 임대할 목적으로 건설 또는 매입하는 주택으로서 20년의 범위에서 전세계약의 방식으로 공급하는 임대주택을 말한다.

3의3. "준공공임대주택"이란 국가, 지방자치단체, 한국토지주택공사 또는 지방공사 외의 임대사업자가 10년 이상 계속하여 임대하는 전용면적 85제곱미터 이하의 임대주택(제2호의2의 공공건설임대주택은 제외한다)을 말한다.

4. "임대사업자"란 국가, 지방자치단체, 한국토지주택공사, 지방공사, 제6조에 따라 주택임대사업을 하기 위하여 등록한 자 또는 제7조에 따라 설립된 임대주택조합을 말한다.

5. "임대주택조합"이란 주택을 임대하고자 하는 자가 임대주택을 건설하거나 매입하기 위하여 제7조에 따라 설립한 조합을 말한다.

6. "분양전환"이란 임대주택을 임대사업자가 아닌 자에게 매각하는 것을 말한다.

7. "부도등"이란 다음 각 목의 어느 하나에 해당하는 경우를 말한다.

가. 임대사업자가 발행한 어음 및 수표를 기한까지 결제하지 못하여 어음교환소로부터 거래정지 처분을 받은 경우

나. 대통령령으로 정하는 기간을 초과하여 「주택도시기금법」에 따른 주택도시기금 융자금에 대한 이자를 내지 아니한 경우

다. 제17조에 따라 임대보증금에 대한 보증에 가입하여야 하는 임대사업자가 임대보증금에 대한 보증의 가입 또는 재가입이 거절된 이후 대통령령으로 정하는 기간을 경과한 경우

라. 이와 유사한 경우로서 대통령령으로 정하는 경우

8. "부도임대주택등"이란 부도등이 발생한 임대주택을 말한다. [시행일: 2015. 7. 1.]

13) 보문3구역의 경우 임대주택 건설호수는 159호인데 반해 입주신청 가구는 300가구를 상회하여 추첨이 불가피한 상황이다.

나. 사업지역/부지의 확보

① 도시정비사업으로 인한 세입자를 포함한 주민의 임시 이주 수요가 많은 지역의 개발제한구역 해제 등 규제완화와 정비사업 예정지구, 향후 주택지로 활용 가능한 차량기지, 철도부지 및 유휴 국공유지와 준공업지 등 대규모 개발지역 배후의 활용 가능한 부지를 충분히 확보하는 것이 필요하다.

② 국토부의 보금자리 주택 건설방안과 한국주택공사의 공공임대주택 건설방안 등 소형임대주택 공급방안과 연계하여 택지개발, 산지 및 구릉 등을 활용하거나 역세권 고밀개발 방식 채택도 가능하다. 이와 관련하여, 2013년 6월 25일에 민주통합당 박수현 의원이 대표발의한 '보금자리주택건설 등에 관한 특별법(이하 '보금자리특별법 내지 공공주택건설법')'이 제정되었다. 이로써 영세임대주택의 임차인 보호를 위한 삼법(三法: 임대주택법, 부도 공공건설 임대주택 임차인 보호를 위한 특별법, 보금자리특별법)이 모두 국회 본회의를 통과해 공공주택 임차인을 비롯한 서민의 주거 안정지원을 위한 법적 안전장치가 구축되었다. 영세임차인 구제를 위한 삼법 중 임대주택법은 2012년 9월에 본회의를 통과하여 시행되고 있고, 부도공공특별법은 2013년 4월에 '보금자리특별법'이 통과되어 주거세입자의 권리 보호를 위한 법적 안전장치가 마련되었다. '보금자리특별법(약칭 "공공주택건설법")'에는 경매를 통해 제3자가 부도 임대주택을 낙찰 받을 경우 임차인의 보증금을 보전할 방법이 없으며, LH가 낙찰을 받을 경우에도 보증금 보전에 대한 별도의 조치 규정이 없어 임차인들이 충분히 보호받지 못하는 형편이었다. 이에 '보금자리특별법'은 부도가 난 공공건설임대주택을 LH가 매입하여 세입자의 임대보증금을

안전하게 보전할 수 있도록 하여 현재 주거불안을 겪고 있는 공공임대주택 임차인들을 보호하는 것은 물론 향후 부도 발생도 억제하도록 한 것이다.

③ 한편, '공공주택건설법(보금자리특별법[14])'의 주요 내용은 다음과 같다. 첫째, 임차인이 시행자에게 매입을 동의한 경우에는 임차인에게 부여된 우선 매수할 권리를 LH 등 시행자에게 양도한 것으로 간주한다. 둘째, 시행자가 재정이나 국민주택기금을 지원받은 경우에는 지원받은 금액의 범위 내에서 주택 수리비 등을 제외하고 남은 금액을 임차인의 임대보증금 비용으로 사용

---

14) 헌법재판소는 2014. 3. 27. 2012헌바29 결정【보금자리주택건설 등에 관한 특별법 제6조 제1항 등 위헌소원】에서 "〔1〕 이 사건 지정조항은 저소득층의 주거안정 및 주거수준 향상과 무주택자의 주택마련이 필요하다고 인정되는 지역에 대하여 주거·산업·교육·문화시설 등이 복합적으로 어우러진 정주환경을 갖추도록 하여 임대 또는 분양을 목적으로 공급하는 주택이 일정비율 이상 되는 지구를 지정할 수 있는 권한을 국토부장관에게 부여한 조항이다. 보금자리주택지구의 지정에 있어서는 해당 지역의 주택수요 및 지역 여건 등이 고려되어야 하고, 그 대상지역에 주거지역도 포함될 수 있음을 충분히 예측할 수 있다. 또한 보금자리주택지구의 지정시기와 대상지역 결정에 있어서는 장래의 인구 유입 요소, 지역의 개발가능성 등에 대한 종합적인 검토를 토대로 한 고도의 전문적·기술적 판단이 요구되므로, 이 사건 지정조항이 보금자리주택지구의 지정시기 및 대상지역 등에 관하여 더 세부적이고 구체적으로 규정하지 않았다 하더라도, 수범자의 예견가능성을 해할 정도로 불명확하다고 할 수 없다. 〔2〕 이 사건 사전협의조항은 보금자리주택지구를 지정하고자 하는 경우의 사전협의절차에 관한 것으로, 시행령에서 구체적인 협의대상 등을 규정하고 있는 점, 국토부장관이 필요하다고 인정하는 경우 10일의 범위 안에서 협의기간의 연장이 가능하고, 자연환경이나 국민 건강에 영향을 줄 수 있는 사항에 관해서는 통상의 사전협의와 별도로 협의를 거치되 그 협의기간을 30일 이내로 정하고 있는 점 등을 고려하면, 사전협의의 대상이 지나치게 불분명하다거나, 20일이라는 사전협의기간이 실질적 협의를 불가능하게 할 정도로 짧다고 볼 수 없다. 이 사건 의견청취조항은 국토해양부장관이 보금자리주택지구를 지정함에 있어 공고를 거쳐 주민 및 관계 전문가 등의 의견을 듣도록 하고 있는데, 시행령에서는 이러한 의견청취 절차에 대하여 상세히 규정함으로써 주민 등의 절차적 참여를 보장해 주고 있다. 따라서 사전협의조항과 의견청취조항은 적법절차원칙에 위배된다고 볼 수 없다"라고 판시한 바 있다.

할 수 있도록 했다. 위 '특별법'은 '부도공공특별법'이 정한 기한 이후에 발생하는 부도 공공임대주택 임차인을 구제할 수 있는 길을 터놓음으로써 서민 주거안정의 기틀을 한 차원 높였다는 데 의의가 있다.

다. 기존 주택 활용 방안

① 개발지역 저소득 세입자를 위한 제2의 'SHIFT'주택으로 공급: 재개발 임대주택과 입주자 자격은 동일하게 관리하되 차별적인 가치부여를 통해 이미지 업그레이드할 필요성이 있다.

② 입주기간: 'SHIFT'주택과 동일하게 20년 단위 재계약을 통해 최장 20년 거주가 가능하도록 한다.

라. 건립평형

서울시 도시재정비위원회 심의기준(2014)에 따라 3가지 평형과 평면을 배정하되 유형별 배치계획은 확보되는 부지 여건과 공급 필요 세대수를 감안하여 일부 조정될 수 있는데, 2013년 이후 현재 전용면적은 50㎡ 미만 유형Ⅰ, 50~60㎡ 이하 유형Ⅱ, 60㎡ 초과 유형Ⅲ으로 구분되며, 면적이 작을수록 재정비율이 높다(최대 50%).

〈표 7-2〉 공공임대주택 건립비율[15]

	1유형	2유형	3유형
전용면적	50㎡ 미만	50~60㎡	60㎡ 초과
법정비율	40~50%	40~50%	10~20%
공급비율	40%	40%	20%

15) 'SHIFT'주택과 같이 해당 지역사회 통합성을 높이고, 다자녀 가정 수요 흡수를

마. 입주과정

① 입주자선정: 개발지역세입자, 뉴타운사업으로 이주하는 세입자 중에서 우선순위에 의거하여 선정한다('SHIFT'주택에 준하는 자격 기준 설정).

② 임대료: 보증금과 임대료는 표준임대료 산출식을 통해 동일 규모 평형의 공공임대주택 이하로 설계한다.

Ⅲ. 도시정비법 등 관련 법률의 구체적인 개정 방향

1. 쟁점

도시정비법은 대부분의 뉴타운사업을 비롯한 주택재개발사업, 도시환경정비사업, 주거환경개선사업, 주택재건축사업을 시행하는 데 기본이 되는 법이다. 그러나 현재 도시정비법에 근거해 진행하는 정비사업 구역의 원주민 재정착률은 30% 이하에 머무르고 있으며, 특히 뉴타운의 경우 20% 미만의 경우가 허다하다. 또한 공익사업이라는 미명하에 헌법이 보장한 주민들의 주거의 자유와 재산권을 과다하게 침해하고 철거용역을 통한 인권 침해도 발생하고 있다. 그런 연유로 도시정비법은 개발세력(건설자본, 정비사업조합, 관련 행정기구 등)은 물론 개발로 인해 외지로 밀려날 수밖에 없는 영세 주택 소유자와 주택 및 상가세입자들에게도 매우 중요한 법이다. 도시정비법에 들어가는 개개 법 조항으로 인해 개발세력에게는 막대한 이익을, 영세 소유자와

위해 3유형에도 상당 물량배정, 다자녀 가정 등의 수요 흡수를 위해서는 비교적 면적이 큰 제3유형의 임대주택 건립비율을 보다 높일 필요가 있다.

세입자들에게는 피눈물을 흘리게 할 수 있는 것이다. 이렇듯 도시정비법은 수많은 이해당사자들이 존재하는 민감한 법이다. 한편, 앞서 언급한 바와 같이 지나치게 산재되어 있는 도시정비 관련 법률들을 통폐합할 필요가 있다. 이를 해결하지 않은 채 최근 도시재생법을 별도로 제정한 것은 이점에서 아쉬움이 있다. 그러므로 이하에서는 주택재건축·재개발 사업 과정에서 드러난 문제를 최소화시킬 수 있는 방안으로서 주민참여확대, 조합민주주의 실현, 공익성 강화, 세입자 주거안정 방안 확대 등의 도시정비법 개정 방향을 논하고자 한다.

2. 도시정비법의 구체적, 세부적 개정방안

가. 제4조(정비계획의 수립 및 정비구역의 지정) 제4항 삭제

(1) 주민제안의 정비구역입안 방식 폐지방안

현행	개정안
제4조(정비계획의 수립 및 정비구역의 지정) 제4항 토지등소유자는 다음 각 호의 어느 하나에 해당하는 경우에 시장·군수에게 제1항에 따른 정비계획의 입안을 제안할 수 있으며, 이 경우 정비계획의 제안을 위한 토지등소유자의 동의, 제안서의 처리 등에 관하여 필요한 사항은 대통령령으로 정한다. 1. 제3조 제1항 제9호에 따른 단계별 정비사업추진계획상 정비계획의 수립시기가 1년(시·도조례가 그 이상의 연수로 정하는 경우에는 그 연수로 한다) 이상 경과하였음에도 불구하고 정비계획이 수립되지 아니한 경우 2. 토지등소유자가 제8조 제4항에 따라 주택공사등을 사업시행자로 요청하고자 하는 경우 3. 대도시가 아닌 시 또는 군으로서 시·도 조례가 정하는 경우	삭제

(2) 검토

정비구역지정은 헌법 제23조의 사유재산권을 직접 제한하고 향후 사업시행인가 이후는 토지강제수용권을 가지는 것으로 주민제안 정비구역입안은 국가청렴위가 여러 가지 폐해로 2007년 1월 15일에 폐지를 권고하였음에도 불구하고 지금도 시·도 조례로 주민제안을 유지하고 있다. 따라서 이를 법률로 명시한 것은 위헌적 요소가 있으며, 정비구역지정은 도시계획에 근거하고 노후도 등을 고려해 정비계획을 수립해야 하는데 주민들의 민원이나 정치인들의 압력에 의해 정비사업지구가 결정되는 근거가 마련되게 됐으며 재개발·재건축 등을 요구하는 소송까지 제기될 것이 우려된다. 물론, 주민제안형을 당장 없애는 것은 사실상 불가능하다. 서울 등을 제외하고는 정비기금 등 예산문제 때문에라도 주민제안형 방식을 당장은 폐지할 수 없는 실정이다. 또한, 주민제안형을 폐지할 경우 정비계획 우선순위를 결정할 때 딜레마에 빠지게 될 수 있다. 주민제안형을 폐지하는 경우 공공이 전적으로 정비사업을 주도하여야 하기 때문에 명분을 따진다면 주거환경이 가장 열악한 곳부터 정비계획을 수립해야 하지만 이런 곳들은 예산 부족으로 사업추진이 제대로 이뤄지지 않는다는 단점이 있다. 나아가, 반대로 사업성이 좋은 지역부터 추진하게 되면 특혜시비에 휘말릴 수 있다. 추후 주민제안형을 폐지하더라도 정비기금이 확보될 때까지 1~2년 정도의 유보기간을 두는 것이 바람직하다고 하겠다.

나. 제11조(시공자의 선정) 제1항 개정

(1) 시공사 선정 시기를 조합설립 이후에서 사업시행인가 이후로 변경할 것

현행	개정안
제11조(시공자의 선정) ① 조합은 제16조에 따른 조합설립인가를 받은 후 조합총회에서 국토해양부장관이 정하는 경쟁입찰의 방법으로 건설업자 또는 등록사업자를 시공자로 선정하여야 한다. 다만, 대통령령으로 정하는 규모 이하의 정비사업의 경우에는 조합 총회에서 정관으로 정하는 바에 따라 선정할 수 있다.	제11조(시공자의 선정) ① 주택재개발사업조합 및 도시환경정비사업조합, 주택재건축사업조합은 <u>사업시행인가를 받은 후</u> 국토해양부장관이 정하는 경쟁입찰의 방법으로 건설업자 또는 등록사업자를 시공자로 선정하여야 한다.

(2) 검토

사업시행인가 이전에 건설업체 시공자를 선정할 경우 헌법 제23조 제2항에 따른 공공복리의 목적보다는 주택법상의 영리를 목적으로 이 사업을 추진할 것이고, 그렇다면 이는 헌법 제23조 제2항에 따른 공공복리의 목적을 상실하는 결과가 되는 것이며, 공익사업법에서도 사업인정고시 이후에나 일반 건설업체 시공자를 참여도록 하고 있는 것이 원칙이다. 또한 시공사가 일찍부터 사업에 개입하면 자신들의 이익만을 고려해 중대형 위주로 개발하거나 수익성이 떨어지는 편의시설을 축소·폐지할 수도 있게 된다고 지적하고 있다. 또 정비사업 예정지 주민들의 입지가 크게 약화돼, 조합이나 시공사 의지가 반영된 정비사업에 그칠 가능성이 크다.

다. 제16조(조합설립인가) 제1항 및 제2항 개정

(1) 조합설립을 위한 주민동의요건의 강화

현행	개정안
제16조(조합의 설립인가 등) ① 주택재개발사업 및 도시환경정비사업의 추진위원회가 조합을 설립하고자 하는 때에는 토지등소유자의 4분의 3 이상 및 토지면적의 2분의 1 이상의 토지소유자의 동의를 얻어 정관 및 국토해양부령이 정하는 서류를 첨부하여 시장·군수의 인가를 받아야 한다. 인가받은 사항을 변경하고자 하는 때에도 또한 같다. 다만, 대통령령이 정하는 경미한 사항을 변경하고자 하는 때에는 조합원의 동의없이 시장·군수에게 신고하고 변경할 수 있다.	제16조(조합의 설립인가 등) ① 주택재개발사업 및 도시환경정비사업의 추진위원회가 조합을 설립하고자 하는 때에는 토지등소유자의 5분의 4 이상 및 토지면적의 3분의 2 이상의 토지소유자의 동의를 얻어 정관 및 국토해양부령이 정하는 서류를 첨부하여 시장·군수의 인가를 받아야 한다. 인가받은 사항을 변경하고자 하는 때에도 또한 같다. 다만, 대통령령이 정하는 경미한 사항을 변경하고자 하는 때에는 조합원의 동의없이 시장·군수에게 신고하고 변경할 수 있다.
② 주택재건축사업의 추진위원회가 조합을 설립하고자 하는 때에는 집합건물의소유및관리에관한법률 제47조 제1항 및 제2항의 규정에 불구하고 주택단지안의 공동주택의 각 동(복리시설의 경우에는 주택단지안의 복리시설 전체를 하나의 동으로 본다)별 구분소유자 및 의결권의 각 3분의 2	② 주택재건축사업의 추진위원회가 조합을 설립하고자 하는 때에는 집합건물의소유및관리에관한법률 제47조 제1항 및 제2항의 규정에 불구하고 주택단지안의 공동주택의 각 동(복리시설의 경우에는 주택단지안의 복리시설 전체를 하나의 동으로 본다)별 구분소유자 및 의결권의 각 3분

이상 및 토지면적의 2분의 1 이상 토지소유자의 동의(공동주택의 각 동별 구분소유자가 5 이하인 경우는 제외한다)와 주택단지안의 전체 구분소유자 및 의결권의 각 4분의 3 이상 및 토지면적의 4분의 3 이상의 토지소유자 동의를 얻어 정관 및 국토해양부령이 정하는 서류를 첨부하여 시장·군수의 인가를 받아야 한다. 인가받은 사항을 변경하고자 하는 때에도 또한 같다. 다만, 제1항 단서의 규정에 의한 경미한 사항을 변경하고자 하는 때에는 조합원의 동의 없이 시장·군수에게 신고하고 변경할 수 있다.	의 2 이상 및 토지면적의 3분의 2 이상 토지소유자의 동의(공동주택의 각 동별 구분소유자가 5 이하인 경우는 제외한다)와 주택단지안의 전체 구분소유자 및 의결권의 각 4분의 3 이상 및 토지면적의 4분의 3 이상의 토지소유자의 동의를 얻어 정관 및 국토해양부령이 정하는 서류를 첨부하여 시장·군수의 인가를 받아야 한다. 인가받은 사항을 변경하고자 하는 때에도 또한 같다. 다만, 제1항 단서의 규정에 의한 경미한 사항을 변경하고자 하는 때에는 조합원의 동의 없이 시장·군수에게 신고하고 변경할 수 있다.

(2) 검토

주택재개발, 도시환경정비사업, 주택재건축사업은 서민들의 모든 재산인 '집'을 걸고 하는 사업으로 조합설립은 민법상 사단법인을 만드는 것이다. 따라서 조합설립동의는 서민들의 재산인 토지 및 건물을 출자하겠다는 것이므로 이 사업에 동의하는 동의율을 현행 75%에서 80% 이상으로 높여야 한다.

라. 제17조(토지등소유자의 동의방법 등) 제1항 개정

(1) 토지등소유자의 동의방법과 형식의 강화

현행	개정안
제17조(토지등소유자의 동의방법 등) ① 제7조 제1항, 제8조 제1항부터 제4항까지, 제13조 제2항, 제14조 제4항, 제16조 제1항부터 제3항까지, 제26조 제3항, 제28조 제7항, 제33조 제2항에 따른 동의(동의한 사항의 철회 또는 제8조 제4항 제7호·제13조 제3항 및 제26조 제3항에 따른 반대의 의사표시를 포함한다)는 서면동의서에 토지등소유자의 지장(指章)을 날인하고 자필로 서명하는 서면동의의 방법으로 하며, 주민등록증, 여권 등 신원을 확인할 수 있는 신분증명서의 사본을 첨부하여야 한다. 다만, 토지등소유자가 해외에 장기체류하거나 법인인 경우 등 불가피한 사유가 있다고 시장·군수가 인정하는 경우에는 토지등소유자의 인감도장을 날인한 서면동의서에 해당 인감증명서를 첨부하는 방법으로 할 수 있다. <개정 2009. 2. 6., 2012. 2. 1.>	단서 추가, 다만, 토지등소유자가 해외에 장기체류하거나 법인인 경우 등 불가피한 사유가 있다고 시장·군수가 인정하는 경우에는 토지등소유자의 인감도장을 날인한 서면동의서에 해당 인감증명서를 첨부하는 방법으로 할 수 있다. 이 경우 인감증명서는 6개월 이내에 발부된 것으로 한한다.

(2) 검토

토지소유자의 동의 방법을 규정하고 있는 17조 단서에는 불가피한 사유의 경우 '인감증명서를 한 번 제출하면 동의·반대 등의 의사표시 때 다시 첨부하지 않아도 되도록 함'으로써 사업추진 시간을 단축하도록 했다. 하지만 인감 위조 등에 따른 분쟁 가능성이 커짐은 물론 조합원의 재산권 보호장치가 위축된다. 조합설립인가 후 재개발조합은 사업시행계획서를 작성하여 사업시행인가 신청을 한다. 현행 제도 아래에서 사업시행자(조합)는 사업시행인가를 신청하기 전에 미리 정관 등이 정하는 바에 따라 토지등소유자의 동의를 얻어야 한다. 2012년 법개정을 통해 동의 방법에 엄격한 의사확인을 구하는 것은 상당히 바람직하게 개정된 것이다. 그러나 해외체류나 장기부재 사유로 동의서 및 인감증명서를 미리 징구하게 되면 앞으로 진행될 재개발사업에 대해 조합원으로서 권리와 이익을 행사하지 못하는 상황이 발생될 수 있다. 따라서 주민들의 재산권을 위협하는 조항을 삭제하고 미리 여러 장의 인감증명서를 징구하는 폐단을 없애기 위해 인감증명서의 유효기간을 6개월로 한정해야 하는 조항을 추가함이 상당하다.

마. 제20조(정관의 작성 및 변경) 제3항 개정

(1) 조합의 정관 작성 및 변경을 위한 주민총회 동의요건의 강화

현행	개정안
제20조(정관의 작성 및 변경) ③ 조합이 정관을 변경하고자 하는 경우에는 제16조 제1항부터 제3항까지에도 불구하고 총회를 개최하여 조합원 과반수(제1항 제2호 내지 제4호·제8호·제12호 또는 제15호의 경우에는 3분의 2 이상을 말한다)의 동	제20조(정관의 작성 및 변경) ③ 조합이 정관을 변경하고자 하는 경우에는 조합원 2/3(제1항 제2호 내지 제4호·제8호·제12호 또는 제15호의 경우에는 4분의 3 이상을 말한다)의 동의를 얻어 시장·군수의 인가를 받아야 한다. 다만, 대통령령

의를 얻어 시장ㆍ군수의 인가를 받아야 한다. 다만, 대통령령이 정하는 경미한 사항을 변경하고자 하는 때에는 이 법 또는 정관으로 정하는 방법에 따라 변경하고 시장ㆍ군수에게 신고하여야 한다.	이 정하는 경미한 사항을 변경하고자 하는 때에는 조합원의 동의에 갈음하여 총회의 의결을 얻어야 한다.
	<신설> ④ 제17조의 규정은 제3항의 규정에 의한 동의에 관하여 이를 준용한다.

(2) 검토

정관변경은 주민들의 이해와 이익 및 손실에 영향력을 좌우할 수 있는 매우 중요한 사항이므로 정관변경 절차를 강화해야 한다. 따라서 조합원 과반수(제1항 제2호 내지 제4호ㆍ제8호ㆍ제12호 또는 제15호의 경우에는 2/3 이상)의 동의에서 조합원의 2/3(제1항 제2호 내지 제4호ㆍ제8호ㆍ제12호 또는 제15호의 경우에는 3/4 이상) 동의로 강화해야 한다.

바. 제28조(사업시행인가) 제6항 신설: 사업시행인가, 변경, 중지, 폐지를 위한 주민총회 동의요건의 강화

현행	개정안
	<신설> 제28조(사업시행인가) ⑥ 제17조의 규정은 제5항[16]의 규정에 의한 동의에 관하여 이를 준용한다.

16) 도시정비법 제28조(사업시행인가) 제5항 사업시행자(시장ㆍ군수 또는 주택공사등을 제외한다)는 사업시행인가를 신청(인가받은 내용을 변경하거나 정비사업을 중지 또는 폐지하고자 하는 경우를 포함한다)하기 전에 미리 총회를 개최하여 조합원 동의를 얻어야 한다. 다만, 사업시행자가 지정개발자인 경우에는 정비구역 안의 토지면적 50퍼센트 이상 토지소유자의 동의와 토지등소유자 과반수의 동의를 각각 얻어야 하며, 제1항 단서에 따른 경미한 변경인 경우에는 총회 의결을 필요로 하지 아니 한다. 〈개정 2005. 3. 18., 2007. 12. 21., 2009. 2. 6., 2012. 2. 1.〉

사. 제35조(순환정비방식의 정비사업) 개정을 통한 순환정비방식의 의무적 시행 명시

현행	개정안
제35조(순환정비방식의 정비사업) ① 사업시행자는 제2조 제2호 가목 내지 라목의 정비사업을 원활히 시행하기 위하여 정비구역의 내・외에 새로 건설한 주택 또는 이미 건설되어 있는 주택에 그 정비사업의 시행으로 철거되는 주택의 소유자 또는 세입자(정비구역안에서 실제 거주하는 자에 한한다. 이하 제36조 제1항에서 같다)가 임시로 거주하게 하는 등의 방식으로 그 정비구역을 순차적으로 정비할 수 있다.	제35조(순환정비방식의 정비사업) ① 사업시행자는 제2조 제2호 가목 내지 라목의 정비사업을 원활히 시행하기 위하여 정비구역의 내・외에 새로 건설한 주택 또는 이미 건설되어 있는 주택에 그 정비사업의 시행으로 철거되는 주택의 소유자 또는 세입자(정비구역안에서 실제 거주하는 자에 한한다. 이하 제36조 제1항에서 같다)가 임시로 거주하게 하는 등의 방식으로 그 정비구역을 순차적으로 정비해야 한다.

아. 제49조(관리처분계획의 공람 및 인가절차 등) 제1항 및 6항 개정, 신설

(1) 관리처분계획수립을 위한 총회 전 개별 감정가액 통지 등

현행	개정안
제49조(관리처분계획의 공람 및 인가절차 등) ① 사업시행자는 제48조에 따른 관리처분계획의 인가를 신청하기 전에 관계 서류의 사본을 30일 이상 토지등소유자에게 공람하게 하고 의견을 들어야 한다. 다만, 제48조 제1항 단서에 따른 대통령령으로 정하는 경미한 사항을 변경하고자 하는 경우에는 토지등소유자의 공람 및 의견청취절차를 거치지 아니할 수 있다.	제49조(관리처분계획의 공람 및 인가절차 등) ① 사업시행자는 토지등소유자에게 관리처분계획수립을 위한 총회 개최 전 법 제48조 제5항 제2호의 종전 토지 및 건물의 감정평가산출액을 통지 후 제48조에 따른 관리처분계획의 인가를 신청하기 전에 관계 서류의 사본을 30일 이상 토지등소유자에게 공람하게 하고 의견을 들어야 한다. 다만, 제48조 제1항 단서에 따른 대통령령으로 정하는 경미한 사항을 변경하고자 하는 경우에는 토지등소유자의 공람 및 의견청취절차를 거치지 아니할 수 있다.

(2) 검토

관리처분은 주택재개발 및 주택재건축사업에서 무척 중요한 과정이다. 따라서 조합원(토지등소유자)들이 입주할 아파트의 예상분양가,

분양신청, 권리가액(감정평가에 의한 보상가) 등이 확정되는 시기임으로 토지등소유자들이 관리처분총회 이전에 종전 토지 및 건물의 감정평가 산출액을 통지 받아야 하며, 이에 따라 토지등소유자의 동의와 주민공람은 필수적으로 거쳐야 한다. 다만, 도시정비법 제49조 제6항의 경우에는 2009년 2월 법개정을 통해 도시정비사업지구의 모든 권리자에 대한 사용수익권을 제한하는 조항으로 공익사업을 목적을 달성하기 위한 사유재산권에 대한 제한 규정이나, 합리적인 보상 및 이주대책이 수립되지 않은 상태에서는 사용수익권이 제한되지 않도록 개정되어 당시 명도소송을 통한 행정대집행으로 강제되거, 강제철거의 근거로 악용된 조항이 사라졌다.

자. 기타 사항

앞서 열거한 개정 내용 이외에도 주민총회 시 서면결의서로 참석과 의결을 표하는 경우, 인감도장으로 날인을 한 뒤 인감증명서를 첨부하게 해야 하며, 토지등소유자가 분양신청을 하지 아니하거나 분양신청을 한 뒤 철회하여 현금청산을 요청할 시 언제든지 해주게끔 해야 한다. 또한 정비구역지정 전 정비구역지정에 대한 세입자의 의견조사를 하여 이를 일정하게 반영해야 하며, 조합의 임원에 대해 조합원들이 해임청구권 등 견제장치를 반드시 갖고 있어야 한다.

3. 도시재정비촉진을 위한 특별법의 개정방안

가. 개정방향

주민의 재산권에 피해를 끼치며 개발 현장에서 악용되는 도시재정비촉진을 위한 특별법 제18조 삭제 또는 정비사업조합 등 사업시행자가 개발을 강요하는 식으로 도시재정비촉진을위한특별법(이하, 도촉법) 제18조를 악용하지 못하게 해당구역의 토지등소유자와 세입자 1/2의 동의를 얻어야 할 수 있도록 개정해야 한다.

나. 구체적인 도촉법 제18조 개정안

현행	개정안
제18조(사업시행의 촉진) 재정비촉진계획의 결정·고시일부터 2년 이내에 재정비촉진사업과 관련하여 해당 사업을 규정하고 있는 관계 법률에 따른 조합설립인가를 신청하지 아니하거나, 3년 이내에 해당 사업에 관하여 규정하고 있는 관계 법률에 따른 사업시행인가를 신청하지 아니한 경우에는 특별자치시장, 특별자치도지사, 시장·군수·구청장이 그 사업을 직접 시행하거나 총괄사업관리자를 사업시행자로 우선하여 지정할 수 있다. 다만, 특별자치시장, 특별자치도지사, 시장·군수·구청장은 총괄사업관리자가 제2조 제2호 각 목의 관계 법률에 규정된 각각의 재정비촉진사업에 대하여 해당 법률에 따라 사업시행자가 될 수 있는 사업(공동시행자가 될 수 있는 사업을 포함한다)에 한정하여 총괄사업관리자를 사업시행자로 지정할 수 있다. <개정 2013. 7. 16.>	제18조(사업시행의 촉진) 재정비촉진계획의 결정·고시일부터 2년 이내에 재정비촉진사업과 관련하여 당해 사업을 규정하고 있는 관계법률에 의한 조합설립인가를 받지 못하거나, 3년 이내에 당해 사업에 관하여 규정하고 있는 관계 법률에 의한 사업시행인가를 받지 못한 경우에는 해당구역 토지등소유자의 1/2 이상, 해당구역 세입자의 1/2 이상 동의를 얻어 시장·군수·구청장이 이를 직접 시행하거나 총괄사업관리자를 사업시행자로 우선하여 지정할 수 있다. 다만, 이 경우 시장·군수·구청장은 총괄사업관리자가 제2조 제2호 각 목의 관계 법률에 규정된 각각의 재정비촉진 사업에 대해 해당 법률에 따라 사업시행자가 될 수 있는 사업(공동시행자가 될 수 있는 사업을 포함한다)에 한하여 총괄사업관리자를 사업시행자로 지정할 수 있다.

4. 소결

앞에서 외국의 노후주거단지 정비방법 및 사례에서 살펴본 것과 같이 향후 우리나라의 노후주거단지의 정비방향은 기존과 같은 대규모 재건축 아파트 중심의 개발방식에서 벗어나 새로운 유형의 정비수법 모색이 필요하며, 이를 위해 다음과 같은 정비체계에 대한 개선방향을 제시해 본다.[17]

17) 김청원, "노후주거지 정비체계 개선방향에 관한 연구－외국의 정비체계 및 사례의

첫째, 거주자 중심의 노후주거지 정비가 이루어져야 한다. 전면 철거 위주의 노후주거지 정비는 지역 커뮤니티의 붕괴와 고령의 지역거주자 등의 삶의 터전을 위협하는 결과를 초래하고 있다. 따라서 원거주민들의 주거특성 및 생활환경을 고려한 노후주거지 정비계획이 수립되어야 하며, 세입자를 포함한 원거주민이 정비사업에 따른 최대 수혜자가 될 수 있도록 원거주민의 재정착 및 생활재건을 이룰 수 있는 다양한 프로그램의 개발이 필요하다. 이전의 원거주민 의견이 충분히 반영되고 행정과 긴밀하게 협의가 이루어 질 수 있는 주민조직 형성을 제도화하고, 정비사업 수립을 위한 사전조사활동에 대한 국가 및 지자체의 보조나 원거주민이 자력으로 주거환경을 정비할 수 있는 장기적인 계획의 수립 등 다양한 공공의 지원이 이루어져야 할 것이다. 또한 정비사업에 의해 증가되는 용적률 등 개발이익에 대해서는 일정비율 임대주택 공급 등 저소득층 및 고령의 지역거주자 지원에 활용될 수 있는 제도적 장치가 필요하다.

둘째, 지역 여건에 적합한 다양한 주택유형의 정비가 이루어져야 한다. 그동안 저층의 주거지가 전면재개발사업에 의해 고층아파트로 변모하면서 일조권이나 프라이버시 침해 등 인접 주거지역에 대한 주거환경 문제를 유발하였을 뿐 아니라 경관적 측면에서도 주변지역과의 부조화를 초래하는 등 사회적으로 많은 비판이 제기되고 있다. 따라서 기존 거주자가 지금까지의 생활환경에 이질감을 느끼지 않고 주변지역과 조화를 이룰 수 있는 노후주거지 정비가 필요하며, 특히 많은 노후지역이 구릉지와 고지대에 입지하고 있어 지형 등 주변여건을 고려한 주택유형 개발이 시급하다. 비교적 기반시설이 양호한 단독주

분석을 중심으로", 주택연구, 한국주택연구소, 2010, 207면 이하.

택지역 및 구릉지에 대해서는 도심형 타운하우스 또는 저층 위주의 주택유형을 유지할 수 있는 정비수법의 개발이 필요하며, 고밀개발이 요구되는 지역에는 중층의 가구단위 개발을 통하여 개발밀도를 유지하면서도 주변지역과 조화를 이룰 수 있는 정비수법의 개발이 이루어져야 할 것이다. 이를 위해서 구릉지 등 떨어진 2개 이상의 구역을 1개 구역으로 개발하여, 구릉지나 공원 등의 용적률을 다른 구역으로 개발권을 이양하는 개발권이양제도(TDR)의 적극적인 활용도 검토할 필요가 있다.

셋째, 광역적 차원의 기반시설에 대한 계획적 정비와 점진적 소규모 주택재개발・재건축을 통한 장기적 노후주거지정비가 이루어져야 한다. 단기간에 추진되는 대규모 단위의 재개발사업은 기존 도시공간구조의 해체에 따른 지역성 상실 및 세입자 대책 등의 사회적 문제를 발생시키고 있다. 이러한 문제를 해결하기 위해서 노후・불량주택의 정비는 기존 도시공간구조 및 주변지역에 미치는 영향을 고려하여 가급적 소규모 단위의 점진적 추진이 필요하며, 노후주거지의 종합적인 환경정비를 도모하는 기반시설과 공공시설은 도시계획적 차원의 광역적 범위에서 추진되어야 할 것이다. 또한, 정비지구에 대해서 지구단위계획 등의 종합적인 정비계획을 수립함과 동시에 지역주민에 의한 장기적인 주거환경개선프로그램의 개발로 지역 커뮤니티 활성화를 동반한 점진적인 노후주거지 정비가 이루어질 수 있도록 정부 및 자치단체의 지원이 있어야 할 것이다. '도시재정비촉진을위한특별법'의 제정으로 넓은 면적의 지구지정에 따른 광역적 차원의 기반시설 정비가 가능하게 되었으나, 관련 유사 법률이 너무나 산재하게 되어 이러한 관련 법제도의 계속적 정비가 이루어져야 할 것이다.

아울러 공공에 의한 '선 계획 및 투자, 후 개발자부담'에 의한 사업 방식을 점차 확대할 필요가 있다. 공공에 의한 선계획과 선투자로 난개발을 방지함과 동시에 민간개발의 자율적 개발행위도 활성화될 것으로 기대할 수 있다. 앞으로의 바람직한 노후주거지 정비는 물리적 환경개선뿐만 아니라 거주자의 삶을 고려한 미래지향적 계획으로 이루어져야 한다. 개발이익을 우선시하는 고층·고밀 위주의 정비사업을 지양하고 거주자의 사회적 특성과 지역적 특성을 반영하며 지역 커뮤니티의 활성화를 도모할 수 있는 종합적인 생활환경 정비사업이 중앙정부와 지자체 및 지역 주민들의 일체된 노력으로 추진되어야 할 것이다.

제2절 도시정비사업의 새로운 패러다임으로서 도시재생

Ⅰ. 도입 배경 및 목적

도시정비사업에 대한 인식체계의 변화를 가져오게 된 요인은 구도심의 쇠락화 문제이다. 이러한 도시쇠락의 직접적 요인은 노후 주택의 증가, 신규주택 공급 부족, 고령자 등 사회적 약자의 증가와 인구감소·인구유출 등이며, 간접적인 요인은 주변 대도시 흡수와 일자리 감소·산업기반 약화 등이다. 아울러 중심시가지 쇠퇴의 주요원인은 구도심의 기반시설 확충 곤란 및 기능 축소, 중심시가지 상점경쟁력 약화, 신시가지 개발 및 대형할인점 출연 등에도 기인한다.[18] 이러한

18) 도시재생사업단, “지방도시재생정책과 추진계획 연구”, 2010, 17면 이하.

현상은 특히 이러한 기반이 상대적으로 약한 지방에서 더욱 심각하여 전반적인 도시-지역 간 격차를 심화시키는 요인으로 작용하고 있다.[19] 이는 도시 쇠퇴 문제가 우리나라 도시의 공통적인 현상이라 할지라도 그로 인한 부작용 등은 대도시에 비하여 지방 중소도시에서 더욱 심각함을 의미한다. 이와 같은 우리나라 도시정비사업의 새로운 변화에 부응하기 위해서는 특히 지방도시 차원의 도시 정체성·역사성을 고려한 도시재생사업의 추진이 필요하며, 이는 통합적이고도 각 지역을 연계한 형식으로 이루어져야 할 것이다.

그런 연유로 종래 도시정비 관련 법제가 갖는 개별적, 단편성, 연계성 부족의 문제와 시장기능 중심의 물리적 정비체계의 개편이 요구되었다. 즉, ① 포괄적이고 종합적인 도시정비 개념 확립 및 도시재생 관점의 정비관리기법 도입, ② 각종 공간계획과 재생사업, 기존 도시정비 관련 개별사업과 재생사업 간의 연계성 강화, ③ 개별사업법상 중복적인 인센티브 규정의 통일, ④ 부진한 정비사업 추진의 부작용 해소 방안 마련, ⑤ 입법과정의 효율성, 통합성 도모 등이 반드시 검토되어야 한다.[20] 이를 위한 대안으로 도시정비사업을 통할하는 기본법을 신설하고 기존 관련 법규를 재편하는 방안과, 기존 관련 법제를 통합하고, 부분적으로 도시재생 관점의 제도를 개선하는 방안 등이 논의되어 왔다. 사업시행자의 입장에서 기존 법률에 근거하여 정비사업을 시행하고 도시재생기본법에 따라 다양한 지원(행정, 재정, 도시계획입안, 시민참여 등의 공공지원)을 받을 수 있는 장점도 있다.

---

19) 유재윤, "새정부의 도시재생 정책과제", 국토정책 Brief, 2013. 2, 15면. 이 보고서에 따르면 "전국 144개 도시 중 도시쇠퇴가 진행 중인 지역은 55개(38.1%), 쇠퇴 징후가 나타나고 있는 지역은 96개(66.6%)에 이르는 것으로 파악되고 있다"라고 한다.

20) 국토해양부, "도시재생 법제개편 및 활성화방안(연구용역)", 2011, 135면.

그러나 도시재생법제와 마찬가지로 지원법의 성격을 갖고 있는 도시정비법, 도촉법 등 기존의 도시재생 관련법과 상호 상충 및 중복이 우려된다. 두 번째 방안의 경우 주요법제의 통합을 통해 법제의 유사성과 비효율성을 해소하고, 도시재생 관점의 제도 개선 필요사항을 부분적으로 보완하는 방식으로,[21] 진행 중인 도시정비 문제의 빠른 대응과 해소, 법률간 위상과 상충관계 미발생 등을 도모할 수 있다는 장점이 있다. 그러나 도촉법상의 각종 특례를 그대로 계수할 수 있을지에 관해서는 의문이며, 계수가 이루어지지 않을 경우 광역적 차원에서의 정비사업이 이루어지기 어렵다는 단점이 있다.

즉, 최근 제정되어 시행되고 있는 도시재생법제의 경우, 도시정비법 · 도촉법 등 기존의 도시재생 관련법체계는 그대로 유지한 채, 새로운 입법에 의하여 도시재생에 관한 일반법을 제정한 것이므로 위 첫 번째 방안을 수용하였다고 평가할 수 있다. 이 법은 도시의 주거 · 경제 · 사회 · 문화적 환경을 건전하고 지속 가능하게 관리하는 것이 우리나라 국가경제 성장과 사회적 통합의 안정된 기반을 구축하는 데 필수불가결한 과제임에도 불구하고 현행 제도로는 도시재생에 필요한 각종 물리적 · 비물리적 사업을 시민의 관심과 의견을 반영하여 체계적 · 효과적으로 추진하기 어렵다는 문제의식하에, 법 제정을 통해 계획적이고 종합적인 도시재생 추진체제를 구축하고, 물리적 · 비물리적 지원을 통해 민간과 정부의 관련 사업들이 실질적인 도시재생으로 이어지도록 함으로써 궁극적으로 지속적 경제성장 및 사회적 통합을 유도하고, 도시문화의 품격을 제고하는 등 국민 삶의 질을 향상시키는 데 기여하려는 것임을 그 제정이유로 하고 있다.[22] 다시 말

21) 국토해양부, "전게보고서", 136면.

22) 법제처, "도시재생활성화 및 지원에 관한 특별법 공포안", 2013. 6.

해, 현재 개별법에 근거하여 추진 중인 다양한 도시정비 관련 사업 간의 연계를 강화하고 지역의 특수성과 정체성을 살린 종합적인 도시재생이 이루어질 수 있도록 하려는 데 그 의의가 있다고 판단된다.

이와 같이 종래 관련 학문적 영역에서 다양하게 전개되어 오던 '도시재생'에 관한 개념적 정립은 2013년 6월 4일 제정된 「도시재생활성화 및 지원에 관한 특별법」(이하, '도시재생법'이라고 한다)을 통하여 법적 개념으로 정립되었다고 볼 수 있다. 법 제2조(정의) 제1항 제1호에서는 도시재생을 "인구의 감소, 산업구조의 변화, 도시의 무분별한 확장, 주거환경의 노후화 등으로 쇠퇴하는 도시를 지역역량의 강화, 새로운 기능의 도입·창출 및 지역자원의 활용을 통하여 경제적·사회적·물리적·환경적으로 활성화시키는 것을 말한다"라고 규정하고 있다. 이는 1960년대 이후 진행되어 온 도시정비사업이 공간 면적에 대한 전면적 개발이라는 물리적 개발방식에서 탈피, 해당 지역의 공간적 특성과 사회적·문화적 현황 등 비물리적 측면을 함께 고려하여 개발하는 방식의 도시개발 패러다임으로 변화한 것을 의미한다. 아래에서는 위와 같은 도시개발사업 패러다임 변화에 따른 도시개발사업의 대두 배경과 현황 등을 파악하고 기존 관련 법제의 검토·분석에 근거하여, 2013년 제정된 「도시재생법」에 관한 소개와 향후 효율적이고 원활한 운영을 위한 제언을 하고자 한다.

II. 도시재생의 개념

도시재생의 정의는 다양하게 시도되고 있는데, "도심부와 구시가지 등 낙후된 지역의 물리적 환경을 개선하고, 경제·사회·문화적 활력을 제고하는 것",[23] "급격한 산업화와 도시화를 거치면서 물리적으로 노후된 도시 제반시설과 경제 사회적으로 침체된 지역을 개선하고 도시의 기능 회복, 경제 활성 및 지역 주민의 삶의 질을 향상시키는 복합적인 재활성화를 의미하는 것",[24] "도시를 에워싼 사회경제적 변화에 적극적으로 적응하면서, 지구화시대 도시경쟁력을 새롭게 창출하기 위해 도시의 경제·사회·환경 전반을 적극적인 방식으로 개선하는 것",[25] "일정 도시에서 경제·물리적·사회·환경적 조건이 변하고 지속적으로 개선되어야 하는 여러 문제점들을 해결하기 위한 총체적이고 종합적인 비전과 행동",[26] "도시재생(urban regeneration)은 일반적으로 쇠퇴한 도시에 활력을 다시 불어넣어 되살리는 것 즉, 도시기능의 재활성화(revitalization)를 의미하며, 기성시가지의 문제를 종합적인 시각에서 해결하려는 총체적인 접근 방식이다. 따라서 물리적 환경 개선에 초점을 두고 있는 일차원적인 도시정비(urban renewal)보다는 사람과 환경, 문화를 고려한 보다 발전된 개념이라고 볼 수 있으며, 도시재생의 개념에 도시정비의 개념이 포함되는 것"[27] 등 일부 혼란이 있다. 그러나 이러한 개념 정립을 위한 노력은, 도시재생이 물리적인 측면보다는 프로그램이나 제도 그리고 교육 및 참여와 같은 비물리적인 측면에 초점을 맞추고 창조도시,[28] 도시재생의 경관적·공간적·시설적 측면을 조성하기 위한 원칙과 기법들을 제공하고자

23) 양재섭·장남종, "국내 도시재생사업의 추진동향과 과제: 서울·인천·대전을 중심으로", 국토 통권 305호, 2007, 15면.
24) 오병호, "도시재생의 방향", 서울경제 통권 23호, 2007.
25) 조명래, "지구화시대 경제사회의 변화와 도시재생의 중요성", 국토 통권 305호, 2007, 6면.
26) Roberts, P., "The evolution, definition and purpose of urban regeneration", in Roberts P., Sykes H. (eds), Urban Regeneration, Sage, London. 2000.
27) 국토해양부, "전계보고서", 3면.
28) http://blog.paran.com/munhwa365/8276313

하는 뉴어바니즘(New Urbanism) 측면에서 접근이 가능할 수 있는 근거를 제공하고 개발방식이나 제도적 보완에 초점을 두고 있는 도시성장관리(Urban Growth Management) 등 새로운 도시개발이론의 전개와 발전에 기여하였다.[29][30]

Ⅲ. 도시재생법의 주요 내용[31]

1. '도시재생' 및 '도시재생사업'

도시재생법은 도시재생을 인구 감소, 산업구조 변화, 도시의 무분별한 확장, 주거환경 노후화 등으로 쇠퇴하는 도시를 지역역량의 강화, 새로운 기능의 도입 · 창출 및 지역자원 활용을 통하여 경제적 · 사회적 · 물리적 · 환경적으로 활성화시키는 것을 말한다고 정의하고 있다(제2조 제1호). 또한 도시재생사업을 도시재생활성화지역에서 도시재생활성화계획에 따라 시행하는 다음의 사업으로 분류하고 있다. ① 국가 또는 지자체가 지역발전 및 도시재생을 위하여 추진하는 일

---

29) 김영 외 2인, "지방 쇠퇴도시 도심공간분석과 도시재생기번에 관한 연구", 한국주거환경학회지 주거환경 제5권 제2호, 2007, 6-7면.

30) 이와 같은 다양한 개념적 논의에 맞추어 2013년 6월 4일에 제정된 도시재생법 제2조(정의) 제1항에서는 도시재생의 개념을, "인구의 감소, 산업구조의 변화, 도시의 무분별한 확장, 주거환경의 노후화 등으로 쇠퇴하는 도시를 지역역량의 강화, 새로운 기능의 도입 · 창출 및 지역자원의 활용을 통하여 경제적 · 사회적 · 물리적 · 환경적으로 활성화시키는 것을 말한다"라고 명문으로 규정하였다. 이 규정 내용을 통하여 과거 단편적 도시공간의 효율적 이용추구에 주안점을 두고 경제개발의 극대화를 위하여 국가적 토지이용 시 사용하던 수단으로서의 도시 및 지역개발로서의 물리적 개발중심사고에서 탈피하여 도시개발에 대한 통합적(integrated) 내지 종합적 접근방식에 기반하여 사회 · 문화 · 경제 등 인간의 삶과 밀착하게 관련된 사람 중심의 물리적 개발을 포함하는 개념으로 정립되고 있다.

31) 서병수, "도시재생활성화 및 지원에 관한 특별법안 검토보고서", 국회, 2012, 12면.

련의 사업, ② 주민 제안에 따라 해당 지역의 물리적 · 사회적 · 인적 자원을 활용함으로써 공동체를 활성화하는 사업, ③ 도시정비법에 따른 정비사업 및 도촉법에 따른 재정비촉진사업, ④ 도시개발법에 따른 도시개발사업 및 역세권의 개발 및 이용에 관한 법률에 따른 역세권개발사업, ⑤ 산업입지 및 개발에 관한 법률에 따른 산업단지개발사업 및 산업단지재생사업, ⑥ 항만법에 따른 항만재개발사업, ⑦ 전통시장 및 상점가 육성을 위한 특별법에 따른 상권활성화사업 및 시장정비사업, ⑧ 국계법에 따른 도시 · 군계획시설사업 및 시범도시(시범지구 및 시범단지 포함) 지정에 따른 사업, ⑨ 경관법에 따른 경관사업, ⑩ 그 밖에 도시재생에 필요한 사업으로서 대통령령으로 정하는 사업[32] 등이다(법 제2조 제7호). 동법은 기존 도시재생 관련 개별 법률인 도시정비법, 도촉법 등에 의한 정비사업, 재정비촉진사업 등도 도시재생활성화지역에서 도시재생활성화계획에 따라 시행되는 이상 도시재생사업의 범주에 포함시키고 있다. 이는 도시재생 관련 사업체계의 통합적 운용을 도모하기 위한 목적에서 비롯된 것으로 보인다.

도시재생 관련법령 및 사업의 통합적 · 체계적 · 일관적 운영을 위해 도시재생활성화지역에 관하여는 도시재생법이 다른 개별 법률보다 우선하여 적용되고, 고시된 도시재생활성화계획에 포함된 도시재생사업의 시행에 관하여 특별법에서 규정하지 아니한 사항은 해당 사업에 관하여 정하고 있는 관계법률에 따르며, 국가는 도시재생과 관련 있는 다른 법률을 제정 또는 개정하는 경우에는 특별법의 목적에

32) 도시재생법 시행령상 전통시장 및 상점가 육성을 위한 특별법에 따른 상업기반시설 현대화사업, 국가통합교통체계효율화법에 따른 복합환승센터 개발사업, 관광진흥법에 따른 관광지 및 관광단지 조성사업이 도시재생사업으로 규정되어 있다(동법 시행령 제2조).

맞도록 하여야 한다고 규정하고 있다(법 제6조).

2. '도시재생전략계획' 및 '도시재생활성화계획'

'도시재생전략계획'이란 전략계획수립권자[33]가 국가도시재생기본방침을 고려하여 도시 전체 또는 일부 지역, 필요한 경우 둘 이상의 도시에 대하여 도시재생과 관련된 각종 계획, 사업, 프로그램, 유형・무형의 지역자산 등을 조사・발굴하고, 도시재생활성화지역을 지정하는 등 도시재생 추진전략을 수립하기 위한 기본구상의 성격을 갖는 계획을 말한다(법 제2조 제3호). 전략계획수립권자는 도시재생을 추진하려면 도시재생전략계획을 10년 단위로 수립하고, 필요한 경우 5년 단위로 정비하여야 한다. 지역 여건상 필요한 경우에는 인접 지자체의 관할구역 전부 또는 일부를 포함하여 도시재생전략계획을 수립할 수 있으나, 공동으로 도시재생전략계획을 수립하는 경우를 제외하고는 미리 해당 지자체장의 동의가 있어야 한다. 또한 도시재생전략계획은 국가도시재생기본방침 및 국토의 계획 및 이용에 관한 법률 제19조의 도시・군기본계획에 부합하여야 한다(법 제12조). 도시재생전략계획이 수립된 지역에 대하여 다른 법률에 따른 사업계획을 수립할 경우에는 해당 도시재생전략계획에 부합되도록 하여야 한다(법 제13조 제2항).

'도시재생활성화계획'이란 도시재생전략계획에 부합하도록 도시재생활성화지역에 대하여 국가, 지자체, 공공기관 및 지역주민이 지역

33) '전략계획수립권자'란 특별시장・광역시장・특별자치시장・특별자치도지사・시장 또는 군수(광역시 관할구역에 있는 군의 군수는 제외)를 말한다(도시재생기본법 제2조 제4호).

발전과 도시재생을 위하여 추진하는 다양한 도시재생사업을 연계하여 종합적으로 수립하는 실행계획을 말하고, 도시경제기반형 활성화계획과 근린재생형 활성화계획으로 구분된다. 도시경제기반형 활성화계획이란 산업단지, 항만, 공항, 철도, 일반국도, 하천 등 국가의 핵심적인 기능을 담당하는 도시·군계획시설의 정비 및 개발과 연계하여 도시에 새로운 기능을 부여하고 고용기반을 창출하기 위한 도시재생활성화계획을 말하는데, 이는 도시경쟁력 강화를 위한 경제기반을 확충하는 데 주된 목적이 있으며, 도시 전체의 성장을 견인하기 위한 대규모 사업의 성격을 가지고 있다.[34] 이 사업을 통해 도시권 거점을 조성·육성하고, 도시권 차원에서 주변지역에 대한 거점 역할을 하는 지역을 선정하여 고차서비스(종합병원, 대학, 백화점, 국제비즈니스 등) 기능을 강화하는 등 도시권 특화기능을 도입하며, 간선교통망이 집중되어 지역 간 연계가 용이한 지역을 대상으로 광역 시너지 효과를 창출할 수 있을 것으로 기대된다.[35]

한편, 근린 재생형 활성화계획이란 생활권 단위의 생활환경 개선, 기초 생활 인프라 확충, 공동체 활성화, 골목경제 살리기 등을 위한 도시재생활성화계획으로, 공동체 기반 강화와 주민 간 교류 증진, 일자리 창출을 목적으로 근린 레벨에서 사회적 자본을 활용한 공동체 활성화 사업을 실시하여 여러 개의 관련 프로그램 연계와 아울러 필요 시 소규모 물리적 사업을 포함하는 유형이다.[36] 이 사업을 통해 생활환경 개선 및 기초생활 인프라가 공급되고, 골목경제 및 지역경

34) 정용주·박지호, "도시정비사업 관련 법규의 문제점과 도시재생 법제의 개선 방안", 도시정비사 제19호, 2012. 12, 116-117면.
35) 유재윤 외 3인, "전게논문", 4면.
36) 정용주·박지호, "전게자료", 117면.

제 커뮤니티가 활성화될 수 있을 것으로 전망된다.[37] 전략계획수립권자는 도시재생활성화지역에 대하여 도시재생활성화계획을 수립할 수 있고, 구청장 등은 근린 재생형 활성화계획을 수립할 수 있다(법 제19조 제1, 2항).

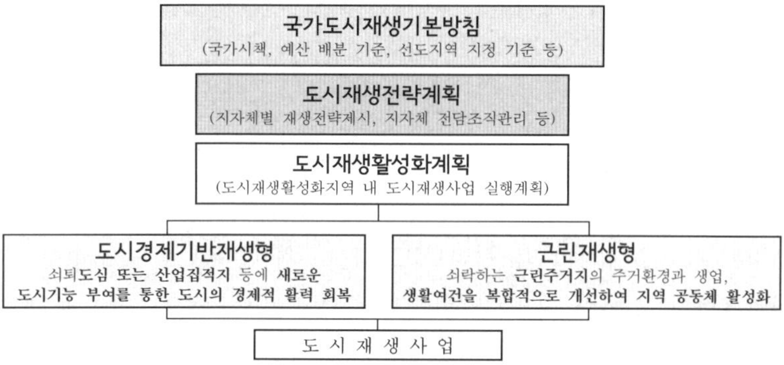

〈그림 7-1〉 도시재생사업의 추진체계

3. '도시재생활성화지역'과 '도시재생선도지역'

도시재생사업 관련 지구(지역) 지정은 낙후된 기성시가지에 새로운 기능(주거, 상업, 업무, 생산, 위락 등)을 도입·창출하여 도시의 물리적 환경정비뿐만 아니라 사회·경제·문화적 재생을 도모하기 위하여 지역 특성을 반영하여 유형화할 필요가 있다.[38] 도시재생법상 '도시재생활성화지역'이란 국가와 지자체의 자원과 역량을 집중함으로써 도시재생을 위한 사업의 효과를 극대화하려는 전략적 대상지역으로

37) 유재윤 외 3인, "전게논문", 4면.
38) 국토해양부, "전게보고서", 40면.

그 지정 및 해제를 도시재생전략계획으로 결정하는 지역을 말한다(법 제2조 제5호). 전략계획수립권자가 도시재생활성화지역을 지정하기 위해서는 ① 인구가 현저히 감소하는 지역, ② 총 사업체 수의 감소 등 산업의 이탈이 발생하는 지역, ③ 노후주택의 증가 등 주거환경이 악화되는 지역 요건 중 2개 이상을 갖추어야 한다(법 제13조 제4항).

'도시재생선도지역'이란 도시재생을 긴급하고 효과적으로 실시하여야 할 필요가 있고 주변지역에 대한 파급효과가 큰 지역으로, 국가와 지자체의 시책을 중점 시행함으로써 도시재생활성화를 도모하는 지역을 말한다(법 제2조 제8호). 국토교통부장관은 도시재생이 시급하거나 도시재생사업의 파급효과가 큰 지역을 직접 또는 전략계획수립권자의 요청에 따라 도시재생선도지역으로 지정할 수 있다(법 제33조 제1항)[39]. 전략계획수립권자는 위 33조에 따라 지정된 도시재생선도지역에 대하여는 도시재생전략계획의 수립 여부와 관계없이 도시재생활성화계획을 수립할 수 있다(법 제34조 본문). 국가는 도시재생선도지역의 도시재생기반시설 중 대통령령으로 정하는 시설[40]에 대하여 다른 법률의 규정에도 불구하고 설치비용의 전부 또는 일부를 부담할 수 있다(법 제34조 제4항). 2014년 4월 28일 국토교통부(장관)는 국무총리 소속 도시재생특별위원회 심의를 거쳐 13곳의 도시재생선도지역을 지정한바 있는데, 쇠퇴하는 도시의 경제활력 회복과 일자리 창출 등을 위한 도시경제기반형 선도지역은 부산과 청주 2곳이 지정되었고, 쇠퇴한 상업

---

39) 참고로 도시재생선도지역과 뉴타운사업의 가장 큰 차이점은 다음과 같다. 뉴타운사업은 전면 철거 후 아파트단지 만들기였다면, 도시재생선도지역은 기존 주민의 생활터전을 유지하면서, 주민이 제안하고 요구하는 도로・공원 신설(보수), 마을회관・마을도서관 건립 등의 도시재생 기반시설과 기초생활인프라를 공공에서 설치하고, 쇠퇴한 도심의 마을공동체 및 골목경제의 활성화를 추진하는 것이다.

40) 공동구, 공원・녹지, 소로(폭 12미터 미만) 및 공용주차장을 말한다(도시재생법 시행령 제44조).

지역 및 주거지역을 재생하기 위한 근린재생형은 서울 종로구 등 일반규모 6곳, 대구 남구 등 소규모 5곳이 지정되었다.[41]

4. 도시재생기구

도시재생기구는 도시재생의 대상과 범위의 확대를 위해 필요하다. 사회·경제·문화·물리적 관점을 포괄할 수 있는 형태의 정책 추진을 위해서는 이러한 분야를 정책적으로 포괄하고, 총괄적·종합적으로 조정·집행할 수 있는 조직체계가 요구된다. 기존의 도시재생의 대표적 모습인 정비사업의 경우, 조합 및 민간사업자(시행사)에 의해 모든 과정이 주도되어 왔고, 이로 인해 세입자 등 사회적 약자 보호와 공공시설의 확충 등 공공의 역할이 필요한 부분이 등한시되는 등 부정적 영향이 있었다는 점을 부인하기 어렵다. 민간 사업자들의 수익성 추구와 공공 공간 활성화 기여라는 공익적 목적을 동시에 달성할 수 있도록 지원·유도하는 추진기구로서의 도시재생기구의 역할이 필요하다.[42]

도시재생기구의 기능은 첫째, 국가가 설정한 정책방향과 부합하는 시책들을 적극적으로 개발하고 시범사업의 진행과정을 지원하는 등 도시재생전략사업의 추진과 관련된 사업을 수행한다. 둘째, 공간 통합적 재생정책 수행의 핵심이 되는 각 도시별 도시재생계획 지원과 관련한 사항을 수행한다. 셋째, 기존의 도시환경정비사업과 같은 민간이 참여하는 사업들에 대해서 지역활성화에 기여할 수 있는 방향으로 공공성 지원에 관한 사항을 담당하여 원활하게 추진될 수 있도록

41) 국토교통부, "도시재생 선도지역 13곳 지정", 보도자료, 2014. 4. 28.
42) 국토해양부, "전게자료", 19면.

한다.[43] 도시재생법이 규정하고 있는 도시재생기구로는 도시재생특별위원회, 도시재생지원단, 지방도시재생위원회, 도시재생지원기구, 도시재생지원센터 등을 들 수 있다. '도시재생특별위원회'는 도시재생에 관한 정책을 종합적이고 효율적으로 추진하기 위해 설치된 국무총리 직속기구로, 국무총리가 위원장이 되고 10~30명 이내의 정부 및 민간위원으로 구성되어 ① 국가도시재생기본방침 등 국가 주요시책, ② 둘 이상의 특별시·광역시·특별자치시·특별자치도 또는 도의 관할구역에 속한 전략계획수립권자가 공동으로 수립하는 도시재생전략계획, ③ 국가지원사항이 포함된 도시재생활성화계획, ④ 도시재생선도지역 지정 및 도지재생선도지역에 대한 도시재생활성화계획, ⑤ 그 밖에 도시재생과 관련하여 필요한 사항으로 위원장이 회의에 상정하는 사항 등을 심의한다(법 제7조 제1항 내지 제3항).

'도시재생기획단'은 도시재생특별위원회의 업무를 지원하기 위한 국토교통부 소속기관으로 ① 국가도시재생기본방침의 작성, ② 도시재생활성화계획, 도시재생사업 등의 평가 및 지원에 관한 사항, ③ 지방도시재생위원회, 관계 행정기관 및 관계 기관과의 협의, ④ 도시재생사업 관련 예산 협의, ⑤ 그 밖에 대통령령으로 정하는 업무 등을 수행한다(법 제7조 제4항). 도시재생특별위원회 및 도시재생기획단과 같은 중앙정부 차원의 도시재생기구의 효율적인 운영이 이루어지는 경우 중앙정부 각 부처의 프로그램과 사업이 효율적으로 연계·조정·통합되고, 도시재생을 추진하기 위해 새로 도입되는 전략들을 정책화하여 일관되고 효과적으로 추진하기 위한 제도가 정비되며, 각 부처들과의 협력적 추진을 통한 (부처별 사업추진이 아닌) 공간 중심의

43) 정용주, 박지호, "전게보고서", 117면.

통합적 정책(Place-based Policy) 추진을 주도해 나갈 수 있을 것으로 기대된다. 또한 도시재생 관련 사업의 연계적 지원, 민간도시재생사업의 효율적 지원에 관해서도 핵심적인 역할을 수행할 전망이다.

지방자치단체는 ① 지방자치단체의 도시재생 관련 주요시책, ② 도시재생전략계획 및 도시재생활성화계획, ③ 그 밖에 도시재생과 관련하여 필요한 사항을 심의하거나 자문에 응하게 하기 위하여 '지방도시재생위원회'를 둘 수 있다. 국토계획법 제113조의 지방도시계획위원회가 설치된 지방자치단체의 경우 대통령령으로 정하는 지방도시재생위원회의 구성·운영 등에 대한 조건을 충족하는 경우 지방도시계획위원회가 그 기능을 수행하게 할 수 있도록 호환성을 가지고 있다는 점이 특징이다(법 제8조 제1, 2항). 국토교통부장관은 ① 도시재생활성화 시책의 발굴, ② 도시재생 제도발전을 위한 조사·연구, ③ 도시재생전략계획 및 도시재생활성화계획의 수립 등 지원, ④ 도시재생사업의 시행 및 운영·관리 지원, ⑤ 도시재생종합정보체계의 구축·운영·관리 등에 관한 업무, ⑥ 도시재생전문가의 육성 및 파견 등의 업무, ⑦ 도시재생센터 운영 등의 지원, ⑧ 그 밖에 국토교통부장관이 정하는 업무를 수행하기 위해 '도시재생지원기구'를 설치하되, 대통령령으로 정하는 공공기관을 도시재생지원기구로 지정할 수 있다(법 제10조 제1항).

전략계획수립권자는 ① 도시재생전략계획 및 도시재생활성화계획 수립과 관련 사업의 추진 지원, ② 도시재생활성화지역 주민의 의견조정을 위해 필요한 사항, ③ 현장 전문가 육성을 위한 교육프로그램의 운영, ④ 마을기업의 창업 및 운영 지원, ⑤ 그 밖에 대통령령으로 정하는 사항에 관한 업무를 수행하도록 하기 위하여 '도시재생지원센터'를 설치할 수 있다. 도지사 및 구청장 등은 필요한 경우 대통령령으로 정하는 바에 따라 도시재생지원센터를 설치할 수 있다(법 제11조 제1항). 도시재생지원센터는 민·관 협업조직으로, 주민주도 사업 지원을 위한 성격을 가지고 있는 점이 특징이다. 도시재생활성화라는 목적을 달성하기 위해서는 각각의 도시재생기구의 업무적 성격이 명확하여야 한다. 도시재생특별위원회 또는 도시재생지원단 같은 중앙정부 차원의 도시재생기구는 사회·경제·문화적 도시재생을 성공적으로 이끌기 위한 중요한 역할을 수행할 수 있을 전망이다.[44)]

5. 도시재생활성화 지원

현행 도시재생 관련 사업은 기반시설 설치 등에 관한 공공지원 기준이 미흡하고 사업시행자 부담을 원칙으로 하고 있어 사업성 악화로 인한 지연 발생이 빈번한 실정이다. 사업시행자의 기반시설 설치에 대한 지원책으로 용적률 완화와 같은 도시계획적 인센티브를 제공하고 있으나, 시장수요가 부족한 수도권 외 지역에서는 실질적인 인센티브로서 기능하지 못하고 있고, 정비사업 관련 정비구역 지정 후 조합설립추진위원회 구성운영 단계에서 운영비가 필요하나 필요자금에 대한 금융기관 등으로부터의 융통이 현실적으로 불가능한 상황이다. 2011년 1월 1일에 지방세기본법이 시행되면서 특별시세·광역시세인 도시계획세가 폐지되고, 구세·시군세인 재산세로 통합되었는데, 광역시의 경우 재산세가 구세로 통합되어 부족한 재원이 더욱 축소되는 문제가 발생하고 있다.

또한 지방자치단체의 도시재생사업 재원인 도시정비법상 도시주거

44) 정용주·박지호, "전게보고서", 117면.

환경정비기금과 도촉법상 재정비촉진특별회계로 분산되어 중복설치로 인한 행정비효율, 재원분산을 야기하고 있다. 계획수립비, 용역비 등의 일회성 지원에서 벗어나 사업의 실질적 촉진을 유도할 수 있는 재원방안을 마련하여 공공지원에 의한 사업촉진과 사업활성화로 공공지원 재원이 재조성될 수 있는 재생자금의 선순환 구조가 마련될 필요성이 있다. 또한 재원 마련과 융자, 보증 등 다양한 간접지원을 통해 사업부진지역에 대한 현실적 사업성과 사업추진가능 사업성 간의 간극을 메우고, 민간 재생사업의 리스크 감소로 도시재생사업의 민간투자를 유도・활용하는 방안 마련이 필요하다.[45] 한편, 현행 도시재생법은 비교적 다양한 유형의 도시재생활성화 지원방안을 규정하고 있다.

첫째, 국가 또는 지방자치단체는 도시재생활성화 관련 비용 중 도시재생전략 또는 도시재생활성화계획 수립비, 도시재생 제도발전을 위한 조사・연구비, 건축물 개수・보수 및 정비비용, 전문가 파견・자문비 및 기술지원비, 도시재생기반시설 설치・정비・운영비, 문화유산 보존비, 마을기업 등의 지역 활성화사업 사전기획비 및 운영비, 도시재생사업 필요비 등의 전부 또는 일부를 보조 또는 융자할 수 있다(보조 또는 융자, 법 제27조 제1항). 지자체가 주민 의견을 수렴하여 수립한 도시재생활성화계획에 포함된 국가 지원사항에 대하여 도시재생특별위원회의 심의를 거쳐 범부처적 협업에 의한 패키지 지원이 이루어짐으로써, 공간 중심적 사업연계, 종합적 비전의 구현, 높은 주민 체감도 실현을 도모할 전망이다.[46]

둘째, 전략계획수립권자 등은 도시재생활성화 및 도시재생사업 촉진을 위해 도시재생특별회계를 설치・운용할 수 있고, 지방세법상 재

---

45) 국토교통부, "전게자료", 61-62면.

46) 국토교통부, "전게자료", 70면 이하.

산세의 일부, 개발이익 환수에 관한 법률에 따른 개발부담금, 재건축초과이익 환수에 관한 법률에 따른 재건축부담금 중 지자체 귀속분, 수도권정비계획법에 따라 시도에 귀속되는 과밀부담금 중 조례로 정하는 금액, 일반회계로부터의 전입금, 정부보조금, 차입금, 융자회수금, 이자수익금 등을 세입으로 계상할 수 있다(도시재생특별회계의 설치 및 운용, 법 제28조 제1, 2항).

셋째, 국토교통부장관은 도시재생활성화를 위하여 관련정보 및 통계를 개발·검증·관리하는 도시재생종합정보체계를 구축하여야 하고, 관계 중앙행정기관장은 이 도시재생종합정보체계가 원활히 운영될 수 있도록 각 부문별 소관분야의 정보 및 통계를 작성하여 제공하는 등 적극 협조하여야 한다(도시재생종합정보체계의 구축, 법 제29조 제1, 2항).

넷째, 도시재생사업의 시행자가 폐도(廢道)나 이와 유사한 국유재산을 부득이하게 도시재생 목적으로 사용하려는 경우 국·공유재산 관련법령에 따른 계약방법에도 불구하고 도시재생사업의 시행자에게 우선적으로 이를 수의계약으로 매각·임대 또는 양여할 수 있다(국유재산공유재산 등의 처분, 법 제30조 제4항).

다섯째, 국가 및 지자체는 도시재생활성화를 위하여 필요한 경우 도시재생사업의 시행자에게 조세특례제한법 등에서 정하는 바에 따라 법인세 등의 조세를 감면하여 줄 수 있다(법 제31조 제1항). 또한 관계법령에 따른 개발부담금, 농지보전부담금, 대체초지조성비, 교통유발부담금, 공유수면 점용료·사용료, 환경개선부담금 등 각종 부담금을 감면하거나 부과하지 않을 수 있고(법 제31조 제2항), 도시재생활성화계획에 따라 건축하는 문화시설·병원·회사 본점·주사무소 등의 건축물에 대하여는 취득세·등록면허세 등 지방세를 감면할 수도 있다(조세 및 부담금의 감면, 법 제31조 제3항). 마지막으로 도시재생법은 전략계획수립권자 등이 필요한 경우 국계법상의 건폐율 및 용적률 최대한도의 예외, 주차장법 등에 의한 주차장 설치기준 완화, 건축법 등에 의한 건축물 높이 제한 완화 등을 내용으로 하는 도시재생활성화계획을 수립하는 것을 허용하고 있다(건축규제의 완화 등에 관한 특례, 법 제32조).

6. 주민참여 활성화를 위한 제도적 장치 마련

주민(이해관계자 포함)은 전략계획수립권자에게 도시재생사업 대상지역(도시재생활성화지역)의 지정 또는 변경을 제안할 수 있다("주민제안", 법 제18조 제1항). 도시재생전략계획, 도시재생활성화계획을 수립하는 경우 공청회를 통하여 주민, 전문가 등의 의견을 수렴하여야 하고, 지방의회의 의견을 청취하여야 한다("주민 등의 의견청취", 법 제15조 제1항). 앞서 언급한 도시재생 지원센터는 주민 주도 재생계획 수립 지원, 주민 교육, 전문가 파견, 마을기업 창업컨설팅 지원 등의 업무를 수행함으로써 주민참여, 민·관 협력에 의한 도시재생사업 수행을 도모하고 있다.

Ⅳ. 도시재생사업의 유형과 추진현황

1. 사업 유형(모델)과 문제점[47)]

가. 사업유형

기존 도시개발사업으로 대표되는 재개발·재건축 사업, 도시정비사업 등 물리적 개발 사업은 물론 전통시장 활성화 사업, 마을 만들기 육성, 사회적 기업 육성 등 비물리적 사업까지 포함하여 도시재생사업의 유형으로 분류·정리하여 볼 수 있다.[48)] 법 제2조 제1항 제7호는 '도시재생사업'을 도시재생활성화지역에서 도시재생활성화계획에 따라 시행하는 사업으로서, ① 국가 차원에서 지역발전 및 도시재생을 위하여 추진하는 일련의 사업, ② 지방자치단체가 지역발전 및 도시재생을 위하여 추진하는 일련의 사업, ③ 주민 제안에 따라 해당 지역의 물리적·사회적·인적 자원을 활용함으로써 공동체를 활성화하는 사업, ④ 「도시 및 주거환경정비법」에 따른 정비사업 및 「도시재정비 촉진을 위한 특별법」에 따른 재정비촉진사업, ⑤ 「도시개발법」에 따른 도시개발사업 및 「역세권의 개발 및 이용에 관한 법률」에 따른 역세권개발사업, ⑥ 「산업입지 및 개발에 관한 법률」에 따른 산업단지개발사업 및 산업단지 재생사업, ⑦ 「항만법」에 따른 항만재개발사업, ⑧ 「전통시장 및 상점가 육성을 위한 특별법」에 따른 상권활성화사업 및 시장정비사업, ⑨ 「국토의 계획 및 이용에 관한 법률」에 따른 도시·군계획시설사업 및 시범도시(시범지구 및 시범단지를 포함한

---

47) 서병수, "전계보고서", 2012, 13-14면.
48) 강문수, "도시재생활성 및 지원에 관한 특별법의 소개-도시개발사업 패러다임 변화로서의 도시재생", 한국법제연구원, 2013, 22면 이하.

다) 지정에 따른 사업, ⑩ 「경관법」에 따른 경관사업, ⑪ 그 밖에 도시재생에 필요한 사업으로서 대통령령으로 정하는 사업 등 11가지를 열거하고 있다. 이상과 같은 사업의 유형에서 먼저 고려되어질 수 있는 사항은, 열거한 도시재생사업의 유형 중 ①~③의 사업은 그 의미 및 범위가 지나치게 포괄적이라는 점이다. 그 때문에 해당 사업의 구체적인 내용과 수행 등에 관하여 명확히 판단될 수 없는 문제가 야기될 수 있는 것이다. 또한 동법에서 열거하고 있는 ①~③의 사업이 도시재생사업의 유형에 해당한다면 국가 또는 지방자치단체가 추진하는 모든 사업을 도시재생사업이라고 보아야 할 것이며, 동법에 따라 국유재산·공유재산 등의 처분 등(제30조), 도시재생사업의 원활한 추진을 위한 조세 및 부담금의 감면 등(제31조), 건축규제 완화 등에 대한 특례(제32조) 등 각종 지원의 대상이 되는 도시재생사업의 실체와 범위가 불명확해지는 문제가 발생할 수 있는 것이다.

나. 문제점

또한 위에서 열거된 도시재생사업의 유형 중 ④~⑩의 사업은 현재 기타 관련 개별법에 따라 추진 중인 다양한 도시정비 관련 사업으로서 이미 개별법에서 구체적인 사업시행방식과 지원 등에 관한 사항을 규정하고 있어, 이와 별도로 이 법에 따라 도시재생활성화계획으로 각 사업의 계획 및 평가 등에 관한 사항을 정할 경우 사업추진 과정에서 법 적용상의 중복·혼선이 발생할 것으로 예견되므로 대책 마련이 필요하다.

즉, 이 법 제19조 제2항에 따르면 도시재생계획에는, ① 계획의 목표, ② 도시재생사업의 계획 및 파급효과, ③ 도시재생기반시설의 설치·정비에 관한 계획, ④ 공공 및 민간 재원 조달계획, ⑤ 예산 집행 계획, ⑥ 도시재생사업의 평가 및 점검 계획, ⑦ 제23조에 따른 행위제한이 적용되는 지역, ⑧ 그 밖에 대통령령으로 정하는 사항이 포함되어야 하는 것이다. 여기에서 고려해야 할 사항은 위 도시재생사업의 범위에는 살펴본 것처럼 이 법 제2조 제1항 제7호에 따라 ④「도시 및 주거환경정비법」에 따른 정비사업 및「도시재정비 촉진을 위한 특별법」에 따른 재정비촉진사업, ⑤「도시개발법」에 따른 도시개발사업 및「역세권의 개발 및 이용에 관한 법률」에 따른 역세권개발사업, ⑥「산업입지 및 개발에 관한 법률」에 따른 산업단지개발사업 및 산업단지 재생사업, ⑦「항만법」에 따른 항만재개발사업, ⑧「전통시장 및 상점가 육성을 위한 특별법」에 따른 상권활성화사업 및 시장정비사업, ⑨「국토의 계획 및 이용에 관한 법률」에 따른 도시·군계획시설사업 및 시범도시(시범지구 및 시범단지를 포함한다) 지정에 따른 사업, ⑩「경관법」에 따른 경관사업 등이 포함되는데, 그렇다면 이와 같은 개별 정비사업을 포함하는 도시재생계획을 수립하고, 수립된 도시재생계획을 시행하는 것이 도시재생사업에 해당하는 모순적인 순환고리가 발생하는 것이라 하겠다.

결국, 도시재생사업지역이 기존의 각종 정비구역 등과 중첩될 경우 이 법에 따른 도시재생사업과 개별 법률에 따른 각종 정비사업 상호간에 충돌과 행정의 혼선이 발생할 우려가 매우 큰 것이다. 향후 법률 개정을 통해 이 법에 따른 도시재생활성화지역이 기존의 각종 정비구역 등과 중첩되지 않는 것을 원칙으로 하거나 최소한 중첩되어 도시재생활성화구역이 지정되는 경우에는 이 법에 따른 도시재생활성화지역과 개별 법률에 따른 각종 정비사업구역이 어떤 효과가 있는지 또는 이 법에 따른 도시재생사업과 개별 법률에 따른 각종 정비사업을 어떻게 조정할 것인지, 관련 규정을 최소한 실무상 업무지침의 형태일지라도 신설하는 것이 바람직할 것으로 판단된다.

〈표 7-3〉 부처별 도시재생사업의 유형 및 성격

추진 부처	도시재생사업 유형 및 성격		
	물리적	비물리적	종 합
국토 교통부	-노후공공임대주택 시설개선사업 -주거환경개선사업 -주택재건축사업 -노후산업단지재정비(재생)사업 -가로주택정비사업		-도시활력증진지역개발 사업
문화 체육 관광부	-3대 문화권 광역관광 개발	-문화를 통한 전통시장 활성화사업 -소외계층 문화복지 지원 사업(국민문화향유권 확대사업) -아시아 문화예술 활성화 거점 프로그램)	-아시아 문화중심도시 조성사업(아시아 문화 중심도시 투자진흥지구) -관광특구활성화사업 -문화지구 -관광지 리모델링
안전 행정부	-우리 마을 녹색길 조성사업 -접경권 평화누리길조성 (접경 지역발전 종합계획)	-마을만들기 육성	-희망마을만들기 -마을기업 -지역공동체 일자리사업 -특수상황지역개발
중소 기업청	-전통시장 시설 현대화 사업	-전통시장 경영 현대화 사업	-문화관광형 전통시장 -상권활성화 지원사업 -녹색클린시장 육성사업
환경부	-생태하천 복원사업 -도심복개하천 복원사업		-생태관광사업
산업 통상 자원부			-지역특화발전 특구제도 -커뮤니티 비즈니스 시범사업
보건 복지부		-드림스타트 -지역자활센터	
고용 노동부		-사회적 기업육성 -지역 맞춤형 일자리 창출 사업	

출처: 국토연구원, 기성시가지 재생을 위한 효율적 도시관리제도 개선방안 연구, 2014.

다. 바람직한 모델로서 마을기업[49]

법 제2조 제1항 제9호는 '마을기업'을 "지역주민 또는 단체가 해당 지역의 인력, 향토, 문화, 자연자원 등 각종 자원을 활용하여 생활환경을 개선하고 지역공동체를 활성화하며 소득 및 일자리를 창출하기 위하여 운영하는 기업을 말한다"라고 정의하고 있다. 이와 같은 마을기업에 대해 이 법에서는, ① 법 제26조 제1항 제1호에 따라 도시재생사업 중 다른 법률에서 사업시행자에 대하여 별도로 규정하지 아니한 사업의 경우에는 마을기업을 사업시행자를 지정할 수 있으며, ② 법 제27조 제1항에 따라 국가 또는 지방자치단체는 도시재생활성화를 위하여 대통령령으로 정하는 바에 따라 마을기업에 대하여 그 비용의 전부 또는 일부를 보조하거나 융자할 수 있고, ③ 법 제28조 제3항은 마을기업의 사전기획비 및 운영비에 대하여 도시재생특별회계의 세출로 지원할 수 있도록 하는 등 엄청난 혜택을 부여할 수 있도록 규정하고 있다. 그러나 법 제2조 제1항 제9호에서 규정하고 있는 '마을기업'의 사업내용은 성격이 추상적이고 불명확함은 물론 아래에서와 같이 이들 사업 중 다수는 이미 관련 개별법에 따라 지원이 이루어지고 있는 실정이다.

따라서 차후 법률 개정을 통해 '마을기업'에 대한 용어 정의를 다시 고려하되, 어떤 기업이 이에 해당하는지 대통령령으로 위임하여 그 범위를 특정하도록 하도록 하는 것이 바람직할 것이다.

---

49) 서병수, "전게보고서", 15-17면.

〈표 7-4〉 마을기업 수행사업에 대한 개별법의 지원 내용

구 분	근거 법률	지원내용
재래 시장·상가 활성화 사업	전통시장 및 상점가 육성을 위한 특별법	-시장 및 상점가 활성화사업 지원(상업기반시설의 현대화, 경영현대화 촉진 등을 위한 비용 지원 등) -관광지시장 육성 지원(공공시설과 관광편의시설의 설치 및 개량 지원 등) -빈 점포의 활용 촉진 지원(시설의 수리 및 임차 등에 필요한 비용 지원 등) -시장·상점가 및 상권활성화구역에서 국·공유지 사용료, 공영주차장 주차요금 등 감면
주택 등 시설의 보수 및 개량 사업	주택법	-국민주택기금을 통해 국민주택규모 이하의 주택을 개량하거나 구입 또는 임차하는 자에 대한 융자, 준주택의 건설·개량 또는 구입에 필요한 자금의 융자, 국민주택의 리모델링 등을 지원
쓰레기·폐기물 처리 및 자원 재활용 사업	폐기물 처리시설 설치촉진 및 주변지역 지원 등에 관한 법률	-「지역균형개발 및 지방중소기업 육성에 관한 법률」 및 「사회기반시설에 대한 민간투자법」에 따라 폐기물처리시설을 설치하려는 자를 재정적·행정적으로 지원 -폐기물종합처리시설 설치에 대한 재정 지원
	저탄소 녹색 성장 기본법	-녹색기술·녹색산업에 대하여 보조금 지급, 「조세특례제한법」과 「지방세법」에 따른 소득세·법인세·취득세·재산세·등록세 감면 등 지원 -녹색경영 기업에 대한 금융지원 등
태양열·자전거 활용 등 녹색 에너지 실천 사업	저탄소 녹색 성장 기본법	-녹색기술·녹색산업에 대하여 보조금 지급, 「조세특례제한법」과 「지방세법」에 따른 소득세·법인세·취득세·재산세·등록세 감면 등 지원 -녹색경영 기업에 대한 금융지원 등
택배, 교통 등 물류 운송 사업	유통산업 발전법	-중소유통기업의 창업 지원, 중소유통공동도매물류센터의 건립이나 운영, 전문상가단지의 건립 등에 필요한 행정적·재정적 지원 -체인사업자 또는 체인사업자단체가 추진하는 체인점포의 시설현대화 등 사업 추진에 필요한 자금 지원 -공동집배송센터의 조성에 필요한 자금 등 지원 -상점가진흥조합의 점포시설의 표준화 및 현대화 등 사업 추진에 필요한 자금 지원
기 타	국가균형 발전 특별법	-지역사회기반시설의 확충 및 개선 관련 사업, 지역의 문화·예술·체육 및 관광자원의 개발 및 확충 관련 사업, 지역의 물류·유통기반 확충 등 산업기반 조성 등에 관한 사업, 지역의 특성 있는 향토자원의 개발 및 활용에 관한 사업 등 지원

2. 추진 연혁

국토교통부에서는 도시재생사업을 추진하기 위해 "도시재생사업단"을 2007년 1월 23일 구성하고, 그 후로 7년 동안 1,500억 원의 연구개발(R&D) 비용을 투입하여 산업구조 변화에 따라 쇠퇴한 도시에 새로운 기능을 불어넣어 물리적 · 사회적 · 경제적으로 재 활성화하는 사업을 추진하였다.[50] 이 도시재생사업단은 과거와는 달리 도시의 본질적인 문제 해결에 중점을 두고 쇠퇴하는 도시의 경제적 활성화, 주민참여를 통한 지역 환경 개선, 사회적 약자의 보호, 물리적 · 환경적으로 편안하고 쾌적한 도시 실현 및 세계화에 따른 도시 경쟁력 확보를 위하여 각 도시의 실정에 맞게 다양한 분야의 사업을 추진하고 있다.[51]

---

50) 김영 외 2인, "지방쇠퇴도시 도심공간분석과 도시재생기번에 관한 연구", 한국주거환경학회지 주거 환경 제5권 제2호, 2007, 6-7면.

51) 김영 · 이준호 · 김홍수, "우리나라 도시재생사업의 유형 및 시범사업 추진과정 분석", 주거지환경학회 춘계학술대회 2011, 19-21면. "도시재생사업단은 2010년 12월 도시재생사업단에서 개발되는 연구 성과물의 현장적용 및 시험/검증을 위하여 창원시와 전주시를 테스트베드(test-bed) 대상 도시로 선정하여 도시재생사업을 추진 중에 있다. 도시재생 시범사업(test-bed)은 도시재생사업단 과제에서 개발된 도시재생 관련 정책 및 제도 기법설계 및 시공기술 등의 연구 성과물을 실제 사업구역에 적용하는 시범적인 사업이다. 이를 통하여 도시재생기술의 완성도 확보 및 실용성 있는 도시재생 모델을 구축하고 관계법령 개정을 통하여 전국적으로 확산 추진하는 것이 목적이다. 시범사업은 도시재생이 필요한 지역의 특성 및 재생 역량을 고려하여 두 가지 유형으로 추진된다. 첫째, 자력수복형으로 점진적 부분 개량방식으로 사업을 진행하며, 역량 강화를 통한 지역 거버넌스 중심 부분 정비(개량)를 추진한다. 사회적 · 경제적 · 물리적 재생 등의 순서로 단계별 사업이 추진되며, 대상지는 사업성이 없는 쇠퇴도시 중 자발적 재생 추진 노력으로 일부 이루어져 있고 외부의 지원 등이 투입되면 성공적인 도시재생이 추진될 수 있는 지역을 말한다. (중략) 둘째, 전면 철거형으로 자력수복형의 점진적 부분 개량방식과는 달리 전면 철거를 통한 도시재생 방법으로 원주민 참여확대를 통하여 파트너십 협력에 의해 사업을 추진한다. 도심기능 재활성화와 토지의 고도 이용이 필요한 지역에 도시재생사업을 추진하는 유형이다. 추진방법으로는 사업지구로 추진하며, 사업지구 협의회를 구성하여 사업단에서 개발된 기술을 적용한다."

3. 기존 도시정비사업의 추진 현황과 미래 도시재생사업 추진 체계

가. 개요

2013년 12월 31일을 기준으로 수행되고 있는 도시주거환경개선사업의 경우 1,175개소이며, 기타 지방의 경우 586개소로 전체 비율로는 49.9%에 이르러 5대 광역시(부산, 대구, 광주, 울산, 대전)의 332개소의 28.3%에 앞서고 있으며, 수도권의 경우 257개소 · 21.9%의 순으로 나타나고 있다. 공공이 수행하는 주거환경개선사업의 경우, 수도권보다는 비수도권에서 보다 활발히 진행되고 있음을 알 수 있다. 주택개발사업의 경우, 전국의 주택재개발사업 구역 수는 총 1,187개소이며, 수도권이 69.1%에 해당하는 820개소를 차지하고 있어 상대적으로 5대 광역시(278개소, 23.4%) 및 지방(89개소, 7.5%)에 비하여 월등히 많은 비중을 차지하고 있다. 이를 재개발사업구역 면적으로 비교하여 볼 경우, 전체 재개발사업구역 면적은 74,520천㎡이며, 이 가운데 수도권이 전체 비율의 63.4%에 해당하는 47,246천㎡, 5대 광역시는 27.6%에 해당하는 20,531천㎡ 그리고 기타 지방은 9.0%, 6,743천㎡의 면적에서 주택재개발사업이 수행되고 있다. 재개발사업에서 수도권, 5대 광역시와 기타 지방의 사업단계별 추진 현황을 비교하여 볼 때 수도권 및 5대 광역시의 경우 각 45.7%, 11.2%의 사업 완료율을 나타내고 있으나 기타 지방의 경우 사업이 완료된 곳이 한 곳도 없다는 점은 고려할 내용이다.

나. 도시재생기반시설의 설치

법 제2조 제1항 제10호는 '도시재생기반시설'을, ① 「국토의 계획 및 이용에 관한 법률」 제2조 제6호에 따른 기반시설: (a) 도로·철도·항만·공항·주차장 등 교통시설, (b) 광장·공원·녹지 등 공간시설, (c) 유통업무설비, 수도·전기·가스공급설비, 방송·통신시설, 공동구 등 유통·공급시설, (d) 학교·운동장·공공청사·문화시설 및 공공필요성이 인정되는 체육시설 등 공공·문화체육시설, (e) 하천·유수지(遊水池)·방화설비 등 방재시설, (f) 화장시설·공동묘지·봉안시설 등 보건위생시설, (g) 하수도·폐기물처리시설 등 환경기초시설, ② 주민이 공동으로 사용하는 놀이터, 마을회관, 공동작업장, 마을 도서관 등 대통령령으로 정하는 공동이용시설 등 두 가지로 구분하여 규정하고 있다. 여기서 고려되는 점은, 「도시정비법」 등 각종 정비구역 사업에 대한 법률에서는 이와 달리 규정하고 있다는 점이다. 즉 「도시정비법」에서는 정비기반시설과 공동이용시설로 각각 구분하고, 먼저 ① '정비기반시설'이란 도로·상하수도·공원·공용주차장·공동구 및 그 밖에 주민의 생활에 필요한 가스 등의 공급시설로서 대통령령이 정하는 시설을 말한다고 되어 있으며, 여기서 대통령령으로 정하는 시설에는 (a) 녹지, (b) 하천, (c) 공공공지, (d) 광장, (e) 소방용수시설, (f) 비상대피시설, (g) 가스공급시설, (h) 주거환경개선사업을 위하여 지정·고시된 정비구역 안에 설치하는 공동이용시설로서 시행계획서에 당해 시장·군수 또는 자치구의 구청장이 관리하는 것으로 포함된 것 등을 규정하고(같은 법 시행령 제3조), ② '공동이용시설'이란 주민이 공동으로 사용하는 놀이터·마을회관·공동작업장 및 그 밖에 대통령령이 정하는 시설을 말한다고 되어 있으며, 여기서 대통령령으로 정하는 시설에는 (a) 공동으로 사용하는 구판장·세탁장·화장실 및 수도, (b) 탁아소·어린이집·경로당 등 노유자 시설, (c) 그 밖에 제1호 및 제2호의 시설과 유사한 용도의 시설로서 시·도 조례로 정하는 시설 등으로 규정되어 있는 것이다.

이상에서 살펴본 것과 같이 이 법 제2조 제1항 제10호에서는 '도시재생기반시설'을 ①「국토의 계획 및 이용에 관한 법률」 제2조 제6호에 따른 기반시설과 ② 주민이 공동으로 사용하는 놀이터, 마을회관, 공동작업장, 마을 도서관 등 대통령령으로 정하는 공동이용시설 등으로 규정하고 있는 반면, 「도시정비법」 등 각종 정비구역 사업에 대한 법률에서는 정비기반시설과 공동이용시설로 각각 구분하고, ① '정비기반시설'이란 도로·상하수도·공원·공용주차장·공동구 및 그 밖에 주민의 생활에 필요한 가스 등의 공급시설로서 대통령령이 정하는 시설을 말하며, ② '공동이용시설'이란 주민이 공동으로 사용하는 놀이터·마을회관·공동작업장 및 그 밖에 대통령령이 정하는 시설을 말한다고 되어 있어서 그 범위의 차이가 분명하다. 특히 해당 법령의 시행령에서 규정하고 있는 구체적인 시설의 범위에서도 차이가 분명한 것을 알 수 있다. 결국, 도시재생활성화지역이 기존의 각종 정비구역 등과 중첩될 경우 이 법에 따른 도시재생기반시설과 개별 법률에 따른 각종 정비사업에서의 정비기반시설 및 공동이용시설의 범위가 불일치하여 상호 간에 충돌과 행정의 혼선이 발생할 우려가 있다. 따라서 차후 법률 개정을 통해 이 법에 따른 도시재생기반시설과 개별 법률에 따른 각종 정비사업에서의 정비기반시설 및 공동이용시설의 범위를 일치시키는 방향으로 정비하는 것이 바람직할 것이다.

다. 국가와 지방자치단체의 책무(법 제3조 제2항)

법 제2조 제2항은 "도시재생전략계획이 수립된 경우, 해당 지방자치단체의 장은 도시재생전략계획이나 도시재생활성화계획 등의 실효성을 확보하기 위하여 「지방재정법」 제33조에 따른 중기지방재정계획에 반영하여야 한다"라고 규정하고 있다. 현행 「지방재정법」 제33조 제5항은 "중기지방재정계획의 수립에 관한 지방자치단체의 장의 자문에 응하도록 하기 위하여 각 지방자치단체에 지방재정계획심의위원회를 둔다"라고 되어 있으며, 해당 지방자치단체는 특정 항목에 대한 중기지방재정계획에의 반영 여부를 독단적으로 결정할 수가 없으며 이와 같은 지방재정계획심의위원회의 심의를 거쳐 중기지방재정계획에 포함시킬 수가 있는 것이다. 또한, 도시재생전략계획이 수립된 경우라 하더라도 해당 지방자치단체의 장으로 하여금 중기지방재정계획에 해당 사항을 반드시 반영하도록 한 것은 지방재정에 대한 지나친 관여이고, 해당 도시재생사업의 특성이나 그 규모 및 해당 지방자치단체의 재정상황 등을 고려하지 않고 무조건 중기지방재정계획에 반영하게 하는 것은 다소 부당한 것으로 고려될 수 있는 것이다. 지방자치단체의 중기지방재정계획에 대하여는 지방자치단체의 장이 임의적으로 작성 및 관리할 수 있는 것이 아니라 해당 지방의회에의 보고 등 일정한 통제를 받도록 되어 있는 것이다. 그 때문에 이 법 제3조 제2항은 「지방재정법」 등 관련 법규의 취지에 맞게 "도시재생전략계획이 수립된 경우, 해당 지방자치단체의 장은 도시재생전략계획이나 도시재생활성화계획 등의 실효성을 확보하기 위하여 「지방재정법」 제33조에 따른 중기지방재정계획에 반영하도록 노력하여야 한다"라고 개정하는 것이 보다 바람직할 것으로 판단된다.

라. 도시재생사업의 추진체계(법 제2장: 제7조~제11조)

이 법에서는 도시재생사업의 원활한 추진을 위하여 도시재생특별위원회(제7조), 지방도시재생위원회(제8조), 전담조직(제9조), 도시재생지원기구(제10조) 및 도시재생지원센터(제11조)를 각각 설치하도록 하고 있다. 여기에서 고려될 수 있는 사안은 이와 같은 조직체계 구성과 기존 조직의 업무중복 내지 상충에 대한 우려이다. 동법 제7조에서의 도시재생특별위원회와 국가균형발전특별법상 제22조 지역발전위원회의 업무가 상호 중복되고 있기 때문이다.

도시재생활성화 및 지원에 관한 특별법 제7조	국가균형발전특별법 제22조
제 7 조(도시재생특별위원회의 설치 등) ① 도시재생에 관한 정책을 종합적이고 효율적으로 추진하기 위하여 국무총리 소속으로 도시재생특별위원회(이하 "특별위원회"라 한다)를 둔다. ② 특별위원회는 다음 각 호의 사항을 심의한다. 1. 국가도시재생기본방침 등 국가 주요 시책 2. 둘 이상의 특별시・광역시・특별자치시・특별자치도 또는 도의 관할구역에 속한 전략계획수립권자가 공동으로 수립하는 도시재생전략계획 3. 국가지원 사항이 포함된 도시재생활성화계획 4. 도시재생선도지역 지정 및 도시재생선도지역에 대한 도시재생활성화계획 5. 그 밖에 도시재생과 관련하여 필요한 사항으로서 위원장이 회의에 상정하는 사항 ③~⑤ 생략	제22조(지역발전위원회의 설치) ① 지역발전의 효율적 추진을 위한 관련 중요 정책에 대한 대통령의 자문에 응하기 위하여 대통령 소속으로 지역발전위원회를 둔다. ② 지역발전위원회는 다음 각 호의 사항을 심의한다. 1. 지역발전의 기본방향과 관련 정책의 조정에 관한 사항 2. 지역발전계획에 관한 사항 3. 초광역개발권 기본구상, 부문별 발전계획안 및 부문별 시행계획에 관한 사항 4. 광역계획과 광역 시행계획에 관한 사항 5. 지역발전시책 및 사업의 관리・평가에 관한 사항 6. 지역발전투자협약의 체결 및 운영에 관한 사항 7. 광역・지역발전특별회계의 운용에 관한 사항 8. 공공기관 등의 지방이전에 관한 사항 9. 수도권 경쟁력 강화와 수도권 및 지방의 상생 발전에 관한 사항 10. 그 밖에 지역발전과 관련하여 필요한 사항으로서 위원장이 회의에 부치는 사항

아울러 동법 제8조에서 규정되고 있는 지방도시재생위원회도 관련 법률인 "국토의 계획 및 이용에 관한 법률" 제113조에 의한 지방도시계획위원회, "건축법" 제4조에 의한 건축위원회 그리고 "경관법" 제23조에 따른 경관위원회 등과의 업무상 중복의 우려가 있다.[52)]

도시재생활성화 및 지원에 관한 특별법	건축법	경관법	국토의 계획 및 이용에 관한 법률
제8조(지방도시재생위원회) ① 다음 각 호의 사항을 심의하거나 자문에 응하게 하기 위하여 지방자치단체에 지방도시재생위원회(이하 "지방위원회"라 한다)를 둘 수 있다. 1. 지방자치단체의 도시재생 관련 주요 시책 2. 도시재생전략계획 및 도시재생활성화계획 3. 그 밖에 도시재생과 관련하여 필요한 사항 ②『국토의 계획 및 이용에 관한 법률』 제113조에 따른 지방도시계획위원회가 설치된 지방자치단체의 경우에는 지방도시계획위원회가 대통령령으로 정하는 지방위원회의 구성·운영 등에 대한 조건을 충족하는 경우 지방도시계획위원회가 지방위원회의 기능을 수행하게 할 수 있다. ③ 생략	제4조(건축위원회) ① 국토교통부장관, 시·도지사 및 시장·군수·구청장은 다음 각 호의 사항을 조사·심의·조정 또는 재정(이하 이 조에서 "심의등"이라 한다)하기 위하여 각각 건축위원회를 두어야 한다. 1. 이 법과 조례의 시행에 관한 중요 사항 2. 건축물의 건축등과 관련된 분쟁의 조정 또는 재정에 관한 사항. 다만, 시장·군수·구청장이 두는 건축위원회는 제외한다. 3. 다른 법령에서 건축위원회의 심의를 받도록 규정한 사항 4. 다른 법령에서 그 법령에 따른 심의를 갈음하여 건축위원회의 심의를 받을 수 있도록 규정한 경우 그 법령에 따라 건축위원회의 심의를 요청한 사항 ②~⑤ 생략	제23조(경관위원회의 설치) ① 경관과 관련된 사항에 대한 심의 또는 자문을 위하여 시·도지사 또는 시장·군수 소속으로 경관위원회를 둔다. 다만, 경관위원회를 설치·운영하기 어려운 경우에는 대통령령으로 정하는 경관과 관련된 위원회가 그 기능을 수행할 수 있다. ② 시·도지사 또는 시장·군수는 건축 등 경관 관련 사항의 심의가 필요한 경우 대통령령으로 정하는 바에 따라 「건축법」 등 다른 법률에 따라 설치된 경관과 관련된 위원회와 경관위원회가 공동으로 하는 심의를 거칠 수 있다.	제113조(지방도시계획위원회) ① 다음 각 호의 심의를 하게 하거나 자문에 응하게 하기 위하여 시·도에 시·도도시계획위원회를 둔다. 1. 시·도지사가 결정하는 도시·군관리계획의 심의 등 시·도지사의 권한에 속하는 사항과 다른 법률에서 시·도 도시계획위원회의 심의를 거치도록 한 사항의 심의 2. 국토교통부장관의 권한에 속하는 사항 중 중앙도시계획위원회의 심의 대상에 해당하는 사항이 시·도지사에게 위임된 경우 그 위임된 사항의 심의 3. 도시·군관리계획과 관련하여 시·도지사가 자문하는 사항에 대한 조언 4. 그 밖에 대통령령으로 정하는 사항에 관한 심의 또는 조언 ②~⑥ 생략

52) 정주희, "도시재생사업의 실태와 향후과제", 한국부동산연구원, 2013, 78면 이하.

마. 도시재생전략 및 도시재생활성화 계획(법 제3장: 제12조~제24조)[53)]

(1) 도시재생전략의 수립 등(법 제12조~제18조)

"도시재생전략계획"이란 전략계획수립권자가 국가도시재생 기본방침을 고려하여 도시 전체 또는 일부 지역, 필요한 경우 둘 이상의 도시에 대하여 도시재생과 관련한 각종 계획, 사업, 프로그램, 유형・무형의 지역자산 등을 조사・발굴하고, 도시재생활성화지역을 지정하는 등 도시재생 추진전략을 수립하기 위한 계획을 말한다(법 제2조 제1항 제3호). 법에서는 전략계획수립권자가 도시재생을 추진하려면 도시재생전략계획의 목표, 도시재생활성화지역의 설정 또는 변경 등의 사항을 포함하는 도시재생전략계획을 10년 단위로 수립하고, 필요한 경우 5년 단위로 정비하게 하며, 주민이 전략계획수립권자에게 도시재생활성화지역의 설정 또는 변경을 제안할 수 있도록 규정하고 있다(제12조~제18조).

한편, 도시재생 전략계획에 포함되어야 하는 것은 ① 계획의 목표 및 범위, ② 목표 달성을 위한 방안, ③ 쇠퇴진단 및 물리적・사회적・경제적・문화적 여건 분석, ④ 도시재생활성화지역의 지정 또는 변경에 관한 사항, ⑤ 도시재생활성화지역별 우선순위 및 지역 간 연계방안, ⑥ 도시재생지원센터, 주민협의체 등 실행 주체 구성 방안, ⑦ 중앙・지방 정부 재정 지원 및 민간투자유치 등 재원 조달 계획, ⑧ 지원조례, 협정지침 등 지방자치단체 차원의 지원제도 발굴, ⑨ 도시재생기반시설의 설치・정비 또는 개량에 관한 계획, ⑩ 기초생활인프라 최저기준 달성을 위한 계획, ⑪ 도시재생활성화계획의 성과관리 방법 및 기준, ⑫ 그 밖에 전략계획수립권자가 도시재생을 위하여 수

53) 서병수, "전게보고서", 26-31면.

립하는 사업 계획 등이 있다(법 제13조 제1항). 도시재생전략계획은 전략계획수립권자가 도시재생이 필요한 지역을 "도시재생활성화지역"으로 설정하고 도시재생과 관련한 각종 사업, 지역자산 등을 장소 중심적으로 연계하여 10년 단위로 제시하는 중·단기 도시 전략계획으로서 의의를 가지나, 다음과 같은 측면에 대하여 보완 검토가 필요할 것으로 고려된다.

첫째, 도시재생 전략계획의 내용에는 도시재생활성화지역의 설정 또는 변경에 관한 사항이 포함되며, 이와 관련하여 이 법 제2조 제1항 제5호에서는 "도시재생을 위한 사업의 효과가 극대화될 수 있는 전략적 대상지역"을 "도시재생활성화지역"이라고 정의하고 있을 뿐 도시재생활성화지역의 구체적인 지정 기준을 규정하지 않고 있다. 또한 이 법 제15조 제1항에서는 "전략계획 수립권자는 도시재생전략계획을 수립하거나 변경하려면 대통령령으로 정하는 바에 따라 미리 공청회를 개최하여 주민과 관계 전문가 등의 의견을 수렴하고 해당 지방의회의 의견을 들어야 하며, 공청회 또는 지방의회에서 제시된 의견이 타당하다고 인정하면 도시재생 전략계획에 반영하여야 한다"라고 규정하여 주민과 관계 전문가 등이 전략계획 수립권자에게 도시재생활성화지역의 설정 또는 변경을 제안할 수 있도록 하면서 주민 등의 의견청취 방법 및 절차 등에 관한 세부적인 사항은 대통령령으로 위임하고 있다. 이 규정으로 인하여 향후 이 법 시행 과정에서 이 법에 따른 각종 지원 및 특례가 적용되는 도시재생활성화지역의 설정을 둘러싸고 특혜 시비 등 불필요한 논란이 발생할 것으로 우려되는 바, 도시재생활성화지역 설정의 객관적인 기준을 마련하는 등 대책 마련이 필요할 것으로 사료된다. 따라서 이 법을 개정하여 제4장에 도시재생활성화지역의 지정기준 및 지정절차 등에 필요한 사항을 규정하는 것이 바람직할 것이다.

둘째, 이 법 제12조 제3항에서는 “도시재생 전략계획을 수립할 때에는 국가도시재생 기본방침 및 「국토의 계획 및 이용에 관한 법률」 제19조에 따른 도시·군기본계획의 내용에 부합하도록 하여야 하며, 도시재생과 관련한 각종 계획, 사업, 프로그램, 유형·무형의 지역자산 등이 우선적으로 도시재생활성화지역에 연계·집중됨으로써 도시재생이 효과적으로 이루어질 수 있도록 하여야 한다”라고 규정하고 있는데, 특히 이 법에 따른 도시재생 전략계획과 「국토의 계획 및 이용에 관한 법률」 제19조에 따른 도시·군기본계획과의 관계에 대하여 도시재생 전략계획이 도시·군기본계획에 부합되게 수립하도록 규정하고는 있으나 양자 간의 관계가 분명하지 않아 향후 법 집행과정에서 행정상의 혼란이 가중될 것으로 예상된다. 특히, 도시재생전략계획은 「국토의 계획 및 이용에 관한 법률」 제19조에 따른 도시·군기본계획을 비롯한 각종 개발계획과 상충되거나 부합되지 않는 부분이 있을 수 있고, 이미 수립된 도시·군기본계획에 도시재생 전략계획의 상당 부분이 포함되어 있는 경우가 대부분일 것으로 예상되는데, 그렇다면 굳이 도시재생 전략계획을 수립하지 않고 종전의 도시·군기본계획 중 도시재생전략계획에 해당하는 부분을 활용하는 것이 아니냐는 의문이 있을 수밖에 없는 것이다. 이 때문에 도시재생 전략계획의 수립과 관련하여 도시·군기본계획과 중복되는 부분이 많고, 해당 지방자치단체의 계획 수립 사무의 부담을 경감시키고 도시재생사업의 신속한 추진을 도모하기 위한 개별 특단의 조치가 필요하다.

(2) 도시재생활성화계획의 수립 등(법 제19조~제24조)

"도시재생활성화계획"이란 도시재생 전략계획에 부합하도록 도시재생활성화지역에 대하여 국가, 지방자치단체, 공공기관 및 지역주민 등이 지역발전과 도시재생을 위하여 추진하는 다양한 도시재생사업을 연계하여 종합적으로 수립하는 실행계획을 말하며, 주요 목적 및 성격에 따라, ① 도시경제 기반형 활성화계획: 산업단지, 항만, 공항, 철도, 일반국도, 하천 등 국가의 핵심적인 기능을 담당하는 도시・군계획시설의 정비 및 개발과 연계하여 도시에 새로운 기능을 부여하고 고용기반을 창출하기 위한 도시재생활성화계획, ② 근린 재생형 활성화계획: 생활권 단위의 생활환경 개선, 기초생활 인프라 확충, 공동체 활성화, 골목경제 살리기 등을 위한 도시재생활성화계획 등 두 가지로 구분되어 규정되고 있다(법 제2조 제1항 제6호).

법에서는 전략계획 수립권자로 하여금 도시재생활성화지역에 대하여 도시재생사업의 계획 및 파급효과, 공공 및 민간재원 조달계획 등을 포함한 도시재생활성화계획을 수립할 수 있도록 하고 있으며, 전략계획 수립권자가 활성화계획을 수립 또는 변경하고자 하는 경우 지방위원회 및 특별위원회의 심의를 거쳐 확정한다. 또한 국토교통부장관은 활성화계획에 대하여 국가의 재정 지원 대상 사업 및 재원의 규모와 지원방식 등 공공지원의 조건을 세부적으로 명시하여야 하고, 활성화계획에 포함된 국가지원사업을 소관하는 관계 중앙행정기관의 장은 이를 따라야 한다. 한편, 도시재생활성화계획에 포함되어야 하는 것은 ① 계획의 목표, ② 도시재생사업의 계획 및 파급효과, ③ 도시재생기반시설의 설치・정비에 관한 계획, ④ 공공 및 민간 재원 조달계획, ⑤ 예산 집행 계획, ⑥ 도시재생사업의 평가 및 점검 계획, ⑦ 제23조에 따른 행위제한이 적용되는 지역, ⑧ 그 밖에 대통령령으로 정하는 사항 등으로 규정되고 있다(법 제19조 제3항). 도시재생활성화계획은 도시재생활성화지역에서 다양한 도시재생사업을 효율적으로 연계하여 추진하기 위한 구체적인 실행계획으로서 의의를 가지나, 다음과 같은 측면에서 보완 검토가 필요할 것으로 보인다.

즉 법 제20조 제4항은 "특별시장·광역시장·특별자치시장·특별자치도지사 또는 도지사는 도시재생활성화계획에 국가지원 사항이 포함된 경우 제1항에 따른 확정 또는 제2항에 따른 승인 전에 국토교통부장관에게 국가지원 사항에 대하여 결정을 받아야 한다. 이 경우 국토교통부장관은 관계 중앙행정기관의 장과 협의한 후 특별위원회의 심의를 거쳐야 한다"라고 되어 있고, 같은 조 제5항은 "국토교통부장관은 제4항에 따른 결정을 할 때에는 국가가 지원할 대상 사업 및 재원의 규모와 지원방식 등의 조건을 명시하여야 한다"라고 규정되어 있다. 위 규정은 최근 지방자치단체가 추진하는 사업이 수익성 부족 및 지자체 재원 부족 등을 이유로 추진이 부진한 상황임을 감안하여 활성화계획에 포함된 도시재생사업에 대한 국가의 재정지원을 담보하려는 취지로 이해된다. 그러나 도시재생사업에는 다양한 정부 부처 소관의 국가 재정지원 대상 사업이 포함된다는 점을 감안할 때 위 규정과 같이 국토교통부장관이 이들 사업에 대하여 지원 대상 및 구체적인 지원 조건을 명시하는 것은 자칫 타 부처의 권한을 침해하는 것으로 비춰질 소지가 있어 관계 부처의 저항이 우려되므로 향후 이에 대한 개선방안이 요구된다.

바. 도시재생사업의 시행(법 제4장: 제25조~제26조)

(1) 도시재생사업의 시행

법 제25조 제1항은 "도시재생사업은 이 법에서 정한 사항 외에는 해당 사업의 시행에 관한 사항을 규정하고 있는 관계 법령에 따라 시행한다"라고 되어 있고, 같은 조 제2항은 "도시재생활성화계획이 고시되기 전부터 도시재생활성화지역에서 시행 중이거나 그 시행이 확정된 제2조 제7호 각 목의 사업이 도시재생활성화계획에 포함된 경우에는 해당 사업을 이 법에 따른 도시재생사업으로 본다"라고 규정되어 있다. 법 제25조 제1항은 도시재생사업을 원칙적으로 관계 법령에 따라 시행하도록 하고 있는데, 도시재생사업에 대한 특례를 규정하면서도 해당 사업을 이 법이 아닌 개별 법령에 따르도록 한 것은 도시재생사업의 수행에 대하여 개별 법령의 방식에 위임함으로써 그 수행 및 결과에 대한 책임소재의 문제가 발생하게 되는 것으로 이는 향후 사업수행에 상당한 장애적 요인으로 작용할 소지가 있다. 법 제25조 제2항은 도시재생활성화계획이 고시되기 전부터 도시재생활성화지역에서 시행 중이거나 그 시행이 확정된 제2조 제7호 각 목의 사업이 도시재생활성화계획에 포함된 경우에는 해당 사업을 이 법에 따른 도시재생사업으로 본다고 의제 규정을 두고 있는데, 이와 같은 적용특례상의 규정은 원칙적으로 법률의 부칙에서 두어야 한다. 아울러 이처럼 종전에 시행 중이던 사업을 이 법에 따른 도시재생사업으로 본다는 의제규정을 두더라도 법 제25조 제1항에서는 도시재생사업을 원칙적으로 관계 법령에 따라 시행하도록 하고 있기 때문에 특별한 의미가 없어 보이는 것으로 판단된다.

(2) 도시재생사업의 시행자

법 제26조 제1항은 "도시재생사업 중 다른 법률에서 사업시행자에 대하여 별도로 규정하지 아니한 사업의 경우에는 ① 지방자치단체, ② 대통령령으로 정하는 공공기관, ③ 「지방공기업법」에 따라 설립된 지방공기업, ④ 도시재생활성화지역 내의 토지소유자, ⑤ 마을기업, 「사회적기업 육성법」 제2조 제1호에 따른 사회적기업, 「협동조합 기본법」 제2조 제3호에 따른 사회적협동조합 등 지역 주민 단체 중에서 전략계획수립권자 또는 구청장 등이 사업시행자를 지정할 수 있도록 규정하고 있다. 그런데 지방자치단체를 비롯하여 대부분의 사업시행자는 공공기관인데 반하여 법 제26조 제1항에서는 "마을기업, 「사회적기업 육성법」 제2조 제1호에 따른 사회적기업, 「협동조합 기본법」 제2조 제3호에 따른 사회적 협동조합 등 지역 주민 단체"를 사업시행자로 지정하도록 하고 있는데, 이들 단체는 규모가 매우 작고 영세하여 도시재생사업을 할 수 있는 역량이 없는 것으로 고려됨에도 불구하고 사업시행자로 지정하도록 한 것은 도시재생사업의 저효율성을 야기하는 원인으로 작용될 것으로 생각된다. 또한 마을기업, 「사회적기업 육성법」 제2조 제1호에 따른 사회적기업, 「협동조합 기본법」 제2조 제3호에 따른 사회적협동조합 등에 대하여 사업수행자로 지정할 수 있도록 한 것은 다른 개인이나 단체 또는 기업은 제외하고 마을기업이나 사회적기업 및 사회적 협동조합에 대해서만 특혜를 부여하는 것으로 형평성에 어긋날 소지가 있는 것으로 사료된다.

사. 도시재생활성화를 위한 지원(법 제5장: 제27조~제32조)

법 제27조 제1항은 국가 또는 지방자치단체는 도시재생활성화를 위하여 대통령령으로 정하는 바에 따라 ① 도시재생전략계획 및 도시재생활성화계획 수립비, ② 도시재생 제도발전을 위한 조사·연구비, ③ 건축물 개수·보수 및 정비 비용, ④ 전문가 파견·자문비 및 기술 지원비, ⑤ 도시재생기반시설의 설치·정비·운영 등에 필요한 비용, ⑥ 도시재생지원기구 및 도시재생지원센터의 운영비, ⑦ 문화유산 등의 보존에 필요한 비용, ⑧ 마을기업, 「사회적기업 육성법」 제2조 제1호에 따른 사회적기업, 「협동조합 기본법」 제2조 제3호에 따른 사회적협동조합 등의 지역활성화 사업 사전기획비 및 운영비, ⑨ 도시재생사업에 필요한 비용, ⑩ 그 밖에 대통령령으로 정하는 사항에 대하여 그 비용의 전부 또는 일부를 보조하거나 융자할 수 있도록 규정하고 있다. 일반적으로 국가 외의 자가 수행하는 사무 또는 사업에 대하여 이를 조성하거나 재정상의 원조를 하기 위하여 교부하는 보조금(지방자치단체에 교부하는 것과 그 밖에 법인 · 단체 또는 개인의 시설자금이나 운영자금으로 교부하는 것만 해당한다), 부담금, 그 밖에 상당한 반대급부를 받지 아니하고 교부하는 급부금 등에 대하여는 「보조금 관리에 관한 법률」이 적용된다.

법 제27조 제1항은 국가 또는 지방자치단체는 도시재생활성화를 위하여 '도시재생전략계획 및 도시재생활성화계획 수립비' 등을 보조하거나 융자할 수 있도록 하고 있는데, 「보조금 관리에 관한 법률」의 규정과 달리 민간에 대한 지원을 임의적으로 하고 있어서 보조금 관리의 일반원칙에 어긋날 소지와 아울러 실무상 방만한 보조금 지급이 우려될 수 있는 것이다. 특히, 지방자치단체의 보조금 지원에서는 그 우려가 더욱 크게 작용할 것으로 생각된다.[54] 먼저, 지방자치단체의 보조금 지원과 관련한 유일한 근거법인 「지방재정법」 제17조의 제목은 '기부 · 보조 또는 출연의 제한'으로 규정되고 있다. 지방자치단체의 보조금 지원에 관한 기본법에 해당함도 불구하고 그 제목에 '제한'이라는 용어를 사용하고 있는 것을 보면, 이 규

54) 현행 국가의 보조금과 관련하여 「보조금 관리에 관한 법률」이 있는 반면, 지방자치단체의 보조금에는 「지방재정법」 제17조가 지방자치단체의 보조금 관련 기본법의 역할을 하고 있다.

정이 보조금 지원 촉진보다는 남용을 방지하고 무분별한 지원을 제한하고 금지하려고자 아는 입법자의 취지를 알 수 있다. 조문 제목에서 사용하고 있는 '기부', '보조', '출연'이라는 용어에 대해 지방재정법에서는 별도로 규정하고 있지 않기 때문에 정확한 의미를 알 수는 없으나, 「보조금 관리에 관한 법률」 제2조 제1호에서 말하는 "보조금"과 그 의미가 같다고 해석하여도 무방할 것이며 이는 "반대급부를 받지 아니하고 교부하는 급부금액"으로 이해하는 것이다.

그리고 지방재정법 제17조 제1항 본문은 "지방자치단체는 개인 또는 단체에 대한 기부·보조·출연, 그 밖의 공금 지출을 할 수 없다"라고 규정하고 있다. 이는 원칙적으로 지방자치단체 소속 주민 또는 단체에 대한 지원은 금지됨을 의미하는 것이다. 이 규정은 지방자치의 본질이 주민의 복리향상에 있고 이를 위해서는 '무조건'식 보조금 지원 조례 제정도 필요하다는 인식이 팽배하고 있음에 기인하여, 열악한 지방재정 상황을 고려하지 않고 보조금 지원을 남용하는 일부 지방의회와 지방자치단체의 장에게는 다소 의외의 규정으로 받아들여질 수 있을 것이다. 그러나 동법 제17조 제1항 본문은 원칙적으로 지방자치단체는 주민이나 단체에 대한 지원을 하지 말도록 금지하고 있는 것이다. 이는 헌법 제117조제1항에 따른 지방자치제도의 본질을 재확인한 것으로서, 동 규정에서 "지방자치단체는 주민의 복리에 관한 사무를 처리하고 재산을 관리하며"라고 되어 있듯이, 재산을 알뜰하게 잘 관리하는 것도 지방자치의 본연의 기능에 해당한다고 보아야 할 것이며, 이를 구체화한 것으로 해석함이 바람직할 것이다.[55)]

55) 원칙적으로 지방자치단체가 소속 주민 또는 단체에 대한 지원을 금지하는 대신, 「지방재정법」 제17조 제1항 단서는 예외적으로 지방자치단체의 소관에 속하는 사무와 관련하여 (1) 법률에 규정이 있는 경우, (2) 국고 보조 재원(財源)에 의한

이러한 법해석에도 불구하고 법 제27조 제1항은 ① 도시재생전략계획 및 도시재생활성화계획 수립비, ② 도시재생 제도발전을 위한 조사·연구비, ③ 건축물 개수·보수 및 정비 비용, ④ 전문가 파견·자문비 및 기술 지원비, ⑤ 도시재생기반시설의 설치·정비·운영 등에 필요한 비용, ⑥ 도시재생 지원기구 및 도시재생 지원센터의 운영비, ⑦ 문화유산 등의 보존에 필요한 비용, ⑧ 마을기업, 「사회적기업 육성법」 제2조 제1호에 따른 사회적기업, 「협동조합 기본법」 제2조 제3호에 따른 사회적협동조합 등의 지역활성화사업 사전기획비 및 운영비, ⑨ 도시재생사업에 필요한 비용, ⑩ 그 밖에 대통령령으로 정하는 사항에 대하여 그 비용의 전부 또는 일부를 지원하도록 하고 있는데, 매우 열악한 지방재정상황을 고려하면 실현여부에 대한 의문이 뒤따르게 되는 것이다.

특히 법 제27조 제1항 각 호 중, ① 도시재생전략계획 및 도시재생활성화계획 수립비는 그 비용의 주체 및 사용처가 명확하지 않아 이를 누구에게 어떻게 지급해야할지 알 수 없으며, ② 도시재생 제도발전을 위한 조사·연구비 또는 누가 어떤 방식으로 하는 경우 지급하는지 명확하지 않아 불분명한 비용 지원이 될 가능성이 있으며, ③ 건축물 개수·보수 및 정비 비용에서는 개인의 건축물 개수 등의 비용을 왜 지방자치단체가 지원해야 하는지 알 수 없고, ④ 전문가 파견·자문비 및 기술 지원비의 경우에도 누구에게 어떤 방식으로 얼마를 지원하여야 하는지 알 수 없을 뿐만 아니라 무분별한 지원이 될 가능성이

것으로서 국가가 지정한 경우, (3) 용도를 지정한 기부금의 경우, (4) 보조금을 지출하지 아니하면 사업을 수행할 수 없는 경우로서 지방자치단체가 권장하는 사업을 위하여 필요하다고 인정되는 경우와 공공기관에 지출하는 경우에는 보조금 지원을 허용하고 있다.

크며, ⑤ 문화유산 등의 보존에 필요한 비용은 관련 법령에서 정하는 바에 따라 필요하면 지원하는 되는 것으로 무조건 지방자치단체가 비용을 지원한다는 것은 불합리하고, ⑥ 마을기업, 「사회적기업 육성법」 제2조 제1호에 따른 사회적 기업, 「협동조합 기본법」 제2조 제3호에 따른 사회적 협동조합 등의 지역 활성화사업 사전기획비 및 운영비에 대해서는 다른 개인이나 단체 또는 기업은 제외하고 마을기업이나 사회적 기업 및 사회적 협동조합에 대해서만 지원을 해야 하는 까닭을 알 수 없어 형평성에 어긋나며, ⑦ 도시재생사업에 필요한 비용의 경우 그 범위와 산정비용 등을 추정하기도 어렵다는 점을 고려하여야 할 것이다.

Ⅴ. 결론

도시재생에 대한 사회·경제적 요구가 증대됨에 따라 도시재생법이 제정된 지도 2년이 되었다. 2015년 상반기 현재까지 국토교통부에서 지정한 전국 도시재생선도지역 13곳과 서울형 도시재생선도지역 27곳에서 도시재생활성화계획을 수립하고 도시재생사업을 수행하고 있다. 그러나 도시재생사업은 수많은 관련법들이 있음에도 불구하고, 아직 관련법의 개정과 통합이 동반되지 않아 각각의 법률에 근거하고 있던 기존 사업 간의 중복과 충돌, 비체계적 연계 등의 문제에 직면해 있다. 이에 따라 지역특성을 반영한 장소 중심의 도시재생을 위해 반드시 필요한 사업임에도 불구하고 법·제도적 한계에 부딪혀 추진이 정체되어 있거나, 논의의 대상이 되지도 못한 채 사라지기도 한다. 그러므로 현재 당초 입법 의도와 달리 고전 중인 도시재생사업의 활성화를 위한 바람직한 법 제도 개선이 요구되고 있다. 이를 위해서는 도시정비사업과 재생사업 현장에서 뛰고 있는 사업총괄 계획가(MP), 자문계획가, 실무전문가(용역업체 등), 코디네이터, 담당 공무원 등의 의견을 적극적으로 참고할 필요가 있다. 아래에서 그 개선방안에 대해 보다 상세히 논하기로 한다.

제3절 도시정비사업과 도시재생사업의 향후 바람직한 추진방향

Ⅰ. 서설

지금까지 우리나라에서의 도시재생과 관련한 법제 운영 현황을 살펴보면, 현재 「도시정비법」에 따른 정비사업, 「도시재정비촉진을위한특별법」에 따른 재정비촉진사업, 「도시개발법」에 따른 도시개발사업 등 개별법에 근거한 다양한 도시정비 관련 사업이 시행 중이지만 이들 사업 간 상호연계성이 부족하여 효과적인 사업 추진에 어려움이 있다. 특히 사업성이 부족한 지방 중소도시 등에서 사업 추진 부진, 지역적 특성을 고려하지 않은 물리적 정비 위주의 획일적 사업, 원주민 재정착률 저하 등 다양한 문제가 상존한다.[56] 아울러 경기침체에 따른 관련 사업 부진으로 인하여 재개발·재건축 사업 상당수가 지연 또는 중단되고 있는 상황이며, 특히 사업성 부족으로 지방 중소도시 및 대도시 구도심에서 정비사업의 시행이 부진하여 기반시설 부족, 인구 감소 등 도시쇠퇴 현상이 가속화되고 있다.

---

56) 정재희, "도시재생활성화 및 지원에 관한 특별법 제정의 의의와 경남의 지역과제", 경남정책 Brif 2013-17, 경남발전연구원, 2013, 5면.

그에 따라 이 법은 "도시재생"이나 "도시재생사업" 등 새로운 개념을 도입하여 과도한 비용과 시간이 드는 일방적·전면적 재개발, 재건축 방식을 지양하고, 기존 건축물들을 적극 활용하는 계획적·종합적인 도시재생 추진체계 및 지원체계를 구축함으로써 현재 개별법에 근거하여 추진 중인 다양한 도시정비 관련 사업 간의 연계를 강화하고 지역의 특수성과 정체성을 살린 종합적인 도시정비가 이루어지도록 하려는 것으로서 그 입법취지는 매우 바람직하다. 다만, 이 법에서 새롭게 도입하고 있는 "도시재생" 및 "도시재생사업" 등 주요 개념이 추상적이고 불분명하여 기존의 도시정비 관련 법률과의 중복 및 법 적용상의 혼란이 발생할 우려 등은 여전히 상존하고 있다.[57] 아래에서는 이와 같은 동법이 가지고 있는 문제점 등에 대한 평가와 개선방안에 관하여 논해 보고자 한다.

II. 현행 관련 법제도 운용의 문제점

현행 도시재생 관련 법률은 1973년 「주택개량촉진에 관한 임시조치법」의 제정을 시작으로 1976년 「도시재개발법」과 1989년 「도시저소득주민 주거환경개선을 위한 임시조치법」, 2002년 「도시 및 주거환경 정비법」, 2005년 「도시재정비 촉진을 위한 특별법」 등 정부의 도시개발정책에 따라 단편적·개별적으로 제정과 개정의 과정을 거쳐 현재에 이르고 있으나 다음과 같은 문제점을 노출하고 있다.

① 개별적이고 단편적인 법제도의 제정 및 운용으로 인한 도시정

57) 서병수, "전게보고서", 12면.

비사업의 혼란 초래: 기존의 도시재생 관련 법률인 「도시 및 주거환경정비법」, 「도시재정비 촉진을 위한 특별법」 등은 개별 사업 단위의 문제해결방식을 취하여 왔으며, 개별적·단편적인 법제도의 제정 및 운용에 따라 불필요한 사업 중복, 개별법에 의한 산발적 추진 등의 문제가 있다. 이에 따라 지역의 종합적 비전 아래 도시재생의 추진이 어려운 실정이며, 지역의 물리적 환경의 개선과 더불어 사회·문화·경제 등을 포괄하는 종합적인 개선에 한계가 있는 것이다.[58]

② 도시정비 관련 사업의 연계성 부족: 현행 도시정비 관련 사업인 도시개발사업, 주거환경개선사업·주택재개발사업·주택재건축사업·도시환경정비사업, 시장정비사업, 재정비촉진사업, 역세권 개발사업, 산업단지 재생사업이 각기 다른 법제에 위치하고 있어 개별 사업들 간 혼선 내지 상충 여부라는 우려에 따른 사업 간 연계성이 부족하다는 문제가 항시 상존하고 있다.[59]

③ 도시개발사업의 패러다임 변화에 대한 비상응성: 현행 도시재생 관련 법제는 입법목적상 주로 서울시와 뉴타운사업을 모델로 도시 기능 위주의 정비를 위한 법으로, 전면개발에 의한 물리적 정비에 중점을 두고 있어 물리적 환경개선에는 기여한 바 있다고는 하나[60] 지역커뮤니티의 붕괴, 원주민 재정착의 어려움, 원주민과 세입자 간의 이해 차이로 인한 갈등, 대규모 사업부지 내의 도로, 공원 등의 사유화 문제, 기존 도시조직의 파괴와 장

58) 국토해양부, "도시재생 법제개편 및 활성화방안(연구용역)", 2011, 6면.

59) 송기백, "도시재생을 위한 도시정비사업의 문제점 분석 및 제도개선 방향 연구", 대한건축학회, 도시계획 26(1), 2010, 313면.

60) 배웅규 외 6인, "도시재생사업의 현황과 과제", 대한국토-도시계획학회, 도시정보 343, 2008, 19면.

소성의 상실 등 많은 문제점을 야기했다.[61] 광역적인 구역 지정에 의한 획일적인 개발은 상대적으로 양호한 주거지도 사업구역에 편입되는 등 자원낭비를 초래하는 측면이 발생하고 있는 것이다. 이러한 물리적 환경개선에 치중한 도시재생은 사회 경제적 내지 사회 환경적 도시재생에는 한계가 있는 것이다.

④ 사업성에 의존한 민간개발과 서민용 주거지 해체: 수도권 등 민간의 개발여력이 존재하는 지역에서는 수익성 의존에 따라 아파트 건설에 치중되고 있다. 아파트 일변도의 개발은 일차적으로 다양한 주거수요를 채우기 어려우며, 아파트 위주로 개발됨에 따라 도시의 경관이 획일화되었고, 도시의 매력도를 저하시킨다.[62] 또한 이 과정에서 저소득층 원주민의 주거대책이 제대로 고려되지 못하고 있다는 것이 문제이다.[63]

⑤ 대도시 위주의 사업추진: 현행 도시재생 관련 법제의 운영에서 도드라지게 나타나는 현상은 도시재생사업의 추진 및 현황에서 보이는 바와 같은 대도시 위주의 사업추진이라는 점이다. 이는 도심지 재개발사업과 주택재개발, 주택재건축사업 등 도시재생사업이 대부분 시장경제 원리에 따르고 있기 때문이다.[64] 특히 이러한 문제들이 물적 · 인적 기반이 상대적으로 취약한 지방 중 · 소도시에서 더욱 심각하여 전반적인 도시 간, 지역 간 격차

61) 배웅규 외 11인, "도시 및 주거환경정비법 개정에 따른 새로운 정비사업 등의 도입과 과제", 대한국토-도시계획학회, 도시정보 366, 2012, 5면.

62) 국토해양부, "도시재생 법제개편 및 활성화방안(연구용역)", 2011, 7면.

63) 도시재생사업단, "도시재생 정책방향", 2009, 30면.

64) 김용웅, "도시재생정책의 패러다임 변화와 대응과제", 월간 국토, 국토연구원, 2008, 150면; 김혜천, "한국적 도시재생의 개념과 유형, 정책방향에 관한 연구", 도시행정학보 제26집 제3호, 2013, 11면.

를 심화시키는 요인이 되고 있다는 점[65]을 주된 내용으로 하고 있어 지방도시는 대도시의 재생전략과 차별화되어 진행되어야 하나, 이에 대한 중앙정부의 지원 프로그램 등이 부재하여 지역 여건 및 상황을 고려한 사업추진이 어려운 상황이다.

이와 같은 기존 도시재생 관련 법제에 내재하고 있는 문제점에 대하여 종래 많은 개선에 관한 논의가 진행되어 온 바 있다. 이러한 논의의 전면에는 과거와 같은 물리적 측면에 치중한 도시개발의 형식이 아닌 비물리적 측면(경제 · 사회 · 문화적 인프라를 고려한 도시개발)을 함께 고려한 도시재생 개념에 기반을 둔 법제정비 방안이 우선되고 있었다. 이러한 경향은 기존에 단편적으로 제정 · 운용된 기존 도시재생 관련 법제의 통합정비, 각기 다른 개별법에 위치하고 있는 도시정비 관련 사업의 연계 강화, 도시재생정책의 체계화를 통한 전략적 접근 가능성 제고 및 이에 따른 국가 차원에서의 도시재생 방향 및 종합적인 전략 수립,[66] 통합적 · 연계적 지방도시재생사업의 전개[67] 등을 구현할 수 있는 법제정비의 필요성이 대두하는 원인이 되고 있다.

Ⅲ. 도시 교통망 확보의 중요성 및 정비사업의 실용성 강화

도시 구조에서 물리적인 소통과 지적 소통은 기업들의 투자를 끌어들이는 데 결정적인 요소들이다. 스페인 바스크지방의 빌바오시는

65) 김혜천, “전게논문”, 13면.
66) 세부적 내용에 관하여 상세히는 국토해양부, “도시재생 법제개편 및 활성화방안(연구용역)”, 2011, 8면 이하.
67) 도시재생사업단, “지방도시재생 정책방향과 추진계획 연구”, 2010, 23면 이하.

낙후되고 퇴화된 도시를 지역 주민과 지방정부가 함께 일심 단결하여 노력한 결과 항만, 공항, 지하철 시설을 확장하도록 중앙정부의 지원을 이끌어내었으며, 도로와 철도 및 미래 복합역사(Intermodal Station)의 건설도 이루어냈다. 이를 통해 도시 외부로부터의 접근성과 도시 내부의 이동성을 효율적으로 확보하면서 기업을 유치하고 국제행사를 유치하는 등으로 도시발전을 이룩해 내었다. 그러므로 교통망의 확보는 도시정비사업 과정에서 매우 중요한 요소이며 더 나아가 현대의 도시정비사업에서는 광섬유케이블로 구성된 '정보 고속도로[68]' 구축 또한 매우 중요하다. 또한 도시정비사업의 실용성 강화차원에서 현재 추진 중인 신도시 건설, 뉴타운 건설, 보금자리주택 등 각종 재개발사업 전반에 대한 면밀한 실사를 통해 타당성이 결여된 과잉개발사업은 과감하게 축소 내지 폐지하고 개발사업은 신도시 개념이 아닌 기성 도시 내 토지를 최대한 재활용하는 도심재생 방식을 적극적으로 도입하여야 할 것이다.[69] 이는 공공성이 높은 주택복지차원에서의 도시재생의 접근을 의미하는바, 앞으로 도시정비 및 재생사업은 기존 도시의 낙후나 노후 여부에 따라 진행될 것이 아니라 전반적으로 도시 전체에 적용되어야 하는 보편적 개념으로 이해하고 재개발 · 재건축사업 등은 도시재생사업을 보완하는 보충적 의미로 적용되어야 할 것이다.

---

68) 공공 기관이나 연구소, 기업, 가정을 첨단 광케이블망으로 연결하여 음성 자료와 영상 따위를 초고속으로 주고받는 최첨단 통신 시스템으로 정보고속도로는 문자 정보뿐만 아니라 영상 정보까지 통신망에 올리겠다는 발상에서 비롯되었다.

69) 경기개발연구원, "주택공급정책 패러다임의 전환 가능성", 2008. 8, 11면 이하.

Ⅳ. 도시재생의 공공성 확보를 위한 공공지원 강화

종래 재개발, 재건축 등 도시정비사업의 경우 공공의 지나친 간섭이 바람직하지 않을 수 있어 법률 용어 자체도 '공공관리제'보다는 '공공지원제'로 변경하는 것이 바람직하다고 역설한 바 있다. 그러나 최근 강조되고 있는 도시재생사업의 경우는 그와 달리 공공의 역할이 보다 중요할 수 있다. 도시재생은 기본적으로 사업성을 강조하는 개발방식이 아니라 인간다운 생활이 가능한 주거환경의 확보라는 친서민 정책에 가깝기 때문이다. 따라서 민간에 의한 사업성 위주 개발사업의 폐해를 방지하고 공공성을 확보하기 위해 보다 탄력적인 인센티브 제도를 운영함과 동시에, 개발이익이 생기기 힘든 서민층 주거환경의 개선을 정부와 지자체가 주도하고, 지역특성에 맞는 도시개발가이드라인을 제시하여 지역의 특성과 공공의 요구를 충분히 반영하도록 해야 한다.[70] 도시재생사업은 처음부터 수익성을 전제로 하는 사업이 아니기 때문에 정부나 지자체는 지역균형발전, 지역주민의 복지증진, 지역경제 활성화, 서민 주거권확보 등을 목표로 공공재원을 투입하여 지원할 필요가 있는 것이다.[71]

Ⅴ. 재개발 · 재건축 사업 등 기존 도시정비사업의 안정적 · 계속적 추진

박근혜 정부의 핵심 국정과제로 지방 중추도시를 중심으로 한 도시재정비사업 내지 재생사업이 채택되었다고는 하나, 이 사업이 제대

70) 이주형 · 서의권, "공공성 확보를 위한 도시재생사업에서 공공의 역할", 국토연구원 국토연구, 2009. 6, 157면.

71) 송기백, "전게논문", 313면.

로 실행되기 위해서는 기본적으로 종래 추진되고 있던 재개발・재건축 등의 물리적 정비사업이 지속적으로 원활히 추진되어야 할 것이다. 그러한 바탕하에 보다 안정적인 도시재생사업의 추진이 가능할 것이며, 국가적인 차원의 재원과 연동하여 도시재생사업이 원활히 추진되기 위해서는 민간의 참여를 적극적으로 유도할 수 있는 방안의 도입도 검토하여야 할 것이다.[72]

VI. 주민 참여형 도시정비 및 도시재생 체계의 구축

우리나라 역시 앞서 비교법적 검토에서 살펴본 바와 같이 (기초)지방자치단체 주도하에 주민 참여형 도시정비 및 도시재생사업 체계를 구축할 필요가 있다.[73] 원칙적으로 주택단지 건설 등에 필요한 택지개발은 지방자치단체가 주도하는 방식으로 전환하고 그를 통해 환수된 개발이익은 해당 지역의 저소득층을 위한 공공주택의 건설재원으로 활용하며 대단위로 진행되어 오던 도시개발 사업을 소규모 단위 개발로 전환하여 그 과정에 주민・전문가・공무원 등을 참여시켜 그들이 원하는 방식으로 진행하는 주민 참여형 도시정비 및 도시재생사업 체계를 구축하여야 할 것이다. 이를 통해 도시재생사업은 건강한 민주적 도시사회를 이끄는 도시개발수단으로써 도시의 물리・환경적 재생만이 아니라 도시의 경제・사회・문화적 재생을 위한 사업으로 간주되어 사업참여자 간 통합적 거버넌스 구축을 통해 가장 효율적으로 추진될 수 있을 것이다.[74]

---

72) 정주희, "전게논문", 91면.
73) 최현선 외 1인, "커뮤니티 개발에 기반한 도시재생정책", 한국정책학회 하계학술대회 자료집, 2012, 402-404면.

나아가, 도시정비 및 도시재생사업은 지역경제를 발달시키는 새로운 원동력으로서 지식과 문화, 무형의 고려 사항들과도 관련이 있다. 도시가 경쟁력을 얻기 위해서는 산업과 서비스 부문에서 인적 자원의 역량 향상이 필요한데 대표적으로 스페인 빌바오시는 현대의 여건에 맞게 조정된 교육 서비스를 시민에게 제공하고자 노력하고 있다. 우수한 지역 대학 유치, 직업훈련소, 직업훈련과 고용의 깊은 연결 고리, 대학졸업 후 연수 및 인적자원 확보와 관련된 다양한 지원정책의 시행 등이 그것이다. 이는 우리나라 중소도시들이 향후 도시재생사업을 전개할 때 반드시 벤치마킹해야 하는 요소이다. 우리나라가 나아가야 할 도시정비 및 도시재생사업의 정점은 바로 이러한 지역 인적자원의 역량향상을 통한 주거환경 향상이라고 할 것이다. 각 지역별 도시마다 현대 산업 지역에서 산업과 서비스가 불가분의 관계임이 반영되면서, 지역 주민들에게 최상의 생활 서비스를 제공하고 이를 통해 결국 사람이 살고 싶어 하는 도시로 변모될 것이다.

Ⅶ. 완화된 토지 및 주택 공개념제 (재)도입 필요성

우리나라와 같이 인구밀도가 높은 지역에서는 주택문제가 대지로서의 토지문제와 결부되어 토지공개념의 공공적인 요소는 주택의 경우에도 일정 부분 적용될 여지가 크다는 점에서, 주택공개념이 재도입되어 주택에 공공성이 보다 가미되어야 할 것이다.[75] 이를 통해 최

74) 안재섭, "도시재생의 지속가능성에 관한 연구", 한국지리학회지 제21권 제3호, 2011, 129면; 배웅규 외 6인, "도시재생사업의 현황과 과제", 대한국토-도시계획학회 도시정보 343, 2008, 19면.

75) 김현준 외 1인, "주택행정법의 공공성", 토지공법연구 제44집, 2009. 5, 142면; 정극원, "정부의 2011년 상반기 주택정책의 법적 검토", 토지공법연구 제54집,

하위층 주민들에게 보다 저렴한 공공임대주택을 제공할 수 있을 것이다. 이와 관련하여 2015년도 새해를 맞이하여 정부는 이런 내용을 담은 '기업형 주택 임대사업' 육성을 위한 중산층 주거 혁신 방안을 한 해 핵심 정책 과제로 추진하기로 했다. "집의 개념이 소유에서 거주로 변화하고 전세의 월세 전환이 빠르게 진행되면서 서민뿐 아니라 중산층의 주거 불안도 가중되고 있어 그동안 상대적으로 지원이 부족했던 중산층의 주거 안정을 위해 품질 좋은 민간 임대주택 공급을 획기적으로 늘리기 위한 대책을 마련한 것이다.[76] 다만, 정부와 지자체는 과거 헌재가 토지공개념에 입각한 3법인 '택지소유상한에관한법률', '개발이익환수에관한법률', '토지초과이득세법'을 차례대로 위헌결정한 역사를 되돌아보며 부동산 정책에 대해 조심스럽게 공개념적으로 접근할 필요는 있다. 왜냐하면 토지는 확대 재생산이 불가능하지만 주택은 재건축, 재개발 등을 통해 충분히 재생산이 가능하기 때문에 이러한 분야에까지 정부가 공개념의 칼을 들이대고 적극 규제를 하는 것은 과거보다 더 큰 논란을 불러일으킬 수 있기 때문이다. 따라서 정부는 주택공개념의 개념을 규제적 측면보다는 공공 임대주택의 확보 및 보급이란 시혜적 측면에서 접근하여 시행하는 것이 바람직하다고 할 것이다.

Ⅷ. 친환경, 문화 도시 건설을 위한 체계 확립

현대의 급속한 변화 속에서 끊임없이 분쟁거리가 발생하고 있는

2011. 8, 109-110면.

76) 정책브리핑, "기업형 주택임대사업 육성을 통한 중산층 주거혁신 방안", 국토교통부 보도자료, 2015. 1. 19.

도시문제를 해결하고 바람직한 도시주거 환경을 조성하기 위한 노력이 보다 체계적으로 확립되어야 한다. 지금까지 도심부는 시간이 지남에 따라 자연스럽게 쇠퇴하게 되어 도심부의 공동화 현상을 초래하였고 도시 자체의 변화를 가져오는 것이 힘들게 되어 신도시 건설에 매진하게 되었으나,[77] 향후에는 새로운 신도시 개발보다는 사람들이 기존에 살던 주거지역에서 살 만하도록 주변 환경을 개선 · 유지함이 시민사회의 고유한 전통적 가치임을 반영하여 도시재생사업에 보다 치중하여 친환경에 적합하고 지속 가능한 도시재개발사업을 하는 것이 중요하다. 나아가, 지역 특유의 특징, 즉 환경과의 밀접한 관련 속에서 발전하도록 정책을 추진해야 한다. 오늘날 살기 좋은 환경은 주민들을 위한 기본 조건으로서, 모든 사람들이 살기 좋은 환경을 가진 도시를 조성하기 위해서는 물리적 기반 시설을 개선해야 하는데, 특히 대기오염의 감소, 수질 관리, 산업 및 도시 폐기물 처리, 공원과 그린벨트 지역의 확장 등이 강조되어야 한다. 도시재건 개념 역시 이와 여러 측면에서 연관되어 있다. 공간 디자인이 잘 된 쾌적한 환경과 아울러 주택과 여타 공동 시설들이 마련된 도시를 조성하기 위해 개발만능주의로 야기된 도시 내 구조 및 도시와 농어촌, 수도권과 지방의 불균형들을 해소하고자 하는 것도 도시재생이 추구하는 기본 개념이다.[78] 또한 이러한 전국 단위의 도시 개량사업은 도시 이미지와

---

77) 양윤재, "신도시 건설보다 도시재생이 지속가능 해법", 도시문제, 2012. 5, 34-37면.

78) 참고로 농어촌 주거환경 개선사업의 경우, 농어촌의 지역개발사업 추진에 관한 절차, 계획 수립 등의 사항 중 상당 부분은 농어촌정비법에서 규정하고 있다. 그 중에서도 2009년 도입된 마을정비구역제도는 국토계획법의 지구단위계획구역에 준하는 계획 수단을 지향하여, 공간계획적 요소를 담고 있는 농어촌 분야의 대표적 수단이다. 마을정비구역제도는 생활환경정비사업, 산업육성 및 개발, 보건 · 의료 · 복지시설의 설치, 지역특화발전사업 등과 연계하여 시행할 수 있도록 하고 있다. 현재 대부분의 마을정비계획은 전원마을조성사업, 농어촌 뉴타운사업과 관

거주자들의 욕구 충족 정도를 바꾸는 데 중요한 역할을 한다.

또한 모든 도시마다 각 지역문화의 중심지 역할을 하도록 조성할 필요가 있다. 문화적 활동을 권장하는 것은 내부적으로는 도시를 활성화시키고 외부세계에 도시를 알리는 요소이다. 오늘날 사회는 문화활동, 예술, 스포츠, 레저가 도시의 집단 활력 정도를 나타내는 중요한 지표로 작용하여 살기 좋은 도시의 순위를 결정하고, 도시에 대한 외부의 이미지를 형성하는 데 큰 영향을 끼친다. 다가올 미래에는, 모든 도시들이 재정적으로도 건전하고 문화적으로도 중요한 역할을 하도록 되어야 한다. 이러한 이중 기능은 이미 런던이나 뉴욕 같은 선진국의 수도에서 찾아볼 수 있다. 또한 2000년대 이후 무려 17개의 새 박물관이 개관된 독일 중소도시 프랑크푸르트도 좋은 예이다. 우리나라의 경우에도 서울과 인천, 광주, 부산, 대구 등 대도시뿐만 아니라 소규모 도시도 적극적으로 도시를 홍보하기 위해 미술관, 극장, 음악·컨퍼런스홀, 시립도서관, 오페라 시즌, 골프 코스 등을 보강해야 한다. 이 모든 과정은 효과를 나타내어, 새로운 일자리를 창출하여 청년실업률을 감소시키는 순기능을 유도할 것이고 탄탄한 경제력을 바탕으로 주거환경의 개선을 유도하는 도시재생사업도 덩달아 촉진될 수 있을 것이다.

련하여 수립·시행되고 있다. 나아가, '농어촌마을 주거환경 개선 및 리모델링 촉진을 위한 특별법(이하 농어촌리모델링법)'이 2014년 6월 5일부터 시행되고 있는데 동법의 시행으로 농어촌마을은 전면재정비형, 연계 개발형, 유지 보전형과 같이 마을별 특성을 고려한 도로·상하수도 등 기반시설, 슬레이트 제거, 빈집 및 담장정비, 주택개량 등을 통합적으로 정비할 수 있게 되었다. 농어촌 리모델링법의 실시로 사업 추진 시 필요한 절차가 대폭 축소되었고, 총 27개 인·허가를 의제 처리하여 전체 사업 소요기간이 약 8개월 정도 단축될 수 있도록 하였다. 이러한 마을정비는 토지등소유자의 2/3 이상의 동의를 얻어 추진이 가능하며, 이를 전문적으로 지원할 총괄계획가를 위촉할 수 있도록 하는 등 정비사업 추진체계가 마련되었다.

IX. 도시정비사업과 도시재생사업 등에 대한 통합 관리 거버넌스의 확립

이상에서 살펴본 도시재생이란 도시쇠퇴 및 그로 인한 국민 삶의 질 저하라는 사회병리적 현상을 해결·완화하기 위한 법·제도·정책·사업계획, 집행 등의 종합적 개념이라 할 수 있다. 도시재생에 관한 효율적 사업추진을 위해서는 도시쇠퇴에 관한 구체적인 분석이 선행되어야 할 필요가 있다. 도시쇠퇴 유형은 크게 중심시가지 쇠퇴, 산업 쇠퇴, 도시 전체 쇠퇴, 신성장 거점 주변 쇠퇴 등 4가지로 분류할 수 있고, 단순한 물리적 노후화로부터 야기되는 것이 아니라 도시경제 후퇴로 인한 인구 및 고용 감소, 주요 도시기능이 복합적으로 약화되기 때문에 발생되며, 도시 및 사회문제가 중첩되어 나타나는 특징이 있다. 물리적 환경개선을 주된 목적으로 한 종래의 재개발, 재건축, 정비사업 역시 수익성에만 치중한 나머지 체계적인 계획수립 및 사업추진이 이루어지지 않은 사례가 많았다.

도시쇠퇴 원인의 복잡·다양성을 감안하면 그에 관한 대응책으로 제시되는 도시재생의 개념 역시 복합적 관점에서 접근할 수밖에 없다. 결국 물리적·경제적·환경적·문화적·사회적 관점 모두를 종합적으로 포괄할 수 있는 계획, 정책, 사업의 총화가 바로 도시재생이다. 도시재생은 물리·경제·사회·문화적 환경 개선을 아우르는 종합적 도시재생 추구를 통해 국민생활의 질적 향상에 이바지하고, 도시 및 국가경쟁력 강화에 기여함을 궁극적인 목적으로 한다. 우리나라보다 먼저 현대적 의미의 도시재생 법제도가 수립되어 관련 사업이 추진된 일본, 독일, 영국, 미국의 경우 각각의 특징을 드러내고 있는데, 일본은 내각 또는 관 주도의 사업이 진행되고 있는 것으로 보이고, 영국은 도시재생의 진행방향 및 중점추진사항 등이 가장 역동적으로 변화되어 오다 지금에 이르러서는 지속 가능한 환경개발의 개념이 추가된 “Urban Regeneration”이 확립되었다. 독일의 경우 전통적 도시특성에 맞춘 정비 · 보수방식 및 도심재생을 위한 도시적, 건축적인 다양한 개선방안들이 강구되고 있다. 미국은 도시재생 및 도시재개발을 도시쇠퇴와 경제 활성화 및 도시 개편수단으로 적극 확대하고 있고, 민간자본을 동원한 부동산개발을 촉진하는 한편, CDC, 전용(및 이에 따른 세액공제), BID 등의 주민자치적 · 재정적 지원제도 등을 병행하고 있다.

우리나라에 도시재생이란 용어가 등장한 것은 2000년대에 들어서이다. 용어 자체는 생소했지만 사업 내용 자체가 새로운 것은 아니었다. 2002년 도시정비법 및 2005년 도촉법이 제정되면서 10~20개 구역을 하나로 묶어 개발하는 방식이 가능해졌는데, 대표적으로 서울의 ‘뉴타운사업’을 들 수 있다. 다만 현행 도시재생 관련 법정책만으로는 더 이상 현재의 도시쇠퇴 문제에 효율적으로 대응하지 못한다고 판단한 정부는 2006년부터 도시재생 R&D 사업을 진행하여 왔는데, 2010년 12월 8일에 국토해양부는 창원시와 전주시를 도시재생 R&D 테스트베드 대상 지자체로 선정한바 있다. 도시재생사업의 헌법적 근거는 헌법 제10조, 제35조의 행복추구권, 주거권, 환경권 등이라 할 수 있는데, 전통적 도시재생의 관념에서 벗어나 물리 · 환경 · 경제적 · 생활 · 문화적인 측면을 종합적 · 포괄적으로 고려하는 도시재생사업의 현대적 의미를 고려할 때, 헌법 제34조의 인간다운 생활을 할 권리 및 국가의 복지보장 노력의무 또한 도시재생사업의 헌법적 기초가 될 수 있을 것이다.

그런데 앞서 언급하였듯이 우리나라 도시재생법제로 시행되었거나 현재 시행되고 있는 도시재생(정비) 관련 법규는 개별적이고 단편적인 법제도의 성격상 불필요한 사업 중복 및 물리적 환경개선 치중, 단편적 법률의 개별적 운영에 따라 도시정비 관련 사업의 연계성 부족, 체계적이고 종합적인 사업관리 곤란, 지역커뮤니티 붕괴, 고용과 경제기반 약화, 원주민 재정착의 어려움, 세입자 주거불안 야기, 주변지가 상승 등의 또 다른 문제발생의 원인이 되어 온 측면이 있다. 또한 수익성 위주의 사업추진에 따른 사업성 없는 낙후지역의 계속 방치, 기반시설 설치에 대한 사업시행자 위주의 부담 및 그에 따른 사업성악화로 인한 사업지연 등도 심각한 문제점으로 대두되었다.

이러한 문제점을 해결하기 위하여 통일적 법제 마련과 개별법령간 연계성 강화를 위한 종합적 관리, 경제·사회·문화적 특수성을 고려한 커뮤니티 재생, 지역경제 활성화, 사회문화 부흥 등 미래의 도시환경을 선도하는 포괄적 의미의 도시재생, 즉 사업성만을 고려하는 것이 아닌 장기적인 도시경쟁력 강화의 관점에서 보전·정비·관리 등을 위한 다양한 재생기법 도입이 필요하고, 도시정비 관련 사업의 종합적 관리, 경제·사회·문화적 인프라를 고려한 도시재생 등을 위한 제도 개선이 필요성이 대두되면서 2013년 6월 도시재생법이 제정되어 2013년 12월 5일부터 시행되고 있다.

그러나 이 도시재생법 역시 벌써부터 단편적·중복적 법률에 불과하다는 비판이 제기되고 있는 가운데 향후 우리나라 도시정비사업의 장기과제로서, 광역적 도시정비계획 수립·운용, 재건축, 재개발 등 도시재생 연계사업 제도의 효율적·체계적 관리, 수도권·대도시를 탈피한 지역 기반 도시재생사업 수행, 전면적 개발과 물리적 정비 중심의 도시정비에서 자연과 환경, 사회 문화를 중시하는 통합적 도시재생 패러다임으로의 변경이 요구되고 있다. 즉, 도시의 주거·경제・사회・문화적 환경을 지속 가능하게 발전할 수 있도록 관리하는 통합적 관리기법이 우리나라 국가경제 성장과 사회적 통합의 안정된 기반을 구축하는 데 필수불가결한 과제임에도 불구하고 현행법과 제도들로는 도시재생에 필요한 각종 물리적・비물리적 사업을 시민의 관심과 의견을 반영하여 체계적・효과적으로 추진하기 어렵다는 문제의식이 상존하고 있는 것이다. 다만, 일부 문제점이 있긴 하나 현재 시행 중[79]인 도시재생법 및 관련법령, 정책 등의 충실하고 실제적인 구현을 통해 도시 전체의 산업과 기능이 활성화되는 경제 기반형 도시재생이 안정적으로 추진할 필요가 있고 그 사업형식은 누누이 강조하지만 종합적・포괄적 도시재생을 위한 자연(생태), 환경, 사회, 문화적 측면 모두를 고려한 '통합적, 정합적 도시재생' 형식으로 이루어져야 할 것이다.[80]

---

79) 새로 마련된 도시재생법을 통해 도시재생, 도시재생사업, 도시재생전략계획, 도시재생활성화계획, 도시재생활성화지역, 도시재생선도지역 등 핵심개념의 정의를 재정립하고, 도시재생특별위원회, 도시재생지원단 등 중앙정부, 지자체 차원의 제반 도시재생지원기구의 설립・운영을 법정화함으로써 도시재생의 기초를 법정화하였으며, 사업비 지원 등 다양한 형태의 도시재생지원시스템을 구현하였고, 주민제안 등 주민참여 활성화를 위한 제도적 장치도 마련하는 등 사업의 실질적 구현을 위한 각종 제도를 마련하였다. 그러나 이러한 법제도에만 만족할 것이 아니라, 도시재생사업의 주체인 국가, 지자체, 해당 거주민 등의 적극적인 참여와 협력하에 도시재생법이 규정하고 있는 여러 사업내용들을 구현할 수 있는 사업수행 의지 및 지속적인 노력이 병행되어야 할 것이다.

80) 참고로, '주거기본법'이 2015년 6월 29일에 국회 본회의를 통과했다. 이 법은 앞으로 주택법, 주거급여법, 도시정비법 등 주거 관련법을 아우르는 정부의 주거정책에 관한 기본법으로서 역할을 하게 된다. 그러나 이 주거기본법은 기존 법령들을 전체적으로 체계적인 통합을 한 것이 아니라 '서민 주거권 보장'이라는 상위개념을 설정하고 그 방침을 천명하는 정도에 그쳐, 앞에서 지적한 각종 정비사업의 통합적・효율적 추진체계를 제대로 반영하지 못한 한계가 있다.

/제8장/

결 론

제8장 결 론

Ⅰ. 이 책은 도시정비와 도시재생 사업 등이 단순히 사법영역에 국한되는 것이 아니라 국가의 국민 주거환경권과 재산권 보호라는 공법적 영역에 광범위하게 포섭됨을 전제로, 먼저 도시정비사업의 일종인 주택재개발과 주택재건축 사업 양자를 공법 영역에서 각각 개념정리하였다. 즉, 주택재건축사업은 사인의 입장에서 보면 자신의 기존 재산인 노후된 주택을 개량한다는 측면(자신의 정당한 재산권 행사 기능)을 가지고 있지만, 공익적 측면에서 보면 노후・불량화된 주거단지를 정비하여 토지의 효율적 이용을 도모하며 도시 주거환경을 개선하여 삶의 질을 높이는 측면(공익적 기능)을 함께 가지고 있다. 그렇기 때문에 재건축을 공법영역으로 편입하기 위해 필연적으로 그 개념을 공법적 시각으로 수정할 필요가 있다. 주택재건축사업이 공법의 영역으로 들어와 도시정비의 주요한 방법이 됨으로써 종래 도시정비의 전형적인 방법이었던 도시재개발의 개념 속에 포섭하게 된 점도 주택재건축의 개념을 공법의 영역에서 다시 정립할 이유가 된 것이다. 특히, 현행 도시정비법이 주택재건축에 관한 공법적 측면에서의 개념정의 규정을 두고 있음에도 불구하고, 재건축의 필수요소로서 '철거 후 신축'의 요소를 도입하지 않고, 단지 정비기반시설의 상태 등만을 가지고서 주택

재개발과 재건축을 구별하고 있는 점에서 더욱 그 필요성이 있다.

무엇보다, 주택재건축과 재개발 사업 등 도시정비사업들은 최적의 사업시기와 방법으로 사업부지를 확보하는 것이 매우 중요한데 이와 관련하여 현행 도시정비법은 개발사업의 유형과 성격 및 공익성의 정도 등에 따라 사업부지를 확보하는 수단으로서 토지수용방식과 매도청구방식이라는 이원화된 방식을 규정하고 있다. 주택재개발사업의 경우에는 강제가입제에 따라 사업구역 내 토지나 건축물의 소유자는 모두 당연히 조합원이 되고, 소유하고 있는 종전 자산의 권리가액에 따라 분양대상 조합원과 청산조합원으로 나누어지며 조합은 필요한 경우 토지를 강제수용할 수 있도록 하고 있다. 그러나 주택재건축사업은 조합원의 자격이 있는 자 중에서 조합설립에 동의하여 동의서를 제출한 자만 조합원이 되므로 재건축조합으로서는 조합설립에 동의하지 아니한 미동의자 내지 건물 또는 토지만을 소유하여 처음부터 조합원이 될 수 없는 자가 소유한 토지 등에 부동산을 취득하여야만 한다. 그런데 이러한 재건축사업에서는 강제적인 수용권이 부여되어 있지 아니하므로 사업부지의 확보를 위한 수단은 매도청구권을 행사하는 것이다. 이처럼 매도청구권 제도는 사업시행자인 재건축조합의 입장에서 보면 재건축에 동의하지 아니한 자의 소유권을 사실상 강제적으로 확보할 수 있는 효율적 방법이지만, 재건축에 반대하는 미동의자의 입장에서는 자신의 의사에 반하여 소유권을 상실당하고 장기간 거주하던 집에서 쫓겨나야 하는 불안정한 지위에 놓이게 하는 것이다.[1)]

특히 종래 사인의 토지 등 재산권에 대한 수용의 주체 및 그로 인

1) 구재군, "전게논문", 10면 이하.

한 수익자는 대체로 국가나 지자체 등 행정관청이 일반적이었으나, 주택재개발·재건축 사업에서는 사인이나 사기업(私企業)이 수용의 주체가 되고 있는데, 우리 헌법은 공용수용의 요건으로서 공공필요의 존재 외에 공용수용의 주체를 구체적으로 국가·지방자치단체 내지 정부기관 등으로 한정하고 있지는 않으므로, 사인의 경우에도 공공필요가 존재하면 공용수용행위가 허용될 수 있다고는 할 것이나 사인의 의한 강제 수용과정에서 다수 사회 갈등이 유발되는 것은 분명 문제이고 이에 대한 개선과 시정이 필요한 실정이다. 이러한 논의는 과거 독일에서 공기업 민영화(民營化) 물결과 더불어 사기업이 공기업의 임무를 수행하는 경우가 증가함에 따라 사기업이 공공사업의 사업시행자가 되는 것과 관련하여 발전한 이론으로, 우리의 경우 현행 공익사업법 제19조에서는 사업시행자가 공익사업의 수행을 위해 필요한 때에 토지 등을 수용 또는 사용할 수 있다고 규정하고 있다. 이러한 사인에 의한 수용 논의는 재건축 조합이라는 사법적 성격이 강한 법인이 주체가 되어 재건축 사업 과정에서 사업 미동의자에 대한 매도청구를 가능하게 하여 사실상 수용과 동일한 효과를 가져오는 것과 관련하여 함께 논의될 필요가 있다.

따라서 이 책에서는 매도청구제도의 위헌성 여부를 논하면서 그와 더불어 매도청구권과 그 행사로 인해 성립되는 매매계약의 각 법적 성질을 공법상계약으로 보아 현재의 민사소송이 아닌 행정소송(당사자소송)의 관할에 두어야 할 필요성이 있음을 강조하였다. 나아가, 궁극적으로는 그러한 수정된 시각하에서 매도청구가 사실상 토지 수용과 동일하게 사인 토지 등 재산권에 대한 강제취득이라는 점에서 재건축 과정에서 사업주체에게 매도청구권을 부여하고 있는 것을 재개발 과정에서 사업주체에게 토지수용권을 부여하고 있는 것과 동일하게 하나의 공법적 규제(양자 모두 수용형식으로 하여 공익사업법의 준용 및 행정소송관할)로 통일할 필요성이 있다고 보았다.

II. 특히, 주택재개발·재건축 정비사업의 출발점이 되는 조합설립과 관련하여 대법원은 조합설립인가처분은 단순히 사인들의 조합설립행위에 대한 보충행위에 그치는 것이 아니라 법령상 요건을 갖출 경우 도시정비법상 주택재건축사업을 시행할 수 있는 권한을 갖는 행정주체(공법인)로서의 지위를 부여하는 설권적 처분의 성격을 갖는 것으로 변경하였다. 나아가 재건축사업에서 중요한 역할을 해온 조합설립결의(동의)의 지위를 하자가 있을 경우 조합설립 자체를 무효로 만들어버리는 중대한 기본행위에서 조합설립인가처분이라는 행정처분을 하는 데 필요한 요건 중 하나에 불과한 것으로 행정법적 시각으로 바로 잡게 되었다. 이러한 조합설립결의(동의)의 법적 성격에 대한 대법원의 태도 변화는 도시정비법이라는 공법과 그 안에 규정된 조합설립인가처분이라는 공법인을 만들어내는 독특한 성격의 행정행위가 본질 그대로 법원에서 인정받기 시작한 기초를 마련하였다는 데 의미가 있다. 그러나 조합설립인가처분을 설권적 처분으로 보고, 조합설립결의(동의)가 인가처분이 내려지는 절차의 한 요건에 불과하다면 과연 조합설립결의(동의)에 어느 정도 하자가 있다고 하더라도 전체 인가처분이 무효가 되는 것은 부당한 것은 아닌지 다수의 조합설립무효사건과 매도청구사건 등에서 제기되어 왔는데, 동의과정에서의 하자가 무효이냐 취소이냐의 문제는 조합과 조합원들 사이의 이익 불균형을 가져오는 중요한 문제이다. 따라서 강행규정에 해당하는 동의율을 바라보는 시각은 보다 엄격하게 해석될 필요가 있다. 그런 점에서 대상판결은 중대명백설의 신중한 적용을 하는 방법으로 조합 측 손을 쉽게 들어 준 자의적 법해석이라는 비판이 가능하다.

법원이나 정비사업 전문변호사 등 관련 전문가들은 지금까지 기본행위인 조합설립동의의 하자를 치유하는 방법 내지 추완하는 방법 및 그 정당성에 대한 법리를 구성하려고 노력하여 왔다. 결국 대법원은 행정법원을 포함한 하급심 법원에서 재건축 결의 및 조합설립동의의 절대적인 위치를 강조하던 과거 민사법원(대법원 판결 포함)의 오랜 구습에서 벗어나 도시정비법 및 그에 포함된 처분이 가지는 의미, 처분의 하자에 대한 행정법 고유의 하자 판정 기준을 구체화하여 적용하기 시작하였다. 이러한 변화는 일부 동의사항을 백지로 할 수밖에 없었던 사정을 원죄(原罪)처럼 가지고 고민하고 있는 상당수 정비사업조합에 처분의 공정력을 바탕으로 하여 향후 자신 있게 사업을 진행해 나갈 수 있고, 조합원들의 이익을 극대화할 수 있는 근거가 될 것으로 판단된다. 왜냐하면 동의과정에서의 하자가 무효이냐 취소이냐의 문제는 만일 조합설립인가처분이 무효가 된다면 그 하자가 승계되어 그 이후의 처분들이 모두 무효가 될 수밖에 없으나, 취소사유에 불과하다면 쟁송기간이 지난 후에는 그 이후의 처분들에 대하여 하자승계를 이유로 위법을 주장할 수 없기 때문이다. 그러나 이러한 큰 차이, 즉 재개발조합과 재건축조합에서 조합과 조합원들 사이의 이익 불균형이 너무나 크게 발생하므로 강행규정에 해당하는 동의율을 바라보는 시각은 보다 엄격하게 해석될 필요가 있다. 즉, 대상 판례가 보여준 무효여부를 판단하는 잣대로서 중대, 명백설에 대한 보다 신중하고도 엄격한 접근과 해석이 필요하다.

III. 한편, 주택재개발・재건축 사업 등 도시정비사업들은 필연적으로 사인의 재산권을 본인의 의사와 무관하게 제한하거나 침해하는 결과를 초래한다는 점에서 우리 헌법상 재산권보장의 근본 취지인 존속보장에 위배될 여지가 있다. 헌법상 재산권보장의 내용은 일차적으로 재산권의 대상 그 자체의 존속보장이며, 공공필요를 위하여 개인의 재산권에 대한 침해가 불가피할 경우에만 예외적으로 재산권자는 정당한 보상을 받는 조건으로 국가의 침해행위를 수인해야 하고, 이 경우에 비로소 재산권보장의 내용은 이차적으로 환가가치(금전) 보장으로 전환된다. 그런데 주택재개발에서의 손실보상과 주택재건축에서의 매도가액보상 등의 금전보상은 문제된 재산권 자체의 완전한 회복이 아닐뿐더러, 문제된 재산권 자체와 가치보상에 불과한 손실보상은 결코 동일시될 수 없기 때문에 보상만 해주면 어떠한 재산권침해도 가능하다고 하는 발상은 헌법상 재산권보장에 위배될 여지가 있음을 강조하였다. 그러한 취지에서 '매도청구와 수용의 요건과 한계'를 보다 엄격하고 명확히 정립하는 것이 필요하고, 특히 매도청구와 수용의 성립요건에서 적법성요건은 매도청구와 수용의 단순한 성립요건의 문제가 아니라, 한계 내지 허용 요건으로 공공필요성, 비례성 원칙하에 엄격히 다루는 것이 타당하다.

또한 재건축조합이 미동의 소유자들의 토지 등을 확정적 소유권 취득 전 일방적으로 사용한 것은 공용사용에 해당하므로 그에 합당한 사용료(손실보상)를 지급할 필요성이 있다고 언급하였고, 매도청구 가격 산정과 관련하여서도 단순히 개발이익을 포함하는 가격이라는 추상적 기준에 그치지 않고, 영업보상, 주거이전비와 세입자 이주대책을 포괄하는 시가산정에 관한 합리적이고 객관적인 평가기준이 조속히 도입되어야 한다고 밝혔다. 그리고 매도청구 대상 부동산의 저당권과 임차권 등 이해관계인에 대한 해결방안의 제도적 도입 및 뉴타운지구 등과 같이 재개발사업에 준하는 공익성을 구비하는 재건축사업의 경우에 예외적인 토지 수용권을 부여하여 조속한 사업진행이 될 수 있도록 하는 방안 및 궁극적으로는 매도청구제도를 재개발과정에서의 토지수용제도에 편입하여 토지수용제도 하나로만 운영되도록 하되 그에 대한 적절한 공법적 통제를 할 필요성이 있다고 보았으며, 매도청구 관련 분쟁을 사전에 예방할 수 있는 주요 방안으로 매도청구권의 행사 시 사전에 미리 해당 지역 내 주민들을 상대로 매도청구제도에 대한 상세한 고지 및 설명의무를 하도록 의무화하는 규정을 신설할 필요가 있다고 보았다.

개발이익을 포함하지 않고 있는 수용과정에서의 보상 기준에 관한 논의는 이미 국내는 물론 외국에서 상당히 진전된 이론임에 반하여 매도청구가격에 관한 논의와 관련하여서는 우리 대법원이 단순히 개발이익도 포함된다는 것으로 쉽게 종지부를 찍은 측면이 있으나, 이는 현행 도시정비법의 규정 체계상 재건축조합원 자격을 처음부터 받지 못한 매도청구 상대방에 대해서까지 개발이익을 포함하여 보상을 하고 있는 것은 현행 도시정비법의 체계상 문제가 있으며 따라서 이에 대한 재논의가 필요하다고 주장하였다. 한편, 토지취득 후 보상에서의 차등 기준은 재건축과 재개발 과정에서의 수용방식과 보상방식에 대한 불평등에 대한 문제를 제기하게 되고, 이에 대해 궁극적으로는 앞서도 주장한 바와 같이, 현행 도시정비법상 재건축 과정에서의 매도청구 역시 재개발 과정에서의 수용과 마찬가지로 수용제도로 단일화할 필요성이 있다고 보았다.

나아가, 현행 재개발 과정에서의 수용에 따른 손실보상 부분에서도 개발이익과 영업보상 등 생활보상이 일정부분 포함되도록 기타 부수적 제반 사정을 충분히 고려한 보상이 이루어져야 한다고 보았다. 그 논거로, 재개발과 재건축의 경우 도로, 항만, 산업공단의 건설 등 주로 나대지에서 이루어지는 개발사업과 달리 문제되는 대상이 사람들이 해당 지역에서 오랜 기간 살고 있던 주거지에서 이루어진다는 점에서 일반적인 국가 개발사업에서의 보상 기준이 그대로 적용될 수만은 없다는 것이다. 이로써 공공개발로서 도시정비사업이라는 미명하에 갑작스런 매도청구와 수용을 당하여 기존에 오랫동안 누려온 자신의 재산권을 박탈당하는 당사자들의 권리가 실질적으로 보호될 필요가 있다는 견지에서 손실보상액 및 매도가액 산정 시 일정부분의 개발이익과 영업보상 등을 모두 포함한 통일된 보상규정을 입법화할 필요가 있다고 결론 내린 바 있다. 또한 구체적인 보상액 산정 기준으로서 영국과 미국, 일본의 손실보상 기준을 적극적으로 참고할 필요가 있다고 밝혔다.

Ⅳ. 지금까지 우리나라에서 재개발, 재건축 과정은 조합과 시공사 측의 이익을 위해 속도전에만 치우쳐 온 것이 사실이다. 그 과정에서 토지등소유자에 대한 보상은 일부 논의의 진전이 있었으나, 세입자에 대한 보상은 뒷전이었다. 특히, 주택재건축사업의 경우 공익사업법을 매개하지 않고 민사상 매도청구를 활용해 왔기 때문에 매도청구를 당하는 소유자의 세입자는 물론이고, 사업에 찬성한 조합원의 세입자에 대한 보상이 이뤄져야 한다는 인식이 전혀 없었다. 헌법상 평등원칙은 도시정비사업 과정에서 소유자와 세입자에 대해서도 동일하게 적용되어야 하는 가치이다. 즉 도시정비사업의 보상 체계상 지금까지 소외되어 온 세입자에 대한 보호가 보다 체계적으로 입법화될 필요성이 있는 것이다.

또한 도시정비사업이 공공사업의 성격을 강하게 띠고 있기는 하나, 일단 사업시행자가 선정되면 대부분의 과정이 사업시행자와 조합에 의해 이루어지는 구조이다. 이로 인해 철거 과정에서 용역 업체의 무분별한 개입, 사업시행사와 조합 간의 결탁, 토지와 건물 소유자, 시공업체들의 경쟁적 이익 추구 문제가 매번 발생하며, 도시 정비법 등 관련법과 제도는 이러한 이익추구 경쟁을 단순히 행정적으로 뒷받침하는 역할에 그친다는 비판이 끊임없이 제기되어 왔다. 이와 같은 문제점을 해결하기 위해 정부와 지자체는 도시정비법을 개정하여 소위 공공관리제를 도입하였지만, 자치구의 재정여력 부족, 공공의 지원이 가장 필요한 부분인 세입자 보상이나 철거 등에는 정작 공공의 역할이 개입되지 않으면서 정비사업체 및 시공사 선정과정 등 사업의 주도권을 행사할 수 있는 사항에만 공공의 권한을 불필요하게 확대하였다는 등의 비판이 여전히 제기된다. 즉, 정작 중요한 세입자 보상과 철거 문제에서의 공공의 역할이 강조되지 않고 있는 것이다. 더 이상 도시정비사업 과정에서 보상과 철거를 두고 사회적 갈등이 재발하지 않도록 하기 위해서는 도시 정비사업 과정에서 세입자 보호를 위한 공공관리의 강화 및 생활보상 개념을 도입하여 보다 실질적이고 현실적인 보상이 이루어지도록 입법적으로 해결할 필요성이 있다.

V. 한편 최근의 새로운 대안으로서 물리적·전면적 철거 위주의 개발에 치우친 재개발·재건축 사업 등 종래의 도시정비사업에 대비하여 기존의 틀 안에서 사회 문화와 자연 환경 등 사람 중심, 사회통합 중심의 개발 정책인 도시재생사업에 대하여서도 비교적 상세히 살펴보았다. 우리를 둘러싸고 있는 사회, 경제, 문화적 여건의 급속한 변화 속에서 우리가 당면한 도시문제를 해결하고 다음 세대를 위한 바람직한 사회통합적 도시주거환경을 조성하기 위한 노력이 보다 체계적으로 확립되어야 할 것이다. 도시는 시간이 지남에 따라 쇠퇴하

게 되어 공동화 현상을 초래하고 종래 존재하던 도시 자체의 혁신과 변화가 힘들게 되면 정부와 지자체는 또 다시 고비용 구조의 신도시 건설에 매진하게 될 수도 있다. 그런 연유로, 여전히 주택재건축・재개발 사업을 비롯한 일련의 도시정비사업은 지속적으로 이루어 질 것인바, 이러한 사업 역시 근본적으로 종래의 물리적・전면적 개발사업을 의미하는 도시 재개발・재건축 사업 방식을 탈피하여, 해당 지역의 공간적 특성과 경제적, 사회적, 문화적 이용현황 등을 함께 고려하는 비물질적 가치의 개발까지 모두 포함하는 통합적 도시정비사업이 되어야 한다. 즉, 이러한 새로운 시대적 흐름을 감안하여 지역 환경에 적응하고 이를 개선・유지함이 우리의 고유한 전통적 가치임을 고려할 때, 기존의 도시정비사업과 별개로 동떨어진 제도가 아닌 그것을 보완하는 의미에서의 도시재생사업은 친환경적 사업에다 지역주민이 먹고 사는 경제적 기반까지 제공하는 지속 가능한 도시재개발사업 분야의 가장 최적화된 수단이 될 수 있을 것이다.

무엇보다, 현재 시행되고 있는 도시재생사업법의 헌법적 근거에는 헌법 제34조에 규정되어 있는 "인간다운 생활을 할 수 있는 권리", "국가의 사회복지 증진의무"가 포함되어 있다고 봄이 상당하다. 국민 누구나 현재 자신이 살고 있는 지역에서의 고유한 주거권이 확보되고, 마을 단위의 커뮤니티가 활성화되며, 이를 통해 저비용・고효율 구조로의 도시 체질 개선을 통해 경제성장의 효과를 모든 국민들이 골고루 공유하고, 더 나아가 각종 환경 친화적이고 생명, 건강과 관련된 다양한 프로그램 운영으로 주민들의 건강 수준이 향상되며, 범죄・재해로부터 안전한 마을의 조성을 목적으로 하는 인간 중심의 도시재생사업이 수행된다면, 이는 헌법 제34조가 규정하고 있는 인간다운 생활의 보장 및 사회복리 증진을 구현할 수 있는 최적화된 형태의 사회통합 방안으로 평가될 수 있을 것이다.

향후 도시재생사업은 관련 법률의 정비 및 통합작업을 통해 보다 계획적이고 종합적인 추진체제를 구축하고 중앙 정부와 지자체는 이를 효율적으로 지원하여 기존의 주택재건축·재개발 등 도시정비사업들이 실질적인 사람이 살기 좋은 자연과 환경 친화적인 수복형 도시재생사업으로 이어지도록 조화롭게 연결함으로써, 궁극적으로 사회통합을 유도하고 도시문화의 품격을 제고하는 등 국민 삶의 질을 향상시키는 데 이바지해야 할 것이다.

VI. 마지막으로, 위에서 언급한 각종 개선 정책과 방안들을 구체적으로 실현하는 것이 중요하다. 그 실천을 위해서는 무엇보다 충분한 예산을 제대로 확보하는 것이 일차적 과제라고 하겠지만 그보다 더 중요한 전제 조건이 있다. 바로, 현재 어지럽게 산재되어 있는 정비사업 관련 법률로 말미암아 정부 부처 및 정부와 지자체별 정비사업 정책의 혼선으로 인한 불필요한 예산 낭비[2]를 줄이고, 보다 효율적으로 정비사업이 진행되도록 법적 제도정비를 해야 하는 것이다. 이와 관련하여 지금까지 여당은 물론 야당이 발의한 각종 관련 법안들에는 그 제안이유로 법률의 중복으로 인한 정부 부처와 지자체별 '따로 국

2) 2015년 감사원 감사 결과 국토교통부가 전국 지자체의 재정비촉진지구 지원사업을 진행하면서 불용액을 감안하지 않은 채, 지원 예산을 계속 퍼붓는 등 주먹구구식으로 운영 중인 사실이 드러났다. 감사원은 "국토부가 재정비촉진지구 내 기반시설 설치 보조금을 지원하면서, 보조금 집행 잔액 고려 없이 지원을 계속해 부산지역 A지구 등 9개 지구에서 지난해 말 현재 443억 5,000만 원의 이월금이 쓰이지 않은 채 누적됐다"라고 밝혔다. 이 보조금은 국토교통부에서 2009년부터 '도시재정비 촉진을 위한 특별법', '도시개발법', '도시정비법' 등의 산재된 근거법령에 따라 실시하는 사업으로, 전국 38개 재정비촉진지구에 대해 공원 조성 등을 지원하는 데 쓰인다. 2009년부터 지난해까지 총 5,028억 원이 지원됐다("국토부 주먹구구 뉴타운 지원으로 수백억 낭비", CBS노컷뉴스, 2015. 7. 30.).

밥식 대응'의 문제점을 지적하고 있으면서도, 기존 법들과 상당히 겹치는 짜깁기 식의 중복 법안들만 만들어 낼 뿐 위에서 지적된 정비사업 업무의 중복과 혼선을 조정할 통합법안과 구체적인 정책을 내놓지 못하고 있다.

현재 시행되고 있는 도시정비 및 도시재생 관련 법률로는, 「국토의계획및이용에관한법률」, 「도시및주거환경정비법」, 「도시개발법」, 「전통시장및상점가육성을위한특별법」, 「도시재정비촉진을위한특별법」, 「도시재생활성화및지원에관한특별법」 등이 있다. 이러한 법률들은 1970년대 이후 시대적 여건에 따라 단편적 또는 개별적으로 제정・통합되어 불필요한 사업 중복, 개별법에 따른 산발적 추진, 관련법 간의 일관성 부족 등의 문제점을 야기 시켰다. 이로 인해 통합적 도시정비 내지 도시재생이라는 종합계획을 추진하기란 여전히 쉽지 않다. 특히, 도시정비사업과 직접적인 연관이 있는 「도시및주거환경정비법」, 「도시재정비촉진을위한특별법」은 도시정비계획의 기초가 되는 도시기본계획 등 상위계획 및 최근 제정된 「도시재생활성화및지원에관한특별법」과의 연계성이 부족하여 도시정비계획과 도시재생 기본방침 간에 정합성과 일체성이 부족하다.

따라서 향후 도시정비사업 관련 법제개편은, 도시기능을 회복하고 주거환경 개선을 위한 체계적 계획을 수립하기 위해 상위 계획 간의 정합성과 일관성을 유지하여 기반시설을 계획적으로 확보하고 정비할 수 있는 내용이 명확하게 제시되어야 할 것이다.[3] 특히, 사업 추

3) 사실 과거 2010년 국토해양부는 정비사업마다 다른 절차가 적용됨에 따른 혼선과 형평성 논란을 없애고 일률적 관리를 통해 부동산시장 불안, 사업갈등과 같은 부작용을 막기 위해 법안을 통폐합할 계획에 착수하였다가 정부가 바뀌면서 좌초된 적이 있다. 당시 안을 보면, 복잡한 주택・도시 재정비 관련 법령을 '도시재생기본법'을 실체법으로, '주거환경정비법', '도시환경정비법'을 절차법으로 조정할 계획이었

진의 정합성(整合性), 통일성(統一性)의 확보가 무엇보다 중요함은 누누이 강조한 바 있다. 도시계획, 정비기본계획, 개발촉진계획, 주택재개발・재건축 등 도시정비사업, 도시재생사업 등 중앙정부와 지방정부 및 정부 부처별로 다양하고 산발적인 각각의 정비계획과 관련 사업 상호 간의 연계성과 통일성을 강화해야 할 것이다. 또한 부수적으로 개별 사업법에서 중복적으로 규정되어 있는 각종 개발 인센티브 규정의 통일 역시 반드시 이루어져야 할 것이다.

VII. 이 책에서 필자는 주택재개발과 주택재건축, 도시재생사업 등 도시정비사업 과정에서 발생하는 각종 법률적 문제와 쟁점들을 되도록 많이 지적하고, 그 대안(개선방안)들을 하나하나 제시하고자 노력하였으나, 연구의 방대함으로 인해 오히려 연구가 충실하게 이루어지지 못한 것은 아닌지 걱정이 앞서며 많이 부족함을 느낀다.

다만, 이 책을 통하여 앞으로 보다 많은 학자와 실무가들이 주택재

다. 구체적으로 4개 정비사업(재건축, 재개발, 주거환경개선, 도시환경정비)의 근거법인 현행 도시및주거환경정비법은 주거환경정비법으로 개편하되 도시환경정비는 도시개발사업(도시개발법)과 합쳐 도시환경정비법으로 규율하는 안이다. 이를 위해 정비사업별 구역지정 요건을 전면 재검토하고 최근 도시변화, 도시경쟁력 강화효과 등을 따져 노후불량주택 비율 등의 구역지정 요건을 적정한 수준으로 재조정하고, 권역별 이주수요를 분산할 순차적 정비사업 방식도 의무화해 전세난을 완화하고 주택가격 상승 부작용이 큰 정비예정 구역제도 보완하거나 아예 폐지한다. 단독주택 재건축사업과 주거환경개선사업은 재개발사업으로 통합해 행정절차를 통일하고 정비구역의 주택・상가세입자 보상 및 보호대책도 판례를 토대로 체계화(도시정비법상 세입자 보상규정의 도시개발 확대 적용 등)한다. 또한 전면 철거, 아파트 중심의 정비사업 기법도 사업면적, 세대 수를 고려해 블록형개발, 소규모 중저층개발, 수복형 개발 등으로 다각화한다. 나아가 급증한 SPC(특수목적회사)를 활용한 민관합동 PF(프로젝트 파이낸싱)방식에 대한 세부 시행절차 및 개발방법도 구체적으로 규정한다. 토지보상 부문에서는 환지방식과 관리처분방식의 통일적 기준을 마련해 알박기나 보상문제로 인한 사업차질을 완화한다("주택・도시정비사업 법령 통합 추진", 국토해양부 보도자료, 2010. 2. 8.).

건축·재개발 등 도시정비사업은 물론 최근에 강조되고 있는 도시재생사업 관련 법률과 제도에 대한 이해의 폭을 조금이나마 넓히고, 이를 바탕으로 보다 다양하고 깊이 있는 사회적 토론의 장을 마련할 수 있게 되었다는 점에 의의를 두고 싶다. 궁극적으로 국민 모두가 보다 나은 환경에서 인간답게 잘 살고 싶은 욕구에서 추진되는 다양한 도시정비사업 과정에서 가진 자와 못 가진 자, 젊은 층과 장년 층, 진보와 보수 등 각 계층이 서로 분열되지 않고, 상호 조화롭게 공생할 수 있도록 도시정비사업 관련 법적·제도적 개선방안을 적극 제시하였다는 점에 이 책의 의의를 두고 싶다. 앞으로 이 책을 통해 적어도 도시정비사업 분야에서 우리 사회가 보다 인간미 넘치는 통합적 사회로 거듭날 수 있기를 기대해 본다.

국내 단행본

강식 · 안용훈, 「도시개발사업의 과제 및 효율적 추진방안 연구」, 경기개발연구원, 2001.

강우원 · 정재희 공역, 「일본 도쿄도청 도시계획국 발간 동경의 도시계획」, 서울시정개발연구원, 2003.

건설교통부(현, 국토교통부), 「건설분쟁조정위원회 활성화 방안」, 2002; 「재건축 개발이익 환수연구」, 2004; 「재건축 판정을 위한 안전진단 기준 및 절차에 관한 연구」, 2003.

________, 「재건축 · 재개발 초기자금 확보방안 등의 연구 요약보고서」, 2007. 8.

계희열, 「헌법학」, 박영사, 2003.

고헌환, 「손실보상 법제의 비교」, 한국학술정보, 2011.

권영성, 「헌법학원론」, 법문사, 2010.

곽윤직, 「채권각론」, 법문사, 2003.

김남진 · 김연태, 「행정법Ⅰ」, 박영사, 2004.

김도창, 「일반 행정법론(上)」, 박영사, 1993.

김동희, 「행정법Ⅰ, Ⅱ」, 박영사, 2012.

김문현, 「사회 · 경제질서와 재산권」, 법원사, 2001.

김성수, 「일반 행정법」, 박영사 2000.

김인섭, 「재개발과 재건축」, 한국부동산문제연구소, 2002.

김종보, 「쾌적한 도시건설을 위한 건축행정법」, 학우사, 2008.

_____, 「건설법의 이해」, 박영사, 2008.
_____, 「법학자의 눈으로 본 도시와 건축」, 도서출판 피데스, 2010.
김종보 · 전연규, 「새로운 재건축 · 재개발이야기」, 한국도시개발연구포럼, 2010.
김태완 · 하석철, 「도시및주거환경정비법으로 본 최신 재건축이론과 실무」, 법률서원, 2003.
김현주, 「재개발 · 재건축사업의 효율적 추진 방안」, 삼성경제연구소, 2001.
김호철, 「주택 재건축분쟁의 법률실무」, 법률서원, 2000.
대한변호사협회, 「2010년도 전문분야 특별연수교재」, "재건축, 재개발편", 2010.
대한주택공사, 「공공의 재개발사업 확대 방안」, 대한주택공사 주택연구소, 2000.
__________, 「미국의 도시재개발」, 대한주택공사 주택연구소 조사연구실, 1998; 「재건축 업무편람」, 대한주택공사 컨설팅팀, 2000.
류지태, 「행정법신론」, 신영사, 2004.
류해웅, 「토지공법론」, 삼영사, 2004.
_____, 「신수용보상법론」, 부연사, 2009.
류해웅 · 김승종, 「도시개발과 정비에 관한 법제해설」, 국토연구원, 2003.
민태욱, 「부동산공법의 이론과 실제」, 서울: 부연사, 2003.
박균성, 「행정법론(상, 하)」, 박영사, 2009.
박윤흔, 「행정상 손실보상의 주요문제」, 박영사, 2004.
박재길 · 조판기 · 정윤희 · 김중은, 「도시계획결정과 사회적 정의에 관한 연구」, 국토연구원, 2004.
박홍우, 「미국헌법」, 사법연수원, 2004.
법원행정처, 「재판실무편람 제20호: 재개발 · 재건축실무편람」, 2003.
서울시정개발연구원, 「도시및주거환경정비법 적용을 위한 연구」, 2002.
서울지방법원 동부지원, 「재건축 · 재개발 사업의 법적 문제에 관한 연구」, 1996.
석종현, 「손실보상법론」, 삼영사, 2005.

_____, 「공공용지취득 및 손실보상제도 개선방안 연구(Ⅰ)」, 건설교통부, 2002.
석종현 · 김원보 · 신봉기, 「신토지공법론(제10판)」, 삼영사, 2011.
성낙인, 「헌법학」, 법문사, 2010.
송현진 · 유동규, 「재개발 · 재건축 이론과 실무」, 명문사, 2010.
송현진 · 장찬익, 「재개발 · 재건축 사례집: 판례 · 질의 회신집(뉴타운사업 포함)」, 진원사, 2010.
오주용, 「도시및주거환경정비법에 따른 재건축 길라잡이II」, 하우징해럴드, 2004.
유창용, 「도시재개발 재건축 회계」, 서울: 경영과 회계, 2003.
윤혁경, 「공동주택 관련법령 해설」, 기문당, 2004.
이광윤 · 김민호, 「최신행정법론」, 법문사, 2003.
이광윤, 「신행정법론」, 법문사, 2007; 「일반행정법」, 법문사, 2006.
이범상, 「건설관련소송실무-건설관련소송의 쟁점 및 재건축 · 재개발」, 법률문화원, 2004.
이상섭, 「재건축 및 등기」, 법률서원, 2011. 12.
이우재, 「도시 및 주거환경정비법(주택재건축 사업을 중심으로)」, 상, 하, 진원사, 2011.
이창석, 「재건축 · 재개발 컨설팅 이론과 실무」, 형설출판사, 2004.
이태운, 「주석 민법〔물권(2)〕」, 한국사법행정학회, 2000.
임채웅, 「신탁법 연구」, 박영사, 2009.
장기상, 「도시재개발제도의 문제점과 개선방안」, 건설공무원교육원, 1994.
장찬익 · 송현진, 「재개발, 재건축 실무편람」, 법률출판사, 2009.
정하중, 「행정법총론」, 박영사, 2005.
최돈호, 「도시및주거환경정비법」, 박영사, 2005.
하석철 · 김태완, 「2004 재건축 · 리모델링 법률실무」, 법률서원, 2004.
하성규 외, 「주택 · 도시 · 공공성」, 박영사, 2000.
하성규 · 김태섭, 「한국 도시재개발의 사회경제론」, 박영사, 2003.
한국법제연구원, 「각종 부담금제도의 분석과 개선방안연구」, 1994.

허 영, 「한국헌법론」, 박영사, 2005.
홍성방, 「헌법학」, 현암사, 2005.
홍정선, 「행정법원론(상), (하)」, 박영사, 2009.; 「행정법특강」, 박영사, 2011.
홍준형, 「행정구제법」, 2001.

국내 논문

강경근, "재건축사업에 따른 재산권의 제한과 사회적 기속성", 공법학연구 제7권 제3호, 한국공법학회, 2008.
강의중, "행정계획과정에서의 손실의 구제", 토지공법연구 제8집, 한국토지공법학회, 1999.
_____, "한국 헌법 제23조와 독일 기본법 제14조의 해석", 토지공법연구 제18집, 한국토지공법학회, 2003.
강정규 · 강진영, "도시 및 주거환경정비법상 재건축사업의 매도청구권 소송사례분석과 개선 방안", 토지공법연구 제43집 제2호, 한국토지공법학회, 2009. 2.
강현호, "도시및주거환경정비법에 대한 소고", 千鳳 石琮顯博士 華甲紀念論文集, 한국토지공법학회, 2003.
_____, "재건축사업의 공공성 및 개선방안", 공법연구 30집 4호, 한국공법학회, 2002. 6.
고준환 · 장철순, "외국의 도시계획개발제도", 일본 도시개발제도비교 연구회, 2006.
공장표 · 한상훈, "주거환경 개선수단으로서의 재건축 제도에 관한 연구", 환경연구, 영남대학교 환경문제연구소, 1999. 6.
국가인권위원회, "유엔인권조약감시기구의 일반논평 및 일반권고", 경제적 · 사회적 및 문화적 권리위원회, 한학문화, 2006. 8.
국토해양부, "도시재생 법제개편 및 활성화방안(연구용역)", 도시재생과 주택정비과, 2011.

권대우, “재개발조합의 조합원의 간접손해에 대한 손해배상청구”, 민사법학 18호, 한국 민사법학회. 2000. 5.
권대중, “재건축사업의 개발이익환수제도와 입주권”' 대한부동산학회, 2005.
길준규, “재건축 개발이익환수제도의 법적 문제”, 공법학연구 제7권 제3호, 한국비교공법학회, 2006.
김남진, “중대 명백설의 맹종에서 벗어나야－대법원 2002. 12. 10. 선고 2001두4566 판결 평석”, 법률신문, 2003. 10. 2.
김대원, “재건축 결의의 내용의 변경을 위한 결의의 의결정족수와 서면결의”, 「21세기 사법의 전개: 최종영 대법원장 퇴임기념」, 박영사, 2005. 9.
김교창, “재건축 결의 변경 결의의 의결정족수”, 「판례연구」, 서울지방변호사회, 2005. 12.
김동근, “주택재건축사업 매도청구권행사상의 문제점 및 개선방안에 관한 연구”, 법학논집 제27집, 숭실대학교 법학연구소, 2012. 1.
김만오, “주택개량재개발조합설립 및 재개발사업인가처분의 하자와 사정판결”, 대법원판례해설 24호, 1996. 5.
김문현, “재산권의 사회구속성과 공용수용의 체계에 대한 검토”, 공법연구 32/4, 한국공법학회, 2004.
_____, 미국연방헌법상 공용수용과 경찰권에 의한 규제의 구별기준”, 미국헌법연구 제11호, 2000.
김민기, “현금청산 대상자의 재건축조합원 지위 상실 여부”, 대법원판례해설 제85호, 2011.
김민호, “손실보상의 새로운 유형에 관한 시론적 고찰－장기미집행도시계획부지의 매수청구권과 개발권양도제도를 중심으로”, 부동산법학 9, 한국부동산법학회, 2003.
김영 외 2인, “지방쇠퇴도시 도심공간분석과 도시재생기번에 관한 연구”, 한국주거환경학회지 주거 환경 제5권 제2호, 2007.
김영・이준호・김홍수, “우리나라 도시재생사업의 유형 및 시범사업 추진

과정 분석", 주거지환경학회 춘계학술대회 2011.
김성수, "재건축부담금에 대한 헌법적 검토", 토지공법연구 제31집, 한국토지공법학회, 2006. 5.
김수갑・여경수 "재건축초과이익 환수에 관한 법률의 법적 쟁점과 과제", 공법학연구 7권, 한국비교공법학회, 2006.
김용웅, "도시재생 정책의 패러다임 변화와 대응과제", 국토, 국토연구원, 2008.
_____, "도시재개발의 개념적 고찰", 주택토지 제39권, 주택도시연구원, 2005.
김우진, "도시 및 주거환경정비법 도입배경 및 주요내용", 도시문제 제38권 제416호, 대한지방행정공제회, 2003. 7.
김원배, "한국헌법상 토지재산권의 보장과 제한: 헌법재판소 판례를 중심으로", 토지법학 20-1호, 한국토지법학, 2005. 3.
김조영, "쉽게푸는 재건축, 재개발, 조합원분양신청과 현금청산", 국토, 2014.
김종보, "공용환권의 개념과 법적 효과", 행정법연구 제31호, 행정법이론실무학회, 2011. 12.
_____, "행정법학의 새로운 과제와 건축행정법의 체계", 고시계, 44권 11호, 1999.
_____, "강학(講學)상 인가와 정비조합 설립인가－대법원 2002. 3. 11자 2002그12 결정을 계기로", 「行政法硏究」 第9號, 행정법이론실무학회, 2003.
_____, "도시계획시설의 법적 의미", 「공법연구」, 한국공법학회, 1997. 6.
_____, '일본의 재개발, 한국의 재개발', 도시개발신문, 2011. 11. 18.
_____, "정비사업의 공법적 쟁점", 2010 건설 부동산 관련법 전문분야 특별연수, 대한변협 변호사 연수원, 2010. 10.
_____, "재건축, 재개발 비용분담론의 의의와 한계", 행정법연구 제24호, 행정법이론실무학회, 2009. 8.
_____, "도시환경정비사업에서 시행자와 사업절차의 특수성", 법학논문집

제31집 제1호. 중앙대학교 법학연구소, 2007. 8.
김지현 외 2인, “1980년대 이후 네덜란드 도시집합주택 공간구성방식 연구”, 한국도시건설학회 춘계학술 발표 논문, 2007. 6.
김진영, “영국의 강제취득과 손실보상제에 관한 연구”, 감사 34호, 감사원, 1994.
김창휘, “미국의 손실보상기준에 관한 연구”, 토지공법연구 14, 한국토지공법학회, 2005.
_____, “간접손실보상”, 토지공법연구 25/2, 한국토지공법학회, 2006.
_____, “영국에서의 손실보상평가기준에 관한 연구”, 토지공법연구 제2집, 한국토지공법학회, 2002. 2.
김청원, “노후주거지 정비체계 개선방향에 관한 연구－외국의 정비체계 및 사례의 분석을 중심으로”주택연구, 한국주택연구소, 2010.
김태곤, “불량주거지 정비제도의 문제점 및 개선방안에 관한 연구”, 연세대학교 공학대학원 석사학위논문, 2012.
김태균 외 4인, “합리적 도시개발을 위한 교통계획과 토지이용계획 연계방안 연구”, 한국토지주택공사 토지주택연구원, 2013.
김태석, “주택재건축사업에 있어 매도청구권관련 쟁점들”, 주거환경신문, 2009. 12.
_____, “주택재건축사업에서의 매도청구권에 관한 소고”, 「토지법의 이론과 실무, 지암 이선영박사 화갑기념논문집」, 법원사, 2006.
김태섭, “주택재개발사업의 평가와 주민 중시형 재개발방안 연구”, 중앙대 대학원 박사학위논문, 2001.
김태수, “재산권보장제도와 공익사업을 위한 토지 등의 취득 및 보상에 관한 법률상의 환매권에 관한 연구”, 건국대학교 행정대학원, 2005. 8.
김학석, “공용수용의 효과”, 고시계, 1990. 5.
김현식 · 김정은, “오바마 新행정부의 새로운 국토비전－대도시권국가(Metro-Nation)론”, 국토정책 Brief 제228호, 국토연구원, 2009. 5.
김현준 외 1인, “주택행정법의 공공성”, 토지공법연구 제44집, 한국토지공법학회, 2009. 5.

김현호, “서구 도시개발 및 정비사업과 그 함의”, 토지연구, 한국토지공사 토지주택연구원, 1996.
김형성, “재산권의 개념과 범위에 관한 연구”, 헌법재판연구 6, 헌법재판소, 1995.
_____, “헌법상의 경제질서와 독점규제”, 헌법학 연구 3, 한국헌법학회, 1997.
김혜천, “한국적 도시재생의 개념과 유형, 정책방향에 관한 연구”, 도시행정학보 제26집 제3호, 2013.
김 훈, “도시토지에 대한 공법적 규제: 수용권과 환매권제도를 중심으로”, 토지공법연구 제19집, 한국토지공법학회, 2003. 9.
_____, “프랑스 도시계획법제에 관한 연구”, 경희대 대학원 박사학위논문, 2000.
김희철 “주택재개발사업의 개선방안에 관한 연구”, 건국대학교 대학원 박사학위논문, 2004.
나채준, “영국의 공용수용 및 손실보상제도의 발전과정과 법체계에 관한 고찰”, 인하대학교 법학연구 12편, 2권, 2009. 8.
_____, “영국의 상가 임차권에 대한 손실보상제도에 대한 연구－영국의 영업 손실보상제도와 상가 권리금보상에 대한 논의를 중심으로”, 공법연구. 제37집 제4호, 한국공법학회, 2009.
노경필, “이전고시에 관한 소고－기존 판례 입장에 대한 비판적 검토를 겸하여”, 사법 제23호, 2013. 3.
노영록, “토지재산권 제한의 헌법적 한계”, 성균관대학교 대학원 박사학위논문, 1995.
도명정, “서울시 도시개발관련법제의 지속가능성 평가에 관한 연구”, 서울시립대 대학원, 2001.
도시재생사업단, “지방 도시재생정책과 추진계획 연구”, 2010.
류하백, “정당보상에 있어 개발이익배제논리의 위헌성에 관한 고찰”, 감정평가연구 제18집 제2호, 2008. 6.
류해웅, “토지보상제도 개선 연구”, 건설교통부, 2005.

문승국, "일본의 주민 참가형 도시 정비수법에 관한 연구 · 마찌즈구리의 실천사례를 중심으로", 서울시립대 대학원 박사학위논문, 1998.

민태욱, "주택재개발 · 재건축조합의 조세법적 성격과 조세문제", 토지공법연구 제20집, 한국토지공법학회, 2003. 11.

_____, "적정가격 보상원칙과 시가보상론", 부동산학 연구 제11집 제2호. 2005.

박균성, "건축 관련 이익의 공법적 조정에 관한 연구", 토지공법연구, 2005.

_____, "손실보상제도의 몇 가지 쟁점", 월간법제 통권 제579호, 법제처, 2006.

박신영, "도시 저소득층을 위한 주택정책에 있어서 공공부문의 역할에 관한 연구", 대한주택공사, 2002.

박영균, "주택재건축사업의 감정평가 쟁점에 관한 연구", 건국대학교 부동산대학원, 석사학위논문, 2009.

박정관, "부산시 도심재개발의 활성화 방안에 관한 연구", 경성대 대학원 박사학위논문, 2002.

박현선, 한승준, "프랑스의 협의개발지구제도에 관한 연구", 건설교통부 부설 연구소, 2003.

박현정, "재건축 · 재개발 정비사업조합의 설립동의 또는 총회결의에 관한 소송유형의 검토", 행정법연구 제26호, 행정법이론실무학회, 2010.

박환용, "도시 재건축의 실태와 전망", 도시문제 385, 대한지방행정공제회, 2000.

박 훈, "재개발조합의 과세문제", 조세와 법 제1권 제2호, 서울시립대학교 법학연구소 · 지방세연구소, 2008. 12.

방경식, "외국의 도시개발제도와 민간의 역할", 국토 214, 국토연구원, 1999. 8.

박종두, "집합건물의 재건축과 소수 구분소유자 보호에 관한 연구", 강남대 법학논집 제21집, 강남대학교 법학연구소, 1997. 7.

배명호, "부동산 감정평가의 문제점과 개선방안", 경북대 법학과 일반대학원 2014년 2학기 토지공법 판례연구 수업 발표문, 2014. 10.
배병호, "再開發組合設立認可 등에 관한 訴訟方法", 행정판례연구회, 2012. 6.
배웅규, "기성시가지 도시정비사업에서의 참여주체의 역할과 협력방안", 주택도시 통권 제85호, 대한주택공사 · 대한국토 · 도시계획학회, 2005. 6.
배웅규 외 6인, "도시재생사업의 현황과 과제", 대한국토-도시계획학회, 도시정보 343, 2008.
배웅규 외 11인, "도시 및 주거환경정비법 개정에 따른 새로운 정비사업 등의 도입과 과제", 대한국토-도시계획학회, 도시정보 366, 2012.
법무부, "상가건물임대차보호법 개정안 마련", 법무부 법무심의관실, 2014. 9.
봉인식, "프랑스 공공임대주택의 사회적 변화에 관한 연구", 주택연구 15권, 한국주택학회, 2010.
부동산신탁업협회, "도시정비사업 활성화방안", 부동산신탁연구, 2007.
서병수, "도시재생활성화 및 지원에 관한 특별법안 검토보고서", 국회, 2012.
서순탁, "시장 친화적 토지공개념의 기본틀과 실천수단에 관한 시론적 고찰", 한국토지공법학회, 「토지문제에 있어서 국가와 시장의 역할 재정립에 관한 학술세미나」, 2007. 11.
서충원, "서울시 도심재개발 수단으로서 공공주도 파트너십에 관한 연구", 서울시립대 대학원 박사학위논문, 서울시립대학교 대학원, 1998.
석종현, "민간기업에의 토지수용권 부여에 대한 타당성 검토", 한국감정평가협회, 연구논단 23-23, 2005. 3.
_____, "간접침해보상에 관한 소고", 감정평가연구 제13집 제2호, 2003. 12.
선병룩, "재건축 결의와 매도청구권의 행사에 따른 제반문제", 판례연구 17집 하, 서울지방변호사회, 2004. 1.
성선제, "정당한 보상—미국의 경험을 중심으로", 토지공법연구 제19집, 한국토지공법학회, 2003, 9.
성소미, "재건축 개발이익환수에 관한 법적 쟁점", 토지공법연구 제31집, 한국토지공법학회, 2006. 5.

성중탁, “도시정비법상 매도청구권에 관한 연구”, 성균관대학교 대학원 박사학위 논문, 2012. 6.

_____, “위헌소원사건을 본 개발부담금제도의 문제점”, 법률신문 연구논단, 2008.

_____, “도시정비법상 결의 내용변경을 위한 의결정족수 확정방안에 관한 연구”, 법학논고, 경북대학교 법학연구소, 2013. 10.

_____, “재개발, 재건축과정에서의 세입자 보호 문제”, 법학논집, 이화여자대학교 법학연구소, 2014. 5.

_____, “주택재개발 사업과 주택재건축 사업의 법적 논점 비교 고찰”, 인권과 정의, 대한변호사협회, 2013. 5.

_____, “조합설립인가처분 무효를 둘러싼 몇 가지 법적 쟁점”, 행정판례연구, 행정판례연구회, 2014. 1.

_____, “도시및주거환경정비법상 매도청구가액 및 수용보상금 산정 기준에 관한 연구”, 법학논고, 경북대학교 법학연구소, 2012. 9.

_____, “도시정비법상 현금청산에 관한 몇 가지 법적 쟁점”, 법학논고, 경북대학교 법학연구소, 2015. 5.

_____, “정비사업조합의 조세법적 성격과 취득세 부과 문제”, 행정판례연구, 한국행정판례연구회, 2015. 7.

손진상 · 김훈, “프랑스 도시법의 역사적 발전과 지방분권화에 관한 일고찰”, 안동개발연구 제14집, 안동대학교 안동지역사회 개발연구소, 2003. 2.

송기백, “도시재생을 위한 도시정비사업의 문제점 분석 및 제도개선 방향연구”, 대한건축학회, 도시계획 26(1), 2010.

송본구, “매도청구권의 행사”, 재판실무대계 제19집, 청림서원, 1992.

송승찬, “도시재개발사업에서 조합원이 관리처분계획에 의하여 취득하는 분양예정의 대지 또는 건축시설 양도의 성격”, 대법원 판례해설, 법원행정처, 1994. 5.

송시강, “프랑스 건축공법의 현황과 쟁점”, 행정법연구 제32호, 행정법이론실무학회, 2012. 4.

_____, "도시정비사업 조합설립인가 및 그 변경인가의 법적 성격", 고시계, 2011. 11.

신봉기, "도시재개발법제에 관한 검토", 토지공법연구 제15집, 한국토지공법학회, 2002.

神原秀訓, "일본에서의 손실보상법의 현상과 과제", 공법연구 25권 2호, 한국공법학회, 2000.

신중진·배웅규·김정은, "주민참여에 대한 도시주거지정비방안에 관한 연구: 일본 사례를 중심으로", 대한건축학회논문집 제21권 4호 통권 제198호, 2005. 4.

신 평, "미국에서의 사적 개발목적을 위한 공용수용", 저스티스, 한국법학원, 2007.

양은열, "재개발·재건축 규제와 재산권 보장에 관한 법적 연구", 서울시립대학교 대학원 박사학위논문, 2009. 2.

양윤재, "신도시 건설보다 도시재생이 지속가능 해법", 도시문제, 2012.

양재섭, "도시재생정책의 국제비교 연구-영국과 일본을 중심으로", 서울: 서울시정개발연구원, 2006.

양재섭·장남종, "국내 도시재생사업의 추진동향과 과제": 서울·인천·대전을 중심으로", 국토 통권 305호, 2007.

엄수원, "토지개발사업에 따른 재산권 제한과 손실보상에 관한 연구", 토지공법연구 26집, 한국토지공법학회, 2005. 6.

오병호, "도시재생의 방향", 서울경제 통권 23호, 2007.

오승규, "프랑스 대항력 있는 주거권의 법제화", 외국법제동향, 한국법제연구원, 2010.

_____, "재산권의 사회구속성과 공용수용", 한양법학 13, 한양법학회, 2000.

오준근, "주택재개발사업에 있어 세입자의 법적 지위: 개정 도시재개발법의 문제점과 그 대안 제시를 위하여", 도시및주거환경정비법에 따른 재건축 길라잡이II, 하우징해럴드, 2004.

오진환, "도시재개발사업과 각종 쟁송방법: 시행자가 재개발조합인 경우를 중심으로", 법조 46권 8호, 법조협회, 1997. 9.

유재윤, “새정부의 도시재생 정책과제”, 국토정책 Brief, 2013. 2.
유경은 외 1인, “VINEX 종합정책 이후 네덜란드 도시집합주택의 세장형 필지와 평면변화에 관한 연구”, 건축공학, 대한건축학회, 2014.
윤 경, “공동저당의 목적인 건물을 재건축한 경우 법적지상권의 성부”, 경영법무 109호, 한국경영법무연구소, 2003. 4.
_____, “재건축 결의요건과 하자의 치유”, 대법원 판례해설 42호, 법원도서관, 2007.
이광윤, “프랑스 도시재개발법제”, 헌법학과 법학의 제문제, 1996. 12.
_____, “손실보상제도의 문제점과 개선방안”, 토지공법연구 제7집, 한국토지공법학회, 1999.
_____, “공용제한 보상에 관한 비교법적 고찰”, 성균관법학 제10권 제1호, 성균관대학교 법학연구소, 1999.
_____, “도시계획법 제21조에 대한 위헌소원”, 법률신문 판례평석, 1999.
이근윤, “재건축실행단계에서 재건축비용의 분담을 정하는 방법”, 대법원 판례 해설 30호, 1998. 11.
이기한, “미국헌법상의 연방대법원의 손실보상의 판단기준”, 세계헌법연구 11, 국제헌법학회 한국학회, 2006.
이동과, “도시계획법 제21조의 합헌성 여부”, 양승두 교수 화갑기념 논문집, 1994.
이동수, “미국에서의 정당한 보상의 필요성과 기준”, 토지공법연구 제31집, 한국토지공법학회, 2006.
이명웅, “재산권의 위헌심사기준”, 인권과 정의 370, 대한변호사협회, 2007. 6.
_____, “헌법 제23조 구조”, 헌법논총 11, 헌법재판소, 2000.
이동배, “도시기본 계획체제와 수립방법: 프랑스의 예를 중심으로”, 도시문제 17권, 도시건축연구소, 1982.
이부하, “재산권의 존속보장과 재산권에 관한 법이론－경계이론과 분리이론의 비교고찰을 중심으로”, 공법학연구 제9권 제3호, 2008.
이상용, “도시 및 주거환경정비법상의 매도청구권”, 경기법조 제15호, 2008. 8.

이선영, "헌법 제23조 제3항의 공용수용 요건으로서 공공필요에 관한 연구", 연세대학교 대학원 법학과 석사학위논문, 2010. 8.

_____, "주택법상 민간사업주체의 매도청구권 법리", 부동산·도시 연구 제2권 제2호, 건국대학교, 2010. 2.

이영아, "영국 도시재생정책의 현황 및 평가", 국토정책 Brief 제248호, 국토연구원, 2009. 10. 19.

이용우, "행정사건에 대한 ADR의 적용에 관한 법이론적 고찰", 한국중재학회 중재연구 제13권 2호, 2004. 2.

이우재, "재건축 결의시 서면결의방법과 유효성에 대한 심리방법, 장기간에 걸친 서면결의의 경우 결의대상의 동일성 판단 방법", 대법원판례해설: 2005년 상반기 통권 제55호, 대법원, 2005. 8.

이은기, "주거권의 입론", 서강법학 제9권 2호, 2007.

이재홍, "주택재개발사업과 행정소송", 인권과 정의 279호, 대한변호사협회, 1999.

이주형·서의권, "공공성 확보를 위한 도시재생사업에서 공공의 역할", 국토연구원 국토연구, 2009. 6.

이중교, "주택재개발사업과 재건축사업의 취득세 과세에 대한 연구", 공법연구 제37집 제1-2호, 한국공법학회, 2008. 10.

이준규·이은상, "조합과세의 문제점과 개선방안", 세무학연구 제18권 제1호, 2011.

이창호·서수정·배웅규, "현지개량사업 활성화를 위한 일본 노후주거지 정비수법 분석 연구", 국토계획, 대한국토 도시계획학회, 2007. 12.

이현수, "공동저당권의 목적인 건물을 재건축한 경우 법정지상권의 성부", 민사판례연구 27권, 민사판례연구, 2005. 2.

임계호, "주거환경정비에서 공공의 역할 연구: 서울시 사례를 중심으로", 국토계획 제39권 제2호, 대한국토·도시계획학회, 2004. 4.

장성수·권인혜, "재개발·재건축 활성화 방안", 한국도시포럼, 2007. 12.

장찬익, "도시정비사업 관련 분쟁의 여러 모습", 「재개발, 재건축 관련 법률과 실무법관 연수집」, 사법연수원, 2007. 12.

장희순, "매도청구권 행사시 시가의 개념 및 그 평가에 관한 연구", 감정평가학논집, 제1집(통권 제1호), 2002. 12.

정극원, "정부의 2011년 상반기 주택정책의 법적 검토", 토지공법연구 제54집, 2011. 8.

정기상, "주택재건축사업에 있어 조합원 지위의 상실에 따른 법률관계", 저스티스, 한국법학원, 2014. 6.

_____, "주택재개발사업에 있어 현금청산 대상자의 확정과 법적 지위", 사법 제21호, 사법발전재단, 2012. 9.

정남철, "재산권의 사회적 구속과 수용의 구별에 관한 독일과 한국의 비교법적 고찰–이른바 조정적(조절적) 보상의무 있는 내용규정의 도입가능성", 공법연구 7/2, 한국공법학회, 2004.

정두호, "재산권제한의 위헌심사기준, 대전대학교 대학원 박사학위논문, 2001.

정연우, "우리 헌법상 재산권의 형성과 발전", 정천 허영박사 화갑기념논문집, 1997.

정연주, "미국헌법상 재산권수용의 법리-수용의 허용조건과 관련한 연방대법원 판례를 중심으로", 미국헌법연구 16/2, 미국헌법학회, 2005.

_____, "독일 연방헌법재판소의 자갈채취결정(1981.7.15, BVerfGE 58, 300)과 관련하여", 헌법판례연구 1, 한국헌법판례연구학회, 2002.

정용주, 박지호, "도시정비사업 관련 법규의 문제점과 도시재생 법제의 개선 방안", 기술회보 제19호, 주식회사 유신, 2012. 12.

정주희, "도시재생사업의 실태와 향후과제", 한국부동산연구원, 2013.

정지선·장근호, "재개발·재건축사업 관련 조세제도에 대한 연구", 한국조세연구소 제58집, 2010. 4.

정치선, "불량주택지역의 주거환경 개선방안에 관한 연구: 부산시 주거환경개선지구의 현지 개량방식을 중심으로, 동아대 대학원 박사학위논문, 1999.

정하중, "독일 Bonn 기본법 14조상의 부대조항(Junktimklausel)의 의미와 한국 헌법 제23조 제3항의 해석(상), (하)", 사법행정 33/9,10, 한국사법행정학회, 1992.
정혜영, "헌법재판소 판례를 통해 본 재산권보장의 문제점", 인권과 정의 357, 대한변호사협회, 2006. 5; "한국 헌법 제23조와 독일 분리이론에 의한 그 해석가능성", 공법연구 33/4, 한국공법학회, 2005.
제정부, "민간사업자에 의한 토지수용법제", 법제 통권 제507호, 건설교통부, 2003. 3.
조근렬, "재개발 현금청산, 감정평가가 사업의 성패 좌지우지 한다!", KAPA FOCUS 2, 한국감정원, 2012.
조명래, "지구화시대 경제사회의 변화와 도시재생의 중요성", 국토 통권 305호, 2007.
조성권, "재건축아파트 분양권과 관련된 1세대 1주택 비과세 문제", 재판자료 제108집, 법원도서관, 2005. 12.
_____, "재건축조합의 조합원이 1세대 1주택 비과세 요건을 갖춘 고가주택에 해당하는 분양권을 양도함에 있어 기존주택과 분양주택의 면적이 서로 상이한 경우, 양도소득세액을 산정함에 있어 장기보유특별공제액은 주택면적과 보유기간을 분양주택을 기준으로 할 것인지 여부", 대법원 판례해설 제69호, 법원도서관, 2007. 12.
조일영, "구 주택건설촉진법에 의한 재건축조합의 조합원이 기존의 주택이나 대지를 제공하고 그 사업계획에 따라 취득하는 주택 등을 분양받을 권리의 취득시기", 대법원 판례해설 제69호, 법원도서관, 2007. 12.
조필규, "도시정비사업의 현금청산 실태와 개선방안에 관한 연구", 토지공법연구 66집, 2014. 8.
조해현, "자력재개발방식에 의한 주택개량재개발사업에서의 정산금 산정방식", 21세기사법의 전개(송민 최종영 대법원장 재임기념논문집), 2005.
조홍석, "재산권 제한의 체계적 구조", 법과 정책연구 3권 2호, 한국법정책학회, 2003. 10.
주관수, "공공의 역할 강화를 통한 재개발사업 방식의 전환에 관한 연구,

서울시립대 대학원 박사학위논문, 2004.
지영림, “주택재개발 · 재건축사업과 관련한 토지 및 유 · 무허가 건축물의 취득시 평가 · 보상문제”, 연세법학연구 8집 2권, 연세법학연구회, 2002. 2.
차홍권, “집합건물의소유및관리에관한법률 제48조 제2항 소정의 매도청구구권 행사기간의 법적 성격”, Jurist 제393호, 2003.
______, “주택재건축사업의 매도청구권에 관한 연구”, 건국대 부동산 대학원 석사학위 논문, 2007.
채완병, “우리나라 건설 중재 현황과 활성화 방안, 중재연구 제14권 제2호, 한국중재학회, 2004. 12.
천길주, “건설 중재 활성화를 위한 제언”, 중재 제314호, 대한상사중재원, 2004. 12.
최승원, “도시재개발제도에 관한 법적 연구”, 서울대학교 대학원 박사학위논문, 1992.
최철환, “재건축주택조합의 일반분양용 토지에 관한 신탁재산취득의 취득세 과세 여부”, 저스티스 통권 제103호, 한국법학원, 2008. 4.
최현선 외 1인, “커뮤니티 개발에 기반한 도시재생정책”, 한국정책학회 하계학술대회 자료집, 2012.
한견우, “현행 재건축사업의 법적 문제점과 개선방안”, 토지공법연구 10집, 한국토지공법학회, 2008. 8.
한정훈, “재개발 · 재건축사업에 있어 양도소득세와 관련된 쟁점에 관한 연구”, 재판자료 제115집, 법원도서관, 2008. 6.
한국주택협회, “재개발 · 재건축사업 투명화 및 활성화를 위한 제도개선방안”, 서울시 토론회 자료, 2007. 6.
한국형사정책연구원, “주택재개발 · 재건축사업의 탈법운영 실태 및 대책”, 2008. 10.
한수웅, “재산권의 내용을 새로이 형성하는 법규정의 헌법적 문제”, 저스티스 32/2, 한국법학원, 1999.
허강무, “공익사업 보상평가의 합리화에 관한 연구”, 한국부동산연구원,

2008.

_____, "공익사업과 개발이익–개발이익 배제 및 환수를 중심으로", 토지공법연구 제40집, 2009.

_____, "보상평가의 감정평가업자 선정제도 개선방안", 토지공법연구 제43집 제3호.

_____, "정당보상 구현을 위한 손실보상 제도의 개선방안", 법학연구 통권 제32집, 전북대학교, 2011. 5.

_____, "공시지가기준 보상액 산정의 문제점과 개선방안", 한국법제연구원·한국공익사업법연구회 공동세미나, 2011. 4. 28.

형시영, "지방 대도시의 도심재생 방안에 관한 연구", 전남대 대학원 박사학위 논문, 2004.

홍강훈, "독일 교통·건설·도시개발부의 조직과 임무", 맞춤형 외국법제지원, 법제처, 2013. 10.

홍득관, "이전고시의 효과 및 재건축사업의 신탁", 재판과 판례 제20집, 대구판례연구회, 2011. 12.

홍성욱, "주택재개발·재건축사업 관련 제반 세법 문제에 관한 연구", 서울대학교 대학원, 2006. 2.

홍완표, "재산권제한과 손실보상에 관한 새로운 법리(A Revised Theory on the Property Regulation and its Compensation)", 토지법학 16, 한국토지공법학회, 2000.

외국 문헌

• 영미, 스페인권 문헌

Abrams/Doernberg, Federal Corporate Taxation, New York: Foundation Press, 2012.

Appeal Cases(Law Reports)/Chancery(Law Reports).

Almudena Grandes y Turespaña, 1993, España, Ministerion de Comercio y Turismo.

Barker, K., 2003, Review of Housing Supply: Delivering Stability-Securingour Future Housing Needs, Interim Report. HM Treasury.

Bell, M., and Maginn, P., 2005, 'Urban Change and Conflict: Evaluating the Role of Partnerships UK', Housing Studies Vol. 20 No. 1.

Barry Cullingworth/Vincent Nadin, Town & Country Planning, 14 ed, Routledge: 7, 2006.

Barry Denyer-Green, Compulsory Purchase and Compensation, 8th ed., Estate Gazette, 2006.

Brohm, Winfried, Offentliches Baurecht, C.H. Beck, 2002.

Brown & Allan, Law of Compensation, 2nd ed, 2005.

Cherry, A., 1999, Toward an Urban Renaissanc: a Report by Urban Task Force, Sweet & Maxwell and Contributors.

City of Veneta, 2007, Draft Minor Amendment to Veneta Urban Renewal Plan and Report.

Colomb, C., 2007. Unpacking New Labour's 'Urban Renaissance' Agenda: Towards a Socially Sustainable Reurbanization of British Cities?, Planning, Practice & Research. 22(1), 1-24.

Communities and Local Government, 2006, Delivering Affordable Housing, CLG: London.

__________, 2006, Planning Policy Statement3(PPS3): Housing. CLG: London.

__________, 2007, Planning for a Sustainable Future: The Planning White Paper, HM Government.

__________, 2007, Building a Greener Future, Policy Statement, CLG, London.

__________, 2007, Homes for the Future: More Affordable, More Sustainable, CLG, London.

__________, 2007, Planning Policy Statement: Planning and Climate

Change, Supplement to Planning Policy Statement 1, CLG, London.

__________, 2008, The Community Infrastructure Levy, CLG: London.

__________, 2008, Greener Homes for the Future, CLG, London.

__________, 2008, The Code for Sustainable Homes: Setting the Standard in Sustain ability for New Homes, CLG, London.

__________, Department of Health, and Department for Work and Pension, 2008, Lifetime Homes, Lifetime Neighbourhoods: A National Strategy for Housing in an Ageing Society, CLG, London.

Compulsory Purchase and Land Compensation(Central Research Unit Papers), Scottish Executive, 2004. 10.

Couch, C, Urban Renewal Theory and Practice, London, Macmillan, 1990.

Cullingworth, B. and Nadin, V., 2006. Town and Country Planning in the UK(14th ed.), London and New York: Routledge Taylor & Francis Group.

de Blij, H. J. and Peter O. Muller, 2006, Geography: Reals, Regions, and Concepts 12th ed. Wiley.

Department for Communities and Local Government, 2004, Planning Policy Statement 12(PPS12): Local Development Framework, DCLG, London.

__________, 2005, Planning Policy Statement 1(PPS1): Delivering Sustainable Development, DCLG, London.

__________, 2006, Homelessness Prevention: A Guide to Good Practice, DCLG, London.

Daniel R. Mandelder, Land Use Law, The Michie Co., VA, 1982.

Donald G. Hagman and Dean J. Misczynski, Editors, 1978, WIND

FALLS FOR WIPEOUTS, American Society of Planning Officials.

Dvelopment and Planning Law, 7th ed., Estate Gazette, 2007.Gibson Michael and M. Langstaff, An Instruction to Urban Renewal, Longman: Hutchison, 1982.

Estates Gazette. "JouRdnal of Planning and Environment Law", Estates Gazette Law Reports, 2010.

Freestone, R., 2007, A History of Planning, Thompson, S.(ed.), Planning.

Great Britain. Law Commission, Towards a Compulsory Purchase Code: Compensation—A Consultative Report(Consultation Paper), Stationery Office Books, 2002. 7.

Guy Roots, The Law of Compulsory Purchase, Tottel Publishing, 2008. 9.

Guy Roots/Michael Humphries/Robert Fookes, The Law of Compulsory Purchase, Tottel Publishing, 2008. 5.

Guy Geer and Avin W. Hansen, "Urban Redevelopment and housing", National planning Association, 1991.

H. Maurer, Allgemeines Verwaltungsrecht, 13. Aufl., 2000.

Hall, P., "Evolution of Strategic Planning and Regional Development", In Dimitriou, H. T. and Thompson, R.(eds.), Strategic Planning for Regional Development in the UK, London and NewYork: Routledge, 2003.

Hernández Aja, Agustín, 2004, Informe sobre los Indicadores de Sostenibilidad, Ministro de Fomento, España.

Hoyler, M., Freytag, T., Mager, C., Advantageous Fragmentation? Reimagining Metropolitan Governance and Spatial Planning in Rhine-Main. Built Environment, 32(2), 2006.

J. Barry Cullingworth, Town and Country Planning in the UK, 13th Ed, Routledge, 2001. 9.

J. Cameron Blackhall, Planning Law & Practice, Routledge Cavendish, 2005. 10.

James Macken, “Compulsory Purchase and Compensation in Ireland”, 2ed, Tottel Publishing, 2008.

Jeremy Rowan Robinson/C.M. Brand, “Compulsory Purchase and Compensation”, London Sweet & Maxwell, 1995.

Jeong, Okju, 2004, Découpages Territoriaux et Collecitivtés Régionales en Corée, Géographie et Cultures.

Jeong, Okju, 2003, Les Collecitivtés Locales de Base et Leur Echelle Territoriale en Corée du Sud, une Approche Comparative avec le Cas Français, Pouvoirs Locaux.

Jeong, Okju, 2003, Les communes et le développement local en France et en Coréé, thèse de doctorat, Université Paris-IV-Sorbonne.

Johnstone, C. and Whitehead, M., 2004, New horizons in British urban policy, Ashgate publishing company.

Keith Davies, Law of Compulsory purchase and Compensation, London Burrerworth, 1984.

Karen Hamilton, Compulsory Purchase and Compensation, 2006. 2.

Law Commission, Towards a Compulsory Purchase Code: Compensation-A Consultative Report(Consultation Paper), Stationery Office Books, 2002. 7.

Liebmann, H., Robischon, T., 2006, Regeneration of shrinking cities: the case of East Germany, International symposium “Coping with City Shrinkage and Demographic change: lessons form around the globe”, 30-31 03, 2006 in Dresden, Germany.

Local GoveRdnment Report/Property and Compensation Report, 2011.

Local Government Commission, 2003, Smart Growth Zoning Code: A Resource Guide.

McCarthy, J., 2007, Partnership, Collaborative, Planning and Urban Regeneration, Ashgate publishing company.

Monk. S., Crook. T. and Lister, D. et. al., 2006, Delivering Affordable Housing through Section106: Outputs and Outcomes. Joseph Rowntree Foundation.

Miceli T. J. Segerson k., "Takings", vol. Ⅳ Encyclopedia of law and economics, 2000.

Mel Scott, American City Planning Since 1890, University of CalifoRdnia Press, Berkley, 2011.

M. Shenkel, "ModeRdn Real Estate Appraisal", McGraw-Hill Book Company, 1978.

Nowak & Rotunda, Constitutional Law, 438-40(West Publ., 5th Ed. 1995). Roberts, P. & Sykes, H. Urban Regneration, A Handboo, Sage Publications, 2000.

Office of the Deputy Prime Minister, Compulsory Purchase and Compensation, 2004. 10.

Office of the Deputy Prime Minister, 2005, Sustainable Communities: Settled Homes, Changing Lives, ODPM, London.

Office of the Deputy Prime Minister, 2005, The Future for Design Codes: Future Information to Support Stakeholders Reading Draft PPS3, ODPM, London.

Pearce, G. and Ayres, S., 2007, "Institutional change and the challenge of policy coordination in the English regions", Town Planning Review Vol. 78 No. 5.

Robert, P and Sykers, H., 2002. Urban Regeneration: A Handbook, London.

Planning and Compulsory Purchase Act 2004: A Guide to the New Law, The Law Society, 2005. 5.

Queen Bench(Law Reports)/All England Law Reports, 2012.

Rating and Valuation Reports, 2010.

Rutherford H. Platt, Land Use and Scoiety, Island Press, 1996.

Stephen Tromans/Martin Edwards/Richard Harwood/Justine ThoRdnton, Transport Scotland, Compulsory Purchase process and Compensation, 2007. 9.

Smart Growth Network Land Development Regulations Subcommittee, 2002, Making Land Development Regulations Work for Smart Growth.

Social Exclusion Unit, 2001, New Commitment to Neighbourhood Renewal: National Strategy Action Plan.

Spain-Portugal: Euro Road Atlas, 2008, CeoCenter.

State of Massachusetts, 2008, A Model Ordinance for a Traditional Neighborhood Development, Smart Growth/Smart Energy Toolkit Bylaw.

TCPA. "Manifesto for the 21st Century 'towns and countryside for a new age of challenge'". Retrieved 30 May 2014.

United States v. Miller, 317 U.S, 1993.

Victor Moore, A Practical Approach to Planning Law, 10Rev Ed, Oxford University Press, 2007. 12.

Weekly Law Reports/Law Times.

Villyrroya, A., 2007, Cultural Policies and Trends in Europe, COMPENDIUM.

Whitehead, C., 2007, The Changing Role of Local Authorities in Housing Provision for Low Income Urban Residents in the UK, China-UK Comparative Studyon Housing Provision for Low-income Urban Residents: A Tale of Two Cities, Cultural and Edutation Section of the British Consultate Central.

Willem Van Vliet., "Affordable Housing and Urban Redevelopment in the United States", Urban Affairs Annual Reviews Vol. 46,

Sage Publications.

• 독일, 오스트리아, 프랑스권 문헌

Battis, Allgemeines Verwaltungsrecht, 1985.

Boermans T., Lindner, S., Energieeffizienz und Solarenergienutzung in der Bauleitplanung-Zusammenfassung und Thesen zum Rechts- und Fachgutachten, 2007.

Dazu Schmidt-Aßmann, in; Maunz/Dürig, a.a.O., Rdnr.209f.

Dazu Schmidt-Aßmann, in; Maunz/Dürig, KoRdnmentar, Art 19 IV, Rdnr, 48a.

Direction générale des collectivités locales, 2007, Les collectivitiés locales en chiffres.

HOCREITERE, Patrick, Plan Local d'Urbanisme, Ed. Berger-Levrault, 2004.

MAILLARD, Alain et PIPARD-THAVEZ, Dominique, Le PLU: entre theorie et pratique, Ed. MB Formation, 2012.

Laubinger, Der Umfang der Konzentrationswirkung der Planfetstellung, Verw Arch, 1986.

Söfker, Wilhelm, Zum Gesez uber die Reform des Wohnungsbaurechts, William, 2011.

Schmidt-Eichstaedt, G.: Das Europarechtsanpassungsgesetz Bau 2004—ein Überblick über die Änderungen und Neuerungen im BauGB durch das Gesetz vom 20. Juli 2004.

Senatsverwaltung für Stadtentwicklung Berlin(Ed.), 2007, Barrierefreies Planen und Bauen in Berlin—Öffentlich zugängliche Gebäude; Grundlagen und Beispiele. DruckVogt GmbH, Berlin.

Senatsverwaltung für Stadtentwicklung Berlin(Ed.), 2006, Gender auf dem Weg in den Mainstream der Stadtentwicklung—Berlin auf dem Weg zu einer lebenswerten Metropole für Frauen und

Männder. Medialis Offsetdruck, Berlin.
Tipke/Lang, Steuerrecht, 17. Aufl., Dr. Otto Schmidt, 2002.
Wohnungswirtschaft und Mietrecht(WM), 2002.

• 일본 문헌

村上 弘, 2000, 日本の都市政策ー発展の特徴と政治行政過程, 立命館法学, 3・4号下巻(271・272号) 943頁.
牛島信明 外, 1992, スペインポルトガルを知る事典, 平凡社.
小林國際都市政策研究財團(1987) 歐美都市開發制度の 動向(국토개발연구원 일본연구회 역, (2012) 歐美都市開發制度의 動向.
外國의 都市計劃・開發制度. 今村成和, 「損失補償制度の研究」, 有斐閣, 2004.
増井良啓, “組織形態の多様化と所得課稅”, 租稅法研究 第30號, 東京: 租稅法學會, 2002.
成田孝三, 「成熟都市の活性化・世界都市から地球都市へ」, 京都: ミネルヴァ書房, 2005.
再開發コディネタ協會 編, 「再開發關係法令集」, 東京, 2005.
國土交通省都市・地域整備局市街地整備課 監修, 「都市再開發ハドブック」, 東京: ケイブン出版, 2005.
都市開發ファイナンス研究會 編, 「都市開發ファイナンスのいま: 最新動向と今後の展望」, 東京: ぎょうせい, 2005.
「都市再開發ハンドブック, 2004」, 東京: ケイブン出版, 2004.
都市再開發法制研究會 編著, 「C(入門)都市再開發法」, 東京: ぎょうせい, 2003.
南博方, 「條解 行政事件訴訟法」, 弘文堂,, 2006.
塩岐 勤, 區分所有權關係訴訟法, 「裁判實務大系」 제19輯, 青林書院, 1992.
山村恒年, “訴えの利益の諸問點”, 「公法研究」, 日本公法學會, 1995.
原田尚彦, “行政事件訴訟における訴えの利益”, 「公法研究」, 日本公法學會, 1975.
南博, 「潮解行政事件訴訟法, 弘文堂, 1987.
佐藤幸治, 「日本國憲法論」, 花社社, 2011.

小粥太郎 등, 「日本 註解 不動産法 5(區分所有法)」, 日本評論社, 2011.
彬己共省, "建物の區分所法律 改正案 檢討", 「日本法曹時報 38劵 6號」. 2007.
痛口陽一・佐藤幸治・中村睦男・浦部法穗, 「註釋 日本國憲法 上卷」, 靑林書院新社, 1984.
日本國法務省 民事局參事官室編, 「新建物の區分所有等に関する法」; 「裁判實務大系, 제19집」, 2000.
林正珉, 「居住者による生活環境構築からみた密集市街地の更新のあり方に関する研究」, 大阪大学博士学位論文, 2005.
防災都市づくり研究会, 「都市再生のための防災まちづくり-密集市街地再生戦略」, ぎょうせい, 2003(社)全国市街地再開発協会, 「密集住宅市街地のまちづくり ガイドブック」, 社団法人全国市街地再開発協会, 2003.

참고 사이트

http://www.molit.go.kr
http://www.stat.molit.go.kr
http://www.onnara.go.kr
http://www.seoul.go.kr
http://www.moleg.go.kr
http://www.fomento.es
http://www.lawe-gov.go.jp
http://www.legisition.gov.uk
https://www.gov.uk/browse/housing-local-services
http://www.cohesionsociale.gouv.fr
http://www.government.nl
www.praha.eu/jnp/en/about_prague/city_hall/index.html
www.wien.info/en/sightseeing/sights/from-l-to-r/city-hall

http://en.wikipedia.org/wiki/Urban_renewal
http://de.wikipedia.org/wiki/Bauleitplanung
http://de.wikipedia.org/wiki/Stadtplanung
http://www.anru.fr
http://www.assemblee-nationale.fr
http://www.berlin.de/umweltzone
http://www.bmvbs.de/-,302.955930/energieausweise-Waermeschutz-b.htm
http://www.bmvbs.de
http://www.legifrance.gouv.fr
http://www.reunion.equipement.gouv.fr
http://www.senat.fr
http://www.stadtentwicklung.berlin.de/aktuell/pressebox/archiv_volltext.shtml?arch_0707/nachricht2724.html
http://www.stadtentwicklung.berlin.de/bauen/barrierefreies_bauen/index.shtml
http://www.vie-publique.fr
http://www.ville.gouv.fr
http://www.academyhills.com/gijiroku/26/26_4.html
http://up.t.u-tokyo.ac.jp/koizumi/saisei_ronten.htm
http://www.civic.co.jp/web_page/column/column_35.html
http://www.pref.aichi.jp/koen/toshiryokka/midori6.htm
http://www.mlit.go.jp/kisha/kisha04/04/040209_3_.html
http://www.asd.co.jp/guide/law_pdf/15.pdf
http://www.yanegaiso.net/vista/sanpou.html
http://www.mlit.go.jp/kisha/kisha04/04/040209_3/02.pdf
http://www.tatsuwa.com/consulting/setsumei/h0017.html
http://www.toshiseibi.metro.tokyo.jp/seisaku/master_plan/master02_01.pdf
http://www.jcp.or.jp/akahata/aik/2014-05-29/20 ………… 14-0529faq.html
http://www.sakawa-lawoffice.gr.jp/sub8-12.html
http://www.mlit.go.jp/kisha/kisha07/02/020209_.html

http://www.mlit.go.jp/kisha/kisha04/04/040209_3_.html
http://www.env.go.jp/earth/ondanka/ondanhou.html
http://www.bmvbs.de
http://altair.chonnam.ac.kr/~german/land/land.htm
http://nofdp.bafg.de/servlet/is/13219/
http://de.wikipedia.org/wiki/Bauleitplanung
http://www.umwelt-plakette.de/umweltzone%20berlin.php
http://www.stadtentwicklung.berlin.de/aktuell/pressebox/archiv_volltext.shtml
Planning Potal, http://www.planningportal.gov.uk
Campaign to Protect Rural English(CPRE), http://www.planninghelp.org.uk
Directgov, http://www.direct.gov.uk/en/HomeAndCommunity/Planning
Neighbourhood Renewal Unit(NRU), http://www.neighbourhood.gov.uk
Department for Social Development(DSD), http://www.dsdni.gov.uk
Cabinet Office Social Exclusion Task Force, http://www.cabinetoffice.gov.uk
English Partnership, http://www.englishpartnerships.co.uk
England's Regional Development Agency, http://www.englandsrdas.com
Urban Regeneration Companies(URC), http://www.urcs-online.co.uk
http://services.parliament.uk/bills/2007-08/planning.html
http://www.praha.eu/jnp/cz/o_meste/magistrat/odbory/index.html?divisionId=144

아 | 산 | 재 | 단 | 연 | 구 | 총 | 서

1 전환기의 중국경제
김윤환 외 | 단국대 경제학과

2 폴란드 경제의 변천 개혁과 그 전망
김광수 | 숭실대 경제학과

3 재소한인
이광규 외 | 서울대 인류학과

4 소련산림과 임업
홍성천 외 | 경북대 임학과

5 아세안의 정치경제
김국진 외 | 외교안보연구원

6 태국의 사회변동과 경제발전
최석만 외 | 전남대 사회학과

7 중국의 사회경제 통계분석
신한풍 외 | 고려대 통계학과

8 중국의 정치와 경제
박두복 외 | 외교안보연구원

9 동유럽의 개혁과 시장경제의 도입
허만 외 | 부산대 사범대학

10 동유럽의 개혁운동
박영신 | 연세대 사회학과

11 현대 러시아 연구
기연수 외 | 한국외대 노어과

12 전략적 선택과 기업의 국제경쟁력
이장호 | 서강대 경영대학

13 협동사회의 정착과 정부의 역할
이종범 외 | 고려대 행정학과

14 한국 제조기업 생산성의 동적 분석
노부호 외 | 중앙대 경영대학

15 분배의 정의
변형윤 외 | 서울대 경제학과

16 도덕적 행동의 강화
이훈구 외 | 연세대 심리학과

17 관료부패와 통제
김해동 외 | 서울대 행정대학원

18 한국경제의 내실 있는 성장
정창영 외 | 연세대 경제학과

19 한국국민정신운동의 역사와 발전방향
박수명 외 | 부산대 사범대학

20 한국대학생의 가치성향과 상담효과
이영희 외 | 숙명여대 교육학과

21 가출청소년과 학교관리체제
안창규 외 | 부산대 교육학과

22 동북아 정세변화와 한 · 일관계
한승조 외 | 고려대 정치외교학과

23 언론과 부정부패
정대철 외 | 한양대 신문방송학과

24 한국의 고등학교 교육
이원호 외 | 부산대 교육학과

25 가족과 방송
김학수 외 | 서강대 신문방송학과

26 재정개혁의 전망과 재산세제의 개편과제
오연천 | 서울대 행정대학원

27 청소년을 위한 전자게임 프로그램의 규제 및 평가체계 개발
박혜원 외 | 울산대 가정관리학과

28 정신장애자 가족의 사회심리적 특성
이근후 외 | 이화여대 의과대학

29 가족의 관계역동성과 문제인식
이광규 외 | 서울대 인류학과

30 현대인과 한국전통음식
승정자 | 숙명여대 식품영양학과

31 기업의 초고속정보통신망활용
안중호 | 서울대 경영학과

32 지역발전을 위한 교육자치제의 개선방안
김남순 | 조선대 사범대학

33 전환기의 공무원 가치관
조경호 | 울산대 행정학과

34 지방자치와 사회복지의 과제
김영모 | 중앙대 사회복지학과

35 WTO체제하의 지방중소기업 지원정책
최명주 외 | 계명대 통상학부

36 현대한국의 시민운동
이효선 | 중앙대 사회학과

37 기업 세계화의 단계 및 정도의 측정
허영도 외 | 울산대 경영학과

38 가족복지를 위한 가족주치의 시범사업의 효과
이혜리 외 | 연세대 가정의학교실

39 한국대학생의 삶의 만족도
김재은 외 | 이화여대 교육심리학과

40 지역경제와 지역산업구조의 개편방향
정기화 외 | 전남대 경제학부

41 중국기업의 소유형태별 경영특성
노철화 외 | 부산대 무역학과

42 남북한의 인성 · 사상교육
한승조 외 | 고려대 정치외교학과

43 연계적 뇌기능 조언을 위한 의료용 멀티미디어 시스템의 설계
유선국 | 연세대 의용공학교실

44 다민족국가의 민족문제와 한인사회
최협 외 | 전남대 인류학과

45 저소득층지역 청소년 여가문화와 소집단 활성화
박문수 외 | 서강대 사회학과

46 삶의 질의 국제비교와 지역간 비교분석
이재기 외 | 울산대 경제학과

47 21세기 지역주민의 삶의 질
양종회 외 | 성균관대 사회학과

48 삶의 질에 대한 국가간 비교
조명한 외 | 서울대 심리학과

49 외국인 노동자의 노사관계와 사회적 적응
석현호 외 | 성균관대 사회학과

50 한국의 사법제도와 발전 모델
정종섭 | 건국대 법학과

51 고령화사회와 중상층 노인의 사회활동
조성남 외 | 이화여대 사회학과

52 한국의 서비스 시장 개방정책
한홍렬 | 한양대 경제학부

53 한국과 AFTA간의 교역증진 및 경제 협력방안
손일태 외 | 경희대 경제통상학부향

54 물류비 절감을 위한 무역업체의 정보화전략
이영수 외 | 경북대 경제통상학부

55 사회주의 체제전환과 사회정책
오정수 외 | 충남대 사회복지학과

56 남북통일 이후 농업생산체계 개편
홍성규 외 | 건국대 농업경제학과

57 국제화와 세계화
하영선 외 | 서울대 외교학과

58 IMF 개혁정책의 평가와 한국경제의 신(新) 패러다임
조동근 | 명지대 경제학과

59 구조개혁과 실업대책
박동운 | 단국대 경제무역학부

60 21세기 신노사관계
심윤종 외 | 성균관대 사회학과

61 학교에서의 집단 따돌림
이춘재 외 | 가톨릭대 심리학과

62 한국노인의 정신건강실태와 건강증진
조맹제 외 | 서울대 의과대학

63 혁명과 개혁 속의 중국 농민
김광억 | 서울대 인류학과

64 중국의 경제환경과 한국기업의 진출 전략
지용희 외 | 서강대 경영학과

65 김대중 대통령의 시스템 사고
김동환 | 중앙대 공공정책학부

66 실업과 가족해체
최일섭 외 | 서울대 사회복지학과

67 합리적 부채비율 조정방안
오상근 | 동아대 경제학과

68 한국 중산층의 생활문화
문숙재 외 | 이화여대 소비자 · 인간발달학과

69 계층간 갈등상태에서 최적소득세
김진욱 | 건국대 경상학부

70 글로벌 경쟁력 제고를 위한 기업전략과 조직구축
이만우 외 | 고려대 경영학과

71 의료보험과 국민연금의 관리효율화를 위한 통합방안
사공진 외 | 한양대 경제학부

72 정부개혁의 과제와 전략
박우서 외 | 연세대 행정학과

73 책임운영기관 제도에 관한 비교분석
김근세 | 가톨릭대 행정학과

74 새로운 패러다임하에서의 한국기업의 바람직한 지배구조
최운열 외 | 서강대 경영학과

75 현대 한국사회의 계층구조
양춘 외 | 고려대 사회학과

76 한국의 산업정책과 산업구조조정
강인수 | 숙명여대 경제학부

77 기업구조조정
김석진 | 경북대 경영학부

78 지식경영을 위한 인적자원 개발 및 관리체계
장영철 | 경희대 경영학부

79 뉴 비즈니스 모델
전성현 | 국민대 정보관리학부

80 중산층의 정체성과 소비문화
함인희 외 | 이화여대 사회학과

81 외국관광객 유치를 위한 마케팅 전략
박상규 | 강원대 경영학과

82 한국인의 세대별 문학의식
이동순 | 영남대 국문과

83 공공부문의 효율성 평가와 측정
김재홍 외 | 울산대 사회과학부

84 한국 청소년의 정치의식과 형성요인
김광웅 외 | 숙명여대 아동복지학과

85 한국 대학생의 정치의식
배한동 | 경북대 윤리교육과

86 산업의 정보화와 산업발전
이기동 | 계명대 통상학부

87 한국 제조업의 고용조정 분석
이종원 외 | 성균관대 경제학부

88 지식자산에 대한 경영전략적 평가모형 개발
배재학 외 | 울산대 컴퓨터 · 정보통신공학부

89 관광사업을 위한 한국적 이미지의 휴식복 개발
채금석 | 숙명여대 의류학과

90 한국 정치제도의 개혁
신정현 | 경희대 사회과학부

91 e비즈니스와 아웃소싱 전략
정승화 외 | 연세대 경영학과

92 집단 따돌림의 진단 및 치료방안
홍준표 | 중앙대 인간생활환경학과

93 16대 총선과 낙선운동
조기숙 | 이화여대 국제대학원

94 부동층 유권자 행태 분석
진영재 | 연세대 정치외교학과

95 사이버 공동체의 성공요인
이재관 | 숭실대 경영학부

96 온라인 소비자 행동의 이론과 실증
윤성준 | 경기대 경영학부

97 글로벌 시대 정약용 세계관의 가능성과 한계
차성환 | 한일장신대 역사사회학과

98 러시아의 체제전환 과정에서 나타난 국가의 역할과 그 전망
이상민 외 | 부산대 정치외교학과

99 남북한의 경제발전 수준과 산업구조 비교, 그리고 경제교류 협력방향
주성환 | 건국대 경제학과

100 집단따돌림과 교육해체
한준상 | 연세대 교육학과

101 공적연금제도의 효율성과 개선방안
유금록 | 군산대 행정복지학부

102 벤처기업-대기업의 성공적인 협력 모델
나중덕 | 경산대 경영학과

103 북한의 재외동포정책
조정남 외 | 고려대 정치외교학과

104 사이버 공동체 형성의 역동적 모형
장용호 | 서강대 신문방송학과

105 기업이론과 기업의 소유지배구조
김일태 외 | 전남대 경제학부

106 가축분뇨 자원화를 위한 공동이용조직에 대한 농가선호도 분석
유덕기 | 동국대 생명자원경제학과

107 개혁정책과 전문가 집단
이경원 외 | 제주대 행정학과

108 현대 한국사회의 이중가치체계
신수진 외 | 이화여대 가정관리학과

109 한국의 산업구조 변화와 기업집단 다각화 전략
김용학 외 | 연세대 사회학과

110 지식정보사회의 경제적 모형 설정 및 사례 연구
김범환 | 배제대 경영정보학부

111 변호사징계제도
오종근 | 한림대 법학부

112 인터넷 특허법
김순석 | 광주대 법학과

113 e-비즈니스 시대의 금융 및 재정정책의 새로운 패러다임
이종욱 | 서울여대 경제학과

114 청소년의 하위문화와 정체성
조성남 | 이화여대 사회학과

115 디지털금융시대의 금융구조변화와 정부규제 및 정책
이충열 | 고려대 경제학부

116 지식경영을 위한 기업의 조직설계방안
김경수 외 | 전남대 경영학과

117 전자금융의 발달과 경제정책의 새로운 패러다임
이명훈 | 명지대 경제학과

118 동아시아의 안보와 유엔체제
강성학 편저 | 고려대 정치외교학과

119 유료 치매노인 그룹홈의 개발과 관련 정책
최정신 외 | 가톨릭대 소비자·주거학과

120 소비자 지향적 문화산업 정책
홍영준 | 호남대 광고홍보학과

121 국제·국가·지방 환경규제의 연계
정준금 외 | 울산대 행정학과

122 현행 회사 합병·분할제도의 평가와 개선방안
옥무석 외 | 이화여대 법학과

123 배려지향적 도덕성과 정의지향적 도덕성
정옥분 외 | 고려대 사범대학

124 기업구조조정에 대한 채권금융기관 및 금융감독기관의 역할과 책임
이중기 | 한림대 법학과

125 실업대책으로서 한국의 법정기준근로 시간 단축
박영범 | 한성대 경제학과

126 프랑스어의 비분리성 소유개념 표현
노윤채 | 연세대 언어정보연구원

127 지방채의 효율적 관리방안
강태구 | 호원대 법행정학부

128 21세기 산업구조 변화와 과학기술정책
임채성 외 | 그리스도신학대 경영정보학부

129 인터넷 쇼핑몰 이용자의 불평행동
예종석 | 한양대 경영학부

130 한국기업의 성과급제도 현황, 효과 및 개선방안
김성수 | 서울대 경영학과

131 전자상거래와 소비자보호
서민교 외 | 경일대 인터넷국제통상학과

132 평생학습 사회에서의 인적자원개발을 위한 사회적 파트너십 구축
김영화 | 홍익대 교육학과

133 한국 공교육의 새로운 구상과 전략
권대봉 외 | 고려대 교육학과

134 한국의 정부개혁
김태룡 | 상지대 행정학과

135 지방정부 생산성 측정의 이론과 실제
이은국 외 | 연세대 행정학과

136 불가 시문학론
배규범 | 경희대 학술연구 교수

137 남북경제교류의 법적 문제
제성호 | 중앙대 법학과

138 경제위기와 청소년 발달
구인회 | 서울대 사회복지학과

139 생명과학기술의 응용과 기본권보호적 한계
정상기 외 | 한남대 법학과

140 경제발전과 정치환경의 한・일 비교분석
정갑영 외 | 연세대 동서문제연구원

141 한국 공교육의 진단
윤정일 외 | 서울대 교육학과

142 우리나라 지방자치 발전을 위한 자치단체장의 역할
정성호 외 | 경기대 사회과학부

143 의료보험제도의 개혁방안
권순원 | 덕성여대 경제학과

144 중등 도덕교육의 현실과 문제
손동현 외 | 성균관대 철학과

145 사이버공동체 발전론
이명식 | 상명대 경영학과

146 남북경협 확대에 대비한 북한 담보제도의 정비방안
박훤일 | 경희대 법과대학

147 한국 공무원 인사제도 개혁
김판석 | 연세대 행정학과

148 교사화법 교육
임칠성 외 | 전남대 국어교육과

149 세계화의 문화정치학
임혁백 외 | 고려대 정치외교학과

150 효과적인 e-SCM을 위한 의사결정 조정 시스템 모형
이원준 | 성균관대 경영학부

151 환경거버넌스
김종순 외 | 건국대 행정학과

152 자동차산업의 인적자원관리
이덕로 | 서원대 경영학부

153 한국과 영국 간 지식기반산업 비교
이명호 | 한국외대 경영학과

154 한국 벤처기업의 기술네트워킹 및 기술마케팅 전략
장영일 | 인제대 경영학부

155 회사변호사의 윤리
오승종 | 성균관대 법과대학

156 미디어교육론
이정춘 | 중앙대 신문방송학과

157 조선시대 서원과 양반
윤희면 | 전남대 역사교육과

158 환경문제와 철학
박찬국 | 서울대 철학과

159 노인보건복지 이론과 실제
김명 외 | 이화여대 보건교육학과

160 북한의 법체계
권재열 외 | 숭실대 법학과

161 생명공학기술의 안전성 확보에 관한 법적 고찰
이재협 | 경희대 법학부

162 청소년복지학
김성이 외 | 이화여대 사회복지학과

163 변화하는 세계, 변화하는 복지국가
조영훈 | 동의대 사회복지학과

164 의리의 윤리와 한국의 유교문화
김낙진 | 진주교대 도덕교육과

165 미국의 통상정책과 통상법
윤충원 | 전북대 무역학과

166 사회복지 프로그램 평가
김학주 | 경상대 사회복지학과

167 환경주의와 지속가능한 발전
정대연 | 제주대 사회학과

168 무역과 환경
김기홍 외 | 경기대 경제학부

169 산업계 유해폐기물의 위험과 관리
김금수 | 호서대 경상학부

170 백범 김구의 지적 계발과정 탐색
문용린 | 서울대 교육학과

171 태평양전쟁 발발 이후 일제의 인적 지배와 그리스도교계의 대응
윤선자 | 전남대 사학과

172 거버넌스 상황에서 갈등관리를 위한 대체적 분쟁해결제도
서순복 | 광주대 법정학부

173 시장경제의 유형과 민주주의
최배근 | 건국대 경상학부

174 일본고전소설 총론
김현정 | 국립한국전통문화학교

175 국어 교육을 위한 국어 문법론
이관규 | 홍익대 국어교육과

176 율곡의 군주론
전세영 | 부산교대 윤리교육과

177 동북아시아 환경협력
정서용 | 명지대 법학과

178 기후변화협약과 기후정책
신의순 외 | 연세대 경제학과

179 인터넷과 국제 학술정보 네트워크-하이퍼링크 분석
박한우 | 영남대 언론정보학과

180 국내 기업복지의 활성화 방안
최수찬 | 연세대 사회복지대학원

181 세계화와 인간안보
김우상 외 | 연세대 정치외교학과

182 세계문화유산 종묘 이야기
지두환 | 국민대 국사학과

183 한국 평생교육의 사회철학적 과제
곽삼근 | 이화여대 교육학과

184 강점모델
정순둘 | 이화여대 사회복지학과

185 글로벌시대의 계약법
박영복 | 한국외대 법과대학

186 배심제와 시민의 사법참여
안경환 | 서울대 법학과

187 동북아공동체
김재한 | 한림대 정치외교학과

188 정치 참여와 탈물질주의
김욱 | 배재대 정치외교학과

189 퍼지전문가회로망을 이용한 금융기관의 사이버 기업여신결정 지원시스템의 개발
권혁대 | 목원대 경영학과

190 환경정책과 환경법
송인성 | 전남대 지역개발학과

191 포스트모던 시대의 평생교육학
한숭희 | 서울대 교육학과

192 현대 한국인의 세대경험과 문화
박길성 외 | 고려대 사회학과

193 서구의 근로연계복지
김종일 | 건국대 사회복지학과

194 사회복지운동론
현외성 | 경남대 사회복지학과

195 외국의 역모기지 사례
유선종 | 건국대 부동산학과

196 옛이야기와 어린이문학
이지호 | 진주교대 국어교육학과

197 노인사회복지관광의 정책과제와 방안
김창수 | 경기대 관광학부

198 복지서비스의 민간위탁 시스템 분석
김순양 | 영남대 행정학부

199 새로운 빈곤층의 대두와 정부의 정책과제
김진욱 | 건국대 경제학과

200 문화행정론
김정수 | 한양대 행정학과

201 스칸디나비아 노인용 코하우징의 계획과 적용
최정신 외 | 가톨릭대 생활과학부

202 북한의 자연생태계
공우석 | 경희대 지리학과

203 통계로 이해하는 러시아
전홍찬 | 부산대 정치외교학과

204 사회복지법인의 경영과 회계
이동규 | 충남대 회계학과

205 의약분업 정책과정
차흥봉 | 한림대 사회복지학과

206 지역공동체와 평생교육
오혁진 | 동의대 평생교육학부

207 아동보호서비스의 실제
한미현 | 백석대 사회복지학부

208 그린마케팅
박재기 | 충남대 경영학부

209 아동권리와 아동복지
이혜원 | 성공회대 사회복지학과

210 국제 이주와 인도인 디아스포라
김경학 | 전남대 인류학과

211 질병과 의료의 사회학
조병희 | 서울대 보건대학원

212 북한이탈주민의 사회통합을 위한 지역복지실천의 모색
이기영 | 부산대 사회복지학과

213 치매노인케어론
조유향 | 초당대 간호학과

214 노인상담입문
서혜경 외 | 한림대 대학원 사회복지학과

215 '통일 이후 통일과정'으로서의 독일 통일영화
이준서 | 이화여대 독어독문학과

216 중국의 사회보장
오정수 | 충남대 사회복지학과

217 환경자원의 경제적 가치와 환경오염의 사회적 비용
김재홍 | 울산대 사회과학부

218 사회복지프로그램의 경제적 평가방법
박창제 외 | 상주대 사회복지학과

219 자유의지와 결정론
안건훈 | 강원대 철학과

220 심리학자들이 쓴 행복한 결혼의 심리학
채규만 외 | 성신여대 심리학과

221 현대 해석학 강의
양해림 | 충남대 철학과

222 한국인의 주거 빈곤과 공공주택
하성규 | 중앙대 도시 및 지역계획학과

223 IMF 경제위기와 한국 출산력의 변화
김두섭 | 한양대 사회학과

224 동아시아의 영토분쟁과 국제법
이석우 | 인하대 법학부

225 독일 복지국가와 사회복지서비스
정재훈 | 서울여대 사회사업학과

226 사회복지사를 위한 실용 비모수통계
엄명용 | 성균관대 사회복지학과

227 피해자학 연구
이윤호 | 동국대 경찰행정학과

228 광고언어창작론
박영준 외 | 부경대 국어국문학과

229 환경규제 패러다임의 전환
한철 | 한남대 법학과

230 고령사회의 노동환경변화와 고용 시스템의 문제점 및 법적 대응
고준기 | 국립군산대 법학과

231 세계화와 소득불평등
이성균 외 | 울산대 사회과학부

232 유비쿼터스 사회의 이해
안중호 외 | 서울대 경영학과

233 국제환경책임법론
박병도 | 건국대 법학과

234 한국의 선거와 민주주의
윤종빈 | 명지대 정치외교학과

235 한국 시민운동의 구조와 동학
조대엽 외 | 고려대 사회학과

236 또래관계
송영혜 | 대구대 재활심리학과

237 해외 한국기업과 현지인 노동자
석현호 외 | 에스코이아학술문화재단

238 독일 국가복지에서 민간복지단체의 역할과 의미
차성환 외 | 한일장신대 사회복지학부

239 청정공학
조정호 | 동양대 생명화학공학과

240 한국전통연희론
심상교 | 부산교육대 국어교육학과

241 정신장애와 가족
서미경 | 경상대 사회복지학부

242 빈곤통계의 작성과 활용
김주환 | 동국대 정보통계학과

243 인터넷과 한국정치
강원택 | 숭실대 정치외교학과

244 북한의 시장경제이행
정영화 외 | 서경대 법학과

245 시스템사고로 본 지속가능한 도시
문태훈 | 중앙대 도시및지역계획학과

246 실버산업과 유비쿼터스 컴퓨팅
고일상 | 전남대 경영학부

247 재활상담과 사례관리
나운환 | 대구대 직업재활학과

248 영유아교육기관에서의 장애 이해 교육
유수옥 | 우석대 유아특수교육과

249 장애의 사회적 의미와 사회통합
박수경 | 대진대 사회복지학과

250 경제분석의 수리적 기초
조인성 | 공주대 경제통상학부

251 비영리부문의 비교연구
김승현 | 서울산업대 행정학과

252 고등교육경제학
반상진 | 전북대 교육학과

253 과학윤리교육의 이론과 방법
조희형 | 강원대 과학교육학부

254 결혼이민자가족의 이해
김오남 | 대불대 사회복지학과

255 동아시아 국가의 공공부조
신동면 | 경희대 사회과학부

256 특수아동 진단 및 평가
이나미 | 대불대 특수교육과

257 계약형 사회복지와 권리옹호시스템
이명현 | 경북대 상주캠퍼스 사회복지학과

258 실내공기질 및 위해성 관리
양원호 | 대구가톨릭대 산업보건학과

259 충남 방언 문법
한영목 | 충남대 국어국문학과

260 교육권론
노기호 | 군산대 법학과

261 도시경관계획론
임승빈 | 서울대 조경 · 지역시스템공학부

262 교통의 새로운 패러다임
김형철 | 경원대 도시계획 · 조경학부

263 노인의 삶의 질 향상을 위한 주거환경 디자인
천진희 | 상명대 디자인대학 실내디자인전공

264 사회복지와 문화
박병현 | 부산대 사회복지학과

265 장애인복지의 이론과 실제
이선우 | 인제대 사회복지학과

266 창의성 개발을 위한 디자인교육 콘텐츠
김선영 | 인천가톨릭대 조형예술대학 환경디자인학과

267 구성주의 사회복지 실천 기술론
고미영 | 서울신학대 사회복지학과

268 장애아교육학
김기홍 | 부산교육대 유아교육과

269 지역사회복지와 자원부문
한상진 외 | 울산대 사회학과

270 환경관리회계
육근효 | 부산외국어대 회계학부

271 인권 관점에서 보는 장애인복지
유동철 | 동의대 사회복지학과

272 정신증상
송지영 | 경희대 의과대학병원 신경정신과

273 사이버공간의 사회심리학
이성식 외 | 숭실대 정보사회학과

274 노인에 대한 사회적 돌봄과 돌봄 서비스의 질 보장
최희경 | 신라대 가족노인복지학과

275 아동 심리치료의 실제
신현균 | 전남대 심리학과

276 사회복지와 위험관리
노충래 | 이화여대 사회복지전문대학원

277 국제 탄소시장의 이해
양승룡 | 고려대 식품자원경제학과

278 타자의 초상
신문수 | 서울대 영어교육과

279 한국정치와 환경정치
나정원 | 강원대 정치외교학과

280 북한이주민
윤인진 | 고려대 사회학과

281 음주의 사회경제적 비용
정우진 외 | 연세대 보건대학원

282 지방정치와 동북아 도시거버넌스
박재욱 | 신라대 행정학과

283 노숙인 복지론
남기철 | 동덕여대 사회복지학과

284 유럽통합과정과 지역협력
이규영 | 서강대 국제대학원

285 사회복지재정 연구
지은구 | 계명대 사회과학대학 사회복지학과

286 지역사회 교육개혁을 위한 시민사회 조직의 참여
김영화 | 홍익대 교육학과

287 복지사회를 대비한 국민연금의 구조개혁
박영석 외 | 서강대 경영학부

288 한미 FTA 지재권 협상에 따른 의약품 분야 사회후생 변화
오근엽 | 충남대 무역학과

289 산업입지, 환경 그리고 지역경제
이기동 외 | 계명대 국제통상학과

290 감성지능 개발을 통한 삶의 질 향상
김경수 외 | 전남대 경영학부

291 교육복지론
이용교 외 | 광주대 사회복지학부

292 인간과 행복에 대한 철학적 성찰
박찬국 | 서울대 철학과

293 유럽연합의 사회통합 사례와 교훈
이무성 | 명지대 정치외교학과

294 민영화와 사회후생
이상호 | 전남대 경제학부

295 북한의 교육학 체계 연구
최영표 외 | 동신대 교육대학원

296 한국 지속가능발전의 구조와 변동
정대연 | 제주대 사회학과

297 우리나라의 공익 연계 마케팅에 관한 연구
임승희 | 전주대 경영학부

298 시각장애인복지론
김영일 | 조선대 특수교육과

299 그린에너지와 환경촉매
정석진 | 경희대 화학공학과

300 취약학교 초등학생을 위한 온라인 보건 교육 프로그램
박경옥 | 이화여대 보건관리학과

301 신탁제도를 통한 고령자의 보호와 지원
최수정 | 서강대 법학전문대학원

302 사회적 약자계층에 대한 실태분석 및 정책방안
이은우 외 | 울산대 경제학과

303 한류 문화와 동북아 공동체
최혜실 | 경희대 국어국문학과

304 노동유연화와 해고보호법
권혁 | 부산대 법학전문대학원

305 사회복지 위험관리의 이해
박미은 | 한남대 사회복지학과

306 의료기관의 회계와 세무
노준화 | 충남대 경영학부

307 여성인적자원의 전문성 확보를 위한 경력개발
백지연 | 이화여대 국제사무학과

308 정신병리
강선경 | 서강대 신학대학원

309 바다의 반란 적조
윤양호 | 전남대 해양기술학부

310 한국 장애인 복지 발달사
이성규 | 서울시립대 사회복지학과

311 서양예술 속의 동양 탐색
진상범 | 전북대 독어독문학과

312 한국인의 도덕성 발달 진단
문용린 | 서울대 교육학과

313 영국정치와 국가복지
고세훈 | 고려대 공공행정학부

314 인간학적 사유를 여는 중도 · 중복장애 교육학
이숙정 | 단국대 특수교육과

315 개별화 교육과정
이소현 | 이화여대 특수교육과

316 인간의 긍정적 성품
권석만 | 서울대 심리학과

317 지방자치와 지역여성의 전망
이혜숙 | 경상대 사회학과

318 한국 현대 노년소설 연구
전흥남 | 한려대 교양학부

319 정보격차 해소를 위한 창의적 정보교육 프로그램
이영준 외 | 한국교원대 컴퓨터교육과

320 한국 가족과 젠더
손승영 | 동덕여대 교양학부

321 한국의 복지혼합
김진욱 | 서강대 신학대학원

322 사회자본과 자원봉사
김태룡 외 | 상지대 행정학과

323 농촌교육복지연구
박삼철 | 단국대 교양학부

324 사회정체성 평가 차원에 대한 국제 비교조사
이명진 | 고려대 사회학과

325 캐나다 복지국가 연구
조영훈 | 동의대 사회복지학과

326 한국의 소수자운동과 인권정책
전영평 외 | 서울대 행정대학원

327 한국과 미국의 보육서비스 전달체계와 품질 비교분석
김근세 외 | 성균관대 국정관리대학원

328 한국사회의 소득불평등과 국민 의료이용
이용재 | 호서대 사회복지학과

329 정보시대의 인간안보
조화순 | 연세대 정치외교학과

330 가족의 사회경제적 특성과 아동발달
김광혁 | 전주대 사회복지학과

331 초 · 중 · 고등학생의 학업소진 진행과정 및 경로분석
이상민 | 고려대 교육학과

332 다문화사회의 사법통역
이지은 | 이화여대 통역번역대학원

333 동아시아 지역주의
유현석 | 경희대 정치외교학과

334 환경친화적 공공시설관리와 지역공동체의 삶의 질
이소영 | 중앙대 실내디자인 · 주거환경학과

335 의료보험의 법정책
김나경 | 성신여대 법과대학

336 양극화 시대 가족해체와 청소년의 적응에 관한 한국과 미국의 비교 연구
오승환 외 | 울산대 사회복지학과

337 기업의 사회적 책임과 지역경제사회발전 연구
허영도 외 | 울산대 경영학부

338 노인의 삶의 질 향상을 위한 온라인 소셜 네트워크 구축 방안
김진우 | 연세대 경영학과

339 청소년 생활역량
윤명희 외 | 동의대 평생교육학과

340 외국인 배우자의 다양성과 국제결혼의 안정성
김두섭 | 한양대 사회학과

341 정보인권의 규범구체화
이민영 | 가톨릭대 법학과

342 한국 사회복지실천의 고유성
최성재 외 | 서울대 사회복지학과

343 스웨덴의 환경책임 실천모형
최희경 | 경북대 행정학부

344 자율운동과 주거공동체
윤수종 | 전남대 사회학과

345 한국인의 공공봉사동기
김상묵 | 서울과학기술대 행정학과

346 한국 이혼가정 아동의 성장
김혜숙 | 경인교육대 교육학과

347 동양 사상과 노인 복지
홍승표 외 | 계명대 사회학과

348 노동과 사회보장의 연계
오문완 | 울산대 법학과

349 학습장애 위험군 아동의 조기선별을 위한 읽기검사 표준화 연구
김애화 외 | 단국대 특수교육학과

350 신 · 재생에너지에 기초한 녹색성장과 사회통합
김인호 | 이화여대 법학전문대학원

351 문화교류역량과 다문화 경영이 기업 경영성과에 미치는 영향
임병학 외 | 부산외대 경영학부

352 빈곤영유아의 발달과 적응
정익중 외 | 이화여대 사회복지학과

353 민사법질서와 인권
양천수 | 영남대 법학전문대학원

354 성년후견제도와 사회복지제도의 연계
신권철 | 서울시립대 법학전문대학원

355 한국 다문화사회의 이방인
김순양 | 영남대 행정학과

356 현대 시민사회와 소비자계약법
이병준 | 한국외대 법학전문대학원

357 개인의 사회적 정보보호를 위한 공공 정보서비스 개선 연구
장항배 | 상명대 경영학과

358 여성교육투자에 대한 교육경제학적 탐색
백일우 외 | 연세대 교육학부

359 사회적 기업과 지속가능한 지역발전
임업 외 | 연세대 도시공학과

360 다문화가정 구성원에 대한 투트랙 한국어 교육방안 연구
박시균 | 군산대 국어국문학과

361 아시아의 빈곤과 한국기업의 역할
한인수 | 충남대 경영학부

362 유치원·초등학교 연계 환경교육
박희숙 | 공주대 유아교육학과

363 비정규 고용과 사회정책
구인회 외 | 서울대 사회복지학과

364 사생활의 자유에 관한 비교법적 연구
이창현 | 서강대 법학전문대학원

365 다중융합 환경 기반의 미디어스킨을 활용한 문화콘텐츠 디자인 적용방안에 관한 연구
오문석 외 | 광운대 미디어영상학부

366 북한이탈주민 여성의 성인식 관련 기초조사
한인영 외 | 이화여대 사회복지학과

367 노인주택 파노라마
유선종 | 건국대 부동산학과

368 시설보호 청년의 적응
정선욱 | 덕성여대 사회복지학과

369 다수 집단과 소수 집단의 심리
김혜숙 | 아주대 심리학과

370 바이오 휴머니티
권택영 | 경희대 영어학부

371 프랑스 다문화교육의 이해
이경수 | 상명대 불어교육과

372 한·중 서비스산업의 비교분석과 교역 확대 방안
김상호 | 리츠메이칸 아시아태평양대 국제경영학부

373 현대의학에 있어서 생명의 시간과 인간의 존엄
김학태 | 한국외대 법학전문대학원

374 0~3세 영유아의 영상물 과몰입 실태조사 및 정신건강증진 프로그램 개발과 적용
이경숙 | 한신대 재활학과

375 복지국가의 조세와 정치
양재진 외 | 연세대 행정학과

376 청소년기 자살행위 실태와 관련 요인
박선희 | 경희대 간호과학대학

377 기술혁신에 따른 지역 간 정보격차
최정혜 외 | 연세대 경영대학

378 한국 사회의 이중구조와 생애주기적 불평등
안상훈 편 | 서울대 사회복지학과

379 소비자의 친환경행동에 영향을 미치는 사회적·경제적 가치에 대한 고찰
송재기 | 텍사스테크대 경영학과

380 어머니 양육행동 관련 변인들과 유아 사회정서행동 간의 구조모형 분석
심숙영 | 숙명여대 원격대학원

381 조선족 여성, 동남아시아 여성 그리고 새터민의 적응 유형 분석 및 삶의 질 향상 방안 모색
정태연 | 중앙대 심리학과

382 세계의 연금, 한국의 연금
허만형 | 중앙대 공공인재학부

383 노인요양원과 문화 변화
최재성 | 연세대 사회복지학과

384 시민사회와 국제개발협력
손혁상 | 경희대 공공대학원

385 복지국가의 변화와 빈곤정책
김윤태 | 고려대 사회학과

386 다문화가정의 미디어 이용과 사회적 자본의 관계
진창현 | 경기대 경영학과

387 사회진출 대졸 초년생의 탄력성 변화 양상
이상민 | 고려대 교육학과

388 사회자본과 경제발전 그리고 정부의 질
도수관 | 대구가톨릭대 행정학과

389 망명과 귀환이주
서장원 | 고려대 독일문화학과

390 근거기반실천과 사회복지
김유진 | 경북대 사회복지학부

391 인터넷상 정보 유통에 대한 새로운 저작권 규율 방향 모색
박준석 | 서울대 법학전문대학원

392 한국 사회의 인종차별적 담화구조
이창수 | 한국외대 통역번역대학원

393 사회복지사의 사회복지 가치 지향
김용석 | 가톨릭대 사회복지학과

394 개인정보의 국제적 유통에 따른 법적 문제와 대책
박훤일 | 경희대 법학전문대학원

395 정신장애인의 인권
서미경 | 경상대 사회복지학과

396 취약계층 비만청소년들의 체중관리를 위한 건강증진 프로그램의 효과
김영호 | 서울과학기술대학교 스포츠과학과

397 한국 전통의 돈의 문학사, 나눔의 문화사
서신혜 | 한양대 창의·융합교육원

398 와이파이 공간과 모바일 정보 격차
이건학 | 서울대 사회과학대학

399 도시정비사업의 법적 쟁점과 해설
성중탁 | 경북대 법학전문대학원

아 | 산 | 재 | 단 | 연 | 구 | 보 | 고 | 서

1 한국인의 도덕성 연구
배해수 | 고려대 국문학과

2 산업화와 청소년 진로
이원호 | 울산대 교육학과

3 공동체의식과 시민운동
김영섭 | 한양대 행정학과

4 한국청년의 삶의 의미 충족도와 만족적 태도
안정수 | 경희대 철학과

5 중국조선족의 사회발전과 한・중관계의 위상
손장권 | 고려대 사회학과

6 해송림 "솔껍질깍지벌레"의 천적 및 주요 종의 생태
김규진 | 전남대 농생물학과

7 사회정의와 실천윤리
박종대 | 서강대 철학과

8 동구개혁의 영향
김달중 | 연세대 정치외교학과

9 한국청소년의 의식세계
김문조 | 고려대 사회학과

10 고강도 철근 콘크리트 구조의 실용화
정헌수 | 중앙대 건축학과

11 신기술의 연관형태 및 출현예측의 구조모형
권철신 | 성균관대 산업공학과

12 민간기업의 연구개발을 위한 조세정책
권영훈 | 한양대 경제학부

13 기술개발 활성화방안
송승구 | 울산대 화학공학부

14 부패의 현상과 진단
이문조 | 영남대 정치외교학부

15 연구투자의 지역적 편중화와 부산지역의 기초과학연구 활성화방안
윤웅찬 | 부산대 화학과

16 GATT의 신구 덤핑방지협정과 그 대응방안
전창원 | 동국대 무역학과

17 한국사회의 도덕성 제고를 위한 진단과 처방
황경식 | 서울대 철학과

18 새로운 노사관계 방향
이진규 외 | 고려대 경영학과

19 21세기 동북아 정세예측과 한국의 전략적 대응방안
최평길 외 | 연세대 행정학과

20 소련의 한국에 대한 정책목표분석
신승권 | 한양대 정치외교학과

21 메모리 커패시터용 $Pb(Zr_xTi_{1-x})O_3$ 강유전체 박막의 제작과 특성
장지근 외 | 단국대 전자공학과

22 러시아 국제법학의 전통
김용구 | 서울대 외교학과

23 유럽연합의 현황과 전망
김동현 외 | 성균관대 행정학과

24 중국의 정치동원
송영우 외 | 건국대 정치외교학과

25 산업적 활용을 위한 이동로보트 시스템의 개발
박민용 외 | 연세대 전자공학과

26 중국조선족의 정치사회화과정과 동화적 국민통합의 방향
전인영 외 | 이화여대 사회생활학과

27 공적부조의 이론과 실제
최일섭 외 | 서울대 사회복지학과

28 대외통상환경의 변화와 법제개편
서헌제 | 중앙대 법학과

29 기업금융의 국제화
최생림 | 한양대 경영학부

30 자동차부품공업의 노사관계
김호진 외 | 고려대 행정학과

31 산업화 과정에서의 한국가족의 실태와 전망
정창수 외 | 성균관대 사회학과

32 공무원 가치관 실태와 정립방안
배병룡 외 | 경상대 행정학과

33 해외귀국청소년의 국내적응연구
이장영 | 국민대 사회학과

34 초고속정보통신망에서 LAN서비스 제공방안
이재용 | 연세대 전자공학과

35 WTO체제의 정책적 대응
김병진 외 | 경희대 행정학과

36 유럽의 통합정치
최수경 외 | 충남대 정치외교학과

37 유기질폐기물을 이용한 고단백사료원 인 조류의 생산공정
최정우 외 | 서강대 화학공학과

38 초고속정보통신망의 수용성과 정책방향
박영상 외 | 한양대 신문방송학과

39 중국의 강남사회와 한중교섭
조영록 외 | 동국대 사학과

40 세계화시대의 사회 · 문화의식
신행철 외 | 제주대 사회학과

41 국내 외국인 노동자의 문제와 대책
성규탁 외 | 연세대 사회복지학과

42 노인인력 활용정책과 프로그램
김정후 외 | 강원대 법과대학

43 한일간 학술교류 현황과 활성화방안
정홍익 외 | 서울대 행정대학원

44 계량모형에 의한 한일 경제관계의 이해
김명직 외 | 한양대 경제학부

45 직장인의 음주행태와 삶의 질
진기남 외 | 연세대 보건행정학과

46 유통정보 시스템의 구조와 설계
정용길 | 충남대 경영학과

47 남북통일 이후 사회통합을 위한 교육의 역할
안기성 외 | 고려대 교육학과

48 대중음악에 심취한 청소년들의 심리적 특성
김인경 외 | 연세대 인간행동연구소

49 멀티미디어 시스템을 활용한 교육환경의 개선방안
김한일 | 제주대 컴퓨터교육학과

50 탈냉전기 한일관계의 쟁점
최상룡 | 고려대 정치외교학과

51 자치시대 새로운 '삶의 질' 지표의 모색
김형기 외 | 경북대 경제통상학부

52 유럽통합의 역내외 협력과 갈등
이호재 외 | 고려대 정치외교학과

53 21세기를 대비한 신노사관계
김재원 | 한양대 경제학부

54 대학의 시간제학생 등록제
안규철 외 | 전남대 교육학과

55 21세기에 대비한 방송통신정책
한진만 외 | 강원대 신문방송학과

56 주민참여를 통한 혐오시설 관리운영방안
박균성 외 | 경희대 법학부

57 여성의 정치적 권리인식과 정치참여
전경옥 외 | 숙명여대 정치외교학과

58 한국인 위장질환과 식생활 · 환경요인 및 *H. pylori* 감염과의 관계
이양자 외 | 연세대 식품영양학과

59 학생과 시민의 자원봉사활동
윤정일 외 | 서울대 교육학과

60 동북아 환경문제와 지역환경협력의 모색
신연재 외 | 울산대 정치외교학과

61 노인 자원봉사활동을 통한 사회통합 프로그램 개발
김동배 | 연세대 사회복지학과

62 물류정보 시스템
김태현 | 연세대 경영학과

63 전자식 문서교환을 이용한 항공화물 운송체계
민재형 | 서강대 경영학과

64 청소년과 성
이근후 | 이화여대 의과대학

65 민족통합과 무궁화호 위성의 남북한 공동활용방안
방정배 | 성균관대 신문방송학과

66 채식주의가 20대 여성의 영양상태와 에스트로겐 대사에 미치는 영향
성미경 | 숙명여대 식품영양학과

67 가상정보공간을 통한 지역개발 활성화 전략
유재천 외 | 한림대 언론정보학부

68 조산아 관리현황 및 정책수립 방안
박상기 외 | 조선대 의과대학

69 남북한관의 의식조사와 통일교육 개선 방안
김동규 외 | 고려대 북한학과

70 동양 전통 자연사상 탐구
장동순 | 충남대 환경공학과

71 초고속정보망의 시뮬레이터 구현
한기준 | 경북대 컴퓨터공학과

72 유통원가 시스템의 유효성
정다미 | 명지대 경영학과

73 국악과 문화관광의 만남
정익준 외 | 동아대 국제관광통상학부

74 기업의 지식경영 활용사례
김창은 | 명지대 산업공학과

75 선진국과 한국의 직업교육 · 훈련제도의 특성과 한계
정주연 | 고려대 경제학과

76 제주지역 성인 여성의 자원봉사활동
이상철 외 | 제주대 사회학과

77 M&A와 문화충돌 관리
박원우 | 서울대 경영학과

78 폐금속광산 인근 주민들의 중금속 오염실태
정종학 외 | 영남대 의학과

79 북한 농촌 · 농업실태와 인력자원개발 시스템을 통한 북한 농민의 구호방안
박성열 | 건국대 교육공학과

80 중소 소매점의 경쟁력과 소매성과
채명수 외 | 한국외대 무역학과

81 고령자를 위한 쾌적한 실내온도와 착의량의 설정
정운선 | 안동대 의류학과
82 지역문화 이벤트 PR
박종민 | 경희대 언론정보학부
83 인터넷 지역정보화의 실태와 전략
유평준 외 | 연세대 행정학과
84 여성 삶의 질 향상을 위한 사회교육 활성화 방안
김양희 | 중앙대 가족복지학과
85 벤처기업과 벤처금융
강대석 외 | 충남대 무역학과
86 구조조정기에 있어서 실업대책과 사회안전망 구축
박천익 | 대구대 경제학과
87 한국 유아의 조기교육
이명조 외 | 한국외대 교육대학원
88 남북한 경제공동체 형성전략
이상만 | 중앙대 경제학과
89 지방자치회계의 투명성과 주민의 알 권리
권찬태 외 | 경북대 경영학부
90 정치지도자의 정책리더십
이해영 | 경일대 행정학과
91 경제위기와 한국인의 복지의식
신광영 외 | 중앙대 사회학과
92 북한의 노동
김강식 | 한국항공대 경영학과
93 우리나라 중소기업의 정보기술 활용 현황과 경쟁력 강화를 위한 제안
정승호 | 부산외대 정보시스템학과
94 인간배아복제의 법적·윤리적 문제점과 그 해결방안
최병규 | 한경대 법학부
95 가치변화에 따른 투표행태
조찬래 외 | 충남대 정치외교학과
96 인터넷 경매에서의 계약체결과 소비자보호
이기수 외 | 고려대 법과대학
97 세계화시대 남북한 통합의 방향과 과제
윤민재 | 서울대 사회발전연구소
98 글로벌 시대 지방정부의 문화마케팅 전략
박흥식 | 중앙대 행정학과
99 대졸여성실업의 실태분석 및 대학-노동시장 간 효율적 연계방안
이은우 외 | 울산대 사회과학부
100 그린 투어리즘의 분석
이응진 | 대구대 관광학부
101 지방자치단체장의 부정부패
오일환 | 한양대 아태지역연구센터
102 산업화가 유교체제하 중국여성의 지위에 미친 영향
천성림 | 배재대 사회과학연구소
103 움직이는 말하기
유혜숙 외 | 나사렛대 교양학부
104 장애학생을 위한 특수교육공학의 활용
김용욱 | 대구대 중등특수교육과
105 지식기반사회의 평생교육 이해와 평생교육 프로그램 개발
박성열 | 건국대 교육공학과
106 N세대의 미술교육
김동철 | 대구교육대 미술교육학과
107 노후계획과 투자
권택호 | 여수대 국제통상학과
108 영화산업
양영철 | 경성대 연극영화학부
109 동유럽의 변혁과 언론의 역할
정대수 | 경남대 정치언론학부
110 환율, 임금, 물가가 국제경쟁력 및 수출입산업에 미치는 영향
하인봉 | 경북대 경제통상학부
111 일본기업의 기술혁신 전략
위정현 | 중앙대 상경학부
112 노후보장정책과 역저당연금제도
조덕호 외 | 대구대 행정학과
113 유비쿼터스 라이프와 미래 사회
김석수 | 한남대 멀티미디어공학과
114 죽음과 관련된 생명윤리적 문제들
구인회 | 가톨릭의과대 인문사회과학교실
115 경제적 세계화와 빈곤문제, 그리고 국가
김준현 | 한일장신대 인문사회과학부
116 한국의 세계불교유산
김종명 | 한국학중앙연구원 한국학대학원
117 복지레저서비스론
고태규 | 한림대 국제학부
118 자생적 철학체계로서 인간중심철학
선우현 | 청주교대 윤리교육과
119 전략적 통합과 한반도 평화체제
김승채 | 고려대 정책대학원
120 환경사법론
전경운 | 경희대 법학부
121 인터넷 자료를 통해 본 한국의 이혼 문화와 사회복지
성정현 외 | 협성대 사회복지학과
122 유럽연합의 사회정책에 관한 연구
문진영 | 서강대 신학대학원 사회복지학과
123 여성건강의 통합적 관점
김혜원 | 관동대 간호학과
124 복잡계 네트워크 과학
강병남 | 서울대 물리천문학부
125 경제적인 3세대 전원주택 개발
박근준 | 호서대 건축공학과
126 사회복지와 인적자원개발
이상일 | 인제대 국제경상학부